基金资助：

水利部公益性行业科研专项经费项目(201001012)黄河水沙调控体系运行模式及效果评价

国家科技支撑计划项目课题(2013BAC10B02)黄河流域旱情监测与水资源调配技术研究与应用

黄河水沙调控体系建设规划关键技术研究

王 煜 李海荣 安催花 万占伟 等著

黄河水利出版社

·郑州·

内 容 提 要

本书在充分吸收以往研究成果和黄河调水调沙实践经验的基础上，采用理论和实测资料分析、数学模型计算等多种研究手段，分析了黄河水沙情势及河道冲淤演变特性，定量预估了未来150年流域不同河段冲淤和主槽演变及控制断面水沙变化过程，构建了黄河水沙联合调控的约束性和指导性指标体系，提出了水沙调控体系联合调控模式，创建了适应复杂水沙条件、多水库、多目标的基于GIS水沙调控体系模拟系统，评价了黄河水沙调控体系联合运用效果，论证了黄河水沙调控体系待建工程的开发次序和建设时机等。

本书可供从事防洪减灾、泥沙运动力学、水沙调控、水资源利用等方面研究、设计和管理的科技人员及高等院校有关专业的师生参考。

图书在版编目(CIP)数据

黄河水沙调控体系建设规划关键技术研究/王煜等著.—郑州:黄河水利出版社,2015.1

ISBN 978-7-5509-1014-0

Ⅰ.①黄…　Ⅱ.①王…　Ⅲ.①黄河-含沙水流-控制-研究　Ⅳ.①TV152

中国版本图书馆CIP数据核字(2015)第019755号

组稿编辑:李洪良　电话:0371-66026352　E-mail:hongliang0013@163.com

出 版 社:黄河水利出版社

地址:河南省郑州市顺河路黄委会综合楼14层　邮政编码:450003

发行单位:黄河水利出版社

发行部电话:0371-66026940、66020550、66028024、66022620(传真)

E-mail:hhslcbs@126.com

承印单位:河南省瑞光印务股份有限公司

开本:787 mm×1 092 mm　1/16

印张:22.25

字数:562千字　印数:1—1 000

版次:2015年12月第1版　印次:2015年12月第1次印刷

定价:80.00元

序

黄河是中华民族的母亲河，数千年来，以其生命之水哺育了灿烂辉煌的华夏文明；黄河又是中华大地的“害河”，以善淤、善决、善徙闻名于世，给中华民族造成了沉重灾难。黄河水量少、沙量多和水沙地区来源、过程分布不均，形成了黄河"水少沙多，水沙关系不协调"的独特特点，也是其成为世界上最为复杂难治河流的症结所在。

为实现黄河的长治久安、促进流域和相关地区经济社会的可持续发展，必须采取有效措施，协调黄河的水沙关系。协调水沙关系的主要途径为增水、减沙、调水调沙。增水是能够增加黄河水资源量的各种措施，包括外流域调水和节水；减沙是能够减少入黄沙量的各种措施，包括水土保持减沙、水库拦沙和干流放淤等措施；调水调沙是利用干支流骨干水库群的联合调控，将不利的水沙过程调节为有利的水沙过程，减轻泥沙的淤积。

改善黄河水沙不协调问题的主要途径中，增水主要靠南水北调西线工程，但西线工程调入水量需要水库调节才能发挥作用。减沙主要靠水土保持、骨干工程拦沙和大规模的干流放淤，水土保持是减少入黄泥沙、治理黄河的根本措施，但黄土高原地区自然环境恶劣，仅靠水土保持想在短期内显著减少入黄泥沙是不现实的，骨干水库拦沙是最直接、最经济、最有效的手段，大规模的放淤也需要骨干水库对水沙过程进行调节才能取得较好的效果。调水调沙是黄河治理开发的一项重要战略措施，但单个水库作用有限，需要有由多个水库工程及相应的非工程措施构成的水沙调控体系，才能长期发挥显著的效果。由此可见，完善的黄河水沙调控体系是充分发挥增水、减沙、调水调沙作用，协调黄河关系的重要手段，也是保障黄河长治久安的重要战略措施。

黄河勘测规划设计有限公司长期以来一直致力于黄河流域的治理开发研究，先后承担和参加了多项国家“973”“八五”“九五”科技攻关、“十一五”“十二五”科技支撑计划以及“世行”项目等研究，取得了大量创新性成果，为协调黄河水沙关系、保障防洪防凌安全、优化配置水资源以及重大工程论证提供了重要的科技支撑。

本研究依托黄河水沙调控体系建设规划项目，围绕黄河治理开发的总体目标，研究了黄河长治久安对水沙调控体系的需求，论证了水沙调控体系总体布局，研究了黄河流域不同河段水沙输移规律、防洪防凌需求、流域经济社会发展用水和生态环境用水之间关系，构建了黄河水沙联合调控的约束性和指导性指标体系；以改善黄河水沙关系不协调为核心，基于多泥沙河流水沙特点，研究了泥沙、洪水、水资源等多要素，洪凌管理、减淤、供水等多目标的多水库水沙联合调控技术；结合黄河水沙调控体系对洪水调度与演进、泥沙冲淤、水资源利用与配置等决策的需求，研发了黄河水沙调控体系数学模拟系统；利用数学模型系统，计算分析了不同方案下黄河水沙调控体系联合调控作用，在此基础上比较论证待建工程开发次序和建设时机等，研究取得了许多创新性成果，在治黄实践中得到了应用。

《黄河水沙调控体系建设规划关键技术研究》一书是在总结多年来大量研究成果的基础上凝练而成的，具有多项创新性。该专著的出版将会对黄河防洪、防凌、调水调沙、水资源调度与管理、水沙调控体系建设与运用等方面的优化理论的发展和完善起到巨大的推动作用，为黄河治理开发和实现长治久安奠定了基础。

中国科学院院士：王光谦

2015 年 12 月

前　言

黄河水少沙多、水沙关系不协调的基本特点，是其复杂难治的症结所在。由于自然原因及人类活动对水资源的过度利用和不当干预，进入黄河下游的水量急剧减少，进一步加剧了其水沙关系的不协调性，黄河下游河道发生严重淤积，河道形态日趋恶化，部分河段过流能力锐减至2002年汛前的1 800 m^3/s左右。同时，“二级悬河”迅速发展，目前最严重的河段主河槽河底高程已经高出滩地高程4 m多，滩地高出背河地面4～6 m。主槽萎缩，河道排洪能力降低造成同流量水位抬升、小洪水高水位及同水位下过流能力大大降低，对防洪十分不利，严重威胁黄河下游防洪安全。上游龙羊峡水库、刘家峡水库联合调度运用，又人为改变了径流年内分配，加上沿黄引水的增加，造成宁蒙河道水沙关系更加不协调、宁蒙河道淤积加剧，导致内蒙古河段成为继黄河下游之后的又一段地上悬河。河道主槽严重淤积萎缩，造成中小流量水位明显抬高，河道平滩流量减小(局部河段仅为1 000 m^3/s左右)，严重威胁防凌、防洪安全。同时导致小北干流河槽排洪能力降低，河势游荡摆动频繁，冲滩塌岸加剧，危及沿河村庄及人民安全，加上引提水工程脱流，影响农业灌溉用水，还对该河段防凌带来不利影响；渭河渭南以下河道及南山支流下游河道“悬河”形成，洪涝灾害频繁，经济损失巨大，同时造成潼关高程急剧升高且居高不下，严重影响渭河下游的防洪安全。

如果水沙关系不协调的矛盾得不到解决，黄河主要冲积性河道的不利演变趋势仍将继续发展，河槽萎缩、排洪能力降低、下游“二级悬河”加剧等问题将更加严重。为实现黄河的长治久安，促进流域和相关地区经济社会的可持续发展，必须采取有效措施，协调黄河的水沙关系。协调水沙关系的措施包括流域内节水和流域外调水、黄土高原水土保持、水库拦沙、滩区放淤，以及利用水库群的科学调控进行调水调沙等方面。本书提出的黄河水沙调控体系是指能够对黄河洪水、径流、泥沙进行有效控制的、以黄河干支流骨干水库及其调度为主体的工程体系和非工程体系。

1954年《黄河综合利用规划技术经济报告》首次提出在黄河干流修建46级水利枢纽，在重要的支流修建一批拦泥、防洪或综合利用水库的工程布局，并明确了各河段的开发治理任务。1997年《黄河治理开发规划纲要》总结以往研究成果和治黄经验，首次提出以7大骨干工程为主体的黄河水沙调控体系布局：上游的龙羊峡、刘家峡和黑山峡3座骨干工程联合运用，构成黄河水量调节工程的主体；中游的碛口、古贤、三门峡和小浪底水利枢纽联合运用，构成黄河洪水和泥沙调控工程体系的主体。2002年《黄河近期重点治理开发规划》在肯定7大骨干工程为主体的黄河水沙调控体系布局的同时，提出完善的水沙调控体系布局还应包括水沙测报等非工程措施。

目前黄河干流已建、在建工程包括龙羊峡、刘家峡、三门峡和小浪底等4座骨干工程的干流梯级工程26座，总库容577.5亿m^3，这些工程在防洪(防凌)、减淤、供水、灌溉、发电等方面发挥了巨大的综合效益，有力地支持了沿黄地区经济社会的可持续发展。但由于目前黄河水沙调控体系尚未构建完善，现状骨干工程在协调经济社会发展需求和维持黄河健康生命需求方面还存在较大的局限性，主要表现在：①现状工程条件下，能提供的水流动力条件不足，联合调节水流和泥沙比较困难，不能较长时期维持小浪底水库运用初期塑造的黄河下游中水河槽；②现状工程运用不能解决协调宁蒙河段水沙关系和供水、发电之间的矛盾，内蒙古河道淤积萎缩，防凌防洪形势严峻；③潼关高程居高不下。基于此，必须考虑协调水沙关系、有效管理洪水、优化配置黄河水资源等方面需求，充分利用近年来已开展的有关水沙调控专题研究和调水调沙试验的成果，加强水沙调控体系建设规划关键技术问题的研究工作。

本书在充分吸取以往研究成果的基础上，研究分析了黄河水沙情势及河道冲淤特性，提出了未来较长时期的设计水沙条件；总结了现状水沙调控体系工程在防洪（防凌）、减淤和水资源配置等方面的作用及存在的问题，统筹考虑洪水管理、协调全河水沙关系、合理配置和优化调度水资源等需求，研究提出了水沙调控体系总体布局，复核了黄河水沙调控体系待建骨干工程规模；系统研究了黄河不同河段水沙输移规律、河道防洪防凌要求、流域水资源变化以及经济社会发展用水和生态环境用水之间的关系，基于河道减淤、防洪防凌安全以及水资源优化配置，构建了水沙联合调控的约束性及指导性指标体系；分析了水沙调控体系各工程间的内在联合和相互关系，研究提出了黄河水沙调控体系联合运用机制；考虑不同的来水来沙条件、库区蓄水条件以及河床边界条件等因素，从有利于河道和水库减淤的目标出发，充分考虑流量演进和水沙过程的对接，研究提出了现状工程条件下以及古贤水库、黑山峡水库、碛口水库不同建设时机情况下的水沙调控体系联合调水调沙运用方式和兴利调节运行方式。研发了水沙调控体系数学模拟系统，计算了黄河水沙调控体系不同方案在协调水沙关系、有效管理洪水以及优化水资源配置方案的作用。分析了黄河水沙调控体系待建工程在黄河治理开发中的作用以及工程不同时机投入运用的影响，综合比较各待建工程开发任务、经济效果、社会影响等因素，提出待建工程古贤水库、东庄水库、黑山峡水库及碛口水库的建设时机，为国家宏观决策提供重要技术支撑。

本书编制过程中，黄河勘测规划设计有限公司、黄河水利委员会、中国水利水电科学研究院、黄河水利委员会黄河水利科学研究院等单位的领导、专家和项目组成员都为课题研究付出了辛勤劳动，作出了重要贡献。本书主要完成人员有：王煜、李海荣、安催花、张俊峰、万占伟、胡春宏、赵麦换、崔萌、赵银亮、钱裕、李保国、陈建国、段高云、赵连军、武见、陈雄波、李庆国、崔长勇、程冀、张建、张乐天等。本书主要编写人员有：王煜、李海荣、安催花、万占伟、崔萌、钱裕、李保国、段高云、李庆国、崔长勇、张乐天。通过所有参与人员的刻苦攻关、并肩奋战，才实现了预期目标，取得了诸多创新和丰硕的成果。对于以上单位和相关工作人员，以及给予本课题研究大力指导和支持的单位、专家、学者及工作人员致以深深的谢意！

黄河水沙调控体系是一项非常庞杂的系统工程，本书仅对黄河水沙调控体系建设规划关键技术问题进行了系统的概括和总结，仍有许多问题需要进一步研究，加之作者水平有限，书中谬误难免，敬请广大读者批评指正。

作　者
2015 年 9 月

目 录

第1章　绪　论

1.1　黄河流域概况及自然水沙特性

黄河发源于青藏高原巴颜喀拉山北麓约古宗列盆地，流经青海、四川、甘肃、宁夏、内蒙古、山西、陕西、河南、山东等九省（区），在山东垦利县注入渤海，干流河道全长5 464 km，流域面积79.5万 km^2（包括内流区4.2万 km^2）。内蒙古托克托县河口镇以上为黄河上游，干流河道长3 472 km，流域面积42.82万 km^2，汇入的较大支流（流域面积1 000 km^2 以上）有43条。河源段的扎陵湖、鄂陵湖是我国最大的高原淡水湖；兰州以下河谷盆地及河套平原是黄河流域重要的引黄灌区，也是我国重要的粮食基地；河口镇至桃花峪为黄河中游，干流河道长1 206 km，流域面积34.38万 km^2，汇入的较大支流有30条。河段内绝大部分支流流经黄土高原，暴雨集中，水土流失十分严重，是黄河洪水和泥沙的主要来源区。其中，河口镇至禹门口是黄河干流上最长的一段连续峡谷，峡谷下段有著名的壶口瀑布，深槽宽仅30～50 m，枯水水面落差约18 m，气势宏伟壮观。黄河上中游水力资源丰富，均是全国重点开发建设的水电基地之一；桃花峪以下为黄河下游，干流河道长786 km，流域面积2.27万 km^2，汇入的较大支流只有3条。黄河下游两岸是广袤的黄淮海平原，是重要的自流引黄灌区，年引水量达100亿 m^3，有效灌溉面积约4 000万亩（1亩＝1/15 hm^2，下同），是我国重要的粮食产区。

黄河是中华民族的母亲河，哺育了灿烂辉煌的华夏文明；黄河又是中华大地的"害河"，以善淤、善决、善徙闻名于世，历史上下游河段决口泛滥频繁，滚滚洪流不知淹没了多少鲜活的生命和宝贵的财物。天然情况下，黄河下游年来沙量达16亿t，一方面泥沙在下游强烈堆积，造就了广袤的黄淮海大平原；另一方面洪水在黄淮海平原泛滥成灾，给人们带来了沉重的灾难。公元前602年至1938年的2 540年中，黄河下游决口泛滥年份有543年共1 593次，经历了五次大改道和迁徙。洪灾波及范围北达天津，南抵江淮，包括冀、鲁、豫、苏、皖五省的黄淮海平原，纵横25万 km^2。千百年来，人们在与黄河的共生共存中，始终与黄河水害抗争，为了生存与发展，在黄河两岸筑堤防洪。堤防的存在，在控制洪灾损失的同时，也限制了黄河下游淤积范围。黄河下游河道逐渐发展为举世闻名的"地上悬河"，河床高出大堤背河地面4～6 m，比两岸平原高出更多。黄河下游的悬河之势严重威胁着黄淮海平原的安全，是黄河治理和防洪安全最重要的河段。

黄河虽为我国的第二条大河，但全河535亿 m^3 的天然径流量（1956～2000年45年水文系列）仅占全国河川径流总量的2%，约为长江的1/20。流域内人均水量527 m^3，为全国人均水量的22%；耕地亩均水量294 m^3，仅为全国耕地亩均水量的16%。黄河多沙，举世闻名，天然情况下多年平均输沙量约16亿t（1919～1960年系列，陕县站），平均含沙量35 kg/m^3，最大年输沙量达39.1亿t（1933年），最高含沙量911 kg/m^3（1977年），其输沙量及含沙量均为世界大江大河之最。黄河水、沙的来源地区不同,水量主要来自兰州以上地区,占全河水量的53%,泥沙主要来自河口镇至三门峡区间(简称河三间)地区,占全河沙量的90%。黄河的泥沙年内分配十分集中,90%的泥沙集中在汛期,年际变化悬殊,最大年输沙量是最小年输沙量3.3亿t(1987年)的13倍。水量少、沙量多和水沙地区来源、过程分布不均,形成黄河“水少沙多,水沙关系不协调”的独特特点。

黄河洪水主要来自中游地区和上游兰州以上地区。黄河中游地区暴雨频繁、强度大、历时短,形成的洪水具有洪峰高、历时短、陡涨陡落的特点,是黄河下游的主要成灾洪水,对下游威胁极大。中游洪水有3个来源区,一是河口镇至龙门区间(简称河龙间),二是龙门至三门峡区间(简称龙三间),三是三门峡至花园口区间(简称三花间)。不同来源区的洪水以不同的组合形成花园口站的大洪水和特大洪水。以三门峡以上的河口镇至龙门区间和龙门至三门峡区间来水为主形成的上大洪水,洪峰高、洪量大。以三门峡至花园口区间来水为主形成的下大洪水,涨势猛、洪峰高、含沙量相对较小、预见期短。兰州以上地区暴雨强度较小,洪水洪峰流量不大,但历时较长。黄河上游的大洪水与中游大洪水不遭遇,上游洪水组成下游洪水的基流。

1.2 黄河水沙调控体系建设现状及局限性

1.2.1 水沙调控体系已建骨干工程概况

目前,黄河干流龙羊峡水库以下已建设20余座梯级水库,其中龙羊峡、刘家峡、三门峡和小浪底等4座水库为控制性骨干工程,总库容526.9亿 m^3,死库容144亿 m^3,总装机容量4 870 MW,多年平均发电量186.6亿kWh,主要技术经济指标见表1-1,已建支流骨干水库有陆浑水库、故县水库等。

表1-1 黄河干流已建骨干工程主要技术经济指标

工程名称	建设地址	控制面积(万 km^2)	正常蓄水位(m)	总库容(亿 m^3)	装机容量(MW)	多年平均发电量(亿kWh)	最大坝高(m)	淹没耕地(万亩)	迁移人口(万)
龙羊峡水库	青海共和	13.1	2 600.0	247.0	1 280	59.4	178.0	8.67	2.97
刘家峡水库	甘肃永靖	18.2	1 735.0	57.0	1 390	55.8	147.0	7.72	3.26
三门峡水库	晋平陆、豫陕县	68.8	335.0	96.4	400	13.0	106.0	96.00	31.80
小浪底水库	豫孟津、孟县	69.4	275.0	126.5	1 800	58.4	173.0	16.95	13.76
合计				526.9	4 870	186.6		129.34	51.79

注:水位为黄海标高。

1.2.2 水沙调控体系已建骨干工程作用

黄河干支流骨干水库与下游堤防、河道整治工程、分滞洪区等构筑“上拦下排、两岸分滞”防洪工程体系的主体,在防洪(防凌)、减淤、调水调沙和水量调度等方面发挥了巨大作用，有力地支持了沿黄地区经济、社会的持续发展。

1.2.2.1 在黄河防洪中的作用

三门峡水库建成后，黄河下游尚未发生超过 22 000 m^3/s 的大洪水，但自 1964 年以来，三门峡以上地区曾 6 次出现流量大于 10 000 m^3/s 的大洪水，三门峡水库削减洪峰，在一定程度上缓解了黄河下游防洪抢险的紧张局面，减轻了黄河下游的防洪负担，为黄河下游几十年伏秋大汛不决口发挥了重要的作用。如 1977 年 8 月 6 日发生了三门峡水库入库洪峰流量为 15 400 m^3/s 的洪水，三门峡 8 月 7 日最大下泄流量 8 900 m^3/s，削减洪峰流量 6 500 m^3/s，使这次洪水安全入海。

陆浑水库、故县水库建成后，与三门峡水库联合防洪调度运用，可减少下游花园口洪峰流量超过 22 000 m^3/s 洪水出现的机遇，使黄河下游的防洪标准由 30 年一遇提高到 60 年一遇，增加了黄河下游防洪调度的灵活性和可靠性。

小浪底水库建成后，通过对三门峡水库、小浪底水库、陆浑水库和故县水库的联合调度运用，显著削减了黄河下游稀遇洪水，使花园口断面 100 年一遇洪峰流量由 29 200 m^3/s 削减到 15 700 m^3/s，1 000 年一遇洪峰流量由 42 300 m^3/s 削减到 22 600 m^3/s，接近花园口设防流量 22 000 m^3/s。由此可见，三门峡水库、小浪底水库、陆浑水库和故县水库的建设，对黄河下游防洪起到了重要作用，增强了堤防抗御大洪水的能力，大大减轻了黄河下游的防洪压力。

龙羊峡水库、刘家峡水库的建成运用，使发电效益、灌溉效益、供水效益和社会效益明显，而且在削减黄河上游的洪峰流量方面也发挥了巨大作用。同时，龙羊峡水库、刘家峡水库联合作用，可使兰州市区的防洪标准达到 100 年一遇，不超过其安全泄量。

1.2.2.2 在黄河防凌中的作用

历史上黄河下游凌汛灾害比较严重，据不完全统计，1883 ~ 1936 年 54 年间有 21 年凌汛期决口。1949 年以来至三门峡水库建成前，黄河下游曾有二次凌汛决口，造成了较大的凌汛灾害：1951 年 2 月 3 日发生在利津王庄，淹没村庄 91 个，受灾人口 7 万，受灾面积 43 万亩；1955 年 1 月 29 日发生在利津五庄，受灾人口 20.5 万，受灾面积 86 万亩。

三门峡水库建成运用以来，由于三门峡水库改变了下游河道凌期的流量，水库下泄水温升高也影响黄河下游河段的冰情，不仅推迟了封河时间，而且使下游封冻河段长度明显减小，封、开河冰塞、冰坝次数减少，大大地减轻了黄河下游的防凌威胁。1960 ~ 2000 年的 40 年中，特别是下游凌汛严重的 1969 年、1970 年、1976 年、1977 年等，由于利用三门峡水库调节凌汛期河道水量，推迟了开河时间，避免了“武开河”的不利局面，安全度过凌汛期。此后，黄河下游再没有出现凌汛决口，在保障黄河下游的凌汛安全方面发挥了重要的作用。

小浪底水库运用后，在水库运用初期具有足够的防凌库容，能够对下游河道的流量进行更加直接的调节，在已建成的三门峡、故县、陆浑等水库配合运用下，基本解除了黄河下游的凌汛威胁。2001 年冬季，黄河下游气温较常年偏低，防凌形势严峻，在即将封河的关键时期，小浪底水库持续以 500 m^3/s 的流量向下游补水，使封河形势得到缓解，开创了严寒之年下游不封河的先例。2002 年凌汛期，在来水极枯、封河流量较小的条件下，由于封冻期合理控泄，下游河道 107 km 封河河段开河平稳。2003 年济南、北镇站 1 月上旬平均气温为 1970 年以来同期最低值，黄河下游出现两次封河、开河，最大封冻长度达 330.6 km 的严重凌情，封冻期小浪底水库控泄流量仅为 120 ~ 170 m^3/s，实现了全线“文开河”。2003 年 12 月至 2004 年 2 月凌汛期间，小浪底水库实际泄水 47.39 亿 m^3，各月平均流量分别为 805 m^3/s、501 m^3/s、495 m^3/s。2004 年 12 月至 2005 年 2 月下游凌汛期间，小浪底水库实际泄水 21.06 亿 m^3，各月平均流量分别为 312 m^3/s、251 m^3/s、247 m^3/s，有效缓解了凌汛形势。2008 年 1 月下旬黄河下游气温异常偏低，郑州、济南、北镇三站比多年平均值分别偏低 2.8 ℃、3.6 ℃和 1.4 ℃，并且气温偏低的持续时间较长，小浪底水库加大出库流量，确保了下游防凌安全和水资源调度的正常秩序。小浪底水库正常运用期，仍可提供 20 亿 m^3 的防凌库容，三门峡水库可提供 15 亿 m^3 的防凌库容，可以通过合理控制下泄流量，减少凌汛期间河道槽蓄水量，减少开河时的凌峰流量，满足下游防凌减灾的需要。

刘家峡水库建成运行以后，特别是 1989 年按《黄河刘家峡水库凌期水量调度暂行办法》进行凌汛期调度以来，刘家峡水库一是调节凌汛期水量，增大封河流量，提高了冰下过流能力，并使冰期河道保持比较平稳的流量过程；二是使出库水温有所提高，库尾河段不再封冻，大大减轻了宁夏河段的防凌压力，并推迟了内蒙古河段流凌、封河日期，对缓解内蒙古河段的防凌压力、减轻凌汛灾害发挥了作用。

1.2.2.3 在协调黄河水沙关系和减少河道淤积中的作用

黄河是一条多泥沙河流，骨干工程在黄河减淤中也发挥着重要的作用。三门峡水库自 1960 年 9 月至 1964 年 10 月拦沙 44.7 亿 t，使黄河下游河道冲刷 22.3 亿 t。第一次改建后到 1973 年黄河下游河道又发生回淤。水库自 1973 年 11 月采用“蓄清排浑”运用方式以来，每年非汛期水库蓄水拦沙，下泄清水，汛期泄水排沙，充分发挥了黄河下游河道大水带大沙的特点，有利于下游河道输沙入海，减少河道淤积。

小浪底水库主要通过水库拦沙和调水调沙对下游河道发挥其减淤作用。按照工程设计，小浪底水库拦沙约 100 亿 t，可使下游河道减淤 78 亿 t 左右，约相当于下游河道 20 年的淤积量。根据下游河道断面法冲淤量计算结果，小浪底水库下闸蓄水运用以来（1999 年 10 月至 2010 年 4 月），黄河下游各个河段都发生了冲刷，黄河下游利津以上河段累计冲刷 18.15 亿 t。伴随着下游河道的持续冲刷，各河段平滩流量不断增大，黄河下游河道的最小平滩流量由 2002 年的 1 800 m^3/s 增加到 2010 年的 4 000 m^3/s。

1.2.2.4 在确保黄河不断流和供水安全中的作用

上游的龙羊峡水库、刘家峡水库联合运用，将丰水年的多余水量调至枯水年或特枯水年，补充枯水年全河水量之不足，实现年际间水资源的合理调配，同时两水库拦蓄黄河汛期水量以补充枯水期水量之不足，提高了沿黄两岸的供水保证率，增加了上游梯级水电基地的发电效益。分析 1998 年 7 月至 2009 年 6 月系列，从水资源年内分配来看，龙羊峡、刘家峡两库汛期（7 ~ 10 月）多年平均蓄水为 50.6 亿 m^3，最大蓄水量达 122 亿 m^3（2005 年），非汛期（11 月至次年 6 月）补水多年平均为 44.3 亿 m^3，最大补水量达 64.4 亿 m^3（2005 ~ 2006 年度）；从水资源年际配置来看，两水库年最大蓄水量达 56.3 亿 m^3（2005 ~ 2006 年度），年最大供水量为 39.0 亿 m^3（2002 ~ 2003 年度）；2000 ~ 2003 年度连续三个年度黄河来水特枯，龙羊峡水库合计跨年度补水 75.2 亿 m^3，对特枯水年黄河不断流、保障生活和基本的生产用水起到了关键作用。

小浪底水库建成运用后,通过黄河干流骨干工程联合调度,在作物生长的关键季节实施水量集中下泄,缓解了下游两岸地区的旱情,保证了生活生产供水的安全,发挥了灌溉供水效益。同时小浪底建成以来黄河下游河段没有发生断流现象,入海水量增大,河口地区生态环境显著改善。1999~2009 年,除 2003 年发生秋汛外,黄河流域来水持续偏枯,2002~2003 年度花园口站天然径流量仅 255.0 亿 m^3,不足多年均值的 50%,是有实测资料以来的最小值。由于小浪底水库的合理调蓄,不仅确保了黄河下游连续 11 年不断流,保障了黄河下游沿黄地区按照国家批准的年度用水计划用水,还 5 次向河北、天津应急调水,3 次实施引黄济淀,并在 2003 年旱情紧急调度、2009 年流域应急抗旱中发挥了重要作用。

1.2.2.5 发电作用

黄河干流峡谷众多,水力资源丰富。据 2004 年完成的全国水力资源复查结果,黄河流域水力资源理论蕴藏量共 43 312 MW,其中干流 32 827 MW,占 75.8%,具有良好的水电开发条件。新中国成立后,黄河干流水电资源得到了高度开发。截至 2008 年,黄河干流已建、在建水电站 27 座,装机容量达 18 945 MW。已经建成的龙羊峡、李家峡、公伯峡、刘家峡、万家寨、三门峡、小浪底等水利枢纽和水电站工程 19 座,装机容量 12 084 MW,正在建设的水电站有拉西瓦、积石峡、乌金峡、龙口等 8 座,装机容量 6 861 MW。龙羊峡、李家峡、刘家峡、盐锅峡、八盘峡、青铜峡等上游 10 余座水电站组成了中国目前最大的梯级水电站群。截止到 2008 年底黄河干流水电站已累计发电约 7 000 亿 kWh。

1.2.3 水沙调控体系已建骨干工程在协调水沙关系和综合治理方面的局限性

已建的龙羊峡水库、刘家峡水库、三门峡水库、小浪底水库等骨干工程,在防洪、防凌、工农业供水、发电等方面发挥了重要作用,但现状骨干工程在调控黄河水沙和综合治理方面还有很大的局限性,主要表现在以下几个方面。

1.2.3.1 已建工程在协调黄河下游水沙关系方面的局限性

(1)现状工程条件下仅靠小浪底水库来完成调水与调沙任务存在较大困难。

调水调沙的目的是依靠水库蓄水和河道来水,人工塑造大流量过程,充分发挥大流量级水流的输沙能力,输沙入海。小浪底单库调水调沙运用,若要满足调水调沙所需水量,在水库蓄水较多时,不仅不能冲刷本水库进行泥沙调节,且在中游发生高含沙洪水时,小浪底水库仅能依靠异重流排沙,也不能充分发挥水流的输沙能力,还会造成大量泥沙在库区淤积,缩短水库拦沙库容的使用年限。根据水库泥沙的运行规律,当使水库排沙比较大,同时遇合适的水沙条件时能够冲刷库区淤积的泥沙、延长拦沙库容的使用年限,水库需要维持较低运用水位,但水库以较低水位运行时蓄水量很少,又不能调节足够的水量满足较长历时、较大流量冲刷黄河下游主槽和输送泥沙的要求,因此小浪底水库单库进行调水和调沙之间存在着明显的困难。

(2)现状工程条件下,万家寨水库、三门峡水库调节库容较小,能提供的水流动力条件不足,水库联合调节泥沙比较困难。

现状条件下,黄河上游进入中下游的中等以上流量低含沙洪水的概率很小,难以依赖天然洪水冲刷恢复水库调水调沙库容,而河口镇—三门峡区间洪水具有含沙量大、历时短的特点，若利用高含沙洪水冲刷库区淤积物，则会造成出库水流含沙量大幅度增加，进入下游的水沙关系更加恶化，造成下游河槽大量淤积。2004 年以来在干支流没有发生洪水时，通过调度万家寨水库、三门峡水库、小浪底水库，人工塑造洪水，并辅以库区淤积三角洲和下游卡口处的人工扰沙措施，冲刷小浪底库区和黄河下游淤积的泥沙，为调控黄河水沙关系、减少下游河道淤积、延长水库使用寿命找到了一种较好的模式。但万家寨水库、三门峡水库调节库容较小，所能提供的水流动力条件不足，水库出库含沙量较小，作用有限。

(3)小浪底拦沙库容淤满后协调黄河下游水沙关系作用将受到限制。

水库拦沙和调水调沙是协调黄河下游水沙关系、恢复中水河槽的关键措施。小浪底水利枢纽投入运用后，通过水库拦沙和调水调沙运用，黄河下游普遍发生冲刷，下游河道主槽过流能力不断恢复，至 2010 年平滩流量恢复到 4 000 m^3/s。但自 1999 年 10 月小浪底下闸蓄水至 2010 年 4 月，库区已淤积泥沙 25.6 亿 m^3，随着小浪底水库拦沙库容的不断淤积，水库调节库容将不断减小。小浪底水库设计拦沙库容 72.5 亿 m^3，水库拦沙完成后，在入库泥沙没有明显减少、水沙关系依旧严重不协调的情况下，仅依靠水库 10 亿 m^3 的调水调沙槽库容已难以有效协调黄河下游水沙关系，进入黄河下游的沙量将大大增加，黄河下游河道仍会严重淤积，水库拦沙初期恢复的中水河槽将难以维持。

按照本次规划选取的水沙条件计算，小浪底水库于 2020 年完成主要拦沙期，水库淤积量达到 78.5 亿 m^3，此后水库有冲有淤，不再减少进入黄河下游河道的泥沙。2020 ~ 2030 年进入黄河下游河道的泥沙年平均将增加到 9.59 亿 t，下游河道年平均淤积量将达到 2.73 亿 t。2026 年左右黄河下游河道的平滩流量下降到 4 000 m^3/s 以下，已经满足不了维持黄河下游河道中水河槽的综合治理的要求。

因此，小浪底拦沙库容淤满后协调黄河下游水沙关系作用将受到限制。单依靠小浪底水库调水调沙不能实现长期协调水沙关系、维持黄河下游河道中水河槽的目的，因此需要在中游修建骨干工程，尽快完善黄河水沙调控体系，提供拦沙和调水调沙库容，协调黄河水沙关系，达到较长期维持黄河下游中水河槽、减少下游河道淤积的目的。

1.2.3.2 已建工程不能解决协调宁蒙河段水沙关系和供水、发电之间的矛盾

天然情况下宁蒙河段常有长历时、低含沙量、流量大于 3 000 m^3/s 的洪水发生，水流造床作用明显，河道平滩流量能够长期保持在 3 000 m^3/s 以上，维持了较高的行洪输沙能力。1986 年龙羊峡水库、刘家峡水库联合调度运用后，虽然发挥了巨大的兴利效益，但同时也改变了径流分配。随着经济社会的快速发展，工农业生产用水和城乡生活用水大幅度增加，河道内水量明显减少，使有利于保持中水河槽的洪水被大量削减，造成宁蒙河段水沙关系不协调，淤积加重，内蒙古河段 1999 ~ 2006 年平均淤积量达 0.55 亿 t，且大部分淤积在主槽内，内蒙古河段已成为继黄河下游之后的又一段地上悬河。由于河道主槽严重淤积萎缩，中小流量水位明显抬高，局部河段平滩流量下降到 1 000 m^3/s 左右，导致河道宽浅散乱，摆动加剧，排洪能力下降，严重威胁防凌、防洪安全。2003 年内蒙古河段大河湾流量 1 000 m^3/s 时堤防发生决口；2008 年 3 月 20 日三湖河口流量 1 450 m^3/s 时水位连续 5 次突破历史最高纪录，致使内蒙古杭锦旗独贵特拉奎素段两处溃堤，均与河道严重淤积有关。

1.2.3.3 已建工程在控制潼关高程方面的局限性

降低潼关高程对于减轻渭河下游和小北干流河道淤积具有重要意义。影响潼关高程变化的因素十分复杂,不仅与三门峡水库的运用方式和库区冲淤情况相关,还与渭河下游、黄河禹潼河段的来水来沙条件和河道冲淤密切相关。多年研究与实践表明,降低或控制潼关高程需要采取多种措施相互配合、综合治理,才能取得明显效果。其中增水减沙,实施水沙调节,改变不利水沙搭配,对于降低潼关高程十分有效。根据有关研究成果,修建黄河北干流大型调节水库,可利用水库拦沙和调水调沙降低潼关高程,即使在水库拦沙库容淤满之后,还可对抑制潼关高程发挥积极作用。但由于北干流目前尚没有一座控制性骨干工程,这种局面难以改变。

渭河在潼关以上汇入黄河,由于黄河比降大、渭河比降小,当黄河出现较大洪水时,顶托倒灌渭河的现象时有发生。在黄河洪水倒灌渭河时,如果渭河无洪水,而后期渭河又连续发生高含沙小洪水,或者渭河洪水与北洛河洪水遭遇,受北洛河洪水顶托的影响,华阴一带水位再次壅高,遇此情况,洪水漫滩范围大,河槽淤积数量多,渭河河口容易形成长期堆积,并引起淤积上延,对渭河下游防洪十分不利,三门峡水库控制运用后的1974~1991年,实测黄河倒灌渭河的洪水就有13次。研究表明,渭河口壅水位与潼关断面洪峰流量直接相关,潼关洪峰流量越大,倒灌渭河的流量也越大,倒灌长度也越长;当潼关流量小于6 000 m^3/s时,不仅倒灌流量较小,倒灌影响长度也较短。由于北干流控制性骨干工程建设滞后,尚不能有效控制北干流的洪水,难以减轻黄河洪水倒灌渭河的不利影响。

由于黄河北干流河段缺少控制性骨干工程,不能控制北干流的洪水泥沙,造成小北干流河段淤积萎缩严重,河势游荡摆动和冲淤变化剧烈,给河道整治带来严重困难,当发生较大洪水时(约10年一遇),就会造成禹门口—潼关河段滩区62.96万亩滩地遭受洪水灾害。三门峡库区335 m以下现居住有返迁移民7万多人,其中1.3万人无任何防洪设施,5.7万人靠防洪标准仅5~10年一遇的土堤防洪,人民生命财产的安全基本没有保障。

1.2.3.4 调整龙羊峡水库、刘家峡水库运用方式的作用和影响

针对目前宁蒙河段汛期水量和有利于输沙、塑槽的大流量大幅度减少,导致主槽严重淤积萎缩的局面,调整水库运用方式的思路就是减少龙羊峡、刘家峡两水库的汛期蓄水,并根据河道泥沙冲淤特性泄放大流量的过程。按现状运用方式和设计水沙条件运用龙羊峡水库、刘家峡水库多年平均拦蓄汛期水量48亿m^3。本次研究调整龙羊峡水库、刘家峡水库运用方式,以汛期少蓄水10亿m^3、20亿m^3、30亿m^3、40亿m^3四个可能方案对河道淤积、流域水资源配置以及发电的作用和影响。

不同调度运行方式的河道泥沙冲淤计算成果(见表1-2)表明,调整龙羊峡水库、刘家峡水库运用方式,当汛期蓄水逐步减少时(即汛期下泄水量逐步增加时),无论宁蒙河道还是黄河下游,河道泥沙淤积量随之减少,平滩流量有所增加。汛期分别少蓄水10亿m^3、20亿m^3、30亿m^3、40亿m^3时,年均减少宁蒙河道淤积分别为0.095亿t、0.174亿t、0.222亿t、0.275亿t,占现状运用方式下淤积量的15.8%、25.2%、32.2%、39.9%,最小平滩流量分别增加了3.5%、11.3%、17.2%、23.1%,对宁蒙河段有一定的减淤作用;黄河下游年平均减淤量分别为0.046亿t、0.150亿t、0.202亿t、0.300亿t,分别占现状运用

方式下淤积量的2.1%、6.7%、9.0%和13.4%，且平滩流量在现状运用方式的基础上也有所增加。

表1-2 龙羊峡水库、刘家峡水库汛期少蓄水方案不同河段淤积量和减淤量成果

（单位：亿t）

方案设置	淤积量				减淤量				减淤总量
	宁蒙河段	小北干流	三小水库	黄河下游	宁蒙河段	小北干流	三小水库	黄河下游	
现状运用	0.696	0.638	1.479	2.236	—	—	—	—	—
汛期少蓄10亿m^3	0.601	0.570	1.417	2.190	0.095	0.068	0.062	0.046	0.271
汛期少蓄20亿m^3	0.522	0.514	1.347	2.086	0.174	0.124	0.132	0.150	0.58
汛期少蓄30亿m^3	0.474	0.461	1.388	2.034	0.222	0.177	0.091	0.202	0.692
汛期少蓄40亿m^3	0.421	0.408	1.384	1.936	0.275	0.23	0.095	0.300	0.900

但随着龙羊峡、刘家峡两水库汛期少蓄水量的增加，两水库在黄河水资源配置中的作用将受到明显影响，流域内缺水量增加，尤其是连续枯水段缺水明显增加。与现状运用方式供水相比，汛期少蓄水量越多，经济社会供水量减少越大，汛期少蓄水10亿m^3、20亿m^3、30亿m^3、40亿m^3方案，多年平均供水量分别减少了0.7亿m^3、5.1亿m^3、12.6亿m^3、24.3亿m^3，连续枯水段年供水量分别减少1.1亿m^3、6.6亿m^3、21.0亿m^3、37.0亿m^3，特殊枯水年份供水量分别减少了4.0亿m^3、11.8亿m^3、28.7亿m^3和44.3亿m^3，严重影响流域经济社会供水和黄河防断流。随汛期少蓄水量增大，龙羊峡以下梯级电站的发电效益急剧下降，汛期少蓄40亿m^3方案保证出力将降低2 606 MW，梯级总发电量减少30.35亿kWh，影响西北电网调峰和“西电东送”的高峰期送电任务，严重影响电网的供电安全，龙羊峡、刘家峡水库汛期少蓄水方案对流域供水及发电影响见表1-3。

表1-3 龙羊峡、刘家峡水库汛期少蓄水方案流域内供水量和电能指标对比

方案设置	流域内供水量（亿m^3）	与现状相比减少值（亿m^3）	发电量（亿kWh）	与现状相比减少值（亿kWh）	保证出力（MW）	与现状相比减少值（MW）
现状运用	441.9	—	673.89	—	6 408	—
汛期少蓄10亿m^3	441.2	0.7	665.27	8.62	6 045	363
汛期少蓄20亿m^3	436.8	5.1	655.43	18.46	5 432	976
汛期少蓄30亿m^3	429.3	12.6	648.14	25.75	4 776	1 632
汛期少蓄40亿m^3	417.6	24.3	643.54	30.35	3 802	2 606

采用类比货币化方法计算各调整方案的综合效益与现状运用方式的差值，龙羊峡水库水库、刘家峡水库汛期少蓄20亿m^3水量时，每少蓄1亿m^3的水量，经济效益损失为

0.72 亿元;龙羊峡水库、刘家峡水库汛期少蓄 40 亿 m^3 水量时,每少蓄 1 亿 m^3 的水量,经济效益损失为 1.31 亿元。随着龙羊峡、刘家峡两水库汛期少蓄水量增大,效益损失率也逐渐加大。在满足防洪防凌要求和水资源统一配置的条件下,计算各调整方案的综合效益与现状运用方式的差值,估算出各方案带来的经济效益损失为 4.72 亿 ~52.25 亿元。

受黄河水资源条件和水资源配置需求的限制,调整龙羊峡水库、刘家峡水库现状运用方式受到制约,即只能改变水量过程,不能改变入黄沙量条件,黄河水沙关系仍不协调,对河道减淤和中水河槽维持的作用有限,宁蒙河段河道淤积、中水河槽萎缩的局面不能得到根本改变。且增加汛期少蓄水量会造成流域内缺水量增加,对工农业用水、梯级发电产生不利影响。同时,调整龙羊峡、刘家峡两水库运用方式还受到管理体制的制约。综合以上分析,调整龙羊峡水库、刘家峡水库现状运用方式非常困难。

1.3 水沙调控研究现状

水沙调控研究主要涉及水库、河道泥沙运动规律、水库优化调度和水库水沙联合调度等研究领域,这些领域的研究成果分别综述如下。

1.3.1 水库、河道泥沙研究

水库淤积是水库泥沙运动的结果,因此研究水库淤积以泥沙运动基本理论为基础和手段。我国泥沙运动方面的一些专著,如韩其为和何明民的《泥沙运动统计理论》、韩其为的《水库淤积》、张瑞瑾(武汉水利电力学院)的《河流动力学》、沙玉清的《泥沙运动力学》、钱宁和万兆惠的《泥沙运动力学》、张瑞瑾和谢鉴衡等的《河流泥沙动力学》、窦国仁的《泥沙运动理论》、侯晖昌的《河流动力学基本问题》等专著对水库淤积理论研究和减淤实践有重要的指导意义。

从水库泥沙运动的实际考虑,除悬移质挟沙力外,悬移质不平衡输沙,特别是非均匀不平衡输沙是水库淤积中最普遍的规律,它规定和制约了水库淤积的各种现象。国内外在均匀流、均匀沙条件下,通过求解二维(立面二维)扩散方程研究悬移质不平衡输沙的工作基本上是从 20 世纪 60 年代开始的,国内张启舜、侯晖昌在这方面也取得了一定进展。后来国内也出现了方程的数值解,但由于二维扩散方程求解受制于难以可靠确定的边界条件,计算结果与实际颇难符合。从实用出发,苏联一些学者从 20 世纪 30 年代开始就直接从沙量平衡出发,建立一维不平衡输沙方程,其中有代表性的是 20 世纪 50 年代末 60 年代初的 П. В. Михаев、А. В. Караущев 等。稍后我国窦国仁也提出了类似的方程。И. Ф. Карасев 则提出了包括黏土颗粒的不平衡输沙方程。这些研究成果虽然抓住了不平衡输沙的主要矛盾,方程简明,但由于局限于均匀沙和均匀流,难以符合水库悬移质运动的实际,且理论上没有与悬沙运动的扩散方程联系起来。

水库排沙是水库淤积研究中颇为重要的一环,有很大的实际意义。水库排沙的方式有多种,除一般的依靠水流冲刷外,对小水库尚有水力吸泥泵以及高渠拉沙冲滩等方法。三门峡水库是排沙研究最多的一个水库,其中水电部第十一工程勘测设计科研院、黄河水利委员会(简称黄委)规划设计大队、清华大学水利系治河泥沙教研组等均有专门研究。

针对具体水库的排沙的分析和生产需要引出了一些研究排沙共同规律的成果。早期多为经验性的，较有影响的有陕西水利科学研究所河渠研究室与清华大学水利工程系泥沙研究室用由我国资料验证过的 G. M. Brune 的水库拦沙率曲线和水库冲刷的排沙关系、张启舜和张振秋提出的水库壅水状态下的排沙关系和涂启华提出的排沙比关系，后者还认为其排沙比关系的运用范围可以包括异重流。韩其为由不平衡输沙理论研究壅水排沙一般规律，给出的理论关系在不同参数下可以概括 Brune 拦沙率、张启舜和涂启华提出的排沙比关系，而且能概括一些苏联学者，如 B. H. Гончров、Г. Ишамов、B. C. Лалщенков、И. А. Шнеер 等为研究库容淤积方程提出的关于出库含沙量的假设。

利用水库淤积和排沙规律，通过水库调度，采用所谓"蓄清排浑"的方法，某些水库在实践中摸索了一些成功经验，使水库淤积大量减缓，甚至不再淤积，其中较典型的有闹德海水库、黑松林水库、直峪水库、恒山水库等。当然这些多为中小型灌溉水库，有颇为有利的排沙条件，坡陡、库短，有时允许泄空，甚至坝前水位完全不壅高。与此同时，一些学者从理论上对综合利用水库的淤积控制进行了研究。大型综合水库的特点是库长、坡缓而且常年蓄水。正是因为后者造成水库常年抬高侵蚀基面，导致了水库坡度减缓。这些不利排沙的因素，使一些中小型灌溉水库成功的排沙经验不能简单用于大型综合水库。从20 世纪 60 年代开始，唐日长、林一山吸取闹德海水库和黑松林水库的成功经验，提出了水库长期使用的设想和概念。后来由韩其为进一步从理论上阐述了水库长期使用的原理和根据，并给出保留库容的确定方法。同时，如水电部十一工程局勘测设计科研院、黄河水利科学研究所钱意颖等，也开始对三门峡水库如何保持有效库容的问题进行了探索。三门峡水库改建运行的成功，从实践上证实了大型综合利用水库长期使用的可能性。黄河上的一些水库如三盛公水库淤积也分别得到了控制。至此，就水库长期使用而言，泥沙界无论在理论上还是试验上均获得了共识，这反映在夏震寰、韩其为、焦恩泽合写的论文中。三峡水库淤积控制的研究，使水库长期使用的研究进一步深入，韩其为和何明民给出了长期使用水库的造床特点和建立平衡的过程、相对平衡纵横剖面的塑造、第一第二造床流量的确定等研究成果。

在水库下游河道冲刷和变形方面，我国也进行了大量观测和分析研究。其中，有代表性的成果为水利水电科学研究院河渠所对官厅水库下游永定河，钱宁、钱宁和麦乔威、麦乔威和赵业安等、刘月兰和张永昌、赵业安、刘月兰和韩少发对三门峡水库下游黄河，韩其为和童中均、杨克诚、向熙珑、王玉成、周开萍、黎力明、石国钰等对丹江口水库下游汉江，均做了全面深入研究。此外，林振大对拓溪水库日调节时下游河道，王秀云和施祖蓉等对水库下游永宁江感潮河段，王吉狄和臧家津对水库群下游辽河以及李任山、朱明昕对闹德海水库下游柳河等均进行了研究。对于水库下游河道冲刷和变形中的几个专门问题，也有了较深刻认识和规律揭示。对下游河道清水冲刷时床沙粗化，尹学良给出了其计算方法。韩其为提出了交换粗化概念，能够解释粗化后的床沙中最粗颗粒大于冲刷前最粗颗粒的现象。韩其为同时给出了 6 种粗化现象和两种机制，并且给出了相应的计算方法。对于水库的水沙过程及数量改变后对下游河床演变的各方面的影响，韩其为、童中均专门做了论述。钱宁研究了滩槽水沙交换，认为它导致了水库下游河道长距离冲刷。韩其为证实了清水冲刷中粗细泥沙不断交换是下游河道冲刷距离很长的基本原因。

1.3.2 水库优化调度研究

国外水库(群)优化调度研究已有较长的历史,20 世纪初以来,水库调度学科得到迅速发展,并成为水科学中最活跃的学科之一。最早把优化概念引入水库调度的是美国人 Masse,20 世纪 50 年代以来,由于水库数量的增多、规模增大,水库优化调度问题受到广泛关注。1955 年,Little 建立了水电系统离散随机动态规划调度模型用于指导水库优化调度,标志着以系统优化方法研究水库调度问题的开始。1957 年,美国数学家 R. E. Bellman 等提出求解多阶段动态规划(DP)法以来,DP 在科研、生产、管理中得到了广泛的应用。60 年代起,线性规划方法开始应用于水资源规划和管理等方面。1960 年,R. A. Howard 提出动态规划与马尔可夫决策过程理论(MDP),解决了以前模型很难达到多年期望效益最大和满足水库系统可靠性要求的理论缺陷。1967 年,Young. G. K 提出了 DP 模型研究确定性来水条件下的水库优化调度 DP 法,开创了用确定性模型建立水库调度规划的途径。1970 年,Belhaan 和 Zadeh 提出了融经典动态规划技术与模糊集合理论于一体的模糊动态规划法。1981 年,Turgeonl 运用随机动态规划和逼近法解决了并联水库群水力发电系统的优化问题。随着系统工程学、计算机、遥感、通信等先进技术的迅猛发展,国外水库优化调度技术得到快速发展。在解决 DP 的“维数灾”上,各国学者提出了许多改进方法,如状态增量动态规划法(IDP)、离散微增量动态规划法(DDDP)、动态规划逐次逼近法(DPSA)、逐步优化算法(POA)等。进入 20 世纪 90 年代以来,随着计算机以及人工智能技术的发展,遗传算法(GA)、神经网络法(ANN)、蚁群算法(ACO)、粒子群算法(PSO)等现代智能优化方法开始逐步应用于水库群优化调度领域。

20 世纪 60 年代,我国学者开始将优化理论引入水库调度中。在早、中期主要是针对模型与算法,侧重于调度理论、方法研究。1960 年,吴沧浦最先提出了年调节水库最优运行的 DP 模型。1963 年,谭维炎等提出了以年为周期的马氏决策规划模型(MDP),并用于狮子滩水库的规划调度中。1982 年,施熙灿提出了无水文预报条件下用罚因子法考虑调度图的可靠性模型。1983 年,鲁子林等结合短期洪水预报模型,实施了富春江水电站的优化调度。1986 年,李寿声、彭世彰等结合一些地区水库调度实际问题,拟定了一个非线性规划模型和多维动态规划模型,用于解决满足多种水源分配的水库最优引水量问题。1988 年,陈守煜提出多目标、多阶段模糊优选模型的基本原理和解法,把动态规划和模糊优选有机结合起来,为水库模糊优化调度的深入研究奠定了理论基础。1987 年,张勇传、许新发等运用逐次优化算法(POA)进行了水库调度优化。2002 年,王金文对三峡梯级长期发电优化调度的随机动态规划进行了研究。

20 世纪 80 年代初,我国学者开始研究水库群调度研究,将大系统递阶优化控制方法应用于水电站水库群优化调度中。1981 年,张勇传利用大协同分解协调技术对两并联水电站水库的联合优化调度问题进行了研究。1988 年,田峰巍、黄强等对水库调度专家系统进行了研究,并在黄河上游梯级水电站水库群、汉江梯级水电站水库群调度中得到了应用;胡振鹏等提出了动态大系统多目标递阶分析的分解 - 聚合方法;李愓先等结合三峡水库调度问题提出了水库群中长期和短期调度的决策支持系统;胡铁松、韦柳涛等提出了水库群调度的人工神经网络方法。1989 年,董子敖等在混联水库优化调度与补偿调节的多目标多层次模型中使用了增量动态规划法(IDP)来进行多目标水库群的优化;张勇传等提出有时段径流预报的MDP模型,研究降维求解方法。2000年,梅亚东建立了梯级水库在洪水期间发电调度的有后效性动态规划模型,并提出了多维动态规划近似解法和有后效性动态规划逐次逼近算法两种新的求解方法。2002年,黄文政用随机动态规划与遗传算法相结合的方法求解了台湾翡翠-石门水库的优化调度问题。

20世纪90年代以来,我国水利科学工作者尝试了应用各种优化算法来解决水库群的优化调度问题,现代人工神经网络方法、遗传算法、混沌优化算法、蚁群算法和微粒群算法等人工智能技术在我国水库调度研究中得到了广泛应用。

1.3.3 水库水沙联合调度研究

国内外对水沙联合调度的研究主要集中在单个水库,把水库、河道联合考虑的文献并不多见。由于黄河泥沙的特殊性,关于水库、河道联合水沙调节等诸多方面联合研究及实践主要集中在黄河上。20世纪60年代三门峡水库泥沙问题暴露后,专家们开始提出了利用小浪底水库进行泥沙调度的设想。70年代后期,随着"上拦下排"治黄方针局限性的显露以及三门峡水库的运用实践,经过反思后,专家们提出了水沙联合调度、蓄清排浑的思想,采用蓄清排浑的调度方式,在汛期适当地降低水库水位运行,排除泥沙含量较多的浑水;水库蓄水期则尽可能在汛末蓄纳泥沙含量较少的清水。80年代以来,结合小浪底水利枢纽设计论证,开展了黄河水沙变化和小浪底水库运用方式方面的深入研究,丰富了黄河调水调沙及水沙调控理论。"八五"攻关项目"黄河治理与水资源开发利用"各个专题的成果,进一步深化了对黄河水沙条件和河道演变特点的认识,改进了黄河泥沙冲淤数学模型计算方法,扩展了多沙河流水库运用方式研究的思路。"九五"攻关专题"小浪底水库初期防洪减淤运用关键技术研究",结合以往的研究成果,在充分分析黄河下游洪水冲淤特性的基础上,提出了下游河段在不同含沙量水流条件下临界冲淤的流量和历时,科学论证了小浪底水库起始运行水位、调控流量、调控库容等调水调沙运用关键技术指标,开展了小浪底库区及小浪底至苏泗庄河段动床模型试验,深化了模型相似理论和模拟技术。"十五"国家科技攻关计划"维持黄河下游排洪输沙基本功能的关键技术研究"和"十一五"科技支撑计划项目"黄河健康修复关键技术研究",进一步提出了黄河下游和宁蒙河段河槽排洪输沙基本功能指标的阈值和维持黄河下游河槽排洪输沙基本功能的水沙调控指标体系,初步探讨了黄河中游水库群水沙联合调度方式等。2002年以来,以小浪底水库为主在黄河上开展了黄河调水调沙试验和生产运行,2006年以来又开展了三次利用并优化桃汛洪水过程冲刷降低潼关高程试验,初步实践了中下游水库群水沙联合调控技术,取得了水库水沙优化调度实践的宝贵成果,研究成果获2010年"国家科技进步一等奖"。

近年来,在科学试验和对水沙运动规律认识的基础上,黄委提出了建立完善的水沙调控体系的治黄思想,并把协调黄河水沙关系、管理黄河洪水、优化配置水资源量作为水沙调控体系建设的主要目标。随着黄河水沙调控体系的不断建设完善,如何通过水沙调控体系工程的联合调度运用,充分发挥水沙调控体系在调控水沙、防洪、防凌及水资源配置等方面的效益,是当前及今后一个时期需要长期不断地研究课题。

1.4 研究内容和研究成果

1.4.1 研究内容

在以往研究成果的基础上,补充分析黄河水沙情势及河道冲淤演变,分析黄河水沙关系变化及近期沙量减少的重要原因,预估未来黄河径流泥沙量变化,设计未来较长时期水沙条件;研究黄河水沙调控体系的形成及发展过程,总结现状水沙调控体系工程在防洪(防凌)、减淤和水资源配置等方面的作用及存在的问题,综合考虑流域洪水管理、协调水沙关系、合理配置和优化调度水资源等对黄河水沙调控体系的需求,论证黄河水沙调控体系总体布局,复核待建工程的规模、工程布置及主要建筑物、水库淹没等工程建设方案;研究黄河不同河段水沙输移规律、河道防洪能力及防凌需求、流域水资源变化以及经济社会发展用水和生态环境用水之间的关系,分析水沙调控体系约束性指标和指导性指标;研究黄河水沙调控体系联合调度运用技术,重点研究水沙调控体系骨干工程的内在联系、调控指标、调控原则、联合调控运用方式等;构建适用于复杂水沙条件、多水库、多功能组合方案的基于 GIS 黄河水沙调控体系数学模拟系统,研究水沙调控体系在防洪、减淤及水资源优化配置中的作用;论证黄河水沙调控体系中待建骨干工程的开发次序和建设时机,为黄河治理开发和水沙调控体系建设提供技术支撑。

1.4.2 主要研究成果

1.4.2.1 研究了黄河水沙情势及河道冲淤特性

分析了黄河洪水、径流、泥沙特点以及变化特性,从降雨变化、水利水保措施、水库拦沙、水资源利用、煤矿开采及河道采砂取土等方面探讨了 20 世纪 80 年代以来黄河入黄沙量大幅度减少的原因。

分析了宁蒙河段、禹潼河段以及黄河下游不同时期河道冲淤、主槽过流能力的变化过程以及引起变化的影响因素。

考虑未来不同水平年水利水保措施减水减沙目标,分析了未来黄河水沙变化趋势,研究了流域主要控制站不同时期水沙关系变化,提出了未来长时期(150 年)设计水沙条件成果。

1.4.2.2 提出了黄河水沙调控体系总体布局

从谋求黄河长治久安的根本要求出发,根据黄河干流各河段的水沙特点、流域经济社会发展布局,统筹考虑洪水管理、协调全河水沙关系、合理配置和优化调度水资源等需求,研究提出了水沙调控体系总体布局。

结合已有研究成果,系统地复核了黄河水沙调控体系各工程(包括已建和待建)的开发任务及工程规模指标等内容。

研究分析了水沙调控体系非工程措施建设内容及其在保障黄河水沙调控体系运行中的作用。

1.4.2.3 提出了基于河道减淤、防洪防凌安全以及水资源优化配置的水沙调控指标体系

通过对黄河下游、宁蒙河段洪水冲淤特性、水流输沙能力变化以及河道中水河槽规模的分析，提出了有利于河道减淤和中水河槽维持的调控指标；通过对潼关高程变化特点、潼关河段水流输沙能力、汛期及桃汛期洪水对潼关高程冲刷作用的分析，提出了有利于潼关高程冲刷降低的调控指标。

根据洪水淹没损失、堤防设计防洪流量等因素，提出黄河上游及中下游洪水调度的控制指标；根据干流水库防凌运用经验，总结历年来防洪运用效果，提出了凌汛期的调控指标。

考虑流域水资源量的变化，统筹协调河道外经济社会发展用水和河道内生态环境用水之间的关系，提出流域及有关省（区）地表水供水量和消耗量、地下水开采量等用水控制指标。

1.4.2.4 研究了黄河水沙调控体系联合运行机制和不同工程组合方案水库群联合运用方式

在考虑黄河水沙调控体系各骨干工程的开发任务及其对水沙的控制条件的基础上，分析了水沙调控体系各工程间的内在联合和相互关系，研究提出了黄河水沙调控体系联合运用机制。

考虑不同的来水来沙条件、库区蓄水条件以及河床边界条件等因素，从有利于河道和水库减淤的目标出发，充分考虑流量演进和水沙过程的对接，研究提出了现状工程古贤水库、黑山峡水库、碛口水库不同建设时机情况下的水沙调控体系联合调水调沙运用方式和兴利调节运行方式，并绘制出调度框图。

研究提出不同工程建设方案水库群联合防洪运用方式、不同水平年不同工程生效后（包括南水北调西线一期工程）水资源配置方式等。

1.4.2.5 研发了黄河水沙调控体系模拟系统

改进了黄河水沙模拟的技术与方法，完善了水流泥沙模型、防洪调度模型、水资源调控模型等，开发了水沙联合调控模型，实现了模型的输入输出接口的标准化、规范化。

根据黄河治理开发对模型应用的需求，设计了安全性、稳定性、可维护性较高的三层体系构架（应用层、模型服务层和数据层）的数学模型管理平台，构建了黄河水沙调控体系数学模拟系统，实现了水沙模型、防洪（防凌）调度模型、水资源模型的一体化。该系统既可进行上、中、下游水库群的联合调控，也可进行单个水库和河段的水沙输移模拟计算，还具有计算结果的动态演示和统计分析功能，具有广阔的应用前景。

1.4.2.6 研究分析了水沙调控体系联合调控作用

研究拟定了水沙调控体系工程组合运用方案，按照设计水沙系列，采用水沙调控体系模拟系统并联合其他单位数学模型，计算预测了不同方案未来150年水库及河道冲淤演变过程，分析了各方案水沙调控体系在协调黄河水沙关系、维持中水河槽行洪输沙能力、冲刷降低潼关高程等方面的重要作用。

研究分析了水沙调控体系不同工程组合方案对处理黄河洪水的效果以及不同水平年不同工程投入生效后黄河水资源利用效果和发电效果等。

1.4.2.7 提出了水沙调控体系待建工程的开发次序和建设时机

根据计算的不同水沙调控体系方案效果，分析了各骨干工程在黄河水沙调控体系中

所发挥的作用以及工程不同投入时机对黄河治理开发的影响等。

在综合比较各待建工程开发任务、经济效果、社会影响等各个方面的基础上,分析比较了古贤水库、碛口水库开发次序,古贤水库、黑山峡水库开发次序。从黄河治理开发的要求和总体布局出发,提出待建工程的建设时机,为国家宏观决策提供重要技术支撑。

第2章　黄河水沙情势及河道冲淤变化研究

2.1　洪　水

黄河流域洪水按其成因可分为暴雨洪水和冰凌洪水。暴雨洪水主要来自黄河上游和中游，多发生在6～10月，其中上游洪水主要来自兰州以上，中游洪水来自河口镇至龙门区间、龙门至三门峡区间和三门峡至花园口区间。冰凌洪水主要发生在黄河下游、宁蒙河段，发生的时间分别在2月、3月。

2.1.1　暴雨洪水

2.1.1.1　暴雨洪水特性

黄河流域暴雨洪水的开始日期一般是南早北迟、东早西迟。由于黄河流域面积广阔，加之形成暴雨的天气条件也有所不同，上、中、下游的大暴雨与特大洪水多不同时发生。

黄河上游多为强连阴雨，一般以7月、9月出现机会较多，8月出现机会较少，降雨特点是面积大、历时长、强度不大，主要降雨中心地带为积石山东坡。如1981年8月中旬至9月上旬连续降雨约1个月，150 mm雨区面积116 000 km^2，降雨中心久治站8月13日至9月13日共降雨634 mm。受上游地区降雨特点以及下垫面产汇流条件的影响，上游洪水过程具有历时长、洪峰低、洪量大的特点，兰州站一次洪水历时平均为40 d左右，最短为22 d，最长为66 d，较大洪水的洪峰流量一般为4 000～6 000 m^3/s。黄河上游的大洪水与中游大洪水不遭遇，对黄河下游威胁不大，但可以与中游的小洪水遭遇，形成历时较长、洪峰流量一般不超过8 000 m^3/s的花园口断面洪水，含沙量较小。龙羊峡水库、刘家峡水库建成后，这种类型的洪水出现概率很小。

黄河中游河龙间暴雨多发生在8月，其特点是暴雨强度大、历时短，雨区面积在4万km^{2}以下。龙门—三门峡区间（简称龙三间）暴雨也多发生在8月，区间内泾河上中游的暴雨特点与河龙间相近，渭河及北洛河暴雨强度略小，历时一般2～3 d，其中下游也经常出现一些连阴雨天气，降雨持续时间一般可以维持5～10 d或更长。三门峡—花园口区间较大暴雨多发生在7、8两月，其中特大暴雨多发生在7月中旬至8月中旬，发生次数频繁，强度也较大，雨区面积可达2万～3万km^2，历时一般2～3 d。河龙间洪水和龙三间洪水可以相遇，形成三门峡断面峰高量大的洪水过程（简称“上大型洪水”）。由于河龙间与龙三间洪水在传播时间上的特殊条件，当西南—东北向的雨区笼罩河三间时，黄河龙门以上和泾河、北洛河、渭河地区洪水可遭遇，形成三门峡以上的大洪水或特大洪水。如1933年8月上旬，暴雨区同时笼罩泾河、洛河、渭河和北干流无定河、延水、三川河流域，面积达10万km^{2}以上，形成1919年陕县有实测资料以来的最大洪水。

黄河中游的“上大型洪水”和三花间大洪水（简称“下大型洪水”）也不同时遭遇，但龙三间和三花间的较大洪水可能相遇，形成花园口断面的较大洪水。如 1957 年 7 月洪水，三门峡以上和三花间较大洪水相遇，形成花园口断面 7 月 19 日洪峰流量 13 000 m^3/s 的洪水，对应的渭河华县站 7 月 17 日洪峰流量 4 330 m^3/s，洛河长水站 7 月 18 日洪峰流量 3 100 m^3/s。黄河中游地区较大洪水峰量组成见表 2-1。

表 2-1　黄河中游地区较大洪水峰量组成

洪水组成	洪水发生年份	花园口		三门峡			三花间			三门峡占花园口的比例（%）	
		洪峰流量（m^3/s）	12 d 洪量（亿 m^3）	洪峰流量（m^3/s）	相应洪水流量（亿 m^3）	12 d 洪量（亿 m^3）	洪峰流量（m^3/s）	相应洪水流量（m^3/s）	12 d 洪量（亿 m^3）	洪峰流量（m^3/s）	12 d 洪量（亿 m^3）
三门峡以上来水为主，三花间为相应洪水	1843	33 000	136.0	36 000		119.0		2 200	17.0	93.3	87.5
	1933	20 400	100.5	22 000		91.90		1 900	8.60	90.7	91.4
三花间来水为主，三门峡以上为相应洪水	1761	32 000	120.0		6 000	50.0	26 000		70.0	18.8	41.7
	1954	15 000	76.98		4 460	36.12	10 540		40.86	29.73	46.92
	1958	22 300	88.85		6 520	50.79	15 780		38.06	29.24	57.16
	1982	15 300	65.25		4 710	28.01	10 590		37.24	30.78	42.93

注：各站和区间的相应洪水流量是指与花园口洪峰流量对应的数值，1761 年和 1843 年洪水峰、量系通过洪水调查及清代所设水尺推算。

黄河下游洪水主要来自中游的河龙间、龙三间和三花间。由于上游洪水源远流长，加之河道的调蓄作用和宁夏灌区、内蒙古灌区耗水，上游洪水传播至黄河下游后形成洪水的基流，历史上花园口站洪峰流量大于 8 000 m^3/s 的洪水以中游来水为主，河口镇以上相应来水流量一般为 2 000～3 000 m^3/s。黄河下游干流大洪水与大汶河的大洪水不遭遇，但可以和大汶河的中等洪水相遭遇；干流中等洪水也可以和大汶河的大洪水相遭遇。

黄河的中常洪水虽然量级不大，但发生概率较高、水流含沙量也较大，对水沙调控体系运用和河道冲淤的影响较大，若中常洪水量级变小，则河道的造床流量也相应减小，河道主槽将发生萎缩，同时水库控制中常洪水的运用方式应作相应调整。天然情况下，黄河干流潼关站 5 年一遇洪水的洪峰流量约为 10 300 m^3/s。由于水土保持工程、水资源开发利用、水库调蓄等作用的影响，1986 年以来，4 000～10 000 m^3/s 中常洪水的发生频次，由人类活动影响前的 2.8 次/年，减少为现状下垫面条件下的 1.9 次/年，其中 4 000～6 000 m^3/s 量级洪水减少的次数约占 56%。潼关站 5 年一遇洪水洪峰流量约为 8 730 m^3/s，与天然情况比较，其量级减少了约 15%。

2.1.1.2　设计洪水

黄河流域的暴雨洪水，新中国成立以来曾进行过多次设计洪水频率分析，总的来看成果变化不大，主要是因为黄河干流洪水系列相对较长，而且各站均有把调查历史洪水加入分析计算，并注重成果的合理性检查。黄河干流主要站（区间）的设计洪水成果见表 2-2。

表 2-2　黄河干流主要站(区间)的设计洪水成果

(单位:洪峰,m^3/s;洪量,亿 m^3)

站区	流域面积(km^2)	采用资料系列	项目	均值	C_v	C_s/C_v	频率为 $P(\%)$ 的设计值		
							0.01	0.1	1
贵德	133 650	1946 ~ 1974 年共 29 年,加入 1904 年历史洪水,重现期为 120 ~ 160 年	Q_m	2 470	0.36	4	8 650	7 040	5 410
			W_{15}	26.2	0.34	4	86.5	71.0	55.0
兰州	222 551	1934 ~ 1972 年共 39 年,加入 1904 年历史洪水,重现期为 120 ~ 160 年	Q_m	3 900	0.35	4	12 700	10 400	8 110
			W_{15}	40.8	0.33	4	131	108	84.0
河口镇	367 898	1952 ~ 1997 年实测系列	Q_m	2 720	0.48	3.5	12 500	9 860	7 190
			W_{12}	26.8	0.42	3	100.6	82.0	62.7
龙门	497 561	1933 ~ 1946 年和 1949 ~ 1997 年共 63 年,加入 1843 年历史洪水,重现期为 155 年	Q_m	9 110	0.58	3	49 400	38 500	27 400
			W_{12}	31.91	0.38	3	108	89.3	69.6
三门峡	688 421	1919 ~ 1997 年共 79 年,1843 年历史洪水重现期为 1 000 年	Q_m	8 880	0.56	4	52 300	40 000	27 500
			W_{12}	43.5	0.43	3	168	136	104
花园口	730 036		Q_m	9 770	0.54	4	55 500	42 300	29 200
			W_{12}	53.5	0.42	3	201	164	125
三花间	41 615		Q_m	5 100	0.92	2.5	46 700	34 600	22 700
			W_{12}	15.0	0.84	2.5	122	91.0	61.0

2.1.2　冰凌洪水

黄河冰凌洪水主要发生在上游的宁蒙河段,特别是内蒙古三盛公以下河段和下游的山东河段。由于两河段均为自低纬度流向高纬度的河段,在严冬季节,易形成冰凌洪水灾害,表现在两个方面:一是封河阶段和稳封阶段,形成冰塞壅水,槽蓄水量增加,河道水位急剧升高,造成漫溢、决口;二是开河阶段,槽蓄水量释放,沿程流量加大,由于下游段还未达到自然开河条件,冰盖以下的过流能力不足,形成冰塞、冰坝,河道水位急剧上涨,威胁堤防安全,甚至造成堤防决口。

在刘家峡水库建库前,宁蒙河段最大槽蓄水增量均值为 6.32 亿 m^3,最多达 9.48 亿 m^3;1986 年以来,由于河道主槽淤积严重、河道形态恶化,加上凌汛期流量增加,槽蓄水增量增加,最大槽蓄水增量的多年平均值约 11 亿 m^3,最大达到 18.98 亿 m^3(1999 ~ 2000 凌汛年度)。而在小浪底水库建成以前,山东河段槽蓄水增量最大曾达到 8.85 亿 m^3,一般年份多为1亿~6亿 m^3。

冰凌洪水发生在河道解冻开河期间，宁蒙河段解冻开河一般在3月中下旬，少数年份在4月上旬；黄河下游解冻开河一般在2月上中旬，少数年份在3月上旬。冰凌洪水凌峰流量一般为1 000~2 000 m^3/s，实测最大值不超过4 000 m^3/s。上游河口镇洪水总量一般为5亿~8亿 m^3，下游一般为6亿~10亿 m^3。洪水历时，上游一般为6~9 d，下游一般为7~10 d。

冰凌洪水具有以下特点：一是凌峰流量虽小，但水位高。河道中的冰凌使水流阻力增大、流速减小，特别是卡冰结坝壅水，使河道水位壅高，同流量水位远高于无冰期，甚至超过伏汛期历年最高洪水位，如1958年三湖河口凌峰流量仅1 020 m^3/s，水位却相当于伏汛期5 000 m^3/s 的水位；1955年利津站凌峰流量1 960 m^3/s，相应水位达15.31 m（大沽高程，下同），比1958年10 400 m^3/s 的洪水位还高1.55 m。二是河道槽蓄水量逐步释放，凌峰流量沿程递增。宁蒙河段石嘴山凌汛洪峰流量一般接近1 000 m^3/s，而到了头道拐可达2 000 m^3/s，最大3 500 m^3/s（1968年）；1955年黄河下游凌汛期间，秦厂流量为1 080 m^3/s，孙口凌峰流量为2 300 m^3/s，艾山流量为3 000 m^3/s。

2.2 天然径流

根据黄河流域水资源综合规划成果，黄河流域1956~2000年45年系列多年平均降水量447 mm，经一致性处理后，现状下垫面条件下多年平均天然河川径流量534.8亿 m^3（利津断面），相应径流深71.1 mm。黄河干支流主要水文站断面天然径流量基本特征值见表2-3。

表2-3 黄河干支流主要水文站断面天然径流量基本特征值

水文站	最大		最小		多年平均		C_v	$\frac{C_s}{C_v}$	不同频率年径流量（亿 m^3）			
	径流量（亿 m^3）	出现年份	径流量（亿 m^3）	出现年份	径流量（亿 m^3）	径流深（mm）			20%	50%	75%	95%
唐乃亥	329.25	1989	134.38	1956	205.15	168.2	0.26	3.0	246.21	198.52	167.15	131.76
兰州	535.36	1967	234.42	1997	329.89	148.2	0.22	3.0	387.55	321.94	277.55	225.51
河口镇	534.72	1967	233.25	1956	331.75	86.0	0.22	3.0	390.17	323.63	278.67	226.06
龙门	609.11	1967	258.88	2000	379.12	76.2	0.21	3.0	441.95	370.98	322.48	264.88
三门峡	777.39	1964	301.58	2000	482.72	70.1	0.22	3.0	567.39	471.00	405.83	329.48
花园口	945.65	1964	332.38	1997	532.78	73.0	0.24	3.0	631.64	518.18	442.30	354.75
利津	1 011.08	1964	322.64	1997	534.79	71.1	0.23	3.0	636.74	519.25	441.15	351.67
湟水民和	34.47	1989	12.65	1991	20.53	134.6	0.25	4.0	24.35	19.72	16.85	13.88

续表 2-3

水文站	最大		最小		多年平均		C_v	$\frac{C_s}{C_v}$	不同频率年径流量(亿 m^3)			
	径流量(亿 m^3)	出现年份	径流量(亿 m^3)	出现年份	径流量(亿 m^3)	径流深(mm)			20%	50%	75%	95%
洮河红旗	95.76	1967	27.02	2000	48.26	193.3	0.32	2.5	60.30	46.30	37.00	27.00
渭河华县	166.98	1964	35.43	1997	80.93	76.0	0.32	2.0	101.58	78.18	62.27	43.48
北洛河洑头	20.09	1964	4.54	1957	8.96	35.6	0.34	2.5	11.33	8.53	6.73	4.77
汾河河津	37.56	1964	9.54	1987	18.47	47.7	0.33	3.0	23.15	17.45	13.94	10.33
伊洛河黑石关	93.02	1964	12.18	1997	28.32	152.6	0.58	3.0	39.02	23.89	16.47	11.26
沁河武陟	29.44	1963	6.08	1997	13.00	100.9	0.49	3.0	17.14	11.74	8.73	6.08
大汶河戴村坝	55.63	1964	1.14	1989	13.70	165.8	0.71	2.0	16.66	9.27	6.07	4.29

根据 1956 ~ 2000 年资料系列计算,黄河流域断面水资源总量 647.00 亿 m^3。其中,天然河川径流量 534.79 亿 m^3(占水资源总量的 82.6%),地表水与地下水之间不重复计算量 112.21 亿 m^3(占水资源总量的 17.4%)。黄河干支流主要水文站水资源总量见表 2-4。

表 2-4　黄河干支流主要水文站水资源总量

河流	水文站	集水面积(万 km^2)	河川天然径流量(亿 m^3)	断面以上地表水与地下水之间不重复计算量(亿 m^3)	水资源总量(亿 m^3)
黄河干流	唐乃亥	12.20	205.15	0.46	205.61
	兰州	22.26	329.89	2.02	331.91
	河口镇	38.60	331.75	24.70	356.45
	龙门	49.76	379.11	43.39	422.51
	三门峡	68.84	482.72	80.01	562.73
	花园口	73.00	532.77	88.05	620.83
	利津	75.19	534.81	103.47	638.26
湟水	民和	1.53	20.53	1.10	21.63

续表 2-4

河流	水文站	集水面积（万 km^2）	河川天然径流量（亿 m^3）	断面以上地表水与地下水之间不重复计算量(亿 m^3)	水资源总量（亿 m^3）
渭河	华县	10.65	80.93	16.86	97.79
泾河	张家山	4.32	18.46	0.57	19.03
北洛河	湫头	2.52	8.96	1.09	10.05
汾河	河津	3.87	18.47	12.81	31.28
伊洛河	黑石关	1.86	28.32	2.84	31.16
沁河	武陟	1.29	13.00	3.25	16.25
大汶河	戴村坝	0.83	13.70	6.97	20.67
黄河流域		79.50	534.79	112.21	647.00

黄河流域河川径流的主要特点如下：

(1)水资源贫乏。黄河流域面积占全国国土面积的8.3%,而年径流量只占全国的2%。流域内人均水量473 m^3,为全国人均水量的23%;耕地亩均水量220 m^3,仅为全国耕地亩均水量的15%。实际上考虑向流域外供水后,人均、亩均占有水资源量更少。

(2)径流年内、年际变化大。干流及主要支流汛期7～10月径流量占全年的60%以上,支流的汛期径流主要以洪水形式形成,非汛期11月至次年6月来水不足40%。干流断面最大年径流量一般为最小值的3.1～3.5倍,支流一般达5～12倍。自有实测资料以来,出现了1922～1932年、1969～1974年、1990～2000年连续枯水段,三个连续枯水段年平均河川天然径流量分别相当于多年均值的74%、84%和83%。黄河干流兰州、三门峡、花园口、利津等水文站天然径流量年代间对比情况见表2-5。表2-6给出了干流兰州、龙门、三门峡、花园口、利津水文站1956～2000年多年平均天然径流量年内分配情况。

表2-5　黄河干流主要水文站天然径流量　（单位:亿 m^3）

水文站	1956～1959年	1960～1969年	1970～1979年	1980～1989年	1990～2000年	2001～2009年	1956～2000年	1956～1979年	1980～2000年
兰州	289.3	365.9	330.2	364.1	280.5	305.3	329.9	338.3	320.3
河口镇	292.1	363.5	331.5	371.2	281.7	287.1	331.7	338.3	324.3
龙门	349.9	415.9	381.1	411.5	325.1	319.0	379.1	390.4	366.2
三门峡	481.5	537.2	475.3	526	401.1	383.0	482.7	502.1	460.6
花园口	547.8	601.6	511.5	580.4	440.8	435.8	532.8	555.1	507.3
利津	547.7	606.7	512.2	577.3	446.6	434.1	534.8	557.5	508.9

注:2001～2009年天然径流量采用《黄河水资源公报》成果。

表 2-6　黄河干流主要水文站多年平均河川天然径流量年内分配(1956～2000 年)

(单位:亿 m^3)

水文站	1月	2月	3月	4月	5月	6月	7月	8月	9月	10月	11月	12月	全年
兰州	8.49	7.73	11.08	16.14	26.73	35.65	52.90	49.15	49.50	40.27	21.19	11.06	329.89
龙门	7.62	10.26	20.86	20.43	30.78	35.10	55.67	60.92	54.97	49.02	24.55	8.93	379.11
三门峡	11.65	14.49	26.79	27.81	38.18	41.63	67.16	75.26	69.75	62.00	33.86	14.14	482.72
花园口	13.73	15.40	28.44	30.04	41.31	43.92	74.16	84.75	77.31	68.68	38.14	16.89	532.77
利津	13.04	15.56	27.58	30.37	41.58	42.60	71.83	87.30	79.00	69.51	39.14	17.30	534.81

(3)地区分布不均。黄河河川径流大部分来自兰州以上,年径流量占全河的 61.7%,而流域面积仅占全河的 28%;龙三间的流域面积占全河的 24%,年径流量占全河的 19.4%;兰州至河口镇区间产流很少,河道蒸发渗漏强烈,流域面积占全河的 20.6%,年径流量仅占全河的 0.3%。黄河天然河川径流年际变化大、年内分配集中、连续枯水段长、地区分布不均,开发利用黄河河川径流必须进行调节。

20 世纪 80 年代以来,由于气候变化和人类活动对下垫面的影响,黄河径流量发生了变化,黄河中游变化尤其显著,天然径流量明显减少。与 1956～1979 年系列相比,1980～2000 年系列黄河流域平均降水总量减少了 6.1%,花园口站天然河川径流量减少了 7.8%,而黄河中游区(河口镇—花园口)天然河川径流量减少了 18.0%;2001～2009 年系列平均降水总量减少了 3.9%,花园口站天然河川径流量减少了 21.3%,而黄河中游区(河口镇—花园口)天然河川径流量减少了 33.8%。引起黄河径流量明显减少的原因一是降水偏枯,二是流域下垫面条件变化导致降雨径流关系变化。黄河中游地区能源开发、农业生产发展、水土保持生态环境建设、雨水集蓄利用以及地下水开发利用等活动,改变了下垫面条件,使得降水径流关系发生明显改变,在同等降水条件下,河川径流量比以前有所减少。

黄河河川径流量主要受降水量和下垫面条件的影响。对于未来 30 年的降水量,目前尚不能确定有趋势性变化的结论。下垫面条件的变化直接影响产汇流关系的改变,在未来 30 年,黄土高原能源开发、水土保持工程建设、地下水开发利用都将影响产汇流关系向产流不利的方向变化,即使在降水量不变的情况下,天然径流量将进一步减少。此外,水利工程建设引起的水面蒸发量的增加也将减少天然径流量。

考虑未来人类活动对下垫面的改变,进而对天然径流量的影响,预测 2020 年、2030 年、2050 年水平黄河多年平均天然径流量将分别为 519.79 亿 m^3、514.79 亿 m^3、504.79 亿 m^3,较现状分别减少 15 亿 m^3、20 亿 m^3、30 亿 m^3。

2.3 泥沙及近期水沙变化

2.3.1 黄河泥沙特点

2.3.1.1 输沙量大,水流含沙量高,水沙关系不协调

黄河以泥沙多而闻名于世。在我国的大江大河中,黄河的面积仅次于长江而居第二位,但由于大部分地区处于半干旱和干旱地带,流域水资源量极为贫乏,与流域面积相比很不相称。黄河多年平均天然径流量仅535亿 m^3,来沙量高达16亿t,其径流量不及长江的1/20,而来沙量为长江的3倍。与世界多泥沙河流相比,孟加拉国的恒河年沙量14.5亿t,与黄河相近,但水量达3 710亿 m^3,是黄河的7倍,且含沙量较小,只有3.9 kg/m^3,远小于黄河;美国的科罗拉多河的含沙量为27.5 kg/m^3,与黄河相近,而年沙量仅有1.35亿t。由此可见,黄河沙量之多、含沙量之高,在世界大江大河中是绝无仅有的。水沙关系不协调主要体现在干支流含沙量高和来沙系数(含沙量和流量之比)大,河口镇至龙门区间的来水年均含沙量高达123.10 kg/m^3,来沙系数高达0.67 $kg \cdot s/m^6$,黄河支流渭河华县站的来水含沙量达50.2 kg/m^3,来沙系数达0.22 $kg \cdot s/m^6$。

2.3.1.2 水沙异源

黄河流经不同的自然地理单元,流域地形、地貌和气候等条件差别很大,受其影响,黄河具有水沙异源的特点(见表2-7)。黄河水量主要来自上游,中游是黄河泥沙的主要来源区。

表2-7 黄河主要站(区)实测水沙特征值(1919~2008年)

站名	水量(亿 m^3)			沙量(亿t)			含沙量(kg/m^3)		
	7~10月	11月至次年6月	7月至次年6月	7~10月	11月至次年6月	7月至次年6月	7~10月	11月至次年6月	7月至次年6月
贵德	114.44	86.43	200.88	0.12	0.05	0.16	1.02	0.53	0.81
兰州	169.54	140.09	309.63	0.66	0.14	0.81	3.92	1.02	2.61
下河沿	166.95	133.13	300.08	1.21	0.21	1.42	7.23	1.58	4.73
河口镇	129.73	99.37	229.10	0.93	0.24	1.17	7.16	2.46	5.12
龙门	160.70	126.53	287.23	7.29	1.04	8.33	45.35	8.23	29.00
河龙区间	30.97	27.16	58.13	6.36	0.80	7.16	205.32	29.35	123.10
渭洛汾河	55.90	34.60	90.49	4.27	0.40	4.67	76.38	11.58	51.60
四站	216.60	161.13	377.73	11.56	1.44	13.00	53.36	8.95	34.41
三门峡	211.77	160.56	372.33	10.56	1.74	12.30	49.87	10.84	33.04
潼关	187.76	154.99	342.75	8.81	1.82	10.63	46.94	11.72	31.01
伊洛沁河	24.88	14.44	39.31	0.20	0.02	0.22	8.13	1.55	5.72
三黑武	236.65	175.00	411.65	10.76	1.76	12.53	45.48	10.07	30.43
花园口	238.96	176.75	415.71	9.43	1.82	11.24	39.44	10.29	27.05
利津	189.83	121.05	310.88	6.40	1.16	7.56	33.70	9.62	24.32

注:1.四站指龙门、华县、河津、洑头之和。
2.利津站水沙为1950年7月至2009年6月年平均值。

上游河口镇以上流域面积为 38 万 km^2，占全流域面积的 51%，年水量占全河水量的 55.7%，而年沙量仅占 9.3%。上游径流又集中来源于流域面积仅占全河流域面积 28% 的兰州以上，其天然径流量占全河的 61.7%，是黄河水量的主要来源区；兰州以上泥沙约占河口镇来沙量的 69.2%。

中游河口镇至龙门区间流域面积 11 万 km^2，占全流域面积的 15%，该区间有祖历河、皇甫川、无定河、窟野河等众多支流汇入，区间年水量占全河水量的 14.1%，而年沙量却占 57.2%，是黄河泥沙的主要来源区；龙门至三门峡区间面积 19 万 km^2，该区间有渭河、泾河、汾河等支流汇入，年水量占全河水量的 20.7%，年沙量占 31.7%，该区间部分地区也属于黄河泥沙的主要来源区。

三门峡以下的伊河、洛河和沁河是黄河的清水来源，年水量占全河水量的 9.5%，年沙量仅占 1.8%。

2.3.1.3 水沙年内分配集中，年际变化大

黄河泥沙年内分配极不均匀，主要集中在汛期(7~10 月)。黄河汛期水量占年水量的 60% 左右，汛期沙量占年沙量的 80% 以上，集中程度更甚于水量，且主要集中在暴雨洪水期，往往 5~10 d 的沙量可占年沙量的 50%~90%，支流沙量的集中程度又甚于干流，如龙门站 1961 年最大 5 d 沙量占年沙量的 33%；三门峡站 1933 年最大 5 d 沙量占年沙量的 54%。支流窟野河 1966 年最大 5 d 沙量占年沙量的 75%；岔巴沟 1966 年最大 5 d 沙量占年沙量的 89%。

黄河来沙的年际变化很大，三门峡水文站实测年输沙量最大为 37.26 亿 t(1933 年)，最小为 1.11 亿 t(2008 年)，丰枯极值比为 33.6。由于输沙量年际变化较大，黄河泥沙主要集中在几个大沙年份，20 世纪 80 年代以前各年代最大 3 年输沙量所占比例在 40% 左右；1980 年以来黄河来沙进入一个长时期枯水时段，潼关站年最大沙量为 14.44 亿 t，多年平均沙量 6.43 亿 t，但大沙年份所占比例依然较高，潼关站年来沙量大于 10 亿 t 的四年(1981 年、1988 年、1994 年和 1996 年)沙量占 1981~2008 年总沙量的 27.4%。

2.3.1.4 不同地区泥沙颗粒粗细不同

黄河上下游来沙组成中，河口镇以上来沙较细：粒径小于 0.025 mm 的泥沙含量占 62.24%，粒径在 0.025~0.05 mm 的泥沙含量占 21.03%，粒径大于 0.05 mm 的泥沙含量只占 16.73%，中数粒径为 0.017 mm；河口镇至龙门区间是黄河多沙、粗沙区，因此来沙粗，龙门站粒径小于 0.025 mm 的泥沙含量占 44.82%，粒径在 0.025~0.05 mm 的泥沙含量占 27.13%，粒径大于 0.05 mm 的泥沙含量占到 28.05%，泥沙中数粒径则达 0.030 mm，区间主要支流除昕水河外，泥沙粒径大于 0.05 mm 的含量在 20.09%~54.06%，中数粒径在 0.023~0.058 mm；龙门以下渭河来沙较细，华县站泥沙中数粒径与河口镇比较接近，为 0.018 mm，详见表 2-8。

表 2-8　黄河上下游干支流泥沙颗粒组成(1966 ~ 2005 年)　(%)

站(河)名		不同粒径(mm)含量			中数粒径(mm)
		<0.025	0.025 ~ 0.05	>0.05	
干流	兰州	68.76	17.60	13.64	0.012
	河口镇	62.24	21.03	16.73	0.017
	龙门	44.82	27.13	28.05	0.030
	潼关	52.84	27.03	20.13	0.023
支流	华县	62.74	24.90	12.36	0.018
	皇甫川	35.68	14.81	49.51	0.049
	孤山川	41.40	20.95	37.65	0.035
	窟野河	34.01	14.99	51.00	0.053
	秃尾河	26.67	19.27	54.06	0.058
	三川河	53.04	26.87	20.09	0.023
	无定河	38.47	27.82	33.71	0.035
	清涧河	44.98	30.23	24.79	0.029
	昕水河	60.23	24.46	15.31	0.019
	延水河	47.47	27.32	25.21	0.027

2.3.2　近期水沙变化特性

2.3.2.1　年均径流量和输沙量大幅度减少

对黄河主要水文站实测径流量、输沙量资料的统计分析表明,20 世纪 70 年代以来,由于气候降雨的影响以及人类活动的加剧,进入黄河的水沙量呈逐年代减少趋势,尤其 1986 年以来减少幅度更大。黄河主要干支流水文站不同时期实测径流量和输沙量变化情况见表 2-9。

黄河干流头道拐站、龙门站、三门峡站、花园口站和利津站 1919 ~ 2008 年实测径流量分别为 229.10 亿 m^3、287.23 亿 m^3、372.33 亿 m^3、415.71 亿 m^3 和 310.88 亿 m^3,1987 ~ 1999 年平均径流量为 164.45 亿 m^3、205.41 亿 m^3、254.98 亿 m^3、274.91 亿 m^3 和 148.43 亿 m^3,较多年平均值偏少了 28.2%、28.5%、31.5%、33.9% 和 52.3%,2000 年以来水量减少更多,以上各站 2000 ~ 2008 年平均径流量仅有 145.36 亿 m^3、171.13 亿 m^3、196.36 亿 m^3、236.14 亿 m^3 和 145.73 亿 m^3,与多年均值相比,减少幅度达 36.6% ~ 53.1%。支流入黄水量同样变化很大,渭河华县站和汾河河津站 1987 ~ 1999 年入黄水量较多年平均值减少 33.1% 和 54.2%,2000 年以来减少 35.7% 和 70.5%。

黄河中游四站(龙华河洑)1987 ~ 1999 年、2000 ~ 2008 年平均径流量分别为 265.58 亿 m^3、225.83 亿 m^3,分别较多年平均值减少了 29.7%、40.2%。从历年实测径流量过程看,

表 2-9　黄河主要干支流水文站实测径流量和输沙量不同时段对比

时段	头道拐			龙门			三门峡			花园口			利津		
	水量(亿 m^3)	沙量(亿 t)	来沙系数($kg \cdot s/m^6$)	水量(亿 m^3)	沙量(亿 t)	来沙系数($kg \cdot s/m^6$)	水量(亿 m^3)	沙量(亿 t)	来沙系数($kg \cdot s/m^6$)	水量(亿 m^3)	沙量(亿 t)	来沙系数($kg \cdot s/m^6$)	水量(亿 m^3)	沙量(亿 t)	来沙系数($kg \cdot s/m^6$)
1919～1949 年	253.71	1.39	0.007	328.78	10.20	0.030	427.18	15.56	0.027	481.75	15.03	0.020			
1950～1959 年	241.40	1.51	0.008	315.10	11.85	0.038	426.11	17.60	0.031	474.41	15.56	0.022	463.57	13.15	0.019
1960～1969 年	274.96	1.83	0.008	340.87	11.38	0.031	460.00	11.54	0.017	515.20	11.31	0.013	512.88	11.00	0.013
1970～1979 年	232.40	1.15	0.007	283.12	8.67	0.034	354.74	13.77	0.035	377.73	12.19	0.027	304.19	8.88	0.030
1980～1989 年	242.10	0.99	0.005	278.69	4.69	0.019	376.16	8.64	0.019	418.52	7.79	0.014	290.66	6.46	0.024
1990～2008 年	149.77	0.40	0.006	183.21	3.55	0.033	215.63	5.74	0.039	243.21	4.08	0.022	138.36	2.69	0.044
1919～2008 年①	229.10	1.17	0.007	287.23	8.33	0.032	372.33	12.30	0.028	415.71	11.24	0.021	310.88	7.56	0.025
1950～1986 年②	251.57	1.43	0.007	309.41	9.39	0.031	410.41	13.21	0.025	453.53	12.00	0.018	408.13	10.24	0.019
1987～1999 年③	164.45	0.45	0.005	205.41	5.31	0.040	254.98	7.97	0.039	274.91	7.11	0.030	148.43	4.15	0.059
2000～2008 年④	145.36	0.40	0.006	171.13	1.87	0.020	196.36	3.61	0.029	236.14	1.07	0.006	145.73	1.46	0.022
③较①少(%)	28.22	61.42	25.13	28.49	36.24	-24.66	31.52	35.23	-38.12	33.87	36.75	-44.62	52.25	45.08	-140.90
④较①少(%)	36.55	66.27	16.20	40.42	77.50	36.61	47.26	70.69	-5.39	43.20	90.50	70.55	53.12	80.69	12.13
④较②少(%)	42.22	72.35	17.19	44.69	80.05	34.78	52.16	72.70	-19.26	47.93	91.10	67.16	64.29	85.75	-11.80

续表 2-9

时段	华县			河津			洑头			四站		
	水量（亿 m^3）	沙量（亿 t）	来沙系数（kg·s/m^6）	水量（亿 m^3）	沙量（亿 t）	来沙系数（kg·s/m^6）	水量（亿 m^3）	沙量（亿 t）	来沙系数（kg·s/m^6）	水量（亿 m^3）	沙量（亿 t）	来沙系数（kg·s/m^6）
1919～1949 年	77.99	4.23	0.219	15.28	0.48	0.647	7.03	0.81	5.177	429.08	15.72	0.027
1950～1959 年	83.83	4.26	0.191	17.41	0.70	0.726	6.50	0.92	6.896	422.84	17.74	0.031
1960～1969 年	97.89	4.39	0.145	18.28	0.35	0.328	8.90	1.00	3.968	465.93	17.12	0.025
1970～1979 年	57.67	3.82	0.362	9.93	0.19	0.602	5.75	0.80	7.618	356.47	13.47	0.033
1980～1989 年	81.01	2.77	0.133	6.74	0.04	0.311	7.11	0.47	2.966	373.54	7.98	0.018
1990～2008 年	43.84	2.14	0.351	4.22	0.02	0.317	5.89	0.58	5.284	237.15	6.29	0.035
1919～2008 年①	71.72	3.60	0.221	11.97	0.31	0.684	6.80	0.76	5.157	377.73	13.00	0.029
1950～1986 年②	81.02	3.89	0.187	13.53	0.34	0.588	7.08	0.81	5.088	411.05	14.44	0.027
1987～1999 年③	48.01	2.79	0.382	5.49	0.04	0.385	6.68	0.84	5.935	265.58	8.98	0.040
2000～2008 年④	46.10	1.41	0.209	3.54	0.00	0.078	5.06	0.24	2.906	225.83	3.52	0.022
③较①少（%）	33.06	22.52	-72.92	54.16	88.19	43.80	1.88	-10.81	-15.10	29.69	30.94	-39.69
④较①少（%）	35.72	60.91	5.39	70.46	99.01	88.62	25.63	68.84	43.66	40.21	72.91	24.22
④较②少（%）	43.10	63.84	-11.70	73.85	99.09	86.75	28.57	70.86	42.89	45.06	75.61	19.20

1990 年以来四站径流量均小于多年平均值，其中 2002 年仅 158.95 亿 m^3，是 1919 年以来径流量最小的一年，见图 2-1。

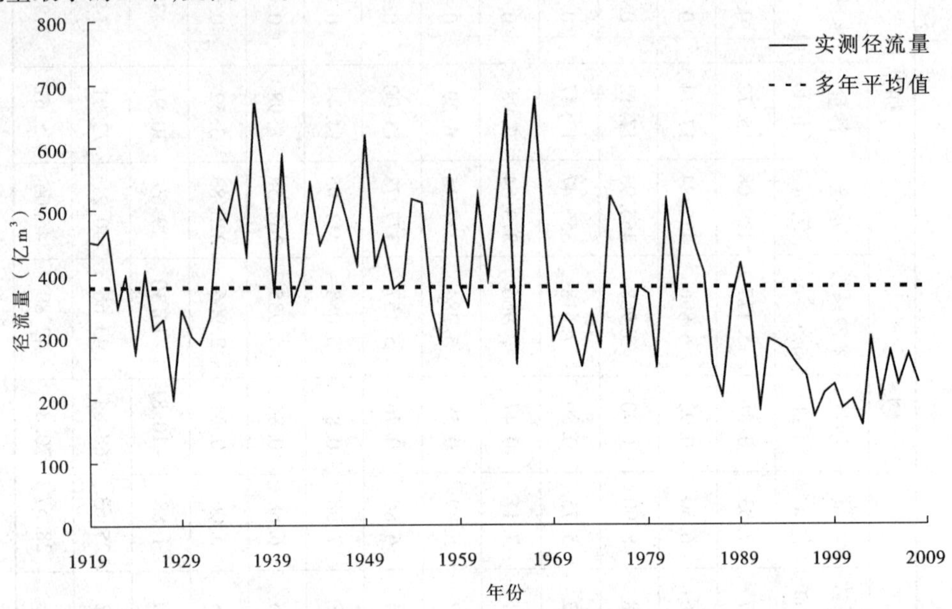

图 2-1　中游四站（龙华河洑）历年实测径流量过程

与径流量变化趋势基本一致，实测输沙量也大幅度减少。头道拐站、龙门站、三门峡站、花园口站和利津站多年平均实测输沙量分别为 1.17 亿 t、8.33 亿 t、12.30 亿 t、11.24 亿 t 和 7.56 亿 t，1987 ~ 1999 年平均输沙量分别减至 0.45 亿 t、5.31 亿 t、7.97 亿 t、7.11 亿 t 和 4.15 亿 t，较多年均值偏少 61.5%、36.2%、35.2%、36.7% 和 45.1%，2000 年以来减幅更大，2000 ~ 2008 年头道拐站、龙门站和三门峡站年均沙量仅有 0.40 亿 t、1.87 亿 t 和 3.61 亿 t，与多年均值相比，减幅为 66.3% ~ 77.5%，为历史上最枯沙时段。小浪底水库投入运用以来，由于水库拦沙作用，进入下游的沙量大大减少，2000 ~ 2008 年花园口站和利津站沙量仅有 1.07 亿 t、1.46 亿 t，较多年均值减少 90.5%、80.7%。渭河、汾河和北洛河等支流入黄沙量也同步减少，2000 ~ 2008 年华县站、河津站、洑头站输沙量较多年均值偏少 60% 以上。

中游四站输沙量自 20 世纪 70 年代开始，尤其进入 80 年代以来入黄沙量持续减少（见图 2-2），1987 ~ 1999 年、2000 ~ 2008 年多年平均输沙量仅为 8.98 亿 t、3.52 亿 t，占多年均值的 69.1%、27.1%，减沙幅度分别达 30.9%、72.9%，与 1987 年以前相比，减沙幅度在一半以上。

随着水沙量的减少，表示水沙关系的来沙系数（含沙量和流量之比）也在发生变化，龙华河洑四站 1919 ~ 1949 年、1950 ~ 1959 年、1960 ~ 1969 年、1970 ~ 1979 年、1980 ~ 1989 年、1990 ~ 2008 年多年平均来沙系数分别为 0.027 $kg \cdot s/m^6$、0.031 $kg \cdot s/m^6$、0.025 $kg \cdot s/m^6$、0.033 $kg \cdot s/m^6$、0.018 $kg \cdot s/m^6$、0.035 $kg \cdot s/m^6$，不同时期相比，以近期 1990 ~ 2008 年为最大，说明近期 1990 年以来黄河中下游水沙关系更加不协调。

2.3.2.2　径流量年内分配比例发生变化，汛期比重减少

由于刘家峡、龙羊峡、小浪底等大型水库先后投入运用，其调蓄作用和沿途引用黄河

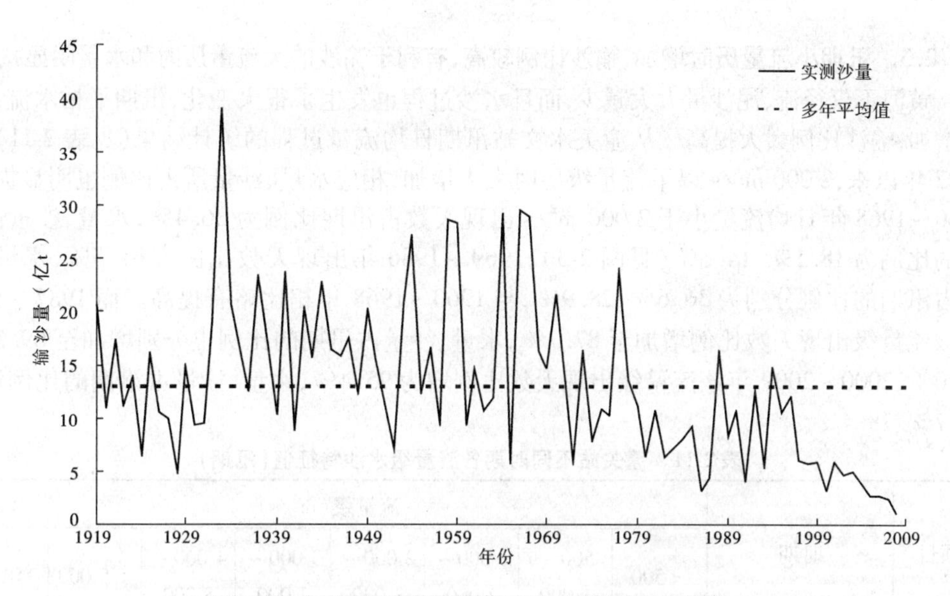

图 2-2　中游四站（龙华河洑）历年实测输沙量过程

水，使黄河干流河道内实际来水年内分配发生了很大的变化，表现为汛期比例下降，非汛期比例上升，年内径流量月分配趋于均匀。

表 2-10 给出了黄河干流大型水库运用前后主要水文站实测径流量年内分配不同时段对比情况。可以看出，黄河干流花园口水文站以上，1986 年以前，汛期径流量一般可占年径流量的 60% 左右，1987 ~ 1999 年降为 47.3%，且最大月径流量与最小月径流量的比值也逐步缩小。2000 年小浪底水库投入运用以来，进入下游花园口断面汛期来水比例仅为 37.1%。

表 2-10　黄河干流主要水文站实测径流量年内分配对比

站名	时段	年内分配（%）												
		1	2	3	4	5	6	7	8	9	10	11	12	汛期
头道拐	1919 ~ 1967 年	2.6	2.6	4.3	4.8	5.2	7.1	14.1	17.0	16.9	14.5	7.7	3.2	62.5
	1968 ~ 1986 年	5.4	5.3	7.7	7.4	4.1	4.2	10.6	14.4	15.5	14.3	6.6	4.6	54.8
	1987 ~ 2009 年	6.7	7.5	14.2	10.0	3.8	5.0	6.4	12.7	12.8	6.5	7.7	6.7	38.4
龙门	1919 ~ 1967 年	2.7	3.1	5.4	5.2	5.3	6.3	13.8	17.5	15.6	13.8	7.9	3.4	60.7
	1968 ~ 1986 年	4.9	5.4	7.9	7.5	4.9	3.9	10.8	15.2	14.4	13.5	6.9	4.8	53.8
	1987 ~ 2009 年	5.7	7.3	12.5	10.0	4.2	5.5	8.0	13.2	12.6	7.2	6.9	7.0	40.9
潼关	1950 ~ 1967 年	2.8	3.2	5.2	5.8	5.8	5.5	13.0	17.6	15.5	13.6	8.2	3.9	59.8
	1968 ~ 1986 年	4.2	4.7	7.0	6.8	5.7	3.8	10.7	14.5	17.0	14.2	7.2	4.1	56.5
	1987 ~ 2009 年	5.1	6.5	10.8	9.1	4.9	5.6	8.7	13.8	13.1	9.3	6.9	6.1	44.9
三门峡	1919 ~ 1967 年	2.8	3.1	5.1	5.3	5.6	6.4	13.6	17.6	15.6	13.5	7.7	3.7	60.2
	1968 ~ 1986 年	3.7	3.2	7.3	6.7	6.6	4.9	10.7	14.5	16.1	14.6	7.1	4.6	55.9
	1987 ~ 2009 年	4.5	6.1	10.0	8.9	6.3	6.7	8.9	13.9	13.5	8.8	6.5	6.1	45.0
花园口	1919 ~ 1967 年	2.9	3.0	4.9	5.2	5.5	6.3	13.6	17.8	15.7	13.6	7.8	3.8	60.8
	1968 ~ 1986 年	3.8	3.0	6.8	6.3	6.2	4.5	11.0	15.0	16.5	15.0	7.3	4.6	57.5
	1987 ~ 1999 年	4.8	5.1	9.1	8.7	6.9	6.2	10.2	17.4	12.9	6.8	5.7	6.2	47.3
	2000 ~ 2009 年	4.3	4.6	9.2	9.1	7.5	15.0	9.9	7.8	8.6	10.8	7.2	5.9	37.1

2.3.2.3 汛期小流量历时增加、输沙比例较高，有利于输沙的大流量历时和水量明显减少

黄河不仅径流、泥沙量大大减少，而且水沙过程也发生了很大变化，汛期平枯水流量历时增加，输沙比例大大提高。从潼关水文站汛期日均流量过程的统计结果（见表2-11）看，1987年以来，2 000 m^3/s以下流量级历时大大增加，相应水量、沙量所占比例也明显提高。1960～1968年日均流量小于2 000 m^3/s出现天数占汛期比例为36.4%，水量、沙量占汛期的比例为18.1%、14.6%（见图2-3）；1969～1986年出现天数比例为61.5%，水量、沙量占汛期的比例分别为36.6%、28.9%，与1960～1968年相比略有提高。而1987～1999年该流量级出现天数比例增加至87.7%，水量、沙量占汛期的比例也分别增加至69.5%、48.0%，2000～2009年该流量级出现天数比例增为95.4%，水量、沙量占汛期的比例增为85.7%、78.4%。

表2-11 潼关站不同时期各流量级水沙特征值（汛期）

项目	时期	流量级(m^3/s)							
		<500	500～1 000	1 000～2 000	2 000～3 000	3 000～4 000	4 000～5 000	>5 000	汛期
年均天数(d)	1960～1968年	2.8	8.4	33.4	33.8	25.4	11.9	7.2	123.0
	1969～1986年	5.8	24.3	45.5	24.9	13.8	6.2	2.5	123.0
	1987～1999年	24.8	41.7	41.5	10.7	3.2	0.8	0.4	123.0
	2000～2009年	36.0	46.3	35.1	3.9	1.5	0.2	0	123.0
占总天数比例(%)	1960～1968年	2.3	6.9	27.2	27.5	20.7	9.7	5.9	100.0
	1969～1986年	4.7	19.8	37.0	20.3	11.2	5.0	2.0	100.0
	1987～1999年	20.1	33.9	33.7	8.7	2.6	0.7	0.3	100.0
	2000～2009年	29.3	37.6	28.5	3.2	1.2	0.2	0	100.0
年均水量(亿m^3)	1960～1968年	0.74	5.80	44.14	73.04	75.55	45.48	35.79	280.55
	1969～1986年	1.93	15.87	57.56	52.31	41.25	23.42	12.88	205.22
	1987～1999年	6.78	25.89	50.27	22.36	9.03	3.22	1.87	119.42
	2000～2009年	9.66	28.9	40.39	8.14	4.35	0.70	0	92.14
年均沙量(亿t)	1960～1968年	0.03	0.15	1.61	2.88	3.09	2.35	2.15	12.27
	1969～1986年	0.04	0.47	2.11	2.34	1.85	1.13	1.12	9.06
	1987～1999年	0.08	0.54	2.31	1.63	0.84	0.43	0.29	6.12
	2000～2009年	0.19	0.71	1.17	0.41	0.14	0.02	0	2.64
含沙量(kg/m^3)	1960～1968年	43.67	26.42	36.47	39.47	40.89	51.69	60.20	43.75
	1969～1986年	19.56	29.80	36.72	44.69	44.75	48.09	87.02	44.13
	1987～1999年	12.36	20.77	45.96	73.05	92.99	132.14	154.58	51.24
	2000～2009年	19.67	24.57	28.97	50.37	32.18	28.57		28.65

续表 2-11

项目	时期	流量级(m³/s)							
		<500	500 ~ 1 000	1 000 ~ 2 000	2 000 ~ 3 000	3 000 ~ 4 000	4 000 ~ 5 000	>5 000	汛期
水比例(%)	1960 ~ 1968 年	0. 3	2. 1	15. 7	26. 0	26. 9	16. 2	12. 8	100. 0
	1969 ~ 1986 年	0. 9	7. 7	28. 0	25. 5	20. 1	11. 4	6. 4	100. 0
	1987 ~ 1999 年	5. 7	21. 7	42. 1	18. 7	7. 6	2. 7	1. 5	100. 0
	2000 ~ 2009 年	10. 5	31. 4	43. 8	8. 8	4. 7	0. 8	0	100. 0
沙比例(%)	1960 ~ 1968 年	0. 3	1. 2	13. 1	23. 5	25. 2	19. 2	17. 5	100. 0
	1969 ~ 1986 年	0. 4	5. 2	23. 3	25. 8	20. 4	12. 4	12. 5	100. 0
	1987 ~ 1999 年	1. 4	8. 8	37. 8	26. 7	13. 7	7. 0	4. 6	100. 0
	2000 ~ 2009 年	7. 2	26. 9	44. 3	15. 5	5. 3	0. 8	0	100. 0

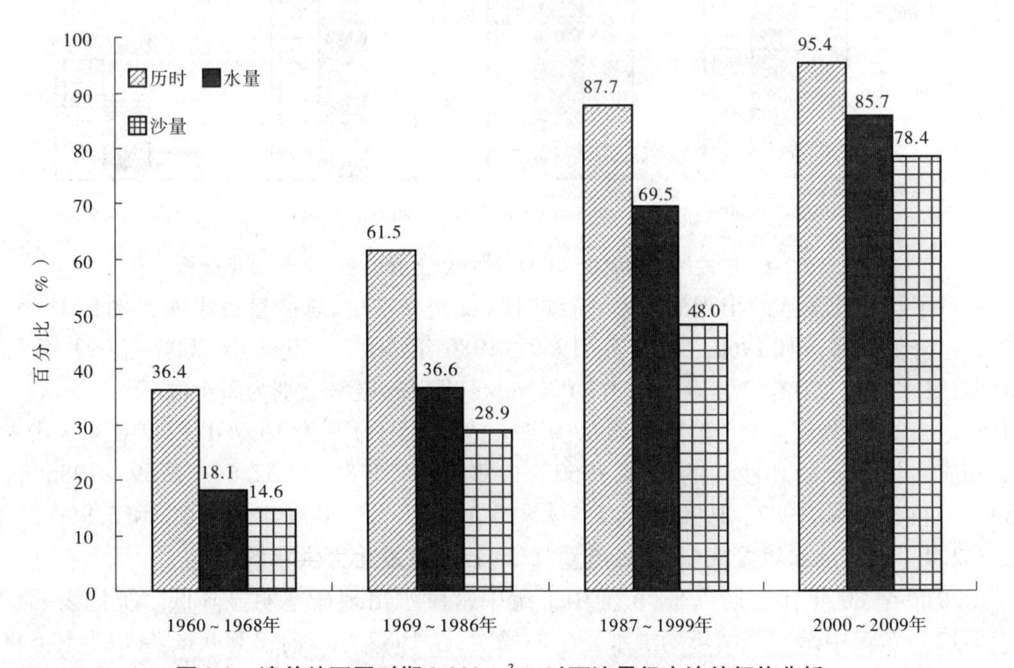

图 2-3　潼关站不同时期 2 000 m³/s 以下流量级水沙特征值分析

相反,日均流量大于 2 000 m³/s 的流量级历时,相应水量、沙量比例则大大减少(见图 2-4)。如 2 000 ~4 000 m³/s 流量级天数的比例由 1960 ~ 1968 年的 48. 1%减少至 1969 ~ 1986 年的 31. 5% ,1987 ~ 1999 年该流量级出现天数比例仅为 11. 3% ,而 2000 ~ 2009 年又减少至 4. 4%;该流量级水量占汛期水量的比例由 1960 ~ 1968 年的 53. 5%减少至 1969 ~ 1986 年的 45. 6% ,1987 ~ 1999 年为 26. 3% ,2000 ~ 2009 年减为 13. 4%;该流量级相应沙量占汛期的比例也由 1960 ~ 1968 年的 48. 7%减少至 1969 ~ 1986 年的 46. 2% ,1987 ~ 1999 年的 40. 4% ,2000 ~ 2009 年的 20. 8% ,逐时段持续减少。大于 4 000 m³/s 流量级天

数的比例由 1960～1968 年的 15.5%减少至 1969～1986 年的 7.0%，1987～1999 年该流量级天数比例仅为 1.0%，2000～2009 年又减少至 0.2%；该流量级水量占汛期水量比例 1960～1968 年为 29.0%，1969～1986 年为 17.7%，1987～1999 年为 4.3%，2000～2009 年为 0.8%；该流量级相应沙量占汛期的比例，1960～1968 年为 36.7%，1969～1986 年为 24.8%，1987～1999 年为 11.7%，2000～2009 年仅为 0.8%。

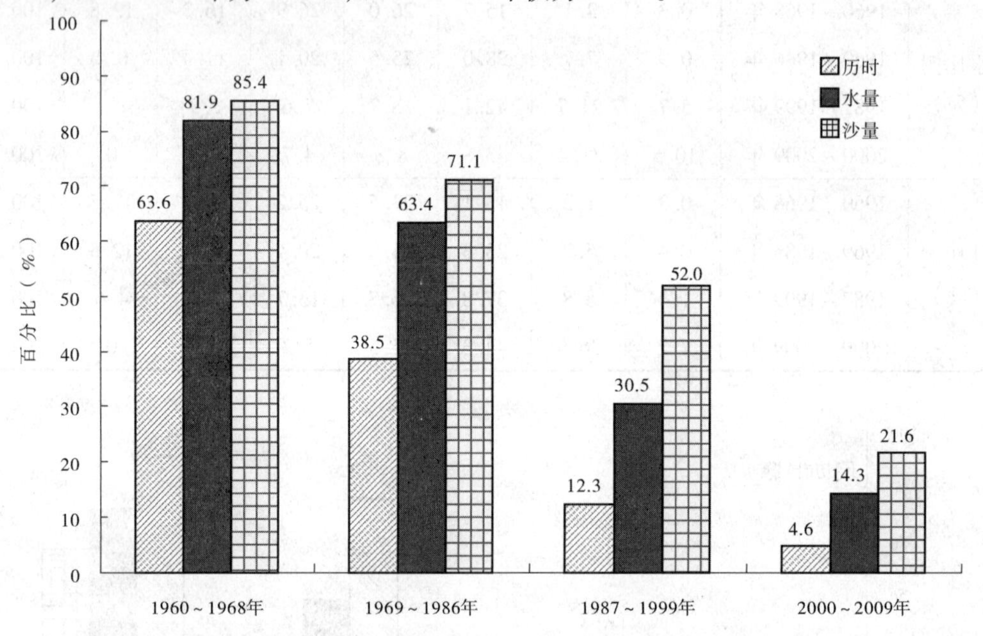

图 2-4　潼关站不同时期 2 000 m^3/s 以上流量级水沙特征值分析

日平均大流量连续出现的概率、持续时间及其总水量、总沙量占汛期比例自 1986 年以来也降低很多。如 1960～1968 年、1969～1986 年、1987～1999 年、2000～2009 年 4 个时期，日平均流量连续 3 d 以上大于 3 000 m^3/s 出现的概率分别为 2.4 次/年、1.6 次/年、0.5 次/年、0.3 次/年，4 个时期平均每场洪水持续时间分别为 16.7 d、12.2 d、4.7 d、4.7 d；相应占汛期水量和沙量的比例，1960～1968 年为 51.8%和 52.6%，1969～1986 年为 33.4%和 31.8%，1987～1999 年为 5.7%和 6.1%，2000～2006 年为 4.6%和 5.9%。

2.3.2.4　中常洪水明显减少，洪峰流量降低，但仍有发生大洪水的可能

20 世纪 80 年代后期以来，黄河中下游中常洪水出现概率明显降低。统计表明（见表 2-12），黄河中游潼关站年均洪水发生的场次，在 1987 年以前，3 000 m^3/s 以上和 6 000 m^3/s 以上分别是 5.5 场和 1.3 场，1987～1999 年分别减少至 2.8 场和 0.3 场，2000 年以来洪水发生场次更少，3 000 m^3/s 以上年均仅 0.4 场，且最大洪峰流量为 4 480 m^3/s（2005 年 10 月 5 日）；下游花园口站 1987 年以前年均发生 3 000 m^3/s 以上和 6 000 m^3/s 以上的洪水分别为 5.0 场和 1.4 场，1987～1999 年后分别减少至 2.6 场和 0.4 场，2000 年小浪底水库运用以来，进入下游 3 000 m^3/s 以上洪水年均仅 0.9 场，最大洪峰流量 4 600 m^3/s。同时，分析黄河干流主要水文站逐年最大洪峰流量可以发现，1987 年以后洪峰流量明显降低。潼关站和花园口站 1987～1999 年最大洪峰流量仅 8 260 m^3/s 和 7 860 m^3/s（"96·8"洪水），见图 2-5。

表 2-12　中下游主要站不同时段洪水特征值

站名	时期	洪水发生场次(场/年)		最大洪峰	
		>3 000 m^3/s	>6 000 m^3/s	流量(m^3/s)	发生年份
潼关	1950～1986 年	5.5	1.3	13 400	1954
	1987～1999 年	2.8	0.3	8 260	1988
	2000～2009 年	0.4	0	4 480	2005
花园口	1950～1986 年	5.0	1.4	22 300	1958
	1987～1999 年	2.6	0.4	7 860	1996
	2000～2009 年	0.9	0	4 600	2008

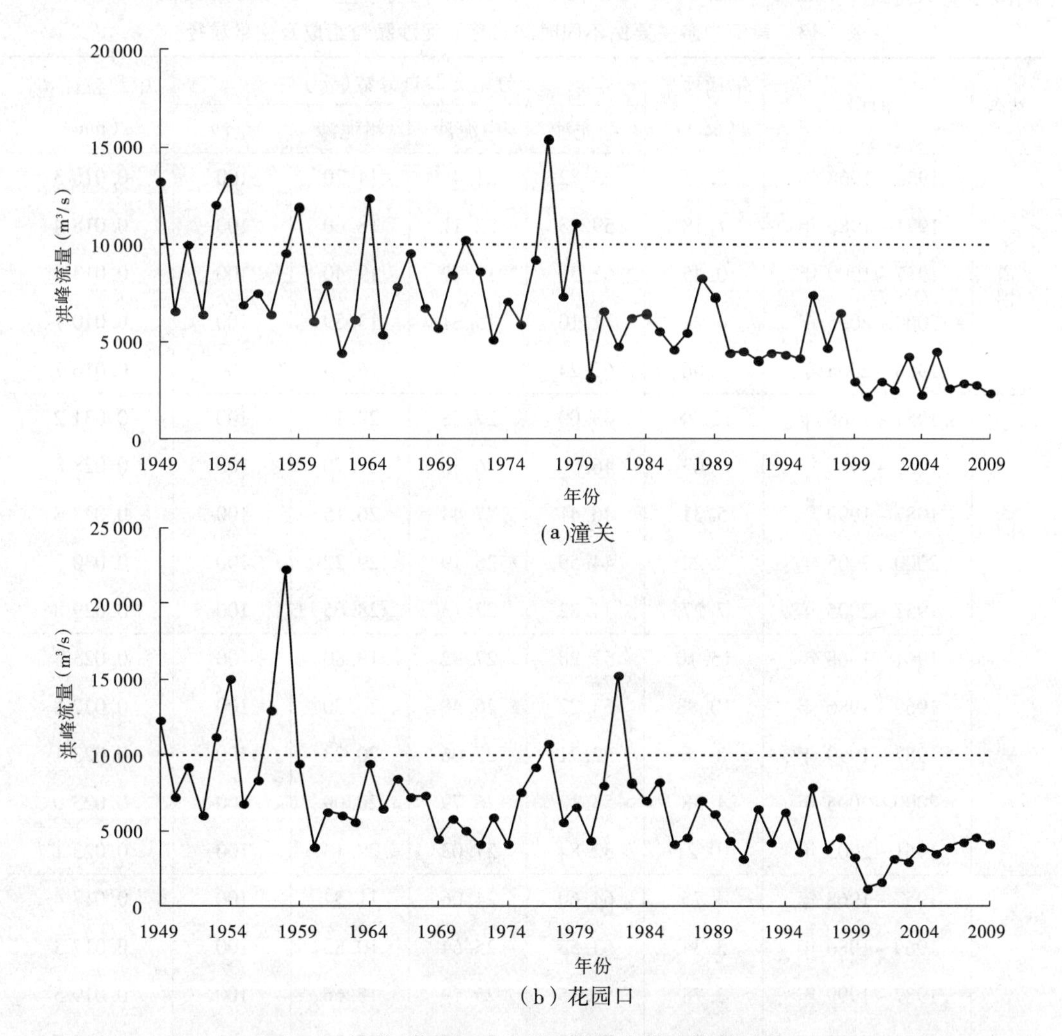

图 2-5　潼关、花园口水文站历年最大洪峰流量过程

但另外黄河洪水主要来源于黄河中游的强降雨过程，由于中游总体治理程度还比较低，现有水利水保工程对于一般洪水过程的影响比较明显，但对于由强降雨过程所引起的大暴雨洪水的影响程度则十分微弱。因此，一旦遭遇中游的强降雨，仍有发生大洪水的可能。比如，龙门水文站在 1986 年后的 1988 年、1992 年、1994 年、1996 年都发生了

10 000 m^3/s以上的大洪水,2003 年府谷站又出现了 13 000 m^3/s 的洪水。

2.3.2.5 中游泥沙粒径组成未发生趋势性变化

统计黄河上中游主要站不同时期悬移质泥沙颗粒组成及中数粒径变化,见表 2-13。由表 2-13 可以看出,1987 年以后上游来沙粒径明显变细,头道拐站 1958 ~ 1968 年悬移质泥沙中数粒径为 0. 016 3 mm,1971 ~ 1986 年为 0. 018 4 mm,1987 ~ 1999 年中数粒径减小为 0. 013 8 mm,2000 ~ 2005 年减少更多,仅为 0. 010 7 mm,较 1987 年前减少 0. 006 mm 左右。从不同时期分组泥沙组成上看,2000 年以前分组泥沙比例变化不大,2000 年以来细颗粒泥沙比例增加,由 2000 年前的 59. 23% ~63. 82% 增加至 71. 10% ,中、粗颗粒泥沙比例减小,分别由 17. 22% ~22. 17% 、14. 70% ~19. 40% 减小至 15. 31% 、13. 59% 。

表 2-13 黄河中游主要站不同时期悬移质泥沙颗粒组成及中数粒径

站名	时段	年均沙量(亿 t)	分组泥沙百分数(%)				中数粒径 d_{50}(mm)
			细泥沙	中泥沙	粗泥沙	全沙	
头道拐	1958 ~ 1968 年	2. 03	63. 82	21. 48	14. 70	100	0. 016 3
	1971 ~ 1986 年	1. 18	59. 23	22. 17	18. 60	100	0. 018 4
	1987 ~ 1999 年	0. 45	63. 38	17. 22	19. 40	100	0. 013 8
	2000 ~ 2005 年	0. 28	71. 10	15. 31	13. 59	100	0. 010 7
	1958 ~ 2005 年	1. 06	62. 24	21. 03	16. 73	100	0. 016 7
龙门	1957 ~ 1968 年	12. 28	43. 09	27. 78	29. 13	100	0. 031 2
	1969 ~ 1986 年	7. 03	46. 00	26. 30	27. 70	100	0. 028 8
	1987 ~ 1999 年	5. 31	46. 41	27. 44	26. 15	100	0. 028 3
	2000 ~ 2005 年	2. 22	44. 59	26. 19	29. 22	100	0. 030 2
	1957 ~ 2005 年	7. 27	44. 82	27. 13	28. 05	100	0. 029 8
潼关	1961 ~ 1968 年	15. 10	52. 28	27. 92	19. 80	100	0. 023 4
	1969 ~ 1986 年	10. 88	53. 22	26. 48	20. 30	100	0. 022 8
	1987 ~ 1999 年	8. 06	52. 71	27. 06	20. 23	100	0. 023 1
	2000 ~ 2005 年	4. 38	53. 12	26. 79	20. 09	100	0. 023 0
	1961 ~ 2005 年	10. 21	52. 84	27. 03	20. 13	100	0. 023 1
华县	1957 ~ 1968 年	4. 75	64. 60	24. 06	11. 34	100	0. 017 4
	1969 ~ 1986 年	3. 34	63. 53	25. 64	10. 83	100	0. 017 3
	1987 ~ 1999 年	2. 78	59. 15	25. 19	15. 66	100	0. 019 5
	2000 ~ 2005 年	1. 80	60. 53	24. 27	15. 20	100	0. 018 7
	1957 ~ 2005 年	3. 35	62. 74	24. 90	12. 36	100	0. 017 9

注:细泥沙粒径 $d<0.025$ mm,中泥沙粒径 $d=0.025\sim0.05$ mm,粗泥沙粒径 $d>0.05$ mm。

黄河中游来沙粒径及悬移质不同粒径泥沙组成各个时段没有发生趋势性的变化。1957～1968年、1969～1986年、1987～1999年、2000～2005年四个时段龙门站悬移质泥沙中数粒径分别为0.031 2 mm、0.028 8 mm、0.028 3 mm、0.030 2 mm，细颗粒泥沙占全沙的比例分别为43.09%、46.00%、46.41%、44.59%，粗颗粒泥沙占全沙的比例分别为29.13%、27.70%、26.15%、29.22%。潼关站各时期悬移质泥沙中数粒径均在0.023 mm左右，分组泥沙比例也相差不大，细沙比例为52.28%～53.22%，粗沙比例为19.80%～20.30%。

渭河华县站各时期泥沙中数粒径分别为0.017 4 mm、0.017 3 mm、0.019 5 mm、0.018 7mm，细颗粒泥沙占全沙的比例分别为64.60%、63.53%、59.15%、60.53%，粗颗粒泥沙比例分别为11.34%、10.83%、15.66%、15.20%，泥沙颗粒组成及中数粒径也未发生趋势性的变化。

中游干支流主要站历年中数粒径变化过程见图2-6，除河口镇泥沙粒径呈减小趋势外，其他各站中数粒径均无趋势性变化。

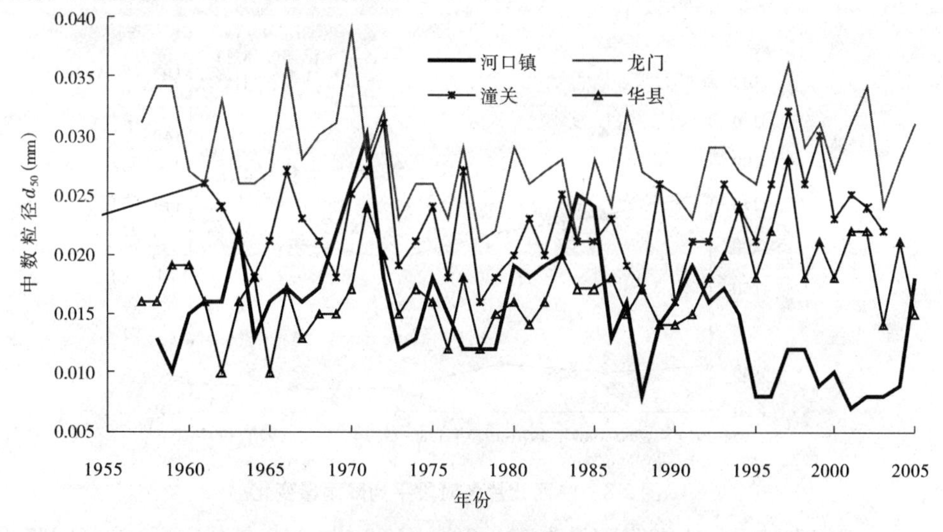

图2-6 黄河中游主要站中数粒径变化过程

2.3.3 近期来沙量减少的原因初步分析

20世纪80年代以来入黄泥沙的大幅度减少，与多沙粗沙区降雨变化、水利水保措施减沙、干流水库拦沙、水资源开发利用、流域煤矿开采以及河道采砂取土等因素有关，其中降雨量减少、降雨强度降低是近些年来沙量减少的重要因素。

2.3.3.1 流域降雨量减少、降雨强度降低，减少了中游地区产沙量

黄河中游产沙量与降雨量、降雨强度关系密切。从黄河三大暴雨洪水来源区之一的河龙区间、陕西北片降水量及其过程变化(见图2-7、图2-8)可以看出，河龙区间及陕西北片(包括皇甫川、孤山川、窟野河、秃尾河和佳芦河等支流)汛期、主汛期、连续最大3日降雨量和最大1日降雨量有不同的变化特点，但总体上均呈减小的趋势，尤其是陕西北片最大1日降雨量和最大3日降雨量的递降率较大。

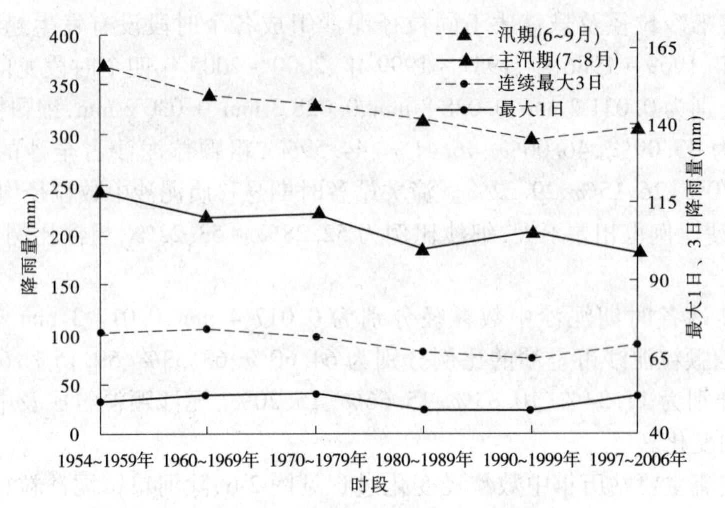

图 2-7 河龙区间各时段平均降雨量变化

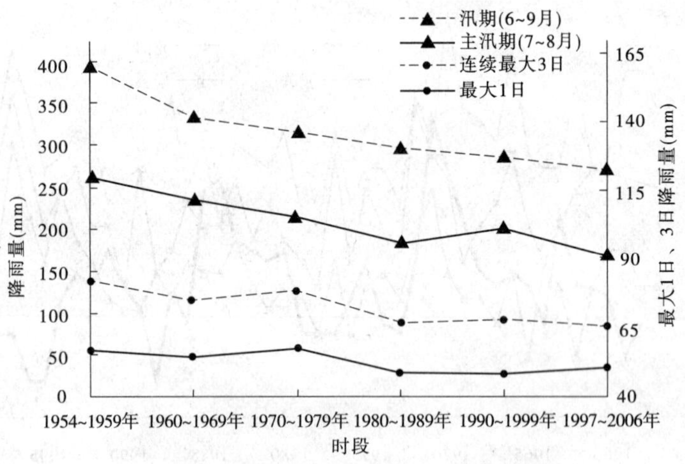

图 2-8 陕西北片各时段平均降雨量变化

河龙区间多年平均汛期降雨量为 326.0 mm。20 世纪 50 年代以后，该区间降雨量总体呈减小趋势，2000 年之后稍有增大，与 20 世纪 80 年代的基本相当。1997 ~ 2006 年的降雨量较 1954 ~ 1959 年的 349.2 mm 减少 12.8%。但是，1997 ~ 2006 年的最大 3 日降雨量和最大 1 日降雨量较 1990 ~ 1996 年的明显增加，分别增加 16% ~ 50%，从而使汛期降雨量较 1990 ~ 1996 年也有所增加，增加约 4%，不过主汛期仍减少 9% 左右。1954 ~ 2006 年，河龙区间降雨量最大值出现于 20 世纪 50 年代，为 366.6 mm，最小值出现于 20 世纪 90 年代及 1997 ~ 2006 年，分别为 292.9 mm 和 304.4 mm，较最大值分别偏小 20.1% 和 17.0%。

陕西北片汛期多年平均降雨量为 315.0 mm。该区间降雨量在 20 世纪 70 年代前后呈现出明显的变化，70 年代之前的降雨量总体大于以后各时段的，尤其是 80 年代之后基本上持续减少。与 1990 ~ 1996 年相比，除最大 1 日降雨量约增加 25% 外，最大 3 日、汛期和主汛期的降雨量均明显减少。因此，从陕西北片较河龙区间的平均情况来说，其降雨量减少趋势更为明显。1954 ~ 2006 年陕西北片降雨量最大值出现于 20 世纪 50 年代，为

395.3 mm,最小值出现于1997~2006年,为270.6 mm,较最大值偏小约31.5%。2000~2006年和1997~2006年汛期降雨量较1969年前的355.7 mm分别减少16.9%和23.9%。

河龙区间主汛期多年平均降雨量为208.6 mm,2000~2006年和1997~2006年较1969年前的227.3 mm分别减少15.0%和20.3%。

陕西北片主汛期多年平均降雨量为210.6 mm,整体变化趋势与河龙区间的相同。2000~2006年和1997~2006年的主汛期降雨量较1969年前的245.4 mm分别减少26.1%和31.5%。

最大1日降雨量和连续最大3日降雨量不仅包含了量的概念,在一定意义上也包含了降雨强度的概念。若将河龙区间及其陕西北片、无定河片、陕西南片、晋西北片和晋西南片等5大片自1954年以来不同年代最大1日降雨量和连续最大3日降雨量进一步对比(见表2-14、表2-15)也可以看出,在5片1区中,作为主要产水产沙区的陕西北片降水量减少更为明显,尤其是最近10年来减少较多。如河龙区间2000~2006年和1997~2006年的最大1日降雨量较1969年前的51.9 mm分别增加了8.3%和0.2%,而陕西北片同时段最大1日降雨量则较1969年前的55.5 mm分别减少了1.1%和9.4%;前者2000~2006年和1997~2006年的连续最大3日降雨量较1969年前同时段的73.7 mm减少了1.6%和6.8%,而后者则较1969年前同时段的77.9 mm相应减少了12.7%和15.7%。这间接反映了陕西北片降雨强度已有降低,也从一个方面反映了近年来实测水沙锐减的自然原因。不过对于陕西南片来说,1997~2006年最大1日降雨量较统计的20世纪各年代同时段降雨量还有所增加,达到56.3 mm,比1954~2006年平均值增加约4%。

表2-14　河龙区间各年代最大1日降雨量　（单位:mm）

区间	面积(km^2)	1954~1959年	1960~1969年	1954~1969年	1970~1979年	1980~1989年	1990~1999年	2000~2006年	1997~2006年	1954~2006年
陕西北片	17 568	57.0	54.6	55.5	57.5	48.6	48.4	54.9	50.3	53.2
无定河片	30 246	47.2	49.5	48.7	50.4	44.4	46.1	56.7	53.1	48.8
陕西南片	16 685	47.7	55.8	52.7	55.1	52.9	51.7	62.8	56.3	54.3
晋西北片	19 026	50.1	50.8	50.5	49.9	46.3	43.9	52.0	49.2	48.6
晋西南片	10 367	55.8	56.5	56.3	56.5	51.6	49.7	53.8	50.1	53.9
河龙区间	93 892	50.7	52.6	51.9	53.1	47.9	47.5	56.2	52.0	51.1

注:河龙区间面积取五大片之和。

表2-15　河龙区间各年代连续最大3日降雨量　（单位:mm）

区间	面积(km^2)	1954~1959年	1960~1969年	1954~1969年	1970~1979年	1980~1989年	1990~1999年	2000~2006年	1997~2006年	1954~2006年
陕西北片	17 568	82.2	75.3	77.9	78.9	66.5	67.5	68.0	65.6	72.7
无定河片	30 246	64.3	69.4	67.5	64.7	61.3	59.9	72.3	69.1	65.0
陕西南片	16 685	67.3	79.2	74.7	75.5	74.8	65.1	85.0	76.0	74.4
晋西北片	19 026	77.3	73.0	74.6	69.5	64.4	65.0	64.0	62.9	68.5
晋西南片	10 367	82.9	80.1	81.1	79.2	72.2	68.6	76.2	71.2	76.1
河龙区间	93 892	72.9	74.2	73.7	71.8	66.5	64.2	72.5	68.6	70.0

统计河龙区间1954~2006年日降雨量为25~50 mm和大于等于50 mm的逐年发生天数可知,河龙区间年内发生25~50 mm等级降雨天数的多年均值为1.80 d;20世纪50年代发生25~50 mm等级降雨的天数最多,年均为2.33 d。20世纪50~80年代持续减小,至90年代虽有所回升,但1997年之后又急剧减小,如1997~2006年发生25~50 mm等级降雨的年均天数仅1.38 d,较50年代减少40%,且各年天数均少于多年均值;大于等于50 mm等级降雨的多年均值为0.47 d。20世纪70年代之前和80年代之后差异明显,70年代之前天数较多且都大于平均值,80年代之后天数较少且大都小于平均值。

统计陕西北片1954~2006年日降雨量为25~50 mm和大于等于50 mm降雨天数可知,近年来大于等于25 mm降雨天数持续减小,1997~2006年发生大于等于25 mm的降雨天数年均为2.48 d,仅占20世纪50年代的54%;大于等于50 mm的降雨天数在近十年也明显减小,年均只有0.36 d,仅为多年均值的58%,为20世纪60年代以前均值0.78 d的46%。由此表明,1954~2006年陕西北片大量级降雨的天数不断减少,而最近10年减少最为明显,是一个连续的降水枯水段,且与以前枯水阶段比,大量级降雨天数减少是该时段降雨变化的特点之一。

2.3.3.2 水利水保措施减沙

新中国成立以来,黄土高原开展了大规模综合治理,特别是近十多年来,国家加大了水土流失治理力度,先后在黄河流域实施了黄河上中游水土保持重点防治工程、国家水土保持重点治理工程、黄土高原淤地坝试点工程、农业综合开发水土保持项目等国家重点水土保持项目。在国家重点项目的带动下,黄河流域水土流失防治工作取得了显著成效。截至2007年年底,累计初步治理水土流失面积22.56万km^2,多沙粗沙区初步治理水土流失面积3.17万km^2。

针对黄河上中游地区水利水保减水减沙作用,不少学者开展了大量的研究工作,取得了较多的研究成果。第二期水沙基金汇总时,一些学者从方法、指标、含沙量等多方面对各家成果进行了系统的分析比较,给出了中游各时期水利水保减沙情况(见表2-16),1960~1996年系列黄河中游5站(龙门、河津、张家山、洑头、咸阳)以上年均减沙4.511亿t,其中水利工程减沙和水土保持减沙分别占48.1%和61.4%。同时在该成果中还指出,如果以20世纪50年代、60年代作为基准年,计算1970年以后的水利水保工程减沙量,1970~1996年5站以上年均减沙量3.075亿t。

表2-16　黄河中游各年代减沙量　（单位:亿t)

项目	1950~1959年	1960~1969年	1970~1979年	1980~1989年	1990~1996年	1950~1969年	1960~1996年
总减沙量	0.965	2.466	4.283	5.696	6.060	1.716	4.511
水利工程	0.991	1.696	2.369	2.494	2.076	1.344	2.166
水保措施	0.109	1.145	2.519	3.676	4.055	0.627	2.754
河道冲淤+人为增沙	-0.135	-0.375	-0.605	-0.474	-0.071	-0.255	-0.409

"十一五"国家科技支撑计划课题"黄河流域水沙变化情势评价研究"在1950～1996年黄河水沙变化研究成果的基础上，分析了近期水沙变化特点，系统核查了近期1997～2006年黄河中游水土保持措施基本资料，利用"水文法"和"水保法"两种方法计算了近期人类活动对水沙变化的影响程度（见表2-17）。结果表明，1997～2006年黄河中游水利水土保持综合治理等人类活动年均减沙量为5.24亿～5.87亿t，由此可以看出，黄河中游地区水利水保等生态工程的持续建设，使得中游地区的生态环境得到了进一步改善，水利水保等人类活动的减沙作用较以前有所加强。

表2-17 黄河中游地区近期人类活动减水减沙量（1997～2006年）

河流（区间）	减水（亿 m^3）		减沙（亿t）	
	水文法	水保法	水文法	水保法
河龙区间（包括未控区）	29.90	26.78	3.50	3.51
泾河	6.25	8.43	0.65	0.43
北洛河	1.11	2.18	0.32	0.12
渭河	31.02	32.11	1.04	0.82
汾河	17.50	17.60	0.36	0.36
合计	85.78	87.10	5.87	5.24

注：1.渭河流域研究成果为华县以上，但不包括泾河流域。
2.合计值包含未控区。

但是还应该看到，黄河中游水土保持综合治理改变了产流产沙的下垫面条件，在降雨较小时，与治理前相比，相同降雨条件下产流产沙量减小，发挥了较大的减水减沙作用，但若遇大面积强暴雨，减水减沙作用降低，甚至还会增加产流产沙。如2002年7月河龙区间支流清涧河发生大暴雨，子长站流量达5 500 m^3/s，是1953年建站以来实测第二大洪峰，清涧河年径流量和输沙量达2.39亿 m^3、1.08亿t，分别是水土保持治理后年均值的1.7倍和3.4倍。

2.3.3.3 干流水库拦沙运用期间，减少了下游河道泥沙

水库拦沙对其下游河道输沙量的减少有较大的作用。目前黄河干流已建梯级水库20余座，至今仍具有拦沙作用的水库有龙家峡、刘家峡、万家寨、小浪底等水库，这些水库在进行径流调节的同时，也拦减了部分进入下游河道的泥沙量。

以兰州水文站沙量变化为例，兰州站在龙羊峡水库、刘家峡水库运用前实测年均输沙量为1.102亿t，刘家峡水库运用后、龙羊峡水库运用前实测年均输沙量0.548亿t，较1967年以前减少50.3%。龙羊峡水库运用后实测年均输沙量进一步减少至0.418亿t，为1967年前的62.1%。1968～1985年刘家峡水库单库运用时年均淤积量为0.789亿t，1986年以来，龙羊峡水库、刘家峡水库合计年均淤积量为0.549亿t（见表2-18），由此看出，水库拦沙期间对下游河道泥沙有明显减少作用。

表 2-18 水库淤积对兰州站输沙量的影响

时段	兰州站年输沙量(亿 t)			水库年均淤积量(亿 t)		
	7~10 月	6~10 月	全年	龙羊峡	刘家峡	合计
1919~1967 年	0.907	0.196	1.102			
1968~1985 年	0.48	0.068	0.548		0.789	0.789
1986~2006 年	0.318	0.1	0.418	0.198	0.351	0.549

2.3.3.4 水资源开发利用,在减少入黄水量的同时,也减少了入黄沙量

随着经济社会的快速发展,流域水资源利用量显著增加,这也是导致近期入黄水量和沙量大幅减少的重要原因之一。近年来,黄河中游的窟野河、皇甫川、孤山川、清水川等流域内建设了大量工业园区,需要引用大量生产生活用水,为保证引水,水库建设基本上把其上游水量全部用完,沙量也无法进入下游。另外,其取水方式除水库蓄水、河道引水外,还增加了河床内打井、截潜流、矿井水利用等,进一步减少了进入下游的水量和沙量。据调查,2008 年和 2009 年,窟野河流域社会经济耗水量接近 2 亿 m^3,而在 20 世纪 70 年代至 90 年代初,用水量不足 2 000 万 m^3,据新的黄河水资源评价成果,该流域浅层地下水可开采量为零,煤矿开采目前主要在 100 m 以内的浅层,故其所有用水均可视为地表水。

河道径流的减少,特别是汛期径流的减少,不利于河道泥沙的输送,在大部分年份会减少进入黄河的泥沙,相当于增强了河道的临时滞沙功能,但遇大洪水时将可能一并冲刷进入黄河。

2.3.3.5 煤矿开采影响区域水循环,导致入黄水沙量减少

黄河流域煤炭等矿产资源丰富,是我国重要的能源基地,黄河流域煤炭资源不仅储量丰富,而且煤类齐全、煤质优良、开采条件较好,区位优势明显。黄河流域已探明的煤产地 685 处,保有储量 4 492 亿 t,占全国煤炭储量的 46.5%,预测煤炭资源总储量约 1.5 万亿 t。近年来,随着黄河流域经济的快速发展,对煤炭的需求迅速加大,煤矿开采量迅速增加,2006 年流域相关省区共产原煤 13.5 亿 t,占全国的 71.4%。

对典型采煤区域的研究表明,由于采煤改变了水文地质条件,水资源的产、汇、补、径、排等发生变化,直接表现为河川径流减少,地下水存蓄量遭到破坏。如窟野河流域,据有关资料分析,该地区煤矿开采、洗选和周边绿化等基本上依靠矿井涌水,吨煤涌水量为 0.3~0.5 m^3,2009 年流域原煤产量为 27 900 万 t,估计涌水量为 1 亿~1.4 亿 m^3(不包括煤矿开采可能会破坏地下不透水层而导致的径流下渗量)。由于地表径流的减少,大部分泥沙会淤积在河道中,也就减少了入黄泥沙量。

2.3.3.6 河道采砂取土导致洪水流量迅速衰减,挟沙能力降低

黄河砂石开采始于 20 世纪 70 年代,近年来,采砂、取土的规模和开采范围迅速扩大,部分河段非法采砂活动日益增多,非法采砂活动在给河势稳定、防洪安全、涉水工程设施安全带来不利影响的同时,也给进入黄河水沙带来影响。

采砂过程中的无序开采、滥采乱挖,导致一些多沙支流河道内坑、洼、坎比比皆是,不少相对较宽河段没有明显主槽,即使洪水期发生高含沙洪水,填洼作用导致洪峰、洪量急

剧衰减,挟沙能力大幅度降低,大部分泥沙淤积在河道中。这也是近些年支流进入黄河水沙减少的原因之一。

2.3.3.7 降雨变化是近期输沙量减少的重要因素

流域产水产沙量是降雨和下垫面结合的产物。无论是下垫面或是降雨,一旦发生变化,都会产生不同的水量和沙量。利用治理前(通常称为基准期)实测的水沙资料,建立降雨产流产沙数学模型,然后将治理后的降雨因子代入所建模型,计算出相当于治理前的产流产沙量,再与治理后的实测水沙量进行比较,其差值即为经过治理后减少的水沙量。如果将治理前的实测水沙量视为天然产流产沙量,那么根据治理后降雨因子由产流产沙模型计算的产流产沙量就相当于治理后降雨条件下所应产生的天然产流产沙量,两时段天然产流产沙量之差即为降雨变化对产流产沙的影响量。相应地,如果将模型计算的天然产流产沙量与同一时段实测的水沙量相减,即可视为人类活动对产流产沙的影响量。

根据以上计算方法,水利部黄河水沙变化研究基金第二期项目与"十一五"国家科技支撑计划课题"黄河流域水沙变化情势评价研究"项目分别对 1996 年以前和 1997 ~ 2006 年人类活动与降雨对年均减沙量的影响关系作了深入研究,提出了不同时期河龙区间人类活动减沙量与降雨因素减沙量的关系,见表 2-19。

表 2-19 各时段河龙区间人类活动减沙量及降雨因素减沙量对比

时段	实测年总量(亿 t)	人类活动减沙量(亿 t)			还原沙量(亿 t)	人类活动减沙量占计算沙量比值(%)	与 20 世纪 60 年代还原输沙比较					
							总减少量		降雨因素		人为因素	
		已控区	未控区	全流域			减少量(亿 t)	占还原量比例(%)	减少量(亿 t)	占还原量比例(%)	减少量(亿 t)	占总减少量比例(%)
1960 ~ 1969 年	9.53	0.57	0.25	0.82	10.35	7.9	0.82	7.9	0	0	0.82	100
1970 ~ 1979 年	7.54	1.76	0.55	2.31	9.85	23.5	2.81	27.1	0.50	17.8	2.31	82.2
1980 ~ 1989 年	3.71	1.69	0.51	2.20	5.91	37.2	6.64	64.2	4.44	66.9	2.20	39.1
1990 ~ 1996 年	5.41	2.04	0.70	2.74	8.15	33.6	4.94	47.7	2.20	44.5	2.74	55.5
1997 ~ 2006 年	2.17	3.41	0.33	3.74	5.91	63.3	8.18	79.0	4.44	54.3	3.74	45.7

注:1996 年以前为水沙基金第二期成果,1997 ~ 2006 年为"黄河流域水沙变化情势评价研究"成果。

由表 2-19 可以看出,1997 ~ 2006 年,由于降水量、大量级降雨日数明显减少,降雨强度降低,降雨变化减少的年输沙量所占比例达到近 55%,降雨因素成为输沙量减少的重要因素。然而,由于黄河流域降雨影响因素非常复杂,目前对今后流域降雨量变化趋势存在不同的看法,一旦流域降雨量、高强度降雨过程再次增加,降雨减沙作用将会显著降低,甚至出现水毁增沙现象。

2.4 未来水沙变化趋势及预估

2.4.1 天然水沙量

黄河流域水资源综合规划针对黄河流域 20 世纪 80 年代以来水资源开发利用和下垫面的变化情况，采用降水径流关系方法，结合水土保持建设、地下水开采对地表水影响、水利工程建设引起的水面蒸发附加损失等因素的成因分析方法，对天然径流量系列(1956～2000 年)进行了一致性处理，结果表明，黄河流域现状下垫面条件下多年平均天然径流量为 534.8 亿 m^3(利津断面)。

黄河天然来沙量是指黄河流域水利水保措施治理前的下垫面条件下的产沙量，未来天然来沙量的多少主要取决于流域降水情况，黄河流域降水周期性变化的规律未发生改变的认识已得到多数人认同。因此，在此基础上预测黄河未来天然来沙量仍保持长系列均值 16 亿 t，尽管泥沙年际变化幅度大，但长时段年平均天然沙量不会有大的变化。

2.4.2 水沙变化趋势预估

根据黄河流域水利水保建设规划，至 2020 年、2030 年、2050 年水平，由于黄河上中游水利水保工程建设，利用黄河水资源数量将分别达到 25 亿 m^3、30 亿 m^3、40 亿 m^3，较现状利用黄河水资源 10 亿 m^3 分别增加 15 亿 m^3、20 亿 m^3、30 亿 m^3。考虑水土保持建设等人类活动影响，至 2020 年、2030 年、2050 年水平，将会使黄河多年平均天然径流量 534.78 亿 m^3 进一步减少至 519.8 亿 m^3、514.8 亿 m^3、504.8 亿 m^3。考虑南水北调西线工程生效以前黄河水资源配置方案，黄河流域地表水耗水量约为 330 亿 m^3，其中花园口以上耗水约为 235 亿 m^3，因此可以预估，在无从外流域调水的情况下，今后一定时期内进入下游的年均水量将不足 300 亿 m^3，利津站水量不足 200 亿 m^3。1986～2008 年实测利津站年水量约为 150 亿 m^3。

黄河未来来沙量变化主要取决于未来水利水保措施减沙量。黄河流域综合规划提出 2020 年、2030 年水利水保措施等减沙目标分别为 5 亿～5.5 亿 t、6 亿～6.5 亿 t，进入黄河的年沙量分别为 10.5 亿～11 亿 t 和 9.5 亿～10 亿 t，平均含沙量约为 35 kg/m^3。即使经过长时期的艰苦治理，未来 2050 年前后平均沙量减少到 8 亿 t 左右，黄河仍将是一条输沙量巨大的河流。

2.4.3 设计水沙条件研究

设计水沙条件是根据水沙变化趋势和一定时期人类活动影响分析预测的代表一定时期某一水平的水沙过程，是研究水沙调控体系骨干工程联合运用方案和减淤效益的重要基础条件。另外，需要指出本节所提出的设计水沙条件(系列)是不考虑水沙调控体系待建工程作用下的水沙条件。

水沙条件设计考虑了三个水平年，即现状水平年(2005 年)、近期水平年(2020 年)及远期水平年(2050 年)。

2.4.3.1 设计水平水沙条件计算

黄河水沙调控体系建设设计水沙条件涉及的主要水文站有安宁渡、吴堡、龙门、渭河华县、汾河河津、北洛河洑头、伊洛河黑石关、沁河武陟等。

现状水平年安宁渡、吴堡、龙门、河津、华县、洑头、黑石关、武陟等站的月径流量，是根据新的水资源综合规划1956~2000年天然径流过程并考虑水平年的工农业用水及水库调节情况进行计算的，日流量过程是根据设计水平年历年逐月水量与实测历年逐月水量的比值，对历年逐月实测日流量过程进行同倍比缩放求得。现状水平年安宁渡、河津、华县、洑头、黑石关、武陟等站的月沙量，采用反映现状水库工程作用和水土保持措施影响的实测资料（1970年以后）建立的水沙关系，按设计水量计算设计沙量，河口镇至吴堡、河口镇至龙门区间沙量根据实测资料考虑水利水保措施减沙作用求得。各站日输沙率过程是根据设计水平年历年逐月沙量与相应实测月沙量的比值，对历年逐月实测日输沙率过程进行同倍比缩放求得。

设计水平年径流量、输沙量是在现状水平基础上，根据水利水保措施新增的减水、减沙量分别进行缩小求得。2020年水平水利水保措施减水量25亿 m^3，减沙量5亿t，2050年水平水利水保措施新增减水量40亿 m^3，减沙量8亿t，据此计算2020年水平、2050年水平黄河干支流主要站水沙特征值见表2-20、表2-21。

表2-20 2020年水平黄河主要站水沙特征值（1956~2000年系列）

水文站	径流量（亿 m^3）			输沙量（亿t）			含沙量（kg/m^3）		
	汛期	非汛期	全年	汛期	非汛期	全年	汛期	非汛期	全年
下河沿	138.08	161.12	299.20	0.91	0.20	1.11	6.6	1.2	3.7
河口镇	98.62	112.09	210.71	0.68	0.25	0.93	6.9	2.2	4.4
吴堡	97.80	112.19	209.99	3.50	0.69	4.19	35.7	6.1	19.9
龙门	106.02	118.85	224.87	5.78	0.86	6.64	54.6	7.3	29.6
华县	34.63	20.99	55.62	3.01	0.27	3.28	87.0	13.0	59.1
河津	4.36	2.93	7.29	0.10	0.02	0.12	21.8	5.8	15.4
洑头	2.71	2.26	4.97	0.57	0.04	0.61	211.8	15.7	122.7
四站	147.72	145.03	292.75	9.47	1.19	10.66	64.1	8.2	36.4
黑石关	14.15	7.09	21.25	0.08	0.01	0.09	6.0	1.6	4.5
武陟	5.98	3.11	9.09	0.04	0	0.04	6.7	0.8	4.7

表2-21 2050年水平黄河主要站水沙特征值（1956~2000年系列）

水文站	径流量（亿 m^3）			输沙量（亿t）			含沙量（kg/m^3）		
	汛期	非汛期	全年	汛期	非汛期	全年	汛期	非汛期	全年
下河沿	138.08	161.12	299.20	0.91	0.20	1.11	6.6	1.2	3.7
河口镇	98.62	112.09	210.71	0.68	0.25	0.93	6.9	2.2	4.4
吴堡	94.59	111.37	205.96	2.88	0.57	3.45	30.5	5.2	16.8
龙门	96.80	116.54	213.34	4.11	0.63	4.74	42.5	5.4	22.2
华县	32.35	20.42	52.77	2.61	0.24	2.85	80.6	11.6	53.9
河津	4.06	2.85	6.91	0.06	0.01	0.07	15.6	3.9	10.8
洑头	2.51	2.21	4.72	0.47	0.03	0.50	186.8	13.0	105.4
四站	135.72	142.03	277.75	7.25	0.91	8.16	53.4	6.4	29.4
黑石关	14.15	7.09	21.24	0.08	0.01	0.09	6.0	1.6	4.5
武陟	5.98	3.11	9.09	0.04	0	0.04	6.7	0.8	4.7

2.4.3.2 设计水沙代表系列选取

1. 系列长度

水沙代表系列长度为150年,即2008年7月至2158年6月。

2. 选取原则

以预估的未来黄河来水、来沙量为基础,在设计水平年1956~2000年系列中选取水沙代表系列,同时还要考虑选取的水沙代表系列应由尽量少的自然连续系列组合而成,应反映丰、平、枯水年的水沙情况,并适当考虑一些大水、大沙年份和一些枯水、枯沙年份,还要充分利用以往研究成果,注意与相关项目成果的衔接。

3. 水沙代表系列的选取

根据以上选取原则,结合黄河流域综合规划修编成果(2008~2029年水沙系列与其一致),本阶段采用2020年水平1968~1979年+1987~1999年+1962~1986年50年系列和2个2050年水平1968~1979年+1987~1999年+1962~1986年50年系列组成的150年系列作为水沙调控体系建设规划的基本水沙代表系列。

该系列安宁渡站年均水量为301.67亿m^3,沙量为1.14亿t。其中,汛期水量为139.86亿m^3,占全年总水量的46.4%;汛期沙量为0.95亿t,占全年总沙量的82.9%。系列前22年(2008~2029年)水量为285.82亿m^3,沙量为0.94亿t。从历年水沙过程看,下河沿站最大年水量为495.06亿m^3,最小年水量为208.49亿m^3,二者比值2.4;最大年沙量为4.89亿t,最小年沙量为0.22亿t,二者比值22.7。

该系列吴堡站年均水量为209.27亿m^3,沙量为3.52亿t,其中汛期水量为96.84亿m^3,占全年总水量的46.3%;汛期沙量为2.92亿t,占全年总沙量的82.7%。系列前22年(2008~2029年)水量为200.80亿m^3,沙量为3.77亿t。系列最大年水量为400.02亿m^3,最小年水量为121.18亿m^3,二者比值3.3;最大年沙量为17.19亿t,最小年沙量为0.88亿t,二者比值19.6。

该系列龙门站年均水量为219.12亿m^3,沙量为5.34亿t,其中汛期水量为100.89亿m^3,占全年总水量的46.0%;汛期沙量为4.63亿t,占全年总沙量的86.8%。系列前22年(2008~2029年)水量为218.01亿m^3,沙量为6.56亿t。系列龙门站最大年水量为416.76亿m^3,最小年水量为126.72亿m^3,二者比值3.3;最大年沙量为20.31亿t,最小年沙量为1.47亿t,二者比值13.8。

该系列四站年均水量为283.05亿m^3,沙量为8.91亿t,其中汛期水量为139.21亿m^3,占全年总水量的49.2%;汛期沙量为7.93亿t,占全年总沙量的89.0%。系列前22年(2008~2029年)水量为278.03亿m^3,沙量为10.77亿t。该系列四站最大年水量为510.65亿m^3,最小年水量为152.95亿m^3,二者比值3.3;最大年沙量为23.86亿t,最小年沙量为2.55亿t,二者比值9.3。

设计水沙代表系列安宁渡站历年水沙量过程见图2-9、设计水沙代表系列四站(龙、华、河、洑)历年水沙量过程见图2-10,设计水沙代表系列不同时期主要水文站水沙量统计见表2-22。

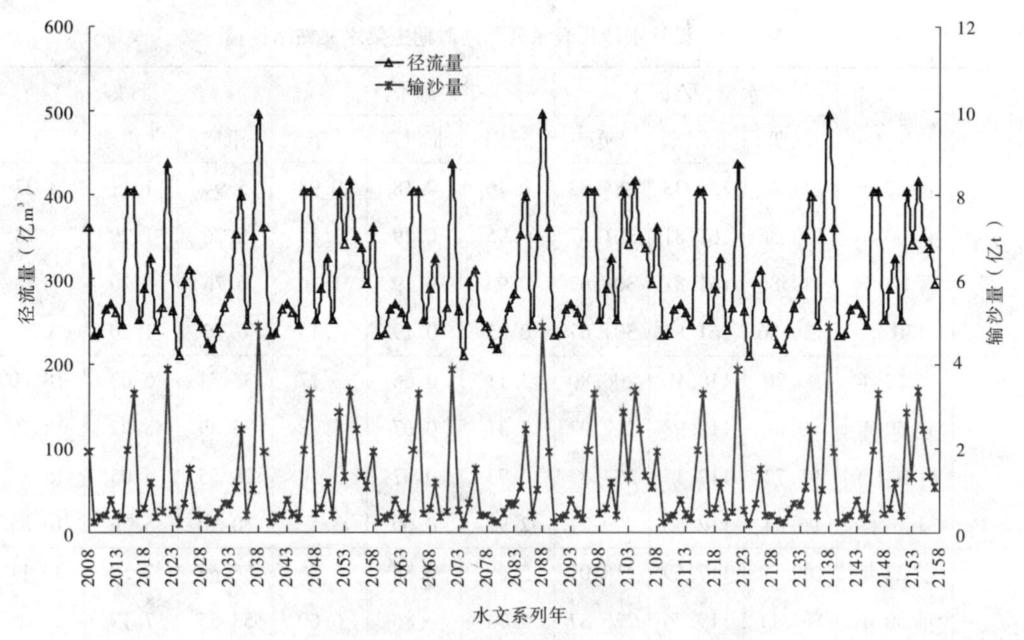

图 2-9　设计水沙代表系列安宁渡站历年水沙量过程

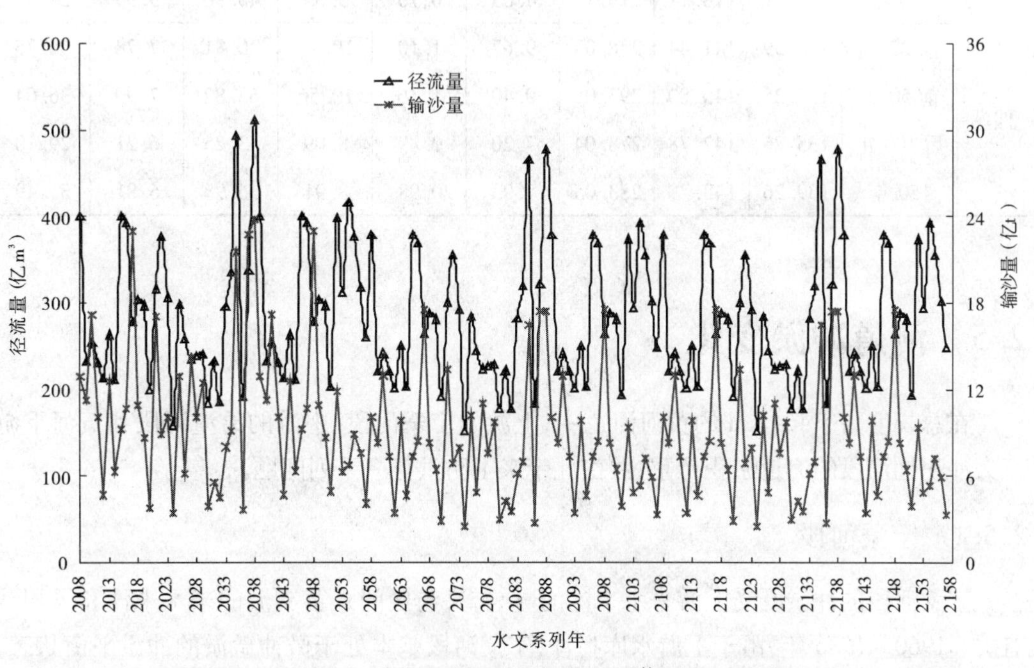

图 2-10　设计水沙代表系列四站(龙、华、河、洑)历年水沙量过程

表 2-22　设计水沙代表系列不同时期主要水文站水沙量

水文站	时段	水量(亿 m^3)			沙量(亿 t)			含沙量(kg/m^3)		
		汛期	非汛期	年	汛期	非汛期	年	汛期	非汛期	年
安宁渡	前 22 年	127.44	158.38	285.82	0.76	0.18	0.94	5.94	1.11	3.27
	前 50 年	139.86	161.81	301.67	0.95	0.19	1.14	6.76	1.20	3.78
	后 100 年	139.86	161.81	301.67	0.95	0.19	1.14	6.76	1.20	3.78
	150 年	139.86	161.81	301.67	0.95	0.19	1.14	6.76	1.20	3.78
吴堡	前 22 年	90.70	110.10	200.80	3.11	0.66	3.77	34.31	6.03	18.80
	前 50 年	99.09	112.98	212.07	3.31	0.67	3.98	33.39	5.97	18.78
	后 100 年	95.72	112.15	207.87	2.73	0.57	3.30	28.55	5.05	15.87
	150 年	96.84	112.43	209.27	2.92	0.60	3.52	30.20	5.36	16.85
龙门	前 22 年	100.32	117.69	218.01	5.68	0.88	6.56	56.63	7.50	30.11
	前 50 年	107.11	119.76	226.87	5.74	0.86	6.60	53.55	7.17	29.06
	后 100 年	97.80	117.44	215.24	4.08	0.63	4.71	41.71	5.34	21.86
	150 年	100.91	118.21	219.12	4.63	0.70	5.33	45.90	5.95	24.35
四站	前 22 年	136.59	141.44	278.03	9.67	1.10	10.77	70.81	7.78	38.75
	前 50 年	147.25	145.80	293.05	9.40	1.16	10.56	63.82	7.99	36.04
	后 100 年	135.26	142.78	278.04	7.20	0.89	8.09	53.25	6.21	29.10
	150 年	139.26	143.79	283.05	7.93	0.98	8.91	56.98	6.81	31.49

2.5　河道冲淤变化

在总长度为 5 464 km 的黄河河道中,上游的宁蒙河段、中游的禹潼河段和黄河下游三大冲积性河段的河道淤积严重,并由此带来了防洪等一系列问题。

2.5.1　宁蒙河段

宁蒙河段的冲淤既受上游来水来沙的影响,又与区间入黄支流的来水来沙和风积沙有关。1960 ~ 1986 年,由于上游水库拦沙,宁蒙河段基本处于微冲微淤的冲淤平衡状态,年平均淤积量为 0.08 亿 t。其中,宁夏河段年均冲刷 0.12 亿 t,内蒙古河段年均淤积 0.20 亿 t,年均淤积厚度为 0.008 m。

1986 年龙羊峡水库投入运用后,改变了径流分配,加之中常洪水次数大幅度减少,使汛期水量大幅减少,加上沿黄引水增加,宁蒙河段淤积加重,至 1999 年 10 月年平均淤积量为 0.96 亿 t,其中宁夏河段年均淤积 0.14 亿 t,内蒙古河段年均淤积 0.82 亿 t。

1999～2005 年，宁蒙河段年平均淤积量为 0.58 亿 t，其中宁夏河段年均淤积 0.08 亿 t，内蒙古河段年均淤积 0.50 亿 t。

内蒙古巴彦高勒至蒲滩拐河段分别于 1962 年、1982 年、1991 年、2000 年、2004 年进行了河道大断面测验，各时段河道年均淤积量由 -0.009 亿 t 增加到 0.62 亿 t，其中河槽由 1962～1982 年的冲刷转为淤积，且淤积比例随着时间的推移逐渐增大，1982～1991 年、1991～2000 年、2000～2004 年主河槽淤积量占全断面淤积量的 56%、88%、92%。近期河道淤积主要发生在主河槽，主河槽淤积占全断面的 92%，使主河槽严重萎缩。

近期主槽淤积加重造成中小水位明显抬高，平滩流量下降到 1 500 m^3/s，排洪能力下降，严重威胁防凌防洪安全。

近期主槽淤积萎缩，平滩流量减小，原因是龙羊峡水库的调节运用、工农业用水增加等，使黄河汛期水量减少，洪水流量的量级和历时减少，小流量历时增加，造成黄河宁蒙河段水流动力减弱，造床流量减小。

2.5.2 禹潼河段

历史上，禹潼河段是一条堆积性河道，其淤积和来水来沙条件及河床边界条件有关。由于河床淤高，1920 年以来先后有万荣、蒲州以及河津三座县城搬迁，禹潼河段的年淤积量一般在 0.5 亿～1.5 亿 t 变化。根据三门峡建库前的 10 年实测资料，采用输沙率法求得四站—潼关河段 1950 年 7 月至 1960 年 6 月（1956～1958 年潼关站无实测资料，采用陕县站代替）年平均淤积 0.94 亿 t，其中禹潼河段年平均淤积 0.88 亿 t。

受三门峡水库蓄水拦沙和滞洪排沙运用的影响，1960～1964 年禹潼河段断面法淤积 6.29 亿 m^3，年平均淤积量为 1.57 亿 m^3，合 2.20 亿 t。随着对三门峡枢纽泄流建筑物的改建，淤积量有所减少，1964～1973 年淤积 11.62 亿 m^3，年平均淤积量减少为 1.29 亿 m^3，合 1.81 亿 t，见表 2-23。

表 2-23　禹潼河段各时期累计淤积量　（单位：亿 m^3）

时段（年-月）	黄淤 41—黄淤 45	黄淤 45—黄淤 50	黄淤 50—黄淤 59	黄淤 59—黄淤 68	黄淤 41—黄淤 68
1960-10～1964-10	2.91	2.23	0.39	0.76	6.29
1964-10～1973-10	0.64	4.24	3.32	3.42	11.62
1973-10～1986-10	-0.01	-0.63	0.68	1.04	1.08
1986-10～1999-10	0.42	1.17	1.67	2.99	6.25
1999-10～2008-04	-0.12	-0.32	-0.33	-0.32	-1.09

吸取“蓄水拦沙”和“滞洪排沙”运用的经验和教训，三门峡水库于 1973 年 11 月采用“蓄清排浑”运用方式，禹潼河段恢复了自然河道状态下的演变特性。受来水来沙条件的影响，1973 年 10 月至 1986 年 10 月，该河段淤积泥沙 1.09 亿 m^3，年均淤积仅 0.084 亿 m^3，合 0.12 亿 t。

1986 年 10 月 15 日黄河上游龙羊峡水库投入运用，龙羊峡、刘家峡两库联合运用后，改变了禹潼河段来水的年内分配过程,汛期来水量显著减少,主槽淤积加重。1986 年 10 月至 1999 年 10 月,禹潼河段淤积 6.25 亿 m^3,年平均淤积 0.481 亿 m^3,合 0.67 亿 t。

1999 年 10 月至 2008 年 4 月,由于龙门站来沙量持续偏枯,水沙条件相对较为有利,该河段整体上发生了全线冲刷,禹潼河段共冲刷泥沙 1.08 亿 m^3,合 1.53 亿 t。

禹潼河段冲淤量沿程的纵、横向分布,主要与上游来水来沙条件较为密切,分析禹潼河段不同时期的横向(滩、槽)淤积情况可知,如果洪水的含沙量不是很大,则洪水漫滩时,滩地淤积,主槽发生冲刷;如果洪水的含沙量很大("揭河底"的情况例外),则主槽和滩地均发生淤积,大水过后,水流归槽,主槽淤积。据对 1968 ~ 1982 年的资料分析,本河段滩地淤积量约占全断面淤积量的 72.8%,主槽淤积量占 27.2%。1986 年以后,由于进入该河段漫滩洪水的机遇明显减少,加之多年未产生"揭河底"冲刷,本河段滩地淤积相对减少(约占全断面淤积量的 59.5%),主槽淤积明显增加(约占全断面淤积量的 40.5%),该河段滩槽高差进一步减小。

2.5.3 黄河下游河道

2.5.3.1 下游河道冲淤概况

黄河水少、沙多、水沙关系不协调的特性,造成黄河下游河道严重淤积。根据 1950 年 7 月至 1999 年 10 月小浪底水库投入运用前资料统计,进入黄河下游河道多年平均水量(三门峡、黑石关、小董之和)为 407.06 亿 m^3,多年平均沙量为 12.04 亿 t,黄河下游河道三门峡至利津河段总淤积量 93 亿 t,其中高村以上河道淤积量占黄河下游河道总淤积量的 54.2%,高村至艾山河道淤积量占黄河下游河道总淤积量的 28.5%,艾山至利津河段淤积量占黄河下游河道总淤积量的 17.3%。粒径大于 0.05 mm 的粗颗粒泥沙是黄河下游河槽淤积的主体,淤积量占总淤积量的 80% 左右。

小浪底水库投入运用后,由于水库拦沙和调水调沙运用,下游河道发生了全程冲刷,截至 2010 年汛前,黄河下游利津以上河道累计冲刷泥沙 18.15 亿 t。

黄河下游河道各时期年均淤积量见表 2-24。

表 2-24 黄河下游河道各时期年均淤积量

时段		1950 ~ 1960 年	1960 ~ 1986 年			1986 ~ 1999 年	1999 ~ 2010 年
			1960 ~ 1964 年	1964 ~ 1986 年	合计		
铁谢—花园口(亿 t)		0.62	-1.90	0.27	-0.06	0.39	-0.58
花园口—高村(亿 t)		1.37	-2.31	0.95	0.45	1.13	-0.75
高村—艾山(亿 t)		1.17	-1.25	0.67	0.38	0.32	-0.24
艾山—利津(亿 t)		0.45	-0.32	0.44	0.32	0.22	-0.24
铁谢—利津	淤积量(亿 t)	3.61	-5.78	2.33	1.08	2.05	-1.82
	主槽占全断面(%)	23	70	47	28.4	70	100

注:1960 ~ 2010 年为断面法淤积量,1950 ~ 1960 年为输沙率法淤积量。

2.5.3.2 近期河道冲淤特性

1.1986～1999年

1986年以来，由于龙羊峡水库的投入运用，进入下游的水沙条件发生了较大变化，主要表现在汛期来水比例减少，非汛期来水比例增加，洪峰流量减小，枯水历时增长，黄河下游河道年平均淤积2.05亿t，下游河道演变表现出如下特性：

（1）河道淤积量占来沙量比例增大。从各时段下游淤积量占来沙量的比例分析，在天然状态下，下游河道的淤积量约占来沙量的20%；1960～1964年由于三门峡水库的拦沙作用，水库下泄清水，下游河道整体表现为冲刷；1980～1985年进入下游的水沙有利，河道也表现为冲刷；1964～1973年为三门峡水库滞洪排沙期，该时段淤积量占来沙量的比重较多，为26.9%；1986～1999年由于水资源的开发利用使来水量明显减少，主要是汛期的减沙量与减水量不成比例，因此河道淤积量约占来沙量的25.7%，比天然状态下所占来沙量的比例增大5.7%。

（2）河道冲淤量年际间变化仍较大。该时段淤积量较大的有1988年、1992年、1994年和1996年，年淤积量分别为5.01亿t、5.75亿t、3.91亿t和6.65亿t，四年淤积量约占时段总淤积量的80%。1989年来水量400亿m^3，沙量仅为长系列的一半，年内河道略有冲刷，河道演变仍遵循丰水少沙年河道冲刷或微淤、枯水多沙年则严重淤积的基本规律。

（3）横向淤积分布不均，主槽淤积严重，河槽萎缩，行洪断面面积减少。该时期由于枯水历时较长，前期河槽较大，主槽淤积严重。从滩槽淤积分布看，主槽年均淤积量1.44亿t，占全断面淤积量的70%。滩槽淤积分布与20世纪50年代相比发生了很大变化，该时期全断面年均淤积量为20世纪50年代下游年均淤积量的56.8%，而主槽淤积量却是20世纪50年代年均淤积量的1.7倍。

（4）漫滩洪水期间，滩槽泥沙发生交换，主槽发生冲刷，对增加河道排洪有利。近期下游低含沙量的中等洪水及大洪水出现概率的减少使黄河下游河道主槽严重萎缩，河道排洪能力明显降低。1996年8月花园口洪峰流量7 860 m^3/s的洪水过程中，下游出现了大范围的漫滩，淹没损失大，但从河道演变角度看，发生大漫滩洪水对改善下游河道河势及增加过洪能力是非常有利的。

（5）高含沙量洪水机遇增多，主槽及嫩滩严重淤积，洪水水位涨率偏高，对防洪威胁较大。

（6）“二级悬河”不利局面不断发展，防洪形势越来越严峻。由于下游主槽淤积加重，排洪、输沙能力降低。同时生产堤等阻水建筑物影响了滩槽水流泥沙的横向交换，泥沙淤积主要集中在生产堤之间的主槽和嫩滩上，生产堤至大堤间的滩区淤积很少，逐渐形成了滩唇高仰、堤跟低洼、大堤附近滩面高程明显低于平滩水位、背河地面又明显低于大堤附近滩面高程的“二级悬河”的不利局面。“二级悬河”程度的不断加剧，产生横河、斜河，特别是滚河的可能性增大，进一步增大了下游的防洪负担。

2.小浪底水库蓄水运用以来(1999～2010年)

小浪底水库下闸蓄水运用以来（1999年10月至2010年4月），通过拦沙和调水调沙的作用，黄河下游各个河段均发生了明显冲刷，下游河道利津以上河段共冲刷18.15亿t。下游各河段冲淤量见表2-25。

表 2-25　1999 年 10 月至 2010 年 4 月下游各河段冲淤量统计　（单位:亿 t）

时段	白鹤—花园口	花园口—高村	高村—孙口	艾山—利津	白鹤—利津
非汛期	-2.62	-4.22	-0.10	0.81	-6.12
汛期	-3.21	-3.31	-2.14	-3.17	-12.03
合计	-5.83	-7.53	-2.24	-2.36	-18.15

从冲刷量的沿程分布来看,高村以上河段和艾山以下河段冲刷较多,高村至艾山河段冲刷比较少。其中,高村以上河段冲刷 13.36 亿 t,占冲刷总量的 71.4%;艾山以下河段冲刷 2.36 亿 t,占冲刷总量的 12.6%;高村至艾山河段冲刷 2.24 亿 t,占下游河道冲刷总量的 11.9%。从时间分布来看,冲刷主要集中在汛期,汛期下游河道共冲刷 13.09 亿 t,占年总冲刷量的 69.9%。

随着河道冲刷,下游各水文站同流量水位发生不同程度的降低,高村以上河段同流量(2 000 m^3/s)水位降低幅度较大,为 1.82 ~ 2.05 m,高村以下河段同流量水位降幅较小,为 1.06 ~ 1.35 m,整个下游河道平均冲深 1.5 m 左右。2 000 m^3/s 流量下水位变化情况见表 2-26。

表 2-26　1999 ~ 2010 年下游河道同流量(2 000 m^3/s)水位变化情况

项目	水文站	花园口	夹河滩	高村	孙口	艾山	泺口	利津
水位(m)	1999 年①	93.67	76.77	63.04	48.07	40.82	30.23	13.25
	2010 年②	91.62	74.95	61.16	46.72	39.76	28.96	11.95
水位变化② - ①(m)		-2.05	-1.82	-1.88	-1.35	-1.06	-1.27	-1.30

黄河下游河道主槽不断冲深使平滩流量不断加大,至 2010 年汛初,花园口以上河段平滩流量已增加至 5 500 m^3/s 以上,花园口—高村河段平滩流量增加为 5 000 m^3/s 左右,高村—艾山河段平滩流量增加为 4 000 m^3/s 左右,艾山以下大部分河段平滩流量增加为 4 000 m^3/s 以上。2002 年后黄河下游河道各个断面平滩流量变化情况见表 2-27。

表 2-27　2002 年后黄河下游河道各个断面平滩流量变化情况　（单位:m^3/s）

项目	花园口	夹河滩	高村	孙口	艾山	泺口	利津
2002 年汛初	3 600	2 900	1 800	2 070	2 530	2 900	3 000
2003 年汛初	3 800	2 900	2 420	2 080	2 710	3 100	3 150
2004 年汛初	4 700	3 800	3 600	2 730	3 100	3 600	3 800
2005 年汛初	5 200	4 000	4 000	3 080	3 500	3 800	4 000
2006 年汛初	5 500	5 000	4 400	3 500	3 700	3 900	4 000
2007 年汛初	5 800	5 400	4 700	3 650	3 800	4 000	4 000
2008 年汛初	6 300	6 000	4 900	3 810	3 800	4 000	4 100
2009 年汛初	6 500	6 000	5 000	3 880	3 900	4 200	4 300
2010 年汛初	6 500	6 000	5 300	4 000	4 000	4 200	4 400
累计增加	2 900	3 100	3 500	1 930	1 470	1 300	1 400

2.6　小　结

本章研究了黄河洪水、径流、泥沙及河道冲淤变化特性,分析了近期水沙变化及沙量减少的原因,结合流域综合规划等研究成果,预估了未来水沙变化趋势,提出了未来150年设计水沙代表系列,并取得以下主要成果:

(1)黄河流域暴雨洪水主要来自黄河上游和中游,多发生在6~10月。近年来,由于水土保持工程、水资源开发利用、水库调蓄等作用的影响,黄河流域中常洪水发生较为明显的变化,主要表现为洪水频次减小、大量级洪水频次减小、洪水量级减小、发生时间集中、洪水历时缩短、峰前基流减小。冰凌洪水主要发生在黄河下游、宁蒙河段,发生的时间分别在2月、3月。冰凌洪水特点:一是凌峰流量虽小,但水位高;二是河道槽蓄水量逐步释放,凌峰流量沿程递增。

(2)黄河流域1956~2000年45年系列多年平均降水量447 mm,经一致性处理后,现状下垫面条件下多年平均天然河川径流量534.8亿m^3(利津断面),相应径流深71.1 mm。流域河川径流具有水资源贫乏,径流年内、年际变化大,地区分布不均等特点。20世纪80年代以来,由于气候变化和人类活动对下垫面的影响,黄河河川径流量发生了变化,黄河中游变化尤其显著,天然径流量明显减少。

(3)黄河水沙具有"水少、沙多,水沙关系不协调"的特点,黄河水量主要来自上游,中游是黄河泥沙的主要来源区。近期黄河水沙有以下变化特点:①年均径流量和输沙量大幅度减少;②径流量年内分配比例发生变化,汛期比重减小;③汛期小流量历时增加、输沙比例提高;④中常洪水流量大幅度减少。

20世纪80年代以来,入黄泥沙的大幅度减少,与多沙粗沙区降雨变化、水利水保措施减沙、干流水库拦沙、水资源开发利用、流域煤矿开采以及河道采沙取土等因素有关,其中降雨量减少、降雨强度降低是近些年来沙量减少的重要因素。

(4)未来黄河水沙主要受流域降水和下垫面条件的影响,在流域降水不发生重大变化的情况下,按照黄河流域水利水保建设规划,仅考虑下垫面影响,2020年水平,黄河多年平均天然径流量减少为519.8亿m^3,进入黄河的年沙量分别为10.5亿~11亿t;2050年水平,多年平均天然径流量减少为504.8亿m^3,进入黄河的年沙量减少到8亿t左右,黄河仍将是一条输沙量巨大的河流,水少沙多仍是黄河长时期内的重要特征。

以预估的未来黄河来水、来沙量为基础,在设计水平年1956~2000年系列中选取150年水沙代表系列研究黄河水沙调控体系联合调控效果,该水沙代表系列安宁渡站年均水量为301.67亿m^3,沙量为1.14亿t,吴堡站年均水量为209.27亿m^3,沙量为3.53亿t,龙门站年均水量为219.12亿m^3,沙量为5.34亿t,四站(龙门、华县、河津、洑头)年均水量为283.05亿m^3,沙量为8.91亿t。

(5)宁蒙河段、禹潼河段、黄河下游河段不同时期河道冲淤特性分析表明,河道冲淤变化与来水沙条件及河床边界条件密切相关,1986年以后,受龙羊峡水库、刘家峡水库调节的影响,黄河汛期水量减少,洪水流量的量级和历时减少,小流量历时增加,造成河道主槽淤积加重,过流能力降低,如2000~2004年宁蒙河段主河槽淤积占全断面的92%,1986~1999年,黄河下游主槽淤积占全断面的70%。小浪底水库投入运用以后,由于水库拦沙和调水调沙,进入下游河道水沙条件得到大大改善,黄河下游利津以上河段共冲刷18.15亿t,主槽过流能力恢复至4 000 m^3/s以上。

第 3 章　黄河水沙调控体系建设总体布局研究

3.1　以往研究概况

人民治黄以来，随着研究的深入，治黄认识逐步深化，治黄理念也逐步得到提升。1954 年《黄河综合利用规划技术经济报告》首次提出在黄河干流修建 46 级水利枢纽，在重要的支流修建一批拦泥、防洪或综合利用水库的工程布局，并明确了各河段的开发治理任务。1990 年《黄河治理开发规划报告》分析总结了 1954 年的黄河规划和 1954 年以来 30 多年的治黄实践，提出“拦、调、排、放，综合治理”的黄河治理开发方略，并认识到黄河上中下游除害兴利是紧密联系、相互制约的，干流各河段开发应该整体联系、系统分析；同时对 1955 年规划提出的水库工程布局作了调整，提出以龙羊峡、刘家峡、黑山峡、碛口、龙门、三门峡和小浪底 7 座大型控制性骨干工程为主体的综合利用工程体系。1997 年《黄河治理开发规划纲要》总结以往研究成果和治黄经验，首次提出以 7 大骨干工程为主体的黄河水沙调控体系布局：上游的龙羊峡、刘家峡和黑山峡 3 座骨干工程联合运用，构成黄河水量调节工程的主体；中游的碛口、古贤、三门峡和小浪底水利枢纽联合运用，构成黄河洪水和泥沙调控工程体系的主体。2002 年《黄河近期重点治理开发规划》在肯定 7 大骨干工程为主体的黄河水沙调控体系布局的同时，提出完善的水沙调控体系布局还应包括水沙测报、洪水调度、防汛道路、通信、交通等非工程措施。2008 年《黄河流域防洪规划》提出水沙调控体系主要由已建的干流龙羊峡、刘家峡、三门峡、小浪底和支流陆浑、故县以及拟议中的干流碛口、古贤、黑山峡河段工程和支流河口村、东庄等控制性骨干工程组成；同时提出通过水沙调控体系的调水调沙作用，长期减轻宁蒙河段淤积，减轻宁蒙河段的防洪防凌负担，恢复并维持下游河道 4 000 ~ 5 000 m^3/s 中水河槽，长期减轻下游河道淤积。

3.1.1　1997 年黄河治理开发规划纲要

在总结以往研究成果和治黄经验的基础上，黄委于 1991 年 8 月提出了《黄河治理开发规划简要报告》，于 1996 年初编制完成了《黄河治理开发规划纲要》，1997 年 6 月通过国家计划委员会和水利部审查。

《黄河治理开发规划纲要》中干流工程布局是：龙羊峡至桃花峪河段布置梯级 36 座，总库容 1 007 亿 m^3，长期有效库容 505 亿 m^3，相当于黄河花园口多年平均天然径流量的 90%。高坝大库与径流电站或灌溉壅水枢纽相间，形成以龙羊峡、刘家峡、黑山峡、碛口、古贤、三门峡和小浪底 7 座大型控制性骨干工程为主体的比较完整的综合利用工程体系。上游的龙羊峡、刘家峡和黑山峡 3 座骨干工程联合运用，构成黄河水量调节工程的主体；

中游的碛口、古贤、三门峡和小浪底水利枢纽联合运用,构成黄河洪水和泥沙调控工程体系的主体,可使兰州市和宁蒙河段的防洪标准分别达到100年一遇和50年一遇,使黄河下游的防洪标准得到较大提高。碛口、古贤、小浪底3座骨干水库可拦泥沙401亿t,可减少禹门口至潼关河段淤积54亿t,减少黄河下游河道淤积215亿t。

3.1.2 2002年黄河近期重点治理开发规划

黄委在编制完成《黄河治理开发规划纲要》后,围绕黄河最为突出的洪水威胁、水资源供需矛盾尖锐、水土流失和水环境恶化等三大问题,开展了《黄河的重大问题及其对策》研究,形成了《关于加快黄河治理开发若干重大问题的意见》(简称《意见》)报送国务院。2001年6月12日,水利部汪恕诚部长针对黄河存在的几个问题,在黄委干部大会上提出"堤防不决口、河道不断流、污染不超标、河床不抬高"4项具体目标和任务。2001年12月5日,朱镕基总理主持国务院第116次总理办公会议,审议并原则同意水利部上报的《意见》,同时要求编制《黄河近期重点治理开发规划》。2002年6月水利部将完成的规划报告上报国务院后,国务院于2002年7月14日以国函〔2002〕61号文批复了《黄河近期重点治理开发规划》。

规划提出的总体布局:在黄河上中游兴建一批水利水电工程,形成以龙羊峡、刘家峡、黑山峡(待建)、碛口(待建)、古贤(待建)、三门峡和小浪底等7座骨干水利枢纽工程为主体的黄河水沙调控体系。在黄河下游,建成以堤防、河道整治工程为主的"下排"工程和配套完善的分滞洪工程;结合挖河淤背,淤筑"相对地下河"。加快黄河干流宁蒙河段、禹门口至潼关河段、潼关至三门峡大坝河段,以及渭河下游等河段治理。搞好病险水库的除险加固和重要城市防洪设施建设。完善水文测报、洪水调度、防汛道路、通信、交通等非工程措施。结合中上游水土保持措施,形成完整的防洪减淤体系。

3.1.3 2008年黄河流域防洪规划

2008年国务院批复的《黄河流域防洪规划》提出,水沙调控体系主要由已建的干流龙羊峡、刘家峡、三门峡、小浪底和支流陆浑、故县以及拟议中的干流碛口、古贤、黑山峡河段工程和支流河口村、东庄等控制性骨干工程组成。水沙调控体系具有拦蓄洪水、拦减泥沙、调水调沙三大功能,对黄河下游及上中游河道防洪减淤具有重要作用。对于中游水库群,利用三门峡、小浪底、陆浑、故县、河口村等干支流水库的防洪库容拦蓄洪水,有效削减下游洪水;利用碛口、古贤、小浪底等水库拦沙库容拦减泥沙,大幅度减少进入下游河道的泥沙;利用以小浪底、古贤为核心的中游干支流水库联合调水调沙,恢复并维持下游河道4 000~5 000 m^3/s中水河槽,长期减轻下游河道淤积。利用上游水库调水调沙,长期减轻宁蒙河段淤积;同时,在汛期、凌汛期投入防洪防凌运用,减轻宁蒙河段的防洪防凌负担,并为中游水库群调水调沙提供水流动力。

3.2 黄河治理开发对水沙调控体系工程布局的要求

经过人民治黄半个多世纪的不懈努力,在黄河干支流建成了以龙羊峡、刘家峡、三门峡、小浪底水利枢纽工程为主，陆浑、故县水库工程为辅的现状水沙调控体系，在黄河流域防洪、防凌、减淤、供水等方面发挥了重要作用。但小浪底水库拦沙库容淤满后，仅靠小浪底单库运行，黄河下游又将快速回淤，下游河道仍面临着河道淤积萎缩、防洪形势严峻的局面。现状工程条件下，宁蒙河段也存在河道淤积、防洪防凌形势严峻的问题。因此，为了实现黄河治理开发的目标，建设干支流骨干工程，完善水沙调控体系非常必要。随着经济社会发展和维持黄河健康生命的需要，对水沙调控体系提出了更高的要求，下面从防洪、减淤及水资源配置、水沙联合调控四个方面的需求分析水沙调控体系的布局。

3.2.1 防洪(防凌)需求分析

3.2.1.1 黄河下游防洪(防凌)需求

1. 防洪(防凌)现状情况

人民治黄六十多年来，在黄河下游基本建成了以干支流水库、堤防、河道整治工程、分滞洪区为主体的“上拦下排、两岸分滞”的防洪工程体系。“上拦”是指利用中游三门峡、小浪底、陆浑、故县等水库拦蓄超过堤防设计流量的洪水；“下排”是指利用堤防、河道整治工程约束洪水排洪入海；“两岸分滞”是指利用东平湖、北金堤等滞洪区分蓄超过堤防设计流量的洪水。经过防洪工程体系运用后，黄河下游的大洪水基本得到控制，现状工程作用后黄河下游各级洪水流量及设防流量见表3-1。

表3-1 水库工程运用后黄河下游各级洪水流量及设防流量 （单位：m^3/s）

断面名称	不同重现期洪峰流量				设防流量
	100年	300年	千年	万年	
花园口	15 700	19 600	22 600	27 400	22 000
柳园口	15 120	18 800	21 900	26 900	21 800
夹河滩	15 070	18 100	21 000	26 100	21 500
石头庄	14 900	18 000	20 700	25 100	21 200
高村	14 400	17 550	20 300	20 000	20 000
孙口	13 000	15 730	18 100	17 500	17 500
艾山	10 000	10 000	10 000	10 000	11 000
洛口	10 000	10 000	10 000	10 000	11 000
利津	10 000	10 000	10 000	10 000	11 000

注：10 000年一遇考虑了北金堤滞洪区分洪运用。

从表3-1中可以看出，花园口22 000 m^3/s设防流量的重现期为近1 000年，黄河下游的大洪水基本得到控制。

小浪底水库建成后，设计防凌库容20亿m^3，与三门峡水库联合调度，防凌总库容可达35亿m^3，防凌调控能力大大增强，再加上分水、破冰等措施，可基本解除黄河下游凌汛威胁。

2. 存在问题和需求

黄河中下游洪水有两个主要来源区——三门峡以上区域和三门峡至花园口区间(简

称三花间)。中游防洪水库的任务是尽量拦蓄这两个区间的洪水,使下游花园口至东平湖河段的流量不超过堤防设计流量。三门峡水库、小浪底水库修建后,可以有效控制三门峡以上区域的洪水,对于三门峡至花园口区间洪水,小浪底水库可以控制三门峡至小浪底区间部分;伊洛河上的陆浑、故县可以控制伊洛河部分;此外,小浪底以下至花园口区间(简称小花间)仍有 2.7 万 km^2 流域面积的无工程控制区内产生的洪水不能够被有效控制(该区域 100 年一遇洪峰流量为 12 900 m^3/s),其中主要支流沁河上没有控制性工程,黄河下游的洪水形势仍不容乐观。小花间无工程控制区的洪水具有汇流快、预见期短的特点,尤其沁河五龙口以上流域属太行山区,受地形抬升作用,易形成突发性的暴雨,而且山前洪积扇规模较小、汇流速度快、预见期短,使得黄河下游一直处于被动防洪的地位。因此,为完善黄河下游防洪工程体系,进一步提高下游防洪能力,在现有防洪工程体系基础上,急需修建河口村水库,合理控制小花间无控制区来水。

3.2.1.2 兰州及宁蒙河段防洪(防凌)需求

1. 防洪防凌现状情况

龙羊峡水库、刘家峡水库建成后,通过两库联合调控,大大减轻了兰州市和宁蒙河段的洪水威胁,使兰州市的防洪标准可达 100 年一遇,相应流量为 6 500 m^3/s。宁蒙河段的防洪能力:下河沿至三盛公河段达到 20 年一遇,三盛公以下河段可达 30~50 年一遇;下河沿至石嘴山堤防工程的设防流量为 5 620 m^3/s,石嘴山至三盛公河段堤防工程的设防流量为 5 630 m^3/s,三盛公至蒲滩拐河段堤防工程的设防流量为 5 900 m^3/s。

刘家峡水库建成运行后,特别是 1989 年按《黄河刘家峡水库凌期水量调度暂行办法》进行凌汛期调度以来,改善了宁蒙河段的流量过程,提高了出库水温,大大缓解了宁蒙河段的防凌压力,减轻了凌汛灾害威胁。

2. 存在问题和需求

目前,黄河宁蒙河段防凌防洪存在的主要问题是凌汛灾害严重、洪水威胁依然存在、河道主河槽淤积严重等几个方面。引起这些问题的原因除宁蒙河段本身所固有的河道地理地形特征外,上游龙羊峡、刘家峡两库的运用改变了宁蒙河段的天然径流状态,汛期来水量减小,非汛期流量增大,从而引起主河槽严重淤积,过流能力减小也是一个因素。根据设计洪水成果和宁蒙河段的防洪标准("十五"防洪规划安排工程全部实施),当宁蒙河段发生超过 20 年一遇的洪水时,就可能给部分地区带来洪灾威胁。

从宁蒙河段的防凌、防洪、减淤等方面的需求分析,如果依靠上游水库调节河道的流量过程来改善宁蒙河段的防凌、防洪局面,除现状工程外,在西线南水北调生效前,还需要约 30 亿 m^3 左右的调节库容;西线南水北调生效后,还需要 50 亿~60 亿 m^3 的调节库容。目前,上游水库工程除龙羊峡水库、刘家峡水库外,其余均为径流式电站,其中安宁渡以上建有盐锅峡、八盘峡等水库枢纽工程,下河沿—石嘴山建有青铜峡水利枢纽,石嘴山—巴彦高勒建有三盛公水利枢纽。

盐锅峡水库 1962 年 1 月建成蓄水发电,总库容 2.2 亿 m^3,1968 年库区已达冲淤平衡;八盘峡水库 1975 年 9 月蓄水发电,总库容 0.49 亿 m^3;青铜峡水库 1967 年 4 月蓄水运用,总库容 5.7 亿 m^3,1972 年库区达冲淤平衡,剩余库容 0.8 亿 m^3 左右,只能承担日调节任务;三盛公水库 1961 年 4 月投入运用,总库容 0.8 亿 m^3,1969 年库区基本达到冲淤平衡，剩余库容0.4亿m^3，主要承担引水灌溉任务。盐锅峡、八盘峡、青铜峡、三盛公等水利工程库容很小，且已建成蓄水发电多年，库区均已达到冲淤平衡，剩余调节库容更小，无法对凌汛期水量进行调节。

在建的海勃湾水库正常蓄水位下总库容4.87亿m^3，水库运行20年后调节库容约为0.91亿m^3。当内蒙古河段凌汛期出现险情时，需要海勃湾水库控制下泄流量，为下游防凌抢险创造有利条件，争得抢险时间。但是由于海勃湾水库调节库容有限，要从根本上解决宁蒙河段的防凌防洪问题，需要黑山峡水库来调节水量。

3.2.2 河道减淤需求分析

3.2.2.1 黄河下游减淤需求

小浪底水库建成后，通过小浪底水库拦沙和调水调沙运用，下游淤积抬高的局面得到缓解，最小平滩流量也恢复到2010年汛前的4 000 m^3/s。但黄河下游“二级悬河”问题没有解决，防洪形势依然严峻，小浪底水库淤满后，仅靠小浪底水库难以满足长期协调黄河下游水沙关系的要求，黄河下游河道回淤速度较快，主槽萎缩严重，不能较长时期维持水库运用初期恢复的中水河槽。

1.控制北干流来沙，减缓黄河下游河道淤积的需求

利用黄河干流骨干水库拦沙，可在一定时期内显著减少进入坝址下游的泥沙。目前，三门峡水库已拦沙约40亿t，拦沙作用已经消失；小浪底水库可拦沙100亿t，减少下游河道淤积78亿t，至2010年4月水库已拦沙约25.6亿m^3。小浪底水利枢纽拦沙可使下游河道淤积在一定时期内得到缓解，但随着拦沙库容的不断淤损，水库拦沙库容淤满后，黄河下游河道淤积抬高问题又将凸现，预计年淤积量达2.7亿t。随着河道的不断淤积抬高，已建河防工程的防洪标准不断下降，同时“地上悬河”和“二级悬河”的危局也将继续发展，防洪形势将又趋严峻。因此，需要兴建古贤、碛口水库来完成拦沙任务。

2.黄河下游河道维持较长时期中水河槽的行洪输沙功能需求

调水调沙是恢复和维持河道排洪输沙功能的关键措施之一。2002～2010年，黄委利用小浪底水库和干支流其他水库相继进行了10次大规模的调水调沙实践，实现了下游主槽全线冲刷。通过水库拦沙和调水调沙，显著地改善了进入黄河下游的水沙过程，使下游河道主槽的行洪输沙能力得到了提高，河槽的形态得到了初步调整。尽管如此，还应该清楚地认识到，同20世纪80年代中期相比，下游主槽的过流能力仍处于一个较低的水平，距正常的过流能力还有相当的差距，“横河”“斜河”“滚河”的威胁仍然较大，中常洪水漫滩的机会还很大，人水关系依然紧张，河道健康生命的自然特征远没有恢复正常。

随着小浪底水库拦沙库容不断淤损，到2020年前后小浪底水库拦沙库容淤满后，调水调沙库容最大仅10亿m^3，一般可调节蓄水库容仅5亿m^3左右，仅依靠小浪底水库调节水量，不能满足维持黄河下游中水河槽的水流动力要求。在入库泥沙没有明显减少、水沙关系依旧严重不协调的情况下，汛期进入黄河下游的水流含沙量大幅度增加，高含沙小洪水出现的机遇也大幅度增多，黄河下游河道特别是主槽仍会严重淤积。因此，要求兴建古贤水库、碛口水库来满足协调水沙关系的要求。在古贤水库、碛口水库生效前，小浪底水库调水调沙的后续水流动力不足，万家寨水库可以进一步补充水流动力条件。但由于万家寨水库库容小，距离远，为小浪底水库补充水流动力条件的效果不明显。古贤水库、碛口水库生效后，为了维持长期有效库容，降低水位排沙时，万家寨水库也可以补充水流动力。

3. 为小北干流大规模放淤创造水沙条件的需求

黄河小北干流放淤是处理黄河粗泥沙的重大战略措施，对控制潼关高程、减少小浪底入库泥沙、减缓下游河道淤积、改善滩区土地利用条件等具有重大战略意义。小北干流放淤分为无坝放淤和有坝放淤。若采用有坝放淤，335 m 高程以上可放淤滩区面积 410.4 km^2，可放淤量 104.8 亿 m^3 左右，相当于小浪底水库的拦沙量。

现状工程条件下，进入放淤区河段的水沙过程、放淤过程及历时完全受制于天然水沙过程，可放淤的机会相对较少。2004 年小北干流无坝放淤试验，虽然成功实现了"淤粗排细"的目标，但由于放淤受天然来水来沙条件制约，历时较短，放淤时机不易把握，调度运用不够灵活，放淤量有限。即使将来修建禹门口（或甘泽坡）水利枢纽进行有坝放淤，虽然可以改善渠首引水引沙条件，但由于库容小，不能调节洪水泥沙，仍受制于天然来水来沙过程。因此，需要在北干流建设骨干调控工程，对来水来沙进行调节，合理控制出库流量和含沙量、泥沙级配，调节出适合放淤的水沙过程，增加小北干流放淤的机会。

因此，从控制小北干流来沙减缓黄河下游河道淤积、维持黄河下游较长时期中水河槽的行洪输沙功能及小北干流大规模放淤的需求来看，需要建设古贤水库、碛口水库工程。古贤水库、碛口水库通过水库拦沙和联合调水调沙运用以及进行小北干流有坝放淤，在改善黄河中下游水沙关系方面具有不可替代的重要作用，因此尽快完善中游洪水泥沙调控体系是非常必要和迫切的。

4. 对沁河来水进行有效控制，弥补下游水沙调控体系不足的需求

目前，尚无水库工程对沁河来水进行有效控制。小浪底水库可以有效控制黄河干流的水沙；陆浑水库、故县水库可以有效控制伊洛河的来水，但现代预报水平仍然达不到精细调度的要求，若不对沁河来水进行有效控制，难以达到黄河干流、伊洛河、沁河水沙共同塑造花园口断面协调水沙关系的目的，进而影响调水调沙的效果，因此急需修建河口村水库控制沁河来水，与小浪底、陆浑、故县等水库联合进行调水调沙运用，使小浪底水库下泄的含沙水流和小浪底至花园口区间伊洛、沁河的清水，共同塑造花园口断面协调的水沙关系，充分发挥水流的挟沙力，以更好地恢复和维持黄河下游河槽的过流能力，减少黄河下游河道淤积。

3.2.2.2 恢复宁蒙河段中水河槽的需求

在天然情况下，宁蒙河段以上来水量多、产沙量少，实测径流含沙量仅 5 kg/m^3，且每年常有长历时、低含沙量、流量大于 3 000 m^3/s 的洪水发生，水流造床作用明显，河道平滩流量长期能够保持在 3 500 ~ 4 500 m^3/s，维持了较高的行洪输沙能力。龙羊峡水库、刘家峡水库联合调度运用后，虽然发挥了巨大的兴利效益，但同时也改变了径流分配，加上沿黄引水的增加，使有利于保持中水河槽的洪水被大量削减，造成宁蒙河段水沙关系不协调，河道严重淤积萎缩，成为继黄河下游之后的又一段地上悬河，巴彦淖尔盟段河床比堤外地面高 1 ~ 2 m，磴口段河床比堤外地面高 4 m，包头段河床比堤外地面高 1.6 ~ 2 m，特别是由于造床流量减小，河道主槽严重淤积萎缩，主槽淤积量占总淤积量的 80% 以上，造

成中小流量水位明显抬高，平滩流量下降到 2 000 m^3/s（局部河段最小为 1 000 m^3/s），并导致河道宽浅散乱，摆动加剧，排洪能力下降，严重威胁防凌、防洪安全。1986 年以来出现了 9 次凌汛决口和 1 次汛期小流量决口，2003 年内蒙古河段大河湾由于孔兑来沙淤堵干流主槽，流量 1 000 m^3/s 时堤防发生决口，正是水沙关系不协调造成的严重后果。

为了消除龙羊峡、刘家峡水库汛期大量蓄水对宁蒙河段水沙关系造成的不利影响，对黄河水资源进行合理配置，增加汛期下泄水量，并将南水北调西线工程配置的河道内用水调节到汛期，根据宁蒙河段冲淤特性集中大流量下泄，塑造有利于维持宁蒙河段中水河槽的水沙过程，恢复并维持河道排洪输沙功能，需要建设黑山峡水库对进入宁蒙河段的水沙进行调节。当集中下泄的大流量长距离到达内蒙古河段发生坦化后，海勃湾水库可以进一步补充水流动力。海勃湾水库还可以作为防凌调度的应急工程，在特殊情况下向内蒙河段提供应急防凌库容。

3.2.2.3 协调渭河下游水沙关系、减轻渭河下游河道淤积需求

渭河下游河道冲淤规律极为复杂，影响因素众多，但最主要的影响因素是泾河、渭河汛期的来水来沙条件及其组合。一般情况下，当泾河出现高含沙较大洪水时，渭河将产生剧烈冲刷，淤滩刷槽；当泾河、渭河出现含沙量较大的小洪水时，河道主槽将发生显著淤积；当洪水来自渭河南山支流时，河道则以冲刷为主；以泾河来水为主时，会出现大水冲槽淤滩、小水大沙淤槽现象。可见，泾河经常发生的高含沙小洪水是渭河下游主槽严重淤积的主要原因之一。因此，要减少渭河下游淤积，就需要在泾河修建水库控制小水大沙的下泄，待水沙条件有利时集中泄放。

东庄水库在渭河下游的水沙调控中作用显著，是完善的黄河水沙调控体系重要组成部分。

3.2.2.4 控制潼关高程的需求

控制潼关高程相对稳定，也就是控制渭河下游河道侵蚀基准面高程相对稳定，它是渭河下游河道相对稳定的基础。由于来水来沙条件变化，1986 年以后潼关高程从 326.5 m 左右急剧升高至 328 m 左右，对渭河下游防洪产生不利影响。古贤水库和碛口水库建成生效后，汛期可通过水库拦沙和调水调沙运用，改变潼关河段不利的水沙关系，使潼关河段发生持续性冲刷，从而降低潼关高程，使渭河下游可得到溯源冲刷，逐渐恢复渭河下游的主槽行洪能力，对渭河防洪十分有利。因此，为了从根本上控制、降低潼关高程，需要修建古贤水库、碛口水库。

为了降低潼关高程，黄委在 2006 年以来进行了利用并优化桃汛洪水过程冲刷降低潼关高程的试验，取得了一定的效果，万家寨水库在试验中发挥了承上启下的重要作用。在古贤水库、碛口水库建成生效前，利用桃汛洪水冲刷降低潼关高程的运用中，仍需要万家寨水库配合发挥作用。

3.2.2.5 黄河上游和中游水沙对接需求

由于黄河 60% 的水量来自上游，入黄泥沙主要来自中游河口镇—三门峡区间，虽然通过中游干流骨干水库联合拦沙和调水调沙运用，在相当长时期可以有效改善黄河水沙条件，但如果没有上游水库配合运用，中游骨干工程在协调水沙关系方面还存在一定的局限性。由于黄河中游水少沙多情况突出，该河段发生的洪水为短历时、高含沙洪水，水沙

关系严重不协调,依赖自身来水量难以满足输送泥沙的动力条件要求。在黄河上游现状工程和运用方式条件下,上游的低含沙洪水基本被水库拦蓄,汛期输沙水量大幅度减少,利用上游来水增加输沙水流动力条件难以实现。在黑山峡河段建设大库容水库对上游梯级电站的发电水量进行反调节,增加汛期输沙水量,在中游子体系调水调沙时适时为中游骨干工程提供水流动力条件,更好地实现水量调节和泥沙调节的任务,协调黄河水沙关系,减少河道淤积。因此,黑山峡河段建设大库容水库,可以满足黄河上游和中游水沙对接的要求。

3.2.3 水资源配置需求分析

针对现状黄河水资源开发利用中存在的问题,究其原因主要是用水增加、来水减少,因此增加黄河流域可用水量是缓解黄河水资源短缺形势的重要途径之一。根据有关规划研究成果和黄河流域用水实际情况,增加黄河流域可用水量主要有两种途径:一是相对增水,通过在黄河流域及相关引黄地区实施节水改造,加强水资源管理,提高用水效率,使黄河流域可用水量相对增加;二是绝对增水,通过工程措施从流域外水资源丰沛的河流调水入黄河,增加黄河流域的可用水资源量。但是,要对可用水资源量进行合理配置,最大限度地发挥可用水资源量的作用,以保证重点地区和领域的水资源安全,提高枯水时段水资源应急调配能力,还必须在增水的同时结合完善的水沙调控体系联合运用来完成。

3.2.3.1 实现水资源配置方案的需要

2009 年完成的《黄河流域水资源综合规划》根据黄河水少沙多的特点、水资源条件变化和现有黄河可供水量分配方案的实施情况,在统筹考虑维持黄河健康生命和以水资源可持续利用为支撑经济社会可持续发展的综合需求的基础上,分以下三个阶段提出了黄河流域水资源配置方案。

(1)现状至南水北调东中线工程生效前,配置河道外各省(区)可利用水量为 341.16 亿 m^3,入海水量 193.63 亿 m^3。

(2)南水北调东、中线工程生效后至南水北调西线一期工程生效以前,配置河道外各省(区)可利用水量 332.79 亿 m^3,入海水量为 187.00 亿 m^3。

(3)在南水北调西线一期等调水工程生效后,考虑向河道外国民经济各部门增加供水的同时,增加一部分河道内输沙用水,配置河道外各省(区)可利用水量 401.05 亿 m^3,入海水量 211.37 亿 m^3。

该水资源配置方案是未来一定时期黄河用水总量控制和协调沿黄省(区)用水矛盾的重要依据,对维持黄河健康生命和流域以及相关地区经济社会可持续发展有重要意义。

然而,黄河来水和用水在时间和空间上不匹配,给维持黄河健康生命和实施水资源配置方案带来一定的困难。黄河河川径流年际变化大、连续枯水段长,且年内分配集中,全年 60% 以上的降水和径流集中在汛期(7~10 月)。从南水北调西线一期工程生效以前各河段河道外水量分配方案(见表 3-2)来看,各河段汛期分配水量为 122.46 亿 m^3,仅占 36.8%,而非汛期分配水量为 210.34 亿 m^3,占 63.2%,其中农业用水高峰期的3~6月用水占全年用水的 50%,而来水仅占年径流量的 30%。同时,黄河流域产水集中于兰州以上河段,兰州站多年平均天然河川径流量占全流域的 61.7%,而流域内河道外用水主要在兰州以下河段,兰州以下河段分配水量占全流域的92.5%。利用水库调节径流是缓解黄河复杂水沙关系问题、保证水资源配置方案实施的主要措施之一。因此,开发利用黄河河川径流须兴建干流骨干工程,形成完善的水沙调控体系,才能合理地调节水沙,优化水资源配置,最大限度满足河道外用水。

表3-2　南水北调东中线生效后至南水北调西线一期工程生效前各河段年内水量分配

(单位:亿 m^3)

河段	汛期(7~10月)	非汛期(11月至次年6月)	全年
龙羊峡以上	0.87	1.43	2.30
龙羊峡至兰州	6.87	15.81	22.68
兰州至河口镇	44.72	53.83	98.55
河口镇至龙门	6.28	10.99	17.27
龙门至三门峡	27.44	39.87	67.31
三门峡至花园口	7.15	18.74	25.89
花园口以下	28.73	69.12	97.85
内流区	0.40	0.55	0.95
合计	122.46	210.34	332.80

为保持黄河下游一定的输沙水量,维持黄河的健康生命,干流主要断面如河口镇、利津以及主要支流的入黄口必须保证一定的流量和水量。考虑到黄河多沙的特性,经综合分析,利津断面多年平均河道内生态环境需水量为220亿 m^3,其中汛期输沙水量为170亿 m^3;河口镇断面多年平均河道内生态环境需水量为197.0亿 m^3,其中汛期输沙水量为120.0亿 m^3。黄河干流主要断面河道内生态环境需水量见表3-3。而据黄河干流主要水文站1986~2005年实测径流量统计,利津断面多年平均实测年径流量为138.9亿 m^3,其中汛期为83.5亿 m^3;河口镇断面多年平均实测年径流量为153.6亿 m^3,其中汛期为60.2亿 m^3。因此,为最大限度满足河道内生态需水和河道外分配水量的要求,实现黄河水资源配置方案,不仅需适时增加黄河水资源量,还必须通过调蓄工程调节河川径流,以保证总量和过程的控制。在黄河干流和主要支流修建控制水库,与黄河现有的龙羊峡、刘家峡、三门峡、小浪底四大水库共同构成黄河水沙调控体系和水资源配置体系,提高黄河水资源调节水平非常必要。

表3-3　黄河干流主要断面河道内生态环境需水量　　(单位:亿 m^3)

时段	兰州	河口镇	利津
汛期	76.7	120.0	150.0~170.0
非汛期	27.6	77.0	50.0
全年	104.3	197.0	200.0~220.0

3.2.3.2 保障重点地区水资源安全的需要

1. 宁蒙河段

兰州至河口镇区间是黄河流域二级区中需水最多、缺水最多的分区，该区地表产水量17.7 亿 m^3，仅占黄河流域地表水资源量的3%，但该区需水占到流域内需水的40%左右，供水主要受上游来水和全河水量调度的影响。在南水北调西线一期工程生效前，2030 年水平兰州至河口镇区间缺水量达到 49.1 亿 m^3，占流域内缺水量的 47.2%，缺水率为23.9%，供需矛盾突出，且用水主要集中在 5 ~ 7 月，该时段用水量占全年用水量的65.4%。因此，为了提高宁蒙河段两岸地区的灌溉用水保证率，需要调蓄工程对上游梯级水库的下泄水量进行反调节，尽可能增加 5 ~ 7 月下泄水量。

同时由于宁蒙河段特定的自然条件，区域干旱少雨，生态环境十分脆弱，长期以来，部分区域土地过度利用与过度垦殖，土地沙漠化、草场退化等问题日趋严重，沙尘暴频繁发生，生态环境急剧恶化。尤其是宁夏南部地处黄土高原和沙漠地区的过渡地带，十年九旱，自然灾害频繁，贫困人口比重相对较大。因此，通过水资源配置工程建设并结合南水北调西线工程实施开发生态灌区，发展高效人工草场和基本农田，形成数百万亩生态移民基地，不仅可以解决数百万人的人畜饮水困难和脱贫致富问题，满足经济社会可持续发展的需要，而且可以极大地改善宁蒙陕甘干旱风沙区的生态环境。同时向宁夏南部山区、内蒙古南部和陕西北部等水资源贫乏、水质差和水土流失严重地区供水，改善当地人民的饮用水水质和居住条件，保障人民身体健康。

宁蒙河段有银川和呼和浩特两座省会城市，以及吴忠市、石嘴山市、乌海市、包头市等大中型城市，是宁夏和内蒙古经济发展的中心，该地区煤炭资源十分丰富，是我国重要的能源和重化工基地。宁东能源基地、内蒙古能源基地的建设使得区域需水量增长较快，而该区域供水几乎全靠黄河，经济社会的发展需要较高的水源保证。

因此，宁蒙河段的国民经济发展对黄河供水提出新的要求，为保障该区域水资源安全，必须通过开发黑山峡河段，建设水沙调控体系以完善水资源配置体系，与龙羊峡、刘家峡等上游梯级水库进行联合运用，为能源基地、生态灌区以及石羊河流域提供水资源条件，为附近提供便利的引水条件，缓解该区域水资源供需矛盾、改善生态环境恶化的局面。

2. 中下游河段

黄河中游干流河口镇—潼关河段（也称北干流河段）两岸是晋、陕两省乃至全国的重要能源重化工基地和农副业生产基地。该河段水资源开发利用存在的主要问题是供水区水源不足，现有水源多为季节性、多泥沙河流，时空分布不均，非汛期流量小，水源不足，汛期大流量与高含沙量同步出现，难以引用。为满足用水需要，北干流河段两岸陆续修建了一大批抽黄工程，但目前抽黄工程运行由于水源不稳定，水流含沙量大，并且缺乏调节工程，泵站经常脱流，供水保证率低。同时，考虑到该河段大多属华北电网，基本为纯火电系统，火电装机占系统装机的90%以上，调峰问题十分突出，迫切需要建设调峰电源，优化调整电源结构，提高电网调峰能力。因此，需要修建古贤水库、碛口水库，以及东庄水库，通过调节径流，为黄河北干流沿岸的能源化工基地和城乡生活、工农业发展提供水源保障，同时古贤水库、碛口水库作为电网的骨干水电站，承担电网的调峰发电、调频、事故备用等任务。

已建的陆浑水库和故县水库位于黄河中游伊洛河流域内。陆浑水库的任务是以防洪为主，兼顾灌溉、发电、养殖、城市供水和旅游。陆浑灌区始建于1970年，1974年开始局部施灌，纵跨黄淮流域，目前有效灌溉面积52.05万亩，实际灌溉面积约34万亩。此外，陆浑水库还承担着下游部分工业用水及城市生活用水的供水任务。故县水库以防洪发电为主，没有直接的灌区，可为下游工程提供较好的引水条件。陆浑水库和故县水库的运用在尽可能满足国民经济用水的同时，还需满足入黄断面生态环境用水要求。

沁河是黄河三门峡至花园口区间两大支流之一。20世纪70年代后期以来，沁河流域总体处于一个较长的枯水时期，使得本来就很紧张的水资源形势变得更加严峻。1980年以来，流域内能源工业及相关产业迅速发展，同时城镇和农村生活用水、生态用水也迅速增加。水资源短缺、工农业用水矛盾尖锐已经成为制约流域经济社会发展的"瓶颈"，需修建河口村水库以增加和提高沁河水资源开发利用程度和对水资源分布不均的调控能力，提高供水的保证程度。

古贤水库、碛口水库、东庄水库和河口村水库生效后，与已建的万家寨水库、三门峡水库、小浪底水库、陆浑水库和故县水库联合运用，可增加调节库容65亿m^3左右，提高对径流的调蓄能力，改善供水区的引水条件，在最大限度满足供水区经济社会发展的同时，还可提高入黄断面生态环境低限用水要求的保证程度。

3. 完善枯水时段水资源应急调配的需要

黄河流域大部分地处干旱、半干旱地区，水资源年内和年际分配不均，且连续枯水段长，干旱灾害频繁。1922～1932年、1969～1974年、1977～1980年、1994～2000年相继出现了四个连续枯水段，这四个连续枯水段平均河川天然径流量分别相当于多年均值的74%、84%、91%和84%，相应年份可供水量也比正常年份大幅减少。同时，近年来黄河来水偏枯和流域干旱也时有发生。如2003年上半年黄河来水出现了自有实测记录以来的最枯；2008年冬季至2009年春季全流域又发生严重干旱等。在出现可供水量严重不足、流域严重干旱等事件时，已建水库调度在水资源应急调配中发挥了重要作用。如2000～2003年黄河来水连续特枯，龙羊峡水库发挥多年调节作用，合计跨年度补水75.22亿m^3，保障了黄河不断流以及流域内生活和基本的生产用水。2009年流域严重干旱时，小浪底水库下泄水量35.3亿m^3，净补水7.4亿m^3，为下游抗旱有效筹集了水源。因此，黄河水沙调控体系中已建龙羊峡、刘家峡、万家寨、三门峡、小浪底等水库，充分发挥了水库调蓄径流、蓄丰补枯的能力，在减少枯水年份河道内外缺水、保证生态环境需水量中发挥了重要作用。

但面对流域来水偏枯和干旱灾害等特殊情况，现状工程条件下的水资源应急调配还存在一定的局限性。据分析，南水北调西线一期工程生效前，在龙羊峡等水库补水45亿m^3左右的情况下，2030年水平特枯水年流域内河道外缺水为220.3亿m^3，较多年平均缺水增加116.1亿m^3，同时河道内生态环境缺水也显著增加，对流域经济社会发展和生态环境有较大影响。

因此，针对黄河流域水资源短缺，年内和年际分配不均，特枯水年和连续枯水段时有发生等情况，从历史枯水年份应急调度和未来水资源供需形势来看，应在充分发挥已建水库蓄丰补枯作用的同时，兴建干支流控制工程，建立完善的黄河水沙调控体系，以进一步增强水资源应急调配能力。

3.2.4 水沙联合调控需求分析

目前黄河干流已建、在建包括龙羊峡、刘家峡、三门峡和小浪底等四座骨干工程的干流梯级工程26座，这些工程在防洪(防凌)、减淤、供水、发电等方面发挥了巨大的综合效益，有力地支持了沿黄地区经济社会的可持续发展。

对于黄河下游，已初步形成了三门峡、小浪底、陆浑、故县水库四库联调的防洪减淤体系，花园口可防御近1 000年一遇洪水最大洪峰流量22 000 m^3/s。通过小浪底水库拦沙和调水调沙运用，下游淤积抬高的局面得到初步缓解，最小平滩流量也恢复到目前的约3 800 m^3/s。但小浪底以下至花园口区间仍有2.7万km^2流域面积的无工程控制区洪水不能够被有效控制，黄河下游的洪水形势仍不容乐观；三门峡水库拦沙作用已经基本消失，小浪底水库预计在2020年前后拦沙库容淤满，2020年后黄河下游河道特别是主槽仍会严重淤积，预计年淤积量达2.6亿～3.0亿t。从减缓下游河道淤积、保障下游河防洪安全出发，需在中游继续兴建古贤水库、碛口水库，以继续发挥拦沙和调水调沙作用，需在小花区间无控制区兴建河口村水库对洪水进行调节。从水库联合调度、协调黄河水沙关系方面看，仅依靠小浪底水库调水调沙，不能满足维持黄河下游中水河槽的水流动力要求，需兴建古贤、碛口水库与小浪底水库共同完成调水调沙、协调水沙关系的任务；需修建黑山峡水库为中游水库适时提供水流动力条件；需兴建河口村水库控制沁河来水，与陆浑水库、故县水库一起实现和小浪底的水沙空间对接；在古贤水库、碛口水库生效前，小浪底水库调水调沙的后续水流动力不足，由万家寨水库承担补充水流动力条件的任务。

对于黄河中游，北干流河段由于缺少控制性骨干工程，不能控制北干流的洪水泥沙，造成小北干流河段淤积萎缩严重，发生约10年一遇洪水时就会造成禹潼河段62.96万亩滩地遭受洪水灾害。对于中游的重要支流渭河，下游主槽严重淤积，目前尚缺乏具有调蓄能力的水库。因此，需在中游继续兴建古贤水库、碛口水库以发挥减灾及拦沙作用，需在渭河支流泾河上修建东庄水库控制泾河洪水、泥沙。

对于黄河上游，主要依靠龙羊峡、刘家峡水库发挥防洪、防凌作用，通过两库联合调控，可大大减轻兰州市和宁蒙河段的洪水威胁。但宁蒙河段防凌防洪仍存在凌汛灾害严重、洪水威胁、河道主河槽淤积严重等问题，已建工程不能解决协调宁蒙河段水沙关系和供水、发电之间的矛盾，需修建黑山峡水库对龙羊峡、刘家峡下泄水量实施反调节，协调进入宁蒙河段的水沙关系，当集中下泄的大流量长距离到达内蒙古河段发生坦化后，海勃湾水库可以进一步调节，使洪水过程满足设计的要求。

从黄河上游和中游水沙联合调控的需要看：中游骨干水库需有上游水库配合提供水量才能充分发挥调水调沙作用，从而达到延长水库拦沙运用年限及提高下游河道排洪输沙功能的目的。在古贤水库和碛口水库拦沙库容淤满后，中游骨干水库不能满足长期协调黄河水沙关系、维持中水河槽的水流动力要求，要求在黑山峡河段建设大库容水库，为中游骨干工程调水调沙提供水流动力条件。但上游子体系与中游子体系相距较远，水沙过程对接难以及时准确，需要利用万家寨水库对上游的水流动力条件进行补充调节。

综上所述，目前已有的工程并不能满足各个河段处理洪水、泥沙及水资源配置问题的需要，需建设古贤、碛口、黑山峡、河口村、东庄等水利枢纽构成完整的黄河水沙调控工程体系，解决黄河重要河段的防洪、防凌问题，统一优化配置黄河水资源，协调黄河水沙关系，维持黄河健康生命，支持流域及相关地区经济社会的可持续发展。为缓解黄河流域水沙异源对黄河开发治理造成的不利影响，需结合水库调蓄能力及空间位置关系，利用上下游水库形成水库接力，为塑造协调的水沙关系创造条件，如黑山峡水库既可对龙羊峡水库、刘家峡水库下泄水量实施反调节，输送适宜的水沙过程进入宁蒙河段，又可为中游的古贤水库、碛口水库提供水量条件，起着承上启下的关键作用；海勃湾水库配合黑山峡水库防凌运用，可起到应急和补充的作用；万家寨水库作为上游水库群与中游水库群水沙联调的纽带，对上游的水流动力条件进行补充调节，为古贤水库、碛口水库及小浪底水库提供水流动力条件等。即需充分利用干支流关键节点的控制性枢纽联合运用，形成以干流龙羊峡、刘家峡、黑山峡、古贤、碛口、三门峡、小浪底等水库为主体，海勃湾水库、万家寨水库为补充，支流陆浑水库、故县水库、河口村水库、东庄水库配合共同构成完善的水沙调控工程体系。

3.3 黄河水沙调控体系总体布局

3.3.1 水沙调控体系的主要任务

根据黄河的水沙特性、资源环境特点，统筹兼顾黄河治理开发保护的各项任务和目标，构建完善的水沙调控体系的主要任务是：对黄河洪水、泥沙、径流（包括南水北调西线工程调水量）进行有效调控，满足维持黄河健康生命和经济社会发展的要求。具体任务如下：

（1）有效管理洪水，保障防洪和防凌安全。通过削减大洪水的洪峰流量，减轻防洪压力；对中常洪水进行调控和利用，减少河道淤积；在长时期没有中常洪水发生时，通过水库群联合塑造人工洪水过程，防止河道主槽萎缩，维持河道基本排洪输沙功能；通过水库调节有效控制凌汛期流量，减少河道槽蓄水量，减轻防凌压力。

（2）协调水沙关系，减轻河道淤积，长期维持河道中水河槽行洪输沙功能。通过水沙调控体系的联合运用，尽量减少水库淤积，延长骨干工程拦沙库容的使用年限，长期保持水库的有效库容。

（3）优化配置黄河水资源和南水北调西线入黄水量，保障生活、生产、生态用水，维持黄河健康生命，支持黄河流域及相关地区经济社会的可持续发展。

3.3.2 水沙调控体系的构成

为满足有效调控黄河洪水、泥沙、径流的目标，应在现有水沙调控工程、监测体系、预报体系和决策支持系统的基础上，进一步完善黄河水沙调控的工程体系和非工程体系。

根据黄河干流各河段的特点、流域经济社会发展布局，统筹考虑洪水管理、协调全河水沙关系、合理配置和优化调度水资源等综合利用要求，按照综合利用、联合调控的基本思路，构建以干流的龙羊峡、刘家峡、黑山峡、碛口、古贤、三门峡、小浪底等骨干水利枢纽为主体，以海勃湾水库、万家寨水库为补充，与支流的陆浑、故县、河口村、东庄等控制性水库共同构成完善的黄河水沙调控工程体系。其中，龙羊峡水库、刘家峡水库、黑山峡水库主要构成黄河水量调控子体系，联合对黄河水量进行多年调节和水资源优化调度，并满足上游河段防凌、防洪、减淤要求；碛口水库、古贤水库、三门峡水库和小浪底水库主要构成黄河洪水、泥沙调控子体系，管理黄河中游洪水，进行拦沙和调水调沙，协调黄河水沙关系，并进一步优化调度水资源。

同时，还需要构建由监测体系、预报体系、决策支持系统组成的水沙调控非工程体系，为黄河水沙联合调度提供技术支撑。

黄河水沙调控体系的结构框图见图 3-1。

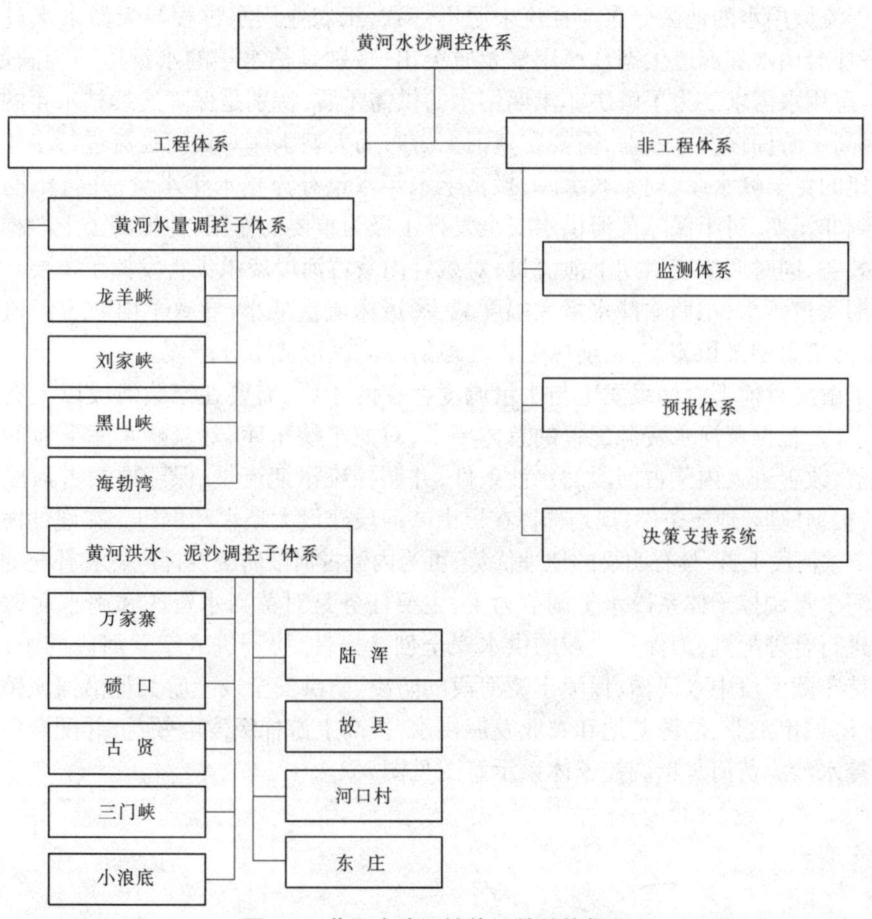

图 3-1　黄河水沙调控体系的结构框图

3.3.3　水沙调控工程体系布局

根据黄河治理开发与保护的总体规划，黄河水沙调控工程体系由黄河水量调控子体系和洪水、泥沙调控子体系构成，两个子体系任务各有侧重。

3.3.3.1　黄河水量调控子体系

黄河多年平均天然河川径流量为 534.8 亿 m^3（1956～2000 年系列），其中兰州以上多年平均天然径流量约 330 亿 m^3，占全河水量的 62%。黄河径流主要来自汛期 7 ~ 10 月，占全年的 60% 以上；黄河径流年际变化也非常大，最小年径流量为 323 亿 m^3，仅占多年均值的 60%。同时，黄河还出现了 1922 ~ 1932 年、1969 ~ 1974 年、1994 ~ 2000 年的连续枯水段，其年水量分别相当于多年均值的 74%、84% 和 83%。

随着经济社会的快速发展，流域用水需求还会继续增长，预计 2020 年流域内需水量达到 521 亿 m^3（未包括流域外供水约 98 亿 m^3），其中农业需水量为 362 亿 m^3，且约 90% 的用水主要集中在兰州以下的宁蒙河段两岸地区和中下游地区，非汛期用水占全年用水的 63%。由于宁蒙河段特殊的地理位置，防凌防洪问题十分突出，河道输沙水量与经济社会用水的矛盾十分突出。

由于流域用水的地区分布与径流来源不一致，工农业用水过程与天然来水过程不一致，经济社会用水和河道生态环境用水矛盾突出，特别是枯水年的水量远不能满足生活、生产、生态用水需求。为了解决非汛期用水的供需矛盾，特别是保障连续枯水年的供水安全，并提高上游梯级发电效益，需要在黄河上游布局大型水库对黄河径流进行多年调节。

已建的龙羊峡水库、刘家峡水库，拦蓄丰水年水量补充枯水年水量，并将汛期多余来水调节到非汛期，对于保障黄河供水安全发挥了极为重要的作用，并提高了上游梯级电站的发电效益，同时调节凌汛期下泄流量，对减轻内蒙古河段凌汛灾害发挥了重要作用。但水库汛期大量蓄水，汛期输沙水量大幅度减少，造床流量减小，导致了内蒙古河道严重淤积、中水河槽急剧淤积萎缩，目前内蒙古河段防凌防洪形势十分严峻。

为了解决目前上游梯级发电与水量调度存在的矛盾，需要在宁蒙河段以上选择一个大库容水库，根据黄河水资源配置的总体要求，对龙羊峡水库、刘家峡水库下泄的水量进行反调节，改善进入内蒙古河段的水沙条件，并调控凌汛期流量，保障内蒙古河段防凌防洪安全，根据地形、地质条件，规划选择在黑山峡河段建设大型水利枢纽。在建的海勃湾水库位于宁蒙河段上首，具有明显的地理优势，可为内蒙古河段防凌发挥应急和补充的作用。

黄河水量调控子体系以水量调节为主，主要任务是对黄河水资源和南水北调西线入黄水量进行合理配置，为保障流域的供水安全创造条件，协调进入宁蒙河段的水沙关系，长期维持宁蒙河段中水河槽，保障宁蒙河段的防凌、防洪安全及上游其他沿河城镇防洪安全，为上游城市工业、能源基地和农业发展供水，提高上游梯级发电效益，并配合中游骨干水库调控水沙。黄河水量调控子体系示意图见图 3-2。

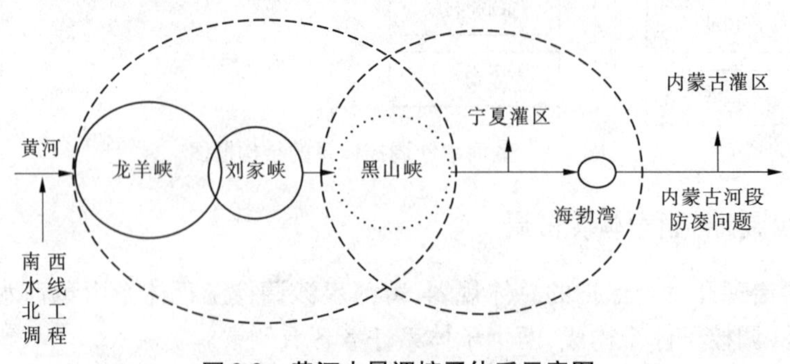

图 3-2　黄河水量调控子体系示意图

3.3.3.2 黄河洪水、泥沙调控子体系

黄河下游的洪水泥沙威胁是中华民族的心腹之患,保障下游防洪安全是黄河治理开发保护的重中之重,水沙关系不协调是黄河下游难治的关键症结所在。黄河来水来沙异源,约62%的水量来自上游,约90%的泥沙来自中游河口镇—三门峡区间;黄河来水来沙还具有水沙年际、年内变化大,水沙过程不同步的特点。河道淤积抬高是影响下游防洪安全的关键因素,20世纪90年代,工农业用水大幅度增加和上游水库大量拦蓄汛期水量,使有利于输沙的大流量历时减少、小流量含沙量增加,导致主槽淤积萎缩、河道形态恶化,严重影响防洪安全。

由于进入下游的洪水、泥沙主要来自黄河中游的河口镇至三门峡区间和三门峡至花园口区间,为保障黄河下游防洪安全,需要在黄河中游的干支流修建大型骨干水库,控制和管理洪水,合理拦减进入黄河下游的粗泥沙,联合调控水沙,同时满足工农业用水的调节任务,支持经济社会可持续发展。

目前已建的三门峡水库和小浪底水库,通过拦沙和调水调沙遏制了下游淤积抬高的态势,恢复了中水河槽行洪输沙功能,通过科学管理黄河洪水为保障下游防洪安全创造了条件,通过调节径流保障了下游的供水安全。但相对于黄河源源不断的来沙量,小浪底水库拦沙能力有限,为满足黄河下游的长远防洪减淤要求,还必须在干流继续兴建大型骨干水库拦沙和联合调水调沙运用。根据黄河干流来水来沙条件和地形地质条件,在来沙较多特别是粗泥沙产沙量较为集中的北干流河段,规划建设古贤、碛口两水利枢纽,与三门峡水库和小浪底水库共同构成黄河洪水、泥沙调控子体系的主体。

伊洛河、沁河是黄河中游“下大洪水”的主要来源区,渭河是黄河“上大洪水”和泥沙的主要来源区之一。为了控制支流的洪水,保障黄河下游防洪安全,拦减支流来沙,减少黄河下游河道泥沙淤积,调控支流来水,配合小浪底水库调水调沙尽量多输沙入海,需要伊洛河上已建的陆浑水库、故县水库配合小浪底水库、三门峡水库联合防洪和调水调沙运用,并根据支流的地形地质条件,规划建设沁河的河口村水库、泾河的东庄水库。同时,为了充分发挥小浪底水库的调水调沙作用,并为规划的古贤水库、碛口水库长期保持有效库容创造条件,中游已建的万家寨水库也可适时参与调水调沙运用。

黄河洪水、泥沙调控子体系以调控洪水泥沙为主,主要任务是科学管理黄河洪水,拦沙和联合调控水沙,减少黄河下游河道泥沙淤积,长期维持中水河槽行洪输沙功能,为保障黄河下游防洪(防凌)安全创造条件,调节径流为中游能源基地和中下游城市、工业、农业发展供水,合理利用水力资源。黄河洪水、泥沙调控子体系示意图见图3-3。

综上所述,以干流的龙羊峡、刘家峡、黑山峡、碛口、古贤、三门峡、小浪底等骨干水利枢纽为主体,以干流的海勃湾水库、万家寨水库为补充,与支流的陆浑、故县、河口村、东庄等控制性水库共同构成完善的黄河水沙调控工程体系。

3.3.4 水沙调控非工程体系

水沙调控非工程体系由监测体系、预报体系、决策支持系统构成。

3.3.4.1 监测体系

黄河水沙调控体系的调度和运行,需要实时监测各河段和水库的流量、水量、沙量、含

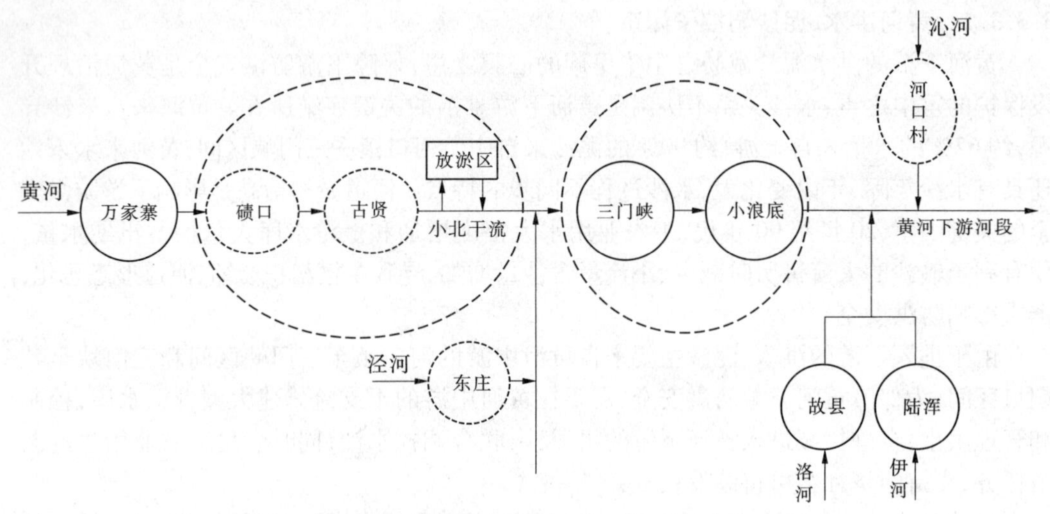

图 3-3　黄河洪水、泥沙调控子体系示意图

沙量、河道冲淤、河床质级配组成以及水生态与水环境等数据，为水沙预报、水沙调控方案研究和调度运行提供依据。黄河水沙调控体系监测体系建设规划的主要任务是围绕黄河水沙调控体系骨干工程总体布局，提出以水沙监测、水环境监测和水生态监测等为主要内容的监测系统建设规划，提出规划建设安排意见。

3.3.4.2　预报体系

为了制定水沙调控体系调度运行方案，需要根据监测体系观测数据，对面临时段和未来一段时期的水量、流量、含沙量、洪水以及水质等进行预报。黄河水沙调控体系预报子体系的主要任务是建立满足水沙调控体系调度运行的预报系统，包括洪水、泥沙、径流、冰凌、水质等预报模型。

3.3.4.3　决策支持系统

水沙调控体系决策支持子体系是做好水沙调控体系调度运行的关键技术支撑。根据水沙调控体系管理洪水、调控水沙、合理配置黄河水资源的需要，水沙调控体系决策支持子体系需整合相关模型和系统，建立防洪防凌调度系统、水资源配置和统一调度系统、调水调沙调度系统；建立可视化的调度决策会商系统，协调上述各系统的运行；建立适合水沙调控体系调度和运行的应用服务平台。

3.3.5　水沙调控体系联合运用机制

黄河水沙调控体系中各工程的任务各有侧重，但又具有紧密的系统性和关联性，必须做到统筹兼顾、密切配合、统一调度、综合利用。

3.3.5.1　黄河水量调控子体系联合运用机制

龙羊峡、刘家峡和黑山峡三座骨干工程联合运用，构成黄河水沙调控体系中的水量调控子体系的主体。根据黄河径流年内、年际变化大的特点，为了确保黄河枯水年不断流、保障沿黄城市和工农业供水安全，龙羊峡水库、刘家峡水库联合对黄河水量和南水北调西线入黄水量进行多年调节，以丰补枯，增加黄河枯水年，特别是连续枯水年的水资源供给能力，提高梯级发电效益。黑山峡水库主要对上游梯级电站下泄水量进行反调节，结合防凌蓄水将非汛期富余的水量调节到汛期,并将南水北调西线工程配置的河道内输沙用水调节到汛期,改善宁蒙河段水沙关系,消除龙羊峡水库、刘家峡水库汛期大量蓄水运用对宁蒙河段造成的不利影响,并调控凌汛期流量,保障宁蒙河段防凌安全,同时调节径流,为宁蒙河段工农业和生态灌区适时供水。

在黑山峡水库建成以前,刘家峡水库与龙羊峡水库联合调控凌汛期流量,保障宁蒙河段防凌安全,调节径流为宁蒙灌区工农业供水;同时为了改善目前宁蒙河段不利的水沙条件,要合理调整汛期水库运用方式,适度减少汛期蓄水量,增加有利于宁蒙河段输沙的大流量下泄过程。

海勃湾水利枢纽主要配合上游骨干水库防凌运用。在凌汛期的流凌封河期,调节流量平稳下泄,避免流量波动形成小流量封河,开河期在遇到凌汛险情时应紧急防凌蓄水。

3.3.5.2 黄河洪水、泥沙调控子体系联合运用机制

中游的碛口、古贤、三门峡和小浪底四座水利枢纽联合运用,构成黄河洪水、泥沙调控子体系的主体,在洪水管理、协调水沙关系、支持地区经济社会可持续发展等方面具有不可替代的重要作用。洪水、泥沙调控子体系联合运用,一是联合管理黄河洪水,在黄河发生特大洪水时,合理削减洪峰流量,保障黄河下游防洪安全;在黄河发生中常洪水时,联合对中游高含沙洪水过程进行调控,充分发挥水流的挟沙力,输沙入海,减少河道主槽淤积,并为中下游滩区放淤塑造合适的水沙条件;在黄河较长时期没有发生洪水时,为了防止河道主槽淤积萎缩,联合调节水量塑造人工洪水过程,维持中水河槽的行洪输沙能力。二是水库联合拦粗排细运用,尽量拦蓄对黄河下游河道泥沙淤积危害最为严重的粗泥沙,并根据水库拦粗排细、长期保持水库有效库容的需要,考虑各水库淤积状况、来水条件和水库蓄水情况,联合调节水量过程,冲刷水库淤积的泥沙。三是联合调节径流,保障黄河下游防凌安全,发挥工农业供水和发电等综合利用效益。

在古贤水库建成以前,中游骨干工程水沙调控以小浪底水库为主,干流的万家寨水库、三门峡水库及支流的故县、陆浑等支流骨干水库配合,联合运用。万家寨水库一方面下泄大流量过程冲刷三门峡水库库区淤积的泥沙,在小浪底库区形成异重流排沙;另一方面与三门峡水库联合运用,冲刷小浪底水库淤积的泥沙,改善库区淤积形态;同时,万家寨水库优化桃汛期的运用方式,利用冲刷降低潼关高程。三门峡水库主要配合小浪底水库进行防洪、防凌和调水调沙运用,恢复并维持下游河道中水河槽。

古贤水库建成生效后,初步形成了黄河洪水、泥沙调控子体系,古贤水库和与现状工程联合拦沙和调水调沙运用,采取“预泄、控制、凑泄、冲泄”的组合调度运用方式,塑造协调的水沙关系,充分发挥中游子体系的作用。

古贤水库拦沙初期(起始运行水位以下库容淤满前),利用下泄的清水过程,冲刷降低潼关高程,恢复小浪底水库部分槽库容,并维持黄河下游中水河槽行洪输沙能力。小浪底水库对古贤至小浪底区间的水沙进行调节,避免下泄不利于黄河下游输沙的水沙过程,当入库为高含沙洪水且槽库容淤积较少时,水库异重流排沙,否则维持低水位壅水排沙;在两水库蓄水和预报河道来水满足一次调水调沙的水量要求时,根据下游河道平滩流量变化和小浪底水库槽库容淤积情况,尽可能下泄有利于下游河道输沙的水沙过程,维持下游河道主槽过流能力或冲刷恢复小浪底水库有效库容。

古贤水库拦沙后期,根据黄河下游平滩流量和小浪底水库库容变化情况,古贤水库、小浪底水库联合调水调沙运用,适时蓄水或利用天然来水冲刷黄河下游河道和小浪底库区,恢复和维持黄河下游中水河槽过流能力,并尽量长期保持小浪底水库的槽库容;在黄河下游平滩流量和小浪底槽库容恢复后,两水库尽量维持低水位壅水拦粗排细运用,并遇合适的水沙条件,适时冲刷古贤水库淤积的泥沙,尽量延长水库拦沙运用年限。

在古贤水库拦沙后期的适当时机建设碛口水库,碛口水库建成运用后,以骨干水库为主体进行拦沙和调水调沙运用。碛口水库拦粗排细,减少进入古贤的泥沙(尤其是粗泥沙),减缓古贤水库拦沙库容的淤积速率。在古贤水库拦沙后期或正常运用期降低水位冲刷恢复库容时,碛口水库提供水流动力条件,冲刷古贤库区淤积泥沙,延长古贤水库拦沙库容使用年限,并为小北干流放淤创造条件。

万家寨水库原则上按设计运用方式供水、发电运用,但在古贤水库需要排沙,或为小北干流放淤创造合适的水沙过程时,万家寨水库要配合黄河水量调控子体系联合运用,下泄较大流量过程,冲刷古贤水库淤积的泥沙,提高排沙能力。三门峡水库主要配合小浪底水库进行防洪、防凌和调水调沙运用。

3.3.5.3 黄河水量调控子体系和洪水、泥沙调控子体系联合运用机制

黄河水沙异源的自然特点,决定了黄河水量调控子体系必须与洪水、泥沙调控子体系有机地联合运用,构成完整的水沙调控体系。在协调黄河水沙关系方面,水量调控子体系需根据黄河水资源配置要求,合理安排汛期下泄水量和过程,为洪水、泥沙调控子体系联合调水调沙提供水流动力条件,且当中游水库需要降低水位冲刷排沙、恢复库容时,或冲刷古贤水库淤积的泥沙塑造小北干流放淤的水沙过程时,水量调控子体系大流量下泄,塑造适合于河道输沙或适合于放淤的水沙过程。当上游子体系调控运用恢复宁蒙河段中水河槽时,中游子体系对上游的来水来沙进行再调节,拦粗排细,塑造适合于河道输沙的水沙过程,减少下游河道淤积。

3.3.5.4 支流水库配合干流水库运用机制

支流的故县、陆浑、河口村、东庄等水库,主要是配合干流骨干工程调控水沙。故县水库、陆浑水库、河口村水库控制了黄河中游的清水来源区,根据洪水管理要求,有效削减进入黄河下游的洪峰流量;对汛期水量进行调节,根据黄河干流骨干水库水沙调控的调度运用要求,适时泄放大流量过程,实现清水流量与干流高含沙水流的合理对接,充分发挥水流的输沙能力。东庄水库主要配合中游骨干水库拦沙和调控水沙,减轻渭河及黄河下游河道淤积。

3.4 待建及在建工程规模分析

根据水沙调控体系工程布局及各工程前期情况,待建工程为古贤、碛口、黑山峡、东庄,在建工程为河口村及海勃湾,以下结合已有工作基础,对枢纽的工程建设规模进行了复核,简述如下。

3.4.1 古贤水利枢纽

黄河古贤水利枢纽位于黄河北干流下段,坝址左岸为山西省吉县,右岸为陕西省宜川县;上距碛口坝址235 km,下距禹门口铁桥75 km。坝址控制流域面积489 948 km^2,占三门峡水库控制流域面积的71%。本次研究,古贤水利枢纽工程规模采用《黄河古贤水利枢纽项目建议书》的成果。

3.4.1.1 开发任务

根据黄河治理开发和水沙调控体系建设的总体要求,并综合考虑工程的地理位置、黄河的水沙特点,确定古贤水利枢纽的开发任务是:以防洪减淤为主,兼顾发电、供水和灌溉等综合利用。

1. 防洪减淤

通过拦沙和调水调沙运用,抑制潼关高程抬升,在一定程度上改变潼关高程居高不下的局面,为小北干流放淤创造有利条件。通过拦沙和小浪底水库联合调水调沙运用,进一步塑造黄河下游协调的水沙关系,提高下游河道输沙能力,减缓下游河道淤积抬升,维持适宜中水河槽;和其他工程措施与非工程措施一起,维持黄河下游河道长治久安。

通过对黄河北干流大洪水进行有效调控,降低三门峡水库滞洪水位,减少三门峡库区大洪水滞洪淤积;减轻洪水对三门峡库区返库移民的威胁,减轻黄河洪水倒灌渭河下游,基本解决小北干流河段的凌汛灾害问题。

2. 发电

在满足防洪减淤等综合利用条件下,作为山西电网、陕西电网的骨干水电站,主要承担电网的调峰发电、调频、事故备用等任务。

3. 供水、灌溉

通过调节径流,为黄河北干流沿岸的能源重化工基地和城乡生活、工农业发展提供水源保障。

3.4.1.2 工程建设规模

古贤水利枢纽总库容146.59亿 m^3,正常蓄水位633 m,相应总库容139.87亿 m^3,死水位594 m,相应库容68.36亿 m^3,汛期限制水位622.6 m,设计洪水位634.44 m,校核洪水位635.75 m。电站装机容量2 100 MW,多年平均发电量71.73亿kWh,正常运用期保证出力582 MW。

1. 正常蓄水位

水库正常蓄水位选择的原则是:在经济合理的条件下,争取尽可能大的拦沙库容,尽量发挥水库的拦沙和调水调沙效益,并综合考虑汛期防洪要求、非汛期兴利要求、水库淹没损失以及与上游梯级尾水合理衔接等因素。

综合考虑防洪减淤、发电、供水和灌溉等对调节库容的要求,拟定正常蓄水位631 m、633 m和635 m三个方案进行技术经济比较。结果表明,各方案经济内部收益率均大于8%,说明均为可行方案。正常蓄水位从631 m抬高到633 m,差额投资经济内部收益率为8.5%,说明633 m方案比631 m方案优。但正常蓄水位633 m与635 m方案间的差额投资经济内部收益率为负,说明正常蓄水位从633 m抬高到635 m并不经济,其主要原因为:古贤水库入库径流较少且年内相对均匀。从调节计算结果来看,水位从 633 m 提高到 635 m,蓄满率增加较少,水头提高有限,多年平均发电量增加较少,则随着正常蓄水位的抬高,国民经济效益增加很少,但投资增加较多。因此,在满足水库综合利用开发任务的前提下,为尽可能减少淹没移民投资和工程建设投资,推荐正常蓄水位为 633 m。

2. 死水位

水库死水位选择的原则是:充分发挥水库的拦沙减淤作用,在不影响上游碛口水库发电尾水的条件下,尽可能选择较高的死水位;满足水库排沙的要求,长期保持水库的有效库容,满足水库防洪、调水调沙和兴利等综合利用要求。

以水库淤积平衡的淤积末端不影响碛口坝址水位流量关系为控制条件,并考虑对吴堡河段的淤积影响,死水位不宜超过 598 m,在经济合理、技术可行并充分发挥水库的拦沙和调水调沙作用的基础上,选择 585 m、590 m、594 m、598 m 四个方案进行综合分析比较。从技术经济方面分析,各方案的经济内部收益率均大于 8%,说明各方案均为可行方案。按各方案的投资由小到大排序,依次就相邻方案两两比较,死水位 585 m 与 590 m 方案间的差额投资经济内部收益率为 10.79%,590 m 与 594 m 方案间为 18.64%,594 m 与 598 m 方案间为 10.51%,以死水位 598 m 方案为最优。但 598 m 方案对吴堡县城淹没影响大,需要垫高防护、移民临时搬迁和回迁,对当地经济社会发展影响较大,实施难度大;死水位 594 m 方案,对吴堡县城淹没影响,采用防护工程处理,吴堡县城不需要搬迁,对当地经济社会发展影响小,因此推荐死水位 594 m。

3. 防洪特征水位

汛期限制水位是水库汛期调水调沙运用的最高水位,也是防洪运用的起调水位,一方面要满足汛期调水调沙对槽库容的要求;另一方面要满足水库防洪要求,并尽可能降低大坝高度。根据淤积平衡后的库容形态和有效库容曲线,确定汛期限制水位为 622.6 m,死水位 594 m 至汛期限制水位 622.6 m 之间的有效库容约 20 亿 m^3,满足调水调沙库容要求。根据水库回水计算分析,30 年一遇洪水的回水末端在碛口坝下 10 km 与天然水面线相衔接,吴堡水文站断面洪水位比天然水面高 4.74 m,吴堡县城需要采用防护方案处理。为避免古贤水库回水对吴堡县城造成更大影响,古贤水库汛期限制水位不宜进一步升高。

根据古贤水库设计入库洪水过程线、库容曲线、泄流曲线及调洪运用方式,进行不同频率洪水调洪计算,得到相应设计洪水位为 634.44 m,校核洪水位为 635.75 m。

4. 装机容量

根据综合利用要求及设计水平年电力电量平衡分析,拟定了 1 800 MW、2 100 MW 和 2 400 MW 三个装机容量方案进行比较。不同装机容量方案的防洪减淤、供水灌溉效益完全相同,仅发电效益有差别。

各方案的经济内部收益率均大于 8%,说明各方案均为可行方案。经过各方案差额费用和效益分析,装机 1 800 MW 和 2 100 MW 方案之间的差额投资经济内部收益率达 43.5%,说明装机 2 100 MW 方案较优;装机 2 100 MW 和 2 400 MW 方案之间的差额投资经济内部收益率为负值,说明装机 2 100 MW 方案较优。因此,通过差额投资经济内部收益率法方案两两比较的结果表明,2 100 MW 为最优装机方案。

3.4.1.3　**工程布置**

1. 工程等别和标准

古贤水利枢纽工程等别为Ⅰ等,工程规模为大(1)型。

大坝、泄洪排沙建筑物、引水发电建筑物、电站厂房、供水灌溉取水口、水垫塘等主要建筑物为1级建筑物,下游护岸挡土墙、隔墙等次要建筑物级别为3级。

土石坝永久性壅水、泄水建筑物采用1 000年一遇洪水设计,10 000年一遇洪水校核;水电站厂房采用200年一遇洪水设计,1 000年一遇洪水校核。

工程区地震基本烈度为6度,主要建筑物设计地震烈度采用7度。

2. 坝址

根据工程所处河段的地形、地质条件,在坝址河段初选同乐坡、古贤和壶口三个坝址,各坝址按同深度进行比选,均应满足枢纽开发任务和水库调水调沙、蓄清排浑运用要求。对三个坝址分别从工程效益、地形地质、施工条件、建筑物布置、环境影响、淹没损失、工程投资及工期7个方面进行了分析比较。其中,壶口坝址存在两个制约因素:壶口瀑布和壶口坝址上游的一处军事设施,不能作为推荐坝址。同乐坡坝址和古贤坝址比较:从工程的减淤、发电效益上,建筑物布置和施工条件古贤坝址优于同乐坡坝址;同乐坡投资少于古贤;地质条件两坝址差别不大。综合比较后,本阶段推荐古贤坝址为选定坝址。

3. 主要建筑物

古贤水利枢纽由混凝土面板堆石坝、泄洪排沙建筑物及引水发电系统等组成。

混凝土面板堆石坝坝顶高程639.5 m,最大坝高185.5 m,坝顶宽12 m,面板顶部厚0.3 m。

枢纽泄洪、排沙与引水发电洞群建筑物左岸集中布置,进口位于关里沟,由左岸边向内依次布置6条引水发电洞、5条排沙洞和3条泄洪洞。泄洪洞进水塔布置在左岸关里南沟内,一洞一塔,均采用有压短管进口明流洞布置型式,其中两条低位泄洪洞进口高程548 m,一条高位泄洪洞进口高程585 m,孔口尺寸均为7 m×10 m(宽×高),三洞平行布置。排沙洞采用压力洞型式,分别布置在引水发电洞之间,洞身直径6.5 m,控制流速15 m/s,单洞控制泄量500 m^3/s,超过500 m^3/s时闸门局开控泄。引水发电洞采用岸边引水式布置,从岸边向山体依次布置1#~6#引水发电洞,其进水口为塔式建筑物,两洞一塔,与泄洪洞进水塔呈一字排列,布置在沟内;引水发电洞控制流速6 m/s,单机单洞引水洞径7.5 m,进口底板高程545 m。

溢洪道位于右岸,采用3孔布置、单孔净宽13 m方案,堰顶高程617 m,为开敞式低驼峰堰溢洪道,由进水渠、控制闸、泄槽和消能防冲设施等四部分组成。厂房位置初步定在左岸,为岸边式地面厂房,共安装6台单机装机容量为350 MW的混流式水轮发电机组;水轮机单机额定过流量为263 m^3/s,机组安装高程为456 m。

4. 主要影响淹没指标

实物调查基准年为2008年。古贤水库淹没影响涉及陕西、山西两省的35个乡镇176个行政村,淹没影响总人口39 003人,其中陕西省21 010人、山西省17 993人。淹没影响房屋面积184.32万m^2,其中陕西省85.77万m^2、山西省98.55万m^2。淹没总土地面积39.09万亩,其中陕西省为19.69万亩、山西省为19.40万亩,淹没影响总土地中耕地

3.28 万亩。

3.4.1.4 投资

本工程施工总工期10年，另有3年工程筹建期。

材料预算价格采用2011年第二季度价格，推荐方案工程总投资为4 519 006万元，其中工程静态总投资4 054 130万元（其中水保移民环境等投资1 270 740万元），建设期融资利息464 876万元。

3.4.2 黑山峡水利枢纽

黑山峡水利枢纽位于黄河干流黑山峡出口以上2 km，宁夏中卫市境内，距中卫市区30 km，坝址处控制流域面积25.2万 km^2，占流域总面积的33.6%；多年平均径流量336亿 m^3，占黄河总径流量的58%。本次研究，黑山峡水利枢纽工程规模采用《黄河黑山峡河段开发方案论证报告》的成果。

3.4.2.1 开发任务

根据维持黄河健康生命和黄河治理开发总体部署对黑山峡水利枢纽工程的要求，确定黑山峡水利枢纽的开发任务为以反调节、协调水沙关系、防凌（防洪）为主，兼顾供水、发电，全河水资源合理配置及综合利用。

1. 反调节、协调水沙关系、防凌（防洪）

黑山峡水利枢纽对上游梯级电站发电流量进行反调节，对黄河水资源进行合理配置，改善水沙关系；对南水北调西线一期工程入黄水量进行合理调节，增加汛期输沙水量，并拦沙减淤，塑造有利于宁蒙河段输沙的水沙过程，恢复和维持河道主槽的行洪能力，为宁蒙河段防凌创造条件，并为中游骨干水库调水调沙提供水流动力；同时根据宁蒙河段凌情的实时变化情况，较为灵活地控制水量下泄过程，减少发生冰塞、冰坝的概率，为保障防凌安全创造条件。

2. 供水、发电

黑山峡水利枢纽通过水库调节径流并抬高水位，使供水方式由抽水变为自流，可为能源基地、高效节水灌区和人饮工程的建设提供优越的供水条件，并满足河口镇断面生态基流，保障宁蒙地区工业、能源基地，沿黄城镇供水安全。

开发黑山峡河段丰富的水能资源，可为经济社会发展提供大量的清洁可再生能源。同时通过水库反调节可改善上游梯级电站的发电运行条件，提高上游梯级电站发电效益，促进地区经济社会发展。

3. 全河水资源合理配置

黄河流域属资源性缺水地区，水资源承载能力和水环境承载能力难以支撑流域经济社会的可持续发展。从国家长远发展战略出发，需要实施南水北调西线工程，增加黄河水资源可利用量。黑山峡河段在黄河治理开发中不仅具有适宜的地理位置，而且具备修建高坝大库的地形条件，因此该河段工程应作为一座具有较强调节能力的流域控制性骨干工程，承接南水北调西线的入黄水量，实现全流域水资源合理配置。

3.4.2.2 工程建设规模

黑山峡水库正常蓄水位1 380 m，正常蓄水位以下原始库容约114.77亿 m^3。汛限水位及死水位分别为1 365 m和1 330 m。电站装机容量2 000 MW,年发电量71.5亿kWh。

水库回水末端在甘肃省靖远川川地,靖远川内耕地多,人口密集,为了得到较大的调节库容并控制水库回水不淹靖远县城,正常蓄水位确定为1 380 m,对应原始库容为114.77亿m^3。淤积20年和50年后的调节库容分别为76.73亿m^3、57.57亿m^3。

确定汛限水位及死水位时考虑的因素主要是淹没范围、电能指标和水库5~7月的供水能力,经过分析比较,黑山峡汛限水位及死水位分别为1 365 m和1 330 m。

1. 汛限水位

汛限水位共比较了1 355 m、1 360 m、1 365 m、1 370 m、1 375 m五个方案。

水库冲淤计算成果表明,汛限水位从1 355 m抬高至1 375 m,各方案水库淤积损失速度差别不大,水库运用50年时各方案正常蓄水位以下剩余库容差别不大。但从水库有效库容的长远保持方面分析,汛期限制水位越高,正常蓄水位以下的滩库容损失越严重,长期有效库容越小,因此汛期限制水位不能过高,不宜超过1 365 m。

从黄河流域水资源配置方面分析,考虑河道内生态环境用水需求,流域内缺水主要集中在汛前4~6月。随着汛期限制水位的抬高,汛前蓄水量增多,并把这一部分水量集中到汛期下泄,造成黑山峡以下非汛期特别是4~6月下泄水量减少,导致流域总缺水量增加。汛期限制水位1 365 m以下各方案相差不大,1 365 m以上方案的缺水增加幅度变大。从电能指标分析,随着汛限水位的抬高,水库自身保证出力、多年平均发电量逐渐增加,逐级增幅为3%~4%。汛限水位较高方案为佳。

从对宁蒙河段减淤方面分析,随着汛限水位的升高,对宁蒙河段的减淤作用越大,淤积量逐渐减小,但是在南水北调西线工程生效前,汛限水位高于1 365 m之后,随着汛期限制水位的提高,对宁蒙河段减淤、中水河槽恢复和维持作用的增加幅度减小。

从防洪运用角度分析,各汛限水位方案淤积50年库容均能满足100年一遇洪水防洪对库容的要求,汛限水位的变化基本不影响坝高。从防凌运用角度分析,水库运用50年,各汛限水位方案的有效库容基本相同,均可满足防凌库容要求。

从水库回水计算成果分析,各汛限水位方案的5~100年一遇洪水的回水距坝里程均小于正常蓄水位时回水距坝里程、回水末端高程,即各汛限水位方案的淹没指标均受正常蓄水位时的回水曲线控制,故各汛限水位方案淹没损失相同。

综上所述,从有利于长期维持有效库容、保持较大调水调沙水量、较优电能指标、水资源合理配置等方面进行综合比较,初步选定一级开发方案的汛限水位为1 365 m。

2. 死水位

死水位共比较了1 330 m、1 340 m、1 350 m三个方案。随着死水位降低,调节库容趋于增大,死水位从1 350 m降至1 340 m,淤积20年调节库容增加约11.6亿m^3,增幅大于20%,淤积50年调节库容增加约7.3亿m^3,增幅大于15%;死水位从1 340 m降至1 330 m,淤积20年调节库容增加约9.3亿m^3,增幅大于15%,淤积50年调节库容增加约4.7亿m^3,增幅约9%。因此,死水位宜选择较低方案。

相对于冲沙水量要求,死水位1 350 m方案淤积20年库容、长系列调节计算的8月初水位与死水位之间库容所拥有的水量小于最小冲沙水量要求,因此死水位1 350 m方案首先舍弃。死水位1 340 m方案基本满足最小冲沙水量要求,1 330 m方案水量略丰。

死水位方案变化对防凌、供水、本梯级发电指标、回水等基本无影响。

综合上述分析,死水位宜选择在 1 330 m。

3.4.2.3 工程布置

1. 工程等别和标准

黑山峡水利枢纽工程等别为Ⅰ等,工程规模为大(1)型。

大坝、泄洪排沙建筑物、引水发电建筑物、电站厂房等主要建筑物为 1 级建筑物,下游护岸挡土墙、隔墙等次要建筑物级别为 3 级。

大坝永久性壅水、泄水建筑物采用 1 000 年一遇洪水设计,10 000 年一遇洪水(加20%)校核;水电站厂房采用 200 年一遇洪水设计,1 000 年一遇洪水校核。

工程区地震基本烈度为 7 度。

2. 坝址

《黄河黑山峡河段开发方案论证报告》中对黑山峡一级开发、二级开发及四级开发三种开发方案进行了比选。从长远和全局看,黑山峡是在黄河上游最后一个能建高坝大库的峡谷河段,保留较大的库容十分宝贵。为了更加充分地利用和合理配置黄河水资源,有利于黄河的综合治理及大西北农业开发和生态建设,同时作为南水北调西线的配套工程,一期开发可为远景用水发展和水沙调节留有较大余地。因此,黑山峡河段开发方案推荐采用一级开发方案。坝址位于黑山峡峡谷出口以上 2 km 的大柳坝址。

3. 主要建筑物

枢纽由钢筋混凝土面板堆石坝、洞群建筑物、厂房及进水塔组成。

钢筋混凝土面板堆石坝坝顶高程 1 386.5 m,最大坝高 163.5 m,坝顶宽度 15.0 m。上游设钢筋混凝土防浪墙。上游坝坡 1:1.6,下游坝坡上部为 1:1.9,下部为 1:1.6。混凝土面板厚度顶部 0.3 m,底部最厚 0.86 m。在趾板基础范围内进行固结灌浆,沿趾板全线布置两排帷幕灌浆。

洞群建筑物包括泄水建筑物和发电引水建筑物,其中泄水建筑物包括 2 条深孔泄洪洞、1 条泄洪排沙洞、1 条表孔溢洪洞,发电引水建筑物包括进口引水渠、进水塔及 5 条发电洞。深孔泄洪洞由导流洞改建而成,工作门上游段为有压洞,下游段为无压明流洞。1#、2#深孔泄洪洞全长均为 910 m。泄洪排沙洞洞口位于电站引水渠上游,上游为有压洞,下游为无压洞,全长 870 m,采用挑流消能。表孔溢洪洞位于电站进口引水渠右侧约 500 m 处,堰体采用 WES 型低堰,设弧形闸门控制,采用挑流消能。发电引水洞共 5 条,每条长 361 m。

电站为岸边式地面厂房,厂房位于右岸,紧靠坝脚。厂房内安装 5 台混流式水轮发电机组,单机容量 40 万 kW,单机引用流量 405.3 m^3/s。进水塔底高程 1 312.00 m,高 76 m。

4. 主要影响淹没指标

实物调查在 1989 年及 1992 年调查成果的基础上,于 2007 年 4 月及 7 月进行了复核,基准年为 2006 年。根据实物调查成果,水库淹没影响区涉及宁夏、甘肃两省(区)的 4 个县(区)14 个乡(镇),其中宁夏境内 1 个县(区)3 个乡(镇),甘肃境内 3 个县(区)11 个乡(镇)。水库淹没影响总人口 7.25 万(防护后 5.80 万)、耕地 9.69 万亩(防护后 7.90

万亩)、果园2.42万亩(防护后2.41万亩)、林地1 290亩、房屋226.11万 m^2(防护后188.06万 m^2)。

3.4.2.4 投资

枢纽施工总工期6.5年。

材料预算价格按2011年第二季度价格水平测算,总投资为2 895 232万元,其中工程静态总投资为2 327 653万元(其中建设征地及移民安置808 486万元),建设期贷款利息为567 579万元。

3.4.3 碛口水利枢纽

碛口水利枢纽位于黄河北干流中部,坝址左岸为山西省临县,右岸为陕西省吴堡县,上距河口镇422 km,下距古贤坝址和禹门口分别为235 km和310 km。坝址控制流域面积431 090 km^2,工程的开发任务是防洪、减淤、发电、供水、灌溉等综合利用。本次研究,碛口水利枢纽工程规模采用《黄河碛口水利枢纽可行性研究报告》的成果。

3.4.3.1 开发任务

碛口水库与古贤、三门峡和小浪底等水利枢纽构成洪水和泥沙调控体系的主体。综合考虑维持黄河健康生命和经济社会发展要求,以及碛口水利枢纽在黄河治理开发中的战略地位,碛口工程的开发任务为以防洪、减淤为主,兼顾发电、供水和灌溉等综合利用。

1.减淤

碛口水库控制着黄河泥沙(尤其是粗泥沙)的主要来源区,通过与小浪底水库、古贤水库联合拦沙和调水调沙,协调黄河水沙关系,减少黄河下游河道淤积,长期维持中水河槽行洪输沙功能。一是根据上游的来水来沙和区间的来水来沙,碛口水库与古贤水库、小浪底水库联合拦沙和调控水沙,塑造协调的水沙过程,充分发挥水流输沙功能,尽量减少河道泥沙淤积;二是在黄河下游河道主槽淤积萎缩时,与古贤水库、小浪底水库联合塑造4 000 m^3/s 左右的大流量、长历时的水沙过程,冲刷主槽淤积的泥沙,恢复中水河槽行洪输沙功能;三是在小浪底水库需要排沙恢复调水调沙库容时,与古贤水库联合塑造适合于小浪底水库排沙和下游河道输沙的大流量、长历时的水沙过程,冲刷小浪底库区淤积的泥沙,并尽量减少河道淤积;四是在古贤水库需要排沙时,水库预先蓄存水量,并根据上游水库下泄的水沙过程,塑造适合于古贤水库排沙和河道输沙大流量、长历时的水沙过程。

2.发电

碛口水电站位于晋陕两省和西北、华北两大电网的交界部位,是黄河北干流水电基地的骨干电站,水电站装机容量180万kW,多年平均发电量为45.3亿kWh。碛口水电站距离负荷中心近,地理位置适中,建成后约30年内可基本上清水发电,且电站运用限制条件少,是电网理想的调峰电源,可以担任晋陕两省乃至华北电网的部分调峰任务,提高电力系统运行的经济可靠性,有力地促进两岸地区的经济发展。

3.供水

碛口水库位于以山西为中心的能源重化工基地的腹部,东接山西省离(石)柳(林)煤电基地和太原经济中心,西邻神府煤电基地和榆(林)横(山)天然气化工基地,水库可向其提供可靠的水源,可以使引水口位置固定、水量有保证、含沙量低、降低扬程等。

4. 防洪

碛口水库可以控制坝址以上北干流的洪水，削减禹门口—潼关河段洪水流量和降低三门峡水库蓄洪水位。对于碛口以上来水为主的大洪水，碛口水库可以削减禹潼河段洪峰流量，有利于该河段的河道整治，减轻洪灾损失。同时降低三门峡水库蓄洪水位，对减少三门峡库区滩地的淹没和滩区人民生命财产的损失有重要作用。

3.4.3.2　工程建设规模

水库正常蓄水位 785 m，死水位为 745 m，汛限水位 775 m（初期 780 m），设计洪水位 781.19 m（初期 782.10 m），校核洪水位 785.38 m（初期 784.45 m）。总库容 125.7 亿 m^3（初期 123.1 m）。电站装机容量为 180 万 kW。

1. 正常蓄水位

正常蓄水位采用 790 m、785 m、780 m 三个方案进行比较，通过分析认为，790 m 方案拦沙库容、多年平均发电量大，但淹没人口、耕地较多，增加的耕地、人口占 780 m 方案的 23%、16.4%，特别是水库冲淤平衡后，回水要影响府谷、保德两个县城；785 m 方案回水末端在保德，府谷县城之下，对两个县城没有影响，淹没耕地、人口与 780 m 方案相比，增加的耕地、人口占 780 m 方案的 4.6%、9.7%，但拦沙库容、多年平均发电量较 780 m 方案多 10.8 亿 m^3、2.22 亿 kWh（前 25 年平均），在提供相同效益时，总折现费用比较小，故推荐碛口水利枢纽正常蓄水位 785 m。

2. 死水位

采用 740 m、745 m、750 m 三个方案进行比较，死水位的选择以水库回水不影响保德县城和府谷县城为原则，尽量采用较高的死水位以利水库发挥最好效益。经分析计算，死水位 750m 方案，20 年一遇洪水回水末端对府谷县城、保德县城有影响；死水位 745 m 方案，20 年一遇洪水的回水长度为 207.82 km，距府谷县城和保德县城下端 5.7 km，回水不影响府谷县城、保德县城，但富余程度也不大；死水位 740 m 方案，拦沙库容较 745 m 时减少 6.8 亿 m^3。综合比较，推荐死水位为 745 m。

3. 防洪特征水位

汛限水位选择的总原则是，在满足水库调控和水库的最终回水（库区最终淤积形态时的 20 年一遇洪水的回水）不影响保德县城和府谷县城的条件下，尽量提高防洪限制水位，枢纽的综合利用效益最大。根据可研报告，选用 780 m 和 782 m 两个方案进行分析计算。780 m 方案下，水库运用 45 年进入正常运用期后，遇 20 年一遇标准洪水，水库回水不影响府谷县城、保德县城，距孤山川河口 4.8 km。782 m 方案，水库冲淤平衡后遇 20 年一遇洪水回水末端超过孤山川河口，将影响保德县城和府谷县城。因此，780 m 是不影响保德县城和府谷县城条件下的上限水位。从库区的泥沙冲淤过程分析，在水库投入运用的最初一段时间，如前 10 年，由于水库尾部的淤积三角体尚未推进到坝前段，库区 780 m 高程以上的库容未减少，可适当抬高水库防洪限制水位，但限于碛口水库的运用条件，水位由 780 m 提高到 782 m，发电指标增加甚微。同时考虑到水库泥沙多，运用复杂，在水位上留有余地是必要的。因此，水库初期运用防洪限制水位采用 780 m。

水库后期运用汛限水位是泥沙淤积达到冲淤相对平衡时期的防洪限制水位，一般考虑两个原则：一是使一般洪水不上滩，不损失滩地库容，长期保持必要的调节库容；二是使水库汛期有足够的调水调沙库容。比较了775 m、776 m和777 m三个方案，三个方案的校核洪水位相差不大，防洪限制水位以下的长期库容均能满足水库调水调沙的需要。777 m方案相应的100年一遇洪水位为780.35 m，已超过设计的坝前滩面高程(780 m)；776 m方案相应的100年一遇洪水位779.60 m，虽然不高于设计的坝前滩面高程，但富余很小；775 m方案相应的100年一遇洪水位778.68 m，低于设计的坝前滩面高程1.32 m，略有富余。综合分析比较，为适当留有余地，水库后期防洪限制水位采用775 m。

碛口水库坝址以下无重要城镇和工矿企业，因此碛口水库调洪计算采用敞泄滞洪原则，即大洪水时按泄流能力泄洪。据此对设计洪水和校核洪水进行调洪计算，水库运用初期设计洪水位782.10 m，校核洪水位784.45 m，对应的调洪库容分别为5.42亿m^3、11.51亿m^3；运用后期，设计洪水位781.19 m，校核洪水位785.38 m，对应的调洪库容分别为7.47亿m^3、14.70亿m^3。

3.4.3.3 工程布置

1. 工程等别和标准

碛口水利枢纽工程等别为Ⅰ等，工程规模为大(1)型。

大坝、泄水建筑物、引水建筑物、电站厂房等为1级建筑物，临时建筑物为4级建筑物。

混凝土坝按500年一遇洪水设计，10 000年一遇洪水校核。电站厂房按100年一遇洪水设计，1 000年一遇洪水校核。

坝址区地震基本烈度为6度，主要建筑物设防烈度为7度。

2. 坝址

《黄河碛口水利枢纽工程可行性研究报告》中对索达干坝址和李家山坝址进行了比选，以索达干坝址作为推荐坝址。

3. 主要建筑物

枢纽由混凝土面板堆石坝、泄洪洞、排沙洞、溢洪道、引水发电洞、地面厂房及开关站组成。

混凝土面板堆石坝坝顶高程791.5 m，最大坝高143.5 m，坝顶宽度12.0 m。上游设钢筋混凝土防浪墙。上游坝坡1∶1.4，下游坝坡1∶1.3。混凝土面板厚度顶部0.3 m，底部最厚0.75 m。

泄洪洞共2条，为前压后明式，工作闸室设在中部，闸室前为压力洞，闸室后为明流洞，两洞平行布置，中心间距40.0 m，全长1 332.3～1 392.4 m，最大泄量2 573.0 m^3/s，末端采用挑流消能。排沙洞共3条，采用压力洞，全长1 128.3～1 232.8 m。每条洞前段有两个进水口，每个进水口又分为三孔进流，单孔宽度4.5 m，末端采用挑流消能。溢洪道采用开敞式，进水闸设在右坝头。闸室长32.0 m，分三孔，每孔净宽10.5 m。溢流堰采用驼峰堰，采用挑流消能。

引水发电建筑物包括引水渠、进水塔、6条引水发电洞、电站厂房和尾水渠。引水渠长700 m，和泄洪洞共用一条渠。进水塔采用一字排列的塔式结构，共6座，为一洞一塔一机的单元组合式。引水发电洞为单机单洞引水。全长511.5～586.9 m，洞径8.5 m。厂房位于左岸坝下靠岸边，为引水式地面厂房，厂内安装6台混流式水轮发电机组，单机容量 300 MW,单机最大引水流量 322.3 m^3/s。

4. 主要影响淹没指标

实物调查在 1991 年调查成果的基础上,于 2009 年 9 月对指标进行了复核。水库淹没影响区涉及陕西、山西两省 3 个地区 7 个县 35 个乡(镇)200 个行政村,淹没乡政府所在地 15 处,无大中型工矿企业。水库淹没影响总人口 89 295,其中山西省 37 807 人、陕西省 51 488 人;淹没影响房(窑)总面积 280.3 万 m^2,其中农村部分 256.2 万 m^2;淹没影响土地面积 48.51 万亩,其中耕地面积 9.2 万亩。

3.4.3.4 投资

枢纽施工总工期 8 年,另需工程筹建期 2 年。

材料预算价格采用 1996 年第一季度价格,工程总投资为 3 542 231 万元,其中工程静态总投资 1 376 415 万元,建设期还贷利息 1 549 454 万元,移民及环保水保投资 251 760 万元。本次规划采用固定资产投资价格指数法、工程类比法、主体工程量估算法等多种方法对工程部分投资按照新的的价格水平(2009 年)进行了调整计算,对水库移民影响淹没部分按照新的标准进行了复核、计算,调整后,推荐方案工程静态总投资为 3 167 268 万元,其中工程部分投资 2 087 354 万元,水库淹没影响处理投资 1 079 914 万元。

3.4.4 东庄水利枢纽

东庄水利枢纽位于黄河二级支流泾河下游峡谷末端的陕西省礼泉县东庄乡,距咸阳市约 80 km,距西安市约 100 km。坝址以上控制流域面积 43 216 km^2,占泾河流域面积的 95.1%。本次研究,东庄水利枢纽工程规模采用《泾河东庄水利枢纽工程项目建议书》的成果。

3.4.4.1 开发任务

根据东庄水利枢纽的建库条件和泾河、渭河水沙特性,综合考虑黄河治理开发和经济社会发展需求,确定东庄水库的开发任务是以防洪、减淤为主,兼顾供水、发电及改善生态。

1. 防洪

东庄水库控制泾河洪水,与河防工程相结合,可大大减少泾河、渭河下游的灾害损失,减轻对三门峡库区 335 m 高程以下返库移民区的洪水灾害。

2. 减淤

东庄水库拦蓄泾河入渭泥沙,特别是拦蓄高含沙小洪水,减少渭河下游河道尤其是下游主槽的淤积,同时还可减少渭河进入黄河的泥沙。

东庄水库可调控泾河水沙,与咸阳水沙组合后,塑造渭河下游有利的水沙关系,从而减少渭河下游淤积。同时,东庄水库是黄河水沙调控体系的重要组成部分,不仅能够增加集中泄水机会,适时塑造洪水冲刷渭河下游,而且有利于塑造黄河协调的水沙关系。

3. 供水、发电及改善生态

通过调节径流,为陕西关中地区工农业生产和城乡生活提供水源保障。

利用枢纽筑坝建库形成的水头和灌溉、供水水量发电,对当地电网的季节性用电负荷起到一定的补偿作用,缓解电网当地电力供应的矛盾。

东庄水库可在一定条件下维持泾河下游河道生态基流，对改善泾河生态环境具有积极作用。

3.4.4.2　工程建设规模

水库总库容30.62亿m^3，校核洪水位798.73 m，设计洪水位795.42 m，防洪高水位792.24 m，正常蓄水位789 m，汛限水位780 m，电站装机规模90 MW。

1. 死水位

以水库淤积平衡的淤积末端不影响早饭头村为控制条件，756 m为死水位的上限，选择745 m、750 m、756 m三个方案进行技术经济综合比较，三个方案下水库淤积末端距早饭头村的距离分别为13.42 km、9.37 km、7.46 km，各死水位方案均按基本相同的兴利库容考虑。

对于不同死水位方案，东庄水库的防洪效益和供水效益相同，减淤效益和发电效益不同。各方案相应的设计拦沙库容分别为17.09亿m^3、18.45亿m^3、20.63亿m^3，水库运用50年减淤总量分别为6.72亿t、7.04和7.47亿t。从发电效益来看，745 m、750 m和756 m方案间装机容量相差3 MW，发电量相差分别为852万kWh和738万kWh。从水库淹没指标来看，三个死水位方案均不影响彬县县城，各方案之间淹没人口差值分别为363人、447人，淹没房屋面积差值1.87万m^2、1.72万m^2，淹没耕(园)地差值分别为495亩、590亩，差别较小。从技术经济方面分析，各方案的经济内部收益率均大于8%，说明各方案均为可行方案；死水位745 m与750 m方案之间、750 m与756 m方案之间的差额投资经济内部收益率分别为11.9%、13.7%。本阶段推荐死水位为756 m。

2. 汛限水位

汛限水位一方面要满足水库在汛期调水调沙库容的要求，另一方面要满足水库防洪要求，并尽可能降低大坝高度。水库淤积平衡后，死水位至汛期限制水位之间的调节库容要满足调水调沙库容3亿m^3要求，根据设计淤积形态及有效库容，确定汛期限制水位为780 m。

根据水库回水计算分析，以汛期限制水位780 m起调，50年一遇洪水的回水尖灭点在库尾段枣渠电站的拦河坝，回水不影响早饭头村。

3. 正常蓄水位

根据兴利库容分析，满足供水要求所需的兴利调节库容为3.01亿m^3，对应水库正常蓄水位约为789 m。以死水位756 m、汛限水位780 m为基础，拟定正常蓄水位789 m、787 m和791 m方案进行技术经济比较。

从水库淹没实物指标来看，三个正常蓄水位方案均不影响彬县县城，各方案之间淹没影响总人口差值分别为174人、379人，淹没房屋差值分别为0.1万m^2、0.63万m^2，淹没耕(园)地差值分别为393亩、1 626亩，各方案之间淹没人口、房屋面积及耕(园)地差值较小。各方案的防洪效益和减淤效益相同，供水灌溉效益和发电效益不同，但相差很小。比较方法采用差额投资经济内部收益率法。各方案经济内部收益率均大于8%，说明均为可行方案。正常蓄水位从787 m抬高到789 m、789 m抬高到791 m方案，差额投资经济内部收益率分别为30.7%、2.9%，本阶段推荐正常蓄水位为789 m。

4. 防洪特征水位

根据东庄水库设计入库洪水过程线、有效库容曲线、泄流曲线及调洪运用方式,进行不同频率洪水调洪计算,针对是否将三门峡库区移民返迁区作为防洪保护区(对渭河下游以泾河来水为主的20年一遇洪水,是否通过东庄水库防洪运用,使之削减为5年一遇)拟定两种方案。

两方案减淤效益、供水灌溉效益和发电效益相同,仅防洪效益不同。经济比较表明,两方案经济内部收益率均大于8%,说明均为可行方案。将三门峡水库移民返迁区作为东庄水库的防洪保护区,通过水库防洪运用减小泾河洪水对该区域人民群众的洪水威胁,校核洪水位从797.77 m抬高到798.73 m,投资仅增加1 085万元,却可增加8.27亿元的防洪效益现值,差额投资经济内部收益率为60%,经济社会效益巨大。因此,推荐将移民返迁区作为东庄水库防洪保护区的方案,防洪限制水位780 m,水库设计洪水位795.42 m,校核洪水位798.73 m。

3.4.4.3 工程布置

1. 工程等别和标准

东庄水利枢纽工程等别为Ⅰ等,工程规模为大(1)型。

大坝、排沙、泄洪等主要建筑物为1级,次要建筑物定为3级,临时建筑物为4级。

混凝土坝按1 000年一遇洪水设计,5 000年一遇洪水校核。

大坝的抗震设计烈度为8度。

2. 坝址

项目建议书阶段对碳酸盐岩坝段的东庄坝址和砂页岩坝段的前山嘴坝址进行了比选。两坝址均具备建设高坝大库的地形地质条件,占地移民、环境影响和工期等方面差别不大;但工程的拦沙减淤效益和发电效益差别明显,至水库计算期末(50年),水库累计淤积量东庄坝址为23.68亿m^3,前山嘴坝址为17.54亿m^3,东庄坝址较前山嘴坝址可多拦沙6.14亿m^3。东庄坝址能更好地满足工程开发任务的要求,而且坝址地质条件好、枢纽布置相对集中、施工相对简单。库区虽有岩溶渗漏问题,但是经过防渗处理后具备成库条件,东庄坝址明显优于前山嘴坝址。且东庄坝址拦沙库容大,对渭河下游中水河槽行洪输沙能力扩大效果更明显,对于减小中小洪水对南山支流两岸地区人民生命财产的严重威胁具有明显的优势,东庄坝址较前山嘴坝址具有明显的优势和不可替代的作用。本阶段推荐东庄坝址为基本选定的坝址。

3. 主要建筑物

枢纽主要建筑物由混凝土双曲拱坝、坝身泄洪排沙孔、放空底孔、坝下消能水垫塘、引水发电建筑物、库区防渗工程及灌溉进水塔等组成。放空底孔不参与泄洪排沙。

挡水建筑物为混凝土双曲拱坝,最大坝高230.00 m,坝顶高程800.00 m,坝顶长度409.16 m。坝体体形为抛物线双曲拱坝(拱圈轴线为抛物线),最大中心角87.07°(690 m高程)。泄洪排沙建筑物为溢流坝段,位于河床中间,泄流方式为“3个表孔+4个深孔”。溢流表孔堰顶高程771.00 m,1#、4#深孔布置在表孔边墩下部,2#、3#深孔布置在表孔中墩下部,孔口尺寸均为5.00 m×7.00 m。放空底孔进出口高程620.00 m,进口设有封堵检修门,出口设弧形工作门。坝下设水垫塘消能,水垫塘净长335.00 m,梯形断面。

引水发电系统布置在左岸，电站引水流量 58.5 m^3/s。进水口布置在坝上，进口高程 725.00 m；引水洞布置在山体内，采用一洞三机布置方式。发电厂房为地下式，采用典型的三洞室布置型式，安装三台单机容量 30 MW 的混流式水轮发电机组，水轮机安装高程 582.20 m。洞室群主要包括主厂房、安装间、副厂房、主变室、尾闸室、进厂交通洞、母线洞、高压电缆洞、排水廊道、通风排烟洞、尾水洞及防淤闸等。根据向铜川、富平供水要求，引水流量 9.2 m^3/s，取水口进口高程按 725.00 m 考虑。在库区左岸岸边适宜位置布置一座进水塔，塔内设拦污栅、检修闸门、事故闸门。库区防渗工程处理措施采用全面防护方案，即在库段两岸均设置垂直防渗帷幕，并对地表主要的溶洞、岩溶大裂隙等进行封堵。

4. 淹没指标

实物调查基准年为 2010 年 10 月。水库淹没影响总人口 3 811 人，其中直接淹没 2 420 人，淹没影响 1 391 人；淹没影响房屋面积 12.27 万 m^2；淹没影响土地总面积 46.03 km^2，其中陆地面积 36.32 km^2，水域面积 9.71 km^2；淹没影响农用地 26 934 亩，其中基本农田 2 647 亩，建设用地 694 亩，未利用地 41 419 亩。专项设施主要有三级公路 1 条、大型桥梁 1 座、小水电站 6 座等，库区内未发现地面和地下文物古迹，库区水面没有压覆重大矿产资源。

3.4.4.4 投资

枢纽施工工期 7 年 11 个月。

《泾河东庄水利枢纽工程项目建议书》中价格水平取 2012 年第一季度价格水平。工程总投资 1 253 591 万元，其中工程部分投资 1 015 167 万元，水库淹没处理补偿费等 205 860万元，建设期融资利息 32 564 万元。本次研究，河口村水利枢纽工程规模采用《沁河河口村水库工程可行性研究报告》的成果。

3.4.5 河口村水利枢纽

河口村水库位于黄河一级支流沁河最后一段峡谷出口处的河南省济源市克井乡，是控制沁河洪水、径流的关键工程。坝址以上控制流域面积 9 223 km^2，占沁河流域面积的 68.2%，占黄河三花间流域面积的 22.2%。

3.4.5.1 开发任务

根据河口村水库的地理位置、建库条件以及黄河治理开发的需求，河口村水库不仅是控制沁河洪水和径流的关键工程，也是黄河下游防洪工程体系的重要组成部分，工程开发任务确定为以防洪、供水为主，兼顾灌溉、发电、改善生态，并为黄河干流调水调沙运行创造条件。

1. 调蓄洪水，为保障沁河下游和黄河下游防洪安全创造条件

小浪底水库建成后，对黄河下游威胁最大的洪水来源于小浪底至花园口区间。河口村水库控制流域面积占小浪底至花园口无工程控制区间面积的 34%，与三门峡、小浪底、故县、陆浑四座水库联合运用，可削减黄河花园口洪峰流量，从而减轻下游堤防的防洪压力，并减少东平湖滞洪区分洪运用概率，进一步完善黄河下游防洪工程体系。

2. 为城市、工业供水，支持沁河下游地区经济社会发展

建设河口村水库，能比较充分地调节和利用沁河水资源，使供水条件得到明显改善，

在维持现状灌溉面积、保证下游河道最小流量要求的条件下,可以为济源市城市生活和工业、沁北电厂、孔山工业集聚区、沁阳市沁北工业集聚区等供水,对于满足地区经济社会快速发展、缓解沁河下游水资源供需矛盾、保护地下水环境具有重要作用。

3. 提高沁河下游广利灌区灌溉供水保证率

河口村下游的广利灌区,是无坝引沁河水自流灌溉的古老灌区,目前灌区灌排设施配套完整,为粮棉等农产品生产基地,现有正常灌溉面积 31.05 万亩,补源灌溉面积 20 万亩。但由于沁河缺乏调蓄工程,灌溉供水保证率低,在现状工程条件下,设计水平年广利灌区需水量 14 290 万 m^3,供水量仅 9 529 万 m^3,灌溉保证率仅 43%,为了满足灌溉的需要大量开采利用地下水,造成地下水位大幅度下降。建设河口村水库调蓄沁河径流,使灌区供水条件得到改善,可有效缓解引沁济蟒灌区和广利灌区灌溉高峰期争水矛盾。

4. 开发水能资源,为经济社会发展提供清洁能源

充分利用沁河水电资源,建设河口村水电站,为经济社会提供清洁能源,可以发展地方经济,改善农村生产、生活和用电条件,满足农民生活电炊、电热取暖用电,减少农民对植被的破坏,可以实现小水电代柴。

5. 为干流骨干水库调控黄河下游水沙创造条件

建设河口村水库可增强对沁河来水的控制能力,与黄河干流骨干水库以及支流的陆浑、故县等水库联合进行调水调沙运用,使小浪底水库下泄的含沙水流和小浪底至花园口区间伊洛河、沁河的清水有效对接,共同塑造花园口断面协调的水沙关系,充分发挥水流的挟沙力,更好地恢复和维持黄河下游河槽的过流能力,减少黄河下游河道淤积。

3.4.5.2 工程建设规模

拟定水库正常蓄水位 275 m,死水位 225 m,汛期限制水位 238 m,校核洪水位 285.43 m。总库容 3.17 亿 m^3,防洪库容 2.31 亿 m^3。电站装机容量 11.6 MW,多年平均发电量 3280 万 kWh。

1. 正常蓄水位

拟定 265 m、270 m、275 m、280 m 和 283 m 五个方案作进一步综合技术经济比较。

各正常蓄水位方案防洪作用和防洪效益相同;各方案均以满足河道生态供水为前提,因此各正常蓄水位方案对维持河道生态的作用和效益相同;受汛期兴利调节库容、汛期来水和连续枯水年限制,各正常蓄水位方案满足 95% 保证率,城市生活供水和工业供水的保证流量和供水量也相同;农业供水量在 265 ~ 275 m 逐渐增加,超过 275 m 后,农业供水量基本不再增加。因此,各正常蓄水位之间的效益差别主要是农业供水量和发电量,投资差别主要是水库淹没移民、枢纽建筑物和电站投资。

从淹没影响来看,水库库区淹没范围内,居民全部作搬迁处理,其他各种专项投资相同,随着正常蓄水位的抬高,淹没移民投资发生变化的只是土地部分。各方案之间投资差别在 535 万 ~ 1 106 万元,以从 280 m 增加到 283 m 时投资增加最多。

从水工建筑物布置和投资差别来看,由于水库防洪运用方式,泄水建筑物事故门、工作门的设计水位不变,金属结构工程量不变,随着正常蓄水位抬高,泄洪洞的土建工程量发生变化。正常蓄水位 283 m 和 280 m 方案间泄洪洞土建工程变化不大;从 280 m 降至 275 m 时,可相应减少混凝土约 7 200 m^3,钢筋约 300 t;正常蓄水位在 275 m 以下时,塔体

尺寸均无变化。另外，随着正常蓄水位的抬高，防渗帷幕的投资逐渐增加。

从发电量来看，随着正常蓄水位抬高，装机容量逐渐增大，电站的发电量也逐步变大，各方案多年平均发电量分别为 2 712 万 kWh、3 064 万 kWh、3 280 万 kWh、3 523 万 kWh 和 3 620 万 kWh。

采用差额投资经济内部收益率法对各方案进行比较，方案 270 m 较 265 m 更优，275 m 较 270 m 更优，水库水位由 275 m 增加至 280 m，差额投资经济内部收益率为 2.13%，小于社会折现率 8%，说明方案 275 m 较优；当水库水位进一步升高至 283 m 后，投资远大于收益，说明进一步抬高正常蓄水位是不经济的。

综上所述，通过对各正常蓄水位方案的综合技术经济比较，本阶段选定河口村水库正常蓄水位为 275 m。

2. 死水位

根据分析计算，满足泄流要求和泄洪洞挑流消能正常运用的最低库水位为 224 m 左右，若水位进一步降低，则泄洪洞规模必须加大才能满足挑流设计，相应投资将大幅度增加，因此从满足泄洪要求和节约投资考虑，死水位不宜进一步降低，为留有适当余地，则河口村水库的最低死水位为 225 m。分析计算表明，河口村水库的死水位如果抬高将影响水库汛期的供水能力，进而影响供水量，且抬高死水位增加发电量很少，因此本阶段选定河口村水库的死水位为 225 m。

3. 防洪特征水位

1）前汛期（7 月 1 日至 8 月 20 日）限制水位

由于河口村水库大坝坝高受坝址两岸地形、地质条件限制，其校核水位不宜超过 287 m。通过调洪验算，水库的调洪库容为 2.3 亿 m^3，采用复核后的水库冲淤平衡库容曲线，则水库汛限水位按 238 m 考虑，对应的校核水位为 285.43 m，基本与项目建议书阶段成果相近。由于河口村水库的开发任务以防洪、供水为主，在满足防洪的条件下应尽量提高水库的供水效益，即尽可能提高汛期限制水位，增大汛期兴利调节库容。经分析，若汛限水位在 238 m 的基础上提高，虽增大了汛期兴利库容，但经调节计算，并不能增加供水量。因此，综合考虑防洪要求和提高水库的兴利效益，在满足下游防洪要求的前提下，本阶段河口村水库的主汛期限制水位取 238 m。

2）防洪高水位、设计洪水位和校核洪水位

按照河口村水库承担的防洪任务和拟定的防洪运用方式，按主汛期限制水位 238 m 进行调洪计算，得相应防洪高水位为 285.43 m。

根据水库调洪运用方式，按汛期限制水位 238 m，对河口村水库入库洪水进行调洪计算，则河口村水库 500 年一遇的设计洪水位为 285.43 m（1982 年典型），2 000 年一遇的校核洪水位为 285.43 m（1982 年典型）。

3）后汛期（8 月 21 日至 10 月 31 日）限制水位

根据对沁河分期洪水的研究，初步确定 7 月 1 日至 8 月 20 日为前汛期，8 月 21 日至 10 月 31 日为后汛期。考虑到沁河流域洪水具有明显的分期特性，其后汛期洪水较前汛期洪水偏小 40% ~66%。黄河下游后汛期洪水主要来源于小浪底以上，沁河相应洪水较小。这样，后汛期防洪库容较小，汛期限制水位可高些，有利于后汛期洪水的资源化。根据水库后汛期来水情况及兴利要求，选择后汛期限制水位为275 m。经河口村水库调洪计算，当遇2 000年一遇洪水时，水库敞泄运用，水位可不抬高。后汛期水位满足水库设计条件下各特征水位的控制要求。

3.4.5.3　工程布置

1. 工程等别和标准

河口村水利枢纽工程等别为Ⅱ等，工程规模为大(2)型。

混凝土面板堆石坝坝高超过90 m，大坝级别提高一级为1级；主要建筑物泄洪洞、溢洪道、发电洞进口为2级；因电站总装机16.8 MW，发电洞、电站厂房降低一级为3级；次要建筑物为3级；临时建筑物为4级。

各主要建筑物按500年一遇洪水设计，5 000年一遇洪水校核；电站厂房按50年一遇洪水设计，200年一遇洪水校核。

大坝按8级地震进行抗震复核。溢洪道、泄洪洞、发电洞、电站厂房抗震设计烈度均为7度。

2. 坝址

可行性研究报告阶段对四条坝址(线)进行了分析，推荐河口村坝址。

3. 主要建筑物

枢纽由混凝土面板堆石坝、泄洪洞、溢洪道及引水发电系统等建筑物组成。

混凝土面板堆石坝最大坝高122.5 m，坝顶高程288.5 m，防浪墙高1.2 m，坝顶长度530.0 m，坝顶宽9.0 m。防渗采用防渗墙和灌浆帷幕相结合的方式。

泄洪洞设1#低位和2#高位两条，由进口引渠、进口闸室、洞身和出口段组成，两洞进口均为塔式框架结构，进水塔各设有事故平板门及弧形工作门一道。两洞均为城门洞型，洞身断面尺寸均为9.0 m×13.5 m。两洞均为明流洞，洞身后接挑流鼻坎，水流直接挑入河道。

溢洪道为4孔净宽11.0 m的开敞式溢洪道，由引渠、控制闸、泄槽和挑流鼻坎组成，布置在龟头山南鞍部地带。进口引渠底板高程259.7 m，采用WES实用堰，堰顶高程267.50 m，堰上设弧形工作门；闸后为明渠泄槽，矩形横断面，边墙为贴坡式直立挡墙，溢洪道总长度174.00 m。

引水发电系统由引水发电洞、电站厂房、GIS室和尾水渠组成。引水洞洞径4.0 m，洞长696.37 m。厂房采用岸边式地面厂房，共分两个电站，均坐落在较完整的基岩之上。大电站装机容量为16 MW，单机设计引用流量6.60 m^3/s；小电站装机容量为0.8 MW，单机设计引用流量2.20 m^3/s。

4. 淹没指标

实物调查基准年为2008年。水库淹没影响涉及河南省济源市克井镇5个行政村12个自然村，水库淹没影响总人口3 004人，其中直接淹没2 382人，淹没影响622人。淹没影响房窑面积147 714 m^2。淹没影响总土地面积9 026亩，其中耕地1 992亩。

3.4.5.4　投资

枢纽已于2007年年底开工，筹建期1年，施工工期5年。

材料预算价格按2008年第4季度测算，工程总投资272 118万元，其中工程部分静态投资 197 839 万元,移民和环保静态总投资 69 024 万元,建设期融资利息 5 255 万元。

3.4.6 海勃湾水利枢纽

海勃湾水利枢纽位于内蒙古自治区境内的黄河干流上,枢纽坝址距乌海市区 3 km,坝址以上控制流域面积 312 400 km^2。水库左岸为乌兰布和沙漠,右岸为内蒙古乌海市,下游 87 km 处为已建的内蒙古三盛公水利枢纽。本次研究,海勃湾水利枢纽工程规模采用《海勃湾水利枢纽工程可行性研究报告》的成果。

3.4.6.1 开发任务

海勃湾水利枢纽是黄河治理开发规划中确定的梯级工程之一。工程任务为防凌、发电等综合利用。

1. 防凌

海勃湾水利枢纽地处内蒙古防凌河段的首部,地理位置优越,利于适时调控凌汛期流量。该工程实施后,配合龙羊峡水库、刘家峡水库的防凌调度,承担应急防凌任务,缓解或减轻下游凌汛负担。

2. 发电

海勃湾水利枢纽建成后,电站可以充分利用下泄水流发电,电站接入蒙西电网,每年可以提供约 3.82 亿 kWh 电量。

3.4.6.2 工程建设规模

水库正常蓄水位 1 076 m,死水位 1 069 m,汛期发电最低水位 1 071 m,设计洪水位 1 071.49 m,校核洪水位 1 073.46 m,总库容 4.87 亿 m^3,死库容 0.44 亿 m^3,调节库容 0.91 亿 m^3。电站装机容量 90 MW,多年平均发电量 3.82 亿 kWh。

1. 正常蓄水位

正常蓄水位拟定 1 075 m、1 076 m 和 1 077 m 三个方案,主要从不同方案的回水范围、电能指标和差额投资内部收益率等方面进行比较。

从回水范围上看,三个方案回水末端距坝址里程为 33 ~ 36 km;回水末端高程为 1 076 ~1 079 m,回水末端与上游宁夏第三排水干渠排水口相距约 15 km 以上,均不会对上游干渠排水口的运行造成影响。从分项投资来看,主要差别在于淹没补偿投资,正常蓄水位从 1 076 m 增加至 1 077 m,水库淹没处理补偿费用增加 3.05 亿元。从电能指标上看,随着正常蓄水位的抬高,发电量和调节库容都会增加。水位每抬高 1 m,发电量分别增加 45.6 GWh 和 37.9 GWh,1 077 m 方案发电量最大,为 419.6 GWh。随着正常蓄水位的抬高,运行 10 年后的调节库容也在增大,分别为 1.82 亿 m^3 和 2.65 亿 m^3。从各方案经济比较来看,正常蓄水位从 1 075 m 抬高到 1 076 m,差额投资内部收益率为 35.0%,大于社会经济折现率 8%,是经济的;正常蓄水位从 1 076 m 抬高到 1 077 m,差额投资内部收益率 6.6%,低于社会经济折现率,是不经济的。综合以上的计算分析,本阶段选择正常蓄水位为 1 076 m。

2. 死水位

死水位从最小发电水头、发电效益、泥沙淤积和防凌要求等方面进行比选。坝址处河底高程在 1 064 ~1 066 m。受机组最小出力和最小发电水头的限制,经计算电站可以正常运转发电的最低水位为 1 069 m。按发电最低水位作为死水位下限,本次设计比较了 1 069 m和 1 070 m 两个死水位方案。

计算结果显示,死水位抬高,发电量会增加,从 1 069 m 抬高到 1 070 m,发电量增加 10.4 GWh。从调节库容上看,水库运行 10 年后,死水位 1 070 m 方案与 1 069 m 方案相比,调节库容减少约 1 520 万 m^3。海勃湾水库主河道的挡水建筑物由电站厂房段和泄水闸段组成。泄水闸溢流堰采用平底宽顶堰型式,堰顶高程 1 065.0 m 基本与河底持平。根据泄水建筑物的设计,1 069 m 是满足 2 700 m^3/s 的最低水位。通过泥沙淤积计算分析,闸前泥沙淤积 1 ~3 m,在水位 1 069 m 以 2 700 m^3/s 开闸泄水排沙,闸前泥沙淤积情况不会影响死水位的选择。

海勃湾水库主要任务为防凌,在一个相对较长的时段内具有较大的调节库容,对水库防凌是非常重要的,因此综合以上的计算分析,本次设计选择具有较大调节库容的 1 069 m 为海勃湾水库死水位。

3. 防洪特征水位

1) 汛期发电最低水位

可行性研究阶段对不同的冲沙临界流量进行了多方案的计算和比较,最后选择冲沙临界流量为日平均流量 1 500 m^3/s。可行性研究阶段审查时,专家基本同意在汛期入库水、沙较少时,水库宜在较高水位运行,增加发电效益;当大水大沙入库时,水库降低水位泄洪、排沙,保持防凌有效库容。审查意见基本同意水库汛期最低发电水位 1 071 m。

2) 设计、校核洪水位

海勃湾坝址大坝的设计防洪标准为 100 年一遇,校核防洪标准为 2 000 年一遇。根据防洪任务确定的调洪原则为:汛期 7 ~9 月当上游来水量大于 2 700 m^3/s 时,库水位降低至死水位 1 069 m 泄水排沙,所以海勃湾水库洪水调节计算的起调水位采用 1 069 m。计算中不考虑电站和排沙洞参与泄洪。经调洪演算,设计洪水位为 1 071.49 m,校核洪水位为 1 073.46 m。

3.4.6.3 工程布置

1. 工程等别和标准

海勃湾水利枢纽工程为Ⅱ等工程,工程规模为大(2)型。

主要建筑物土石坝、泄洪闸和电站等为 2 级建筑物,导墙、护坡等次要建筑物为 3 级建筑物。

主要水工建筑物土石坝、泄洪闸及电站的设计洪水标准为 100 年一遇,校核洪水标准为 2 000 年一遇。次要建筑物设计洪水标准为 50 年一遇,校核洪水标准为 500 年一遇。

工程抗震设计烈度为 8 度。

2. 坝址

本阶段在海勃湾坝址选择了上、中、下三条坝线进行比较。在调节库容相等、防凌减灾效益基本相同的前提下,三条坝线的地形条件、地震地质条件、建筑材料、枢纽布置、施工条件、工期、环境影响、工程效益和工程运行管理等条件基本相同,而从地质条件、地基处理工程量及工程投资等方面看,中坝线较优。因此,选定中坝线为设计坝线。

3. 主要建筑物

枢纽由黏土心墙土石坝、泄洪闸、电站等建筑物组成。

土石坝位于枢纽的左岸，起始于泄洪闸与土石坝连接段。土石坝坝顶高程 1 078.70 m，最大坝高 16.2 m，坝顶全长 6 371.2 m。上游坝坡 1∶2.75，下游坝坡为 1∶2.5。坝基采用混凝土防渗墙解决地基渗漏和渗透稳定问题。

泄洪闸布置在河槽中左部，电站坝段的左侧。泄洪闸堰顶高程为 1 065.0 m，孔口总净宽为 224.0 m。闸顶高程 1 078.7～1 079.8 m。设计过流能力 6 100 m^3/s，校核下泄流量 9 100 m^3/s。

电站厂房采用河床式电站厂房型式，布置在主河槽的右侧，副厂房与主厂房呈"一"字形布置，GIS 开关站与主、副厂房呈"品"字形布置。河床电站主厂房中心纵轴线平行于坝轴线布置，从电站进水口上游前沿至尾水墩下游末端顺水流方向全长 69.1 m。主厂房装有 4 台单机 22.5 MW 的贯流式水轮发电机组，采用一机一缝布置，每一机组段长度为 24.0 m。

4. 淹没指标

实物调查基准年为 2007 年。根据实物调查成果，水库淹没影响区涉及乌海市海勃湾区、乌达区、海南区 3 个区共 15 个社区(村)，以及阿拉善盟左旗巴音木仁苏木、乌斯太镇 2 个苏木(镇)的 2 个嘎查。水库淹没影响总人口 7 308 人，其中农村人口 6 696 人；淹没影响房屋面积 389 362 m^2，其中农村房屋面积 327 704 m^2；淹没总土地面积 114.16 km^2，其中陆地面积 98.39 km^2，水域面积 15.77 km^2。

3.4.6.4 投资

工程总工期为 46 个月，其中工程准备期 10 个月，主体工程施工期 30 个月，完建工期 6 个月。已于 2010 年 4 月开工建设。

材料预算价格按 2009 年第 3 季度测算，工程总投资 274 099 万元，其中工程部分静态总投资 157 325 万元，建设期利息 4 581 万元，移民和环保静态总投资 112 193 万元。

3.5 小 结

本章分析了黄河水沙调控体系的提出及发展过程，在以往研究成果的基础上，从流域防洪(防凌)、减淤、水资源配置、水沙联合调控等方面提出了对黄河水沙调控体系的需求，论证了黄河水沙调控体系总体布局，分析了待建及在建工程建设规模指标。取得以下主要成果：

(1)人民治黄以来，随着研究的深入，治黄认识逐步深化，治黄理念也逐步得到提升。从 1954 年的《黄河综合利用规划技术经济报告》到 1997 年的《黄河治理开发规划纲要》、2002 年的《黄河近期重点治理开发规划》、2008 年的《黄河流域防洪规划》，黄河水沙调控体系工程布局在历次规划中逐步明晰。

(2)从谋求黄河长治久安的根本要求出发，根据黄河各河段的水沙特点、流域经济社会发展布局，从防洪、减淤及水资源配置、水沙联合调控四个方面提出对水沙调控体系工程布局的需求。

防洪需求:小浪底至花园口区间仍有2.7万km^2流域面积的无工程控制区内产生的洪水不能够被有效控制,为完善黄河下游防洪工程体系,急需在无控制性工程的支流沁河上修建河口村水库。当前,黄河宁蒙河段凌汛灾害严重、洪水威胁严峻,海勃湾处于内蒙古河段首部,可为河段防凌抢险创造条件,但海勃湾水库调节库容有限,要从根本上解决宁蒙河段的防洪、防凌问题,急需建设黑山峡水库。

减淤需求:控制北干流来沙,减缓黄河下游河道淤积,较长时期维持中水河槽过洪能力,冲刷降低潼关高程,实施大规模小北干流放淤等,急需兴建中游古贤水库、碛口水库;减缓宁蒙河段淤积,恢复宁蒙河段中水河槽过流能力,需要黑山峡水库对进入宁蒙河段的水沙进行调节;协调渭河下游水沙关系,减轻渭河下游河道淤积,需要修建东庄水库进行拦沙和调水调沙。

水资源配置需求:实现水资源配置方案、保障重点地区水资源安全以及枯水时段水资源应急调配,须兴建干支流骨干工程,完善水沙调控体系。

水沙联合调控需求:当前工程并不能满足各个河段处理洪水、泥沙及水资源配置的需要,需建设古贤、碛口、黑山峡、河口村、东庄等水库构成完整的黄河水沙调控工程体系,解决黄河重要河段的防洪、防凌问题,统一优化配置黄河水资源,协调黄河水沙关系,维持黄河健康生命,支持流域及相关地区经济社会的可持续发展。

(3)黄河水沙调控体系总体布局包括工程体系和非工程体系。工程体系是以干流七大控制性骨干工程龙羊峡、刘家峡、黑山峡、碛口、古贤、三门峡、小浪底为主体,海勃湾、万家寨两水库为补充,与支流陆浑、故县、河口村、东庄等控制型水库共同构成的;非工程体系是由监测体系、预报体系、决策支持系统等构成的。

第4章 黄河水沙调控指标体系研究

水沙调控指标包括维持河道排洪输沙功能的调控指标、防洪防凌调控指标、实现对水资源有效管理的调控指标。维持河道排洪输沙功能的调控指标是在考虑来水来沙情况和水沙调控体系建设情况下，减少河道淤积，恢复并维持冲积性河段中水河槽的调控流量。防洪防凌调控指标是考虑防洪河段防洪防凌需求、防洪标准及防洪能力，保障防洪防凌安全的调控流量。实现对水资源有效管理的调控指标是为维持黄河健康生命需要控制的河道外用水总量、地表水耗水量、入海水量、重要断面关键期生态需水量等指标。

调控指标是水沙调控体系运用的基本参数，是黄河防洪防凌、减淤和水资源配置的控制条件，是水沙调控体系联合运用方式制定的依据。按照水沙调控体系规划的目标，水沙调控指标可分为约束性指标和指导性指标两类。约束性指标具有强制性和制约性，而指导性指标是参照执行并在一定条件下可进行调整变化的指标。当约束性指标与其他指标发生冲突时，应首先满足约束性指标的要求。

4.1 维持河道排洪输沙功能的调控指标

维持河道排洪输沙功能的调控指标是有利于河道减淤、潼关高程控制以及河道中水河槽恢复的调控上限流量指标，即调水调沙期间泄放大流量的指标。按照人水和谐的治河思想，水库联合调度塑造洪水过程时，应首先保障洪水过程不漫滩，同时还应考虑河道来水来沙条件、水库蓄水条件、河道边界条件以及经济社会约束等因素。因此，各河段的平滩流量为约束性指标，有利于河道排洪输沙能力的调控指标为指导性指标。

黄河干流水沙关系不协调带来的泥沙淤积问题主要体现在黄河下游、潼关河段和宁蒙河段，协调水沙关系也主要解决这三个河段的问题。因此，维持河道排洪输沙功能的调控指标重点分析这三个河段的调控指标。

4.1.1 黄河下游调控指标分析

4.1.1.1 下游河道汛期一般含沙量非漫滩洪水冲淤特性

根据1960年7月至2006年12月下游水沙资料，在分析水沙过程的基础上，对汛期一般含沙量的非漫滩洪水进行了划分。划分洪水时，考虑上下游站洪水过程的对应关系，尽量使上下游各站有一个完整的洪水传播过程；以流量过程为主，同时尽量使各站流量过程和含沙量过程均有一个完整的过程。1960年7月至2006年12月黄河下游汛期共发生洪水252场，总历时2 254 d，三门峡—黑石关—小董（简称三黑小）（小浪底水库运用后，为小浪底—黑石关—小董（简称小黑小），下同）来水量5 165.9亿 m^3，来沙量189.12亿t，下游河道冲刷9.87亿t。

1. 含沙量小于20 kg/m^3 洪水冲淤特性

1960～2006年黄河下游共发生含沙量小于20 kg/m^3 的非漫滩洪水68次，历时742 d，三黑小来水量1 685.0亿 m^3，来沙量14.0亿t。下游各河段洪水冲淤情况见表4-1。

表 4-1　1960～2006 年下游汛期非漫滩洪水水沙及冲淤统计

三黑小含沙量(kg/m³)	三黑小流量(m³/s)	洪水场次(次)	历时(d)	三黑小水量(亿 m³)	三黑小沙量(亿 t)	冲淤量(亿 t)					冲淤效率(kg/m³)				
						花园口以上	花园口至高村	高村至艾山	艾山至利津	全河段	花园口以上	花园口至高村	高村至艾山	艾山至利津	全河段
小于 20	1 000～1 500	16	139	129.0	1.15	-0.29	-0.03	-0.09	0.10	-0.31	-2.22	-0.23	-0.69	0.81	-2.33
	1 500～2 000	15	97	148.2	1.20	-0.65	-0.59	-0.33	0.07	-1.50	-4.39	-4.01	-2.20	0.44	-10.15
	2 000～2 500	12	116	229.6	2.47	-1.40	-0.21	-1.22	-0.14	-2.97	-6.09	-0.90	-5.31	-0.61	-12.90
	2 500～3 000	11	140	332.8	2.64	-1.42	-1.71	-1.45	-0.99	-5.57	-4.26	-5.13	-4.36	-2.99	-16.86
	3 000～3 500	6	82	224.8	1.96	-1.45	-0.95	-0.76	-0.38	-3.54	-6.44	-4.25	-3.39	-1.69	-15.77
	3 500～4 000	3	77	241.3	2.35	-1.80	-1.55	-0.09	-0.65	-4.09	-7.45	-6.43	-0.36	-2.71	-16.95
	>4 000	5	91	379.4	2.23	-2.40	-3.72	-0.51	-0.96	-7.59	-6.33	-9.80	-1.34	-2.54	-20.01
	总计	68	742	1 685.1	14.00	-9.41	-8.76	-4.45	-2.96	-25.57	-5.58	-5.20	-2.64	-1.76	-15.20
20～100	1 000～1 500	19	114	126.1	6.74	1.70	0.64	-0.20	0.22	2.36	13.49	5.04	-1.57	1.78	18.74
	1 500～2 000	38	245	367.2	17.95	3.27	1.69	0.08	0.34	5.38	8.91	4.61	0.21	0.91	14.64
	2 000～2 500	37	289	557.7	25.19	1.53	1.87	-1.35	-1.25	0.80	2.74	3.34	-2.41	-2.24	1.44
	2 500～3 000	26	269	648.2	30.79	1.08	1.98	-0.60	-1.25	1.21	1.66	3.05	-0.92	-1.93	1.85
	3 000～3 500	15	155	438.7	18.50	1.44	0.55	-1.35	-0.56	0.08	3.29	1.26	-3.07	-1.29	0.20
	3 500～4 000	6	72	246.3	6.72	-0.69	-1.00	-0.52	-0.99	-3.20	-2.79	-4.04	-2.10	-4.03	-12.97
	>4 000	13	201	787.5	27.13	-5.61	-1.42	-0.25	-2.04	-9.32	-7.12	-1.81	-0.32	-2.59	-11.84
	总计	154	1 345	3 171.7	133.02	2.72	4.31	-4.19	-5.53	-2.69	0.86	1.36	-1.32	-1.75	-0.85
大于 100	1 000～1 500	5	25	24.8	2.90	1.22	0.73	0.09	0.05	2.09	49.17	29.69	3.67	2.01	84.53
	1 500～2 000	7	36	51.0	6.95	1.99	1.39	0.24	0.16	3.78	38.95	27.32	4.70	3.13	74.10
	2 000～2 500	15	82	159.7	22.61	5.94	3.79	0.60	0.15	10.48	37.21	23.71	3.78	0.91	65.60
	2 500～3 000	2	11	26.7	4.92	0.91	1.60	0.01	0.04	2.56	34.04	59.77	0.18	1.31	95.30
	>4 000	1	13	46.9	4.71	-0.82	0.56	0.32	-0.53	-0.47	-17.53	11.90	6.87	-11.27	-10.03
	总计	30	167	309.1	42.09	9.24	8.07	1.26	-0.13	18.44	29.87	26.11	4.08	-0.45	59.61

注:正值代表淤积,负值代表冲刷,下同。

三黑小含沙量小于 20 kg/m³ 的洪水，利津以上河段冲刷 25.60 亿 t，其中花园口以上冲刷 9.40 亿 t，花园口至高村冲刷 8.76 亿 t，高村至艾山冲刷 4.44 亿 t，艾山至利津冲刷 2.96 亿 t。从不同流量级的冲刷情况看，下游河道冲刷量主要集中在流量大于 2 500 m³/s 的洪水，下游河道冲刷 20.84 亿 t，占该含沙量级洪水冲刷量的 81.4%。下游河道冲刷效率随流量增加而增大，流量大于 2 500 m³/s 后，冲刷效率增加明显，见图 4-1。

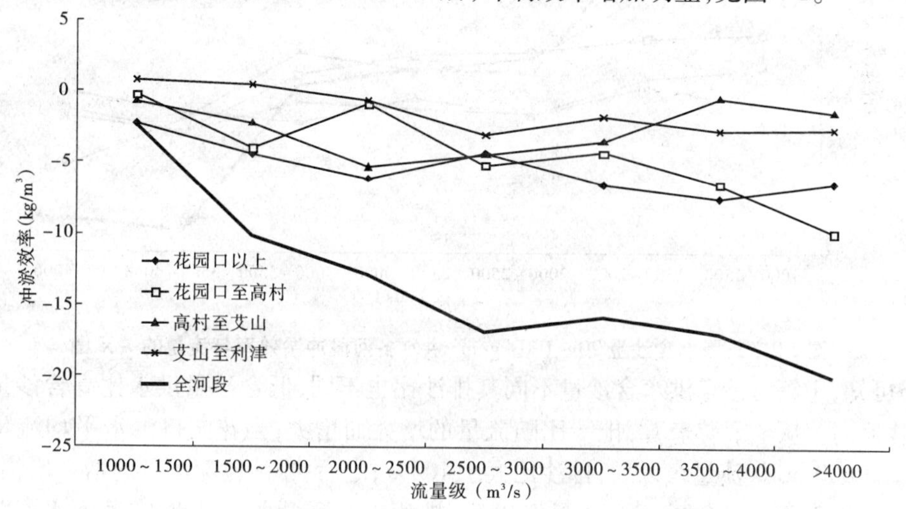

图 4-1　三黑小含沙量小于 20kg/m³ 洪水各河段冲淤效率与流量级的关系

2. 含沙量 20 ~ 100 kg/m³ 洪水冲淤特性

1960 ~ 2006 年黄河下游共发生含沙量 20 ~ 100 kg/m³ 的非漫滩洪水 154 次，历时 1 345 d，三黑小来水量 3 171.8 亿 m³，来沙量 133.03 亿 t。黄河下游共冲刷 2.69 亿 t，其中花园口以上淤积 2.72 亿 t，花园口至高村淤积 4.31 亿 t，经过高村以上河段淤积调整后，高村以下河段冲刷，高村至艾山、艾山至利津分别冲刷 4.18 亿 t、5.54 亿 t。下游各河段总的来说随着流量的增加而淤积减轻或转为冲刷，从全下游来看，流量达到 3 000 ~ 3 500 m³/s时基本冲淤平衡，流量大于 3 500 m³/s 后，全下游各河段发生明显冲刷。从高村至艾山和艾山至利津河段看，通过上河段的淤积调整，流量大于 2 000 m³/s 后，由淤积转为冲刷，且冲刷效率随流量的增加而增大，艾山至利津河段在流量大于 3 500 m³/s 后冲刷效率增加明显。下游各河段洪水冲淤情况见表 4-1 和图 4-2。

3. 含沙量大于 100 kg/m³ 洪水冲淤特性

1960 ~ 2006 年黄河下游共发生含沙量大于 100 kg/m³ 的非漫滩洪水 30 次，历时 167 d，三黑小来水量 309.1 亿 m³，来沙量 42.09 亿 t。黄河下游共淤积 18.42 亿 t，其中花园口以上淤积 9.23 亿 t，花园口至高村淤积 8.07 亿 t，高村至艾山淤积 1.26 亿 t，艾山至利津冲刷 0.14 亿 t，该类洪水淤积主要集中在高村以上河段，占总淤积量的 93.9%。艾山至利津河段淤积效率随流量的增加而减小，流量大于 2 500 m³/s 以后，淤积效率减小明显，全下游及艾利河段在流量大于 4 000 m³/s 后，由淤积转为冲刷。下游各河段洪水冲淤情况见表 4-1。

4. 洪水排沙比分析

根据洪水划分，点绘 20 ~ 70 kg/m³ 含沙量洪水流量与排沙比的关系，见图 4-3。由

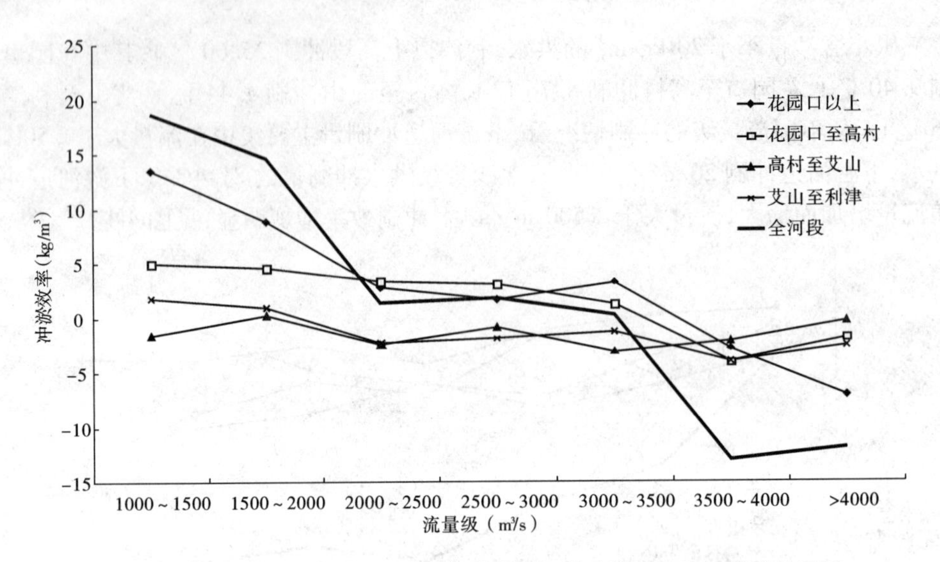

图4-2 三黑小含沙量20~100 kg/m³ 洪水各河段冲淤效率与流量的关系图

图4-3可知,中等含沙量洪水含沙量不同其排沙比也不同,低含沙量洪水比高含沙量洪水的排沙比高。从全下游来看,排沙比随流量的增大而增大;当花园口洪水平均流量大于2 500 ~3 000 m³/s 流量级以后,排沙比大于100%;之后,排沙比随流量的增大增幅变小,当流量大于3 500 ~4 000 m³/s 流量级以后,排沙比增幅很小。因此,在黄河水资源十分紧缺的背景下,从高效塑造河床的角度考虑,应根据黄河水量控制花园口流量在2 500 ~4 000 m³/s,之后随着流量增加,输沙效率增加不大。如进一步增加下游河道排洪输沙功能,则需增加相应流量的历时。

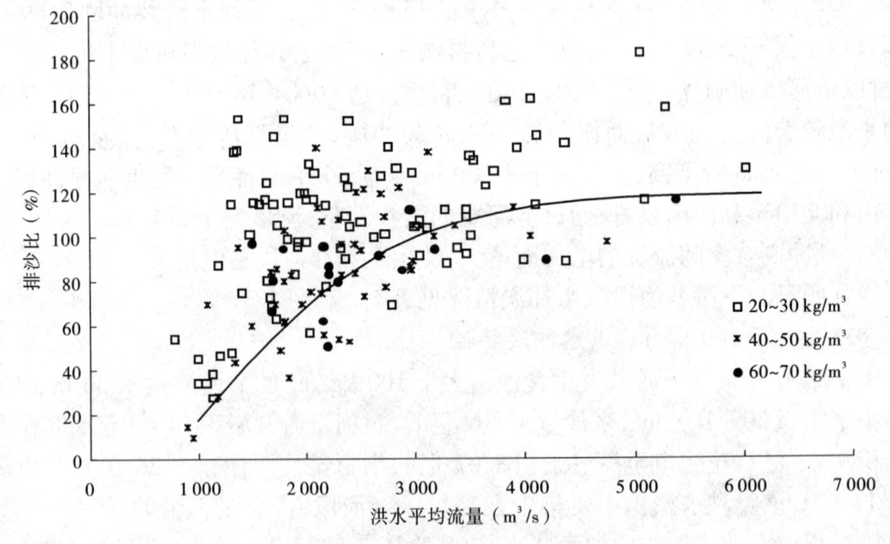

图4-3 黄河下游洪水排沙比与花园口平均流量的关系

5. 流量与单位水量冲刷量关系分析

利用黄河下游洪水实测资料,点绘三黑小平均流量与下游单位水量冲刷量之间的关系,见图4-4。由图4-4 可以看出,冲刷效率随着流量的增加呈增加趋势,当流量大于

2 500 m³/s以后，下游河道冲刷效果明显。因此，从提高黄河下游冲刷效率的角度考虑，洪水流量应不小于2 500 m³/s。

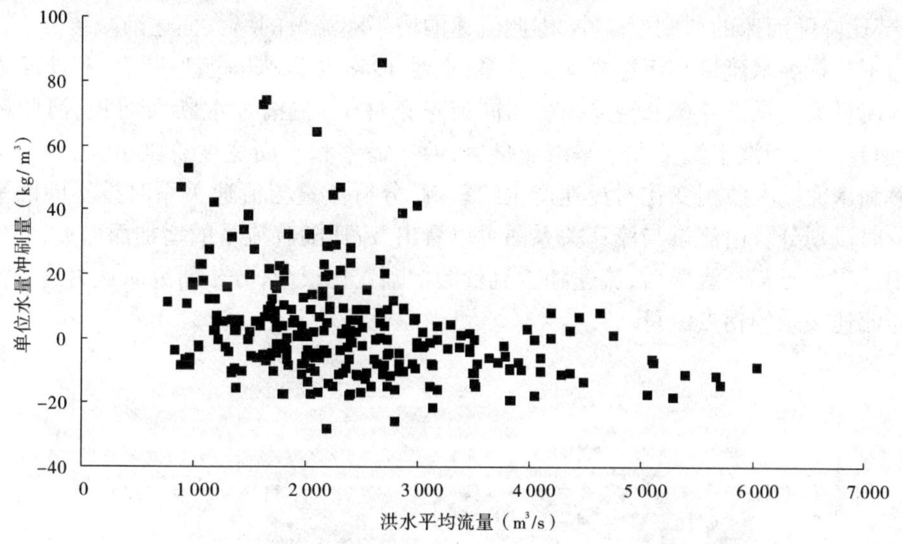

图4-4 下游单位水量冲刷量与平均流量关系(1960～2006年)

6. 水量与冲淤量关系分析

由上述分析可知，冲刷效率跟洪水含沙量和流量级关系密切，但冲刷效果还跟洪水历时相关。在相同含沙量、流量级的情况下，长历时洪水较短历时洪水冲刷效果明显。统计下游洪水资料，分析场次洪水水量和下游河道冲淤量之间的关系，点绘图4-5。由图4-5可知，较低含沙量级的洪水，下游河道随着洪量的增加其淤积转向冲刷；其他含沙量级的洪水，下游河道随着洪量的增加其淤积程度逐渐减小。从减少下游河道淤积的角度考虑，洪量大于20亿 m³ 时较为有利，之后冲淤量随着水量的增加而增加。

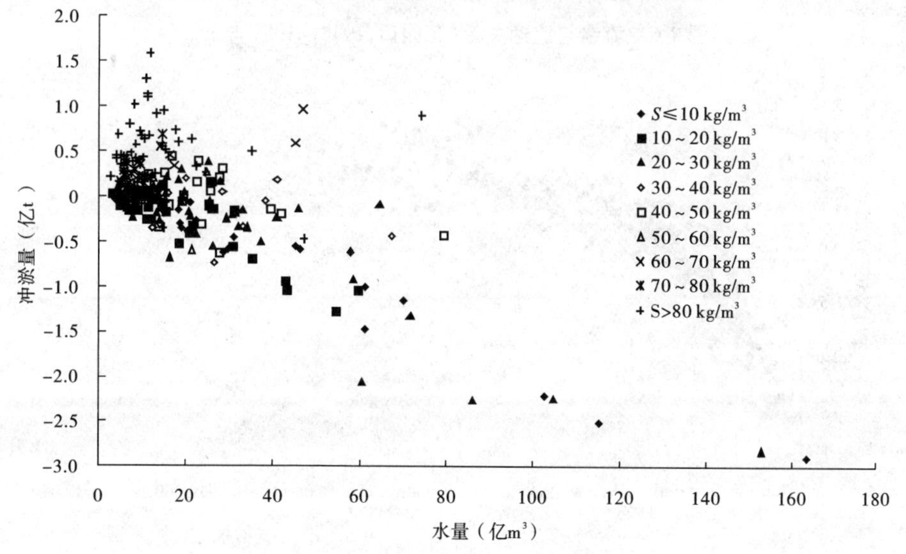

图4-5 洪水水量与下游河道冲淤量关系

4.1.1.2　**流量与流速关系分析**

黄河下游属冲积性河段，在一场洪水中，河床糙率和主槽宽度通常随流量的增大而增大，局部比降随河床的冲刷而减小，因此流速的增幅随流量的增大而逐渐减缓。

为了分析洪水流量与流速之间的关系，点绘1948年以来花园口断面、利津断面洪水流速与流量关系见图4-6、图4-7。在相同流量条件下，主槽过水断面面积、河床糙率越大，流速越小。当洪水流量大于平滩流量后，河床糙率和水面宽度急剧增大，为了消除河床糙率和水面宽度急剧变化对流速产生的影响，分析流量与流速关系时按不同的平滩流量进行时段划分。由流量与流速关系图可以看出，流速随着流量的增加而增大，但增幅逐渐减小。当大于某一流量后，流速随着流量的增幅变化很小，分析研究时认为这一流量为流量与流速关系的拐点流量。

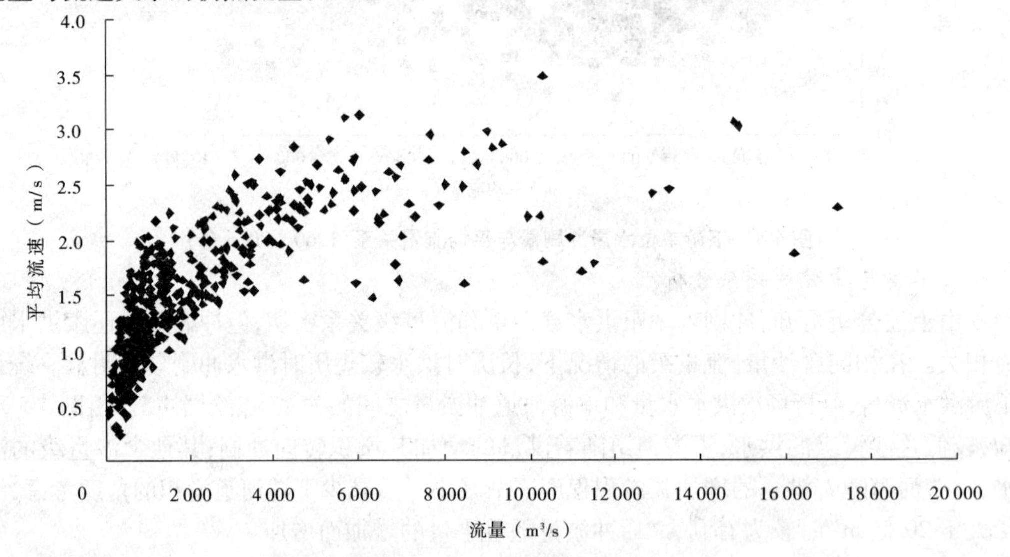

图4-6　流量与流速关系（花园口，1948～1959年）

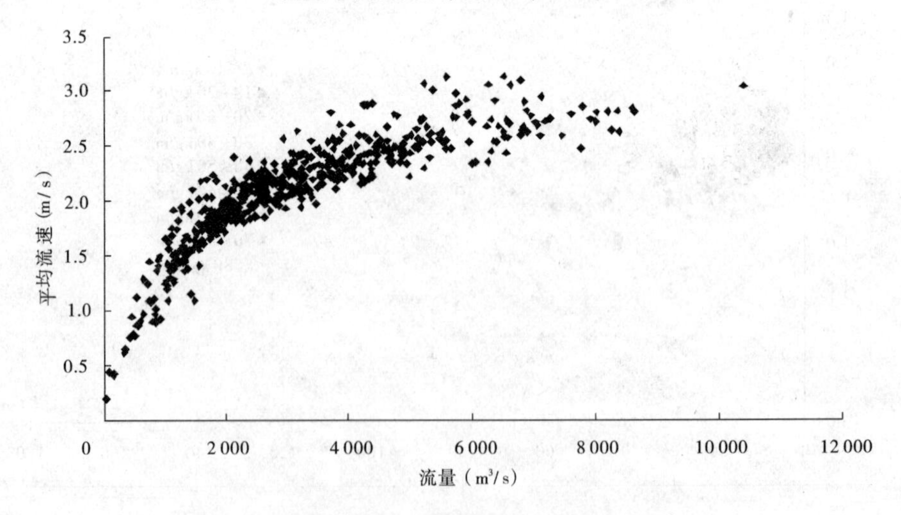

图4-7　流量与流速关系（利津，1950年～1959年）

1959 年以前,黄河下游平滩流量在 5 000 ~ 7 000 m^3/s 波动,期间花园口、利津断面流量与流速关系的拐点在 6 000 m^3/s 左右。20 世纪 70 年代、80 年代,下游平滩流量在 4 000 ~ 6 500 m^3/s 中间波动,这一时期,拐点流量比前一时期小,在 4 000 m^3/s 左右。1986 年龙羊峡水库投入运用以后,黄河下游来水来沙条件发上了较大变化,进入下游的水量减少,中、小流量出现概率增加,下游主槽进一步萎缩,平滩流量为 2 800 ~ 4 000 m^3/s。这一时期拐点流量进一步减小,为 3 000 ~ 3 500 m^3/s。2000 年小浪底水库投入运用以后,黄河下游河道发生冲刷,平滩流量不断增大,2008 年汛初下游平滩流量在 3 800 m^3/s 以上。这一时段黄河下游河段流速—流量关系的拐点流量大约为 4 000 m^3/s。

根据分析,流量与流速关系均存在拐点,且拐点流量与平滩流量相近。因此,流量接近平滩流量时,水流流速较大,水流输沙能力较强。

4.1.1.3 中水河槽规模分析

中水河槽规模是指在较长时期内河道能维持的平滩流量,黄河下游河道断面多呈复式断面形态,其不同部位的排洪能力存在着很大差别。洪水期主槽是排洪的主要通道,即使对于大漫滩洪水,一般主槽的排洪能力也占 60% ~ 80%。因此,平滩流量的变化在相当程度上反映了河道的排洪能力,是反映河道过流能力的重要指标。对于冲积性河流而言,平滩流量是流域来水来沙的产物,分析表明,平滩流量主要取决于径流、洪水条件。下游河道不同时期平滩流量的变化过程也充分说明了这一点。

1. 历史情况分析

1950 ~ 1960 年为三门峡水库修建前的天然情况,年均来水量 480 亿 m^3,来沙量 18 亿 t,平均含沙量 37.4 kg/m^3,为丰水多沙系列,期间大洪水发生次数多,花园口站洪峰流量超过 10 000 m^3/s 的大漫滩洪水有 6 次。下游河道(铁谢—利津,下同)平均每年淤积 3.61 亿 t,占来沙量的 20%,其中滩地淤积量占全断面淤积量的 77%,主槽只占 23%,艾山以下河段主槽基本不淤,河道平滩流量一般在 6 000 m^3/s 左右。

1960 ~ 1964 年,三门峡水库以拦沙运用为主,下游河道累计冲刷 23.12 亿 t,冲刷主要集中在高村以上河段,占下游冲刷总量的 73%,到 1964 年 10 月,下游河道平滩流量达到最大,一般超过 8 000 m^3/s。

1965 ~ 1973 年,三门峡水库滞洪排沙运用,这期间曾先后两次对水库进行改建,1966 年以后增建的泄流设施陆续投入运用。由于水库泄流规模小,遇较大洪水,水库就发生自然的滞洪滞沙,小水期大量冲刷排沙,把进库时"大水带大沙,小水带小沙"的天然水沙关系调节为"大水带小沙,小水带大沙"的水沙关系,下游河道由冲刷变为淤积,横向淤积部位与建库前有很大的不同,泥沙大量淤积在主槽内,滩地淤积较少,河道变得宽浅,河势趋于散乱。据统计,这一时期下游河道共淤积 39.5 亿 t,平均每年淤积 4.39 亿 t,大于建库前 1950 年 7 月至 1960 年 6 月的年平均淤积量,滩地淤积量只占全断面淤积量的 33%,纵向淤积分布发生变化,铁谢—高村河段与艾山—利津河段两头淤积比重较 20 世纪 50 年代增加,中间段高村—艾山淤积所占的比重减小。由于主槽的严重淤积,下游河道平滩流量不断减小,到 1973 年汛前已降至 3 100 ~ 3 500 m^3/s。

1974～1980 年，三门峡水库控制运用，该时段黄河下游年平均来水量 395 亿 m^3，来沙量 12.4 亿 t，年平均含沙量 31.3 kg/m^3，其中经历了 1975 年及 1976 年相对的丰水年和 1977 年的枯水丰沙年。下游河道年内冲淤过程发生变化，非汛期由建库前的淤积转为冲刷，年均冲刷 1 亿 t 左右；汛期河道冲淤随来水来沙条件而变，但全年仍为淤积，年均淤积 1.8 亿 t，其中主槽冲淤基本平衡，1980 年汛前下游河道的平滩流量又增大到 4 300～5 500 m^3/s。

1981～1985 年，下游年均来水量 482 亿 m^3，来沙量 9.7 亿 t，年均含沙量仅 20.1 kg/m^3，由于来水丰、来沙少，下游河道连续 5 年发生冲刷，累积冲刷 4.85 亿 t，平滩流量进一步加大，至 1985 年汛前，下游平滩流量为 6 000～7 000 m^3/s。

1986～1999 年，下游年均来水量 278 亿 m^3，来沙量 7.64 亿 t，年均含沙量仅 27.5 kg/m^3，由于来水来沙持续偏枯，且汛期来水比例减小，洪峰流量大幅降低，下游河槽明显淤积萎缩，该时期下游河道总淤积量为 31.23 亿 t，其中主槽淤积量为 22.56 亿 t，占全断面淤积量的 72%。随着下游河槽的持续萎缩，平滩流量明显减小，至 1999 年汛前，下游河道平滩流量已降至 3 000 m^3/s 左右。黄河下游典型年份平滩流量的变化见表 4-2。

表 4-2　黄河下游典型年份平滩流量的变化　　（单位：m^3/s）

时期	花园口	夹河滩	高村	孙口	艾山	洛口	利津
1958 年汛后	8 000	10 000	10 000	9 800	9 000	9 200	9 400
1964 年汛后	9 000	11 500	12 000	8 500	8 400	8 600	8 500
1973 年汛前	3 500	3 200	3 280	3 400	3 300	3 100	3 310
1980 年汛前	4 400	5 300	4 300	4 700	5 500	4 400	4 700
1985 年汛前	6 900	7 000	6 900	6 500	6 700	6 000	6 000
1997 年汛前	3 900	3 800	3 000	3 100	3 100	3 200	3 400

2. 现状分析及未来下游中水河槽规模预测

1999 年 10 月小浪底水库投入运用，经过水库拦沙和调水调沙运用，黄河下游河道普遍发生冲刷，黄河下游各水文站的同流量水位都明显下降，伴随着下游河道的持续冲刷，各河段平滩流量不断增大，至 2010 年，下游河道最小平滩流量已经增加至 4 000 m^3/s，因此水库拦沙和调水调沙运用，对于下游河槽冲刷、中水河槽行洪输沙功能恢复具有明显的效果。根据设计水沙系列，利用数学模型计算预估的现状工程和古贤水库 2020 年生效方案下，黄河下游最小平滩流量变化过程见图 4-8，可以看出，现状工程方案 2008 年以后平滩流量仍逐步增加，2020 年平滩流量恢复到 4 800 m^3/s 左右，之后由于小浪底水库拦沙完成，加上水沙条件的变化，下游平滩流量又逐渐减小，最小在 3 000 m^3/s 以下；古贤水库 2020 年生效方案，2068 年以前下游平滩流量能维持在 4 500 m^3/s 左右，之后缓慢下降。

总的来看，有古贤水库情况下，2050 年以前下游平滩流量能保持在 4 500 m^3/s；无古贤情况下，2050 年以前下游平滩流量能保持在 3 500 m^3/s。

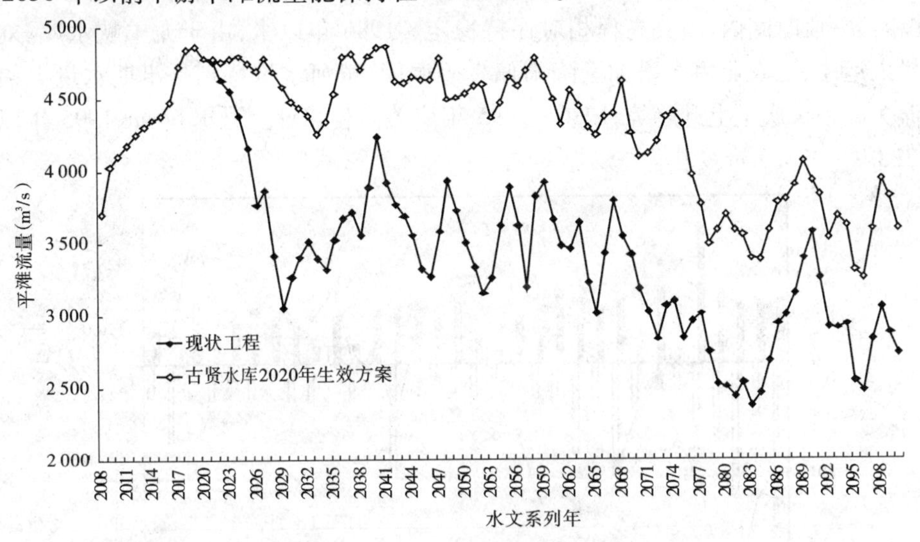

图 4-8　不同方案下游河道最小平滩流量变化过程预测

4.1.1.4　下游调控指标的选取

根据下游河道汛期一般含沙量非漫滩洪水冲淤特性分析结果，从来水来沙过程来看，非漫滩洪水随着含沙量级的增大，全下游逐步由冲刷转为淤积；另外，非漫滩洪水随着流量级的增大，全下游由淤积逐步转为冲刷或者冲刷效率增大。对于含沙量 20 kg/m^3 以下的非漫滩洪水，流量增大到 2 500 m^3/s 及以上，下游河道冲刷效率增加明显，流量增大到 3 500 m^3/s 及以上，全下游冲刷效率进一步提高；对于含沙量 20～60 kg/m^3 的非漫滩洪水，随着流量级的增大，下游逐步由淤积转为冲刷。当流量达到 2 500 m^3/s 以上时，全下游和高村以下河段基本呈现冲刷，并且随着流量级的增大，全下游的冲刷效率呈现增大的趋势；对于含沙量 60～100 kg/m^3 和 100 kg/m^3 以上的非漫滩洪水，随着流量级的增大，下游淤积减小。因此，从下游河道减淤的角度来看，调控上限流量选择在 2 500～3 000 m^3/s 时能取得较好的减淤效果，当调控上限流量选择在 3 500～4 000 m^3/s 时减淤效果优于 2 500～3 000 m^3/s 流量级。根据流速流量关系分析，流速随流量的增大而增大，且存在一个拐点，其大小跟平滩流量大小相近。当流量大于拐点流量后，流速增幅变小。因此，从增加流量来增大河道水流输沙能力的角度来看，流量等于平滩流量时，输沙效率最高。

综合上述研究成果，同时考虑小浪底运用方式研究成果和现状下游平滩流量，本次规划下游调控上限流量控制在 2 600～4 000 m^3/s，相应的调控库容为 8 亿～15 亿 m^3。

4.1.2　潼关高程控制调控指标

4.1.2.1　潼关高程变化特点

潼关水文站 1929 年设站，根据实测资料，至 1960 年，潼关高程累计抬升 2.22 m，年均抬升 0.07 m；多数年份非汛期淤积抬高，汛期冲刷下降；总的变化趋势表现为抬升状态。

1973~2003 年潼关高程变化见图 4-9。1960 年三门峡水库运用后,受运用方式和泄流能力的影响,潼关高程经历了上升和下降的反复过程。1973 年实行"蓄清排浑"控制运用以来,在相当一段时间内,潼关高程相对保持稳定。1986 年以来,由于龙羊峡水库、刘家峡水库投入运用,工农业用水增加及降雨偏少等原因,黄河水量特别是汛期水量大幅度减少。潼关高程再次呈上升趋势,1986~1995 年潼关高程累计上升 1.64 m,1995 年以后基本在 328.1~328.3 m 变化。

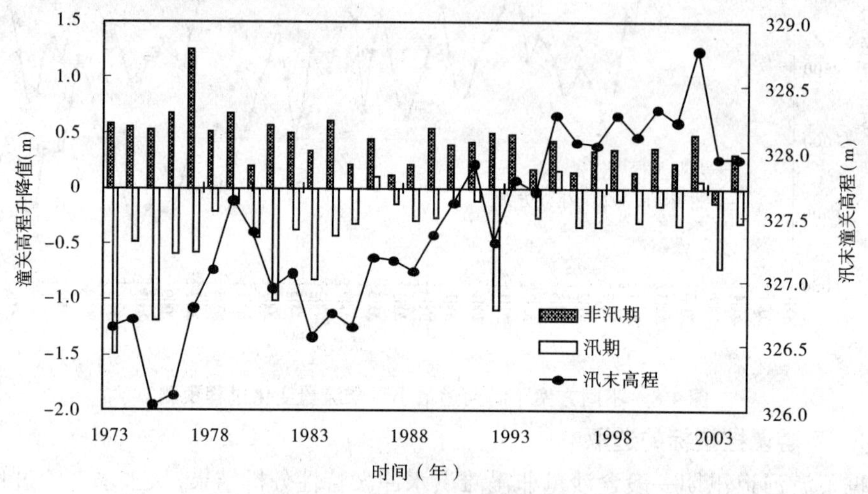

图 4-9　潼关高程变化

三门峡水库蓄清排浑运用以来,潼关高程具有非汛期淤积抬高、汛期冲刷下降的变化特点。1985 年以前,汛期、非汛期潼关高程升降变化幅度均较大,非汛期平均抬升 0.55 m,汛期平均降低 0.55 m。1986 年以后,汛期、非汛期潼关高程升降变化幅度均较小,但汛期冲刷下降幅度减小更甚。1986~1995 年非汛期年平均升高 0.37 m,汛期年平均降低只有 0.21 m。

潼关河段的冲淤变化取决于水库运用水位和来水来沙条件,近年来,随着三门峡水库运用水位的改善,非汛期的淤积部位下移,对潼关河段冲淤影响减小。潼关高程的冲淤变化主要取决于来水来沙量、流量及含沙量过程。

4.1.2.2　汛期洪水对潼关河床的冲刷作用

潼关站年来水来沙量随时间呈减少趋势,显著变化开始于 1986 年。1996 年以后,水沙量的减少更为剧烈。潼关站汛期来水来沙量大幅度减少又集中反映在洪水特性的变化上。

1974~1985 年,潼关站年均发生洪水 4~6 次,洪水历时平均 76 d,平均洪峰流量 7 339 m^3/s,平均场次洪水洪量 187.0 亿 m^3。1986 年以来,洪水出现次数和持续时间减少,洪峰流量和洪水总量减小。1986~1995 年,年均发生洪水 3~4 次,洪水历时平均 35 d,平均洪峰流量 5 267 m^3/s,平均场次洪量 65.5 亿 m^3。1996 年以后,洪水进一步减少,年均发生洪水 1~2 次,洪水历时平均 16 d,平均洪峰流量 4 480 m^3/s,平均场次洪量 24.4 亿 m^3。不同时段汛期平均洪水特征值统计见表 4-3。

表 4-3　不同时段汛期平均洪水特征值统计

站名	时段	洪水天数(d)	平均洪峰流量(m^3/s)	水量(亿 m^3)	最大含沙量(kg/m^3)	沙量(亿 t)	平均含沙量(kg/m^3)
潼关	1974～1985 年	75.9	7 339	187.0	320	7.84	42.0
	1986～1995 年	35.3	5 267	65.5	250	4.46	68.0
	1996～2001 年	16.2	4 480	24.4	334	2.90	118.9

从各流量级洪水特征值统计来看,1974～1985 年大于 2 500 m^3/s 流量的洪水水量占汛期的 56.2%,相应天数占汛期的 34.0%,小于 1 500 m^3/s 流量相应的水量仅占汛期水量的 15.3%,相应天数占汛期的 34.0%,见表 4-4。1986 年以后,大流量出现频率减小,小流量出现频率增加,各流量级水沙量占汛期的比例发生相应调整,流量在 2 500 m^3/s 以上洪水的天数大大缩短,流量在 1 500 m^3/s 以下的天数大幅度增加。1986～1995 年和 1996～2001 年流量在 1 500 m^3/s 以下的天数占汛期的比例分别增加至 71.6% 和 89.7%,相应水量占汛期的比例由 1974～1985 年的 15.3% 增加至 47.2% 和 72.6%。可见,1986 年以后小于 1 500 m^3/s 流量的水量和天数均占了主导地位。汛期平均流量 1974～1985 年为 2 223 m^3/s,1986～1995 年为 1 241 m^3/s,1996～2001 年只有 785 m^3/s。

表 4-4　不同时段各流量级特征值统计

时段	各流量级(m^3/s)天数占汛期比例(%)			
	≤500	500～1 500	1 500～2 500	>2 500
1974～1985 年	2.0	32.0	32.0	34.0
1986～1995 年	14.2	57.4	19.1	9.3
1996～2001 年	32.9	56.8	9.3	0.9
时段	各流量级(m^3/s)水量占汛期比例(%)			
	≤500	500～1 500	1 500～2 500	>2 500
1974～1985 年	0.3	15.0	28.5	56.2
1986～1995 年	3.7	43.5	28.8	24.1
1996～2001 年	11.6	61.0	22.8	4.5

汛期水沙主要集中在洪水期,洪水流量大,水流输沙能力强,对潼关河床起着冲刷下降作用;而在平水期,潼关河床则回淤上升。统计不同时段洪水期潼关高程的变化(见表 4-5),洪水期潼关高程的冲刷下降幅度均大于汛期的下降值,因而洪水期潼关高程的变化基本决定了汛期的最大下降幅度。

表 4-5　潼关汛期洪水特征及潼关高程变化

时段	历时(d)	洪峰流量(m^3/s)	平均流量(m^3/s)	含沙量(kg/m^3)	潼关高程升降值(m)		
					洪水期	平水期	汛期
1974～1985 年	75.9	7 339	2 849	42.0	-0.61	0.06	-0.55
1986～1995 年	35.3	5 267	2 149	68.0	-0.37	0.16	-0.21

从时段平均来看，1974～1985 年洪水期平均下降 0.61 m，汛期下降 0.55 m。1986～1995 年洪水次数减少，历时短、峰值低，洪水期平均下降值减为 0.37 m，汛期下降值只有 0.21 m。

汛期潼关高程降低，主要是大流量作用的结果。对汛期潼关高程变化值与不同流量级水量进行分析表明，当流量小于 2 000 m^3/s 时，水量与潼关高程升降没有明确的关系；而流量大于 2 000 m^3/s 时的水量与潼关高程变化具有较好的趋势关系（见图 4-10），水量越大，潼关高程的下降值越大。1986～2001 年，潼关站汛期流量大于 2 000 m^3/s 的天数由 1974～1985 年的约 60 d 减为 14 d，相应水量由 168.4 亿 m^3 减为 32.7 亿 m^3。汛期较大流量历时减少的不利水沙条件，造成了潼关高程汛期冲刷幅度减小、年内累计抬升。因此，为了冲刷潼关河床，降低潼关高程，调控流量应大于 2 000 m^3/s，同时应加大洪量和洪水历时。

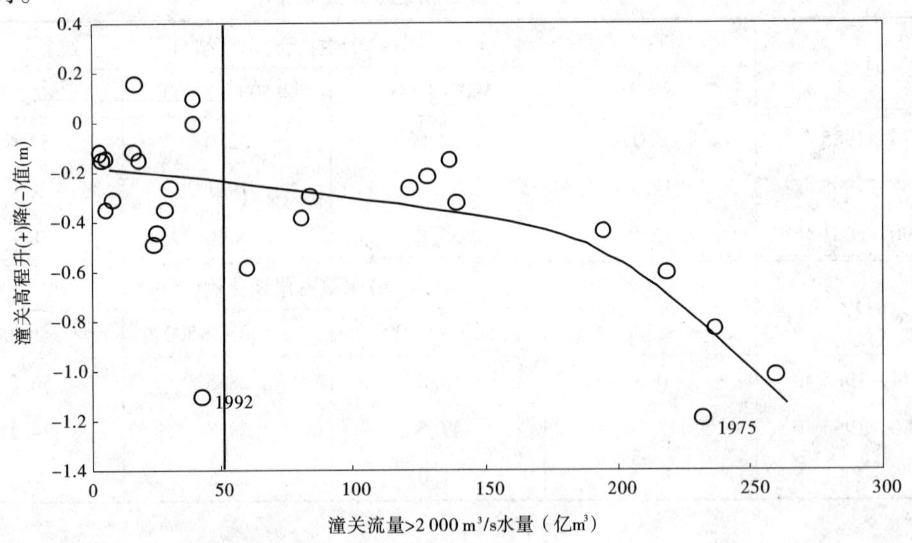

图 4-10　潼关高程变化与流量大于 2 000 m^3/s 水量的关系

4.1.2.3　流速、含沙量与潼关高程变化的关系

潼关断面为窄深断面，根据水力学原理可知，水流流速随着流量的增大而增大。其规律可以由下面点绘的实测流量与流速关系图（见图 4-11）得到验证，流量越大流速越大，而流速越大，水流输沙能力越强。因此，为了冲刷潼关河段，降低潼关高程，加大流量过程有利。

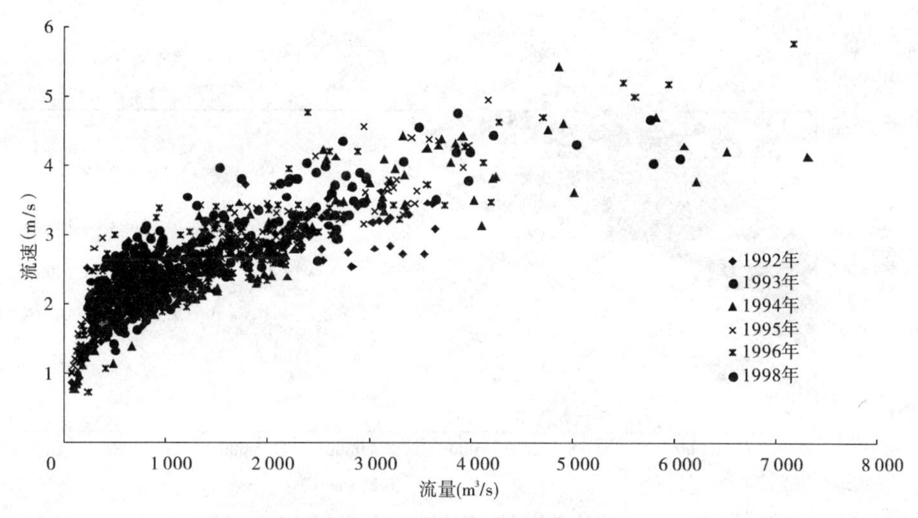

图 4-11　潼关实测流量与流速关系

图 4-12 和图 4-13 是潼关日均含沙量与流量关系图,可以看出,1977 年高含沙量洪水出现的次数最多,全年日均含沙量高于 440 kg/m³ 的有 5 d,日均流量范围涵盖 3 310 ~ 8 920 m³/s,最高日均含沙量为 511 kg/m³,日均流量为 6 650 m³/s。1986 年以后,日均流量过程减小,最大 1988 年 8 月 7 日平均流量为 6 000 m³/s,但较高含沙量出现的概率跟 1986 年以前相差不大。

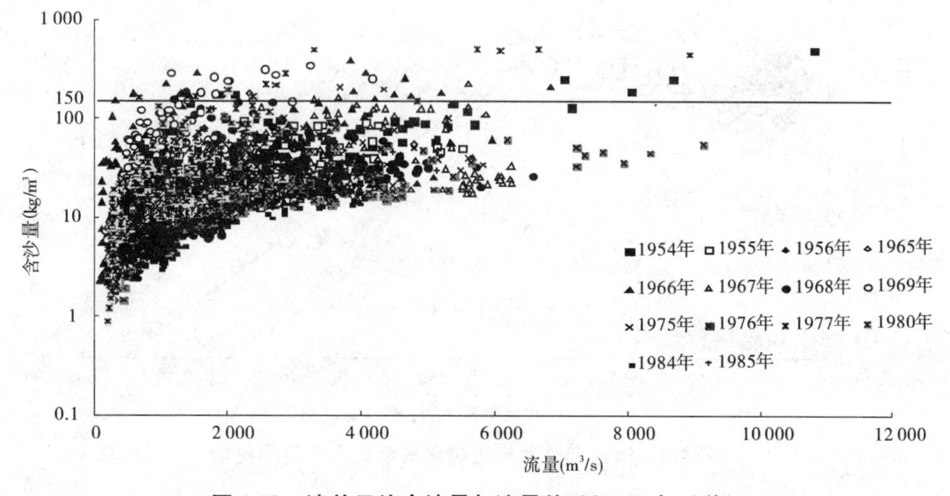

图 4-12　潼关日均含沙量与流量关系(1986 年以前)

图 4-14 为潼关站洪峰期平均含沙量与潼关高程的升降关系。当平均含沙量小于 150 kg/m³ 时,潼关高程的抬升幅度随着含沙量的增大而明显增大,洪峰平均含沙量在 50 ~ 120 kg/m³ 的洪水输送泥沙最为困难;当洪水平均含沙量超过 150 kg/m³(往往伴随较大流量)时,潼关高程的下降幅度随着洪峰含沙量的增大而显著增大。潼关站高含沙洪水多与渭河水沙条件有关。因此,当渭河发生高含沙小洪水时,易造成潼关河床淤积;当渭河发生高含沙较大洪水时,潼关河床往往产生强烈冲刷(与渭河来沙组成较细使水流形

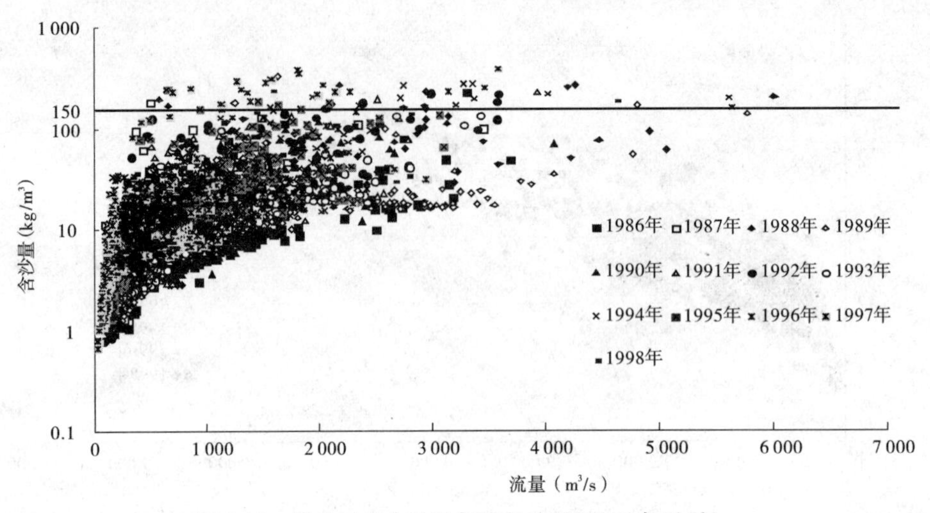

图 4-13　潼关日均含沙量与流量关系(1986 年以后)

成宾汉体且水流动力又较大有关)。三门峡水库"蓄清排浑"运用以来,潼关高程几次剧烈的冲刷下降均是渭河高含沙较大洪水造成的,而近年来渭河频发高含沙小洪水又是潼关河床淤积的重要原因。

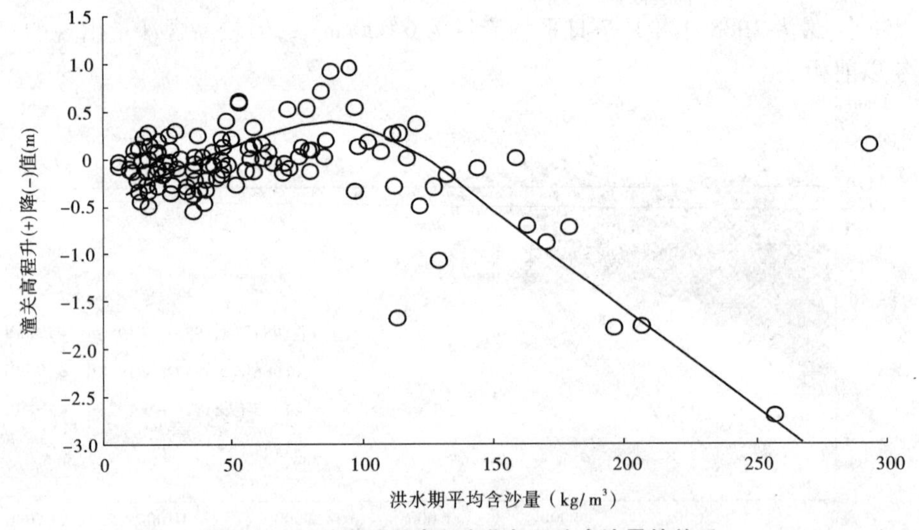

图 4-14　洪峰期潼关高程变化与平均含沙量的关系

4.1.2.4　桃汛洪水降低潼关高程作用分析

桃汛洪水是宁蒙河道解冻开河形成的,具有较大的洪峰,到潼关河段一般出现在 3 ~ 4 月。万家寨水库运用前,潼关站桃汛洪水历时和洪量相对稳定。根据 1974 年以来潼关站桃汛洪水资料统计,其特征值见表 4-6。

1974 ~ 1998 年桃汛期多年平均洪峰流量 2 620 m^3/s,洪峰流量小于 2 000 m^3/s 的有 2 次,最小为 1 580 m^3/s(1987 年),最大洪峰流量 3 180 m^3/s(1974 年);桃汛洪水期最大含沙量多年平均为 26. 4 kg/m^3,最大为 53 kg/m^3(1981 年),最小为 8. 3 kg/m^3(1990 年);桃汛洪水平均持续时间约 11 d,有的年份持续时间只有 6 d 左右,当出现双峰情况时持续时间可长达20余d;桃汛洪水期多年平均水量13.24亿m^3,最大10日洪量为12.60亿m^3。

表4-6　潼关站桃汛洪水特征值

时段	天数(d)	水量(亿m^3)	最大10日洪量(亿m^3)	沙量(亿t)	含沙量(kg/m^3)	平均洪峰流量(m^3/s)	最大含沙量(kg/m^3)
1974~1979年	12.3	13.73	11.85	0.16	12.0	2 557	24.0
1980~1985年	11.3	12.80	12.30	0.15	11.4	2 563	23.4
1986~1992年	10.0	12.34	12.73	0.17	13.8	2 624	23.4
1993~1998年	10.3	14.23	13.50	0.28	19.9	2 735	33.1
1974~1998年	11.0	13.24	12.60	0.19	14.4	2 620	26.4
1986~1998年	10.2	13.21	13.09	0.22	16.8	2 675	27.8
1999~2005年	14.7	13.88	9.81	0.19	13.4	1 687	22.8

1998年10月万家寨水库投入运用后,改变了桃汛洪水过程,其蓄水作用使得洪峰流量削减,见图4-15。桃汛期万家寨年均蓄水量3亿~4亿m^3,削峰比30%~40%,使桃汛洪水双峰现象增加、持续时间增长、洪峰值减小。潼关站洪量出现极端化,一是由泄水形成的洪峰和削减桃汛洪水后的洪峰组成的多峰情况,洪量可达20亿m^3;二是单峰情况,洪峰削减,洪量也比较小,不足8亿m^3。从1999~2005年平均情况看,潼关站桃汛平均持续时间约15 d(包括了万家寨水库泄水形成的洪水过程),平均洪量13.9亿m^3,平均洪峰1 690 m^3/s,较1987~1998年平均值2 640 m^3/s减小950 m^3/s,平均含沙量22.8 kg/m^3,略小于1998年以前的平均值;最大10日洪量为9.81亿m^3,较1987~1998年平均值减小

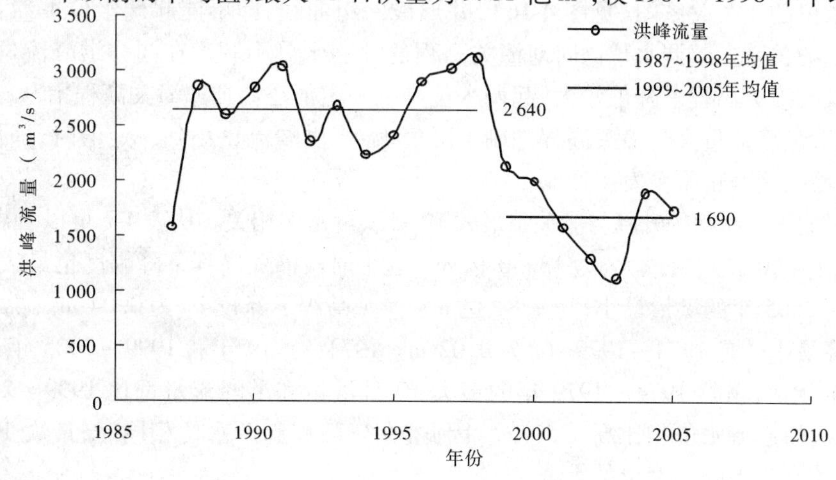

图4-15　潼关站历年桃汛洪峰流量

3.27 亿 m^3。

根据1974年以来的资料统计，桃汛期潼关高程一般为冲刷。1992年以前冲刷幅度较小，平均在0.11 m以下；1993年以后，三门峡水库严格控制起调水位，至1998年桃汛期潼关高程年平均下降0.27 m，而1999～2005年仅下降0.04 m。2006～2008年，黄河水利委员会进行了利用并优化桃汛洪水过程冲刷降低潼关高程的试验，3次试验潼关高程分别降低了0.20 m、0.05 m、0.07 m。桃汛洪水与潼关高程变化关系见表4-7。

表4-7　桃汛洪水与潼关高程变化关系

时段	天数（d）	水量（亿 m^3）	最大10日洪量（亿 m^3）	洪峰流量（m^3/s）	三门峡起调水位（m）	潼关高程变化值（m）
1974～1979年	12.3	13.73	11.85	2 557	321.43	-0.02
1980～1985年	11.3	12.80	12.30	2 563	318.44	-0.08
1986～1992年	10.0	12.34	12.73	2 624	319.58	-0.11
1993～1998年	10.3	14.23	13.50	2 735	315.31	-0.27
1999～2005年	14.7	13.88	9.81	1 687	315.84	-0.04
2006年	14.0	17.14		2 570	313.00	-0.20
2007年	5.0	9.00		2 800	313.00	-0.05
2008年	10.0	13.40		2 800	313.00	-0.07

对桃汛洪水与潼关高程变化关系的分析可以看出，桃汛期潼关高程的变化与三门峡水库运用水位、桃汛洪水情况、前期河床条件等因素有关。

根据敏感因子分析，桃汛期潼关高程的变化与洪峰流量和三门峡水库起调水位相关性最好。为分析桃汛期潼关高程变化规律，点绘了潼关高程变化与洪峰流量和三门峡水库起调水位的相关关系图（见图4-16），并形成一组曲线，即不同起调水位下潼关高程与洪峰流量的关系。起调水位高时对潼关高程的冲刷十分不利。在同一洪峰流量下，起调水位较低时潼关高程下降值较大，起调水位高到一定值还会加速潼关高程抬升；在同一起调水位下，洪峰流量大时潼关高程冲刷下降值大，当洪峰流量小到一定值时，即使起调水位很低，潼关高程也不会发生冲刷。

桃汛期潼关高程的升降与潼关站最大10日洪量密切相关。从表4-7可以看出，1993～1998年最大10日洪量最大，为13.50亿 m^3，这个时段潼关高程下降幅度也最大，为0.27 m；1999～2005年的洪量最小，为9.81亿 m^3，潼关高程下降较小，为0.04 m。桃汛期潼关高程下降最小的是1974～1979年，为0.02 m。1974～1979年和1999～2005年这两个时段的洪量相比，虽然1974～1979年的最大10日洪量和洪峰流量都比1999～2005年的大，但三门峡起调水位相比高5.59 m。因此，在三门峡起调水位相同时，最大10日洪量越大，潼关高程下降幅度也越大。

2003年以来，三门峡水库非汛期最高运用水位控制在318 m以下，桃汛期水位最高

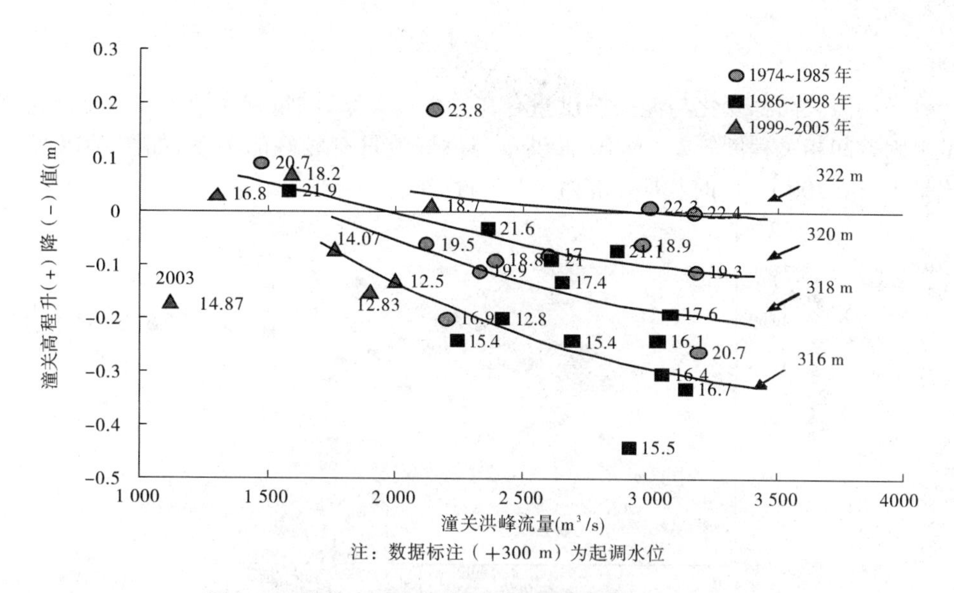

图 4-16　潼关高程变化与洪峰流量和起调水位的关系

也不会超过 318 m。为此,选取起调水位低于 318 m 的年份点绘关系如图 4-17 所示。其中,2003 年受桃汛前潼关高程较高(328.62 m)、桃汛期清淤以及期间渭河来水(华县站最大流量 337 m³/s)等因素的影响,在洪峰流量很小的情况下潼关高程有明显下降,1996 年受前期凌汛水位高、桃汛洪水前潼关高程较高(328.56 m)以及洪水过程等因素的影响与点群有明显偏离,此外,其他年份桃汛初期的潼关高程在 327.06 ~ 328.35 m。由图 4-17 可以看出,起调水位在 312.48 ~ 316.8 m 时,潼关高程的下降值与潼关洪峰流量存在较好的关系:洪峰流量为 1 500 m³/s 时,潼关高程基本不发生冲淤变化;洪峰流量为 2 000 m³/s 时,潼关高程可下降 0.15 m 左右;洪峰流量为 2 500 m³/s 时,潼关高程可下降 0.2 ~ 0.3 m;洪峰流量大于 2 500 m³/s 后,随着流量的增大,潼关高程下降值增幅减小。

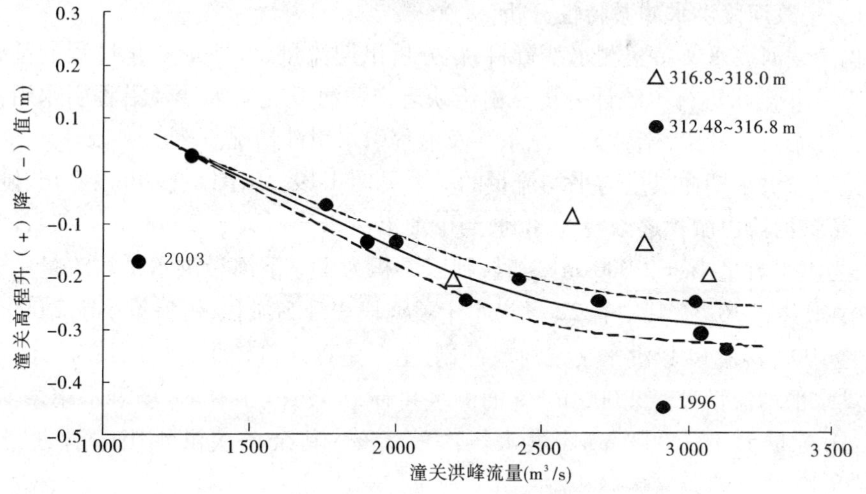

图 4-17　起调水位较低时潼关高程升降关系

4.1.2.5　调控指标的选取

综合上述分析,为实现潼关高程发生较大冲刷,潼关站洪峰流量的调控流量应不小于

2 500 m^3/s。

桃汛期潼关高程变化与潼关站洪量存在趋势性关系，洪量越大潼关高程下降值越大，但是单因素间相关程度较差，而10日洪量与洪峰流量有较好的关系，如图4-18所示，洪峰流量大于2 500 m^3/s 时相应洪量在13亿 m^3 左右。

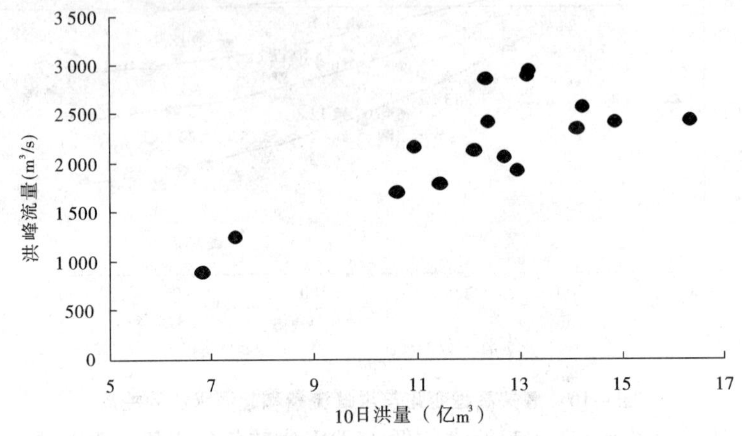

图4-18　潼关站10日洪量与洪峰流量的关系

随着水沙调控体系逐步完善，经过水沙调控体系水沙联合调节及河道泥沙冲淤调整，进入禹潼河段（龙门站＋河津站）年均水量基本相同，但随着骨干工程的相继投入，水量年内的分配以及进入河段的年沙量有所差别。南水北调西线一期工程2030年生效后，进入河段的年均水量有所增加。潼关高程控制的调控流量可以根据水量的年内分配和水量的增加情况进行相应调整。

4.1.3　宁蒙河段调控指标分析

4.1.3.1　宁蒙河段洪水冲淤特性分析

根据宁蒙河段水文站实测水沙资料，在分析汛期流量、含沙量变化过程的基础上，对1973～2003年洪水进行了统计分析。由于缺乏宁蒙河段支流水沙及沿程引水引沙资料，本次洪水冲淤量计算中，未考虑支流水沙及沿程引水引沙情况。

宁蒙河段洪水期冲淤量与平均流量的关系见图4-19。由图4-19可以看出，随着流量的增加，宁蒙河段由淤积逐渐转为冲刷，当下河沿洪水流量大于2 000 m^3/s 时，河道以冲刷为主；当洪水流量小于2 000 m^3/s 时，则以淤积为主。下河沿洪水平均流量小于2 000 m^3/s 的洪水共有36场，其中有22场洪水宁蒙河段表现为淤积，占流量小于2 000 m^3/s 洪水场次的61%；其余14场洪水宁蒙河段冲刷，主要是含沙量较小，含沙量都小于5 kg/m^3。下河沿洪水平均流量大于2 000 m^3/s 的洪水共有28场，其中有21场洪水宁蒙河段表现为冲刷，占流量大于2 000 m^3/s 洪水场次的75%；其余场次洪水由于含沙量大都在7 kg/m^3 以上，宁蒙河段发生淤积。

根据洪水演进特性，对于1 500～2 500 m^3/s 流量级，下河沿—头道拐流量传播时间为198～230 h，合9～10 d，其中下河沿—石嘴山河段（长318 km）传播时间72～86 h；石嘴山—三湖河口河段长343 km，传播时间56～64 h；三湖河口—头道拐河段长319 km，传

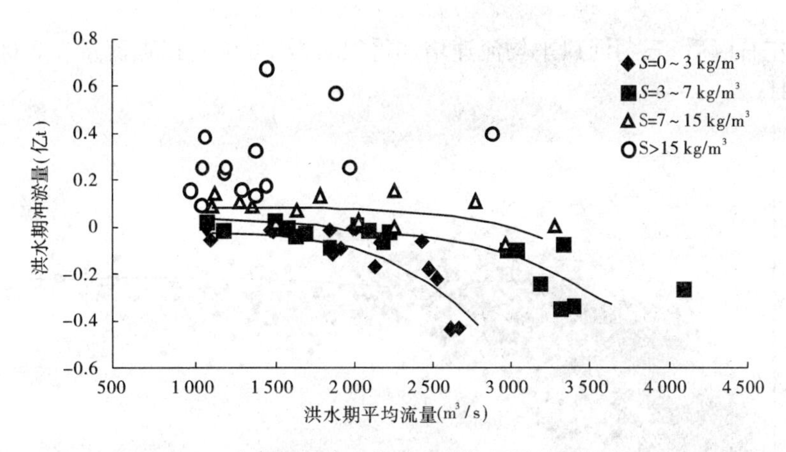

图 4-19　宁蒙河段洪水期冲淤量与平均流量的关系

播时间 70 ~ 80 h。

根据河道冲淤特性和调水调沙实践,若要达到较好的输沙效果、减少河道淤积,或达到较好的冲刷效果、恢复河道主槽过流能力,调水调沙大流量下泄的历时一般应不小于整个河段的水流传播时间。根据宁蒙河道历年洪水持续历时与冲淤量关系(见图 4-20),对于 2 500 ~ 3 000 m³/s 的流量级,内蒙古河段冲刷的场次洪水历时最少天数为 14 d,且随着洪水历时的增加,其冲刷量增加,调控水量应不小于 30 亿 m³。

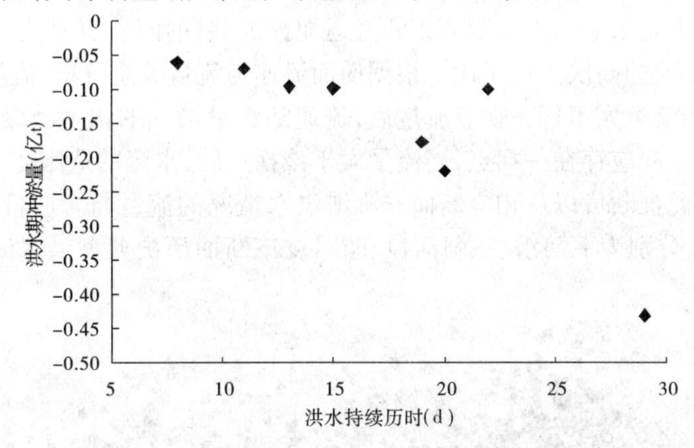

图 4-20　宁蒙河段 2 500 ~ 3 000 m³/s 量级洪水持续历时与冲淤量关系

4.1.3.2　流量与流速关系分析

借鉴黄河下游主槽过流能力分析的思路,通过对宁蒙河段断面流量和流速之间的变化趋势分析,确定高效排洪输沙的主槽断面形态。宁蒙河道属冲积性河段,在对黄河下游主槽过流能力的分析中我们已经得知:对于冲积性河床,特定断面的水流流速随流量的增大增幅逐渐减小,存在一个流量与流速关系的拐点。由于主槽是宁蒙河段水沙输送的基本通道,要实现水沙的高效输送,主槽的过流能力应接近该拐点流量。

根据三湖河口断面实测资料进行分析,点绘其流量与流速关系图。20 世纪 90 年代以来,主槽过流能力在 1 000 ~ 3 000 m³/s,三湖河口平均流量小于 2 500 m³/s,平均流速随着流量的增加而增大,但由于期间主要为小流量,流速最大的拐点流量不明显。当主槽过流能力在 3 000 ~ 4 000 m³/s 时,三湖河口最大平均流量达到 5 420 m³/s;当流量大于

3 000 m³/s左右以后，三湖河口平均流速增加得很缓慢，可见其拐点流量在 3 000 m³/s 左右，见图 4-21。

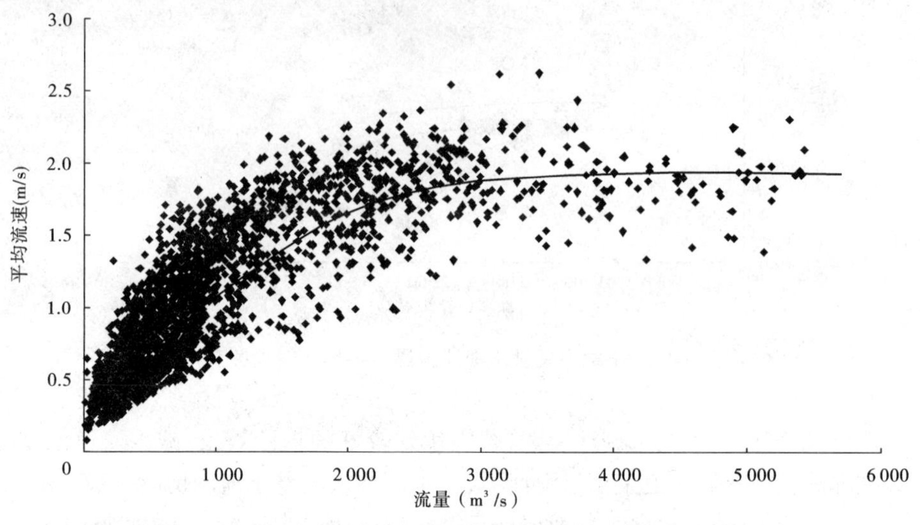

图 4-21　平滩流量 3 000 ~4 000 m³/s 时三湖河口流量与流速关系

4.1.3.3　流量与含沙量关系分析

主槽形态塑造是水流动力冲刷河床和搬运泥沙的共同作用，其动力均来自于水流的动能，二者均与流速的高次方成正比。根据前面流速与流量关系分析，流量与流速关系存在一拐点流量，当流量大于这一拐点流量后，流速随流量增加的幅度减缓。因此，水流挟沙力跟流量的关系亦应存在一拐点，当流量大于该拐点后，水流的造床能力或挟沙力增加幅度将会很小。此推断可以从相应断面非漫滩洪水情况的流量与含沙量关系得到验证。图 4-22 ~ 图 4-24 分别为下河沿、三湖河口、昭君坟三断面历史典型洪水流量与含沙量关系点绘图。

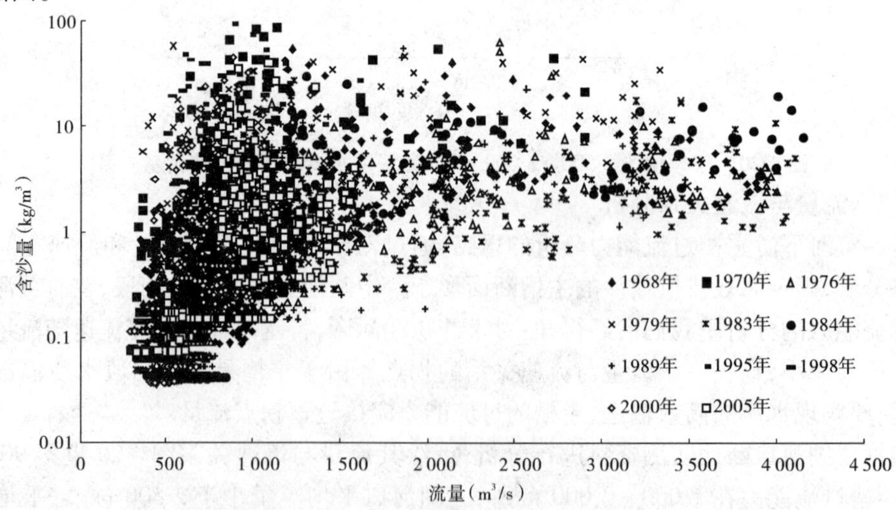

图 4-22　下河沿断面流量与含沙量关系

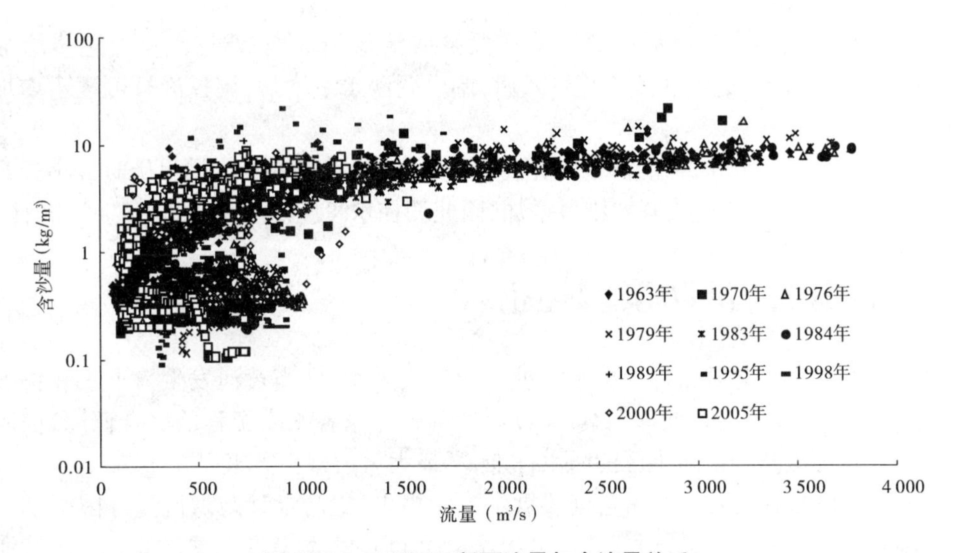

图 4-23 三湖河口断面流量与含沙量关系

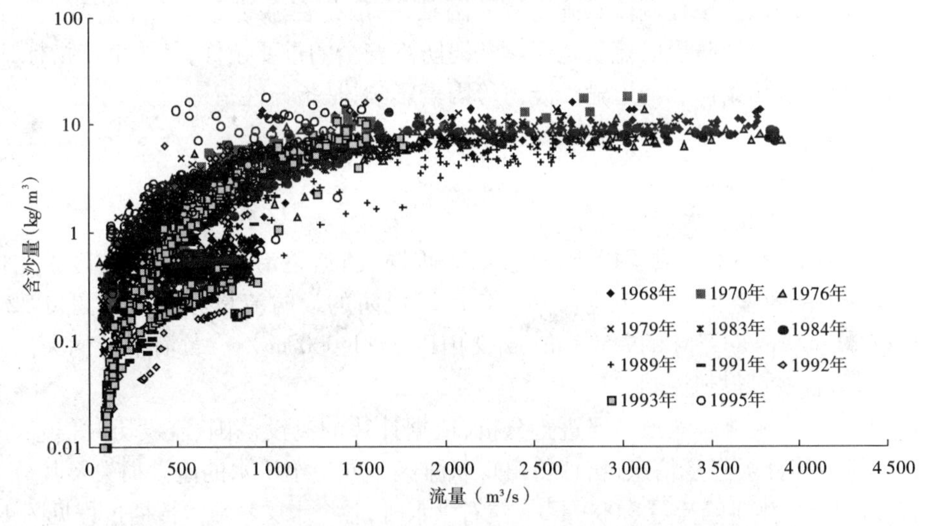

图 4-24 昭君坟断面流量与含沙量关系

由图可见,黄河宁蒙河段流量与含沙量关系存在一个拐点,大约在流量为 2 000 m³/s 处,当流量大于拐点流量后,含沙量随流量增加的幅度减缓。因此,在南水北调西线工程生效前,现状水资源相对不丰沛的条件下,从提高输沙效率的角度出发,宁蒙河段排洪输沙调控流量不宜过大。

4.1.3.4 宁蒙河段调控指标选取

当水流含沙量为 0~3 kg/m³ 时,宁蒙河段总体呈冲刷状态,但流量小于 2 000 m³/s 时,冲刷量较小。当含沙量为 3~7 kg/m³ 时,小于 2 000 m³/s 的流量级总体呈微淤或不冲不淤状态;2 000~2 500 m³/s 流量级呈冲刷状态,但冲刷量较小;流量大于 2 500 m³/s 时,冲刷量将随流量的增加而急剧加大。结合流量与流速关系、流量与含沙量关系分析,为避免宁蒙河段进一步淤积萎缩,其调控流量应不小于 2 500 m³/s。

宁蒙河段现阶段河道的平滩流量在 1 500 m³/s 左右,因此现阶段宁蒙河段调控流量以 1 500 m^3/s 左右为宜。之后随着宁蒙河段平滩流量的增加，调控流量可逐步增加到 2 500 m^3/s以上。南水北调西线工程生效后，调水调沙水量增加，调控流量可逐步增加到 3 000 m^3/s 以上。

对于 2 500 ~ 3 000 m^3/s 的流量级，内蒙古河段全线冲刷的场次洪水历时最小天数为 14 d，且随着洪水历时的增加其冲刷量增加，因此调控水量应以不小于 30 亿 m^3 为宜。

4.2 各河段防洪防凌调控指标

水沙调控体系的防洪目标是控制大洪水和特大洪水，即当黄河发生大洪水和特大洪水时，按照科学合理的洪水处理方案，通过水沙调控体系各水库工程的联合调度，控制洪水尽可能不超过堤防和蓄滞洪区的防洪标准，尽最大努力减少灾害损失。

各河段防洪指标是在充分考虑河段洪水淹没损失、堤防设计防洪流量等因素基础上提出的洪水调度控制流量，其对保障流域经济社会可持续发展具有重要的意义。黄河凌汛复杂，影响因素多，防凌控制流量确定较为困难，一般是在总结干流水库防凌运用经验和效果基础上拟定。堤防设防流量是保障黄河防洪安全的重要条件，是约束性指标；防凌控制流量受水库运用条件和河道输沙能力等因素影响，是指导性指标。

4.2.1 黄河下游

4.2.1.1 防洪形势及洪水调控指标

目前，黄河下游基本建成了以干支流水库、堤防、河道整治工程、分滞洪区为主体的"上拦下排、两岸分滞"的防洪工程体系。各河段堤防的设防流量分别为花园口 22 000 m^3/s，高村 20 000 m^3/s，孙口 17 500 m^3/s，艾山以下 11 000 m^3/s。黄河下游的大洪水经防洪工程作用后基本得到控制。

通过对黄河下游滩区淹没情况进行分析，依据计算的淹没范围、淹没历时信息，结合滩区村庄、耕地等社会经济信息，统计得出现状滩区不同量级洪水的淹没损失及其分布情况。当花园口站发生洪峰流量 8 000 m^3/s 左右洪水时，各个水文站流量传播过程见图 4-25，不同量级洪水滩区淹没损失及分布见表 4-8。

表 4-8　不同量级洪水滩区淹没损失及分布　（单位：万亩）

流量级(m^3/s)	花园口—东坝头	东坝头—陶城铺	陶城铺—利津	合计
8 000	73.49	134.84	63.71	272.04
10 000	91.77	135.33	68.66	295.76
12 000	92.23	135.53	69.53	297.29
16 000	96.05	135.54	70.67	302.26
22 000	96.55	135.60	71.86	304.01

从表 4-8 可以看出，当花园口站洪峰流量超过 8 000 m^3/s 时，绝大部分滩区已受淹，因此对于中小洪水应尽量控制花园口站洪峰流量不超过 8 000 m^3/s。

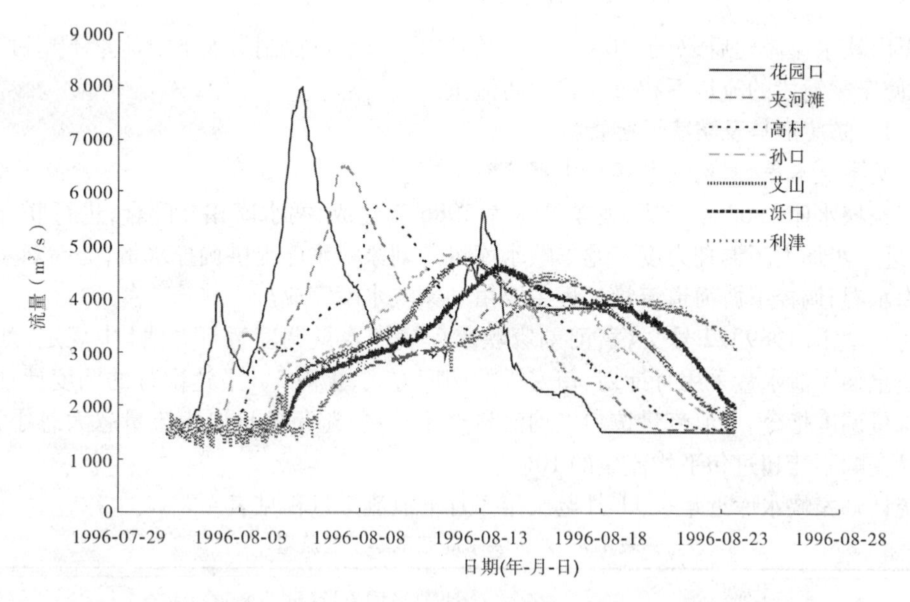

图 4-25　1996 年 8 月洪水各个水文站流量过程

黄河下游堤防最小设防流量为 11 000 m^3/s，扣除长青平阴山区加水（1 000 m^3/s）后为 10 000 m^3/s，当超过此流量时，为保证下游堤防，需要使用东平湖滞洪区分洪，因此对于大洪水要尽量控制进入下游河道的流量不超过 10 000 m^3/s。

4.2.1.2　防凌形势及防凌调控指标

小浪底水库与三门峡水库联合防凌运用，可以进一步增强河道防凌调控能力，减轻下游凌汛威胁。根据《黄河小浪底水利枢纽初步设计报告》关于小浪底水库防凌作用的分析，初步拟定小浪底防凌运用方式为：每年 12 月水库保持均匀泄流，在封冻前控制花园口流量一般为 500 ~ 600 m^3/s。封河后控制泄流，使花园口流量均匀保持在 300 ~ 400 m^3/s，这一流量可以在冰下顺利通过。小浪底水库在封河期加大下泄流量，稳封期维持平稳下泄流量过程，开河期根据凌情变化情况调整下泄流量，可有效缓解下游凌汛形势。

经计算比较，小浪底与三门峡两库联合承担防凌任务，先由小浪底水库控制运用，每年 12 月底预留防凌库容 20 亿 m^3，当小浪底水库蓄满后，三门峡水库开始控制，三门峡水库防凌库容 15 亿 m^3（若考虑向津冀供水，三门峡水库基本上不承担防凌任务）。

4.2.2　兰州及宁蒙河段

4.2.2.1　防洪形势及洪水调控指标

龙羊峡水库、刘家峡水库建成后，通过两库联合调控，大大减轻了兰州市和宁蒙河段的洪水威胁。

对于兰州河段，水库作用后 100 年一遇以下洪水可控制兰州站流量不超过 6 500 m^3/s，兰州市的防洪标准可达 100 年一遇。对于宁蒙河段，现阶段宁夏河段全线堤防设计标准 20 年一遇，下河沿至石嘴山河段设防流量为 5 620 m^3/s；内蒙古河段全线堤防设计标准 20 年一遇以上，重要河段的设防标准可达 50 年一遇，三盛公至蒲滩拐河段设防流量为 5 900 m^3/s。

黑山峡水库修建后，对于100年一遇及其以下洪水可控制最大下泄流量不超过5 000 m^3/s，使宁蒙河段的流量不超过现状设防流量。

4.2.2.2 防凌形势及防凌调控指标

1. 龙羊峡水库、刘家峡水库防凌调度经验

刘家峡水库1968年建成，龙羊峡水库1986年建成，两水库相互配合，进行联合调度运用，进一步加大了调控力度。龙羊峡水库可为刘家峡水库提供调控水量，提高刘家峡水库出库水温；调控下游河道流量过程主要由刘家峡水库完成。

防总国汛〔1989〕22号文《黄河刘家峡水库凌期水量调度暂行办法》中规定，刘家峡水库凌汛期下泄水量采用月计划、旬安排的调度方式，提前5 d下达次月的调度计划及次旬的水量调度指令，下泄流量按旬平均流量严格控制，避免各日出库流量忽大忽小，日平均流量变幅不能超过旬平均流量的10%。

统计刘家峡水库近年来11月至次年3月下泄流量过程见表4-9。

表4-9 刘家峡水库凌汛期下泄流量

时段	下泄平均流量(m^3/s)				
	11月	12月	次年1月	次年2月	次年3月
1989～2001年	756	539	488	448	443
2001～2002年	720	470	410	332	384
2002～2003年	650	450	400	300	350
2003～2004年	698	440	404	331	364
2004～2005年	737	488	448	425	351

从表4-9中可见，刘家峡水库11月下泄流量为650～756 m^3/s，至11月20日左右水库水位降至最低水位。之后随着凌汛期宁蒙河段过流能力逐步减小，以及促使河道槽蓄水增量提前释放，改善开河形势，水库逐步减少下泄流量，12月至次年3月下泄流量分别约为460 m^3/s、420 m^3/s、360 m^3/s、350 m^3/s，水库开始蓄水运用，至3月下旬凌汛期结束。

2. 黑山峡水库防凌调度情况预估

1）南水北调生效前

根据20世纪70年代、80年代刘家峡水库防凌运用后石嘴山站流量资料分析，在正常来水年份，稳封期(1月至2月上旬)河道过流能力为530 m^3/s左右。考虑到1986年以来宁蒙河道主槽淤积严重、河道封冻后冰下过流能力下降的情况，近4年来稳封期石嘴山流量为470 m^3/s左右，槽蓄水量虽超过11亿m^3，但取得了较好的防凌效果，故在南水北调生效前，由黑山峡水库进一步控泄，稳封期河道过流能力按420 m^3/s考虑。根据黑山峡水库防凌运用方式，并考虑宁蒙灌区冬灌引退水影响、2月中下旬减少下泄流量使槽蓄水量提前释放、开河期进一步控泄流量的要求，拟定南水北调生效前黑山峡水库凌汛期控

泄流量见表4-10。

表4-10 黑山峡水库凌汛期控泄流量分析成果

方案		月、旬下泄平均流量(m³/s)														
		11月			12月			次年1月			次年2月			次年3月		
		上旬	中旬	下旬	上旬	中旬	下旬	上旬	中旬	下旬	上旬	中旬	下旬	上旬	中旬	下旬
南水北调生效前	月平均	650			450			420			360			350		
	旬平均	820	750	380	450	450	450	420	420	420	400	350	350	300	300	450
西线一期工程生效后	月平均	750			550			500			450			350		
	旬平均	920	850	480	550	550	550	520	500	480	470	460	420	300	300	450

2)南水北调生效后

对于南水北调西线一期工程生效时黑山峡水库防凌运用控泄流量,根据20世纪70年代、80年代内蒙古河段稳封期冰下过流能力,并考虑南水北调西线一期工程生效后黑山峡水库入库流量过程,初步拟定黑山峡水库防凌运用控泄流量见表4-10。

4.3 实现对水资源有效管理的调控指标

黄河流域水资源短缺,防洪防凌、减淤、发电和水量调度对水资源利用要求高,需同时考虑多目标要求,《黄河流域水资源综合规划》中在充分考虑黄河的特点和水资源变化情况下,采用多目标调控方式,分阶段提出维持黄河健康生命、以水资源的可持续利用支撑经济社会可持续发展的配置方案。按照《黄河流域水资源综合规划》的研究成果,分析各个河段及相关地区的供水指标、断面下泄水量指标,以此合理确定实现黄河水资源有效管理的调控指标。

为实现对水资源的有效管理,根据黄河流域水资源综合规划配置方案制定2020年水平、2030年水平用水总量、地下水开采量、地表水耗水量和断面下泄水量等指导性指标,其中用水总量、地下水开采量、地表水耗水量指标为上限指标,断面下泄水量为下限指标;制定断面关键期生态需水流量与干流省际和重要控制断面预警流量作为约束性指标,其中断面关键期生态需水流量为月均值,干流省际和重要控制断面预警流量为瞬时值。

4.3.1 河道外用水总量调控指标

为适应国民经济发展,合理安排黄河水资源的开发利用,1984年8月国家计划委员会约请有关部门协商拟定了南水北调生效前黄河可供水量分配方案,并经国务院批准原则同意,以国办发〔1987〕61号文发送有关省(区)和部门(以下简称"87"分水方案)。黄河"87"分水方案是在2000年需水水平和1919~1975年56年径流系列、多年平均天然径流量580亿m³的条件下进行配置的,在南水北调工程生效前,各省(区)河道外分水370亿m³,入海水量210亿m³。

20世纪80年代以来,随着经济社会的发展,黄河流域水资源及其开发利用情况发生巨大变化,原有黄河水资源规划和配置成果已不能满足新时期流域用水要求,鉴于此,21世纪初黄河流域进行了新一轮的水资源规划工作,黄河水资源综合规划于2009年完成。

黄河水资源综合规划采用1956～2000年45年径流系列,多年平均天然径流量534.79亿m^3(利津断面)。与现状情况相比,2020年、2030年下垫面条件将使流域地表径流量减少15亿m^3、20亿m^3,则2020年水平、2030年水平地表径流量为519.79亿m^3、514.79亿m^3。

在南水北调东、中线工程生效后至南水北调西线工程生效以前(2020年水平),黄河流域水资源的配置为缺水配置。按照黄河"87"分水方案,采用按比例打折配置各省(区)可利用水量和入海水量。南水北调东、中线工程生效后至西线一期工程生效前,地表水用水量不得超过401.76亿m^3,地下水消耗量不得超过332.79亿m^3,地下水开采量不得超过123.70亿m^3,入海水量下限为187.00亿m^3,见表4-11。

表4-11 南水北调东、中线生效后至西线生效前用水总量 (单位:亿m^3/年)

省(区)	地表水				地下水开采量(上限)
	用水量(上限)		消耗量(上限)		
	合计	其中流域外	合计	其中流域外	
龙羊峡以上	2.60		2.30		0.12
龙羊峡至兰州	29.39	0.40	22.68	0.40	5.33
兰州至河口镇	137.15	1.60	98.55	1.60	26.40
河口镇至龙门	20.18	5.60	17.23	5.60	7.48
龙门至三门峡	80.19		67.34		47.00
三门峡至花园口	30.22	8.22	25.88	8.22	13.76
花园口以下	100.89	77.52	97.86	77.52	20.33
内流区	1.14		0.94		3.29
青海	15.60		13.16		3.26
四川	0.42		0.37		0.02
甘肃	37.49	2.00	28.37	2.00	5.67
宁夏	64.70		37.32		7.68
内蒙古	63.95		54.68		23.76
陕西	42.00		35.46		28.86
山西	47.27	5.60	40.22	5.60	21.11
河南	57.29	20.72	51.69	20.72	21.77
山东	66.82	58.82	65.32	58.82	11.55
河北	6.20	6.20	6.20	6.20	0
合计	401.76	93.34	332.79	93.34	123.70

南水北调西线一期等调水工程生效后(2030 年水平),黄河河川径流量将减少到 514.79 亿 m^3,加上调入水量 97.63 亿 m^3,黄河的径流总量为 612.42 亿 m^3。按照水资源配置方案,地表水用水量不得超过 468.46 亿 m^3,地表水消耗量不得超过 401.05 亿 m^3,地下水开采量不得超过 125.28 亿 m^3,入海水量下限为 211.4 亿 m^3,见表 4-12。

表 4-12　南水北调西线一期等调水工程生效后用水总量　(单位:亿 m^3/年)

省(区)	地表水				地下水开采量(上限)
	用水量(上限)		消耗量(上限)		
	合计	其中流域外	合计	其中流域外	
龙羊峡以上	3.31		2.99		0.12
龙羊峡至兰州	37.12	0.40	29.89	0.40	5.33
兰州至河口镇	168.76	1.60	135.15	5.60	27.38
河口镇至龙门	27.56	5.60	24.01	5.60	8.62
龙门至三门峡	97.75		82.56		46.77
三门峡至花园口	31.65	8.22	27.46	8.22	13.57
花园口以下	100.93	77.52	96.56	77.52	20.20
内流区	1.39		1.17		3.29
青海	21.35		18.16		3.27
四川	0.42		0.37		0.02
甘肃	45.14	2.00	40.37	6.00	5.68
宁夏	80.28		52.62		7.68
内蒙古	78.00		69.88		25.08
陕西	62.57		52.96		29.51
山西	49.25	5.60	42.22	5.60	21.06
河南	56.87	20.72	51.69	20.72	21.55
山东	68.38	58.82	66.58	58.82	11.44
河北	6.20	6.20	6.20	6.20	0
合计	468.46	93.34	401.05	97.34	125.28

4.3.2　河道内生态环境用水及断面下泄水量调控指标

黄河河道内生态环境用水量包括汛期输沙水量和非汛期河道生态基流两部分。研究结果表明,利津断面多年平均河道内生态环境需水量应不少于 220 亿 m^3,其中汛期输沙需水量应不少于 170 亿 m^3;头道拐断面多年平均河道内生态环境需水量应不少于 200 亿 m^3,其中汛期输沙需水量应不少于 120 亿 m^3。

考虑黄河水资源衰减和供需矛盾日趋尖锐的情况，并综合考虑经济社会发展和生态环境用水要求，确定干流主要控制断面的生态环境用水控制指标为：现状至南水北调东、中线工程生效前，多年平均生态环境用水量，利津断面不少于193.6亿m^3，头道拐断面不少于200亿m^3；南水北调东、中线工程生效后至西线一期工程生效前，多年平均生态环境用水量，利津断面不少于187.0亿m^3，头道拐断面不少于200亿m^3；西线一期工程生效后，多年平均生态环境用水量，利津断面不少于211亿m^3，同时统筹协调经济社会发展用水和河道内生态环境用水关系，经供需平衡分析，提出南水北调东中线工程生效后至西线一期工程生效前龙羊峡、兰州、下河沿、石嘴山、头道拐、龙门、三门峡、花园口、高村、利津等10个主要控制断面下泄水量控制指标见表4-13。

表4-13　河道内生态环境用水及断面下泄水量控制指标　（单位：亿m^3/年）

控制断面	河道内生态环境用水量（下限）	断面下泄水量（下限）
龙羊峡	200	209.7
兰州		304.9
下河沿		299.6
石嘴山		260.9
头道拐		200.0
龙门		229.9
三门峡		258.7
花园口		282.8
高村		256.5
利津	187.0	187.0

注：南水北调东、中线工程生效后，南水北调西线一期工程生效前。

4.3.3　断面流量控制指标

断面流量控制指标需要通过重要断面流量及过程的保障而实现。河川径流是鱼类生长发育和沿黄湿地维持的关键和制约因素之一，根据重点河段保护鱼类繁殖期、生长期对径流条件要求及沿黄洪漫湿地水分需求，考虑黄河水资源条件和水资源配置实现的可能性，参考《黄河流域综合规划》成果，确定重要断面关键期生态需水量，见表4-14。

按照2007年水利部颁布实施的《黄河水量调度条例实施细则》要求，断面流量控制应满足干流预警流量要求，见表4-15。预警流量为瞬时流量要求，水沙调控方案计算为月平均流量，为避免可能出现的月平均流量达标而瞬时流量不达标情况，方案计算中采用较为严格的控制条件，采用头道拐断面最小流量250 m^3/s、利津断面最小流量150 m^3/s。考虑到黄河引水流量较大，当头道拐断面、利津断面月均流量满足最小流量需求时，基本能够满足其他断面预警流量、最小流量及适宜流量要求。

表 4-14　黄河重要断面关键期生态需水量　（单位：m^3/s）

断　面	需水等级划分	4 月	5 月	6 月	7～10 月
石嘴山	适宜	330	350 *		一定量级洪水
	最小	330			
头道拐	适宜	250	250		输沙用水
	最小	75	180		
龙门	适宜	240 *			一定量级洪水
	最小	180			
潼关	适宜	300			一定量级洪水
	最小	200			
花园口	适宜	320 *			一定量级洪水
	最小	200			
利津	适宜	120	250 *		输沙用水
	最小	75	150		

注：* 表示淹及岸边水草小洪水或小脉冲洪水，为鱼类产卵期所需要。

表 4-15　黄河干流重要控制断面预警流量　（单位：m^3/s）

断面	下河沿	石嘴山	头道拐	龙门	潼关	花园口	高村	孙口	泺口	利津
预警流量	200	150	50	100	50	150	120	100	80	30

4.4　小　结

水沙调控指标包括维持河道排洪输沙功能的调控指标、防洪防凌调控指标、实现对水资源有效管理的调控指标，通过对以上各调控指标研究，得到以下方面的认识：

（1）对黄河下游非漫滩洪水冲淤特性研究表明，含沙量小于 20 kg/m^3 的低含沙量水流，随着花园口流量的增加，下游冲刷发展部位随之下移，当花园口流量增大到 2 600 m^3/s 时，下游河道全线冲刷，流量增大到 3 500 m^3/s 时，全下游冲刷效率进一步提高；含沙量为 20～60 kg/m^3 的洪水，随着流量级的增大，下游逐步由淤积转为冲刷，当流量达到 2 600 m^3/s 以上时，全下游和高村以下河段基本呈现冲刷状态，且随着流量级的增大，下游河道的冲刷效率增加；含沙量为 60～100 kg/m^3 和 100 kg/m^3 以上的洪水，随着流量级的增大，下游淤积逐步减小。因此，为达到下游河道减淤的角度来看，调控上限流量应选取在 2 600 m^3/s以上。根据流速与流量关系分析，流速随流量的增加而增加，且存在一个拐点，其大小跟平滩流量相近。因此，为达到提高水流输沙效率、维持河道中水河槽的行洪输沙能力和保障滩区安全的目标，下游调控上限流量应控制在 2 600～4 000 m^3/s，相应的调控库容约为 8 亿～15 亿 m^3。

潼关断面洪水量级、洪量关系研究表明，潼关高程发生明显冲刷降低时，需要潼关洪峰流量不小于2 500 m^3/s；潼关高程变化与潼关站洪量存在明显的趋势性关系，洪量越大，潼关高程下降值越大，潼关站10日洪量与洪峰流量有较好的关系，洪峰流量大于2 500 m^3/s时相应洪量在13亿 m^3 左右。

宁蒙河段洪水冲淤特性研究表明，含沙量小于3 kg/m^3 的洪水，宁蒙河段总体呈冲刷状态，当流量大于2 000 m^3/s 时，冲刷效果明显；含沙量3～7 kg/m^3 的洪水，流量小于2 000 m^3/s时，宁蒙河段总体呈微淤或不冲不淤状态，流量为2 000～2 500 m^3/s 时，河段呈冲刷状态，但冲刷量较小；流量大于2 500 m^3/s 时，冲刷量将随流量增加而急剧加大。考虑现阶段宁蒙河段平滩流量为1 500 m^3/s 的客观情况，当前调控流量取1 500 m^3/s 左右为宜，之后随着平滩流量的逐步恢复，调控流量可增加到2 500 m^3/s，南水北调西线工程生效后，可逐步增加到3 000 m^3/s。对于2 500～3 000 m^3/s 的流量级，内蒙古河段全线冲刷的场次洪水历时最小天数为14 d，且随着洪水历时的增加，其冲刷量增加，因此调控水量应以不小于30亿 m^3 为宜。

（2）对于黄河下游，目前堤防最小设防流量为11 000 m^3/s（艾山以下河段），扣除长青平阴山区加水（1 000 m^3/s）后为10 000 m^3/s，当超过此流量时，为保证下游堤防，需要使用东平湖滞洪区分洪。因此，对于大洪水要尽量控制进入下游艾山以下河道流量不超过10 000 m^3/s。统计分析现状滩区不同量级洪水的淹没损失及其分布情况表明，当花园口站洪峰流量超过8 000 m^3/s 时，绝大部分滩区已受淹，对于中小洪水应尽量控制花园口站洪峰流量不超过8 000 m^3/s。对于兰州河段，从保障兰州市安全考虑，应控制兰州站流量不超过6 500 m^3/s。对于宁蒙河段，下河沿至石嘴山河段设防流量5 620 m^3/s，内蒙古河段三盛公至蒲滩拐河段设防流量为5 900 m^3/s。因此，防洪调控指标应不大于河段的设防流量。

（3）根据三门峡、小浪底水库防凌调度运用经验，黄河下游河道封冻前控制花园口泄量500～600 m^3/s，封河后控制花园口泄量300～400 m^3/s。防凌运用时，先由小浪底水库控制运用，每年12月底预留防凌库容20亿 m^3，当小浪底水库蓄满后，三门峡水库开始控制，三门峡水库防凌库容15亿 m^3。

现状工程条件下，根据龙羊峡水库、刘家峡水库防凌调度经验，宁蒙河段凌汛期12月至翌年3月控制流量为460 m^3/s、420 m^3/s、360 m^3/s、350 m^3/s；黑山峡水库投入运用后，考虑宁蒙灌区冬灌引退水影响，凌汛期控制流量为450 m^3/s、420 m^3/s、360 m^3/s、350 m^3/s；南水北调西线一期工程生效后，黑山峡水库防凌控泄流量为550 m^3/s、500 m^3/s、450 m^3/s、350 m^3/s。

（4）河道外用水总量调控指标：2020年水平，地表水用水量不得超过401.76亿 m^3，地表水消耗量不得超过332.79亿 m^3，地下水开采量不得超过123.70亿 m^3；2030年水平，地表水用水量不得超过468.46亿 m^3，地表水消耗量不得超过401.05亿 m^3，地下水开采量不得超过125.28亿 m^3。

河道内生态环境用水及断面下泄水量调控指标：多年平均生态环境用水量，2020年水平，利津断面不少于193.6亿 m^3，头道拐断面不少于200亿 m^3；2030年水平，利津断面不少于187亿 m^3，头道拐断面不少于200亿 m^3；西线一期工程生效后，利津断面不少于

211 亿 m^3。

断面流量控制指标:按照 2007 年水利部颁布实施的《黄河水量调度条例实施细则》要求,断面流量控制应满足干流预警流量要求,头道拐断面最小流量 250 m^3/s、利津断面最小流量 150 m^3/s。

(5)黄河水沙调控指标可分为约束性指标和指导性指标,其中平滩流量、堤防设防流量、不同水平年用水总量、地表水耗水量、入海水量为约束性指标,调水调沙调控流量、防凌控制流量、主要断面关键期生态需水流量为指导性指标。

第5章 水沙调控体系水库联合调度运用模式研究

5.1 水沙联合调度目标

为维持黄河健康生命，谋求黄河长治久安，支持流域及相关地区经济社会的可持续发展，根据黄河水沙调控体系的总体布局和功能，提出黄河水沙调控体系联合调控的目标为：一是协调水沙关系，减轻河道淤积，长期维持河道中水河槽行洪输沙功能。通过水沙调控体系的联合运用，尽量减少水库淤积，延长骨干工程拦沙库容的使用年限，长期保持水库的有效库容。二是有效管理洪水，为防洪和防凌安全提供重要保障。通过削减大洪水的洪峰流量，减轻防洪压力；对中常洪水进行调控和利用，减少河道淤积；在长时期没有中常洪水发生时，通过水库群联合塑造人工洪水过程，防止河道主槽萎缩，维持河道基本排洪输沙功能；通过水库调节有效控制凌汛期流量，减少河道槽蓄水量，减轻防凌压力。三是优化配置黄河水资源和南水北调西线入黄水量，保障城乡居民生活、工业、农业、生态环境等用水，维持黄河健康生命，支持黄河流域及相关地区经济社会的可持续发展。

5.2 水沙调控体系联合运用的机制

黄河具有水沙异源、水沙年内年际变化大的特点。黄河水量主要来自黄河上游兰州以上地区，泥沙主要来自河口镇—龙门区间及龙门—三门峡区间，其中河口镇—龙门区间粗颗粒泥沙占比重较大。构成黄河水沙调控体系主体的黄河干流七大骨干工程、支流骨干水库和承担调度补充作用的海勃湾水库、万家寨水库分布于黄河上中游地区，对黄河水沙的控制情况不同，开发任务不尽相同，对水沙调控的作用也各有侧重，据此可以分为上游子体系，即黄河水量调控子体系和中游子体系，即洪水、泥沙调控子体系，并进行联合运用。

5.2.1 上游子体系的运用机制

黄河上游的来水相对较多，来沙相对较少，水流的含沙量低。黄河上游河段的龙羊峡水库、刘家峡水库、黑山峡水库3座骨干工程和海勃湾水库构成黄河水沙调控工程体系的水量调控子体系，进行联合运用，调节黄河水量和南水北调西线工程入黄水量，进行水资源优化配置，协调宁蒙河段的水沙关系，解决宁蒙河段防洪、防凌问题，提高梯级电站发电效益，支持地区经济社会可持续发展。

龙羊峡水库、刘家峡水库具有较大的调节库容，对黄河水量和南水北调西线入黄水量进行多年调节，以丰补枯，增加枯水年特别是连续枯水年的水资源供给能力；通过上游梯级水电站的联合补偿调节，提高梯级水电站的保证出力和发电量，提高供电质量。黑山峡水库对龙羊峡水库、刘家峡水库下泄流量进行反调节，海勃湾水库作为补充，通过黄河水资源合理配置，增加汛期下泄水量，消除龙羊峡水库、刘家峡水库汛期大量蓄水运用对宁蒙河段造成的不利影响，并将南水北调西线工程配置的河道内用水调节到汛期，根据宁蒙河段冲淤特性和支流来水来沙情况集中大流量下泄，稀释支流高含沙水流，协调水沙关系。利用黑山峡水库死库容拦沙，减少进入宁蒙河段的泥沙，塑造有利于维持宁蒙河段中水河槽的水沙过程，减少河道淤积，改变日趋恶化的河道形态，恢复并维持宁蒙河段的中水河槽，提高排洪输沙能力，改善防凌(防洪)被动局面。黑山峡水库建成后，原先由刘家峡担负的向宁蒙引黄灌区供水及内蒙古河道的防凌任务交由距离用水地点更近的黑山峡水库担任。黑山峡水库生效前，海勃湾水库配合龙羊峡水库、刘家峡水库进行防凌调度，可以缓解或减轻内蒙古河段的凌汛负担；黑山峡水库生效后，因其距内蒙古河段较远，防凌调度有一定的滞后性，海勃湾水库可作为黑山峡水库防凌调度的补充，在流凌封河期，调节流量平稳下泄，避免流量波动形成小流量封河，开河期在遇到凌汛险情时应急防凌蓄水。

黄河上游子体系联合运用原则示意图见图5-1。

5.2.2 中游子体系的运用机制

黄河中游是黄河泥沙的集中来源区，暴雨频繁、强度大、历时短，形成的洪水具有洪峰高、历时短、陡涨陡落、含沙量高的特点。中游河段的碛口水库、古贤水库、三门峡水库、小浪底水库4座骨干工程和支流的陆浑水库、故县水库、河口村水库、东庄水库以及作为补充的万家寨水库构成黄河水沙调控工程体系的洪水、泥沙调控子体系。通过洪水、泥沙调控子体系联合调控运用，可有效管理黄河洪水，协调进入小北干流和下游河道的水沙关系，为保障黄河防洪(防凌)安全创造条件，同时联合调节径流为中游能源基地和中下游城市、工业、农业发展供水，合理利用水力资源。

根据目前的研究和认识，近期主要是以小浪底水库为主的干支流骨干工程联合调水调沙运用，中游的万家寨水库、三门峡水库以及支流水库配合小浪底水库调水调沙运用，逐步扩大下游河道主槽的过流能力，平滩流量可达到4 000 m^3/s左右。小浪底水库进入正常运用期，调水调沙运用的库容逐渐减少到10亿m^3，调水调沙作用也将逐步减弱，不能很好满足协调黄河下游水沙关系的要求。加上潼关高程居高不下的严峻形势和充分发挥水库群联合运用效果的要求，需要古贤水库尽快建成投入运用。古贤水库建成后的拦沙初期(起始运行水位以下库容淤满前)，利用古贤水库下泄的清水过程，冲刷小北干流河道，降低潼关高程，在满足协调黄河下游河道水沙关系的条件下，恢复并保持小浪底水库的有效库容，进一步恢复黄河下游中水河槽行洪输沙能力。古贤水库拦沙后期，以古贤水库、三门峡水库、小浪底水库为主体进行联合调水调沙运用，必要时由万家寨水库和上游子体系提供水流动力条件，对黑山峡水库建成后宁蒙河段冲刷下泄的粗颗粒泥沙以及区间来水来沙进行调节，协调水沙关系，根据黄河下游平滩流量和小浪底水库库容变化情况，适时蓄水或利用天然来水输沙，较长期维持黄河下游中水河槽行洪输沙功能，控制潼关高程，尽量保持小浪底水库调水调沙库容，延长古贤水库的拦沙运用年限。

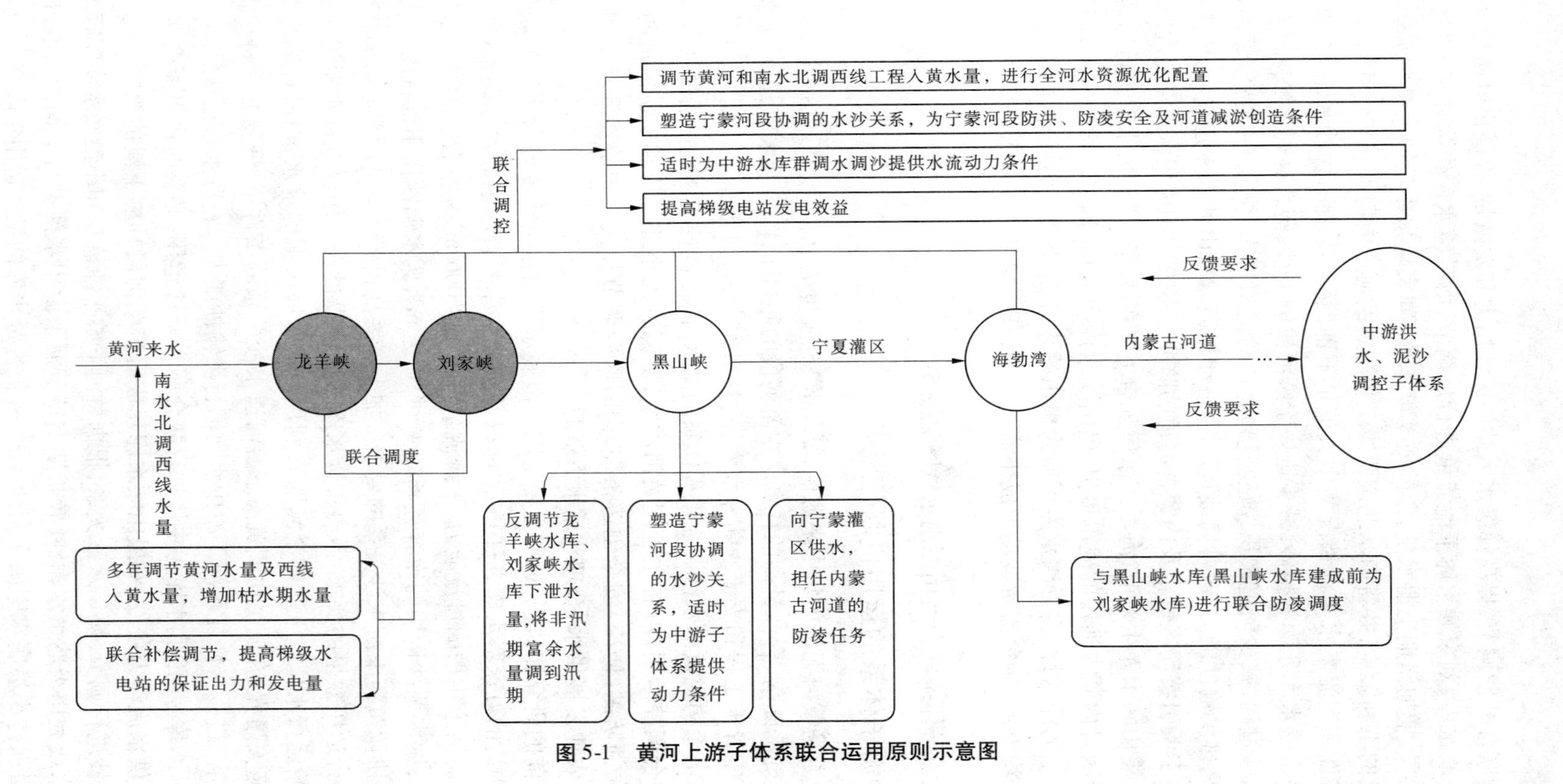

图 5-1　黄河上游子体系联合运用原则示意图

随着古贤水库的淤积，库容逐渐减小，其调水调沙及为小浪底水库提供水流动力条件的作用不断降低。在古贤水库拦沙后期的适当时机建设碛口水库，碛口水库建成运用后，以碛口水库、古贤水库、三门峡水库、小浪底水库为主体进行联合拦沙和调水调沙运用，通过水库拦沙和调水调沙，对黑山峡水库建成后宁蒙河段冲刷下泄的粗颗粒泥沙以及区间来水来沙进行调节，拦粗排细，减少进入古贤水库的泥沙（尤其是粗泥沙），减缓古贤水库拦沙库容的淤积速率。在古贤水库拦沙后期降低水位冲刷，恢复库容或在正常运用期冲刷恢复槽库容时，碛口水库提供水流动力条件，冲刷古贤库区淤积泥沙，延长古贤水库拦沙库容使用年限，并为小北干流放淤创造条件。碛口水库排沙时，古贤水库根据入库水沙条件，对水沙过程进行调节，必要时由万家寨水库和上游子体系补充水流动力条件，尽量形成适于河道输沙的水沙关系，避免黄河小北干流河道和下游河道主槽发生淤积。碛口水库、古贤水库、三门峡水库、小浪底水库联合调水调沙运用，减少小北干流及黄河下游河道主槽的淤积，降低和控制潼关高程；对中游高含沙水流进行调节或以库区淤积泥沙为沙源，塑造合适的水沙过程进行小北干流放淤，进一步减少进入小浪底库区和黄河下游河道的泥沙。

干流水库淤积平衡后，根据河道减淤和长期维持中水河槽的要求，利用干流水库调水调沙库容联合运用，满足调水调沙对水量和水沙过程的要求。上级水库根据下级水库要求进行调节，在上级水库排沙时，下级水库根据入库水沙条件，对水沙过程进行调控，通过水库联合调度，实现流量过程对接，塑造满足河道输沙要求的水沙过程，以利于河道输沙，减少河道淤积或冲刷河道。

黄河中游水沙调控体系工程联合运用原则示意图见图5-2。

5.2.3 上游子体系和中游子体系的联合运用机制

黄河水量调控子体系和洪水、泥沙调控子体系之间相距1 400 km左右，洪水传播时间约11 d，虽然实现两个子体系之间洪水泥沙过程对接困难，但也可以进行一定程度的联合运用。根据水沙条件和水库、河道的减淤需求联合运用。当中游的碛口水库、古贤水库和小浪底水库需要降低水位冲刷排沙、恢复库容时，或冲刷水库淤积的泥沙塑造小北干流放淤的水沙过程时，上游调控子体系大流量下泄，提供水流动力条件。当上游子体系调控运用恢复宁蒙河段中水河槽时，中游子体系对上游的来水来沙进行再调节，拦粗排细，塑造适合于河道输沙的水沙过程，减少下游河道淤积。

5.2.4 中游主要骨干水库分期运用原则

5.2.4.1 小浪底水库分期运用原则

按照水利部2004年批复的《小浪底水利枢纽拦沙初期运用调度规程》，小浪底水库运用分为三个时期，即拦沙初期、拦沙后期和正常运用期。

拦沙初期是指水库淤积量达到21亿～22亿m^3以前，该时期是起始运行水位（210 m）以下死库容淤积阶段，水库蓄水量较大，水库泥沙主要以异重流形式排出，水库排沙比较小。截至2008年4月，小浪底水库累计淤积泥沙量23.2亿m^3，水库已经入拦沙后期运用。

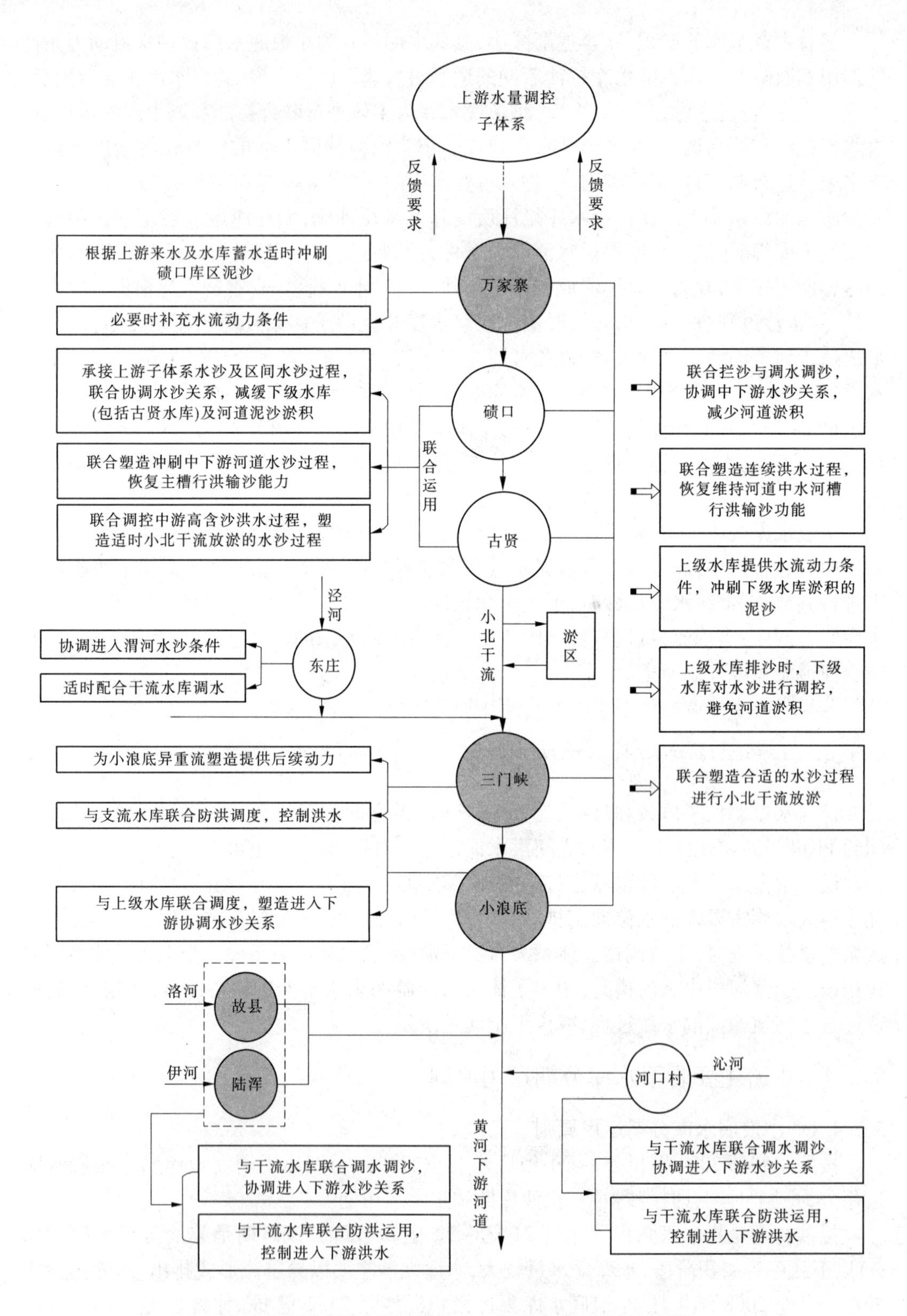

图 5-2　黄河中游水沙调控体系工程联合运用原则示意图

拦沙后期是指拦沙初期之后至库区形成高滩深槽，坝前滩面高程达 254 m。该时期水库逐步抬高主汛期运用水位拦沙和调水调沙运用，拦沙后期水库蓄水量较拦沙初期小，在水库逐步抬高水位运用的过程中，可充分利用大水，相机降低水位冲刷或敞泄排沙，以保持水库一定的库容，塑造合理的库区淤积形态，充分发挥水库拦沙减淤效益。在调节期水库蓄水拦沙、调节径流兴利运用，满足灌溉、供水、发电等综合利用的要求，6 月水库在满足下游工农业用水和河口生态用水等前提下，可在利用汛限水位以上蓄水量进行调水调沙运用。

正常运用期是指在长期保持 254 m 高程以上防洪库容的前提下，利用 254 m 高程以下的槽库容长期进行调水调沙。水库运用水位在正常死水位 230 m 至主汛期限制水位 254 m 变化；在调节期蓄水拦沙、调节径流兴利运用，水库水位在 275 m 以下运用，长期发挥水库以防洪、减淤为主的综合利用效益。

5.2.4.2 古贤水库分期运用原则

按照古贤水利枢纽项目建议书研究成果，古贤水库采用逐步抬高主汛期水位拦沙和调水调沙运用方式。根据水库拦沙和调水调沙运用特点，将水库运用分为三个时期，即拦沙初期、拦沙后期和正常运用期。

拦沙初期，起调水位 565 m 以下死库容（565 m 以下原始库容为 35.8 亿 m^3）淤积时期，该时期水库蓄水拦沙和联合调水调沙运用，水库以异重流排沙为主，库区河床处于水平淤积状态。主汛期水库在起调水位 565 m 以上调水运用，并滞蓄洪水；调节期蓄水拦沙，调节径流，满足河道生态、发电和工农业供水等要求。

拦沙后期，当起始运用水位 565 m 以下库容淤满后，水库进入拦沙后期运用。主汛期水库逐步抬高水位拦沙（拦粗排细）和调水调沙运用，库区河床逐步平行淤高，库水位有升降变化，水库排沙比明显增大。当库区累计淤积量达到 80 亿 m^3，水库利用有利的水沙条件逐步淤高滩地、冲刷河槽，并继续拦沙与调水调沙运用，逐步形成具有高滩深槽的纵横断面形态，即水库淤积滩地达到汛限水位 622.6 m，坝前河底平均高程为 590.5 m，水库累计淤积量 102 亿 m^3，完成拦沙期运用，转入正常运用时期。调节期水库兴利调节运用同拦沙初期。

正常运用期，水库利用汛限水位 622.6 m 以下的 20 亿 m^3 槽库容进行调水调沙运用，长期发挥水库对下游河道的减淤作用。主汛期水库运用水位在正常死水位 594 m 至主汛期限制水位 622.6 m 变化；在调节期蓄水拦沙、调节径流兴利运用，水位在正常蓄水位 633 m 以下调节运用。当发生大洪水时，水库防洪运用，库区滞洪淤积逐步抬高滩面高程至 631 m，逐步形成设计的终极平衡形态。

5.2.4.3 碛口水库分期运用原则

根据《碛口水利枢纽可行性研究》成果，碛口水库采用高水位蓄水拦沙和调水调沙的运用方式，对泥沙进行多年调节。运用分初期蓄水拦沙期和后期正常运用期两个时期。其中初期是利用水库拦沙容积拦截对下游危害最大的粗泥沙并进行调水调沙；后期利用 10 亿～14 亿 m^3 的调水调沙库容调节水沙。

1. 水库初期运用方式

碛口水库运用初期采用高水位蓄水运用方式，防洪限制水位为780 m，为了控制泥沙淤积上延，7～8月要降低水位运用，根据库区泥沙淤积情况运用水位由776 m逐渐降至770 m，9月水位为780 m，10月水库开始蓄水运用，按兴利需要进行径流调节，最高蓄水位785 m，次年6月底库水位降至汛限水位或以下。当坝前淤积面达到770 m时，为了控制淤积末端上延，水库开始"淤滩刷槽"运用，7～8月中旬，水库运用水位为770～780 m，8月中旬至9月底库水位降至750～745 m运用。当滩面高程达到780 m时，槽底高程接近741.5 m，水库淤积量达到设计拦沙量110.8亿m^3，水库拦沙期结束。

2. 水库后期运用方式

水库形成高滩深槽后，进入后期即正常运用期。主汛期在保证防洪安全的前提下，根据槽库容可以恢复的冲淤规律，利用10亿～14亿m^3调水调沙库容调节水沙，优化出库水沙过程。水位在762 m至汛期限制水位775 m变化，对泥沙进行多年调节。一般情况下，水库运用3～5年利用大水年份降低水位至死水位745 m冲刷一次，使河槽多年内泥沙冲淤平衡。10月至次年6月水库蓄水兴利运用，最高蓄水位785 m。在水库运用中，保持有效库容28亿m^3左右，长期发挥水库对下游河道的减淤作用和综合利用效益。

5.3 现状工程条件下水库联合运用方式

现状工程条件下，黄河水沙调控体系工程包括干流的龙羊峡水库、刘家峡水库、万家寨水库、三门峡水库、小浪底水库以及支流的陆浑水库、故县水库。

5.3.1 上游子体系联合运用方式

现状黄河上游子体系中的骨干工程只有龙羊峡、刘家峡两座水库。龙羊峡、刘家峡两座水库联合调节运用，在保证河口镇以上工农业用水，兼顾山西能源基地及中游两岸工农业用水（保证河口镇流量不小于250 m^3/s）的条件下，按梯级电站发电最优运用。现状工程条件下龙羊峡水库、刘家峡水库联合运用方式如下：

7～9月为主汛期，各水库均控制在汛限水位（或其以下）运行，以利于防洪排沙。龙羊峡水库、刘家峡水库9月可提高蓄水位，拦蓄后汛期水量。枯水年份，龙羊峡水库允许泄放水量至死水位，以满足水力发电和中下游工农业用水要求。当水库水位及来水流量过程达到防洪运用条件时，转入防洪运用，龙羊峡水库利用汛限水位以下的库容兼顾在建工程和宁蒙河段防洪安全，水库的下泄流量需满足龙羊峡水库、刘家峡水库区间防洪对象的防洪要求，并使刘家峡水库不同频率洪水时的最高库水位不超过设计值；刘家峡水库按照刘家峡下游防洪对象的防洪标准要求控制下泄流量。龙羊峡水库、刘家峡水库下泄流量不大于各相应频率洪水的控泄流量，洪水退水段最大下泄流量不大于涨水段最大下泄流量。

10月为后汛期，水库一般蓄水运用。由于该时段刘家峡水库以下用水减少，梯级发电任务主要由龙羊峡水库、刘家峡水库区间电站承担，至10月底，龙羊峡水库最高水位允许达到正常蓄水位，刘家峡水库考虑到11月底需要腾出库容满足防凌要求，按满足防凌库容的要求控泄10～11月流量。12月上旬为宁蒙河段封冻期，要求刘家峡水库11月按防凌要求控制下泄流量。

12月至次年3月为枯水季节，也为宁蒙河段的防凌运用时期，且刘家峡水库以下用水量较小，在该时期刘家峡水库按防凌运用要求的流量下泄，龙羊峡水库补水以满足梯级电站出力要求。此时，龙羊峡水库水位消落，而刘家峡水库蓄水，为了满足防凌库容需要，刘家峡水库在3月开河期前需保留一定的防凌库容，3月底允许蓄至正常蓄水位。

4～6月为宁蒙地区的主灌溉期，由于天然来水量不足，需自下而上由水库补水。补水次序为：刘家峡水库先补水，如不足再由龙羊峡水库补水。此时，刘家峡水库大量供水发电，而龙羊峡—刘家峡河段电站的发电流量较小，控制龙羊峡水电站发电流量满足梯级保证出力要求。6月底，龙羊峡水库、刘家峡水库水位降至汛限水位。

5.3.2 中游子体系联合运用方式

现状工程条件下，主汛期协调黄河下游水沙关系的任务主要由小浪底水库承担，三门峡水库汛期敞泄运用，当伊洛河来水较大时，支流陆浑水库、故县水库配合小浪底水库进行实时空间尺度的水沙联合调度，通过时间差、空间差的控制，实现水、沙过程在花园口的对接，塑造协调的水沙关系，充分发挥中游水沙调控体系的作用。小浪底水库调水调沙运用按照出库流量两极分化的原则，避免平水流量下泄，相机形成持续一定历时的较大流量过程（与下游河道平滩流量相适应），利用大水输沙，充分发挥下游河道输沙能力，提高输沙效果，减少下游河道淤积；当入库洪水大于一定标准时（同时考虑伊洛沁河及小花间来水情况），三门峡水库、小浪底水库与支流的陆浑水库、故县水库按联合防洪调度运用。

当小浪底水库淤积量和坝前淤积面达到一定数值后，遇有利于水库冲刷的水流条件，根据预报提前泄放水库蓄水，利用大水冲刷，当入库水、沙条件不利时，水库再次蓄水，滩地可继续淤高，这样反复进行水库淤积冲刷过程，不仅将使高滩深槽同步形成，对保持水库有效库容有利，而且在水库拦沙期间适时排沙，可避免拦沙期间下游河道大冲大淤，有利于河势的稳定。

当汛期来水流量达到防洪运用条件时，水库转入防洪调度运用，防洪运用方式采用小浪底水库初步设计阶段拟定的四库（三门峡水库、小浪底水库、陆浑水库和故县水库）联合防洪调度运用方式。

调节期，万家寨水库、三门峡水库和小浪底水库蓄水拦沙、调节径流兴利运用，满足河道生态、工农业供水和发电等方面要求，凌汛期三门峡水库和小浪底水库在预留防凌库容的前提下按下游河道防凌要求联合防凌运用（在封冻前控制花园口流量一般为500～600 m^3/s；封河后控制泄流，使花园口流量均匀保持在300～400 m^3/s），6月中下旬，可视水库汛限水位以上的蓄水，联合调度万家寨水库、三门峡水库和小浪底水库进行汛前调水调沙运用。现状工程条件下中下游水库联合运用方式见图5-3、图5-4。

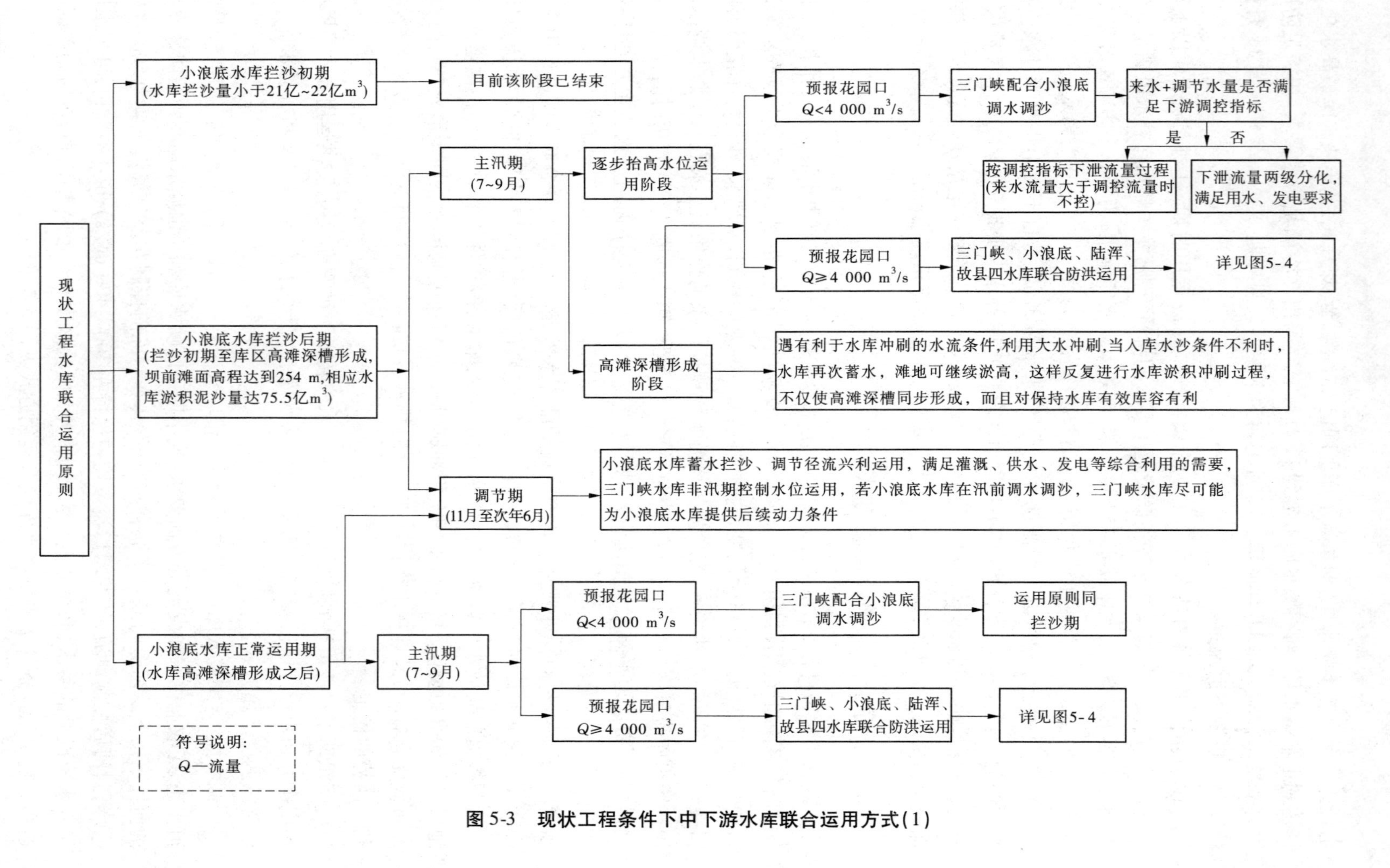

图 5-3 现状工程条件下中下游水库联合运用方式(1)

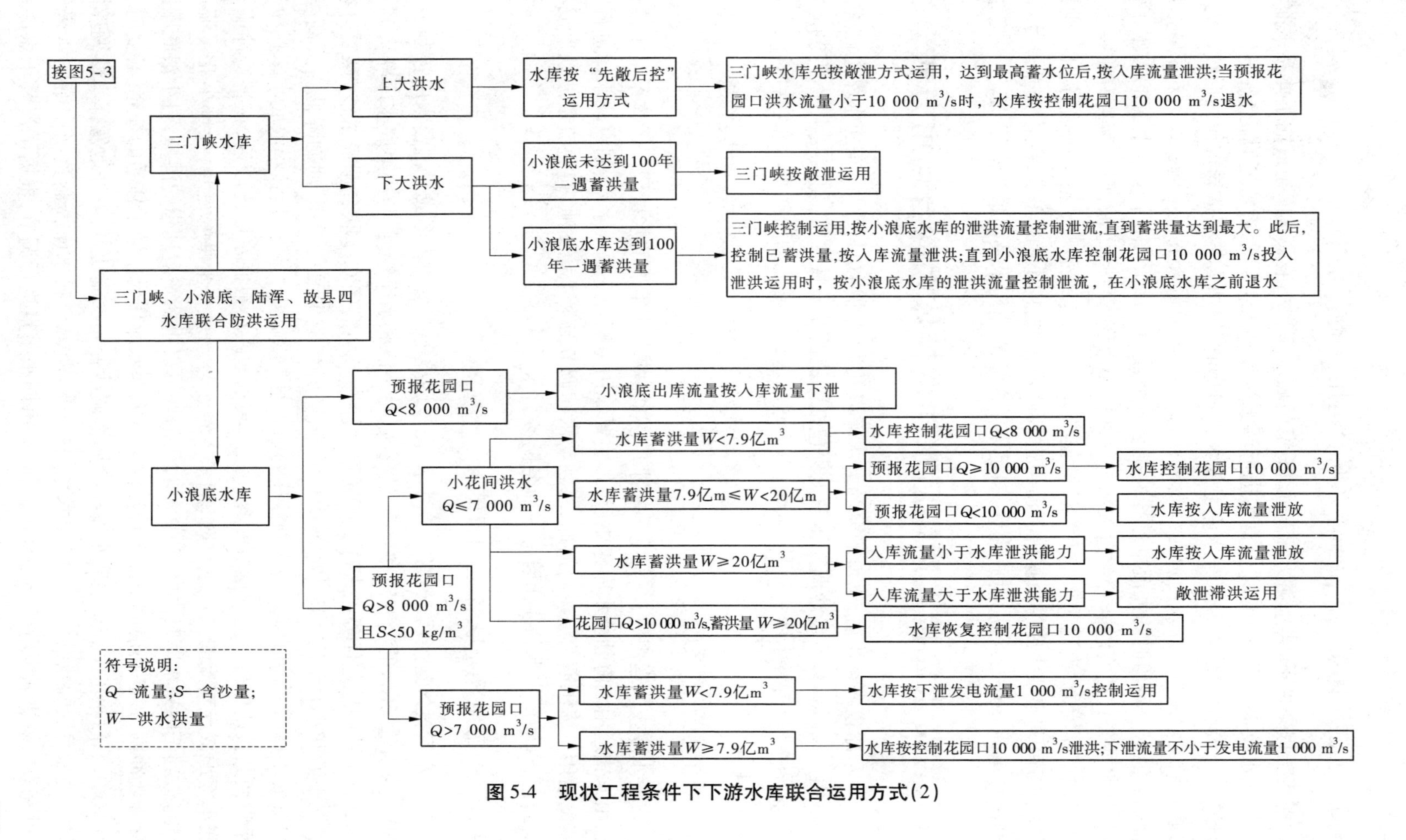

图5-4 现状工程条件下下游水库联合运用方式(2)

5.3.3 上游子体系与中游子体系联合运用方式

现状工程条件下，当中游万家寨水库、三门峡水库和小浪底水库组成的子体系汛前利用河道来水及水库汛限水位以上蓄水进行调水调沙和人工异重流塑造时，上游子体系可适时进行补水运用，延长万家寨水库泄放大流量历时，增加人工塑造异重流的后续动力条件，最大限度地减少水库及河道泥沙淤积；当上游来水流量较大，龙羊峡水库、刘家峡水库联合调节泄放一定历时的大流量过程冲刷宁蒙河段时，中游子体系承接上游的来水来沙过程，当水沙条件适宜时联合塑造洪水过程冲刷小浪底库区或下游河道，恢复和维持下游中水河槽过流能力；当遭遇来水流量持续偏枯或中游水库蓄水满足不了流域用水时，上游龙羊峡水库、刘家峡水库可根据中下游河道及两岸工农业用水的需求，优化龙羊峡水库、刘家峡水库调节方式，增加泄放流量，满足中下游工农业用水及河道生态用水。

5.4 古贤水库投入运用后水沙调控体系联合运用方式

古贤水库投入运用后，干流的海勃湾水库以及支流的河口村水库、东庄水库也已建成投入运用。该时期黄河水沙调控体系工程包括干流的龙羊峡水库、刘家峡水库、海勃湾水库、万家寨水库、古贤水库、三门峡水库、小浪底水库以及支流的陆浑水库、故县水库、河口村水库、东庄水库等。

5.4.1 上游子体系联合运用方式

古贤水库投入运用后，上游龙羊峡水库、刘家峡水库组成的水量调控子体系基本按现状运用方式运用。海勃湾水库建成后，其主要作用是配合龙羊峡水库、刘家峡水库进行防凌调度运用。凌汛期的流凌封河期，海勃湾水库调节流量平稳下泄，避免流量波动形成小流量封河，开河期在遇到凌汛险情时应急防凌蓄水。

5.4.2 中游子体系联合运用方式

古贤水库投入运用后，黄河中游洪水、泥沙调控子体系初步形成。古贤水库控制了黄河80%的水量、66%的全泥沙和80%粗泥沙，距小浪底水库较近，与小浪底水库联合调水调沙具有天然的地理优势。古贤水库通过拦沙并与小浪底水库联合调控水沙，恢复并维持黄河下游和小北干流河段中水河槽行洪排沙功能，减少河道淤积，冲刷降低潼关高程，在小浪底水库需要冲刷恢复调水调沙库容时，提供水流动力条件，延长小浪底水库拦沙运用年限使其长期保持一定的调节库容。三门峡水库距小浪底水库比较近，在塑造冲刷小浪底水库形成异重流的洪水过程时，如果古贤水库塑造一个洪峰过程，经过小北干流演进、坦化，到三门峡水库时洪峰有所削弱，三门峡可以重新塑造理想的洪峰，对小浪底库区进行有效冲刷，提高小浪底水库的排沙比。万家寨水库作为中游子体系的补充，必要时为古贤水库、三门峡水库和小浪底水库联合调水调沙补充水流动力，更好地发挥水沙调控体系对河道和库区的减淤作用。陆浑水库、故县水库、河口村水库控制黄河中游清水来源区，可有效削减进入下游的洪峰流量，同时对汛期来水量进行调节，根据干流骨干水库水沙调控调度的要求,适时泄放大流量过程,实现小花间清水与小浪底出库浑水的合理对接,发挥水流的输沙效率。东庄水库作为渭河流域重要的防洪减淤骨干工程,可协调进入渭河下游的水沙关系,减少渭河下游主河槽的淤积,同时配合中游骨干工程调控水沙。

根据各骨干水库的开发任务和水沙调控体系的总体要求,古贤水库投入运用后,黄河洪水、泥沙调控子体系主汛期联合调水调沙的运用原则如下:

古贤水库拦沙初期,主汛期古贤水库、小浪底水库联合调水调沙运用。在水库联合蓄水运用时,古贤水库主要对入库水沙进行调节,避免下泄600～2 000 m^3/s 的水沙过程;当入库为流量大于1 500 m^3/s 的高含沙洪水且小浪底水库累计淤积量小于74 亿 m^3 时,水库异重流排沙,并控制出库流量不大于10 000 m^3/s,否则仍蓄水运用。小浪底水库对古贤水库、小浪底水库区间的水沙进行调节,凑泄花园口断面流量800 m^3/s 且出库不小于600 m^3/s,蓄水运用;当入库为流量大于2 000 m^3/s 的高含沙洪水时,维持出库流量等于入库流量,异重流排沙;当小浪底槽库容淤积严重时,维持低水位壅水排沙;当小浪底水库蓄水位接近汛限水位时,维持水库蓄水位不变。在两水库蓄水和预报河道来水满足一次调水调沙大流量泄放的水量要求时,根据下游河道平滩流量变化和小浪底水库槽库容淤积情况,尽可能下泄有利于下游河道输沙的水沙过程(上限调控流量为4 000 m^3/s 左右),冲刷恢复下游河道主槽过流能力或冲刷恢复小浪底水库有效库容。调节期古贤水库、三门峡水库和小浪底水库调节径流,满足河道生态、水质、工农业供水和发电等要求。

古贤水库拦沙后期,根据黄河下游平滩流量和小浪底水库库容变化情况,古贤水库、小浪底水库联合调水调沙运用,适时蓄水(原则同拦沙初期)或利用天然来水冲刷黄河下游河道和小浪底库区泥沙。当黄河下游平滩流量大于4 000 m^3/s 时,古贤水库、小浪底水库原则上不进行大量蓄水,主要采用低壅水拦粗排细运用,当遇较大流量低含沙洪水而小浪底槽库容淤积严重时,小浪底水库敞泄排沙恢复库容。当黄河下游平滩流量小于4 000 m^3/s 时,古贤水库、小浪底水库共同蓄水运用,联合泄放大流量过程冲刷恢复下游过流能力,小浪底水库可根据槽库容淤积情况,适当控制水库蓄水量,遇合适水沙条件冲刷恢复库容。两水库蓄水和预报河道来水满足一次调水调沙大流量泄放的水量要求时,即按照调控指标要求联合下泄洪水过程,冲刷恢复下游河道主槽过流能力或冲刷恢复小浪底水库有效库容。调节期水库联合兴利运用原则同拦沙初期。

古贤水库正常运用期,当古贤水库槽库容淤积不严重时,古贤水库、小浪底水库联合调水调沙运用原则同拦沙后期;当古贤水库槽库容淤积较严重时,充分利用入库流量冲刷排沙,恢复槽库容。调节期水库联合兴利运用原则同拦沙初期。

古贤水库、小浪底水库联合调节泄放大流量过程,有以下两种模式:

(1)当下游河道严重淤积、平滩流量处于较低水平(小于4 000 m^3/s)时,两水库以冲刷下游河道恢复主槽过流能力为主。当两水库蓄水和预报河道来水满足冲刷下游河道调控指标水量要求时,古贤水库、小浪底水库即开始联合塑造中常洪水过程,冲刷下游河道。古贤水库、小浪底水库联合调度采用预泄、凑泄和冲泄组合调度运行方式。

第一步是预泄,为尽可能减少小浪底水库的淤积和创造有利于排沙的条件,根据洪水预报,先对小浪底水库进行预泄,预泄的时机根据小浪底水库的蓄水量以及古贤水库泄放的水流传播至小浪底坝前的时间而定,使古贤水库塑造的洪水传播至小浪底坝前时,小浪底库水位(或蓄水量)恰处于较低水平。利用小浪底水库预泄的清水过程冲刷下游河道。

第二步是凑泄,古贤水库、小浪底水库的出库水沙,加上区间支流来水来沙,进行水和沙的时间、空间组合,凑泄形成协调的水沙过程。即冲刷下游河槽时,古贤水库按凑泄三门峡入库 4 000 m^3/s 流量控制、小浪底水库按凑泄花园口 4 000 m^3/s 流量控制。

第三步是冲泄,在小浪底水库塑造的下游洪水过程即将结束时,古贤水库泄放的洪水演进至小浪底水库,此时利用古贤水库泄放的水流在洪水过程尾部阶段进行冲泄。在古贤水库淤积严重时,可适时利用万家寨水库蓄水量对古贤库区进行冲刷。

(2)当下游平滩流量恢复后,两水库联合运用冲刷小浪底库区淤积泥沙。当古贤水库蓄水和预报河道来水满足冲刷小浪底水库调控指标水量要求时,古贤水库、小浪底水库联合塑造洪水过程冲刷恢复小浪底库区有效库容。古贤水库、小浪底水库联合调度采用预泄、敞泄、凑泄和冲泄组合调度运行方式。

第一步是预泄,基本原则同冲刷下游河槽,为了更好地冲刷小浪底库区,较快地恢复调水调沙库容,水库预泄后预留的水量要较冲刷下游少。

第二步是敞泄,小浪底水库水位降到很低情况下,遇洪水进行敞泄,更有利于水库排沙减淤,恢复库容。

第三步是凑泄,古贤水库、小浪底水库利用区间加水加沙凑泄形成协调的水沙过程。冲刷小浪底库区时,古贤水库按凑泄三门峡入库 4 000 m^3/s 流量控制,小浪底水库原则上按下游平滩流量凑泄花园口流量。

第四步是冲泄,在小浪底水库塑造的下游洪水沙过程结束后,古贤水库泄放的洪水传播至小浪底坝前,利用大流量过程冲刷小浪底库区淤积泥沙,同时与小浪底前期泄放的流量过程对接,以达到在冲刷恢复小浪底库区库容的同时减缓下游河道淤积的目的。

根据以上原则,拟定的小浪底水库、古贤水库联合运用方式如下。

5.4.2.1 主汛期(7 月 1 日至 9 月 30 日)

6 月底古贤水库尽量预留水量 6 亿 m^3、小浪底水库尽量预留水量 4 亿 m^3,于 7 月上半月均匀泄放,供农业灌溉;7 月下半月至 9 月底为古贤水库与小浪底水库联合调水调沙运用期。7 月下半月至 9 月底,古贤水库、小浪底水库联合调水调沙运用方式如下。

1. 古贤水库拦沙运用初期

1)蓄水运用原则

古贤水库、小浪底水库联合调水调沙运用,原则上以古贤水库蓄水为主,小浪底水库对古贤水库、小浪底水库区间的水沙进行调节,水库相应蓄水。

a. 古贤水库

(1)若入库流量小于 400 m^3/s,补水使出库流量等于 400 m^3/s;若入库流量为 400 ~ 600 m^3/s,出库流量等于入库流量,以满足壶口瀑布景观、工农业引水和电站发电要求。

(2)当入库为低含沙水流(干流来水为主,河口镇来水比例大于 50%),或为流量小于 2 000 m^3/s 的高含沙洪水时,控制古贤水库出库流量 600 m^3/s 左右,水库蓄水运用。

(3)当古贤入库为流量大于 2 000 m^3/s 的高含沙洪水(支流来水为主,河口镇来水比例小于 50%)时,若小浪底水库累计淤积量小于 74 亿 m^3,古贤水库控制出库流量等于入库流量,异重流排沙,并控制出库流量不大于 10 000 m^3/s,洪水过后,古贤水库仍按(1)控制运用;若小浪底水库淤积严重,累计淤积量大于等于74亿 m^3,古贤水库按控制出库600 m^3/s 运用,水库蓄水拦沙。

b. 小浪底水库

(1)当下游河道平滩流量小于4 000 m^3/s 且小浪底水库累计淤积量大于等于74亿 m^3 时,需同时冲刷下游河道和小浪底水库,小浪底水库原则上按凑泄花园口流量800 m^3/s 且出库流量不小于600 m^3/s 控制运用,水库相应蓄水。在小浪底水库蓄水期间,若入库流量大于2 000 m^3/s 且含沙量大于150 kg/m^3,小浪底水库维持出库流量等于入库流量,异重流排沙;当小浪底水库蓄水位达到253 m时,维持水库蓄水不变,出库流量等于入库流量。

(2)当下游河道平滩流量小于4 000 m^3/s 且小浪底水库累计淤积量小于74亿 m^3 时,主要冲刷下游主槽,小浪底水库蓄水。小浪底水库蓄水原则同(1)。

(3)当下游河道平滩流量大于4 000 m^3/s 且小浪底水库累计淤积量大于等于74亿 m^3 时,主要冲刷恢复小浪底库容,小浪底水库首先按凑泄花园口流量800 m^3/s 且出库流量不小于600 m^3/s 控制运用,水库蓄水至1亿 m^3 后,维持出库流量等于入库流量,水库低壅水排沙。

(4)当下游河道平滩流量大于4 000 m^3/s 且小浪底水库累计淤积量小于74亿 m^3 时,小浪底水库蓄水运用,水库蓄水原则同(1)。

2)古贤水库、小浪底水库泄放大流量过程原则

当黄河下游河道严重淤积、平滩流量为较低水平(小于4 000 m^3/s)时,两水库以冲刷恢复下游主槽过流能力为主。当古贤水库、小浪底水库的蓄水量(均为最低运用水位以上的蓄水量,下同)+预报1 d古贤入库水量(以古贤水库计算时段为基准)+古贤(前3天)下泄水量+当天及前3天河津水量+预报2 d及前2天华县、洑头水量+伊洛沁当天水量,大于等于下泄4 d 4 000 m^3/s 流量过程所需水量(14亿 m^3)+2亿 m^3,即开始调水调沙下泄大流量过程。

(1)在泄放大流量过程时,先泄放小浪底水库的蓄水(根据伊洛沁流量凑泄花园口流量4 000 m^3/s)至蓄水量为2亿 m^3,在古贤水库泄放的大流量过程入库时低壅水排沙,避免小浪底库区发生冲刷而降低下游主槽的冲刷效果,大流量过程结束后,满足调控下限流量要求。

(2)以古贤水库计算时段为基准,当小浪底水库能够按调水调沙指令正好3 d(古贤水库—小浪底水库的水流传播时间考虑为3 d)泄放水库蓄水至2亿 m^3 时(按凑泄花园口流量4 000 m^3/s考虑,下同),古贤水库、小浪底水库当天同时泄放大流量过程,小浪底水库凑泄花园口4 000 m^3/s,古贤水库凑泄三门峡入库4 000 m^3/s。

(3)若小浪底蓄水较多,不能在3 d内泄放至2亿 m^3,则当天小浪底水库按凑泄花园口4 000 m^3/s,古贤水库当天不泄放大流量过程;待小浪底水库的蓄水能够3 d内泄放至3亿 m^3 时,古贤水库开始按凑泄三门峡入库4 000 m^3/s 运用。

(4)若小浪底蓄水量较少,不能满足泄放大流量3 d的水量要求,古贤水库当天按凑泄三门峡4 000 m^3/s 运用,小浪底蓄水能满足凑泄花园口2 d 4 000 m^3/s 的水量时,小浪底按推迟1 d泄放大流量(当天按蓄水要求的小流量下泄,下同),小浪底蓄水能满足凑泄

1 d 4 000 m^3/s 的水量时,小浪底水库推迟 2 d 泄放大流量。

(5)当古贤水库泄水至最低运用水位时,古贤水库、小浪底水库联合运用泄放较大流量过程结束,古贤水库根据库区泥沙淤积情况,判断是否恢复蓄水。

当下游河道平滩流量恢复以后,两水库联合运用以冲刷小浪底库区淤积泥沙、恢复拦沙库容为主要目的。当古贤水库蓄水+预报 3 d 入库水量大于等于 5 d 4 000 m^3/s 的水量+1 亿 m^3(约 18 亿 m^3)时,古贤水库造峰运用冲刷小浪底水库,泄水原则和次序同冲刷下游河道方案,满足下游大流量过程水流连续要求,即首先小浪底按凑泄花园口流量 4 000 m^3/s 泄放水库蓄水至 1 亿 m^3(为了避免敞泄冲刷时高含沙洪水在黄河下游集中淤积,小浪底水库预留 1 亿 m^3 水量,适当控制出库含沙量)时,古贤水库再按凑泄三门峡入库流量 4 000 m^3/s 冲刷小浪底水库,冲刷小浪底水库时,小浪底水库按入库流量泄放。

2. 古贤水库拦沙后期

1)蓄水运用原则

a. 当黄河下游平滩流量大于 4 000 m^3/s 且小浪底水库累计淤积量小于 74 亿 m^3 时

为了尽量减少古贤水库、小浪底水库的泥沙淤积,原则上汛期两水库不再大量蓄水,主要采用低水位壅水排沙、拦粗排细的运用方式,遇大流量含沙量较高的洪水时,古贤水库、小浪底水库尽量不调节水沙过程,使黄河下游能够淤滩刷槽;遇较大流量低含沙洪水时能够敞泄冲刷古贤水库和小浪底水库。

(1)古贤水库。

当古贤入库为流量小于等于 2 000 m^3/s 的小洪水,或入库为流量大于 2 000 m^3/s 小于等于 3 500 m^3/s 且含沙量大于 100 kg/m^3 的洪水时,古贤水库按出库流量不小于 400 m^3/s、不大于 600 m^3/s 蓄水至 2 亿 m^3,然后保持出库流量等于入库流量,水库拦粗排细运用。

当古贤入库为流量大于 2 000 m^3/s 且小于等于 3 500 m^3/s、含沙量小于 100 kg/m^3 的洪水,或入库为流量大于 3 500 m^3/s 的洪水时,若水库当天蓄水量小于 0.5 亿 m^3,则水库敞泄排沙运用,否则控制出库流量等于入库流量(控制出库流量不大于 10 000 m^3/s)。

(2)小浪底水库。

当小浪底入库为流量小于 2 500 m^3/s 的低含沙或高含沙水流,或为流量大于等于 2 500 m^3/s 且小于 4 000 m^3/s、含沙量大于等于 150 kg/m^3 的高含沙量水流时,水库保持 1 亿 m^3 蓄水量,出库流量等于入库流量,水库拦粗排细运用。

当小浪底入库流量大于等于 2 500 m^3/s 且小于 4 000 m^3/s、含沙量小于 150 kg/m^3,或流量大于 4 000 m^3/s 时,若水库当天蓄水量小于 0.5 亿 m^3,则水库敞泄排沙运用,否则控制出库流量等于入库流量(控制出库流量不大于 8 000 m^3/s)。

b. 当黄河下游平滩流量小于 4 000 m^3/s 且小浪底水库累计淤积量小于 74 亿 m^3 时

该情况下,需古贤水库、小浪底水库共同蓄水,联合泄放大流量过程冲刷恢复下游河道过流能力。

(1)古贤水库。

当古贤入库为低含沙水流，或流量小于2 000 m³/s的高含沙洪水时，控制古贤水库出库流量600 m³/s，水库蓄水运用。在水库蓄水期间，若古贤入库为流量大于2 000 m³/s的高含沙洪水，则控制古贤水库出库流量等于入库流量，异重流排沙，并控制出库流量不大于10 000 m³/s，洪水过后，古贤水库继续蓄水运用。

（2）小浪底水库。

小浪底水库原则上按凑泄花园口流量800 m³/s且出库流量不小于600 m³/s控制运用。在小浪底水库蓄水期间，若入库流量大于2 500 m³/s且含沙量大于150 kg/m³，维持出库流量等于入库流量，异重流排沙。当小浪底水库蓄水位达到253 m时，控制水库蓄水位不变，出库流量等于入库流量。

c. 当黄河下游平滩流量小于4 000 m³/s且小浪底水库累计淤积量大于74亿m³时

该情况下，古贤水库、小浪底水库联合调水调沙运用，不仅需要冲刷恢复黄河下游主槽过流能力，也需要冲刷恢复小浪底水库的有效库容，需要两水库共同蓄水。

（1）古贤水库。

控制古贤水库出库流量不小于400 m³/s且不大于600 m³/s，水库蓄水运用。

（2）小浪底水库。

小浪底水库对古贤—小浪底区间水沙进行调节，相应蓄水。在小浪底水库蓄水期间，若入库流量大于2 000 m³/s且含沙量大于150 kg/m³，出库流量等于入库流量，异重流排沙。当小浪底水库蓄水位达到253 m时，控制蓄水位不变，出库流量等于入库流量。

d. 当黄河下游平滩流量大于4 000 m³/s且小浪底水库累计淤积量大于74亿m³时

该情况下，主要依靠古贤水库蓄水，泄放大流量过程冲刷恢复小浪底水库调水调沙库容，因此需控制小浪底水库的蓄水量。

（1）古贤水库。

当古贤入库为低含沙水流或流量小于2 000 m³/s的高含沙洪水时，控制古贤水库出库流量400～600 m³/s，水库蓄水运用。在蓄水期间，当古贤入库为流量大于2 000 m³/s的高含沙洪水时，控制古贤水库出库流量等于入库流量，异重流排沙，并控制出库流量不大于10 000 m³/s。

（2）小浪底水库。

小浪底水库按凑泄花园口流量800 m³/s且出库流量不小于600 m³/s控制运用，蓄水至1亿m³，然后保持蓄水量1亿m³，出库等于入库流量，拦粗排细运用。

2）泄放大流量过程的原则

当水库蓄水满足上述调水调沙泄放大流量过程要求的水量时，古贤水库、小浪底水库联合泄放大流量过程，原则同拦沙初期。

3. 古贤水库正常运用期

在古贤水库正常运用期，古贤水库、小浪底水库拦沙库容均已淤满，主要依靠槽库容对入库水沙进行一定的调节，并为调水调沙积蓄水流动力。

（1）当古贤水库槽库容淤积小于5亿m³时，表明古贤水库还具有一定的泥沙调节能力,可以通过水库拦沙和调水调沙为恢复黄河下游主槽过流能力和小浪底水库库容创造一定的条件。该情况下古贤水库、小浪底水库联合调水调沙蓄水运用原则同拦沙后期。

(2)当古贤水库槽库容淤积大于5亿 m^3 时,表明古贤水库调水调沙库容已淤积较为严重,当古贤入库流量小于2 000 m^3/s 时,水库保持低壅水排沙;当入库流量大于2 000 m^3/s 时,水库敞泄排沙。当古贤水库槽库容淤积量大于8亿 m^3 时,古贤水库敞泄排沙,直至水库槽库容最少恢复3亿 m^3。

小浪底水库运用方式同拦沙期。

当水库蓄水满足上述调水调沙泄放大流量过程要求的水量时,古贤水库、小浪底水库联合泄放大流量过程,原则同拦沙初期。

5.4.2.2 调节期(10月1日至次年6月30日)

调节期水库原则上蓄水拦沙、调节径流兴利运用。如果9月底古贤水库、小浪底水库进行联合调水调沙连续泄放大流量过程,则10月初水库暂按调水调沙运用,直至连续大流量过程结束后,进入蓄水运用状态。

10月至次年6月水库兴利调节运用方式如下。

1. 古贤水库

为尽可能发挥古贤水库各项开发任务,非汛期兴利调节运用在满足坝下综合用水需求的前提下,尽可能提高发电效益。根据《古贤水利枢纽项目建议书》研究的古贤坝址以下用水需求成果分析,古贤水库下泄流量只要满足壶口景观最小观赏流量400 m^3/s 即可满足其他方面需求。

10月至次年5月:①若古贤入库流量小于等于调节期平均流量,水库尽可能补水至400 m^3/s,满足壶口景观要求。②若古贤入库流量大于调节期平均流量,水库蓄水运用,古贤出库按调节期平均流量泄放。当水位超过正常蓄水位时,加大下泄流量,使库水位不高于正常蓄水位。

6月1~30日,根据水库蓄水及来水情况,在库水位不超过汛限水位的前提下控制出库流量,尽量使6月底水库预留6亿 m^3 左右的蓄水量。

2. 三门峡水库、小浪底水库

三门峡水库、小浪底水库调节期兴利调节原则同现状工程条件下水库运用原则。

古贤水库、小浪底水库联合水沙调控运用方式见图5-5~图5-8。

5.4.3 上游子体系与中游子体系联合运用方式

古贤水库投入运用后,中游子体系调控水沙能力大大增强。中游子体系骨干工程古贤水库、小浪底水库可承接上游子体系下泄的水量过程,并对其进行重新塑造,形成有利于河道减淤的水沙过程。上游子体系也可根据中游水库群水沙调控的要求,适时泄放大流量过程,增加中游水库群水沙联合调控水流动力条件,冲刷恢复水库调控库容,增加调控水沙能力。

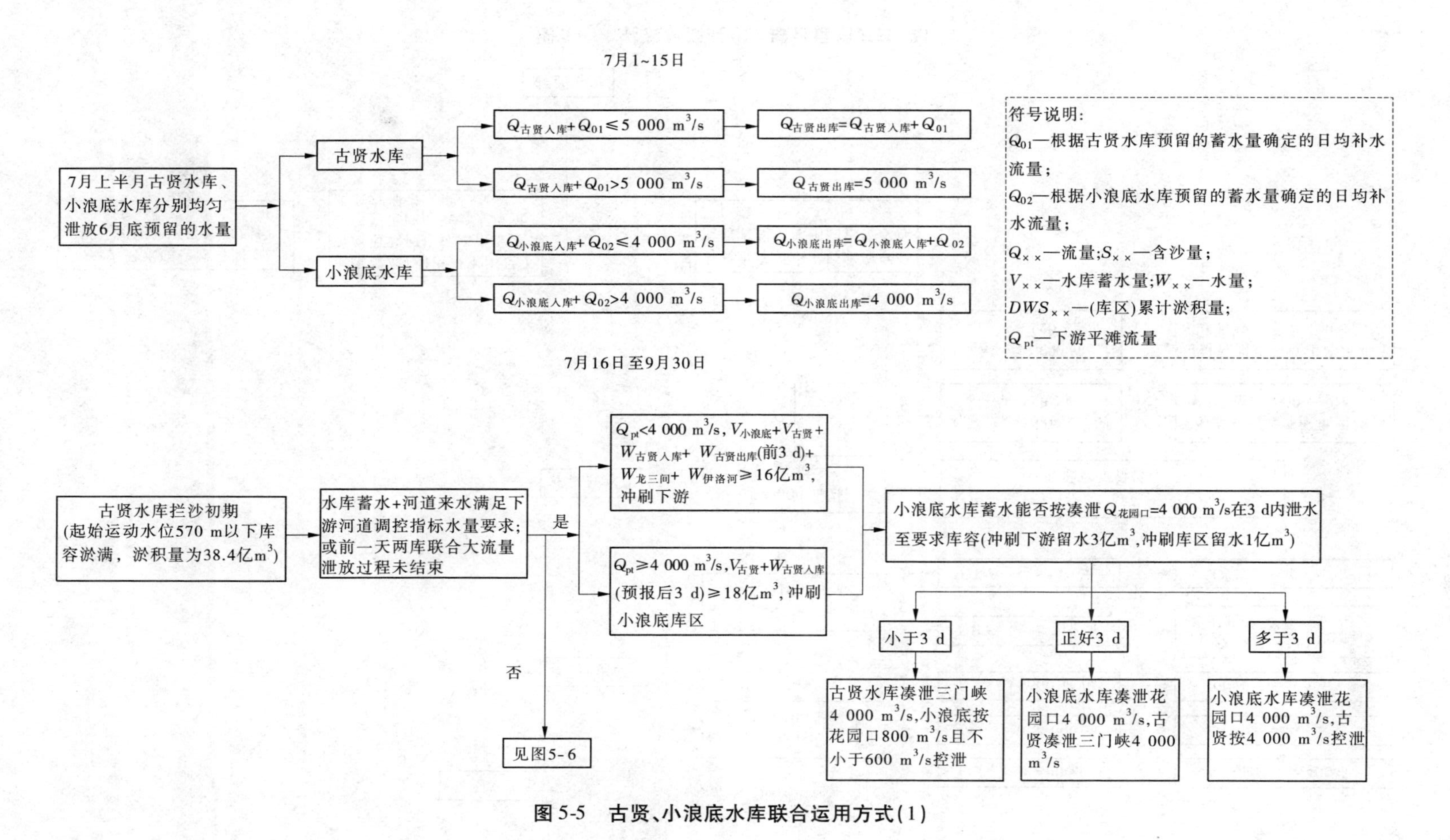

图 5-5　古贤、小浪底水库联合运用方式(1)

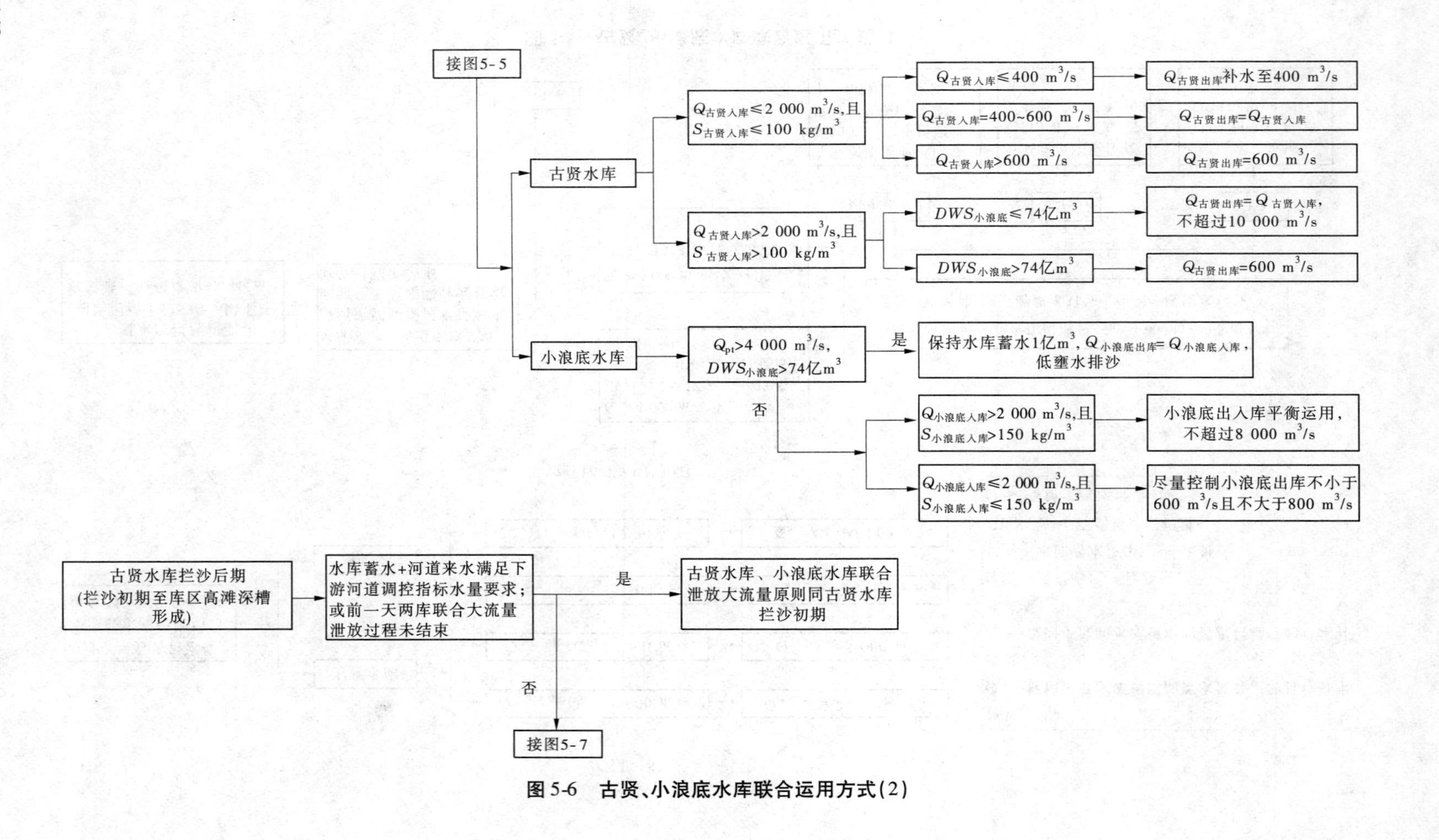

图 5-6　古贤、小浪底水库联合运用方式(2)

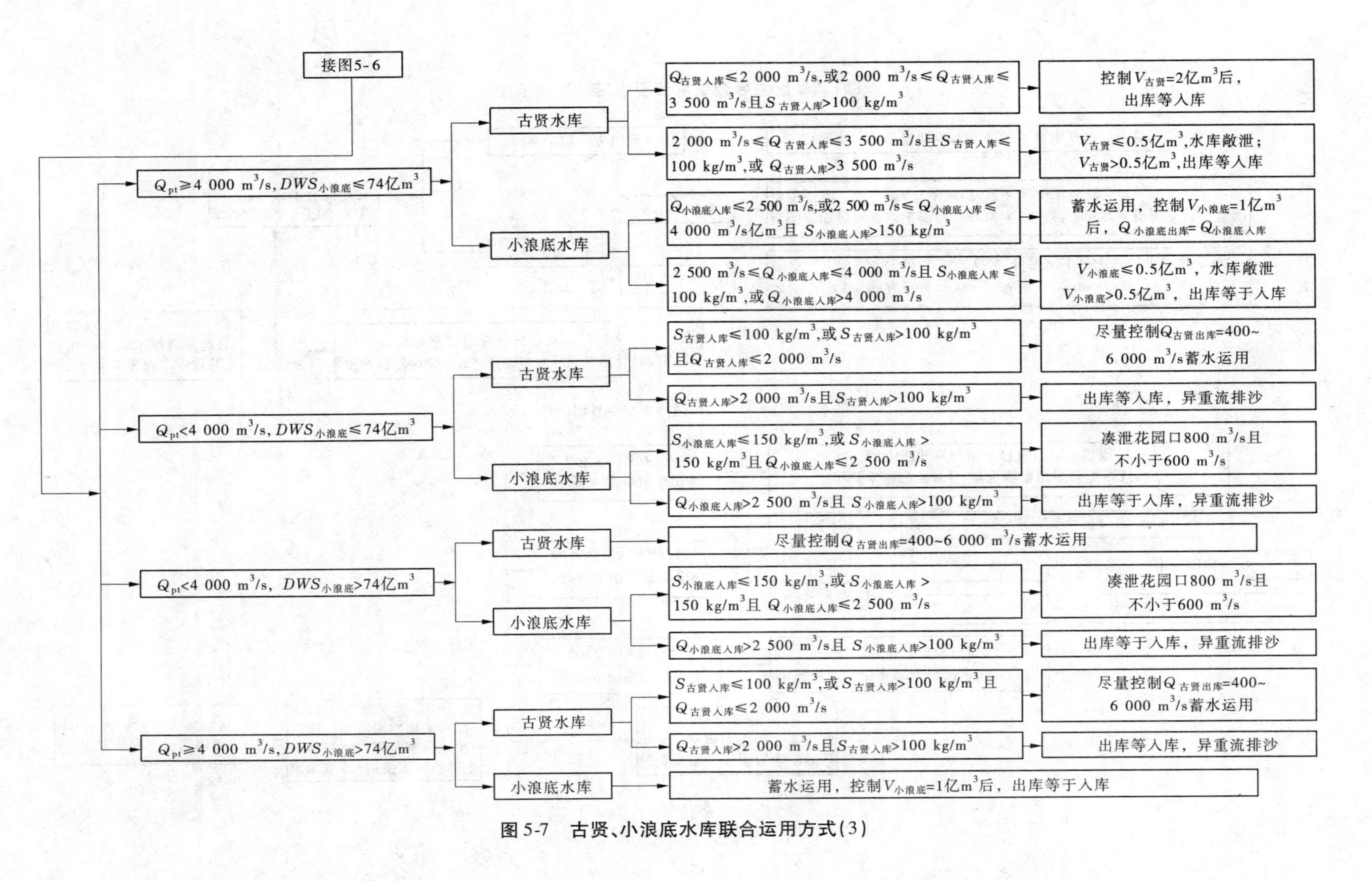

图 5-7 古贤、小浪底水库联合运用方式(3)

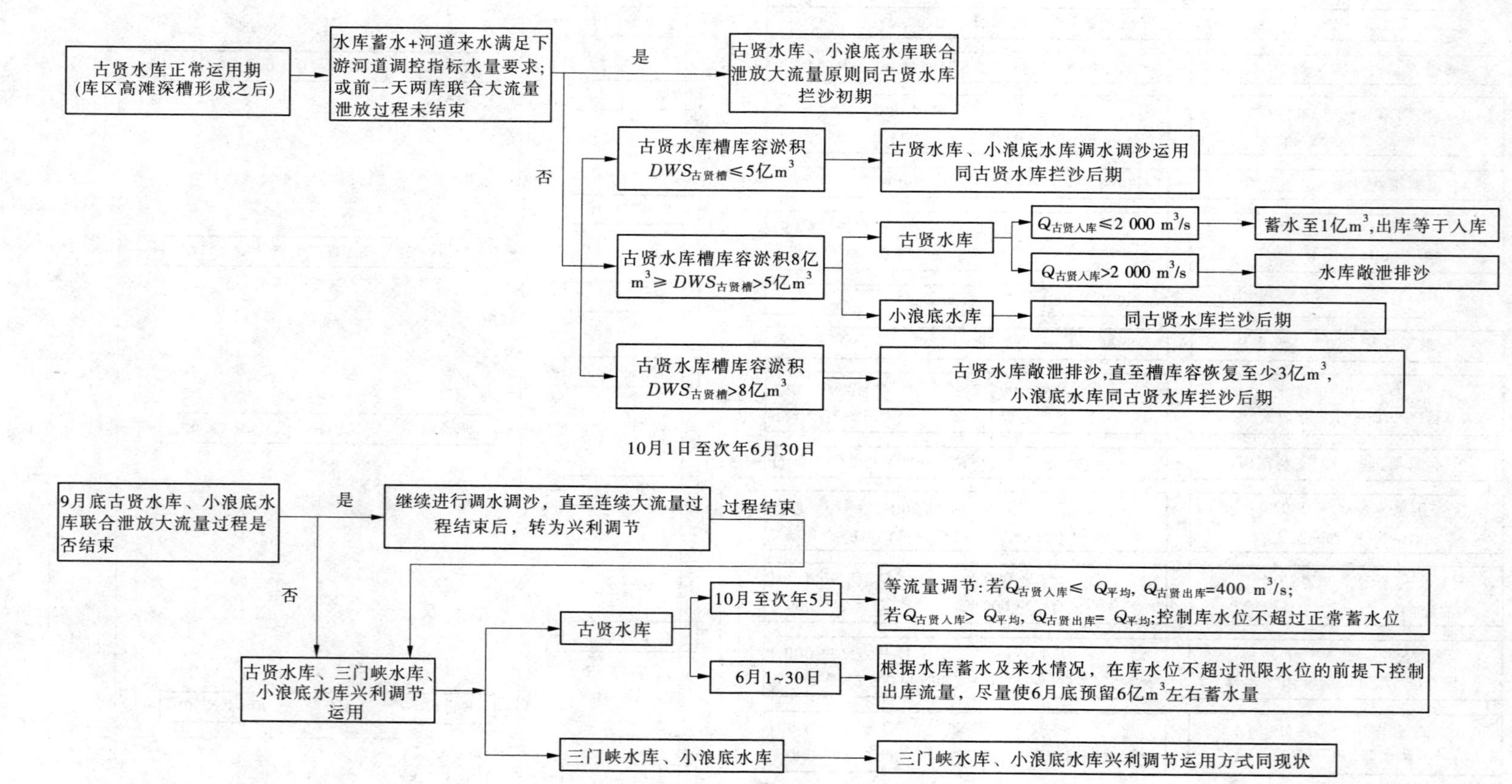

图 5-8　古贤、小浪底水库联合运用方式(4)

5.5 古贤水库、黑山峡水库投入运用后水沙调控体系联合运用方式

古贤水库、黑山峡水库投入运用后,黄河水量调控子体系得到完善。黄河水沙调控体系的工程包括干流的龙羊峡水库、刘家峡水库、黑山峡水库、万家寨水库、古贤水库、三门峡水库、小浪底水库以及支流的陆浑水库、故县水库、河口村水库、东庄水库等。

5.5.1 上游子体系联合运用方式

黑山峡水库投入运用后,黑山峡水库对龙羊峡、刘家峡等上游梯级电站出库水量进行反调节,对黄河水资源和南水北调西线工程入黄水量进行优化配置,在凌汛期控制封河、开河期及冰封期下泄流量,保障宁蒙河段的防凌安全,根据黄河水量统一调度,在用水高峰期增加下泄水量,提高供水、灌溉保证率,可有效协调宁蒙河段灌溉、供水、防洪、防凌与上游梯级发电之间的矛盾,增加上游梯级电站的发电效益,同时可为生态灌区建设提供自流引水条件。在7~8月集中大流量下泄,塑造有利于宁蒙河段输沙的水沙关系,恢复并维持河道排洪输沙功能。同时为黄河中游骨干水库调水调沙运用提供水量,协调黄河下游和小北干流河段水沙关系,提高中下游河道的行洪输沙能力。

上游龙羊峡、刘家峡、黑山峡等骨干水库联合调控运用时,必须在考虑协调宁蒙河段水沙关系,满足宁蒙河段防洪、防凌和河口镇最小流量要求的前提下,考虑生活、生产和生态供水等要求,按梯级发电最优运用。上游水库联合调节运用方式分时段叙述如下:

7~9月,龙羊峡水库、刘家峡水库、黑山峡水库在汛期限制水位运行,枯水年份允许泄放水量至死水位,满足经济社会低限用水要求和上游梯级水力发电要求。黑山峡水库在汛期利用汛期限制水位和死水位之间的蓄水量,根据中游来水来沙情况和水库排沙运用要求相机调水调沙运用,塑造有利于宁蒙河段输沙的水沙过程,并为中游骨干水库调水调沙提供水量动力条件。

10~11月,龙羊峡水库、刘家峡水库、黑山峡水库蓄水运用。该时段黑山峡水库以下用水锐减,梯级发电任务主要由龙羊峡—刘家峡区间电站承担。至10月底,龙羊峡、刘家峡两库最高水位允许达到正常蓄水位,黑山峡水库在11月底加大泄量,满足较大流量封河要求,并预留一定的防凌库容。

12月至次年4月为黄河枯水季节,黑山峡以下需水量很小,且12月至次年3月为宁蒙河段防凌运用时期,黑山峡水库按防凌要求下泄水量,龙羊峡水库补水以满足梯级电站出力要求。龙羊峡水库水位消落,刘家峡水库维持正常蓄水位运行,黑山峡水库防凌蓄水,并在3月凌汛前保留一定的防凌库容,3月底允许蓄至正常蓄水位,4月黑山峡水库继续蓄水至正常蓄水位,或维持在正常蓄水位运行,以备灌溉季节之需。

5~6月为宁蒙地区主要灌溉期,由于河道来水量不足,需水库补水。补水次序为:先由黑山峡水库补水,若不足再由刘家峡水库、龙羊峡水库补水。在6月下旬,黑山峡水库需考虑为调水调沙预留部分水量,并在6月中下旬根据水库蓄水情况,进行调水调沙运用,以大流量冲沙缓解宁蒙河段淤积,并考虑和古贤水库、三门峡水库、小浪底水库等干流

水库联合调度，实现黄河干流全河的调水调沙。6月底水库水位降至汛限水位。

黑山峡水库投入运用后，上游子体系与中游子体系的联合运用，主要体现在主汛期（主要是7～8月）黑山峡水库与古贤水库联合调水调沙运用方面。万家寨水库作为中游子体系的补充，可起承上启下的作用，当古贤水库需要排沙时，可利用万家寨水库对上游黑山峡水库泄放的水流过程进行适当的调节，更好地发挥水沙调控体系联合运用效果。

黑山峡坝址距古贤坝址1 654 km，洪水传播时间约12 d，主汛期黄河北干流来水来沙主要集中于几场洪水，洪水具有陡涨陡落、历时短的特点，鉴于目前洪水的预报水平，要实现两个水库洪水泥沙过程对接十分困难。黑山峡水库与古贤水库联合调水调沙的作用主要表现在黑山峡调节上游水库下泄的水量，汛期集中大流量下泄，在塑造宁蒙河段协调水沙关系，恢复并维持河段行洪输沙能力的基础上，为中游骨干水库联合调水调沙提供水量条件，从而减少小北干流及下游河道的淤积，延长中游水库拦沙运用年限。当中游水库库容淤积较为严重，需要排沙、恢复库容时，黑山峡水库提供水流条件，保证充足水量冲刷中游库区淤积的泥沙，同时形成适合于河道输沙的水沙条件，避免河道主槽发生淤积。在汛前，黄河各区间来水较为稳定，可根据水库蓄水情况，结合防洪预泄，联合黑山峡水库、古贤水库、三门峡水库和小浪底水库进行全河调水调沙运用。

根据水沙调控体系运行的要求及黑山峡工程开发任务，初步拟定的黑山峡水库调水调沙运用（7月1日至8月31日）方式如下：

（1）当入库流量小于100年一遇的洪水流量5 000 m^3/s时，黑山峡水库反调节运用，利用汛期限制水位和死水位之间的库容进行调水调沙运用，塑造有利于河道输沙的水沙过程，减轻宁蒙河道淤积，恢复并维持中水河槽行洪输沙功能，并为中游骨干工程联合调水调沙提供水流动力条件。由于7月下旬至8月中旬为宁蒙河段区间支流主要来沙期，因此在该时段黑山峡水库集中大流量下泄，对于稀释支流高含沙水流、减轻宁蒙河段的淤积大有好处。

7月21日前，当古贤水库累计淤积超过123亿m^3或古贤水库塑造小北干流放淤水沙过程，需要水库排沙时，黑山峡水库即开始泄放死水位以上的蓄水，在协调宁蒙河段水沙关系的同时，为中游冲刷恢复库容提供水流条件。否则，黑山峡水库7月21日开始泄放死水位以上的蓄水：当入库流量小于等于2 500 m^3/s时，水库补水使出库流量等于2 500 m^3/s；当入库流量大于2 500 m^3/s且小于等于5 000 m^3/s时，出库流量等于入库流量；当入库流量大于5 000 m^3/s时，控制出库流量等于5 000 m^3/s。水库死水位以上蓄水泄放至3亿m^3后，上游龙羊峡水库、刘家峡水库和黑山峡水库联合进行径流调节运用，满足全河水资源优化配置的要求（若满足下游工农业及生态用水要求，设计径流系列8～9月分析连续补水的年最大值为2.96亿m^3）。

（2）当入库流量大于5 000 m^3/s时，黑山峡水库转入防洪运用，控制下泄流量不超过5 000 m^3/s；当入库流量超过100年一遇时，不再控泄，水库按泄流能力自然泄洪。

古贤水库、黑山峡水库投入运用后，黑山峡水库7～8月调水调沙运用方式见图5-9。

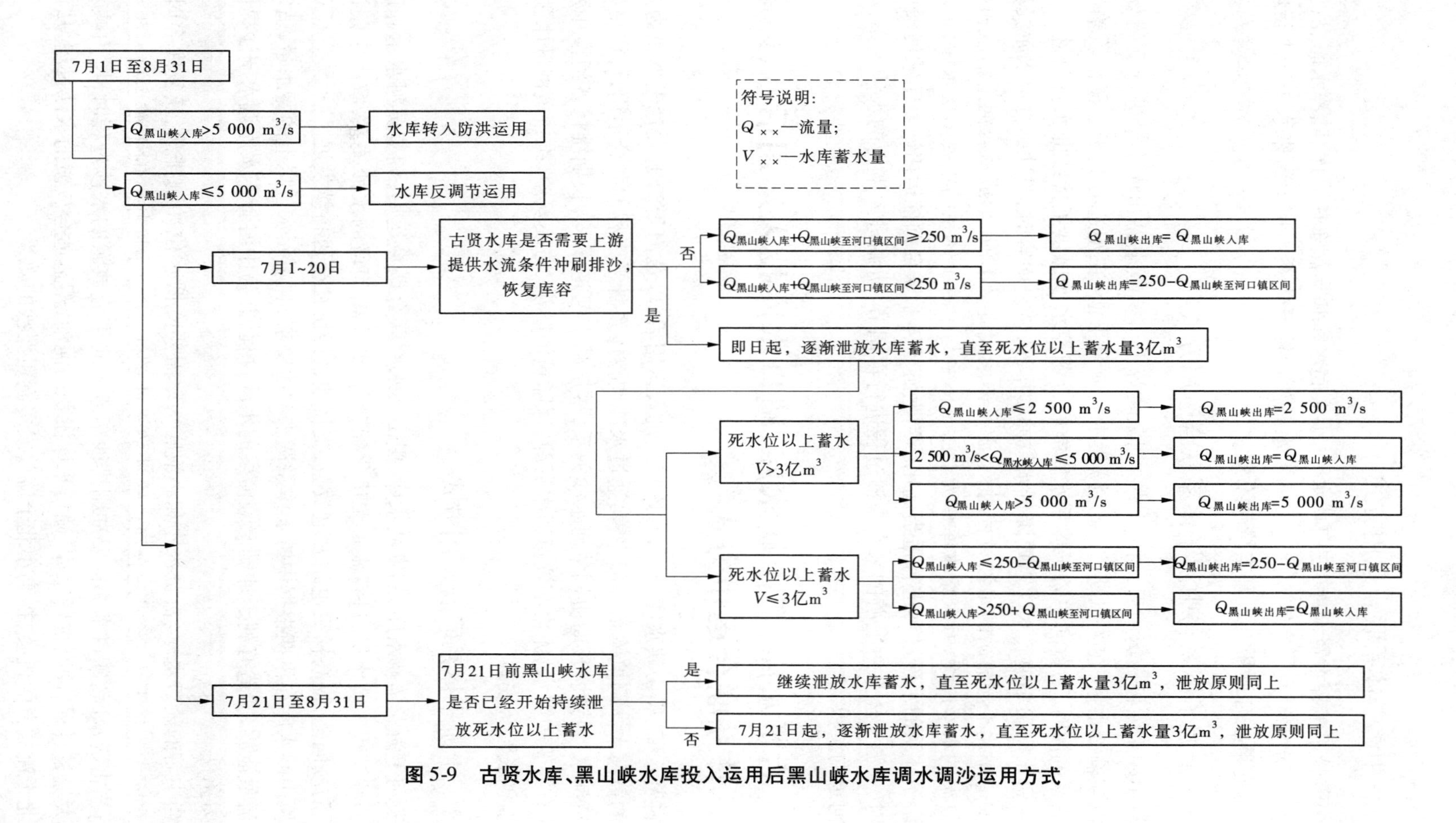

图 5-9 古贤水库、黑山峡水库投入运用后黑山峡水库调水调沙运用方式

5.5.2 中游子体系联合运用方式

中游骨干工程古贤水库、三门峡水库、小浪底水库和支流东庄水库、陆浑水库、故县水库、河口村水库以及万家寨水库组成的洪水泥沙调控子体系承接上游来水来沙进行联合调控,水库群联合运用方式基本维持不变。

5.5.3 上游子体系与中游子体系联合运用方式

黑山峡水库投入运用后,对龙羊峡、刘家峡等上游梯级电站出库水量进行反调节,增加了汛期输沙水量,在主汛期(7～8月)集中大流量下泄,在塑造有利于宁蒙河段输沙的水沙关系的同时,为黄河中游子体系水库群联合调控水沙提供了持续的水量条件。当中游的古贤水库和小浪底水库需要降低水位冲刷排沙、恢复库容时,或冲刷古贤水库淤积的泥沙塑造小北干流放淤的水沙过程时,上游子体系大流量下泄,形成适合河道输沙和小北干流放淤的水沙过程,万家寨水库作为上游子体系与中游子体系的重要衔接水库,可对进入中游子体系的水沙过程进行适当优化。当上游子体系联合调控运用恢复宁蒙河段中水河槽时,中游子体系对上游的来水来沙过程进行再调节,协调进入下游的水沙关系,减少下游河道的淤积。

5.6 古贤水库、黑山峡水库、碛口水库投入运用后水沙调控体系联合运用方式

古贤水库、黑山峡水库、碛口水库相继投入运用后,以黄河干流七大骨干枢纽为主体构成的黄河水沙调控体系全部完善,通过水沙调控体系骨干工程的联合运用,可以更好地适应黄河水沙特性,长期协调黄河水沙关系,尽量减少河道淤积,长期维持各河段中水河槽,并有效管理洪水、优化配置黄河水资源,保障黄河防洪、防凌安全,维持黄河健康生命,实现黄河长治久安。

5.6.1 上游子体系联合运用方式

黄河上游龙羊峡水库、刘家峡水库、黑山峡水库联合调控运用,调节黄河水量和南水北调西线工程入黄水量,进行水资源优化配置,协调宁蒙河段的水沙关系,解决宁蒙河段防洪、防凌问题,提高梯级电站发电效益,支持地区经济社会可持续发展。

黑山峡水库在汛期根据中游子体系调水调沙要求,利用死水位以上的蓄水量,适时进行大流量泄放,塑造有利于冲刷宁蒙河段的水沙过程,并为中游骨干水库调水调沙提供水流动力条件。

当中游的碛口水库、古贤水库和小浪底水库需要降低水位冲刷排沙、恢复库容时,黑山峡水库大流量下泄,形成适合河道输沙的水沙条件,避免水库排沙时下游主槽发生大量淤积;当古贤水库、碛口水库需要冲刷排沙塑造小北干流放淤的水沙过程时,黑山峡水库下泄大流量过程,冲刷古贤水库、碛口水库淤积的泥沙,塑造适合放淤的水沙过程,从而增加小北干流放淤的机会,提高小北干流放淤多淤粗泥沙的效果。

根据水沙调控体系运行的要求及黑山峡工程开发任务，初步拟定的黑山峡水库调水调沙运用(7 月 1 日至 8 月 31 日)方式如下：

(1)7 月 21 日前，当碛口水库累计淤积超过 116 亿 m^3 或碛口水库、古贤水库联合塑造小北干流放淤水沙过程，需要水库排沙时，黑山峡水库即开始泄放死水位以上的蓄水，在协调宁蒙河段水沙关系的同时，为中游冲刷恢复库容提供水流条件。否则，黑山峡水库 7 月 21 日开始泄放死水位以上的蓄水：当入库流量小于等于 2 500 m^3/s 时，水库补水使出库流量等于 2 500 m^3/s；当入库流量大于 2 500 m^3/s 且小于等于 5 000 m^3/s 时，出库流量等于入库流量；当入库流量大于 5 000 m^3/s 时，控制出库流量等于 5 000 m^3/s。水库死水位以上蓄水泄放至 3 亿 m^3 后，上游龙羊峡水库、刘家峡水库和黑山峡水库联合进行径流调节运用，满足全河水资源优化配置的要求。

(2)当入库流量大于 5 000 m^3/s 时，黑山峡水库转入防洪运用，控制下泄流量不超过 5 000 m^3/s；当入库流量超过 100 年一遇时，不再控泄，水库按泄流能力自然泄洪。

碛口水库、黑山峡水库、古贤水库投入运用后黑山峡水库调水调沙运用方式见图 5-10。

5.6.2 中游子体系联合运用方式

碛口水库位于北干流河段中上部，控制了黄河中游粗泥沙的主要来源区。碛口水库投入运用后，通过与中游的古贤水库、三门峡水库和小浪底水库联合拦沙和调水调沙，可长期协调黄河水沙关系，减少黄河下游及小北干流河道淤积，维持河道中水河槽行洪输沙能力。同时，承接上游子体系水沙过程，适时蓄存水量，为古贤水库、小浪底水库提供调水调沙后续动力，在减少河道淤积的同时，恢复水库的有效库容，长期发挥调水调沙效益。当碛口水库泥沙淤积严重、需要排沙时，可利用其上游的来水和万家寨水库的蓄水量对其进行冲刷，恢复库容。

碛口水库拦沙期，碛口水库通过较大的拦沙库容拦减入黄粗泥沙，减缓古贤水库淤积速度，同时碛口水库、古贤水库、三门峡水库和小浪底水库对上游来水来沙及区间的水沙进行联合调控，协调进入河道水沙过程，尽量减少河道的淤积。当下游河道主槽淤积萎缩时，碛口水库、古贤水库、小浪底水库联合塑造洪水过程冲刷下游主槽淤积的泥沙，恢复中水河槽过流能力；当小浪底水库淤积严重需要排沙时，碛口水库与古贤水库进行联合塑造适合与小浪底水库排沙和下游河道输沙的洪水流量过程，冲刷小浪底库区淤积的泥沙，并尽量减少下游河道的淤积；当古贤水库需要排沙时，碛口水库结合上游来水，塑造适合古贤水库排沙的洪水过程。

碛口水库正常运用期，根据河道减淤和长期维持中水河槽的要求，利用各水库的调水调沙库联合调水调沙运用，满足调水调沙对水量和水沙过程的要求。上级水库根据下级水库对其要求进行调节，在上级水库排沙时，下级水库根据入库水沙条件，对水沙过程进行控制和调节，通过水库群联合调度，实现流量过程对接，塑造满足河道输沙要求的水沙过程，以利于河道输沙，减少河道淤积或冲刷河道。

若遇超标准大洪水，根据洪水来源，相应的水库转入联合防洪调度运用。碛口水库、古贤水库、小浪底水库联合运用方式见图 5-11 ~ 图 5-15。

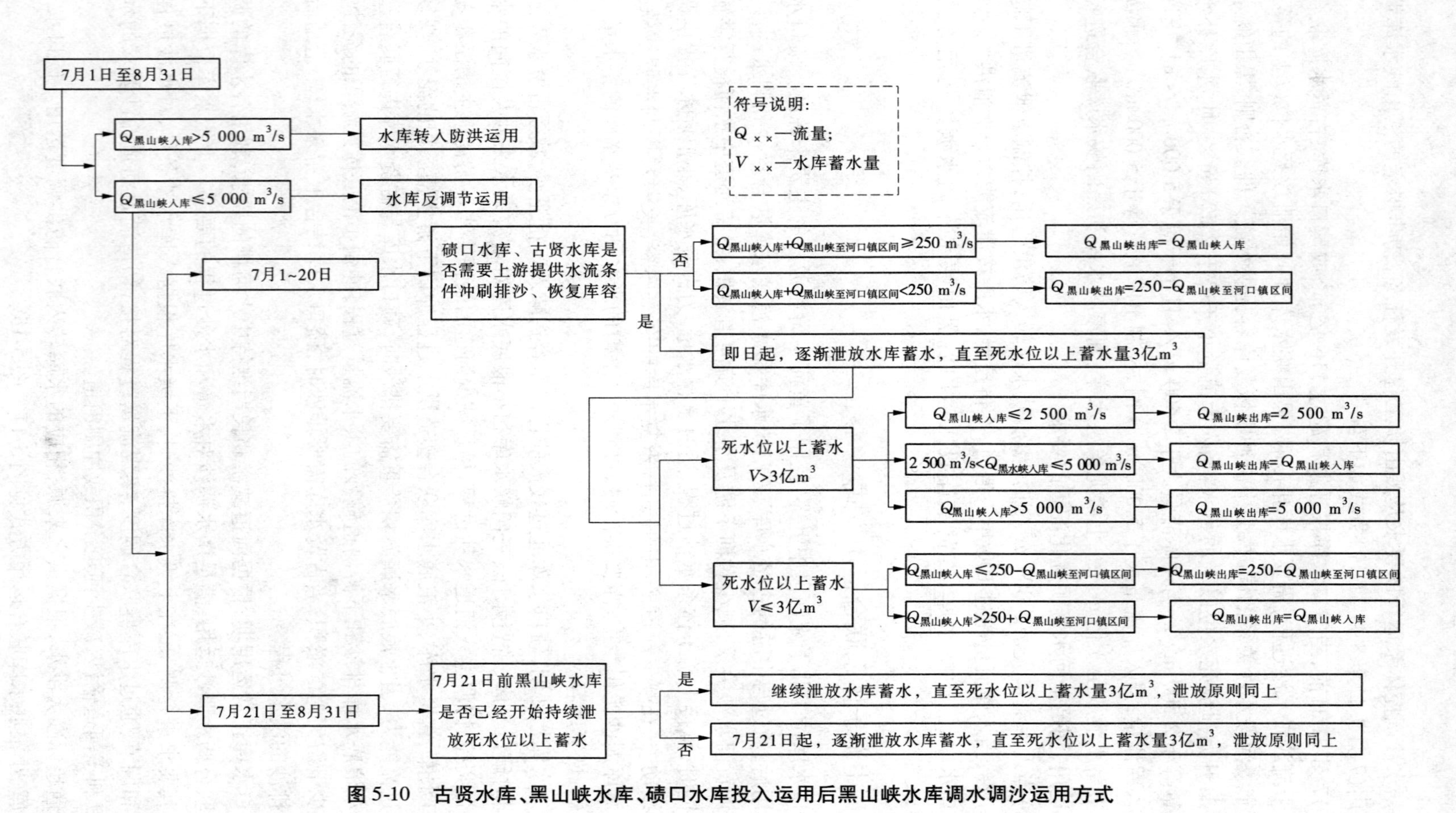

图 5-10　古贤水库、黑山峡水库、碛口水库投入运用后黑山峡水库调水调沙运用方式

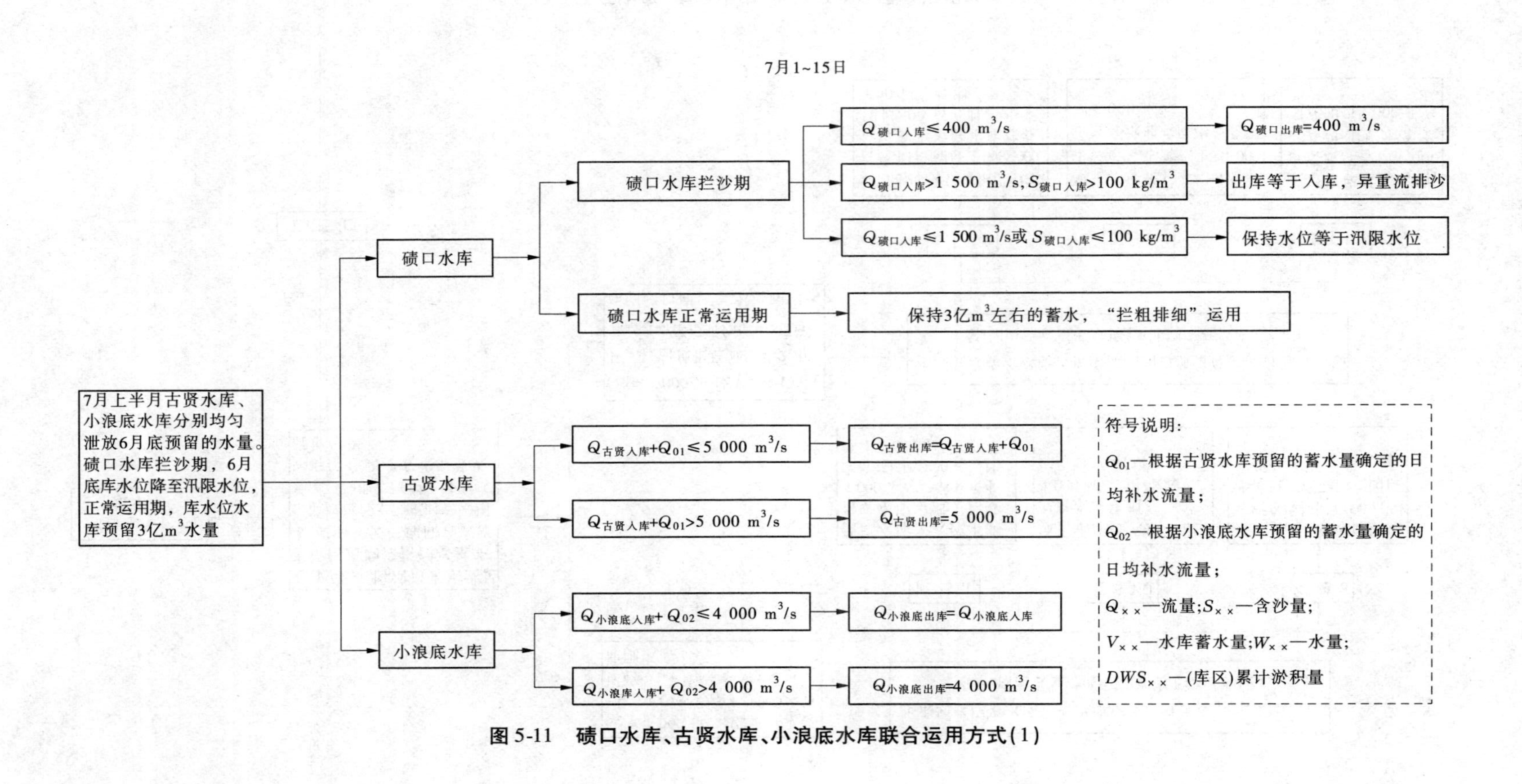

图 5-11　碛口水库、古贤水库、小浪底水库联合运用方式(1)

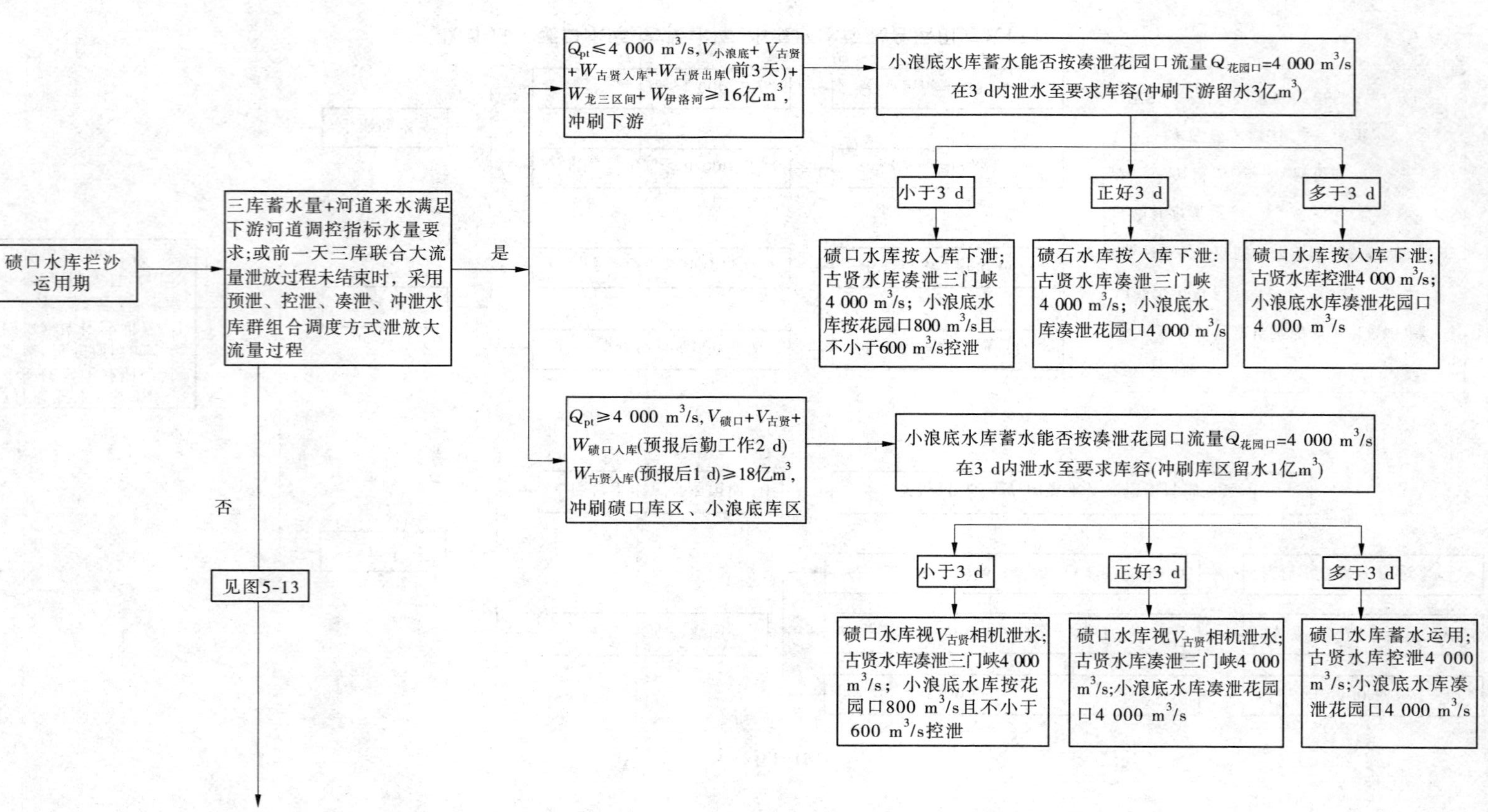

图 5-12　碛口水库、古贤水库、小浪底水库联合运用方式(2)

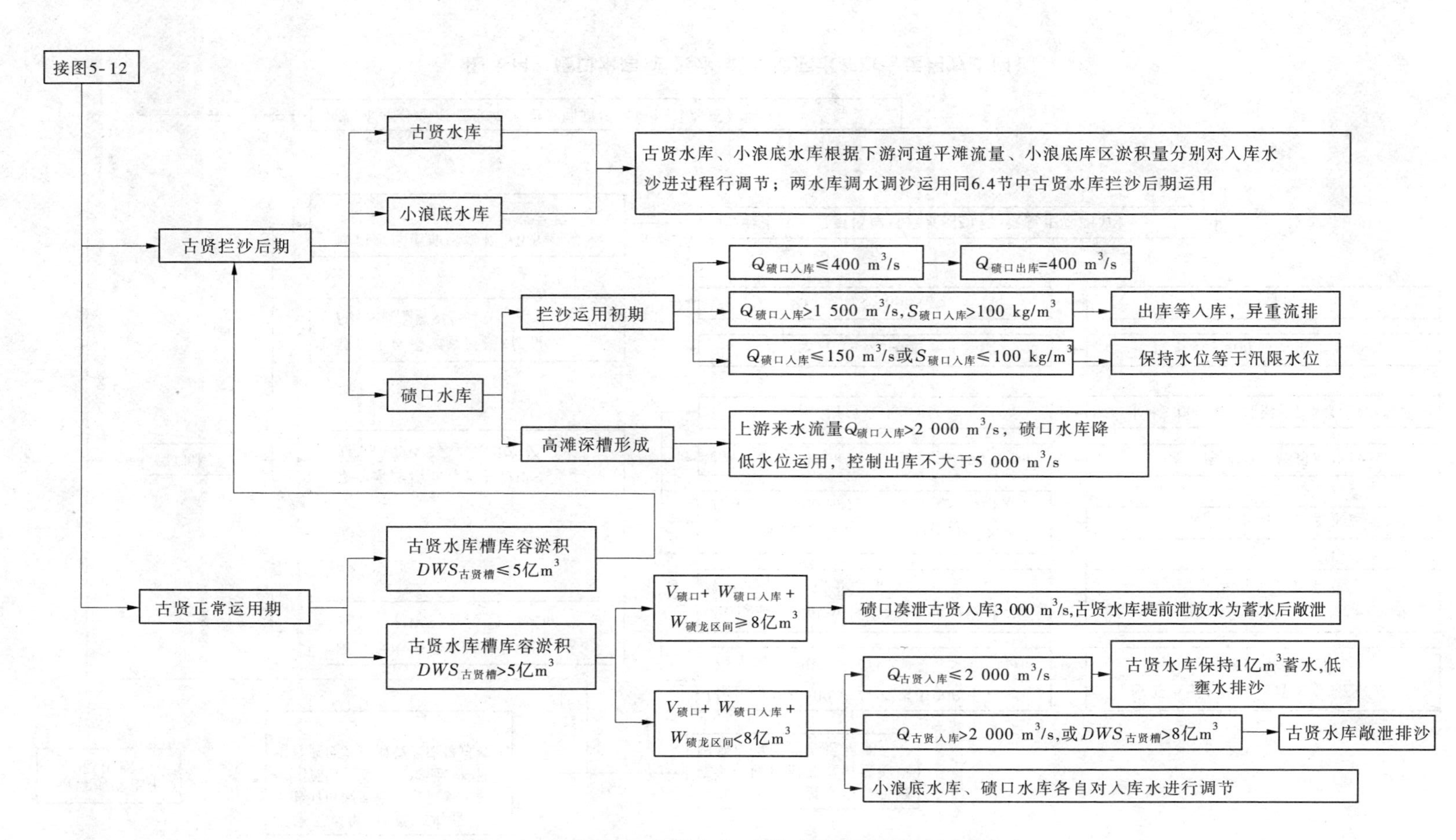

图5-13　碛口水库、古贤水库、小浪底水库联合运用方式(3)

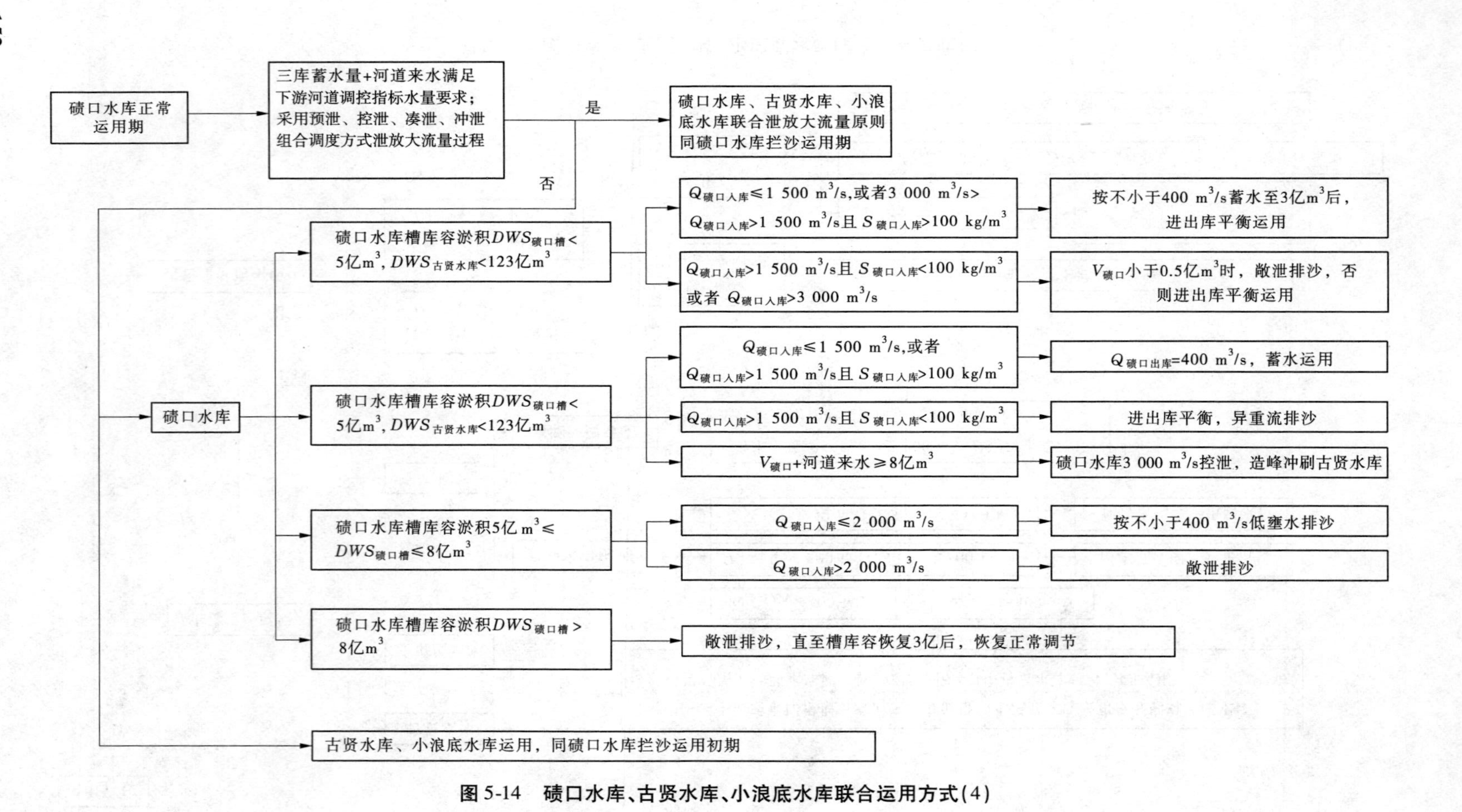

图 5-14　碛口水库、古贤水库、小浪底水库联合运用方式(4)

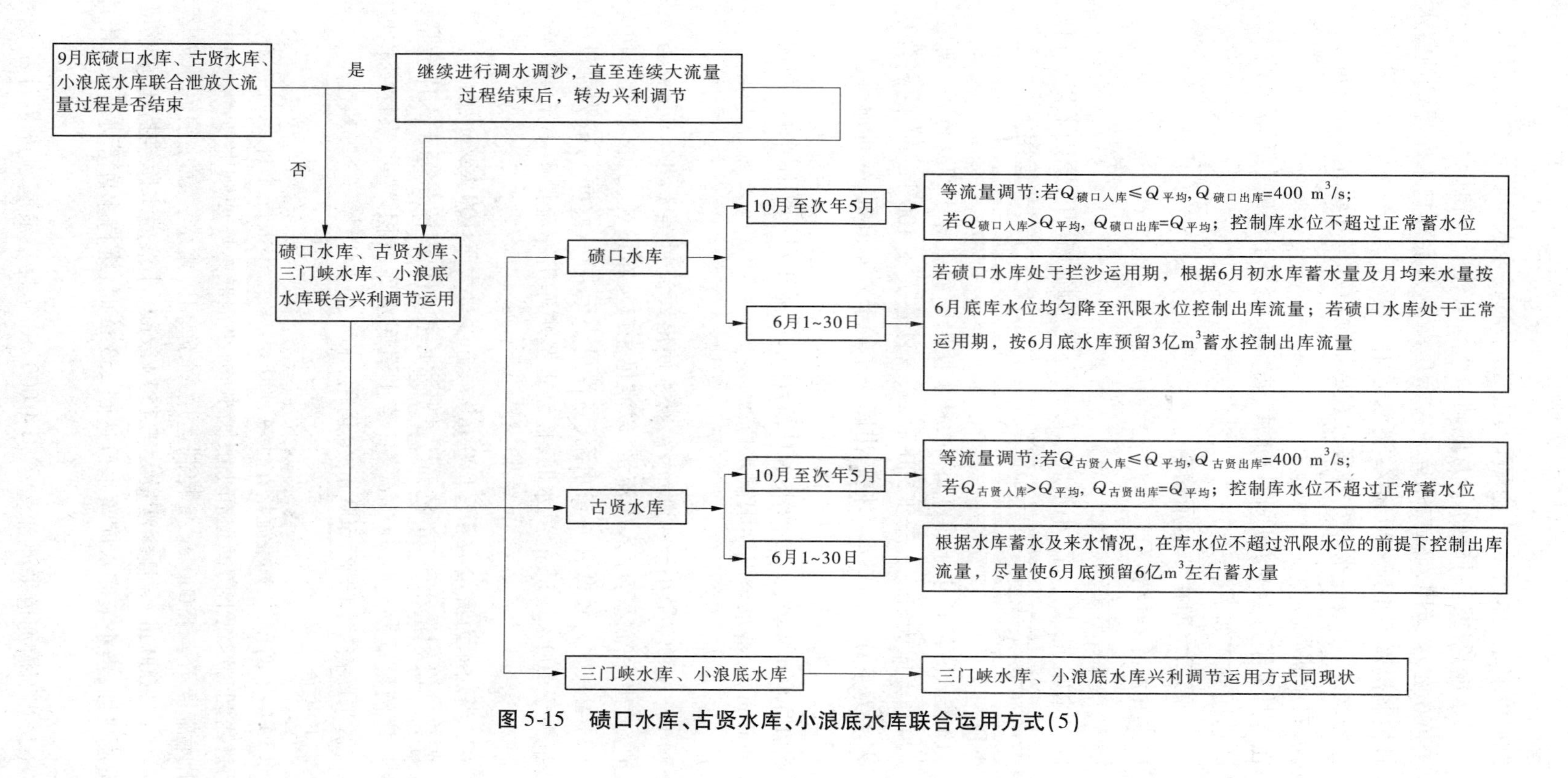

图 5-15　碛口水库、古贤水库、小浪底水库联合运用方式(5)

根据以上原则拟定的中游碛口、古贤、小浪底等水库联合调度运用方式如下：

碛口水库拦沙运用初期,6 月底碛口水库水位降至汛限水位,7 月上半月按控制出库不小于 400 m^3/s 运用。碛口水库正常运用期,6 月底碛口水库尽量预留水量 3 亿 m^3,7 月上半月控制出库不小于 400 m^3/s 蓄水运用。

古贤水库、小浪底水库 6 月底分别尽量预留水量 6 亿 m^3、4 亿 m^3,于 7 月上半月均匀泄放,供农业灌溉。

在 7 月下半月至 9 月底碛口水库、古贤水库与小浪底水库联合调水调沙运用,联合调水调沙运用方式如下。

5.6.2.1 碛口水库拦沙运用初期

1. 古贤水库拦沙初期

1) 蓄水运用原则

碛口水库、古贤水库、小浪底水库联合调水调沙运用,原则上以碛口水库、古贤水库蓄水为主,小浪底水库对古贤—小浪底区间的水沙进行调节运用。

a. 碛口水库

(1) 若入库流量小于 400 m^3/s,补水使出库流量等于 400 m^3/s,满足电站发电要求。

(2) 当入库为流量大于 1 500 m^3/s、含沙量大于 100 kg/m^3 的高含沙洪水(河碛区间支流来水为主)时,碛口水库控制出库流量等于入库流量,异重流排沙。

(3) 当入库为低含沙量水流(河口镇以上来水为主,含沙量小于 100 kg/m^3),或为流量小于 1 500 m^3/s 的高含沙洪水时,若库水位低于汛期限制水位,则水库按照出库流量不小于 400 m^3/s 蓄水至汛期限制水位。

b. 古贤水库

(1) 若入库流量小于 400 m^3/s,补水使出库流量等于 400 m^3/s;若入库流量为 400 ~ 600 m^3/s,出库流量等于入库流量,以满足壶口瀑布景观、工农业引水和电站发电要求。

(2) 当入库为较低含沙量水流(含沙量小于 100 kg/m^3),或为流量小于 2 000 m^3/s 且含沙量大于 100 kg/m^3 的洪水时,控制古贤水库出库流量不小于 400 m^3/s 且不大于 600 m^3/s。

(3) 当入库为流量大于 2 000 m^3/s、含沙量大于 100 kg/m^3 的高含沙洪水时,若小浪底水库累计淤积量小于 74 亿 m^3,古贤水库控制出库流量等于入库流量,异重流排沙,并控制出库流量不大于 10 000 m^3/s;若小浪底水库淤积严重,累计淤积量大于等于 74 亿 m^3,古贤水库按控制出库 600 m^3/s 运用,水库蓄水拦沙。

c. 小浪底水库

(1) 当下游河道平滩流量小于 4 000 m^3/s 且小浪底水库累计淤积量大于等于 74 亿 m^3 时,需同时冲刷下游河道和小浪底水库,小浪底水库原则上按凑泄花园口流量 800 m^3/s 且出库流量不小于 600 m^3/s 控制运用,水库相应蓄水。在小浪底水库蓄水期间,若入库流量大于 2 000 m^3/s 且含沙量大于 150 kg/m^3,小浪底水库维持出库流量等于入库流量,异重流排沙;当小浪底水库蓄水位达到 253 m 时,维持水库蓄水不变,出库流量等于入库流量。

(2) 当下游河道平滩流量小于 4 000 m^3/s 且小浪底水库累计淤积量小于 74 亿 m^3

时，主要冲刷下游主槽，小浪底水库蓄水运用。小浪底水库蓄水原则同(1)。

(3)当下游河道平滩流量大于4 000 m^3/s且小浪底水库累计淤积量大于等于74亿m^3时，主要冲刷恢复小浪底库容，小浪底水库按凑泄花园口流量800 m^3/s且出库流量不小于600 m^3/s控制运用，水库蓄水至1亿m^3后，维持出库流量等于入库流量，水库低壅水排沙。

(4)当下游河道平滩流量大于4 000 m^3/s且小浪底水库累计淤积量小于74亿m^3时，小浪底水库蓄水运用，水库蓄水原则同(1)。

2)碛口水库、古贤水库、小浪底水库联合泄放大流量过程原则

当黄河下游河道严重淤积，平滩流量小于4 000 m^3/s时，三个水库以冲刷恢复下游主槽过流能力为主。当古贤水库、小浪底水库的蓄水量(均为最低运用水位以上的蓄水量，下同)+古贤当天入库水量(以碛口水库计算时段为基准，碛口前1天下泄水量+碛龙区间水量)+古贤水库(前3天)下泄水量+当天及前3天河津水量+预报2 d及前2天华县、洑头水量+伊洛沁河当天水量，大于等于下泄4 d 4 000 m^3/s流量过程所需水量(14亿m^3)+2亿m^3时，即开始调水调沙下泄大流量过程。

(1)在泄放大流量过程时，先泄放小浪底水库的蓄水(根据伊洛沁流量凑泄花园口流量4 000 m^3/s)至蓄水量为2亿m^3，在古贤水库泄放的大流量过程入库时低壅水排沙，避免小浪底库区发生冲刷而降低下游主槽的冲刷效果，大流量过程结束后，满足调控下限流量要求。

(2)以碛口水库计算时段为基准，当小浪底水库能够按调水调沙指令正好3 d(古贤—小浪底的水流传播时间考虑为3 d)泄放水库蓄水至2亿m^3(按凑泄花园口流量4 000 m^3/s考虑，下同)时，古贤水库、小浪底水库当天同时泄放大流量过程，小浪底水库凑泄花园口4 000 m^3/s，古贤水库凑泄三门峡入库4 000 m^3/s。

(3)若小浪底水库蓄水较多，不能在3 d内泄放至2亿m^3，则当天小浪底水库按凑泄花园口4 000 m^3/s，古贤水库当天不泄放大流量过程(按400 m^3/s下泄)；待小浪底水库的蓄水能够3 d内泄放至2亿m^3时，古贤水库开始按凑泄三门峡入库4 000 m^3/s运用。

(4)若小浪底水库蓄水量较少，不能满足泄放大流量3 d的水量要求，古贤水库当天按凑泄三门峡4 000 m^3/s运用，小浪底蓄水能满足凑泄花园口2 d 4 000 m^3/s的水量时，小浪底按推迟1 d泄放大流量(当天按蓄水要求的小流量下泄，下同)，小浪底蓄水能满足凑泄1 d 4 000 m^3/s的水量时，小浪底水库推迟2 d泄放大流量。

(5)整个大流量泄放过程中，碛口水库按进出库平衡运用。当古贤水库泄水至最低运用水位时，碛口水库、古贤水库、小浪底水库联合运用泄放较大流量过程结束。

当下游河道平滩流量较大(大于等于4 000 m^3/s)时，三水库联合运用以冲刷小浪底库区淤积泥沙、恢复库容为主要目的。当碛口水库、古贤水库蓄水(碛口水库汛限水位以下5亿m^3水量作为可调水量，古贤水库为起调水位以上蓄水量)+预报2 d碛口入库水量+古贤当天入库水量+碛龙区间2 d水量大于等于5 d 4 000 m^3/s的水量+1亿m^3(约18亿m^3)时，碛口水库、古贤水库联合造峰运用冲刷小浪底水库，泄水原则和次序同冲刷下游河道方案，满足下游大流量过程水流连续要求，即首先小浪底按凑泄花园口流量4 000 m^3/s泄放水库蓄水至1亿m^3时(为了避免敞泄冲刷时高含沙洪水在黄河下游集中

淤积，小浪底水库预留1亿m^3水量，适当控制出库含沙量），古贤水库再按凑泄三门峡入库流量4 000 m^3/s冲刷小浪底水库，碛口水库在古贤水库泄放大流量当天按5 000 m^3/s流量泄空水库的调蓄水量。

2. 古贤水库拦沙后期

1）蓄水运用原则

a. 碛口水库

碛口水库蓄水运用原则同古贤水库拦沙运用初期。

b. 古贤水库、小浪底水库

根据下游平滩流量及小浪底库区累计淤积量情况分别采用不同的蓄水运用原则。

（1）当黄河下游平滩流量大于4 000 m^3/s且小浪底水库累计淤积量小于74亿m^3时，两水库采用低水位壅水排沙、拦粗排细的运用方式，遇大流量含沙量较高的洪水时，古贤水库、小浪底水库尽量不调节水沙过程，使黄河下游能够淤滩刷槽；遇较大流量低含沙洪水时能够敞泄冲刷古贤水库和小浪底水库。

古贤水库：当古贤入库为流量小于等于2 000 m^3/s的小洪水或入库为流量大于2 000 m^3/s小于等于3 500 m^3/s且含沙量大于100 kg/m^3的洪水时，古贤水库按出库流量不小于400 m^3/s且不大于600 m^3/s蓄水至2亿m^3，然后保持出库流量等于入库流量，水库拦粗排细运用。当古贤入库为流量大于2 000 m^3/s且小于等于3 500 m^3/s、含沙量小于100 kg/m^3的洪水，或入库为流量大于3 500 m^3/s的洪水时，若水库当天蓄水量小于0.5亿m^3，则水库敞泄排沙运用，否则控制出库流量等于入库流量（控制出库流量不大于10 000 m^3/s）。

小浪底水库：当小浪底入库为流量小于2 500 m^3/s的低含沙或高含沙水流，或为流量大于等于2 500 m^3/s小于4 000 m^3/s且含沙量大于等于150 kg/m^3的高含沙量水流时，水库保持1亿m^3蓄水量，出库流量等于入库流量，水库拦粗排细运用。当小浪底入库流量大于等于2 500 m^3/s且小于4 000 m^3/s、含沙量小于150 kg/m^3，或流量大于4 000 m^3/s时，若水库当天蓄水量小于0.5亿m^3，则水库敞泄排沙运用，否则控制出库流量等于入库流量，同时控制出库流量不大于8 000 m^3/s。

（2）当黄河下游平滩流量小于4 000 m^3/s且小浪底水库累计淤积量小于74亿m^3时，古贤水库、小浪底水库共同蓄水，联合泄放大流量过程冲刷恢复下游河道过流能力。

古贤水库：当古贤入库流量小于等于2 000 m^3/s，或入库流量大于2 000 m^3/s、含沙量小于等于100 kg/m^3时，控制古贤水库出库流量不小于400 m^3/s且不大于600 m^3/s蓄水运用；当古贤入库流量大于2 000 m^3/s且含沙量大于100 kg/m^3时，控制古贤出库流量等于入库流量，异重流排沙，并控制出库流量不大于10 000 m^3/s。

小浪底水库：水库原则上按凑泄花园口流量800 m^3/s且出库流量不小于600 m^3/s控制运用。在水库蓄水期间，若入库流量大于2 500 m^3/s且含沙量大于150 kg/m^3，维持出库流量等于入库流量，异重流排沙。当小浪底水库蓄水位达到253 m时，控制水库蓄水位不变，出库流量等于入库流量。

（3）当黄河下游平滩流量小于4 000 m^3/s且小浪底水库累计淤积量大于74亿m^3时，古贤水库、小浪底水库联合调水调沙运用，不仅需要冲刷恢复黄河下游主槽过流能力，也需要冲刷恢复小浪底水库的有效库容,需要两水库共同蓄水。

古贤水库:控制出库流量不小于400 m^3/s 且不大于600 m^3/s,水库蓄水运用。

小浪底水库:对古贤—小浪底区间水沙进行调节,相应蓄水。在小浪底蓄水期间,若入库流量大于2 500 m^3/s 且含沙量大于150 kg/m^3,出库流量等于入库流量,异重流排沙。当小浪底蓄水位达到253 m时,控制蓄水位不变,出库流量等于入库流量。

(4)当黄河下游平滩流量大于4 000 m^3/s 且小浪底水库累计淤积量大于74亿 m^3 时,主要依靠古贤水库蓄水,泄放大流量过程冲刷恢复小浪底水库调水调沙库容,因此需控制小浪底水库的蓄水量。

古贤水库:当入库为低含沙量水流(含沙量小于100 kg/m^3)或流量小于2 000 m^3/s 高含沙洪水时,控制水库出库流量400~600 m^3/s,水库蓄水运用。在蓄水期间,当古贤入库为流量大于2 000 m^3/s、含沙量大于100 kg/m^3 的洪水时,控制古贤出库流量等于入库流量,异重流排沙,并控制出库流量不大于10 000 m^3/s。

小浪底水库:小浪底水库按凑泄花园口流量800 m^3/s 且出库流量不小于600 m^3/s 控制运用,蓄水至1亿 m^3 后,然后保持蓄水量1亿 m^3,出库流量等于入库流量,拦粗排细运用。

2)泄放大流量过程的原则

当水库蓄水满足上述调水调沙泄放大流量过程要求的水量时,碛口、古贤、小浪底三库联合泄放大流量过程,原则同古贤水库拦沙初期。

3.古贤水库正常运用期

在古贤水库正常运用期,古贤水库对碛口至龙门区间的水沙过程进行调控,当水库调水调沙库容淤积较为严重时,可适时利用碛口水库蓄水冲刷恢复库容。古贤水库、小浪底水库利用调水调沙库容对入库水沙进行一定的调节,并为冲刷小浪底库区和下游河道积蓄水流动力。

1)蓄水运用

a.碛口水库

碛口水库蓄水运用原则基本同古贤水库拦沙后期。在碛口水库"淤滩刷槽"阶段,水库降低水位运用时控制最大出库流量为5 000 m^3/s,水库基本泄空后,利用上游黑山峡水库泄放的大流量过程冲刷库区河槽。

b.古贤水库

(1)当古贤水库槽库容淤积量小于5亿 m^3 时,表明古贤水库还具有一定的泥沙调节能力,可以通过水库拦沙和调水调沙为恢复黄河下游主槽过流能力和小浪底水库库容创造一定的条件。古贤水库蓄水运用原则同古贤水库拦沙后期。

(2)当古贤水库槽库容淤积量大于5亿 m^3 时,表明古贤水库调水调沙库容已淤积较为严重。当古贤入库流量小于2 000 m^3/s 时,水库保持1亿 m^3 蓄水量低壅水排沙。当入库流量大于2 000 m^3/s 时,水库敞泄排沙。当古贤水库淤积量大于8亿 m^3 时,古贤水库敞泄排沙,直至水库槽库容最少恢复至3亿 m^3。

当碛口水库的蓄水量(可调水量)+预报2 d河道来水量(预报2 d碛口入库流量+预报2 d碛龙区间入流)能够满足3 d 3 000 m^3/s 流量过程所需水量(8亿 m^3)时,碛口水库开始按凑泄古贤入库3 000 m^3/s 流量,冲刷古贤库区淤积物。

c. 小浪底水库

小浪底水库运用同拦沙期。当小浪底水库累计淤积量大于等于 79 亿 m^3 时，水库敞泄排沙，直至水库冲刷恢复库容 3 亿 m^3 后，恢复正常运用。

2) 碛口、古贤、小浪底三库联合泄放大流量过程原则

当水库蓄水满足上述调水调沙泄放大流量过程要求的水量时，碛口、古贤、小浪底三库联合泄放大流量过程。原则同拦沙初期。

5.6.2.2 碛口水库正常运用期

碛口水库进入正常运用期，古贤水库、小浪底水库拦沙库容也均已淤满，三个水库利用调水调沙库容对不同来源区、不同时段的水沙进行联合调控，长期塑造协调黄河的水沙关系。

1. 蓄水运用原则

1) 碛口水库

(1) 当碛口水库槽库容淤积量小于 5 亿 m^3，古贤水库累计淤积量小于 123 亿 m^3 时，碛口水库原则上不大量蓄水，低水位壅水排沙；当遇到大流量高含沙量洪水时，碛口水库尽量不调节水沙过程；当遇到大流量低含沙量洪水时，适时敞泄排沙。

当碛口入库流量小于等于 1 500 m^3/s，或流量大于 1 500 m^3/s 且小于 3 000 m^3/s、含沙量大于 100 m^3/s 时，碛口水库按出库流量不小于 400 m^3/s 蓄水至 3 亿 m^3，然后保持出库流量等于入库流量，水库拦粗排细运用。当入库为流量大于 1 500 m^3/s、含沙量小于 100 kg/m^3 的洪水，或为流量大于 3 000 m^3/s 的洪水时，若当天水库蓄水量小于 0.5 亿 m^3，水库敞泄排沙运用，否则按来水流量下泄。

(2) 当碛口水库槽库容淤积量小于 5 亿 m^3，古贤水库累计淤积量大于 123 亿 m^3 时，碛口水库原则上蓄水运用，当碛口入库流量小于等于 1 500 m^3/s，或流量大于 1 500 m^3/s、含沙量小于 100 kg/m^3 时，控制出库流量 400 m^3/s，水库蓄水。当碛口入库流量大于 1 500 m^3/s、含沙量大于 100 kg/m^3 时，控制碛口出库流量等于入库流量，异重流排沙。

当碛口水库的蓄水量（可调水量）+ 预报 2 d 河道来水量（预报 2 d 碛口入库流量 + 预报 2 d 碛龙区间入流）能够满足 3 d 3 000 m^3/s 流量过程所需水量（8 亿 m^3）时，碛口水库开始按凑泄古贤入库 3 000 m^3/s 流量，冲刷古贤库区淤积物。

(3) 当碛口水库槽库容淤积量大于 5 亿 m^3 且小于等于 8 亿 m^3 时，说明碛口水库槽库容淤积较为严重。当入库流量小于等于 2 000 m^3/s 时，控制出库流量不小于 400 m^3/s，保持水库蓄水量 1 亿 m^3 低壅水排沙。当入库流量大于 2 000 m^3/s 时，水库敞泄排沙，恢复调水调沙库容。

(4) 当碛口水库槽库容淤积量大于 8 亿 m^3 时，水库泄空水库蓄水，敞泄排沙，直至槽库容恢复 3 亿 m^3 后，恢复正常调节。

2) 古贤水库、小浪底水库

古贤水库、小浪底水库蓄水运用同碛口水库运用初期情况。

2. 碛口水库、古贤水库、小浪底水库泄放大流量过程的原则

当水库蓄水满足上述调水调沙泄放大流量过程要求的水量时，碛口、古贤、小浪底三库联合泄放大流量过程，原则同拦沙初期。

调节期(10 月 1 月至次年 6 月)黑山峡水库、碛口水库、古贤水库和小浪底水库兴利调节运用方式:

10 月至次年 5 月,碛口水库采用等流量调节运用。若碛口入库流量小于等于调节期平均流量,水库尽可能补水至调节期平均流量;若碛口入库流量大于调节期平均流量,水库蓄水运用,出库按调节期平均流量泄放。当水位超过正常蓄水位时,加大下泄流量,使库水位不高于正常蓄水位。

6 月 1 ~ 30 日,若碛口水库处于拦沙运用期,根据 6 月初水库蓄水量及月均来水量按 6 月底库水位均匀降至汛限水位控制出库流量;若碛口水库处于正常运用期,按 6 月底水库预留 3 亿 m^3 蓄水控制出库流量。

三门峡、小浪底、古贤、黑山峡等水库调节期径流调节原则同上。

5.6.3 上游子体系与中游子体系联合运用方式

黄河水量调控子体系按照黄河流域水资源优化配置的要求,合理安排下泄水量和过程,在减少上游宁蒙河段淤积、维持河道过流能力的同时,为洪水、泥沙调控子体系提供调水调沙的水流动力条件;当中游子体系骨干水库需要降低水位冲刷排沙、恢复库容时,上游子体系适时下泄大流量,形成适合河道输沙的水沙过程,避免水库冲刷恢复过程中河道发生大量淤积;当中游子体系骨干水库冲刷排沙塑造小北干流放淤的水沙过程时,上游子体系按照中游子体系的要求泄放大流量过程,增加小北干流放淤的机会以及改善放淤效果。当上游子体系联合调控运用恢复宁蒙河段中水河槽时,中游子体系对上游的来水来沙过程进行再调节,协调进入下游的水沙关系,减少下游河道的淤积。

5.7 小　结

本章分析了黄河水沙调控体系水沙联合调度目标,研究了黄河水沙调控体系联合运用机制及中游骨干水库分期运用原则,研究提出了现状工程条件下,古贤水库投入运用后,古贤水库、黑山峡水库投入运用后,古贤水库、黑山峡水库、碛口水库投入运用后水沙调控体系联合运用方式。取得以下主要成果:

(1)黄河水沙调控体系联合调控的目标:一是协调水沙关系,减轻河道淤积,长期维持河道中水河槽行洪输沙功能;二是有效管理洪水,为防洪和防凌安全提供重要保障;三是优化配置黄河水资源和南水北调西线入黄水量,保障城乡居民生活、工业、农业、生态环境用水,维持黄河健康生命,支持黄河流域及相关地区经济社会的可持续发展。水沙调控体系联合调度运用原则及运用方式拟定要立足于上述三个目标。

(2)根据黄河各河段水沙特点以及流域治理开发的要求,黄河水沙调控体系分为水量调控子体系(上游子体系)和洪水泥沙调控子体系(中游子体系)。龙羊峡水库、刘家峡水库、黑山峡水库构成黄河水量调控子体系的主体,对黄河水量进行多年调节和水资源优化调度,进行全河水资源配置,满足上游河段防凌要求;碛口水库、古贤水库、三门峡水库和小浪底水库构成黄河洪水、泥沙调控子体系的主体,管理黄河中游洪水,进行拦沙和调水调沙,并进一步优化调度水资源。上游子体系可为中游子体系水库降低水位冲刷排沙、恢复库容时提供水流动力条件,当上游子体系调控运用恢复宁蒙河段中水河槽时,中游子体系对上游的来水来沙进行再调节,塑造适合河道输沙的水沙过程,减少下游河道淤积。

(3)充分吸取黄河水沙理论与实践研究成果,考虑不同的来水来沙条件、库区蓄水条件以及河床边界条件等因素,从有利于河道和水库减淤的目标出发,研究了水库群联合调度运用模式及水沙过程对接技术,提出了现状工程,古贤水库、黑山峡水库、碛口水库不同建设时机情况下的水沙调控体系联合调水调沙运用方式和兴利调节运行方式,并绘制出调度运用框图,为黄河水沙调控体系运用效果计算提供重要的技术支撑。

第 6 章　黄河水沙调控体系数学模拟系统研究

6.1　数学模拟系统总体构架

6.1.1　系统功能

黄河水沙调控体系数学模拟系统的主要服务对象为洪水调度与演进、泥沙冲淤计算、水资源利用与配置等技术工作人员及相关决策层。以服务用户为对象,结合其主要计算流程,全面分析不同用户对数学模型开发及其综合集成的具体要求,综合提出数学模型系统业务构件需求。

根据黄河水沙调控体系联合调控数学模拟的要求,数学模拟系统包括以下主要功能:

(1)宁蒙河段、禹潼河段、黄河下游河道水流泥沙运动模拟模块,满足不同调度方案河道泥沙冲淤响应和平滩流量计算的需要。

(2)骨干水库库区水流泥沙运动模拟模块,满足不同调度方案库区泥沙冲淤响应计算的需要。

(3)洪水调度模拟模块,满足洪水调度计算的需要。

(4)水库联合调度运用方式模拟模块。

(5)水资源配置模块,分析水资源需求与满足程度,进行电量计算。

(6)计算过程直观和结果可视化等辅助构件模块,便于进行各种调度方式的综合评价。

6.1.2　逻辑架构设计

黄河水沙调控体系数学模拟系统采取模块化设计,在逻辑上由具有各种功能的模块和数据组成,便于用户日常使用、维护和升级。根据系统建设特点,设计采用安全性、稳定性、可维护性较高的三层体系构架,由应用层、模型服务层和数据层组成,如图 6-1 所示。

最底层——数据层,是黄河水沙调控体系数学模拟系统的基础。数据或信息是分析判断问题的依据,数学模型的计算离不开数据的支持。同时,数学模型的计算结果也是一种数据。要在充分分析黄河水沙调控体系所需各类数据以及考虑数学模型计算所需数据、结果数据的基础上,设计科学的数据表对这些数据或信息进行有效存储和管理。

中间层——模型服务层,是系统的核心部分,主要包括泥沙模型、水文模型、水资源模型和数据交互管理接口,为系统提供共享的、可重复利用的、方便独立维护的数学模型和接口模块。通过调用数据层的模型边界条件、参数、GIS 数据等,模型服务层为应用层提供模型计算和 GIS 应用支撑服务。

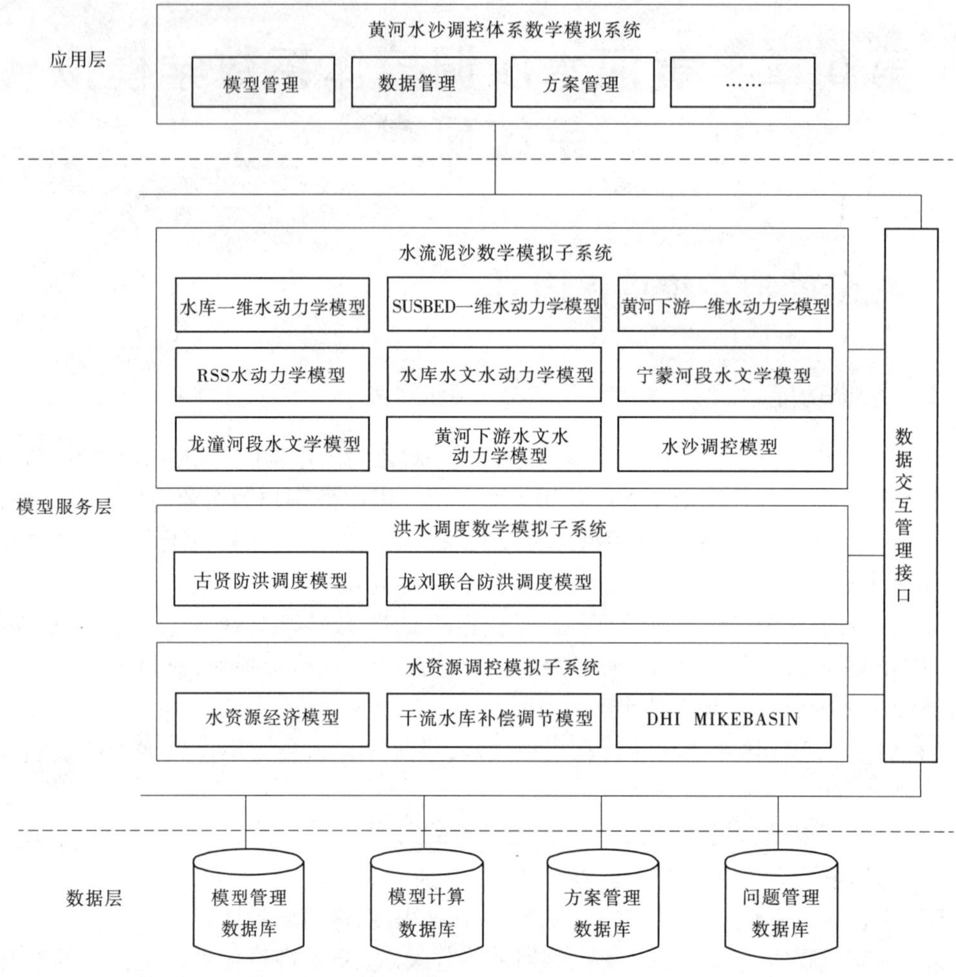

图 6-1　黄河水沙调控体系数学模拟系统逻辑结构图

最上层——应用层，是黄河水沙调控体系数学模拟系统直接面向用户的业务应用界面，是系统是否实用、易用的关键所在，需要根据黄河水沙调控体系的特点，设计开发系统运行控制方式以及基于 GIS 的综合显示分析和模型计算方案管理功能，提供人机交互式控制界面，为黄河水沙调控体系研究提供个性化的业务支持。

6.1.3　主要功能模型

黄河水沙调控体系数学模拟模型包括的功能模型见表 6-1。功能模型的开发原则是：在分析已有数学模型的基础上，充分吸纳和完善有关模型，同时根据本次规划要求开发若干新的模型。

开发的各个模型，均采用实测资料率定了其中的参数，并利用新的洪水、泥沙、水资源分配等资料对模型进行了验证，效果良好，说明模型比较可靠。这些模型已经运用于多个治黄规划设计中，有关成果均通过了审查，表明各模型开发是成功的，可应用于本项规划中。

表 6-1　主要功能模型

<table>
<tr><th>类别</th><th colspan="2">名称</th><th>计算功能</th></tr>
<tr><td rowspan="3">防洪调度</td><td colspan="2">龙羊峡水库、刘家峡水库联合防洪调度模型</td><td>模拟区域为贵德—河口镇,可计算不同频率洪水调度过程。能提供计算断面洪水过程、洪峰洪量、水库蓄泄过程</td></tr>
<tr><td colspan="2">古贤水库防洪调度模型</td><td>能提供古贤水库出库洪水过程,进行水库特征水位论证</td></tr>
<tr><td colspan="2">黄河下游三门峡、小浪底、陆浑、故县、河口村五库联合防洪调度模型</td><td>制定年度防汛调度预案,计算不同量级及组成洪水调度过程。提供主要断面洪水过程、洪峰洪量,水库特征水位</td></tr>
<tr><td rowspan="9">泥沙</td><td rowspan="4">水动力学模型</td><td>水库一维水动力学模型</td><td>提供水面线、淤积量、淤积形态、电量等</td></tr>
<tr><td>SUSBED 一维水动力学模型</td><td>提供全沙和分组沙淤积量,主要断面流量、含沙量</td></tr>
<tr><td>黄河下游一维水动力学模型</td><td>模拟小浪底—利津河段冲淤变化,计算汛期按天,非汛期按月,提供各主要河段的冲淤量,各河段分滩槽冲淤量、分组沙冲淤量,水文站流量和含沙量过程</td></tr>
<tr><td>RSS 水动力学模拟系统</td><td>系统集成的一维、平面二维水沙数学模型,能够提供水流运动、泥沙及污染物输移和河床冲淤变形信息</td></tr>
<tr><td rowspan="4">水文水动力学模型</td><td>水库水文学模型</td><td>水库汛期按天,非汛期按月计算,提供单库全沙和分组沙淤积量,主要断面流量、含沙量</td></tr>
<tr><td>宁蒙河段水文学模型</td><td>提供宁蒙河段全沙和分组沙淤积量,主要断面流量、含沙量</td></tr>
<tr><td>龙潼河段水文学模型</td><td>汛期按天、非汛期按月计算,提供禹潼河段冲淤过程,潼关断面的水沙过程</td></tr>
<tr><td>黄河下游水文水动力学模型</td><td>计算汛期按天,非汛期按月;提供各主要河段冲淤量,分组沙冲淤量,各水文站流量和含沙量过程</td></tr>
<tr><td colspan="2">水沙联合调度模型</td><td>根据水库调度运用和确定的各水库调度运用指令,进行调水调沙和兴利模拟计算</td></tr>
<tr><td>水资源</td><td colspan="2">黄河流域水资源配置模型</td><td>流域级别,数据驱动,以月为计算时间步长。进行供需水量平衡研究,模拟水资源规划配置方案</td></tr>
</table>

6.1.4　运行环境设计

黄河水沙调控体系数学模拟系统是一个融合实用性、先进性并具有一定复杂度的综合系统软件,其多模型联合运算过程需要消耗较大的计算资源,同时还有大量的数据读取、传递和存储操作。为保证系统正常、安全、高效的运行,需要选取适宜的硬件、软件环境作为支撑,保证系统的实施和运行。

6.1.4.1 硬件运行环境设计

根据系统设计开发目标，黄河水沙调控体系数学模拟系统在开发完成后，将作为黄河水沙调控体系建设规划工作的决策支持工具，根据系统模型多、数据量大、计算时段长的特点，其硬件运行环境应首先满足功能、性能上的先进性需求，同时应尽可能经济、实用，设计该模型系统硬件运行环境如下。

1. 计算机配置要求

(1)CPU：Intel Core2 Duo 2.66 GHz 或更高。

(2)内存：2 G 或更高。

(3)网卡：100 Mb 网卡。

2. 网络运行环境设计

由于系统执行模型计算前处理和后处理时需要与网络数据库进行大量的数据交换，因此建议配置 100 Mb 以上带宽的网络运行环境。

6.1.4.2 软件运行环境设计

黄河水沙调控体系数学模拟系统的软件运行环境主要包括计算机操作系统、数据库管理软件系统以及满足 GIS 应用的 GIS 控件，具体设计如下：

(1)操作系统：Microsoft XP Professional 或 Windows 7 Professional。

(2)数据库管理软件系统：Microsoft SQL Server 2003。

(3)GIS 组件：ESRI MapObject 2.0。

6.2 水流泥沙数学模拟子系统

6.2.1 子系统功能

水流泥沙数学模拟子系统集成了黄河勘测规划设计有限公司已开发的水库、河道及河口水沙数学模型，对模型的数据传递格式及输入输出接口进行了规范化、标准化处理，改进和完善了水沙输移及冲淤计算模块，使模块的计算功能更具独立性和通用性，研制开发了水库群水沙联合调控模型，实现了水库调度模型与水库、河道、河口冲淤模型间的耦合和计算过程数据的相互传递，扩展了水流泥沙数学模型的功能，增强了模型使用的灵活性和可操作性。该子系统实现以下功能：

(1)可进行既定水沙条件水库冲淤变化计算，提供库区断面水流因子，冲淤量(包括分组沙)、库容、河床淤积形态变化、支流淤积倒灌等模拟成果。

(2)可进行既定水沙条件河道冲淤变化计算，提供断面水流泥沙因子，冲淤量(分组沙)及冲淤纵横向分布，断面形态、主槽过流能力变化等模拟成果。

(3)可进行既定水沙条件河口冲淤变化计算，提供河口河段淤积延伸变化，水位、含沙量等泥沙要素变化过程。

(4)可进行单个水库或多个水库串联计算，提供水库入出库水沙条件及库区泥沙冲淤变化等结果。

(5)可进行黄河水沙调控体系不同时机生效方案水库群水沙联合调度模拟计算，考虑水库、河道减淤及中水河槽维持等目标要求，对相关河道进行实时模拟计算，实现了计算区域水库与水库、水库与河道之间计算数据的实时传递功能。

(6)具有水沙数学模型扩展功能，同一水库或河道可选取不同水沙模型进行计算，按照标准化的输入输出接口，还可添加其他类型的数学模型。

6.2.2 子系统设计

水流泥沙数学模拟子系统的设计是以水沙联合调度为主线，贯穿耦合思想，实现水库调度与库区冲淤模型计算耦合、水库调度与河道冲淤计算模型耦合、下游河道水沙演进与冲淤模型计算耦合。该子系统模拟范围覆盖了黄河水沙调控体系干支流控制性骨干工程及宁蒙河段、小北干流河段、渭河下游河道及黄河下游河道。

子系统按三层结构设计，即基础数据层、模型应用层、数据管理层。基础数据层主要是为系统计算提供水沙条件、河床边界条件及模型计算参数等；模型应用层是根据用户设置的方案进行水沙联合调度和泥沙冲淤计算；数据管理层是对模型计算结果进行存储、传递、分析和处理等。水流泥沙数学模拟子系统功能结构见图6-2。

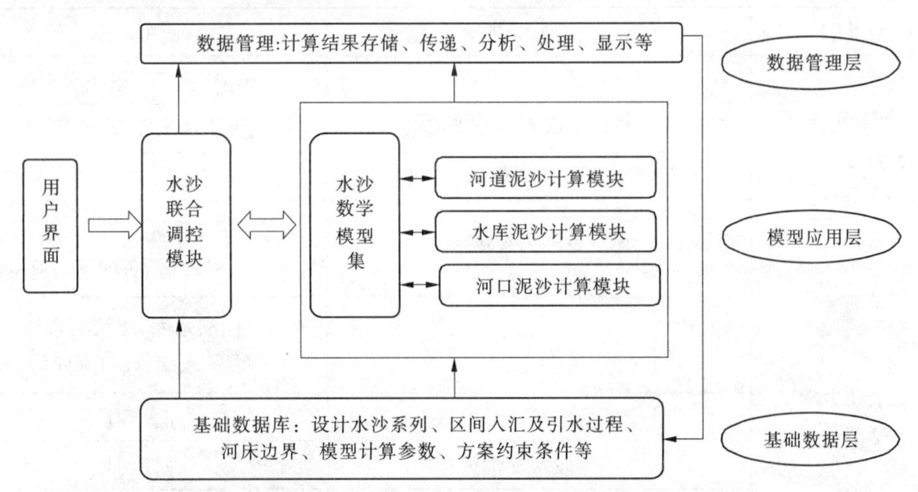

图6-2　水流泥沙数学模拟子系统功能结构

基础数据层，主要为子系统运行提供基础数据和模型参数，包括模型计算的设计水沙条件，区间入汇及引水过程、河床边界、模型计算参数、方案约束条件等。由于水库河道边界及一些模型计算参数随着泥沙冲淤变化而发生调整，因而需要根据计算结果对一些基础数据进行更新。

模型应用层，是水库联合调度和泥沙冲淤计算的核心层，主要包括两个模块：水沙联合调控模块及水沙数学模型管理模块。水沙调控模块是用户输入的条件，确定方案计算范围，从基础数据层获取并分析当前时段各河段(或水库)来水流量、含沙量(包括泥沙组成，下同)、各水库水位、水库蓄水量、淤积量、河床地形，河道淤积及河道主槽过流能力等数据，结合对未来水量预估及水库蓄水量的变化，提出计算范围内各水库调节运用指令，向水库冲淤计算模块传递调度指令，进行水库蓄水量、冲淤量、水库泥沙淤积分布计算等，向河道水沙演进及泥沙冲淤计算模块传递入口流量、含沙量数据，进行河道水沙演进及冲淤变化计算。模型应用层将模型计算成果传递数据管理层。

数据管理层,对模型计算成果进行存储、传递、分析和处理,将下一时段需要的结果传递给基础数据层,并向水沙调控模型平台传递需要显示的数据。

水流泥沙数学模型子系统主要研究长河段、长时段的河床演变及水沙变化情况,计算时段按日进行划分,河道水沙演进及计算包括宁蒙河段、小北干流河道、黄河下游河道等,其他河段不考虑泥沙冲淤仅考虑流量演进过程。

黄河水沙调控体系水流泥沙数学模拟子体系工作流程见图6-3。

6.2.3 水流泥沙数学模型理论与技术

水流泥沙数学模型可分为水动力学数学模型和水文水动力学数学模型两大类。水动力学数学模型是以水流、泥沙运动力学和河床演变基本规律为基础建立的。由水文水动力学根据影响水沙运动的主要因素,利用大量实测资料建立各种关系式,计算水沙冲淤变化。黄河水沙调控体系水流泥沙子体系采用的主要模型及使用情况见表6-2。

表6-2 黄河水沙调控体系水流泥沙子体系耦合模型一览

模型类别	模型名称	使用范围
水动力学模型	水库一维水动力学模型	小浪底水库、东庄水库等
	SUSBED一维水动力学模型	大柳树水库、宁蒙河段
	黄河下游一维水动力学模型	黄河下游
	RSS水动力学模型	宁蒙河段、渭河下游、小北干流三门峡库区、黄河下游等
水文水动力学模型	水库水文水动力学模型	三门峡水库、小浪底水库、古贤水库、碛口水库等
	宁蒙河段水文学模型	宁蒙河段
	龙潼河段水文学模型	龙潼河段
	黄河下游水文水动力学模型	黄河下游

6.2.3.1 水动力学数学模型

1. 控制方程及定解条件

对于长河段水沙运动及河床冲淤变形计算,水流及泥沙的横向运动与纵向运动相比可以近似忽略,为了简化计算,可以假定水流和泥沙运动要素(流速、含沙量等)在全断面上均匀分布,将三维水沙数学模型的控制方程沿过水断面积分,即可得到一维水沙数学模型的控制方程。

1)水流运动方程

水流连续方程

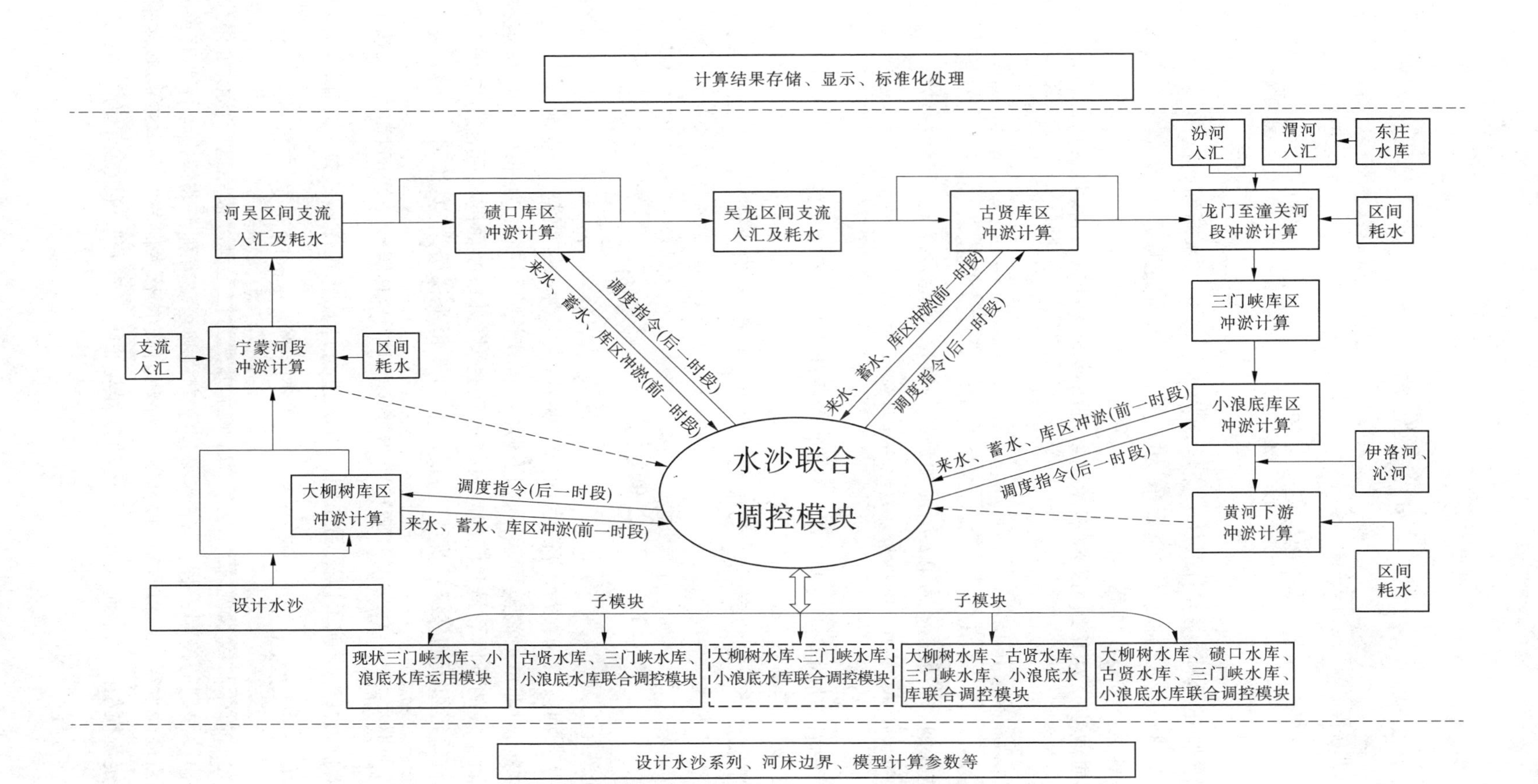

图 6-3 黄河水沙调控体系数学模型工作流程示意图

$$B\frac{\partial z}{\partial t}+\frac{\partial Q}{\partial x}=q_l$$

水流运动方程

$$\frac{\partial Q}{\partial t}+2\frac{Q}{A}\frac{\partial Q}{\partial x}-\frac{BQ^2}{A^2}\frac{\partial z}{\partial x}-\frac{Q^2}{A^2}\frac{\partial A}{\partial x}\bigg|_z=-gA\frac{\partial z}{\partial x}-\frac{gn^2|Q|Q}{A\left(\frac{A}{B}\right)^{\frac{4}{3}}}$$

式中:x 为沿流向的坐标;t 为时间;Q 为流量;z 为水位;A 为过水断面面积;B 为河宽;q_l 为单位时间单位河长汇入(流出)的流量;n 为糙率;g 为重力加速度。

2)悬移质不平衡输沙方程

将悬移质泥沙分为 M 组,以 S_k 表示第 k 组泥沙的含沙量,可得悬移质泥沙的不平衡输沙方程为

$$\frac{\partial(AS_k)}{\partial t}+\frac{\partial(QS_k)}{\partial x}=-\alpha\omega_k B(S_k-S_{*k})+q_{ls}$$

式中:α 为恢复饱和系数;w_k 为第 k 组泥沙颗粒的沉速;S_{*k} 为第 k 组泥沙挟沙力;q_{ls} 为单位时间单位河长汇入(流出)的沙量。

3)推移质单宽输沙率方程

将以推移质运动的泥沙归为一组,采用平衡输沙法计算推移质输沙率:

$$q_b=q_{b*}$$

式中:q_b 为单宽推移质输沙率;q_{b*} 为单宽推移质输沙能力,可由已有的经验公式计算。

4)河床变形方程

$$\gamma'\frac{\partial A}{\partial t}=\sum_{k=1}^{M}\alpha\omega_k B(S_k-S_{*k})-\frac{\partial Bq_b}{\partial x}$$

式中:γ'为泥沙干容重。

目前用于长河段、长时段计算的水动力学模型,大多为一维恒定、非均匀沙、不平衡输沙的数学模型。对非恒定流模型,引入如下假定:将非恒定流概化为梯级恒定流,这种做法在洪峰比较平缓的条件下是允许的。具体做法是,将进口断面的实际流量过程线概化为若干不同流量级组成的梯级过程线进行计算,对于每个梯级来说,流量为常数,水流可视为恒定流,即取 $\frac{\partial h}{\partial t}=0,\frac{\partial U}{\partial t}=0$;假定河床发生冲淤中,在每一个短时段内河床变形对水流条件影响不大,这样就可以采用非耦合解法进行计算。具体做法是,限制时间步长,控制冲淤量不至于太大;不考虑河段内水体中悬沙的槽蓄量因时而变,即取 $\frac{\partial As}{\partial t}=0$。

对于概化后每个时段来说,流量为常数,水流可视为恒定流。按照这一假设可得一维恒定非饱和输沙模型的控制方程,其中水流连续方程和运动方程与非恒定流模型有差别,悬移质不平衡输沙方程、推移质单宽输沙率方程和河床变形方程与非恒定流模型在形式上一致。恒定流模型的水流连续方程和运动方程与非恒定流模型可以表示为

水流连续方程 $$\frac{\partial Q}{\partial x}=q_l$$

水流运动方程　　$$\frac{\partial}{\partial x}\left(\frac{Q^2}{A}\right)+gA\frac{\partial Z}{\partial x}+\frac{gn^2|Q|Q}{A\left(\frac{A}{B}\right)^{\frac{4}{3}}}=0$$

水动力学模型定解条件包括初始条件和边界条件。初始条件一般由恒定流模型给出。边界条件在模型进口给流量和含沙量过程,出口给水位过程。

2.补充方程及主要问题处理

由于现在泥沙数学模型的基本方程不封闭,以及黄河河道冲淤演变的复杂性,不得不建立一些补充关系式来满足方程组求解的需要,这是不同模型之间的主要差别。对于黄河来水,模型还要能反映黄河河道冲淤的特点,这又是与其他河流不同的。

1)断面几何形态概化

黄河下游河道一般由河槽和滩地两大部分组成,断面具有很强的不规则性和易变性,滩槽冲淤变化幅度大且不同步,冲淤的横向分布也极不均匀。作为一维模型,不可能详细地模拟水流和泥沙冲淤在横向上的分布及其变化,而且现有的实测资料远不能满足详细模拟的需要。

水库一维水动力学模型和黄河下游一维水动力学模型为了能够反映黄河下游断面形态的基本特征,从整体上把握断面过水、输沙和冲淤的规律,采用划分子断面的概化处理方法。根据断面的几何形态,将其划分为若干个子断面,子断面的宽度不变,河底高程在子断面内被概化为直线变化,子断面间节点高程的变化量,通过相邻两个子断面的冲淤量加权计算出来。黄河下游有许多断面,滩地高程低于滩唇高程,在概化时,将主槽与滩地以滩唇为分界点分别概化,在主流水位高于滩唇高程时,滩地才过水。

RSS 一维水动力学模型和 SUSBED 一维水动力学模型采用原始断面作为计算断面,同时将河道地形分为主槽、一级滩地(河槽和生产堤之间)、二级滩地(生产堤和大堤之间),根据断面过流量大小实时判断断面过流部位。

2)糙率

水库一维水动力学模型、黄河下游一维水动力学模型和 RSS 一维水动力学模型糙率处理方法相同。首先参照经验资料选取糙率初始值,然后进行验证计算以确定糙率的最终取值,计算过程中考虑随着河道的冲淤变化,对糙率作相应的调整,河道淤积时,糙率减小;河道冲刷时,糙率增大,计算中需根据冲淤情况对糙率进行修正。

$$n^{t+\Delta t}=n^t-m\frac{\Delta A_d}{\Delta t}$$

式中:$n^{t+\Delta t}$为 $t+\Delta t$ 时刻断面的糙率;n^t 为 t 时刻断面的糙率;ΔA_d 为 Δt 时段内断面冲淤面积(淤积时,ΔA_d 为正);m 为经验系数。

并且,在计算中对糙率的变化给予限制:

$$n^{t+\Delta t}=\begin{cases}1.5n_0 & n^{t+\Delta t}>1.5n_0\\0.6n_0 & n^{t+\Delta t}>0.6n_0\end{cases}$$

式中:n_0 为初始糙率,由实测资料分析确定。

SUSBED 一维水动力学模型除采用上述方法修正糙率外,还考虑了时间线性插值法修正糙率,即

$$n_b = n_k + (n_0 - n_k)\frac{T - t}{T}$$

式中:T 为水库平衡年限;t 为累积计算时段。

3)挟沙力计算

水库一维水动力学模型和黄河下游一维水动力学模型采用武汉水利水电学院公式的修正公式,即

$$S_* = C\left(\frac{\gamma_m}{\gamma_s - \gamma_m}\frac{U^3}{gh\omega_m}\right)^{m'}$$

其中,ω_m 为浑水中泥沙代表沉速:

$$\omega_m = \left(\sum P_k \omega_{mk}\right)^{1/m'}$$

式中:P_k 为第 k 组泥沙的级配;C、m'分别为系数、指数,$C = 0.451\ 5$、$m' = 0.741\ 4$。

RSS 一维水动力学模型和 SUSBED 一维水动力学模型中挟沙力采用张瑞瑾公式计算:

$$S_* = K\left(\frac{U^3}{gh\omega}\right)^m$$

式中:K、m 分别为水流挟沙力系数和指数;U 和 h 分别为断面平均流速和平均水深;g 为重力加速度;ω 为粒径沉速,其表达式为

$$\omega = \left(\sum_{k=1}^{n} P_k \omega_k^m\right)^{\frac{1}{m}}$$

式中:P_k 为床面分组泥沙级配;ω_k 为床面分组泥沙沉速。

此外,RSS 一维水动力学模型还可以选用张红武挟沙力公式。

4)分组挟沙力计算

分组挟沙力计算目前主要有三种方法:一是按照悬移质级配计算分组挟沙力;二是按照床沙级配计算分组挟沙力;三是综合考虑悬移质级配和床沙级配计算分组挟沙力。水库一维水动力学模型、黄河下游一维水动力学模型和 RSS 一维水动力学模型分组挟沙力计算综合考虑了悬移质级配和床沙级配,SUSBED 一维水动力学模型分组挟沙力计算考虑了床沙级配。

水库一维水动力学模型采用下式计算分组沙挟沙力:

$$S_k^* = \left(\frac{P_k \frac{S}{S + S^*} + P_{uk}\left(1 - \frac{S}{S + S^*}\right)}{\sum_{k=1}^{nfs}\left[P_k \frac{S}{S + S^*} + P_{uk}\left(1 - \frac{S}{S + S^*}\right)\right]}\right) S^*$$

式中:S 为上游断面平均含沙量;P_k 为上游断面来沙级配;P_{uk}为表层床沙级配。

该式反映了挟沙力级配在淤积时以上游来沙为主、冲刷时以床沙为主的特点。

黄河下游一维水动力学模型和 RSS 一维水动力学模型分组挟沙力计算采用了韦直林推荐的计算方法。先算出混合总挟沙力,再按挟沙力级配分配给各个粒径组。挟沙力级配是来水来沙条件和河床条件综合作用的结果,它既与河床上的床沙级配有关,又与来沙级配有关。综合考虑上述两方面的因素,按下列方法计算挟沙力级配 P_{*k}:

$$P_{*k} = \frac{P_{uk}S_{*k'} + S_k}{\sum_k P_{uk}S_{*k'} + S_k}$$

其中,k 为粒径组编号;P_{uk}为表层床沙级配;S_k 为上游断面的平均含沙量(第 k 组);$S_{*k'}$为第 k 组泥沙的“可能挟沙力”。

$S_{*k'}$按张瑞瑾公式计算:

$$S_{*k'} = K\left(\frac{U^3}{gh\omega_{0k}}\right)^m$$

分组挟沙力采用下式计算:

$$S_{*k} = P_{*k}S_*$$

SUSBED 一维水动力学模型分组水流挟沙力采用如下公式计算:

$$S_{*k} = \beta_{*k}S_*$$

$$\beta_{*k} = \frac{\dfrac{P_k}{\alpha_k\omega_k}}{\sum_{k=1}^{ksk}\dfrac{P_k}{\alpha_k\omega_k}} \quad (k = 1,ksk)$$

式中:β_{*k} 为水流挟沙力级配;P_k 为床沙级配。

5)床沙级配调整

水库一维水动力学模型、黄河下游一维水动力学模型和 RSS 一维水动力学模型床沙级配调整采用了分层模式,将河床淤积物分为表层、中层、底层三层。设时段初表层、中层、底层厚度分别为 $h_u^{(0)}$、$h_m^{(0)}$、$h_b^{(0)}$,第 k 组床沙级配分别为 $P_{uk}^{(0)}$、$P_{mk}^{(0)}$、$P_{bk}^{(0)}$;时段末,表层、中层、底层厚度分别为 $h_u^{(1)}$、$h_m^{(1)}$、$h_b^{(1)}$,第 k 组床沙级配分别为 $P_{uk}^{(1)}$、$P_{mk}^{(1)}$、$P_{bk}^{(1)}$。设在 Δt 时段内,河床总冲淤厚度为 ΔZ_b,第 k 组泥沙的冲淤厚度为 ΔZ_{bk},$\Delta Z_b = \sum \Delta Z_{bk}$。

规定在一个时段内,泥沙的冲淤变化只在表层内进行,中层和底层暂时不受影响,各层间的界面都固定不变。时段末,根据床面的冲刷或淤积向下或向上移动表层和中层,保持这两层的厚度不变,令底层厚度随冲淤厚度的变化而变化。于是有 $h_u^{(1)} = h_u^{(0)} = h_u$,$h_m^{(1)} = h_m^{(0)} = h_m$。

时段末床沙级配的计算分淤积和冲刷两种情况。

淤积情况下,表层、中层和底层床沙级配计算方法如下:

表层 $$P_{uk}^{(1)} = \frac{\Delta Z_{bk} + (h_u - \Delta Z_b)P_{uk}^{(0)}}{h_u}$$

中层 $$P_{mk}^{(1)} = \frac{\Delta Z_b P_{uk}^{(0)} + (h_m - \Delta Z_b)P_{mk}^{(0)}}{h_m}$$

底层 $$P_{bk}^{(1)} = \frac{\Delta Z_b P_{mk}^{(0)} + P_{bk}^{(0)}h_b^{(0)}}{h_b^{(1)}}$$

新的底层厚度 $$h_b^{(1)} = h_b^{(0)} + \Delta Z_b$$

冲刷情况下,表层、中层和底层床沙级配计算方法如下:

表层 $$P_{uk}^{(1)} = \frac{(h_u + \Delta Z_b)P_{uk}^{(0)} - \Delta Z_b P_{mk}^{(0)}}{h_u}$$

中层 $$P_{mk}^{(1)} = \frac{(h_m + \Delta Z_b)P_{mk}^{(0)} - \Delta Z_b P_{bk}^{(0)}}{h_m}$$

底层 $$P_{bk}^{(1)} = P_{bk}^{(0)}$$

新的底层厚度 $$h_b^{(1)} = h_b^{(0)} + \Delta Z_b$$

SUSBED 一维水动力学模型床沙级配调整采用床沙组成方程计算。

$$\gamma' \frac{\partial(E_m P_k)}{\partial t} + \frac{\partial(QS_k)}{\partial x} + \frac{\partial G_k}{\partial x} + \varepsilon_1[\varepsilon_2 P_{ok} + (1 - \varepsilon_2)P_k]\left(\frac{\partial Z_x}{\partial t} - \frac{\partial E_m}{\partial t}\right)B = 0$$

式中:P_k 为混合层床沙组成; P_{ok} 为天然河床床沙组成; E_m 为混合层厚度; ε_1 和 ε_2 为标记,纯淤计算时 $\varepsilon_1 = 0$,否则 $\varepsilon_1 = 1$,当混合层下边界波及到原始河床时 $\varepsilon_2 = 1$,否则 $\varepsilon_2 = 0$;k 为非均匀分组序数,且满足 $S = \sum_k S_k, S_* = \sum_k S_{*k}, G = \sum_k G_k, G_* = \sum_k G_{*k}$。

6)恢复饱和系数

水库一维水动力学模型恢复饱和系数计算不同的粒径组采用不同的 α 值,在求解 S 时,取

$$\alpha_k = 0.001/\omega_k^{0.5}$$

试算后判断是冲刷还是淤积,然后用下式重新计算恢复饱和系数:

$$\alpha_k = \begin{cases} \alpha_*/\omega_k^{0.3} & (S > S^*) \\ \alpha_*/\omega_k^{0.7} & (S < S^*) \end{cases}$$

式中: ω_k 的单位为 m/s; α_* 为根据实测资料率定的参数,一般进口断面小些,越往坝前越大。

黄河下游一维水动力学模型认为,恢复饱和系数 α 为表征泥沙由非饱和状态向饱和状态恢复速率的一个参数,α 大,表明这种恢复速率大,α 小,表明这种恢复速率小。我们认为泥沙的这种由非饱和状态向饱和状态的恢复速率应与来沙组成及床沙组成有关,不同粒径组的泥沙,其恢复速率也是不相同的。本书在 α 的取值上采用以下经验方法:

$$\alpha_k = \begin{cases} \alpha_0 P_k^{m_1} & (S > S_*) \\ \alpha_0 P_k^{m_2} & (S < S_*) \end{cases}$$

式中:k 为粒径组编号;P_k 为来沙级配;$\alpha_0 = 0.05$, $m_1 = 0.8$, $m_2 = 0.3$。

RSS 一维水动力学模型和 SUSBED 一维水动力学模型主要参考模型验证计算成果,根据经验调算得到恢复饱和系数取值。其中,RSS 一维水动力学模型还借鉴了韩其为的处理方法。泥沙恢复饱和系数 α 为粒径 d 的函数,平衡状态下各粒径组恢复饱和系数 $\alpha_k^* = \alpha^*/d_k^{0.8}$,冲淤变化过程中 α_k 计算公式如下:

$$\alpha_k = \begin{cases} 0.5\alpha_k^* & (S_k \geqslant 1.5S_{*k}) \\ \left(1 - \dfrac{S_k - S_{*k}}{S_{*k}}\right)\alpha_k^* & (S_{*k} \leqslant S_k \leqslant 1.5S_{*k}) \\ \left(1 - 2\dfrac{S_k - S_{*k}}{S_{*k}}\right)\alpha_k^* & (0.5S_{*k} \leqslant S_k \leqslant S_{*k}) \\ 2\alpha_k^* & (S_k \leqslant 0.5S_{*k}) \end{cases}$$

式中：S_k、S_{*k} 为分组含沙量和分组沙挟沙力。

7)冲淤面积分配方法

根据黄河河道冲淤的特点，所有模型均按照全断面的冲淤面积修正断面，淤积时水平淤积抬高，冲刷时只冲主槽。

8)水库模型异重流计算

水库一维水动力学模型考虑了异重流输移模拟。利用三门峡水库的资料，分析验证了异重流一般潜入条件为

$$h = \max(h_0, h_n)$$

其中，$h_0 = \left(\dfrac{Q^2}{0.6\eta_g g B^2}\right)^{\frac{1}{3}}$；$h_n = \left(\dfrac{fQ^2}{8J_0\eta_g g B^2}\right)^{\frac{1}{3}}$。

以上各式中，Q、B、J_0、η_g、f 分别为异重流流量、宽度、河底比降、重力修正系数和阻力系数。异重流阻力系数一般在 0.025 ~ 0.03 变化，模型中 $f = 0.025$。

一般采用均匀流方程计算异重流的水力参数，存在的问题是，当河道宽窄相间、变化较大时，计算的水面线跌荡起伏；而且当河底出现负坡时，就不能继续计算，故需采用非均匀流运动方程来计算浑水水面，具体计算方法如下：

潜入后第一个断面水深：

$$h_1' = \frac{1}{2}\left(\sqrt{1 + 8Fr_0^2} - 1\right)h_0$$

式中，下标 0 代表潜入点。

潜入后其余断面均按非均匀异重流运动方程计算，该方程形式与一般明流相同，只是以 η_g 对重力加速度进行了修正。

异重流淤积计算与明流计算相同，分组挟沙力计算暂不考虑河床补给的影响。

异重流运行到坝前，将产生一定的爬高，若坝前淤积面加爬高尚不超过最低出口高程，则出库水流含沙量为 0。

9)小浪底库区支流淤积形态计算

水库水动力学模型在计算小浪底水库库区淤积形态时，结合水库干支流来水来沙特点进行了概化处理，认为支流将形成倒锥体淤积。倒锥体淤积高差是指倒锥体以下支流内淤积面低于支流河口拦门沙坎淤积面的高差，支流河口淤积面与干流淤积滩面相平，高差计算公式为

$$\Delta H_{倒} = 2.51H_{口门淤}^{0.28}$$

式中：$\Delta H_{倒}$ 为支流内淤积面与支流河口拦沙坎淤积面高差，m；$H_{口门淤}$ 为支流河口淤积厚度，m。

若主要为浑水明流倒灌淤积形成的倒锥体，淤积高差的计算采用下面的公式：

$$\Delta H_{倒} = 1.25H_{口门淤}^{0.28}$$

当支流上沟口水深大于 0.5 m，含沙量大于 0.5 kg/m^3 时进行支流淤积计算。

6.2.3.2 水文水动力学数学模型

1. 水库水文水动力学模型

水库的兴建改变了天然河道的输沙特性，当水库蓄水时，坝前水位壅高，水库回水末

端以下库段呈壅水流态；当水位降低或泄空时，水库敞泄排沙，库区发生冲刷。水库具有壅水、敞泄两种输沙模式。

1）壅水排沙

$$\eta = A\lg\left(\frac{Q}{V}\right) + B$$

式中：η 为排沙比，当 $Q_{出} > Q_{入}$ 时，$\eta = \frac{Q_{s出}}{Q_{s入}}$，当 $Q_{出} \leqslant Q_{入}$ 时，$\eta = \frac{\rho_{出}}{\rho_{入}}$，$Q_{s出}$、$Q_{s入}$ 分别为出、入库输沙率，t/s，$\rho_{出}$、$\rho_{入}$ 分别为出、入库含沙量，kg/m^3；Q 为出库流量，m^3/s；V 为蓄水容积，亿 m^3；A、B 分别为系数和常数。

2）敞泄排沙

$$Q_s = Ka\rho^{\alpha}(QJ)^{\beta}/\omega_s^{\gamma}$$

式中：Q_s 为出库输沙率，t/s；ρ 为入库含沙量，kg/m^3；Q 为出库流量，m^3/s；J 为水面比降；ω_s 为泥沙群体沉速，m/s；a 为敞泄排沙系数，$a = f(H, \Delta h, \sum \Delta W_s)$；$K$、$\alpha$、$\beta$、$\gamma$ 分别为系数、指数。

系数 a 受河槽前期累计淤积量和水库运用水位、水深的影响，常用下式计算：

其中

$$a = 1 - m\mathrm{d}h$$

式中：$\mathrm{d}h = H_i - H_{i-1} - 1.2(h_i - h_{i-1})$；$H_i$ 为本时段水位，m；H_{i-1} 为上一时段水位，m；h_i 为本时段水深，m；h_{i-1} 为上一时段水深，m。

3）水库出库分组输沙率

出库分组沙采用依据实测资料建立的水库全沙排沙比和分组沙排沙比关系计算，计算中将泥沙分为粗沙（$d > 0.05$ mm）、中沙（$d = 0.025 \sim 0.05$ mm）、细沙（$d < 0.025$ mm）三组。

4）库区冲淤分布

库区泥沙冲淤分布按下式计算：

$$\Delta V_{sx} = \left(\frac{H_x - Z_{\min}}{H_{\max} + \mathrm{d}Z - Z_{\min}}\right)^m \sum \Delta V_s$$

式中：m 为指数，$m = 0.485n^{1.16}$，n 与库容形态有关，由库容形态方程 $\frac{\Delta \nabla_x}{\Delta \nabla_{\max}} = \left(\frac{H_x - H_{\min}}{H_{\max} - H_{\min}}\right)^n$ 决定；ΔV_{sx} 为分布在相应于坝前水位水平面以下的淤积量，m^3；$\sum \Delta V_s$ 为水库总淤积量，m^3；H_x 为坝前水位，m；$H_{\max}$ 为包括本时段在内的已出现的最高坝前水位，m；$Z_{\min}$ 为坝前冲淤分布最低高程，m；$\mathrm{d}Z$ 相应于最高水位的淤积末端高程与最高水位的高差，m；$H_{\min}$ 为容积是零的高程，m；$\Delta \nabla_x$ 为相应于坝前水位 H_x 以下的容积，m^3；$\Delta \nabla_{\max}$ 为相应于最高水位 $H_{\max}$ 以下的容积，m^3。

2. 宁蒙河段水文学模型

根据宁蒙河段的河道冲淤演变特性，依据各河段进出口水文站历史实测水沙资料，建立下站输沙率与流量及上站含沙量的月关系式：

$$Q_{s下} = KQ_{下}^{\alpha} S_{上}^{\beta}$$

式中：$Q_{s下}$为下站输沙率，t/s；$Q_{下}$ 为下站流量，m^3/s；$S_{上}$ 为上站含沙量，kg/m^3；K、α、β 分别为公式系数、下站流量指数、上站含沙量指数。

各断面率定的输沙率与流量及上站含沙量的相关性较好，各断面汛期相关系数平均为0.96，非汛期平均为0.81。

宁蒙河段依据河道形态及沿河水文站的分布情况，分为五个计算河段，依次为下河沿至石嘴山河段、石嘴山至巴彦高勒河段、巴彦高勒至三湖河口河段、三湖河口至昭君坟河段、昭君坟至头道拐河段。各河段冲淤量的计算如下式：

$$\Delta W_s = (Q_{s上} - Q_{s下} \pm Q_{s区间})T$$

式中：ΔW_s 为河段冲淤量，亿 t；$Q_{s上}$为上站输沙率，t/s；$Q_{s下}$为下站输沙率，t/s；$Q_{s区间}$为区间输沙率，区间引沙用负号表示，区间支流来沙用正号表示，t/s；T 为计算时段，月。

3. 龙潼河段水文学模型

黄河潼关断面的水沙是由黄河、汾河、北洛河、渭河的水沙组成的，河段输沙计算分为三个部分，即龙门至潼关的黄河干流、渭河华县以下河道以及北洛河洑头以下河道。汛期以日为计算时段，非汛期以月为计算时段。

1）黄河龙门至潼关河段输沙关系

利用黄河小北干流河道的实测资料，建立黄河龙门至潼关（小北干流）河段的输沙关系计算式：

$$Q_{s龙\to潼} = K(Q_{龙+河}^{\beta} S_{龙+河}^{\gamma})b$$

式中：$Q_{s龙\to潼}$ 为龙门 + 河津输送至潼关的输沙率，t/s；$Q_{龙+河}$ 为黄河干流龙门水文站和支流汾河河津水文站的合计流量，m^3/s；$S_{龙+河}$ 为龙门站和河津站合计输沙率除以合计流量所得的含沙量，kg/m^3；K、b 为系数；β、γ 为指数。

有大型水库拦沙后，则要考虑水库下泄清水及低含沙水流对龙门至潼关河段冲刷下切的作用，随着河床冲刷粗化，挟沙力系数相应降低，对上式中乘以系数 a 进行修正：

$$a = \frac{C}{(\sum \Delta W_s \times 10^8)^{\mu}}$$

式中：$\sum \Delta W_s$ 为水库运用后龙门至潼关河段累计冲刷量，亿 t；C 为常数；μ 为指数。

汾河河津站至河口段输沙基本平衡，按水沙直接入黄河考虑。

龙门至潼关河段分组泥沙输沙率按下式进行计算

汛期：
$$Q_{s(龙\to潼)分} = k_1 Q_{龙+河}^{m_1} S_{(龙+河)分}^{n}$$

非汛期：
$$Q_{s(龙\to潼)分} = k_2 Q_{龙+河}^{m_2}$$

式中：k_1、k_2、m_1、m_2、n 分别为分组泥沙的系数和指数；$Q_{s(龙\to潼)分}$ 为分组泥沙输沙率，t/s。

小北干流的冲淤量等于龙门加河津的沙量减去小北干流到潼关的沙量。

2）渭河华县至华阴，北洛河洑头至朝邑输沙公式

渭河：
$$Q_{s分华阴} = K_1 Q_{s分华县}^{m_1}$$

北洛河：
$$Q_{s分朝邑} = K_1 Q_{s分洑头}^{m_2}$$

式中：K_1、K_2、m_1、m_2 分别为分组泥沙的系数和指数，且都是时间和来沙量的函数；$Q_{s分}$ 为粗、中、细沙分组输沙率，t/s。

渭河华阴以下、北洛河朝邑以下冲淤变化微小,可以忽略不计。因此,潼关断面的输沙率为小北干流到潼关断面的输沙率与华阴、朝邑输沙率之和。

4.黄河下游水文水动力学模型

模型根据黄河下游汛期洪峰资料及非汛期月资料分别建立汛期洪峰平均和非汛期月平均的主槽输沙关系式,并根据 1950 ~ 1960 年洪水漫滩资料,建立了洪水漫滩时的滩槽冲淤计算方法,主槽输沙关系式见表 6-3。

表 6-3 主槽输沙关系式

时段	河段	公式	资料时段
汛期	铁谢—花园口	$Q_s = 0.000\,675Q^{1.257}\mathrm{e}^{0.575}s_{上}^{0.35}X_d^{0.833}\mathrm{e}^{0.093\sum\Delta W_s}$	1974 ~ 1981 年
	花园口—高村	$Q_s = 0.000\,31Q^{1.22}S_{上}^{0.78}\mathrm{e}^{0.020\,5\sum\Delta W_s}$	1965 ~ 1981 年
	高村—艾山	$Q_s = 0.000\,445Q^{1.132}S_{上}^{0.921}\mathrm{e}^{0.020\,5\sum\Delta W_s}$	1965 ~ 1981 年
	艾山—利津	$Q_s = 0.000\,35Q^{1.122}S_{上}^{0.976}\mathrm{e}^{0.038\,1\sum\Delta W_s}$	1965 ~ 1981 年
非汛期	铁谢—花园口	$W_s = 5.6 \times 10^{-14}[\ln(100W)]^{14.07}$	1974 ~ 1981 年
	花园口—高村	$W_s = 1.033 \times 10^{-13}[\ln(100W)]^{13.96}$	1974 ~ 1981 年
	高村—艾山	$W_s = 0.000\,82W^{1.14}S_{上}^{0.88}$	1965 ~ 1981 年
	艾山—利津	$W_s = 0.000\,39W^{1.3}S_{上}^{0.92}$	1973 ~ 1981 年

注:Q_s 为计算河段出口断面输沙率,t/s; Q 为计算河段出口断面流量,m^3/s; $S_{上}$ 为计算河段进口断面含沙量,kg/m^3; X_d 为计算河段进口断面悬沙级配参数,计算中采用粒径小于 0.05 mm 的沙重百分数; $\sum\Delta W_s$ 为在起始计算年河床边界条件下计算时段计算河段河槽前期累计冲淤量,亿 t;W 为计算河段出口断面月水量,亿 m^3;W_s 为计算河段出口断面月沙量,亿 t。

已知小浪底(三门峡)上游干、支流及下游伊洛河、沁河来水条件,由下游河道起始河床边界条件确定起始平滩流量 Q_0,当来水流量小于 Q_0 时,槽蓄量小,流量持续时间长,故只进行主河槽输沙计算,按稳定流计算,此时水量平衡方程为

$$Q_2 = Q_1 + Q_{支} - Q_{引}$$

式中:Q_1、Q_2 分别为计算河段进出、口断面流量,m^3/s;$Q_{支}$ 为支流入汇流量,m^3/s;$Q_{引}$ 为引水流量,m^3/s。

当来水流量大于 Q_0 时,槽蓄量大,需进行洪水演进计算,用马斯京根洪水演进公式计算:

$$Q_{22} = C_0Q_{12} + C_1Q_{11} + C_2Q_{21}$$

式中,流量的第一下标为断面号,第二下标为时段序号;C_0、C_1、C_2 为洪水演进系数。由黄河下游实测洪水资料求得各计算河段洪水演进系数。

此外,还要进行滩槽水力学计算,滩槽分沙计算,滩地返回河槽输沙率计算,滩、槽冲淤变形计算,平滩流量计算等。

6.3 洪水调度数学模拟子系统

洪水调度数学模拟子系统主要包含两个模型,分别是应用于黄河上游的龙羊峡水库、

刘家峡水库联合防洪调度模型,应用于黄河中下游的三门峡、小浪底、陆浑、故县、河口村等水库联合防洪调度模型。

6.3.1 计算方法和原理

6.3.1.1 水库调洪计算

按泄流方式,将水库调洪计算分为两类:一是打开全部泄洪设施敞泄滞洪泄流(简称敞泄);二是为了满足兴利、下游防洪等要求控制泄流量。

敞泄调洪应用水量平衡方程:

$$\frac{Q_1 + Q_2}{2}\Delta t - \frac{q_1 + q_2}{2}\Delta t = V_2 - V_1$$

式中:Δt 为计算时段;下标 1、2 分别为时段初、时段末;Q、q 分别为入库、出库流量。

水库控泄调洪计算方法又分为考虑汛后兴利要求的控泄计算方法和考虑下游防洪要求的水库控泄计算方法,前者的计算公式为

$$q_2 = \frac{1}{\Delta t}(V_1 - V_2) + \frac{1}{2}(Q_1 - q_1) + Q_2$$

式中:V_2 为与汛期限制水位相应的水库蓄水量。

后者的计算公式为

$$q < Q_2 \quad \text{或} \quad (q - Q_2)/2 < (V^* - V_m)E$$

式中:q、V^*、V_m、E 分别为水库泄洪能力、按 q 泄流计算的水库蓄洪量、水库允许蓄洪量、库容与流量之间的换算系数。

6.3.1.2 河道洪水演进

在模型中,水库群调洪计算模块中的洪水演进计算方法采用马斯京根法,蓄泄方程为

$$O_2 = C_0 I_2 + C_1 I_1 + C_2 O_1$$

式中:下标 1、2 分别为时段初、时段末;O、I 分别为河段下、上断面流量。

6.3.1.3 自然决溢分滞洪计算

黄河中游三门峡至花园口区间的伊河、洛河交汇处的夹滩自然区分滞洪和沁河下游的决溢分洪、滞洪情况非常复杂,为便于计算,模型中均采用简化的方法。伊洛河夹滩地区分滞洪简化计算方法为马斯京根法,沁河下游分滞洪计算采用限制沁河入黄流量法,即“削平头”的方式。

6.3.1.4 下游分滞洪区分滞洪量计算

根据调度规则,分滞洪区的运用采用“削平头”的方式。北金堤和东平湖的运用之间存在着先后关系,北金堤是在东平湖无法单独完成分洪任务的情况下才启用,分洪量有限。本系统对该部分的处理采用一种相对简单的方法,流程如图 6-4 所示。

6.3.2 龙羊峡水库、刘家峡水库联合防洪调度模型

龙羊峡水库、刘家峡水库联合防洪调度模型计算范围包括黄河上游梯级水电站和兰州河段、宁蒙河段,模型中建立了梯级电站基本资料数据库和设计洪水过程数据库,具有多方案的计算分析比较和管理功能。

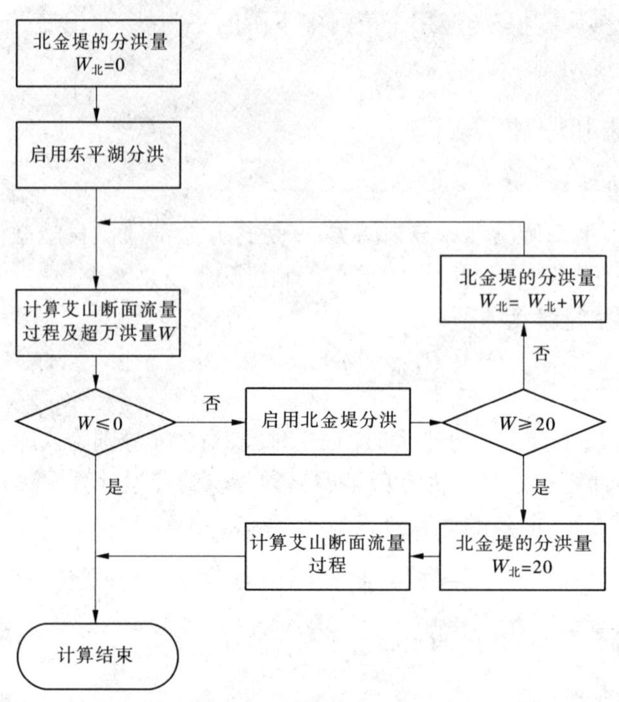

图6-4　下游分滞洪区分滞洪量计算流程

6.3.2.1　龙羊峡水库、刘家峡水库联合调度原则

龙羊峡、刘家峡两库联合防洪调度总的原则:一是不考虑洪水预报,即不考虑水库预泄;二是不人为造洪,即水库下泄量在蓄水段不超过天然日平均入库流量(为瞬时洪峰流量的95%),以便为水库的管理运用留有余地。

在龙羊峡、刘家峡两库联合防洪调度中,刘家峡水库的下泄量,应按照刘家峡下游防洪对象的防洪标准要求严格控制。而龙羊峡的下泄量可以比较灵活地掌握,只要使调洪计算中刘家峡水库不同频率洪水时的最高库水位不超过设计水位。

6.3.2.2　防洪调度判别方法

龙羊峡水库防洪调度判别主要根据龙羊峡水库的入库流量和水库的蓄水位,蓄水位达到或超过汛限水位后还要满足龙羊峡水库、刘家峡水库蓄洪比例的要求。

刘家峡水库防洪调度主要根据防洪调度图进行。

6.3.2.3　龙羊峡水库、刘家峡水库蓄洪比例的处理方法

在龙羊峡水库、刘家峡水库联合防洪运用原则中,要求龙羊峡水库、刘家峡水库同时、按比例拦蓄洪量,但龙羊峡水库、刘家峡水库之间的洪水传播时间为1 d,在模型的编制过程中,为了简化由于时间的不同带来的循环计算的困难,在数据文件中对时间的不同进行处理。

龙羊峡水库、刘家峡水库蓄洪比例是指两库汛限水位以上蓄洪量的比例,模型计算中可事先设定蓄洪比例,根据规则先试算调洪过程,得到龙羊峡水库、刘家峡水库总蓄洪量,再根据龙羊峡水库、刘家峡水库蓄洪比例,计算此时龙羊峡水库、刘家峡水库按比例的蓄洪量,对龙羊峡水库、刘家峡水库蓄洪量进行调整。

6.3.2.4 龙羊峡水库、刘家峡水库调洪计算退水部分的处理

计算中考虑的退水原则是:水库退水时的泄量不超过蓄水运用时的最大泄量。

6.3.3 三门峡、小浪底、陆浑、故县、河口村五座水库联合防洪调度模型

模型计算的范围,黄河干流从三门峡入库到花园口,支流包括伊洛河、沁河,可进行水库敞泄、控制运用调洪计算,伊洛河夹滩、沁河自然分滞洪计算、河道洪水演进计算等。根据黄河中游不同的洪水来源情况,调度分为以三门峡以上来水为主的“上大洪水”和以三花间来水为主的“下大洪水”两种情况。

6.3.3.1 “上大洪水”调度方式及指标

三门峡水库,起调水位305 m。首先按敞泄滞洪运用,当水库蓄洪水位达到本次洪水的最高滞洪水位时,控制最高滞洪水位;如果预报花园口洪水流量退落到10 000 m^3/s以下,水库凑花园口10 000 m^3/s退水。

小浪底水库,首先按控制花园口某个平滩流量$Q_{平}$(8 000 m^3/s,可调)运用,当水库的蓄洪量达到某个量W_1(7.9亿m^3)且有上涨趋势时,按控制花园口流量等于10 000 m^3/s(Q_m可调)的流量运用。当水库的蓄洪量达到20亿m^3时,允许花园口洪水流量超过10 000 m^3/s,若入库流量小于水库的泄洪能力,则按入库流量泄洪;若入库流量大于水库的泄洪能力,则按敞泄运用。当预报花园口超万洪量W将达到20亿m^3时,说明东平湖分洪量已达17.5亿m^3,小浪底水库须恢复按控制花园口10 000 m^3/s(Q_m可调)运用,继续蓄洪。

6.3.3.2 “下大洪水”调度方式及指标

三门峡水库,起调水位305 m。首先按敞泄滞洪运用,当小浪底水库的蓄洪量达到26.0亿m^3,且有增大趋势时,三门峡水库开始按小浪底水库泄量泄洪。当三门峡水库蓄洪量达到本次洪水的最大蓄洪量后,控制已蓄洪量,直到小浪底水库达最大蓄洪量。

小浪底水库,按控制花园口$Q_m=8\ 000\ m^3$(可调)运用。当水库蓄洪量W未达到7.9亿m^3前,而小花间来水流量$Q_{小花}$已超过7 000 m^3/s,下泄发电流量$q=1\ 000\ m^3/s$。在上述运用过程中,小花间洪水流量未达9 000 m^3/s,而水库蓄洪量达7.9亿m^3时,按控制花园口$Q_m=10\ 000\ m^3/s$运用。此后,按小花间来水控制花园口10 000 m^3/s运用,直到水库蓄洪量达本次洪水的最大值。

陆浑水库,汛期限制水位317 m,蓄洪限制水位(防洪高水位)323 m。首先按控泄不超过1 000 m^3/s运用,当预报花园口洪水流量达12 000 m^3/s,且有上涨趋势时,水库关闸停泄。当水库蓄洪水位达323 m时,则开闸泄洪,泄洪方式为:若入库流量小于323 m库水位的泄洪能力,则控制库水位323 m,按入库流量泄洪;否则,按敞泄滞洪运用,直到库水位回降到323 m。此后,若预报花园口洪水流量仍大于10 000 m^3/s,则按入库流量泄洪;当预报花园口洪水流量退落到10 000 m^3/s以下时,则按控制花园口$Q_m=10\ 000\ m^3/s$运用,直到水库泄空已蓄洪量(该水库在水库群中首先退水)。

故县水库,汛期(防洪)限制水位527.3 m,蓄洪限制水位(防洪高水位)548 m。方式同陆浑水库。

河口村水库,汛期(防洪)限制水位238 m,蓄洪限制水位(防洪高水位)285.43 m。方

式同陆浑水库。

6.4 水资源调控模拟子系统

6.4.1 开发目标

黄河水资源调控模拟子系统开发目标是应用系统分析方法和模型模拟技术，结合黄河水沙调控体系建设规划方案和联合运用原则，研究分析水沙调控体系的不同工程组合、不同水平年对黄河水资源调控作用，主要包括工程生效前后全流域水资源供需情况、工程供水区供水变化、主要断面下泄水量和梯级电站电能指标等方面。

6.4.2 系统结构

水资源调控模拟子系统包括前处理模块、模拟计算模块和后处理模块三个主要部分。前处理模块的基本功能是读入反映流域水资源系统实际物理特征以及系统运行规则的大量数据，并依据节点图及基本数据构造一个标准的计算网络。模拟计算模块的基本功能是进行长系列逐时段流域水资源供需模拟计算。后处理模块将模拟计算结果处理成不同形式的统计表，以利于结果的分析和方案的评价。各模块之间的数据联系及流程如图6-5所示。

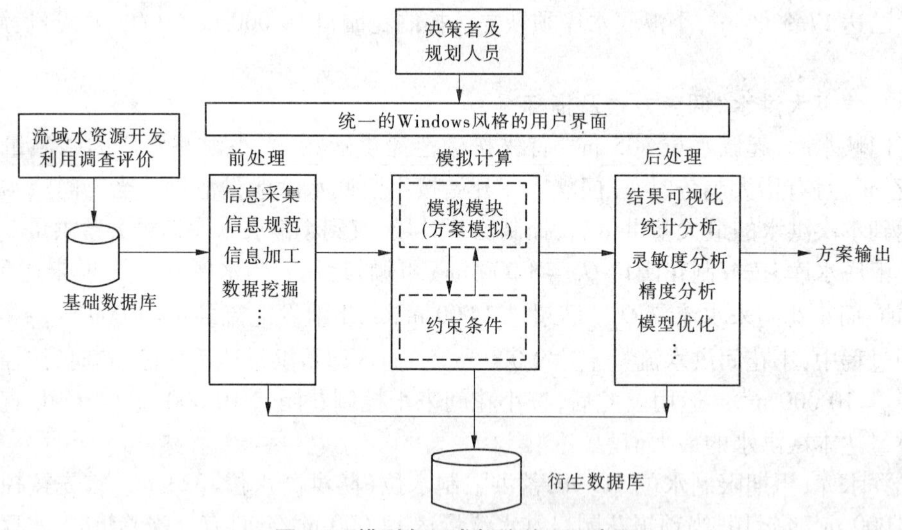

图6-5　模型各组成部分关系示意图

6.4.2.1 前处理模块

前处理模块的主要功能是完成模拟计算前的各种准备工作，完成信息采集、信息规范、信息加工、数据挖掘，包括读入模拟控制文件及基本数据、数据的处理和必要的合理性检查，构造计算机化标准网络，建立节点、连线、分区之间及节点外部编号与相应内部编号的各种映象关系等。

6.4.2.2 模拟计算模块

模拟计算模块完成长系列逐时段模拟计算任务，主要功能包括执行模拟算法、网络初始化、网络求解、水库群补偿调节及电能指标计算、节点供水量和耗水量计算、不可行现象检查与调整反馈等。

6.4.2.3 后处理模块

后处理模块的主要功能是对模拟结果进行统计分析处理。根据用户的不同要求，统计各种形式的节点或分区水平衡结果、断面水量过程、水库蓄泄过程及电能指标等。模拟模块计算结果经过模型系统后处理模块，通过与后期开发的 VBA 处理程序结合，可通过与用户交互的形式处理成为决策者需要的各种流域或区域水平衡分析图表，主要断面、主要支流以及反映水资源利用效果的图表形式。

6.4.3 系统算法设计

系统分析方法是目前开展流域或区域水资源利用规划中常用途径之一，它是将流域或区域内存在相互联系的各类水利工程组成一个系统，按照一定原则和运用方式联合调算，以发挥水资源系统最大作用和满足各方用水要求。因此，流域或区域水资源利用规划可概化为系统科学里面的“网络问题”，并通过构建流域或区域水资源系统模拟模型，采用网络理论方法进行求解。

作为系统工程理论基础重要内容之一的网络方法，具有统筹兼顾、全面安排等优点，利用网络方法解决水资源利用规划问题的基本思路是：先根据所研究流域或区域的实际情况绘制节点图，然后将其转换为一个标准的数学网络，即将水平衡诸因素转换为网络的连线信息，根据最小费用最大流原理求解网络，最后将求解结果（连线可行流）再转化为水资源规划的一般结果。

6.4.3.1 流域系统概化

模型建立的第一步需要把实际的流域系统概化为由节点和连线组成的网络系统，该系统应该能够反映实际系统的主要特征及各组成部分之间的相互联系，又便于使用数学语言对系统中各种变量、参数之间的关系进行表述。

节点图是利用网络方法进行流域或区域水资源供需分析的基础，根据所要模拟实际流域水资源系统及其内部关系进行描述，由一系列节点及有向连线组成，按照流域水系统之间的水力联系相互连接而成。节点图由节点、连线及节点上各要素组成，用于描述流域的一些主要特征点（如水库、灌区、城镇、引水口、汇流点等）。节点上各要素包括区间入流、回归水、水库蓄水、生活及工业需水、农业需水、生态用水、地下水等。连线是连接节点的有向线段，通常表示天然河道及人工水道，反映流域的实际水力联系。

黄河流域水资源系统在物理上是由各种元素（如供水水源、用水户、供水工程及它们之间的输水连线等）组成的，黄河流域水资源配置决策支持系统节点图由用户节点、水库节点、主要控制断面、汇流节点、水力流向线以及引提水向线组成。

工程节点，考虑了在黄河流域内现有和规划的大型蓄水工程（水库和电站）、引水工程、调水工程，并对中小型水利工程进行概化处理。

用水节点，考虑河道内外生态环境用水以及流域内外生活、工业、农业、等所有的用水户。

汇流节点，水流交汇、水量发生变化的断面、河段、区间，包括各支流交汇、支流入黄断面。

控制断面（节点），对于全黄河水量调配具有重要意义的断面，具有水量控制特殊意义的断面,如连接上中下游断面、防洪、防凌、输沙减淤断面等。

水力流向线,表征水流方向,连接各种节点形成全流域的网络系统。

黄河流域水资源系统概化节点见图6-6。

6.4.3.2 节点水平衡方程

节点是模型中的基本计算单元,是经过概化的用于描述流域主要特征的一些特征点,代表流域的不同组成部分(如水库、灌区、引水闸、用水性质相似地区等),并且能够表示每个组成部分的水流(入流、蓄放水、各种需水等)的连续性。各节点的水量平衡保证了流域内各分区、各河段、各行政区内的水量平衡。

节点水量平衡考虑多水源供水:上游节点来水 $W_{上}$,区间入流 $W_{区间}$,节点自产水包括地表水、地下水 $W_{自产}$,接受的回归水 $W_{回归}$,外调水 $W_{调入}$,污水处理回用 $W_{污}$,水库存蓄水量 $W_{库}$以及雨水、微咸水等其他水源 $W_{其他}$。多用户需水:城镇生活需水 $QP_{城镇}$,农村生活需水 $QP_{农村}$,工业需水 $QP_{工业}$,农业需水 $QP_{农业}$,城镇生态、农村生态需水 $QP_{生态}$ 以及下泄到下一节点的水量需求。Q_{con}包括生活、工业、农业、生态等多部门耗水。节点水量平衡表示为

$$W_{上} + W_{区间} + W_{回归} + W_{调入} + W_{自产} + W_{污} + W_{库} + W_{其他} - Q_{con} - W_{水库蓄} - W_{调出} - W_{下} = 0$$

节点缺水量可表示供水量与需水量差:

$$QC_{总} = QS_{总} - QP_{总}$$

式中:缺水量 $QC_{总}$为各用水部门量缺水之和; $QS_{总}$为总供水量; $QP_{总}$为各部门需水总量。

6.4.3.3 构造网络

1.“源”节点与“汇”节点

“源”节点与“汇”节点即标准网络中的输入与输出节点,它们实际上并不存在,而是专为计算需要而设定的。系统内所有入流和时段初水库蓄水都来自“源”节点,而系统内所有用水及时段末蓄水均流入“汇”节点。

2. 概念连线

概念连线的设置是应用“最小费用最大流”理论进行水资源利用规划的关键。通常涉及的概念连线有以下四种类型:

(1)入流连线。表示某节点上所有可利用的水量(区间入流、回归水、时段初水库蓄水、外流域调水等),该类连线连接“源”节点到节点图上几乎全部节点。

(2)生活及工业用水连线。是从节点图上各节点到“汇”节点的概念连线,表示节点上的生活和工业用水。

(3)农业用水连线。是从节点图上各节点到“汇”节点的概念连线,表示节点上的农业用水。

(4)水库蓄水连线。是从节点图上每一个水库到“汇”节点的概念连线,表示时段末水库蓄水。

这样,通过“源”“汇”节点及概念连线的设置,将流域节点图转化为标准网络,以便用最小费用最大流理论进行水资源系统模拟计算。

3. 节点及连线的内部编号

(1)节点内部编号。根据节点图上用户给定的节点编号,按照从小到大的顺序从2开始依次连续编号,“源”节点的内部编号为1,“汇”节点的内部编号为实际节点数加2。

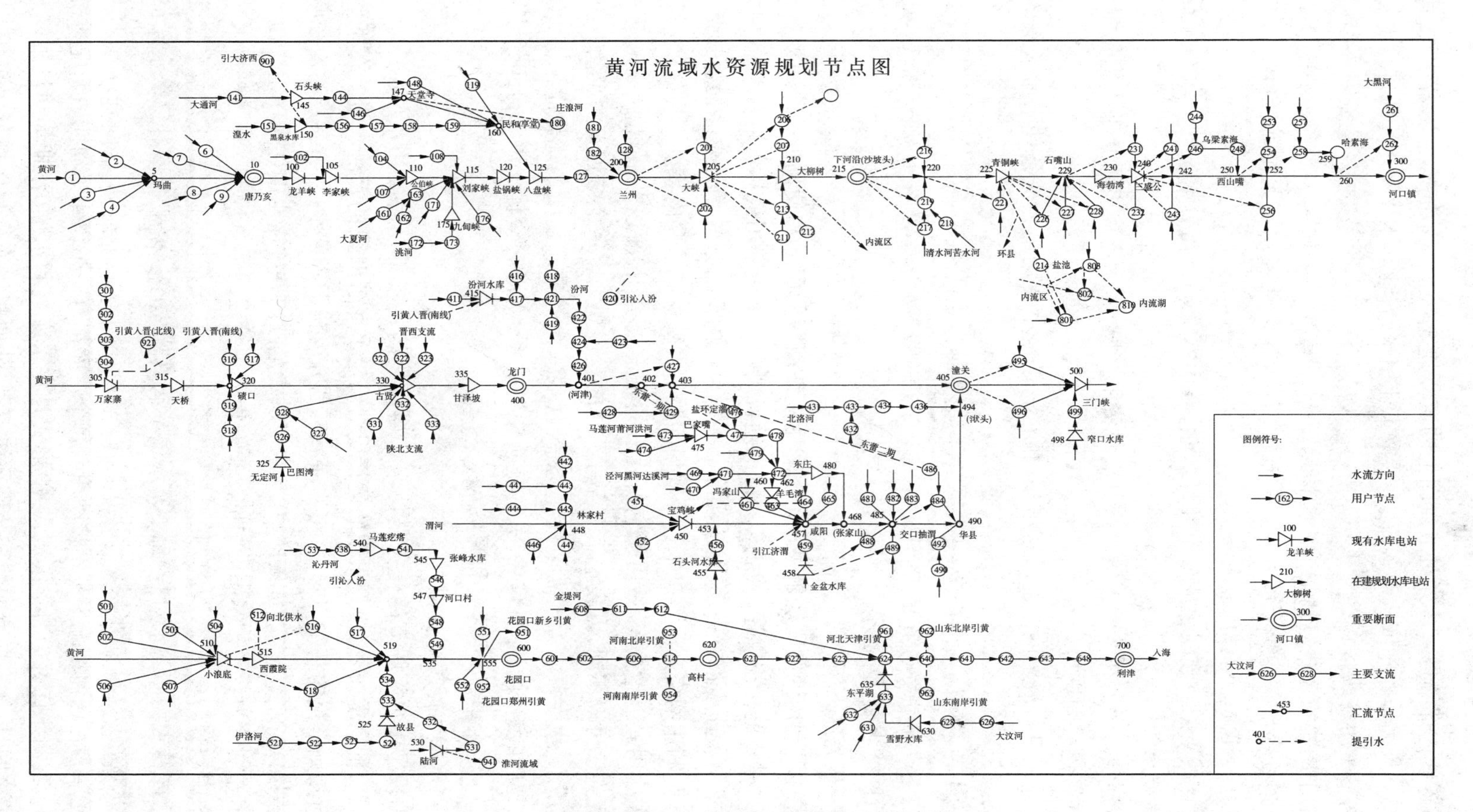

图 6-6　黄河流域水资源供需分析节点图

(2)连线内部编号。首先对节点图上的实际连线从1开始依次连续编号,然后对概念连线按节点编号顺序依次对入流、生活及工业用水、农业和水库蓄水连线进行编号。

4. 网络中的连线信息

网络中的每条连线包括下述4种信息:

(1)连线容量。连线上可以通过的最大流量,通常代表水资源供需分析中的上限约束,如河道、渠道过流能力、最大需水量。

(2)连线下限。连线上的最小允许流量,表示水资源供需分析中的下限约束及河道最小流量要求等。

(3)连线费用。在实际连线上指其输水费用,对于概念连线表示其供水优先序,以便于流量在各连线间进行分配。

(4)连线可行流。网络的求解结果,指在满足最小费用最大流条件下所求得的每条连线上的流量。

上述4种连线信息,前3种是求解条件,第4种是求解结果。

通过连线编号与网络连线信息的设置,将实际的水资源信息转化为网络信息,这样就可以进行网络求解了。

6.4.3.4 优先序

优先序是利用网络方法解决水资源利用规划问题所引入和使用的一个重要概念,它决定供水、蓄水的优先顺序,代表着系统的运行规则。由于采用最小费用最大流原理求解网络,要求每条连线都有费用,对于实际上并不存在的概念连线用优先序代替其费用,所以优先序是利用网络方法解决水资源规划问题不可缺少的重要内容。

优先序用一组整数表示,由于它所代表的是连线费用,所以数值越小,优先序越高。各月的优先序可以不同,以表示年内各月不同的运行规则。每个节点上的生活及工业用水、农业用水、水库蓄水等均需设置优先序(代表入流的概念连线的优先序最高,均设为零)。优先序的绝对值并不重要,关键是其相对关系,所以一套优先序常分组给出,每组之间留有一定余地,以便区分和调整。

6.4.3.5 水库运行规则模拟

模拟模型中水库调节的任务是使来水尽可能满足各部门各类用水(防洪、防凌、供水、发电等)的需求,根据模型采用的运行规则确定水库各时段的蓄泄水量。在模型中对水库运行规则模拟的基本思想是,将水库库容划分为若干个蓄水层,将各层蓄水按照需水对待,分别给定各层蓄水的优先序,并与水库供水范围内各种需水的优先序组合在一起。

将水库划分为若干蓄水层的目的是更好地模拟给定的运行规则。通过一组水库水位将一个水库划分为多个蓄水层。此组水位包括死水位、汛期限制水位、正常蓄水位等特征水位。水库蓄水按照需水对待,每一蓄水层都有其优先序。模拟模型对每个水库都设置了11个水位,分11个蓄水层。死水位以下为第一蓄水层,用以代表死库容,优先序最高,以保证死库容在任何情况下都不被动用。每个水库都有一个以年为周期的调度图指导其运行,调度线将水库分为若干区域,一般形式是在水库兴利水位(汛期为防洪限制水位)和死水位之间,依次有防弃水线和防破坏线控制,从而将水库运行区域分成防弃水区、正常工作区和非正常工作区三部分。根据确定的不同优先级用水户,设定生活调度线、工业调度线和农业调度线。当水库水位落在防弃水区时,水库尽可能多供水,减少未来时期出现弃水的可能性。水位落在正常工作区时,水库按正常需要供水,除满足生活需水、工业需水外,还满足农业用水要求。水位落在非正常工作区时,限制水库供水,首先保证生活用水,其次是工业用水,最后是农业用水。

6.4.3.6 网络初始化

网络初始化就是对网络模型中定义的连线参数赋值,即给定网络中每条连线的容量、下限、费用的数值,同时将连线可行流置零。模拟计算时,每个时段都必须进行网络初始化,下面对每种连线分别说明。

1. 实际连线

实际连线的容量为其过流能力或最大流量,下限一般为断面的最小流量,费用为连线的输水费用。

2. 概念连线

(1)入流连线。入流连线的容量为所代表节点的区间入流、回归水、流域外调水及时段初水库可供水量之和,下限为其容量,费用为零。

(2)生活及工业用水连线、农业用水连线。这两种连线的容量为其需水量,下限为其最小供水要求,费用为其优先序。

(3)水库蓄水连线。水库蓄水连线的容量为水库本时段最大允许蓄水库容,下限为死库容,费用为水库蓄水优先序。

6.4.3.7 网络求解

构建的模拟模型是一个网络模型,考虑到实际中遇到的水资源利用规划问题所构成的网络均包含有下限不为零的连线,必须将连线下限不为零的网络转化为下限为零的网络才能应用最小费用最大流方法求解,其转换方法如下:

首先,统计进入每个节点的连线下限值和从每一个节点出发的连线下限值(“源”和“汇”节点除外),然后在原网络的基础上增加一些连线以代表下限,同时对原连线的容量进行调整:若进入某节点的连线下限值大于零,则增加一条自“源”节点到该节点的连线,其容量等于该下限值,费用为零,同时将进入该节点的连线的容量减去其下限作为该连线新的容量,下限变零,费用不变;若从一个节点出发的连线的下限值大于零,则增加一条从该节点到“汇”的连线,其容量为下限值,费用为零,同时将从该节点出发的连线的容量减去该连线的下限作为该连线新的容量,下限变零,费用不变。

进行上述转换后,所得到的网络中所有连线的下限均为零,便可采用最小费用最大流方法求解。

由于代表工农业需水及水库蓄水的概念连线上的费用是以供水优先序赋值,因此优先序高,即费用小的连线将优先通过流量。由此可以看出,网络模型求出的可行流不但满足水量平衡要求,而且能够通过改变优先序来反映不同的分水政策。模拟程序简要框图见图 6-7。

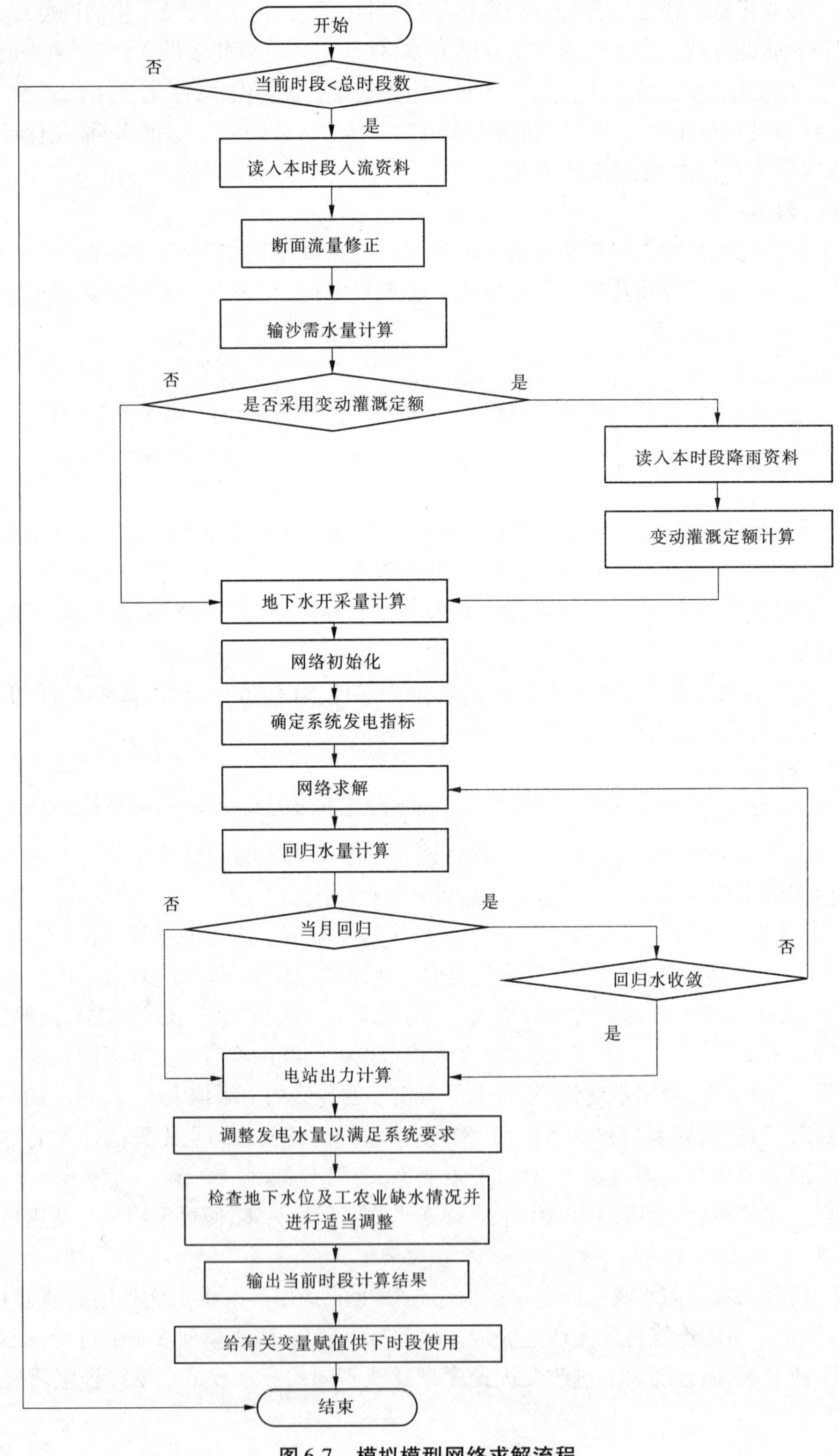

图 6-7　模拟模型网络求解流程

6.5 系统集成

系统集成是通过结构化的综合布线系统和计算机网络技术，将设备功能和信息等集成到相互关联的、统一和协调的系统之中，使资源达到充分共享，实现集中、高效、便利的管理。系统集成应采用功能集成、网络集成、软件界面集成等多种集成技术。

黄河水沙调控体系数学模拟系统是一个复杂的多专业、多模型、非单一开发平台的系统工程。如何将已有的数据模型有机的融合起来，构建一套完整的面向解决整个黄河流域水沙调控问题的系统，是系统集成的目标。

从系统设计开发整体分析，系统集成的任务主要分为数据集成、功能集成和界面集成。

6.5.1 数据集成

数据集成主要将不同模型所用的数据进行综合分析，对相似数据进行合并建库，并建立统一的数据访问模块，实现数据的集成，具体设计参见数据库设计与建设章节。

6.5.2 功能集成

功能集成是本次系统集成的重点和难点，水沙调控系统现有模型开发时间和开发人员差别很大，模型开发语言有 Fortran、VB、C + + 等，如何将这些模型的功能模块进行整合集成，构建一套完整的模型系统是集成的主要目标。

根据调研和分析，系统选用微软 VB 开发平台作为集成平台，模型采用 COM 组件方式与主平台进行链接。

为了集成的稳定性和效率，制定相应模型研发规范和接口规范，来统一指导模型的开发和改进，模型研发规范和接口规范的具体内容请参看第 2 章模型标准化和规范设计。

6.5.3 界面集成

构建统一的门户和系统界面是系统集成的主要表现，系统设计了统一的用户账户和唯一的系统登录界面，根据用户权限实现模型的运行控制。

系统通过建立基于 GIS 的系统控制主界面，将整个黄河流域以电子地图的方式进行表达，各个功能模型以节点的形式，集成在统一的一张地图上，直观地展现各个功能模型，并通过 GIS 触发实现模型调用和查询。

6.6 系统功能模块设计开发

综合黄河水沙调控体系规划工作的需求与数学模型的特点，分析得到黄河水沙调控体系数学模拟系统所需功能，见表 6-4。

表 6-4　黄河水沙调控体系数学模拟系统功能需求

编号	功能需求
【R01】	基础数据管理功能
【R02】	数学模型管理功能
【R03】	模型计算前处理功能
【R04】	模型计算过程控制功能
【R05】	模型计算后处理功能
【R06】	模型计算结果统计分析(报表、图表等)功能
【R07】	多模型联合计算功能
【R08】	模型计算方案管理(新建、删除、比选等)功能
【R09】	基于 GIS 的图形交互功能
【R10】	模型调试功能

根据黄河水沙调控体系数学模拟系统功能需求,对系统进行功能模块设计,见表 6-5。

表 6-5　黄河水沙调控体系数学模拟系统功能模块

编号	功能模块
【M01】	方案管理模块
【M02】	模型管理模块
【M03】	数据管理模块
【M04】	GIS 综合显示分析模块
【M05】	模型运行控制模块
【M06】	模型结果显示分析模块
【M07】	模型调试子系统
【M08】	数据入库子系统

6.6.1　方案管理模块设计与开发

方案管理模块提供了对黄河水沙调控体系各类数学模型计算方案的统一管理功能,具体包括方案列表显示、方案查询、新建方案、删除方案、打开方案、方案属性查询、方案比选等功能。

黄河水沙调控体系数学模拟系统方案管理界面分为方案查询区、方案列表区和方案控制区三部分,详细界面如图 6-8 所示。

6.6.1.1　方案查询区

可以根据方案名称、方案类型,通过指定关键字对方案进行模糊查询和排序。

图 6-8　方案管理界面

6.6.1.2　方案列表区

显示系统数据库内所有已建黄河水沙调控体系计算方案列表以及包括方案名称、运用方式、水沙系列、起始年份、计算年数、方案创建时间、方案创建用户等方案基本属性信息，用户可以通过对列表内容的直接点选实现方案的选择功能。

6.6.1.3　方案控制区

方案控制区包含了可以对方案列表内所有方案进行操作的功能按钮，具体包括如下几个方面。

1. 打开方案

打开所选方案，进入基于 GIS 的方案控制界面，如图 6-9 所示。用户可在该界面内进行方案属性浏览、模型参数调整、模型计算以及一系列模型计算结果后处理显示分析功能。

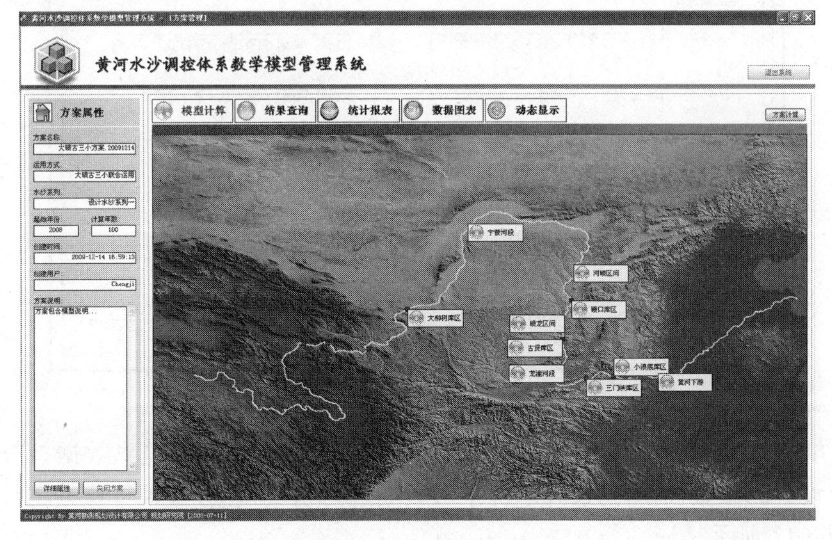

图 6-9　方案控制界面

2. 新建方案

按系统默认的 6 个步骤执行新建黄河水沙调控体系模型计算方案过程：

(1)选择水库联合运用方式，界面如图 6-10 所示。

图 6-10　新建方案步骤一

(2)选择全河各个河段、水库数学模型，界面如图 6-11 所示。

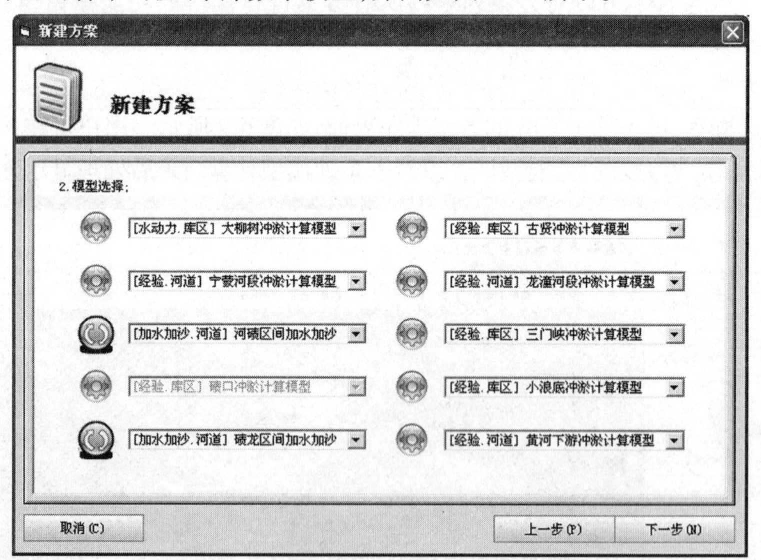

图 6-11　新建方案步骤二

(3)方案计算设计水沙系列，设置计算年数和起始年份，同时提供数据检查功能，可以根据所设置的参数，对所选设计水沙系列数据进行检查，查看是否符合方案计算要求，界面如图 6-12 所示。

(4)设置工程投入年份，界面如图 6-13 所示。

(5)填写方案名称、方案说明等方案属性信息，界面如图 6-14 所示。

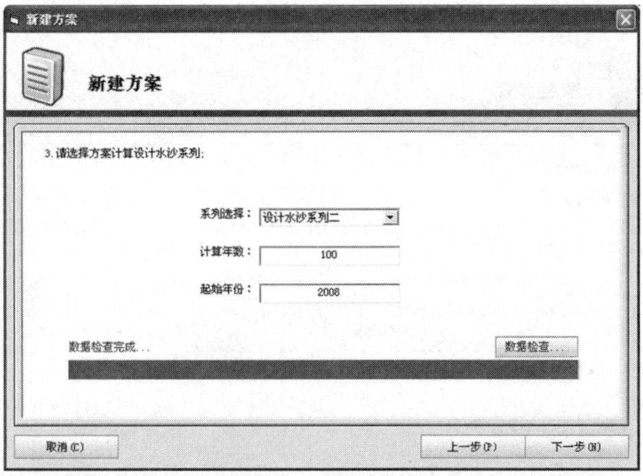

图 6-12　新建方案步骤三

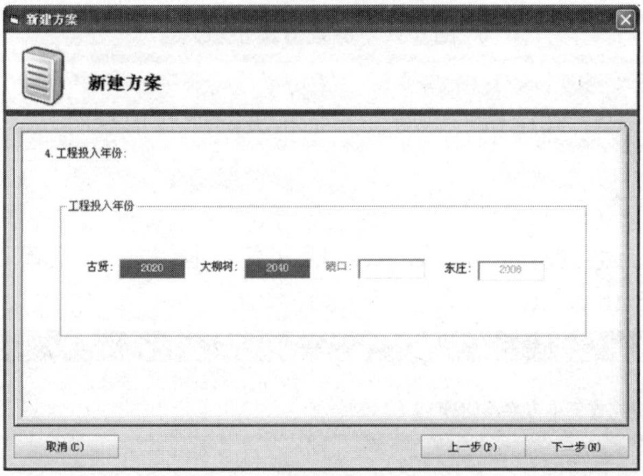

图 6-13　新建方案步骤四

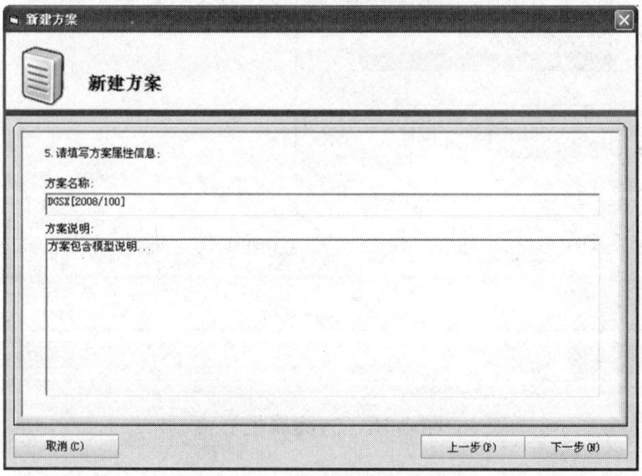

图 6-14　新建方案步骤五

(6)确认新建方案信息,完成新建方案过程,界面如图 6-15 所示。

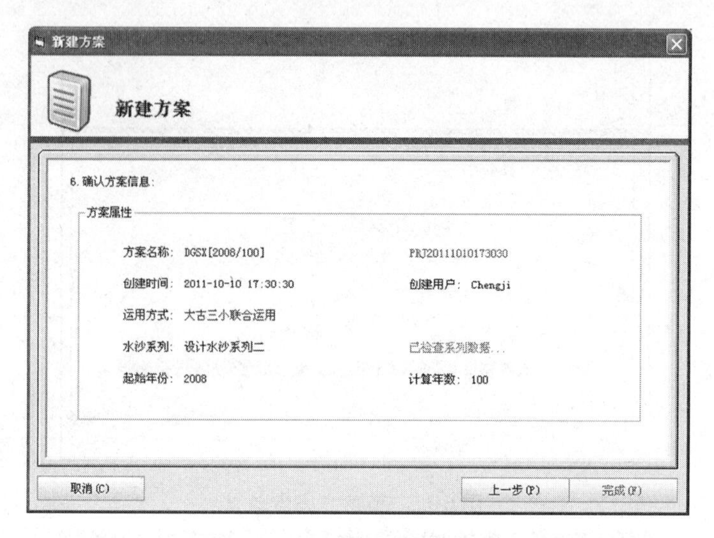

图 6-15　新建方案步骤六

3. 删除方案

删除当前选择方案,确定执行后与该方案相关的所有信息将从系统数据库中完全删除。

4. 查看属性

显示当前所选方案的详细属性信息,包括方案基本信息、方案模型信息、上次计算信息三类内容,如图 6-16 所示。

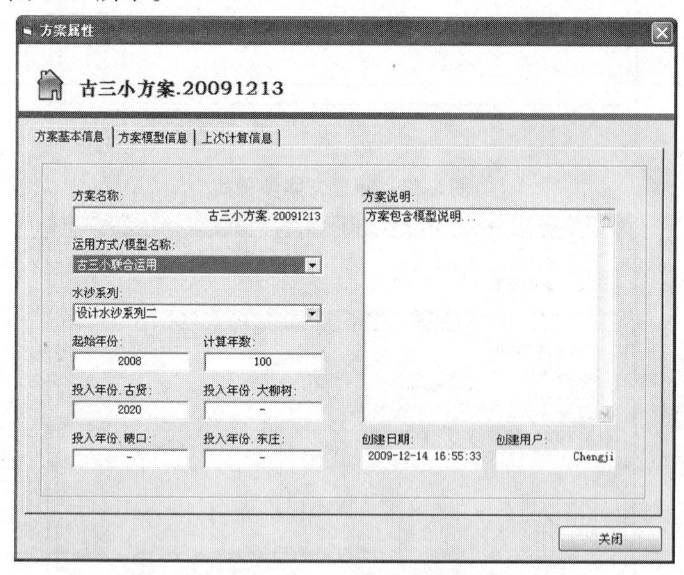

图 6-16　方案属性界面

5. 方案比选

方案比选提供了对系统数据库内所有已建方案模型计算结果的多种比对选择功能。通过选定任意个数的方案名称,即可对全河上下游各个库区的模型计算结果按数据类型、系列年份进行分类比选,结果以图表形式直观地显示,同时支持显示结果的导出和打印功能。

方案比选界面如图 6-17 所示。

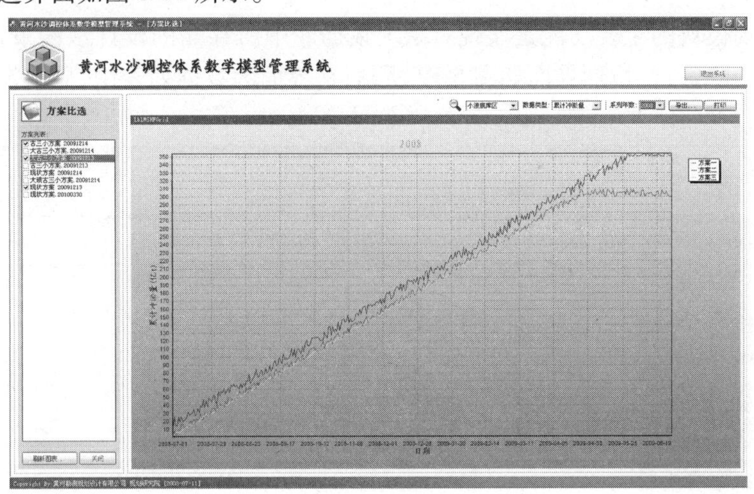

图 6-17 方案比选界面

6.6.2 模型管理模块设计与开发

模型管理模块以列表的形式将黄河水沙调控体系涉及各个专业的所有数学模型进行了统一的管理，列表内显示了包括模型名称、模型分类、所属库区/河道、模型类型等信息，模型管理界面如图 6-18 所示。

	模型名称	模型分类	库区/河道	模型类型
1	碛口冲淤计算模型	经验	碛口水库	库区
2	古贤冲淤计算模型	经验	古贤水库	库区
3	三门峡冲淤计算模型	经验	三门峡水库	库区
4	小浪底冲淤计算模型	经验	小浪底水库	库区
5	宁蒙河段冲淤计算模型	经验	宁蒙河段	河道
6	龙潼河段冲淤计算模型	经验	龙潼河段	河道
7	黄河下游冲淤计算模型	经验	黄河下游	河道
8	大柳树冲淤计算模型	水动力	大柳树水库	库区
9	小浪底冲淤计算模型II	水动力	小浪底水库	库区
10	黄河下游冲淤计算模型II	水动力	黄河下游	河道
11	宁蒙河段冲淤计算模型一	水动力	宁蒙河段	河道
12	宁蒙河段冲淤计算模型二	水动力	宁蒙河段	河道
13	宁蒙河段冲淤计算模型三	水动力	宁蒙河段	河道
14	三小联合运用	联合调控	-	其他
15	古三小联合运用	联合调控	-	其他
16	大古三小联合运用	联合调控	-	其他
17	大碛古三小联合运用	联合调控	-	其他
18	河碛区间加水加沙	加水加沙	河碛区间	河道
19	碛龙区间加水加沙	加水加沙	碛龙区间	河道

图 6-18 模型管理界面

模块还提供了模型属性浏览功能，可以了解模型更为详细的信息，包括模型说明、模型输入接口说明、输出接口说明等内容。

6.6.3 数据管理模块设计与开发

数据管理模块的主要功能是实现对系统数据库中所存储的设计水沙系列进行查询、编辑等管理功能，数据管理界面如图 6-19 所示，在界面的数据列表中，显示设计水沙系列名称及系列长度(年份)信息。

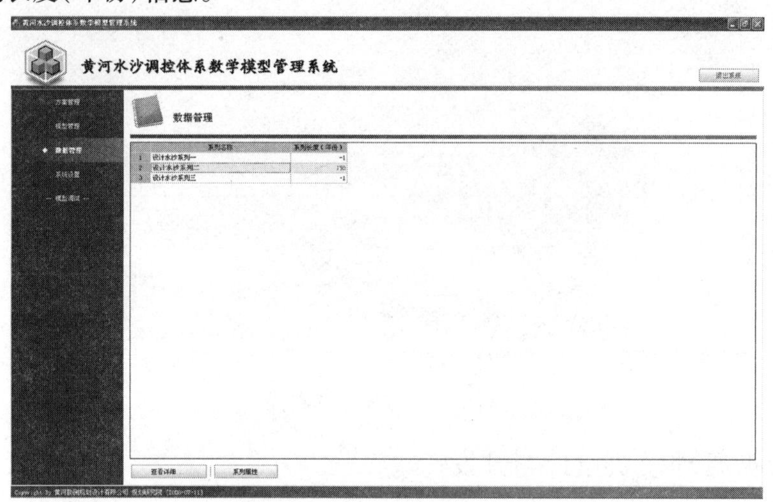

图 6-19 数据管理界面

通过模块提供的查看详细功能，可以进入设计水沙系列详细内容界面，查看系列所包含的站点列表、系列说明等信息，同时可以通过站点选择、设定系列年数、数据类型等参数设置，查看系列数据的详细内容，如图 6-20 所示。

图 6-20 数据管理—查看详细界面

6.6.4 GIS 综合显示分析模块设计与开发

地理信息系统(GIS)是一种以空间数据为基础，采用地理模型分析方法，适时提供多种空间的和动态的地理信息，融计算机图形和数据库于一体，储存和处理空间信息的高新技术。它把地理位置和相关属性有机地结合起来,根据实际需要准确真实、图文并茂地输出给用户,借助其独有的空间分析功能和可视化表达,进行各种辅助决策。

黄河水沙调控体系数学模拟系统的研发充分利用 GIS 技术,将黄河流域的河道、库区等基本地理要素以专题数字地图的形式进行管理,并建立模型计算方案与这些地理要素之间的关系,使用户可以清晰地看到方案内所有河道、库区的空间关系,同时可以直观地通过 GIS 图层操作,对河道、库区所对应数学模型进行参数设置、数据查询等操作。

GIS 综合显示分析模块为黄河水沙调控体系数学模拟系统的其他功能模块提供了一个统一的展示平台,通过与模型运行控制模块和模型结果分析显示模块相结合,突破了以往只能在方案整体计算完成后才能通过各类属性字符进行查询的单一交互方式,实现了在方案计算的各个阶段均可以通过 GIS 图形交互界面对模型计算中间结果进行实时查询、分析等功能,极大地提高了系统的实用性。GIS 综合显示分析模块相关界面见图 6-9、图 6-21。

模块的开发主要包括两部分工作:一是空间数据的建立;二是模块具体功能的设计开发。

6.6.4.1 空间数据建立

空间数据是 GIS 的基础,用来存储和管理空间地理信息,它具有空间位置属性,数据与数据之间有显著的拓扑关系。空间数据是以矢量的地理存储格式予以存储的,其空间地物基础要素类是点(Point)、线(Arc)、面(Polygon)。

建立空间数据需要利用专业的地理信息系统软件。使用不同的地理信息系统软件建立的空间数据的存储方式也有所不同。为保证系统的先进性和通用性,黄河水沙调控体系数学模拟系统目前采用在 GIS 领域处主导地位的专业地理信息系统软件 ARC/INFO 建立模型所需的空间地理数据,数据存储格式采用 shape 格式。shape 格式文件是 ARC/INFO 的一种较为先进的地理数据存储格式,它的使用比早期的 workspace - coverage(工作空间 - 地理图层)存储格式更加方便,管理也更加规范。

根据黄河水沙调控体系数学模拟系统的功能需求,建立黄河流域界、黄河河道、已建水库、规划水库等专题图层,系统所需 GIS 相关详细数据见表 6-6。

表 6-6　黄河水沙调控体系数学模拟系统 GIS 基础数据

序号	图层要素	图层名称	空间特征
1	黄河流域界	HHLYJ	Polygon
2	黄河主流线	GHHZLX	Arc
3	主要支流	JDLX	Arc
4	已建水库	XYDM	Point
5	规划水库	XYHD	Point
6	显示范围	SXSK	Polygon
7	流域影像	SXSK	TIFF

6.6.4.2 GIS 综合显示分析功能模块开发

GIS 综合显示分析模块基于 ESRI 公司的 MapObject 2.0 组件开发,实现的功能包括 GIS 基础地理图层的叠加显示、方案模型的位置标注、方案结果数据的查询分析等。

1. 图层显示

读取相关 GIS 基础图层,根据需求合并显示。

2. 基本操作

对 GIS 图层的基本操作包括图层的放大、缩小、全图、移动等功能。

3. 数学模型显示分析

模块提供与模型运行控制模块和模型结果分析显示模块相关功能的调用接口,实现通过空间地理位置对河道、水库所对应数学模型的标注以及计算结果数据的显示查询分析等功能。

6.6.5 模型运行控制模块设计与开发

模型运行控制模块与系统运行控制方式紧密结合,是黄河水沙调控体系数学模拟系统最为核心的功能模块,承担着模型计算前处理、后处理控制、模型计算进度、计算中间过程数据的显示分析以及多模型联合计算流程控制等重要功能的实现。

按照控制对象及功能的不同,模块分为两大部分:一是实现多模型联合计算和模型计算流程管理的模型运行控制模块;二是与 GIS 综合显示分析模块相结合,实现在模型计算过程中与用户实时交互的模型运行信息交互模块。

模型运行控制模块功能相关界面见图 6-21。

图 6-21 模型运行控制模块界面

6.6.5.1 模型运行控制模块

1. 模型前处理控制

模型前处理控制的功能包括模型入口数据定义、模型计算参数定义、模型入口数据初始化、计算参数初始化、数据检查等。

2. 模型计算流程控制

模型计算流程控制是本模块的核心功能，也是最为复杂的系统功能之一，主要负责实现多模型联合计算时模型计算顺序的管理、模型接口数据的传递与保存、模型计算中间成果的输出调试、多年日循环计算流程控制、模型计算进度控制、模型计算暂停与终止等功能。

3. 模型后处理控制

模型后处理控制的功能包括模型计算结果数据的检查、整编、上传等功能。

6.6.5.2 模型运行信息交互模块

模型运行信息交互模块是本系统的一个创新，通过与 GIS 综合显示分析模块相结合，用户可以直接在模型计算过程中，通过空间地理位置操作，直接查看模型计算中间过程所得到的各类重要阶段结果，更加高效地控制和管理模型计算的整个流程。同时，模块还提供当前模型计算状态、模型计算进度和模型计算剩余时间的动态显示。

6.6.6 模型结果显示分析模块设计与开发

模型结果显示分析模块提供了丰富的模型计算结果数据分析手段和显示方式，模块基于 TeeChart Pro V5 和 MSHFlexGrid 6.0 两大功能组件进行二次开发，实现了图表、报表、动态显示相结合的结果显示分析手段。

通过与 GIS 综合显示分析模块相结合，用户可以直接在 GIS 地图上通过空间地理位置选择所要查看的河道、水库，系统将自动识别当前所选河道、水库的名称、类型以及所对应的数学模型信息，同时在 GIS 地图上以浮动窗口的形式显示该数学模型的所有计算结果类型供用户选择查询。

模型结果显示分析主要包括结果查询、统计报表、数据图表和动态显示四大类内容。

6.6.6.1 结果查询

结果查询模块支持流量、输沙率、含沙量、冲淤量、蓄水量、水位等数据类型的查询，结果查询选择窗口见图 6-22。

图 6-22 结果查询选择窗口

选择出口测站、计算结果年份范围、数据类型后点击查询按钮，显示查询结果数据表，见图 6-23，模块还支持结果数据表的导出和打印功能。

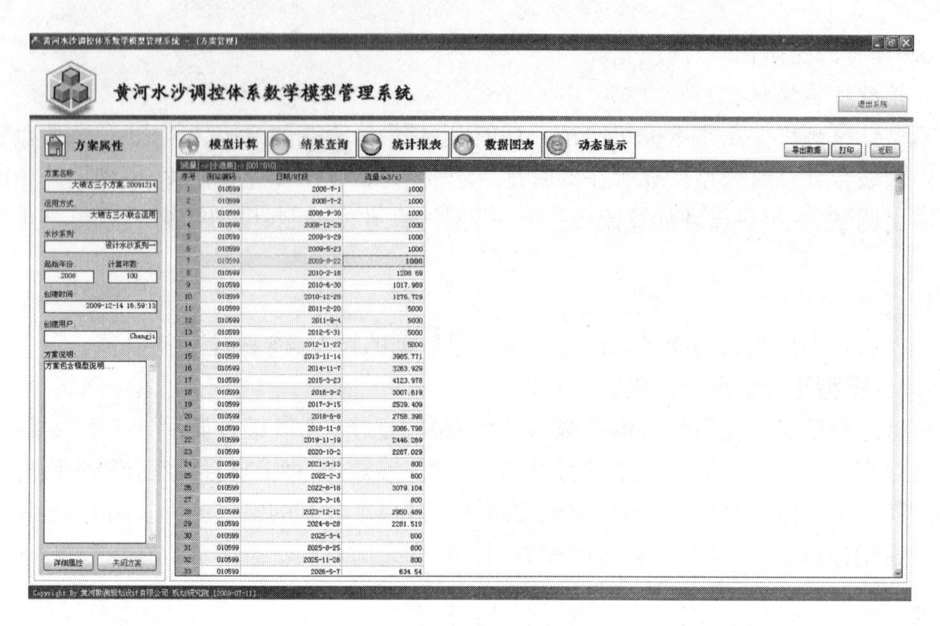

图 6-23　结果查询界面

6.6.6.2　统计报表

统计报表模块包含的报表类型有综合统计信息、特征统计信息、按流量级统计、按含沙量统计四大类。其中,综合统计信息是对模型计算结果关键性指标数据的概要统计;特征统计信息包含了流量、输沙率、含沙量、冲淤量、蓄水量、水位六大类基础数据类型的统计报表;按流量级统计和按含沙量统计又分为单年多站、多年单站、多年多站三种统计类型,统计报表选择窗口见图 6-24。

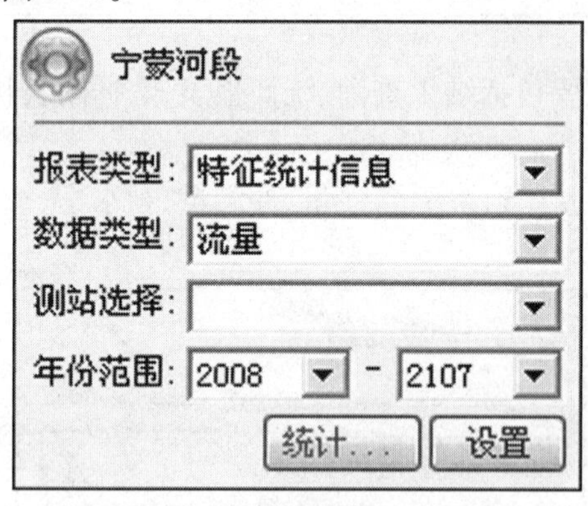

图 6-24　统计报表选择窗口

选择报表类型、数据类型、出口测站和年份范围后点击统计按钮,显示统计报表界面,见图 6-25,模块还支持统计报表的导出和打印功能。

6.6.6.3　数据图表

数据图表模块采用 TeeChart Pro V5 组件进行二次开发,提供了水位、蓄水量、冲淤量、淤积形态四大类模型计算结果数据的图表显示功能,数据图表选择窗口见图 6-26。

在数据图表选择窗口中,用户可以通过选择图表类型和数据年份,直接查看到当前所

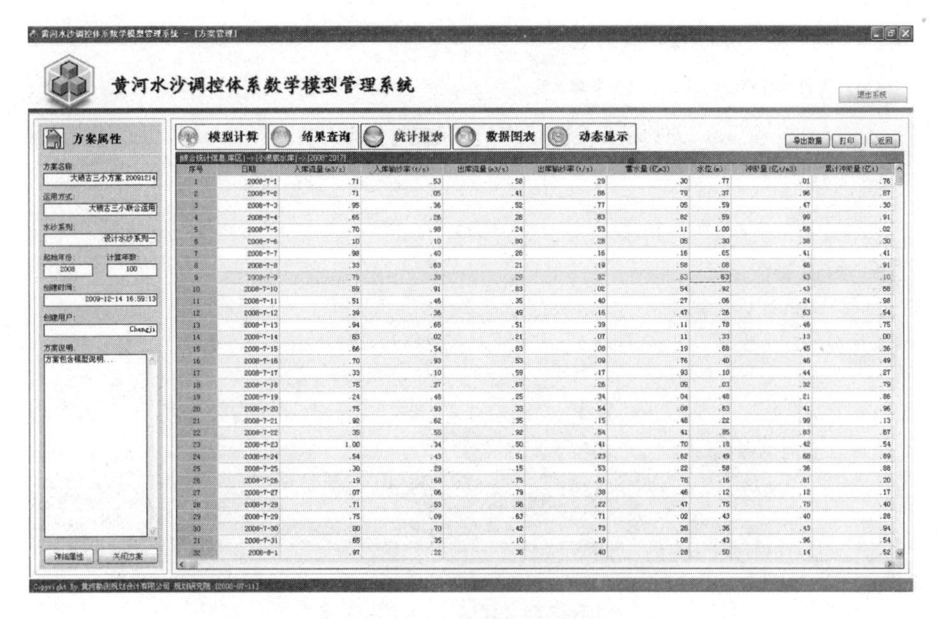

图 6-25　统计报表界面

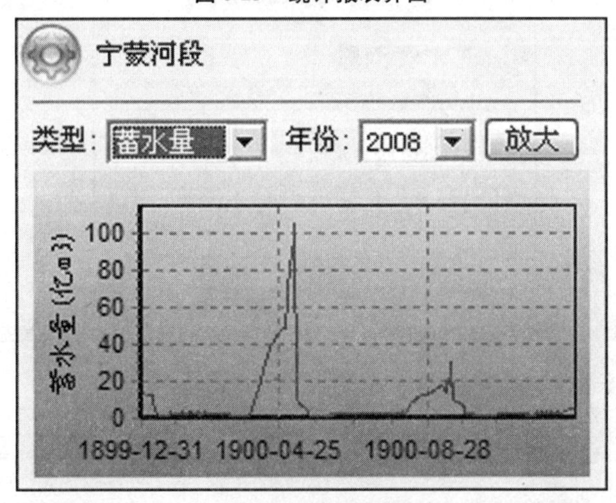

图 6-26　数据图表选择窗口

选图表的缩略图,在点击放大按钮后,进入数据图表界面,对所选图表进行详细查看,见图 6-27,模块还支持图表的导出和打印功能。

6.6.6.4　动态显示

动态显示模块采用 TeeChart Pro V5 组件进行二次开发,提供了多窗体同步动态显示的功能,主要包含三类显示数据:一是水库水体形态、淤积形态变化过程的动态显示;二是水位、入库流量、出库流量变化过程的动态显示;三是淤积量变化过程的动态显示。动态显示选择窗口见图 6-28。

选择动态显示年份范围和显示速度后点击开始按钮,执行动态显示过程,见图 6-29。在动态显示过程中,用户可以随时暂停显示过程,实时查看比对当前时间点下各类数据的变化情况。

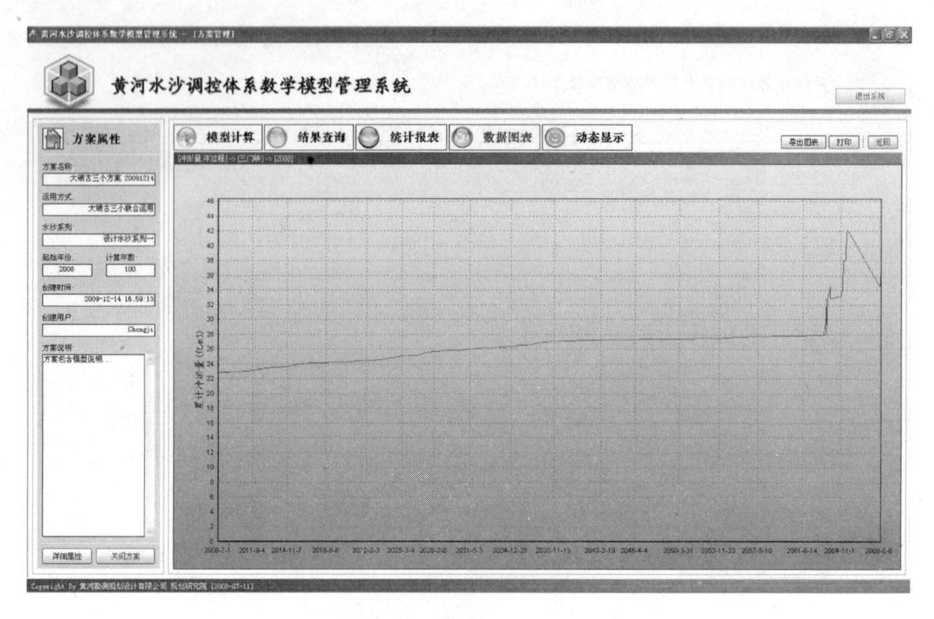

图 6-27　数据图表界面

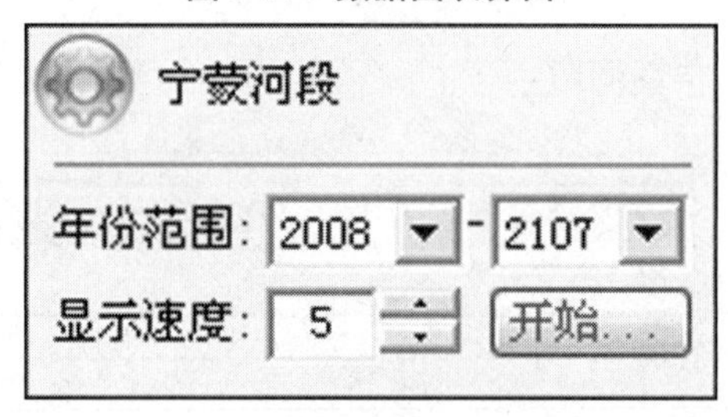

图 6-28　动态显示选择窗口

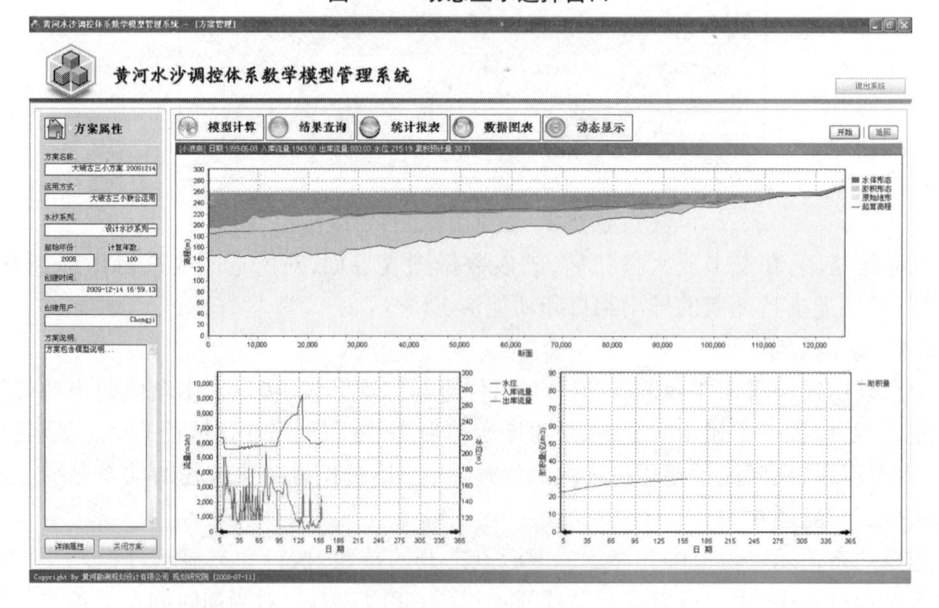

图 6-29　动态显示界面

6.6.7 模型调试子系统设计与开发

黄河水沙调控体系数学模拟系统的研发工作涉及专业众多、规模庞大，除系统本身较为复杂的设计研发工作外，还牵涉到大量数学模型的研发、改进和测试工作。黄河水沙调控体系数学模拟系统的研发工作需要数学模型作为基础，而数学模型的研发特别是调试工作也需要系统的支撑才能完成，两者相互制约，极易影响系统整体的研发进度。

为了加快数学模型的研发进度，同时更好地满足所有数学模型在统一的标准规范下完成研发工作，设计开发了模型调试子系统，为数学模型提供一个与黄河水沙调控体系数学模拟系统相同的模型运行环境，使数学模型可以不受系统的研发进度制约，在脱离黄河水沙调控体系数学模拟系统的情况下完成模型本身的研发和调试工作。

模型调试子系统界面如图 6-30 所示。

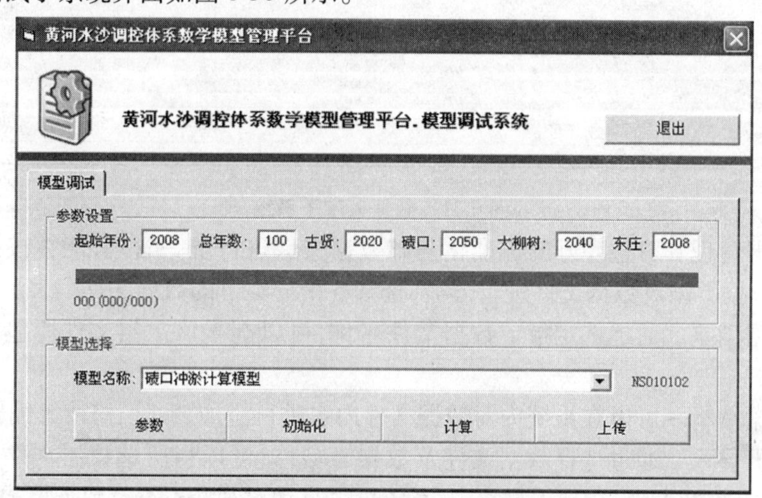

图 6-30 模型调试子系统界面

模型调试子系统为数学模型提供了与黄河水沙调控体系数学模拟系统完全相同的数据接口与运行环境，同时还提供了更为细化的功能操作，包括模型计算参数设置、模型特征参数设置、模型初始化、模型计算、模型计算结果上传等功能，极大地简化了数学模型的调试工作并提高了研发效率。

6.6.8 数据入库子系统设计与开发

黄河水沙调控体系数学模拟系统中众多数学模型的开发调试与方案计算需要大量的基础数据作为支撑。原有的基础数据量庞大，在文件类型、数据结构等方面均无法满足新的数据标准化及模型接口规范要求，新开发的数学模型无法直接读取并使用这些数据，必须对这些海量基础数据进行重新整编并按照系统数据库的结构与要求进行统一存储管理。

为满足数学模型在开发过程中的大量调试需求，同时参照数据标准化及接口规范设计要求，设计开发了数据入库子系统，系统运行界面如图 6-31 所示。

数据入库子系统的主要功能包括以下几个方面：

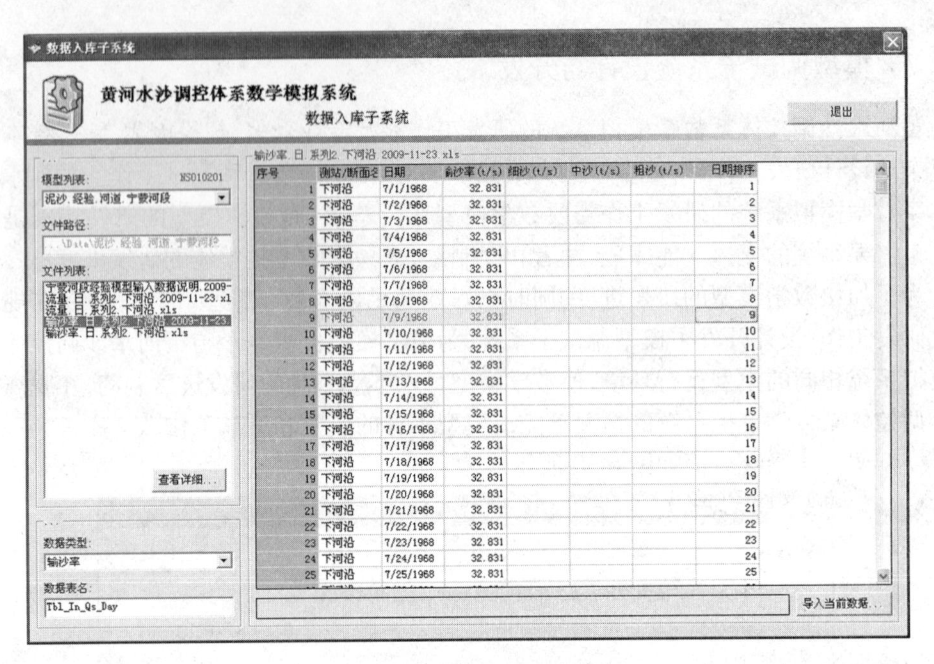

图 6-31 数据入库子系统

(1)数据管理。对整理好的标准化基础数据文件进行统一管理,能够按照数据所属数学模型、数据类型对数据文件进行分类,查看各个分类下的数据文件列表。

(2)数据浏览。通过选定指定数据文件名称,可以查看该数据文件所包含的详细数据内容。

(3)数据编辑。可以在系统内对数据文件内容进行添加、删除、修改等编辑操作。

(4)数据导入。通过选择数据文件及数据表名称,可以将所选数据文件内容自动导入数据库指定数据表中,在导入过程中,系统可以自动对某些不符合数据格式规范要求的内容进行筛选并根据需要进行提示、修改。

6.7 小 结

本章结合黄河水沙调控体系对洪水调度与演进、泥沙冲淤、水资源利用与配置等决策的需求,构建了黄河水沙调控体系数学模拟系统的总体框架,研发了水流泥沙数学模拟子系统、洪水调度数学模拟子体系和水资源调控模拟子系统,完成了系统功能集成和模块设计开发,取得了以下主要成果:

(1)模拟系统采取模块化设计,在逻辑上是由具有各种功能的模块和数据组成的,便于用户日常使用、维护和升级。根据系统建设特点,设计采用安全性、稳定性、可维护性较高的三层体系构架,由应用层、模型服务层和数据层组成。

(2)水流泥沙数学模拟子系统集已有的水库、河道及河口水沙数学模型为一体,研制开发了水库群水沙联合调控模型,实现了水库调度模型与水库、河道、河口冲淤模型间的耦合和计算过程数据的相互传递,扩展了水流泥沙数学模型的功能。该系统设计是以水沙联合调度为主线,贯穿耦合思想,实现水库调度与库区冲淤模型计算耦合、水库调度与河道冲淤计算模型耦合、下游河道水沙演进与冲淤模型计算耦合。模拟范围覆盖了黄河水沙调控体系干支流控制性骨干工程及宁蒙河段、小北干流河段、渭河下游河道及黄河下游河道。

(3)洪水调度数学模拟子体系主要包含两个模型,即应用于黄河上游的龙羊峡水库、刘家峡水库联合防洪调度模型,应用于黄河中下游的三门峡、小浪底、陆浑、故县、河口村五座水库联合防洪调度模型,满足了黄河流域洪水调度及洪水演进计算的需求。

(4)水资源调控模拟子系统主要为研究水平年对黄河水资源调控作用,包括前处理模块、模拟计算模块和后处理模块三个主要部分。前处理模块的基本功能是读入反映流域水资源系统实际物理特征以及系统运行规则的大量数据,并依据节点图及基本数据构造一个标准的计算网络。模拟计算模块的基本功能是进行长系列逐时段流域水资源供需模拟计算。后处理模块将模拟计算结果处理成不同形式的统计表,以利于结果的分析和方案的评价。

(5)黄河水沙调控体系数学模拟系统在耦合水流泥沙模拟子系统、洪水调度数学模拟子体系和水资源调控模拟子系统的基础上,对系统的应用功能、网络技术、软件界面等进行集成,使资源达到充分共享,实现集中、高效、便利的管理。

第7章 水沙调控体系联合调控效果研究——水沙变化及河道冲淤

7.1 建设方案设置

为研究黄河水沙调控体系工程联合运用在协调水沙关系、防洪(防凌)以及水资源优化配置等方面的作用,根据各个工程的运用条件及建成生效时机,组合设置以下七个方案进行重点分析研究。

方案1:现状工程方案;

方案2:古贤水库2020年生效的方案;

方案3:古贤水库、黑山峡水库2020年生效的方案;

方案4:古贤水库2020年、黑山峡水库2030年生效的方案;

方案5:古贤水库、黑山峡水库2030年生效的方案;

方案6:古贤水库2020年、黑山峡水库2030年、碛口水库2050年生效的方案;

方案7:古贤水库2020年、黑山峡水库2030年、南水北调西线一期工程2030年、碛口水库2050年生效的方案。

不同方案工程投入运用时机及工程组合情况见表7-1。

表7-1 黄河水沙调控体系工程建设规划方案

工程建设规划方案	联合运用的工程组合方案
(1)现状工程条件	龙羊峡+刘家峡+万家寨+三门峡+小浪底+陆浑+故县
(2)古贤2020年生效	龙羊峡+刘家峡+海勃湾+古贤+万家寨+三门峡+小浪底+陆浑+故县+河口村+东庄(2020年)
(3)古贤、黑山峡2020年生效	龙羊峡+刘家峡+黑山峡(2020年)+海勃湾+古贤(2020年)+万家寨+三门峡+小浪底+陆浑+故县+河口村+东庄(2020年)
(4)古贤2020年、黑山峡2030年生效	龙羊峡+刘家峡+黑山峡(2030年)+海勃湾+古贤(2020年)+万家寨+三门峡+小浪底+陆浑+故县+河口村+东庄(2020年)
(5)古贤、黑山峡2030年生效	龙羊峡+刘家峡+黑山峡(2030年)+海勃湾+古贤(2030年)+万家寨+三门峡+小浪底+陆浑+故县+河口村+东庄(2020年)
(6)古贤2020年、黑山峡2030年、碛口2050年生效	龙羊峡+刘家峡+黑山峡(2030年)+海勃湾+碛口(2050年)+古贤(2020年)+万家寨+三门峡+小浪底+陆浑+故县+河口村+东庄(2020年)
(7)古贤2020年、黑山峡2030年、南水北调西线一期工程2030年、碛口2050年生效	龙羊峡+刘家峡+黑山峡(2030年)+海勃湾+南水北调西线一期工程(2030年)+碛口(2050年)+古贤(2020年)+万家寨+三门峡+小浪底+陆浑+故县+河口村+东庄(2020年)

7.2 计算边界条件

泥沙冲淤计算起始年按2008年考虑,计算系列长度为150年,即2008年7月至2158年6月。禹潼河段、三门峡库区、小浪底库区和下游河道冲淤计算的边界条件均采用2008年4月实测地形成果。黑山峡、碛口、古贤、河口村等待建工程库区初始地形资料均采用相应枢纽工程规划设计阶段成果。

东庄水利枢纽作为黄河水沙调控体系重要的支流工程,对渭河下游防洪减淤具有重要作用。鉴于东庄水库运用及泥沙问题的复杂性,本次在水沙调控体系方案计算时,仅考虑了东庄水库对减少渭河华县站沙量的影响,不再进行东庄水库对渭河下游河道泥沙冲淤计算。

南水北调西线一期工程向黄河调水80亿 m^3,河道内配置水量25亿 m^3,用于补充河道内生态环境用水;向河道外配置55亿 m^3,基本保证重点城市和能源基地的生活、生产用水,并为黑山峡生态灌区和石羊河供水。

水沙调控体系减淤作用数学模型计算分析由黄河勘测规划设计有限公司(简称黄河设计公司)联合中国水利水电科学研究院(简称中国水科院)和黄河水利科学研究院(简称黄科院)完成。黄河设计公司利用黄河水沙调控体系数学模拟系统进行了上述7个方案所有水库和河段的计算分析。中国水科院进行了方案1~方案6禹潼河段、黄河下游河道的计算分析,黄科院进行了方案1~方案6黄河下游河道的计算分析。

计算水沙系列详见第2章研究选取的150年水沙代表系列。

7.3 水库泥沙冲淤计算成果

采用选取的设计水沙代表系列,按照拟定的不同工程组合方案及水库联合调度运用方式,利用黄河设计公司黄河水沙调控体系数学模拟系统进行各库区泥沙冲淤计算,为河道冲淤计算提供进口水沙条件。

7.3.1 三门峡水库泥沙冲淤计算成果

计算结果表明,各个方案不同时期三门峡库区冲淤量相差不大。方案1,现状工程条件下150年系列库区基本冲淤平衡,年均淤积仅0.003亿 m^3;方案2~方案7由于古贤、黑山峡、碛口三座骨干水库以及南水北调西线一期工程相继投入运用,改变了三门峡入库水沙过程,水库冲刷概率和强度增大,多年平均为冲刷,冲刷量为0.01亿~0.02亿 m^3。不同方案不同时期三门峡库区年均冲淤量计算成果见表7-2,库区历年累计冲淤过程见图7-1。

表 7-2　不同方案不同时期三门峡水库年均冲淤量成果　（单位：亿 m^3）

时段	方案 1	方案 2	方案 3	方案 4	方案 5	方案 6	方案 7
2008～2019 年	-0.044	-0.044	-0.044	-0.044	-0.044	-0.044	-0.044
2020～2029 年	-0.011	-0.024	-0.092	-0.024	-0.011	-0.024	-0.024
2030～2049 年	0.003	-0.028	0.002	-0.035	-0.038	-0.035	-0.027
2050～2099 年	0.003	0.006	-0.004	-0.003	-0.004	0.009	0.001
2100～2157 年	0.016	-0.003	-0.015	-0.016	-0.016	-0.029	-0.027
2008～2157 年	0.003	-0.008	-0.017	-0.017	-0.017	-0.018	-0.019

注："-"为冲刷，下同。

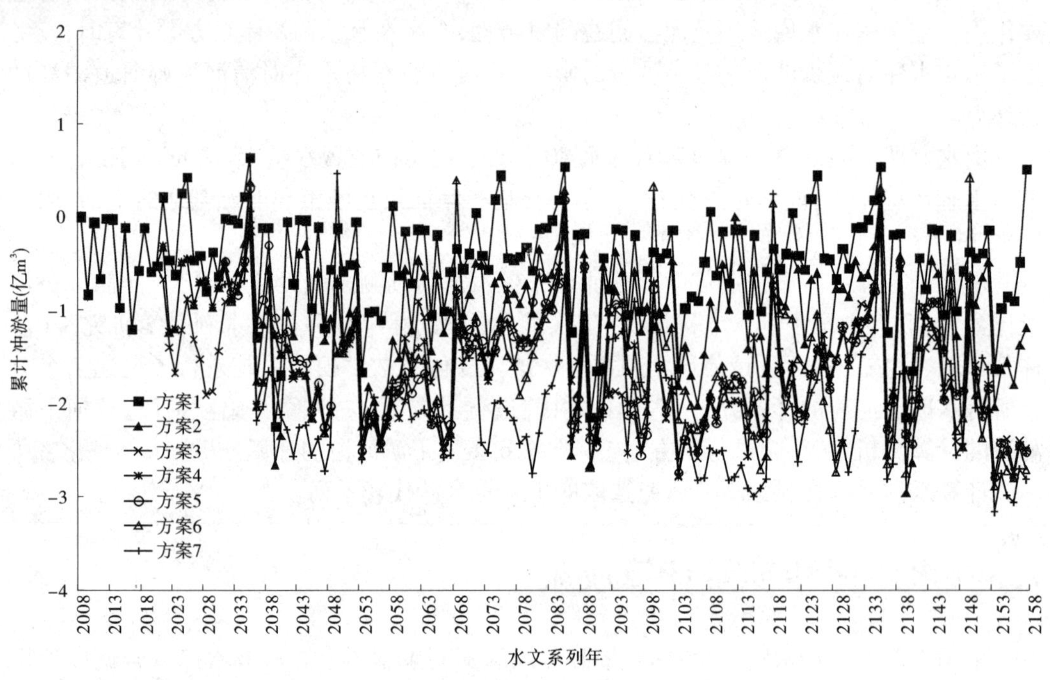

图 7-1　不同方案三门峡水库库区累计冲淤过程

7.3.2　小浪底水库泥沙冲淤计算成果

1999 年 10 月小浪底水库下闸蓄水运用以来，库区处于逐年淤积状态，至 2008 年汛前库区淤积量为 22.83 亿 m^3，水库已进入拦沙后期运用阶段。按照设计水沙代表系列，水库运用至 2020 年，累计淤积量将达到 78.46 亿 m^3，年均淤积量为 4.64 亿 m^3。

现状工程条件下（方案 1），2020 年以后小浪底库区逐步形成高滩深槽的淤积形态，之后水库主汛期利用 10 亿 m^3 槽库容对来水来沙过程进行多年调节，库区多年基本处于冲淤平衡状态；2020 年古贤水库投入运用后（方案 2），古贤水库、三门峡水库和小浪底水库联合拦沙和调水调沙运用，协调进入下游的水沙过程，减缓下游河道泥沙淤积，维持中水河槽行洪输沙能力，遇到较为有利的水沙条件，古贤水库、小浪底水库联合调节大流量过程冲刷小浪底调水调沙库容，增强水库多年调节水沙的能力。整个系列年库区处于冲淤交替状态，库区有效库容得到长期维持；方案 3～方案 7 是分别考虑了古贤水库、黑山峡水库不同投入时机和碛口水库、南水北调西线一期工程投入运用方案，各方案小浪底水库冲淤趋势基本一致，调水调沙槽库容得到明显的冲刷恢复。不同方案不同时期小浪底库区年均冲淤量计算成果见表7-3，库区历年累计冲淤过程见图7-2。

表7-3　不同方案不同时期小浪底水库年均冲淤量成果　（单位：亿 m^3）

时段	方案1	方案2	方案3	方案4	方案5	方案6	方案7
2008～2019年	4.636	4.636	4.636	4.636	4.636	4.636	4.636
2020～2029年	-0.220	-0.202	-0.316	-0.202	-0.220	-0.202	-0.202
2030～2049年	0.092	-0.050	-0.209	-0.281	-0.271	-0.281	-0.224
2050～2099年	0.004	0.013	0.002	0.015	0.024	0.031	-0.020
2100～2157年	-0.013	0.014	0.035	0.026	0.019	0.046	0.049
2008～2157年	0.365	0.360	0.336	0.335	0.335	0.348	0.340

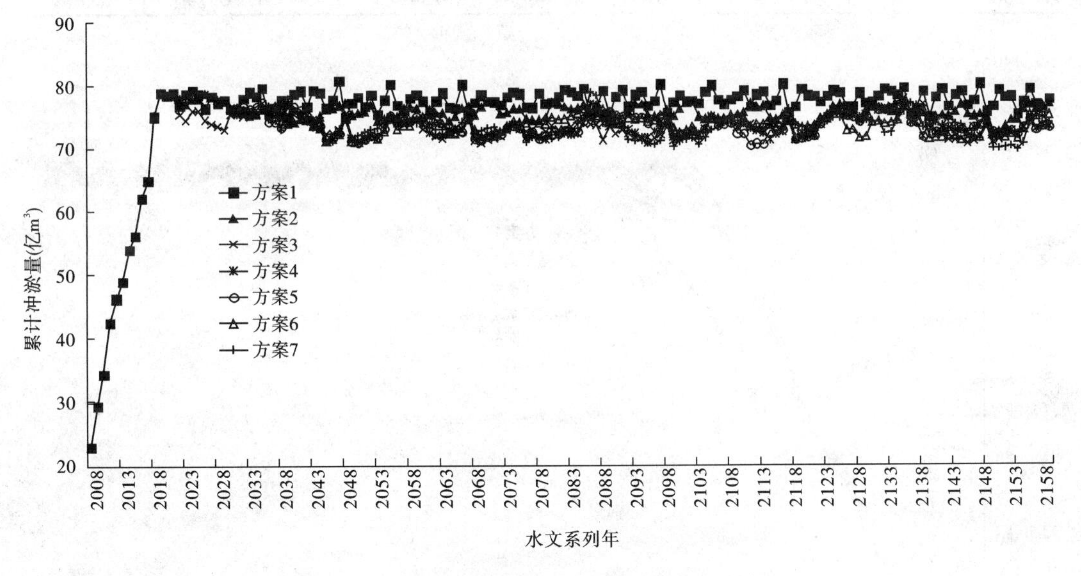

图7-2　不同方案小浪底水库库区累计冲淤过程

7.3.3　古贤水库泥沙冲淤计算成果

古贤水库的建成投入运用时机考虑两种情况：一是2020年建成生效，二是2030年建成生效。

方案2：古贤水库2020年投入运用，水库拦沙库容淤满的时间在2055年左右，水库拦沙运用期35年，水库年均淤积量3.26亿 m^3，之后基本处于冲淤平衡状态。方案3：考虑古贤水库和黑山峡水库同时于2020年建成生效，该方案古贤水库拦沙库容淤满的时间为2059年，较方案2延长了4年。方案4：考虑黑山峡水库生效时间在2030年，相应古贤水库淤满时间为2057年，与方案3相差不大。方案5：古贤水库、黑山峡水库生效时间均在2030年，由于水库投入时机滞后，相应淤满的时间也较方案2、方案3晚，在2070年左右。方案6：考虑了古贤水库、黑山峡水库和碛口水库先后投入运用，由于碛口水库的修建直接减少进入古贤水库的沙量，减缓了古贤水库的淤积速度，该方案古贤水库拦沙库容淤满时间约为2068年，较方案3水库拦沙年限延长了9年，较方案4水库拦沙年限延长了11

年。方案7是在方案6基础上考虑南水北调西线一期工程生效，西线工程调水量增加了汛期调水调沙大流量泄放的次数，在保证河道减淤的同时，也增加了古贤水库拦沙库容运用年限，该方案古贤水库淤满的时间在2073年，较方案6延长了5年。不同方案不同时期古贤库区年均冲淤量计算成果见表7-4，库区历年累计冲淤过程见图7-3。

表7-4　不同方案不同时期古贤水库年均冲淤量成果　（单位：亿 m^3）

时段	方案1	方案2	方案3	方案4	方案5	方案6	方案7
2008～2019年	—	—	—	—	—	—	—
2020～2029年	—	3.770	3.444	3.770	0.000	3.770	3.770
2030～2049年	—	3.253	3.167	3.144	3.640	3.144	2.960
2050～2099年	—	0.172	0.289	0.210	0.761	0.264	0.339
2100～2157年	—	0.044	-0.022	-0.017	-0.012	-0.049	-0.001
2008～2157年	—	0.759	0.740	0.734	0.734	0.740	0.759

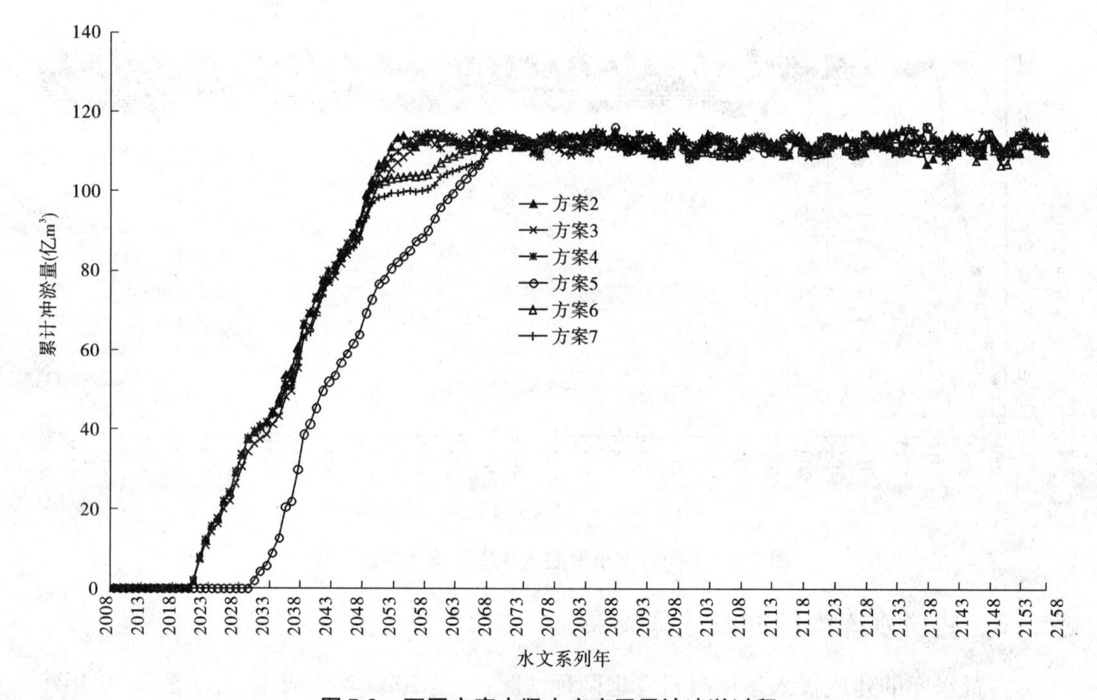

图7-3　不同方案古贤水库库区累计冲淤过程

7.3.4　黑山峡水库泥沙冲淤计算成果

方案3：黑山峡水库2020年建成生效，水库拦沙库容淤满的时间约在2120年，之后基本处于冲淤平衡状态。2020～2029年、2030～2049年、2050～2157年，各时段水库累计淤积量分别为6.49亿 m^3、16.88亿 m^3、54.17亿 m^3。至计算系列末（2158年），水库累计淤积量77.54亿 m^3。

方案4、方案5和方案6：黑山峡水库在2030年建成生效，水库拦沙库容淤满时间约在2130年，之后基本处于冲淤平衡状态。2030～2049年、2050～2157年水库累计淤积量分别为16.94亿 m^3、59.77亿 m^3。至计算系列末（2158年），水库累计淤积量76.71亿 m^3。

方案7考虑黑山峡水库和南水北调西线一期工程均在2030年建成生效，由于黑山峡水库运用过程中水库蓄水体较大，西线调入水量对黑山峡水库库区冲淤变化影响不大，水库拦沙库容淤满的时间与无西线工程方案基本相同，在2130年左右，之后基本处于冲淤平衡状态。2030～2049年、2050～2157年水库累计淤积量分别为16.88亿 m^3、59.24亿 m^3。至计算系列末(2158年)，水库累计淤积量76.12亿 m^3。不同方案不同时期黑山峡库区年均冲淤量计算成果见表7-5，库区历年累计冲淤过程见图7-4。

表7-5　不同方案不同时期黑山峡水库年均冲淤量成果　(单位：亿 m^3)

时段	方案3	方案4	方案5	方案6	方案7
2008～2019年	—	—	—	—	—
2020～2029年	0.65	—	—	—	—
2030～2049年	0.84	0.85	0.85	0.85	0.84
2050～2099年	0.73	0.75	0.75	0.75	0.77
2100～2157年	0.30	0.39	0.39	0.39	0.36
2008～2157年	0.52	0.51	0.51	0.51	0.51

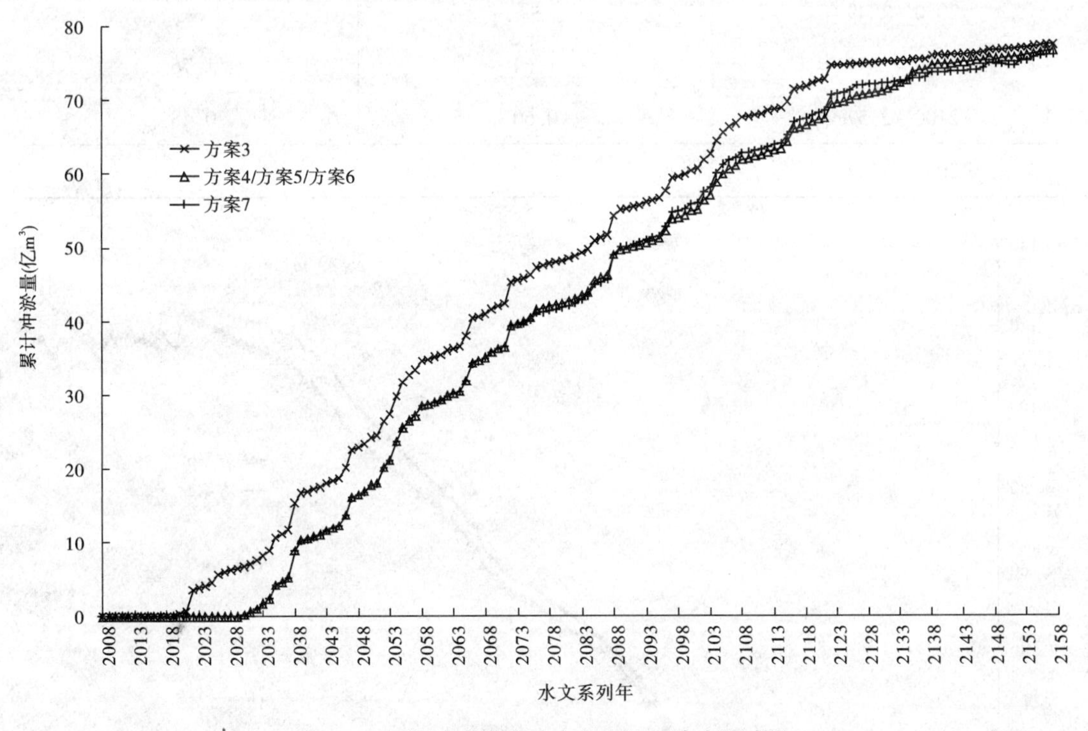

图7-4　不同方案黑山峡水库库区累计冲淤过程

7.3.5　碛口水库泥沙冲淤计算成果

方案6：考虑碛口水库2050年建成生效，碛口水库运用初期，水库采用高水位蓄水运用方式，蓄水体较大，库区泥沙主要以异重流形式排出，排沙比较小，水库淤积速度相对较快，水库运用至2139年左右库区高滩深槽基本形成，拦沙期结束，水库拦沙期结束后，汛期水库利用14亿 m^3 左右的调水调沙库容与黑山峡水库、古贤水库和小浪底水库联合进行调水调沙运用，适时降低水位，利用上游有利的水流条件冲刷库区泥沙，保持库区多年冲淤平衡，至计算系列末(2158 年)，碛口水库累计淤积泥沙量为 116.80 亿 m^3。

方案 7：南水北调西线一期工程 2030 年生效后，通过水量调控子体系的联合调节作用，在显著减轻宁蒙河段泥沙淤积的同时，增加了进入中游的泥沙量，由于碛口水库采用高水位蓄水运用方式，拦沙期水库蓄水体一直较大，水库排沙量较少，因此与方案 6 相比，该方案水库淤积速度较快，水库运用至 2136 年左右库区高滩深槽基本形成，至计算系列末(2158 年)，碛口水库累计淤积泥沙量为 116.11 亿 m^3。不同方案不同时期碛口库区年均冲淤量计算成果见表 7-6，库区历年累计冲淤过程见图 7-5。

表 7-6　不同方案不同时期碛口水库年均冲淤量成果　　(单位：亿 m^3)

时段	方案 6	方案 7
2008 ~ 2019 年	—	—
2020 ~ 2029 年	—	—
2030 ~ 2049 年	—	—
2050 ~ 2099 年	1.64	1.76
2100 ~ 2157 年	0.60	0.48
2008 ~ 2157 年	0.78	0.77

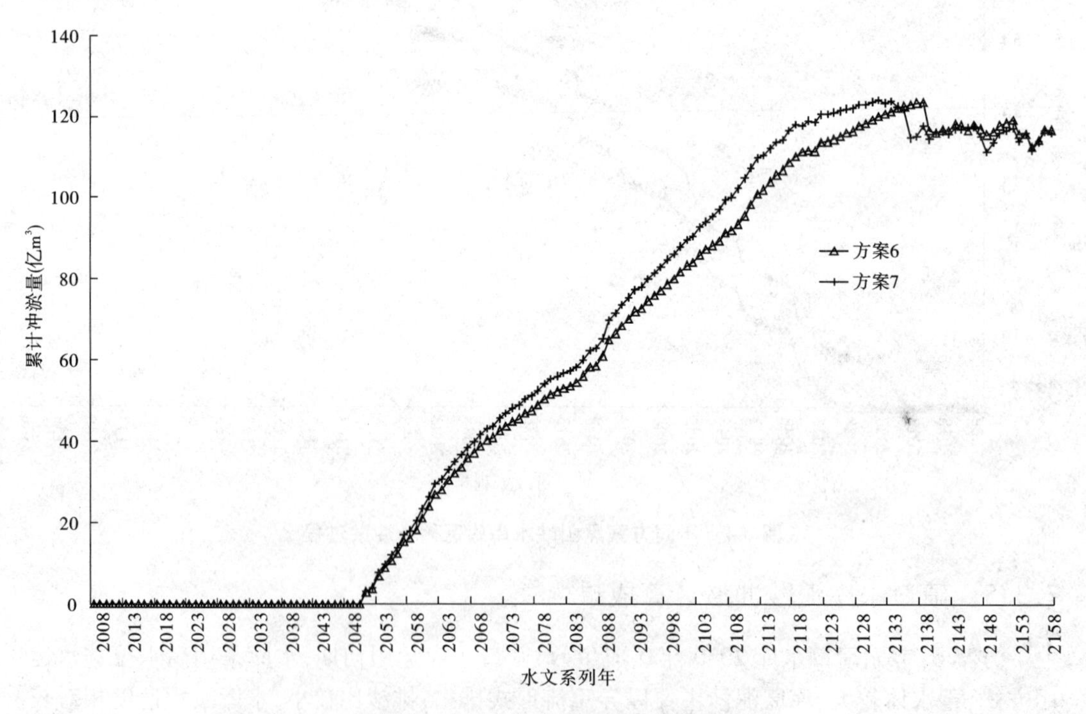

图 7-5　碛口水库库区累计冲淤过程

7.4 宁蒙河道冲淤变化

7.4.1 不同方案进入宁蒙河段水沙量分析

7.4.1.1 进入宁蒙河段水沙量

不同方案不同时期进入宁蒙河段(下河沿)水沙量见表7-7。与方案1和方案2相比,在水库生效前,不同方案进入宁蒙河段的水沙量相同,水库生效后(方案3、方案4、方案5、方案6),由于水库拦沙和主汛期调水调沙作用,汛期进入宁蒙河段的水量有所增加,而沙量明显减少,随着水库运用时间的延长,水库拦沙量的增大,水库的拦沙作用有所减小,进入宁蒙河段的沙量逐渐增大。如方案4,2030~2049年年平均沙量为0.01亿t,2050~2099年年均沙量为0.15亿t,2100~2157年年均沙量为0.71亿t。西线南水北调一期工程2030年生效后(方案7),进入宁蒙河段的水量明显增大,尤其汛期增大更为显著。

7.4.1.2 进入宁蒙河段水沙过程

统计不同方案不同时段主汛期(7月、8月)进入宁蒙河段不同流量级出现天数见表7-8,可以看出,与方案1和方案2相比,黑山峡水库生效后(方案3、方案4、方案5、方案6),由于水库主汛期调水调沙作用,进入宁蒙河段2 500~3 000 m^3/s流量级的天数明显增加,当水库拦沙库容逐步淤满后,水库的调水调沙库容有所减小,进入宁蒙河段2 500~3 000 m^3/s流量级的天数逐渐减少。如方案4,2 500~3 000 m^3/s 流量级2030~2049年平均天数为29.45 d,2050~2099年平均为26.62 d,2100~2157年平均为21.16 d。西线南水北调一期工程2030年生效后(方案7),进入宁蒙河段2 500~3 000 m^3/s 流量级的天数明显增多,2030~2049年、2050~2099年、2100~2157年平均分别为40.05 d、35.52 d、28.52 d。

表7-7 不同方案不同时期进入宁蒙河段(下河沿)水沙量统计

方案	时段	水量(亿 m^3)			沙量(亿 t)			含沙量(kg/m^3)		
		汛期	非汛期	全年	汛期	非汛期	全年	汛期	非汛期	全年
方案1	2008~2019年	135.19	158.75	293.94	0.82	0.16	0.98	6.03	1.03	3.33
	2020~2029年	118.14	156.72	274.86	0.69	0.18	0.87	5.82	1.15	3.16
	2030~2049年	140.67	164.02	304.69	0.93	0.20	1.13	6.63	1.20	3.71
	2050~2099年	139.86	161.70	301.56	0.94	0.19	1.13	6.76	1.21	3.78
	2100~2157年	144.29	162.69	306.98	1.02	0.20	1.22	7.07	1.25	3.99
	2008~2157年	139.86	161.70	301.56	0.94	0.19	1.13	6.76	1.21	3.78
方案2	2008~2019年	135.19	158.75	293.94	0.82	0.16	0.98	6.03	1.03	3.33
	2020~2029年	118.14	156.72	274.86	0.69	0.18	0.87	5.82	1.15	3.16
	2030~2049年	140.67	164.02	304.69	0.93	0.20	1.13	6.63	1.20	3.71
	2050~2099年	139.86	161.70	301.56	0.94	0.19	1.13	6.76	1.21	3.78
	2100~2157年	144.29	162.69	306.98	1.02	0.20	1.22	7.07	1.25	3.99
	2008~2157年	139.86	161.70	301.56	0.94	0.19	1.13	6.76	1.21	3.78

续表 7-7

方案	时段	水量(亿 m^3)			沙量(亿 t)			含沙量(kg/m^3)		
		汛期	非汛期	全年	汛期	非汛期	全年	汛期	非汛期	全年
方案3	2008~2019 年	135.19	158.75	293.94	0.82	0.16	0.98	6.03	1.03	3.33
	2020~2029 年	141.64	135.31	276.95	0.01	0	0.01	0.06	0.00	0.03
	2030~2049 年	159.02	142.05	301.07	0.01	0	0.01	0.07	0.00	0.03
	2050~2099 年	154.40	144.93	299.33	0.17	0.01	0.18	1.08	0.04	0.57
	2100~2157 年	148.67	155.72	304.39	0.73	0.09	0.82	4.90	0.59	2.69
	2008~2157 年	150.42	149.18	299.60	0.40	0.05	0.45	2.69	0.34	1.52
方案4	2008~2019 年	135.19	158.75	293.94	0.82	0.16	0.98	6.03	1.03	3.33
	2020~2029 年	118.14	156.72	274.86	0.69	0.18	0.87	5.82	1.15	3.16
	2030~2049 年	160.61	141.38	301.99	0.01	0	0.01	0.04	0	0.02
	2050~2099 年	156.08	143.20	299.28	0.14	0	0.14	0.92	0.03	0.50
	2100~2157 年	151.19	153.29	304.48	0.67	0.05	0.72	4.41	0.30	2.34
	2008~2157 年	150.59	149.01	299.60	0.42	0.04	0.46	2.77	0.30	1.54
方案5	2008~2019 年	135.19	158.75	293.94	0.82	0.16	0.98	6.03	1.03	3.33
	2020~2029 年	118.14	156.72	274.86	0.69	0.18	0.87	5.82	1.15	3.16
	2030~2049 年	160.61	141.38	301.99	0.01	0	0.01	0.04	0	0.02
	2050~2099 年	156.08	143.20	299.28	0.14	0	0.14	0.92	0.03	0.50
	2100~2157 年	151.19	153.29	304.48	0.67	0.05	0.72	4.41	0.30	2.34
	2008~2157 年	150.59	149.01	299.60	0.42	0.04	0.46	2.77	0.30	1.54
方案6	2008~2019 年	135.19	158.75	293.94	0.82	0.16	0.98	6.03	1.03	3.33
	2020~2029 年	118.14	156.72	274.86	0.69	0.18	0.87	5.82	1.15	3.16
	2030~2049 年	160.61	141.38	301.99	0.01	0	0.01	0.04	0	0.02
	2050~2099 年	156.08	143.20	299.28	0.14	0	0.14	0.92	0.03	0.50
	2100~2157 年	151.19	153.29	304.48	0.67	0.05	0.72	4.41	0.30	2.34
	2008~2157 年	150.59	149.01	299.60	0.42	0.04	0.46	2.77	0.30	1.54
方案7	2008~2019 年	135.19	158.75	293.94	0.82	0.16	0.98	6.03	1.03	3.33
	2020~2029 年	118.14	156.72	274.86	0.69	0.18	0.87	5.82	1.15	3.16
	2030~2049 年	196.54	161.49	358.03	0.04	0	0.04	0.23	0.01	0.13
	2050~2099 年	186.88	168.74	355.62	0.11	0.01	0.12	0.58	0.06	0.33
	2100~2157 年	181.63	179.15	360.78	0.65	0.07	0.72	3.60	0.41	2.02
	2008~2157 年	177.42	170.29	347.71	0.41	0.06	0.47	2.29	0.34	1.33

表 7-8　不同时段不同方案 7 ~ 8 月进入宁蒙河段各流量级出现天数统计

方案		方案 1			方案 2			方案 3			方案 4			方案 5			方案 6			方案 7		
时段	流量级 (m^3/s)	天数 (d)	水量 (亿 m^3)	沙量 (亿 t)	天数 (d)	水量 (亿 m^3)	沙量 (亿 t)	天数 (d)	水量 (亿 m^3)	沙量 (亿 t)	天数 (d)	水量 (亿 m^3)	沙量 (亿 t)	天数 (d)	水量 (亿 m^3)	沙量 (亿 t)	天数 (d)	水量 (亿 m^3)	沙量 (亿 t)	天数 (d)	水量 (亿 m^3)	沙量 (亿 t)
2008 ~ 2019 年	≤1 000	24.75	16.64	0.04	24.75	16.64	0.04	24.75	16.64	0.04	24.75	16.64	0.04	24.75	16.64	0.04	24.75	16.64	0.04	24.75	16.64	0.04
	1 000 ~ 2 000	26.75	32.39	0.20	26.75	32.39	0.20	26.75	32.39	0.20	26.75	32.39	0.20	26.75	32.39	0.20	26.75	32.39	0.20	26.75	32.39	0.20
	2 000 ~ 2 500	5.58	10.63	0.14	5.58	10.63	0.14	5.58	10.63	0.14	5.58	10.63	0.14	5.58	10.63	0.14	5.58	10.63	0.14	5.58	10.63	0.14
	2 500 ~ 3 000	1.83	4.13	0.07	1.83	4.13	0.07	1.83	4.12	0.07	1.83	4.12	0.07	1.83	4.12	0.07	1.83	4.12	0.07	1.83	4.13	0.07
	≥3 000	3.08	8.95	0.18	3.08	8.95	0.18	3.08	8.95	0.18	3.08	8.95	0.18	3.08	8.95	0.18	3.08	8.95	0.18	3.08	8.95	0.18
	合计	62	72.74	0.62	62	72.73	0.62	62	72.73	0.62	62	72.73	0.62	62	72.73	0.62	62	72.73	0.62	62.00	72.73	0.62
2020 ~ 2029 年	≤1 000	29.3	20.41	0.04	29.3	20.41	0.04	20.4	15.60	0	29.3	20.41	0.04	29.3	20.41	0.04	29.3	20.41	0.04	29.30	20.41	0.04
	1 000 ~ 2 000	23.2	24.85	0.13	23.2	24.85	0.13	13.6	14.50	0	23.2	24.85	0.13	23.2	24.85	0.13	23.2	24.85	0.13	23.20	24.85	0.13
	2 000 ~ 2 500	1.9	3.89	0.06	1.9	3.89	0.06	0	0	0	1.9	3.89	0.06	1.9	3.89	0.06	1.9	3.89	0.06	1.90	3.89	0.06
	2 500 ~ 3 000	5.1	12.00	0.16	5.1	12.00	0.16	26.6	68.82	0.01	5.1	12.00	0.16	5.1	12.00	0.16	5.1	12.00	0.16	5.10	12.00	0.16
	≥3 000	2.5	7.15	0.19	2.5	7.15	0.19	1.4	3.92	0	2.5	7.15	0.19	2.5	7.15	0.19	2.5	7.15	0.19	2.50	7.15	0.19
	合计	62	68.3	0.58	62	68.3	0.58	62	102.83	0.01	62	68.3	0.58	62	68.3	0.58	62	68.3	0.58	62.00	68.30	0.58
2030 ~ 2049 年	≤1 000	24.15	16.57	0.04	24.15	16.57	0.04	14.6	11.37	0	14.55	11.31	0	14.55	11.31	0	14.55	11.31	0	0.55	0.44	0
	1 000 ~ 2 000	26.75	32.07	0.20	26.75	32.07	0.20	16.75	19.75	0	15.80	18.73	0	15.80	18.73	0	15.80	18.73	0	13.80	18.10	0.00
	2 000 ~ 2 500	3.10	5.97	0.08	3.10	5.97	0.08	1.55	2.83	0	1.50	2.74	0	1.50	2.74	0	1.50	2.74	0	4.35	8.45	0.00
	2 500 ~ 3 000	3.90	9.14	0.13	3.90	9.14	0.13	28.40	73.21	0.01	29.45	75.94	0.01	29.45	75.94	0.01	29.45	75.94	0.01	40.05	103.33	0.02
	≥3 000	4.10	11.45	0.25	4.10	11.45	0.25	0.70	1.87	0	0.70	1.87	0	0.70	1.87	0	0.70	1.87	0	3.25	10.15	0
	合计	62	75.2	0.69	62	75.2	0.69	62	109.03	0.01	62	110.58	0.01	62	110.58	0.01	62	110.58	0.01	62.00	140.48	0.02

续表 7-8

方案		方案1			方案2			方案3			方案4			方案5			方案6			方案7		
时段	流量级 (m^3/s)	天数 (d)	水量 (亿 m^3)	沙量 (亿 t)	天数 (d)	水量 (亿 m^3)	沙量 (亿 t)	天数 (d)	水量 (亿 m^3)	沙量 (亿 t)	天数 (d)	水量 (亿 m^3)	沙量 (亿 t)	天数 (d)	水量 (亿 m^3)	沙量 (亿 t)	天数 (d)	水量 (亿 m^3)	沙量 (亿 t)	天数 (d)	水量 (亿 m^3)	沙量 (亿 t)
2050 ~ 2099 年	≤1 000	22.96	15.80	0.04	22.96	15.80	0.04	13.78	10.81	0	13.66	10.73	0	13.66	10.73	0	13.66	10.73	0	0.34	0.28	0
	1 000 ~ 2 000	26.30	30.87	0.18	26.30	30.87	0.18	19.60	23.06	0.02	18.58	21.81	0.02	18.58	21.81	0.02	18.58	21.81	0.02	19.48	26.07	0.01
	2 000 ~ 2 500	4.88	9.39	0.12	4.88	9.39	0.12	1.80	3.33	0	1.78	3.30	0	1.78	3.30	0	1.78	3.30	0	3.32	6.29	0
	2 500 ~ 3 000	4.44	10.44	0.16	4.44	10.44	0.16	25.46	65.61	0.11	26.62	68.62	0.10	26.62	68.62	0.10	26.62	68.62	0.1	35.52	91.45	0.08
	≥3 000	3.42	9.70	0.21	3.42	9.70	0.21	1.36	3.82	0	1.36	3.82	0	1.36	3.82	0	1.36	3.82	0	3.34	10.65	0.01
	合计	62	76.21	0.71	62	76.21	0.71	62	106.63	0.15	62	108.28	0.12	62	108.28	0.12	62	108.28	0.12	62	134.72	0.10
2100 ~ 2157 年	≤1 000	21.09	14.57	0.03	21.09	14.57	0.03	14.55	11.23	0.03	14.00	10.86	0.02	14.00	10.86	0.02	14.00	10.86	0.02	0.38	0.31	0
	1 000 ~ 2 000	26.59	31.19	0.18	26.59	31.19	0.18	23.45	27.93	0.09	22.52	26.82	0.07	22.52	26.82	0.07	22.52	26.82	0.07	25.36	34.59	0.05
	2 000 ~ 2 500	5.86	11.27	0.15	5.86	11.27	0.15	2.62	4.93	0.04	2.48	4.64	0.04	2.48	4.64	0.04	2.48	4.64	0.04	3.79	7.14	0.02
	2 500 ~ 3 000	5.05	11.93	0.19	5.05	11.93	0.19	19.53	49.81	0.38	21.16	54.05	0.35	21.16	54.05	0.35	21.16	54.05	0.35	28.52	73.26	0.34
	≥3 000	3.41	9.69	0.21	3.41	9.69	0.21	1.84	5.19	0.04	1.84	5.19	0.04	1.84	5.19	0.04	1.84	5.19	0.04	3.95	12.63	0.07
	合计	62	78.64	0.75	62	78.64	0.75	62	99.09	0.57	62	101.57	0.52	62	101.57	0.52	62	101.57	0.52	62	127.93	0.47
2008 ~ 2157 年	≤1 000	22.96	15.80	0.04	22.96	15.80	0.04	15.51	11.83	0.01	15.84	11.97	0.01	15.84	11.97	0.01	15.84	11.97	0.01	4.27	2.96	0.01
	1 000 ~ 2 000	26.30	30.87	0.18	26.30	30.87	0.18	20.88	24.68	0.06	20.69	24.39	0.06	20.69	24.39	0.06	20.69	24.39	0.06	21.83	28.72	0.05
	2 000 ~ 2 500	4.88	9.39	0.12	4.88	9.39	0.12	2.27	4.24	0.03	2.33	4.37	0.03	2.33	4.37	0.03	2.33	4.37	0.03	3.73	7.09	0.02
	2 500 ~ 3 000	4.44	10.44	0.16	4.44	10.44	0.16	21.75	55.81	0.19	21.47	55.03	0.19	21.47	55.03	0.19	21.47	55.03	0.19	28.69	73.72	0.18
	≥3 000	3.42	9.70	0.21	3.42	9.70	0.21	1.60	4.51	0.03	1.67	4.72	0.04	1.67	4.72	0.04	1.67	4.72	0.04	3.49	10.98	0.06
	合计	62	76.21	0.71	62	76.21	0.71	62	101.07	0.32	62	100.48	0.33	62	100.48	0.33	62	100.48	0.33	62	123.47	0.31

7.4.2 不同方案宁蒙河道泥沙冲淤计算结果分析

采用黄河设计公司宁蒙河段水文水动力学模型和 SUSBED－2 一维水动力学模型分别对宁蒙河段冲淤变化进行计算分析。两个模型计算的冲淤量成果见表7-9,历年累计淤积过程见图7-6、图7-7。

7.4.2.1 水文水动力学模型计算结果

无黑山峡水库方案(方案1、方案2),上游龙羊峡水库、刘家峡水库联合径流调节运用,宁蒙河段发生持续淤积,150年累计淤积104.38亿t,年均淤积0.70亿t。

黑山峡水库2020年生效方案(方案3),水库建成投入运用后,通过拦沙并与龙羊峡水库、刘家峡水库联合调水调沙,大大减少了宁蒙河段淤积量,2020～2157年宁蒙河段累计淤积34.57亿t,年均淤积0.25亿t,与同期无黑山峡水库方案相比,累计减少淤积62.00亿t,年均减淤0.45亿t,黑山峡水库对宁蒙河段拦沙减淤比为1.63∶1。

黑山峡水库2030年生效方案(方案4、方案5、方案6),2030～2157年宁蒙河段累计淤积泥沙29.86亿t,年均淤积0.23亿t,与同期无黑山峡水库方案相比,累计减少淤积59.12亿t,与方案3相比,由于黑山峡水库晚10年投入运用,150年宁蒙河段多淤积2.88亿t。

黑山峡水库和南水北调西线一期工程均2030年生效方案(方案7),通过水量调控子体系对西线工程调入水量的调节运用,宁蒙河段可基本实现不淤积,2030～2157年宁蒙河段呈冲刷状态,累计冲刷量8.44亿t,与同期现状方案(无黑山峡水库、无南水北调西线一期工程)相比,累计减少淤积97.42亿t,年均减淤0.76亿t,与同期有黑山峡水库、无南水北调西线一期工程方案(方案4、方案5、方案6)相比,累计减少淤积38.30亿t,年均减淤0.30亿t。

7.4.2.2 SUSBED－2 一维水动力学模型计算结果

无黑山峡水库方案(方案1、方案2),150年宁蒙河段年均淤积0.71亿t。

黑山峡水库2020年生效方案(方案3),2020～2157年宁蒙河段累计淤积36.69亿t,年均淤积0.27亿t,与同期无黑山峡水库方案相比,累计减少淤积62.12亿t,年均减淤0.45亿t,黑山峡水库对宁蒙河段拦沙减淤比1.62∶1。

黑山峡水库2030年生效方案(方案4、方案5、方案6),2030～2157年宁蒙河段累计淤积33.83亿t,年均淤积0.26亿t,与同期无黑山峡水库方案相比,累计减少淤积57.43亿t,与方案3相比,由于黑山峡水库晚10年投入,宁蒙河段少减淤4.69亿t。

表 7-9　不同方案宁蒙河段冲淤量计算成果

（单位：亿 t）

项目	时段	水文水动力学模型							SUSBED－2 一维水动力学模型						
		方案 1	方案 2	方案 3	方案 4	方案 5	方案 6	方案 7	方案 1	方案 2	方案 3	方案 4	方案 5	方案 6	方案 7
累计冲淤量	2008～2019 年	7.81	7.81	7.81	7.81	7.81	7.81	7.81	7.79	7.79	7.79	7.79	7.79	7.79	7.79
	2020～2029 年	7.58	7.58	3.16	7.58	7.58	7.58	7.58	7.55	7.55	0.70	7.55	7.55	7.55	7.55
	2030～2049 年	13.02	13.02	2.54	2.17	2.17	2.17	－3.82	14.60	14.60	2.08	1.84	1.84	1.84	－2.89
	2050～2099 年	34.79	34.79	6.04	5.25	5.25	5.25	－9.53	34.36	34.36	8.19	12.42	12.42	12.42	－0.40
	2100～2157 年	41.18	41.18	22.83	22.44	22.44	22.44	4.91	42.31	42.31	25.72	19.57	19.57	19.57	4.28
	2008～2157 年	104.38	104.38	42.38	45.25	45.25	45.25	6.95	106.61	106.61	44.48	49.17	49.17	49.17	16.33
年均冲淤量	2008～2019 年	0.65	0.65	0.65	0.65	0.65	0.65	0.65	0.65	0.65	0.65	0.65	0.65	0.65	0.65
	2020～2029 年	0.76	0.76	0.32	0.76	0.76	0.76	0.76	0.76	0.76	0.07	0.76	0.76	0.76	0.76
	2030～2049 年	0.65	0.65	0.13	0.11	0.11	0.11	－0.19	0.73	0.73	0.1	0.09	0.09	0.09	－0.14
	2050～2099 年	0.70	0.70	0.12	0.11	0.11	0.11	－0.19	0.69	0.69	0.16	0.25	0.25	0.25	－0.01
	2100～2157 年	0.71	0.71	0.39	0.39	0.39	0.39	0.08	0.73	0.73	0.44	0.34	0.34	0.34	0.07
	2008～2157 年	0.70	0.70	0.28	0.30	0.30	0.30	0.05	0.71	0.71	0.3	0.33	0.33	0.33	0.11

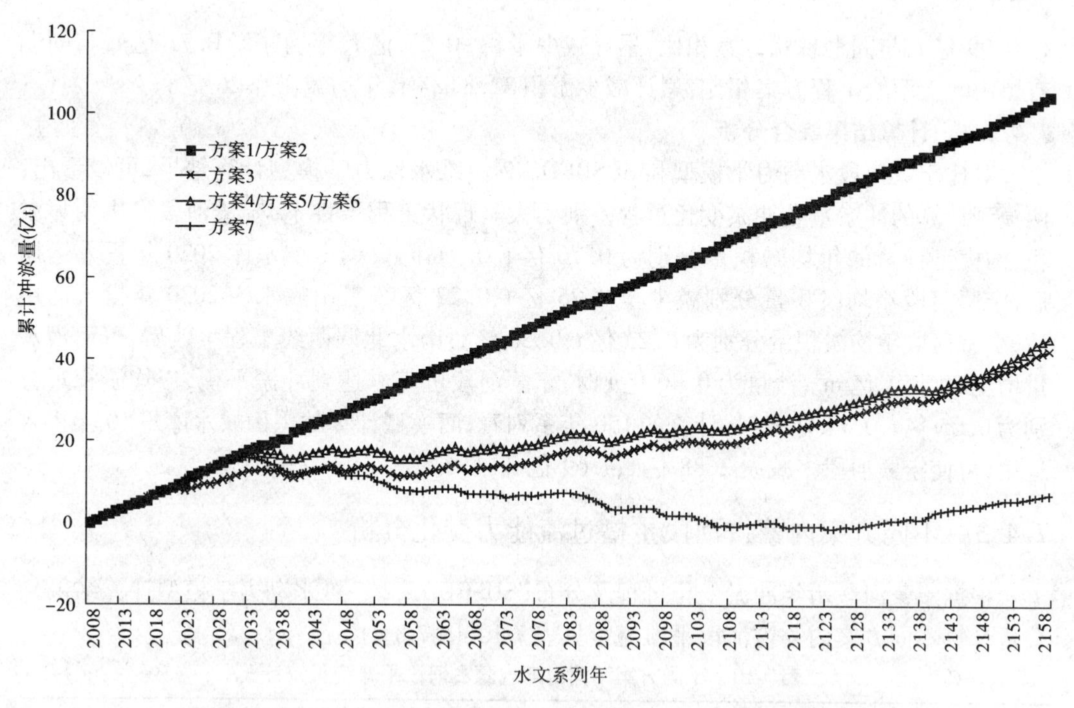

图 7-6　不同方案宁蒙河段累计冲淤过程(水文水动力学模型)

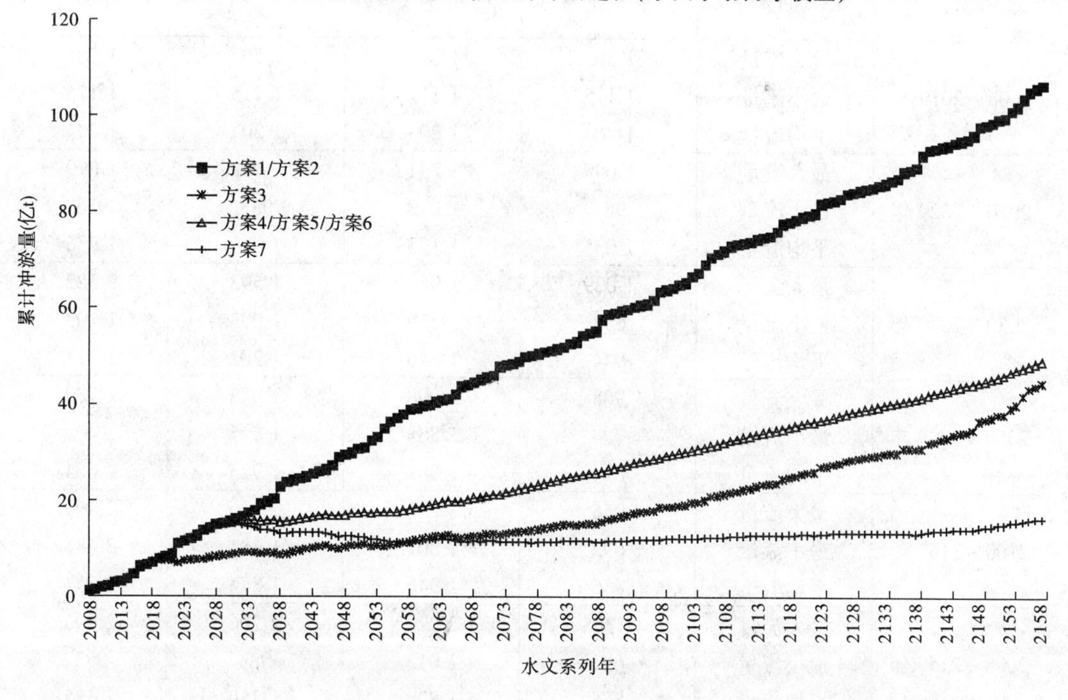

图 7-7　不同方案宁蒙河段累计冲淤过程(SUSBED－2 一维水动力学模型)

黑山峡水库和南水北调西线一期工程均 2030 年生效方案(方案 7),西线工程投入运用后,可使宁蒙河段基本处于冲淤平衡状态,西线工程生效后的 128 年宁蒙河段累计淤积仅0.99 亿 t,与同期现状方案相比,累计减少淤积 90.27 亿 t,年均减淤 0.71 亿 t,与同期有黑山峡无西线工程方案相比,累计减少淤积 32.84 亿 t,年均减淤 0.26 亿 t。

7.4.2.3 计算结果综合分析

对比宁蒙河段水动力学模型和 SUSBED－2 一维水动力学模型计算结果,可以看出,两模型计算的冲淤量及冲淤变化过程差别不大。现状工程条件下,宁蒙河段发生明显淤积,两模型计算的年均淤积量分别为 0.70 亿 t、0.71 亿 t;黑山峡水库 2020 年投入运用后,宁蒙河段年均淤积量分别减少至 0.25 亿 t、0.27 亿 t;黑山峡水库 2030 年投入运用后,宁蒙河段年均淤积量分别为 0.23 亿 t、0.26 亿 t;南水北调西线工程生效后,下河沿水量增至 347.71 亿 m^3,沙量为 0.46 亿 t 时,宁蒙河段可基本达到冲淤平衡,年均淤积量分别为 0.05 亿 t、0.11 亿 t。从计算的 150 年系列看,两模型计算的黑山峡水库早 10 年投入运用,可使宁蒙河段多减淤 2.88 亿 t、4.69 亿 t。

7.4.3 不同方案内蒙古河段主槽过流能力变化分析

根据宁蒙河段历年冲淤变化过程及分布(SUSBED－2 一维水动力学模型计算结果),分析计算不同方案内蒙古河段平滩流量见表 7-10、图 7-8。

表 7-10 不同方案不同时期内蒙古河段平滩流量统计 (单位:m^3/s)

时段	项目	方案 1、方案 2	方案 3	方案 4、方案 5、方案 6	方案 7
2008～2019 年	最大流量	1 305	1 305	1 305	1 305
	最小流量	1 115	1 117	1 115	1 115
	平均流量	1 204	1 204	1 204	1 204
2020～2029 年	最大流量	1 099	1 281	1 099	1 099
	最小流量	981	1 013	983	983
	平均流量	1 035	1 133	1 035	1 035
2030～2049 年	最大流量	1 029	1 964	1 592	2 322
	最小流量	848	1 329	1 003	1 103
	平均流量	944	1 646	1 282	1 721
2050～2099 年	最大流量	968	2 098	2 078	2 789
	最小流量	794	1 865	1 645	2 405
	平均流量	884	1 951	1 923	2 664
2100～2157 年	最大流量	956	2 226	2 206	2 906
	最小流量	692	1 801	1 781	2 481
	平均流量	856	1 946	1 874	2 554
2008～2157 年	最大流量	1 305	2 226	2 206	2 906
	最小流量	692	1 013	983	983
	平均流量	896	1 828	1 759	2 335

现状方案(方案 1、方案 2),上游龙羊峡水库、刘家峡水库联合运用,宁蒙河段发生持续淤积,内蒙古河段平滩流量持续减小,2008～2019 年、2020～2029 年、2030～2049 年、2050～2099 年、2100～2157 年内蒙古河段整体平滩流量时段平均值分别为 1 204 m^3/s、

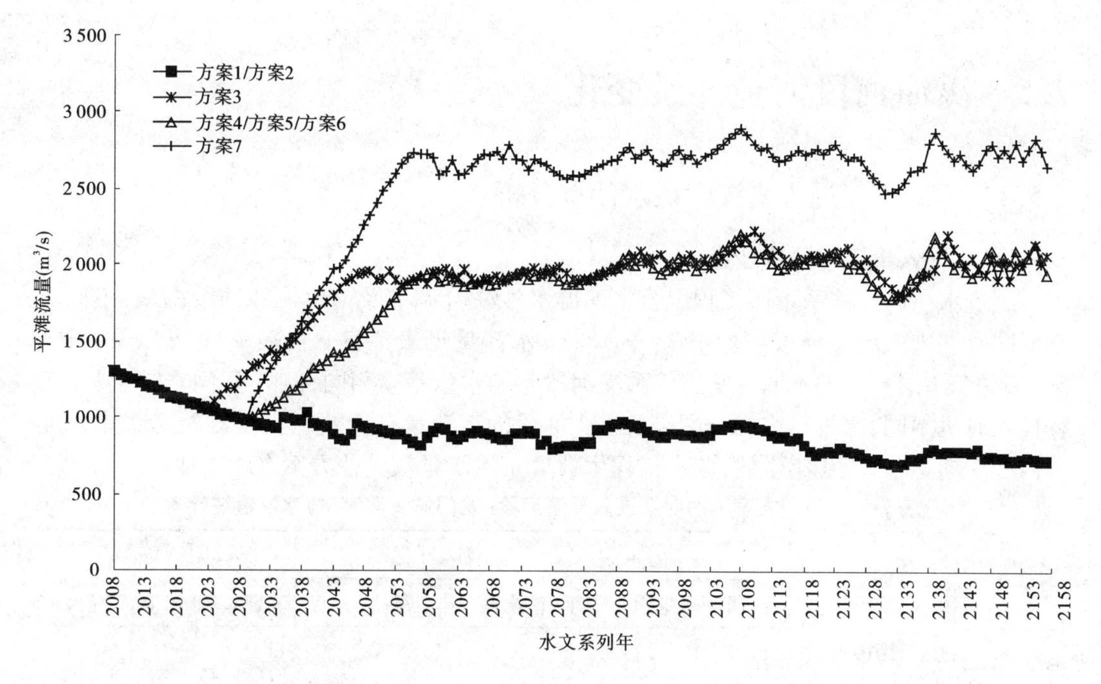

图 7-8　不同方案内蒙古河段平滩流量变化过程(SUSBED－2 **一维水动力学模型**)

1 035 m³/s、944 m³/s、884 m³/s、856 m³/s，平滩流量最大值分别为 1 305 m³/s、1 099 m³/s、1 029 m³/s、968 m³/s、956 m³/s，平滩流量最小值分别为 1 115 m³/s、981 m³/s、848 m³/s、794 m³/s、692 m³/s。

方案 3，黑山峡水库 2020 年投入运用后，通过拦沙和调水调沙运用，减缓了宁蒙河段淤积，2020～2029 年、2030～2049 年、2050～2099 年、2100～2157 年内蒙古整体平滩流量时段平均值分别为 1 133 m³/s、1 646 m³/s、1 951 m³/s、1 946 m³/s，平滩流量最大值分别为 1 281 m³/s、1 964 m³/s、2 098 m³/s、2 226 m³/s，平滩流量最小值分别为 1 013 m³/s、1 329 m³/s、1 865 m³/s、1 801 m³/s。

方案 4～方案 6，黑山峡水库 2030 年投入运用，通过水沙调控体系工程的联合运用，该方案 2030～2049 年、2050～2099 年、2100～2157 年内蒙古整体平滩流量时段平均值分别为 1 282 m³/s、1 923 m³/s、1 874 m³/s，平滩流量最大值分别为 1 592 m³/s、2 078 m³/s、2 206 m³/s，平滩流量最小值分别为 1 003 m³/s、1 645 m³/s、1 781 m³/s。

方案 7，黑山峡水库和南水北调西线一期工程均 2030 年投入运用，通过水沙调控体系工程的联合运用，该方案 2030～2049 年、2050～2099 年、2100～2157 年内蒙古整体平滩流量时段平均值分别为 1 721 m³/s、2 664 m³/s、2 554 m³/s，平滩流量最大值分别为 2 322 m³/s、2 789 m³/s、2 906 m³/s，平滩流量最小值分别为 1 103 m³/s、2 405 m³/s、2 481 m³/s。

7.5 禹潼河段河道冲淤变化

7.5.1 不同方案进入禹潼河段水沙量分析

7.5.1.1 进入禹潼河段水沙量

经过水沙调控体系不同工程组合水库群水沙联合调节及河道泥沙冲淤调整,不同方案不同时期进入禹潼河段(龙门站＋河津站)水沙量见表7-11。由表7-11可以看出,方案1～方案6同一时期不同方案进入禹潼河段年均水量基本相同,但由于不同方案骨干工程投入时机不同,水量年内的分配以及进入河段的年沙量有所差别。方案7:考虑南水北调西线一期工程2030年生效,调水工程生效后年均水量较其他方案有所增加。

表7-11 不同方案不同时期进入禹潼河段(龙门站＋河津站)水沙量统计

方案	时期	水量(亿 m^3)			沙量(亿 t)			含沙量(kg/m^3)		
		汛期	非汛期	全年	汛期	非汛期	全年	汛期	非汛期	全年
方案1	2008～2019年	111.47	123.13	234.60	6.74	0.85	7.59	60.50	6.91	32.37
	2020～2029年	95.31	117.43	212.74	4.57	0.95	5.52	47.93	8.10	25.95
	2030～2049年	111.54	124.80	236.34	6.83	0.89	7.72	61.24	7.14	32.67
	2050～2099年	103.34	120.87	224.21	4.28	0.67	4.95	41.45	5.55	22.10
	2100～2157年	103.83	120.70	224.53	3.91	0.63	4.54	37.68	5.21	20.22
	2008～2157年	104.74	121.28	226.02	4.70	0.72	5.42	44.83	5.91	23.95
方案2	2008～2019年	111.47	123.13	234.60	6.74	0.85	7.59	60.50	6.91	32.37
	2020～2029年	92.31	120.28	212.59	0.60	0.02	0.62	6.54	0.13	2.91
	2030～2049年	102.95	130.27	233.22	3.47	0.02	3.49	33.70	0.19	14.98
	2050～2099年	99.36	123.70	223.06	4.72	0.01	4.73	47.50	0.10	21.21
	2100～2157年	99.13	124.31	223.44	4.47	0.01	4.48	45.13	0.09	20.07
	2008～2157年	100.25	124.54	224.79	4.35	0.08	4.43	43.34	0.64	19.69
方案3	2008～2019年	111.47	123.13	234.60	6.74	0.85	7.59	60.50	6.91	32.37
	2020～2029年	114.28	99.26	213.54	0.70	0.02	0.72	6.17	0.15	3.37
	2030～2049年	119.96	111.94	231.90	3.12	0.02	3.14	26.01	0.22	13.56
	2050～2099年	118.31	102.63	220.94	4.12	0.01	4.13	34.80	0.11	18.69
	2100～2157年	118.55	102.77	221.32	4.45	0.01	4.46	37.54	0.10	20.16
	2008～2157年	117.81	105.34	223.15	4.10	0.08	4.18	34.77	0.76	18.72

续表 7-11

方案	时期	水量(亿 m³)			沙量(亿 t)			含沙量(kg/m³)		
		汛期	非汛期	全年	汛期	非汛期	全年	汛期	非汛期	全年
方案 4	2008～2019 年	111.47	123.13	234.60	6.74	0.85	7.59	60.50	6.91	32.37
	2020～2029 年	92.31	120.28	212.59	0.60	0.02	0.62	6.54	0.13	2.91
	2030～2049 年	120.37	111.50	231.87	3.15	0.02	3.17	26.18	0.22	13.69
	2050～2099 年	117.66	103.30	220.96	4.22	0.01	4.23	35.86	0.11	19.15
	2100～2157 年	118.42	102.91	221.33	4.37	0.01	4.38	36.92	0.10	19.80
	2008～2157 年	116.13	106.96	223.09	4.10	0.08	4.18	35.28	0.75	18.72
方案 5	2008～2019 年	111.47	123.13	234.60	6.74	0.85	7.59	60.50	6.91	32.37
	2020～2029 年	95.31	117.43	212.74	4.57	0.95	5.52	47.93	8.10	25.95
	2030～2049 年	121.99	111.11	233.10	2.51	0.02	2.53	20.54	0.22	10.85
	2050～2099 年	117.30	103.43	220.73	3.50	0.01	3.51	29.88	0.11	15.93
	2100～2157 年	118.29	103.04	221.33	4.37	0.01	4.38	36.90	0.10	19.77
	2008～2157 年	116.37	106.81	223.18	4.03	0.14	4.17	34.67	1.34	18.71
方案 6	2008～2019 年	111.47	123.13	234.60	6.74	0.85	7.59	60.50	6.91	32.37
	2020～2029 年	92.31	120.28	212.59	0.60	0.02	0.62	6.54	0.13	2.91
	2030～2049 年	120.37	111.50	231.87	3.15	0.02	3.17	26.18	0.22	13.69
	2050～2099 年	117.57	103.80	221.37	2.05	0.01	2.06	17.44	0.11	9.32
	2100～2157 年	118.52	103.22	221.74	3.65	0.01	3.66	30.82	0.10	16.52
	2008～2157 年	116.14	107.25	223.39	3.10	0.08	3.18	26.66	0.75	14.22
方案 7	2008～2019 年	111.47	123.13	234.60	6.74	0.85	7.59	60.50	6.91	32.37
	2020～2029 年	92.31	120.28	212.59	0.60	0.02	0.62	6.54	0.13	2.91
	2030～2049 年	147.60	110.84	258.44	3.63	0.02	3.65	24.59	0.22	14.14
	2050～2099 年	138.26	109.53	247.79	2.02	0.01	2.03	14.64	0.11	8.22
	2100～2157 年	145.15	102.99	248.14	3.87	0.01	3.88	26.64	0.10	15.62
	2008～2157 年	136.96	108.98	245.94	3.23	0.08	3.31	23.61	0.74	13.47

现状工程方案(方案 1),计算的 150 年系列进入禹潼河段的年均水量为 226.02 亿 m³,年均沙量为 5.42 亿 t,平均含沙量 23.95 kg/m³,其中 2008～2019 年、2020～2029 年、2030～2049 年、2050～2099 年、2100～2157 年时段水量分别为 234.60 亿 m³、212.74 亿 m³、236.34 亿 m³、224.21 亿 m³、224.53 亿 m³;时段沙量分别为 7.59 亿 t、5.52 亿 t、7.72 亿 t、4.95 亿 t、4.54 亿 t;时段含沙量分别为 32.37 kg/m³、25.95 kg/m³、32.67 kg/m³、22.10 kg/m³、20.22 kg/m³。

方案2，古贤水库2020年投入运用后改变了进入禹潼河段年内水量分配比例，2020～2157年汛期水量占全年水量的比例由现状方案的46.2%变为44.3%，年平均水量由现状的225.27亿m^3减少到223.93亿m^3。古贤水库主要拦沙期内，显著减少了进入该河段的沙量，如2020～2029年、2030～2049年进入禹潼河段沙量仅为0.62亿t、3.49亿t，分别较方案1同时期年均沙量减少4.90亿t、4.23亿t，时段平均含沙量分别减少至2.91 kg/m^3、14.98 kg/m^3，较低含沙量水流对于冲刷禹潼河段主槽，恢复河道中水河槽过流能力非常有利。

方案3，考虑古贤水库、黑山峡水库均在2020年投入运用，黑山峡水库生效后对龙羊峡、刘家峡等上游梯级电站出库水量进行反调节，通过水资源合理配置，增加了汛期下泄水量。与方案2相比，2020～2157年汛期平均水量增加19.09亿m^3，汛期水量占全年水量的比例达到53.3%，汛期水量的增加有利于河道输沙减淤。同时，由于黑山峡水库、古贤水库联合拦沙作用，长时期(2020～2157年)进入禹潼河段的年均沙量在方案2的基础上进一步减少，年均沙量减少约0.27亿t。

方案4，考虑古贤水库2020年投入运用、黑山峡水库2030年投入运用，黑山峡水库投入运用后，2030～2157年进入禹潼河段年平均水量、沙量分别为222.83亿m^3、4.13亿t，其中汛期水量为118.43亿m^3，汛期水量占全年水量的53.1%。与同时期方案2相比，由于黑山峡水库投入运用，汛期水量增加18.61亿m^3，沙量减少0.29亿t，汛期水量占全年水量的比例明显提高。

方案5，考虑古贤水库、黑山峡水库同时于2030年投入运用，与方案4相比，由于古贤水库投入运用时机滞后，改变了进入禹潼河段同期沙量过程，但从长时段(150年系列)来看，水量与方案4基本一致。

方案6，考虑古贤水库2020年、黑山峡水库2030年、碛口水库2050年投入运用。作为控制北干流河段主要粗泥沙来源的碛口水库，在古贤水库拦沙库容淤满之前及时投入运用，可长期减少进入禹潼河段的沙量。该方案2020～2029年、2030～2049年、2050～2099年、2100～2157年时段平均水量分别为212.59亿m^3、231.87亿m^3、221.37亿m^3、221.74亿m^3，相应沙量分别为0.62亿t、3.17亿t、2.06亿t、3.66亿t，平均含沙量为2.91 kg/m^3、13.69 kg/m^3、9.32 kg/m^3、16.52 kg/m^3，也就是说水沙调控体系骨干工程全部建成生效后，可使禹潼河段在未来100年以上的时间内含沙量保持在较低水平状态，对控制禹潼河段淤积、降低潼关高程具有重要的作用。

方案7，在方案6基础上考虑南水北调西线一期工程2030年生效，与方案6相比，西线调水工程生效后，汛期水量明显增加。该方案2030～2049年、2050～2099年、2100～2157年时段平均汛期来水量分别为147.60亿m^3、138.26亿m^3、145.15亿m^3，汛期来沙量分别为3.63亿t、2.02亿t、3.87亿t。与方案6相比，各时段汛期来水量增加27.23亿m^3、20.69亿m^3、26.63亿m^3，汛期来沙量增加0.48亿t、-0.03亿t、0.22亿t，沙量增加是由于西线调水水量对宁蒙河段减淤作用的结果。

7.5.1.2 进入禹潼河段水沙过程

统计不同方案主汛期(7~9月,下同)不同时段禹潼河段(龙门+河津站)不同流量级出现天数(见表7-12)可以看出,随着水沙调控体系待建工程的投入并与其他工程联合调控水沙运用,同时期进入禹潼河段有利于输沙的大流量级出现的天数呈增加趋势,且大流量挟带并输送泥沙的比例也大幅度提高。

与现状工程方案(方案1)相比,方案2由于古贤水库2020年投入运用后并与小浪底水库联合调水调沙运用,进入禹潼河段流量过程得到明显优化,较大流量级出现的天数以及挟带泥沙比例明显增加,如2020~2029年,方案2日均大于等于3 000 m^3/s流量级出现天数为8.80 d、相应该流量级挟带泥沙占主汛期的比例为35.4%,分别较方案1(1.30 d、19.3%)增加7.50 d和16.1%;2030~2049年,方案2日均大于等于3 000 m^3/s流量级出现天数为9.35 d、相应该流量级挟带泥沙占主汛期的比例为36.1%,分别较方案1(4.90 d、26.5%)增加4.45 d和9.6%。但随着水库拦沙库容逐渐淤满,水库调控水沙能力有所降低,如2050~2099年,方案2日均大于等于3 000 m^3/s流量级出现天数为5.42 d、相应该流量级挟带泥沙占主汛期的比例为20.1%,较方案1(2.48 d、19.2%)增加2.94 d和0.9%;2100~2157年,方案2日均大于等于3 000 m^3/s流量级出现天数为4.21 d、相应该流量级挟带泥沙占主汛期的比例为25.1%,较方案1(2.21 d、18.6%)增加2.00 d和6.5%。

方案3,黑山峡水库2020年生效后增加了主汛期调水调沙水量,相应主汛期大流量出现的机遇进一步提高。2020~2029年、2030~2049年、2050~2099年、2100~2157年各个时段日均大于等于3 000 m^3/s流量级年均出现天数分别为15.60 d、15.20 d、11.74 d、11.19 d,分别较方案2增加天数为6.80 d、5.85 d、6.32 d、6.98 d,以上各时段3 000 m^3/s以上流量级挟带泥沙占主汛期泥沙比例也相应提高40%~60%。

方案4,与方案3相比,黑山峡水库晚10年投入运用(2030年),黑山峡水库投入运用后,对改变禹潼河段流量过程的作用与方案3差别不大。

方案5,古贤水库、黑山峡水库同时于2030年投入运用。2030年以前进入禹潼河段流量过程与现状工程完全相同。2030年后古贤水库、黑山峡水库充分发挥了水库群水沙联合调控作用,进入禹潼河段水沙过程得到明显优化。该方案2030~2049年、2050~2099年、2100~2157年三个时段日均大于等于3 000 m^3/s流量级年均出现天数分别为15.85 d、12.16 d、10.91 d,该流量级挟带泥沙量分别为1.61亿t、1.37亿t、1.64亿t,分别占主汛期总泥沙量比例为66.2%、39.9%、38.4%。大流量出现的概率以及挟带主汛期悬移质泥沙比例均比现状方案大大增加。

方案6,黄河水沙调控体系工程相继建成投入运用,与方案4相比,碛口水库2050年投入运用后,由于古贤水库已经存在,对增加禹潼河段大流量级天数的作用不很显著,如2050~2099年、2100~2157年方案6日均大于等于3 000 m^3/s流量级年均出现天数分别为12.62 d、11.91 d,分别较方案4增加1.06 d、0.95 d,但对减少进入禹潼河段沙量作用很明显。

表 7-12 不同时段不同方案主汛期进入禹潼河段(龙门+河津站)流量级出现天数统计

时段	流量级(m^3/s)	方案1			方案2			方案3			方案4		
		天数(d)	水量(亿m^3)	沙量(亿t)	天数(d)	水量(亿m^3)	沙量(亿t)	天数(d)	水量(亿m^3)	沙量(亿t)	天数(d)	水量(亿m^3)	沙量(亿t)
2008~2019年	≤600	32.42	10.98	0.62	32.42	10.98	0.62	32.42	10.98	0.62	32.42	10.98	0.62
	600~2 000	47.42	47.56	3.33	47.42	47.56	3.33	47.42	47.56	3.33	47.42	47.56	3.33
	2 000~3 000	9.75	19.76	1.25	9.75	19.76	1.25	9.75	19.76	1.25	9.75	19.76	1.25
	≥3 000	2.42	7.98	1.22	2.42	7.98	1.22	2.42	7.98	1.22	2.42	7.98	1.22
	合计	92.00	86.28	6.43	92.00	86.28	6.43	92.00	86.28	6.43	92.00	86.28	6.43
2020~2029年	≤600	31.90	9.55	0.44	21.10	6.93	0.03	24.30	8.07	0.01	21.10	6.93	0.03
	600~2 000	53.00	50.16	2.61	61.10	39.38	0.32	48.00	33.80	0.17	61.10	39.38	0.32
	2 000~3 000	5.80	11.47	0.53	1.00	2.14	0.04	4.10	8.68	0.09	1.00	2.14	0.04
	≥3 000	1.30	5.43	0.86	8.80	28.86	0.21	15.60	51.67	0.42	8.80	28.86	0.21
	合计	92.00	76.61	4.43	92.00	77.31	0.59	92.00	102.22	0.70	92.00	77.31	0.59
2030~2049年	≥600	37.90	12.17	0.68	27.45	9.93	0.30	20.60	7.21	0.09	20.45	7.02	0.11
	600~2 000	40.75	38.25	2.86	52.30	34.63	1.24	50.95	35.26	0.50	50.85	35.16	0.50
	2 000~3 000	8.45	17.35	1.24	2.90	6.39	0.63	5.25	11.05	0.44	5.50	11.60	0.44
	≥3 000	4.90	16.62	1.73	9.35	31.46	1.22	15.20	52.97	2.01	15.20	53.09	2.02
	合计	92.00	84.39	6.50	92.00	82.41	3.39	92.00	106.49	3.04	92.00	106.87	3.06
2050~2099年	≤600	36.34	11.30	0.47	26.86	8.93	0.34	22.12	6.83	0.14	22.20	6.87	0.14
	600~2 000	46.30	44.70	2.14	55.54	46.67	2.54	50.22	42.99	1.19	50.26	43.07	1.27
	2 000~3 000	6.88	14.28	0.65	4.18	8.75	0.83	7.92	16.39	0.97	7.98	16.50	1.12
	≥3 000	2.48	8.30	0.78	5.42	17.99	0.93	11.74	39.91	1.73	11.56	39.09	1.61
	合计	92.00	78.57	4.04	92.00	82.34	4.64	92.00	106.12	4.03	92.00	105.53	4.14
2100~2157年	≤600	35.55	10.98	0.43	26.55	8.89	0.28	22.03	6.35	0.14	22.12	6.62	0.14
	600~2 000	47.09	45.09	1.95	55.84	47.75	2.16	49.22	42.93	1.24	49.53	43.28	1.27
	2 000~3 000	7.16	14.82	0.59	5.40	11.22	0.85	9.55	19.86	1.16	9.38	19.47	1.20
	≥3 000	2.21	7.40	0.68	4.21	13.88	1.10	11.19	37.14	1.81	10.97	36.64	1.67
	合计	92.00	78.28	3.67	92.00	81.74	4.39	92.00	106.29	4.35	92.00	106.02	4.28
2008~2157年	≤600	35.63	11.15	0.50	26.88	9.08	0.31	22.85	7.11	0.16	22.68	7.13	0.17
	600~2 000	46.40	44.58	2.29	54.95	45.07	2.14	49.56	41.69	1.22	50.55	42.21	1.27
	2 000~3 000	7.35	15.15	0.75	4.71	9.83	0.79	8.09	16.78	0.94	7.87	16.30	1.00
	≥3 000	2.61	8.84	0.91	5.46	18.12	1.01	11.50	38.81	1.67	10.90	36.84	1.56
	合计	92.00	79.72	4.44	92.00	82.10	4.25	92.00	104.39	3.99	92.00	102.48	4.00

续表 7-12

时段	流量级（m³/s）	方案5			方案6			方案7		
		天数（d）	水量（亿 m³）	沙量（亿 t）	天数（d）	水量（亿 m³）	沙量（亿 t）	天数（d）	水量（亿 m³）	沙量（亿 t）
2008～2019年	≤600	32.42	10.98	0.62	32.42	10.98	0.62	32.42	10.98	0.62
	600～2 000	47.42	47.56	3.33	47.42	47.56	3.33	47.42	47.56	3.33
	2 000～3 000	9.75	19.76	1.25	9.75	19.76	1.25	9.75	19.76	1.25
	≥3 000	2.42	7.98	1.22	2.42	7.98	1.22	2.42	7.98	1.22
	合计	92.00	86.28	6.43	92.00	86.28	6.43	92.00	86.28	6.43
2020～2029年	≤600	31.90	9.55	0.44	21.10	6.93	0.03	21.10	6.93	0.03
	600～2 000	53.00	50.16	2.61	61.10	39.38	0.32	61.10	39.38	0.32
	2 000～3 000	5.80	11.47	0.53	1.00	2.14	0.04	1.00	2.14	0.04
	≥3 000	1.30	5.43	0.86	8.80	28.86	0.21	8.80	28.86	0.21
	合计	92.00	76.61	4.43	92.00	77.31	0.59	92.00	77.31	0.59
2030～2049年	≤600	20.55	7.10	0.08	20.45	7.02	0.11	8.05	3.32	0.03
	600～2 000	50.00	34.72	0.35	50.85	35.16	0.50	54.75	37.31	0.39
	2 000～3 000	5.60	11.90	0.39	5.50	11.60	0.44	8.00	17.28	0.54
	≥3 000	15.85	54.64	1.61	15.20	53.09	2.02	21.20	73.99	2.58
	合计	92.00	108.36	2.43	92.00	106.87	3.06	92.00	131.89	3.54
2050～2099年	≤600	22.22	7.03	0.13	27.00	10.34	0.09	21.66	8.33	0.05
	600～2 000	50.24	41.06	1.04	46.16	36.77	0.52	43.92	34.39	0.34
	2 000～3 000	7.38	15.46	0.89	6.22	12.99	0.50	9.08	19.28	0.45
	≥3 000	12.16	41.47	1.37	12.62	43.14	0.92	17.34	59.82	1.16
	合计	92.00	105.02	3.43	92.00	103.24	2.04	92.00	121.82	2.01
2100～2157年	≤600	22.16	6.51	0.14	24.45	8.15	0.11	10.76	4.29	0.05
	600～2 000	49.45	43.38	1.27	47.59	40.37	0.78	53.91	44.35	0.72
	2 000～3 000	9.48	19.71	1.23	8.05	16.95	0.98	9.02	18.69	0.74
	≥3 000	10.91	36.39	1.64	11.91	40.70	1.76	18.31	63.29	2.33
	合计	92.00	105.99	4.27	92.00	106.18	3.62	92.00	130.62	3.84
2008～2157年	≤600	23.43	7.32	0.19	25.18	8.88	0.14	16.45	6.22	0.09
	600～2 000	49.86	42.24	1.32	48.43	38.99	0.83	50.65	40.02	0.73
	2 000～3 000	8.04	16.71	0.96	6.77	14.16	0.71	8.43	17.68	0.61
	≥3 000	10.67	36.18	1.46	11.62	39.76	1.37	16.47	56.84	1.75
	合计	92.00	102.45	3.93	92.00	101.78	3.04	92.00	120.75	3.18

方案7,在方案6基础上考虑南水北调西线一期工程2030年生效,西线工程生效后,增加了汛期调水调沙水量,相应进入禹潼河段大流量的天数及相应输沙比例也显著提高,如该方案2030~2049年、2050~2099年、2100~2157年日均大于3 000 m^3/s流量级年均出现天数分别为21.20 d、17.34 d,18.31 d,分别较方案6增加6.00 d、4.72 d、6.40 d,相应流量级输送泥沙量占汛期比例分别为72.8%、57.8%、60.8%,较方案6提高7.1%、12.5%、12.3%。由此可见,西线调水水量经过水沙调控体系的联合调节后主要以大流量过程进入河道,这对充分发挥调水水量的输沙效率具有明显作用。

7.5.2 不同方案禹潼河段泥沙冲淤计算结果分析

根据进入禹潼河段的水沙过程,分别利用黄河设计公司水文水动力学模型和中国水科院水动力学模型进行计算分析。

7.5.2.1 黄河设计公司计算成果

黄河设计公司不同方案禹潼河段冲淤量计算成果见表7-13,不同方案禹潼河段历年累计冲淤过程见图7-9。

表7-13 不同方案禹潼河段冲淤量计算成果(黄河设计公司) (单位:亿t)

项目	时段	方案1	方案2	方案3	方案4	方案5	方案6	方案7
累计冲淤量	2008~2019年	10.27	10.27	10.27	10.27	10.27	10.27	10.27
	2020~2029年	6.78	-8.35	-9.22	-8.35	6.78	-8.35	-8.35
	2030~2049年	18.09	-0.39	-0.75	-0.90	-6.51	-1.90	-0.76
	2050~2099年	22.38	16.30	8.79	9.05	3.96	-7.39	-10.02
	2100~2157年	20.81	13.26	7.44	7.03	8.73	3.36	3.43
	2008~2157年	78.33	31.09	16.53	17.10	23.23	-4.01	-5.43
年均冲淤量	2008~2019年	0.86	0.86	0.86	0.86	0.86	0.86	0.86
	2020~2029年	0.68	-0.84	-0.92	-0.84	0.68	-0.84	-0.84
	2030~2049年	0.90	-0.02	-0.04	-0.05	-0.33	-0.10	-0.04
	2050~2099年	0.45	0.33	0.18	0.18	0.08	-0.15	-0.20
	2100~2157年	0.36	0.23	0.13	0.12	0.15	0.06	0.06
	2008~2157年	0.52	0.21	0.11	0.11	0.15	-0.03	-0.04
累计最大冲刷量		0	11.47	14.54	13.81	15.33	20.85	20.60

注:累计最大冲刷量为工程投入运用后的累计最大冲刷量。

方案1,禹潼河段呈现持续淤积的状态,计算系列前50年累计淤积34.30亿t,年平均淤积0.69亿t,系列后100年累计淤积44.03亿t,年平均淤积0.44亿t。整个计算期内(150年)禹潼河段累计淤积78.33亿t,年均淤积0.52亿t。

方案2,古贤水库于2020年投入运用后,禹潼河段随即发生持续冲刷,2055年达到最大冲刷量11.47亿t,之后开始缓慢回淤,年平均回淤量0.31亿t,2088年左右回淤至计

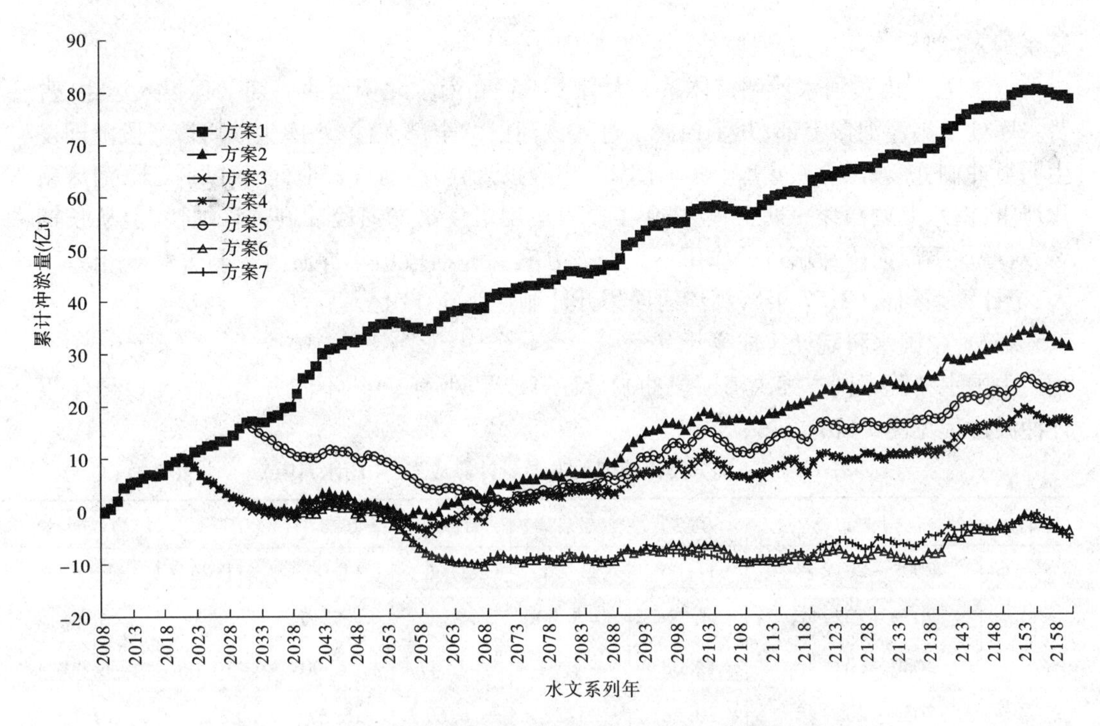

图 7-9　不同方案禹潼河段历年累计冲淤过程(黄河设计公司)

算起始年水平,整个系列年累计淤积量为 31.09 亿 t。古贤水库拦沙期水库拦沙 113.96 亿 m^3(至 2055 年),禹潼河段累计减淤 36.0 亿 t,水库拦沙减淤比 4.1∶1,水库拦沙期结束后,至 2157 年,禹潼河段累计减淤 10.64 亿 t,年均减淤 0.11 亿 t。

方案 3,考虑古贤水库、黑山峡水库同时于 2020 年投入运用,黑山峡水库投入运用后与龙羊峡水库、刘家峡水库联合运用,对龙羊峡水库、刘家峡水库下泄的流量进行反调节,增加主汛期水量,与方案 2 相比,禹潼河段冲刷效果增加,古贤水库、黑山峡水库投入运用后,禹潼河段最大冲刷量达到 14.54 亿 t,且河段长期保持较低的淤积水平,至计算系列末,禹潼河段累计淤积泥沙 16.53 亿 t。与方案 2 相比,由于黑山峡水库的拦沙和调水调沙作用,禹潼河段累计减淤 14.55 亿 t,年均减淤量 0.116 亿 t。

方案 4,考虑古贤水库 2020 年、黑山峡水库 2030 年投入运用,该方案黑山峡水库投入运用时机较方案 3 晚 10 年,2020～2029 年禹潼河累计冲刷量较方案 3 少 0.568 亿 t,2030 年以后由于古贤库区冲淤调整,禹潼河段最大冲刷量及冲淤过程与方案 3 差别不大。

方案 5,考虑古贤水库、黑山峡水库同时于 2030 年投入运用,该方案古贤水库、黑山峡水库投入运用时机均较方案 3 晚 10 年,该方案禹潼河段最大冲刷量为 15.33 亿 t(发生在 2067 年),至计算系列末,禹潼河段累计冲淤量为 23.23 亿 t,较方案 3 多淤积 6.69 亿 t,较方案 4 多淤积 6.13 亿 t。

方案 6,考虑古贤水库 2020 年、黑山峡水库 2030 年、碛口水库 2050 年投入运用,该方案考虑了黄河水沙调控体系七大骨干工程全部投入运用,通过骨干水库的拦沙和调水调沙,充分发挥了对禹潼河段的减淤作用,2020 年以后进入该河段的年均水量为 222.41 亿 m^3,沙量仅为 2.79 亿 t,水流含沙量较低(仅 12kg/m^3),禹潼河段长期处于冲刷水平,至计算系列末(2157 年),禹潼河段冲刷量为 4.01 亿 t。

方案 7,考虑黄河水沙调控体系七大骨干工程和南水北调西线一期工程投入运用,古贤水库处于禹潼河段上部,几乎控制了进入该河段的全部泥沙,水库生效后该河段随即发生明显冲刷,随着黑山峡水库、碛口水库的相继投入,禹潼河段长期处于冲刷状态,河床粗化严重,南水北调西线一期工程 2030 年投入运用可使禹潼河段冲刷进程加快,但从长期看,对增加禹潼河段冲刷量的作用不大。该方案禹潼河段历年冲淤过程与方案 6 相差不大,至计算系列末(2157 年),禹潼河段累计冲刷量为 5.43 亿 t。

7.5.2.2 中国水科院计算成果

中国水科院不同方案禹潼河段冲淤量计算成果见表 7-14,不同方案禹潼河段历年累计冲淤过程见图 7-10。

表 7-14 不同方案禹潼河段冲淤量计算成果(中国水科院) (单位:亿 t)

项目	时段	方案 1	方案 2	方案 3	方案 4	方案 5	方案 6
累计冲淤量	2008 ~ 2019 年	11.06	11.06	11.06	11.06	11.06	11.06
	2020 ~ 2029 年	4.79	-5.90	-8.32	-6.49	4.79	-6.49
	2030 ~ 2049 年	12.08	-2.31	-6.47	-6.90	-10.06	-6.90
	2050 ~ 2099 年	20.28	23.22	16.69	16.37	8.31	-19.15
	2100 ~ 2157 年	12.83	11.28	15.11	14.12	15.10	22.47
	2008 ~ 2157 年	61.04	37.35	28.07	28.16	29.20	0.99
年均冲淤量	2008 ~ 2019 年	0.92	0.92	0.92	0.92	0.92	0.92
	2020 ~ 2029 年	0.48	-0.59	-0.83	-0.65	0.48	-0.65
	2030 ~ 2049 年	0.60	-0.12	-0.32	-0.35	-0.50	-0.35
	2050 ~ 2099 年	0.41	0.46	0.33	0.33	0.17	-0.38
	2100 ~ 2157 年	0.22	0.19	0.26	0.24	0.26	0.39
	2008 ~ 2157 年	0.41	0.25	0.19	0.19	0.19	0.01
累计最大冲刷量		0	12.78	19.23	17.81	18.44	34.60

注:累计最大冲刷量为工程投入运用后的累计最大冲刷量。

方案 1,禹潼河段全河段总体呈累积性淤积状态,150 年累计淤积量为 61.04 亿 t,年平均淤积 0.41 亿 t。其中,2008 ~ 2019 年、2020 ~ 2029 年、2030 ~ 2049 年、2050 ~ 2099 年、2100 ~ 2157 年时段累计淤积量分别为 11.06 亿 t、4.79 亿 t、12.08 亿 t、20.28 亿 t、12.83 亿 t,时段年均淤积量分别为 0.92 亿 t、0.48 亿 t、0.60 亿 t、0.41 亿 t、0.22 亿 t。

方案 2,古贤水库 2020 年投入运用后,禹潼河段经历了先冲刷后回淤的过程,至 2059 年累计冲刷量达最大,为 12.78 亿 t,随后古贤水库拦沙作用减弱,禹潼河段逐渐回淤,至 2100 年累计淤积量为 26.07 亿 t,至 2158 年累计淤积量为 37.35 亿 t。与方案 1 相比,古贤水库投入运用后,至 2050 年、2100 年和 2158 年禹潼河段累计减淤量分别为 25.08 亿 t、22.14 亿 t 和 23.69 亿 t。

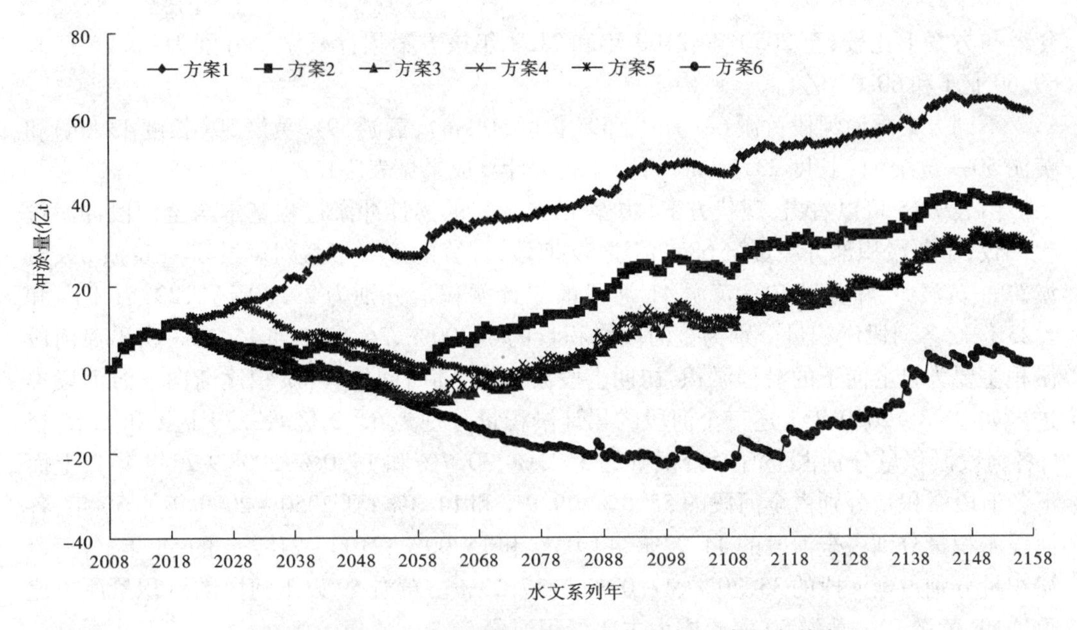

图7-10　不同方案禹潼河段历年累计冲淤过程(中国水科院)

方案3,古贤水库、黑山峡水库均2020年投入运用,该方案禹潼河段冲淤趋势与方案2基本一致,冲刷阶段有所延长。从2008年起的计算累计冲淤量看,至2050年、2100年和2158年累计冲淤量分别为-3.73亿t、12.96亿t和28.07亿t,水库投入运用后最大累计冲刷量为19.23亿t,发生在2060年,冲刷时间比方案2延长了1年。与方案1相比,至2050年、2100年和2158年方案3累计减淤量分别为30.26亿t、34.17亿t和32.87亿t,最大减淤量为41.50亿t。与方案2相比,黑山峡水库与古贤水库同时于2020年运用比古贤水库单独运用在2050年、2100年和2158年的累计冲淤量分别减少6.58亿t、13.11亿t和9.27亿t。

方案4,古贤水库2020年运行、黑山峡2030年投入运用。该方案无论从冲淤过程还是冲淤量上与方案3差别都不是很大。从2008年起的计算累计冲淤量看,至2050年、2100年和2158年累计冲淤量分别为-2.33亿t、14.04亿t和28.16亿t,古贤水库投入运用后最大累计冲刷量为17.81亿t。与方案1相比,至2050年、2100年和2158年累计减淤量分别为22.13亿t、34.11亿t和31.83亿t。

方案5,古贤水库、黑山峡水库均2030年投入运用。由于现状方案2020~2030年淤积量不是很大,所以方案5的淤积量和淤积过程基本与方案3和方案4一致。从2008年起的计算累计冲淤量看,至2050年、2100年和2158年累计冲淤量分别为5.79亿t、14.10亿t和29.20亿t,与方案4相比分别多淤8.13亿t、0.05亿t和1.04亿t;古贤水库2030年投入后最大累计冲刷量为18.44亿t,出现在2075年,比方案3推后15年。

方案6,黄河水沙调控体系骨干工程相继投入运用。碛口水库的投入运用使进入禹潼河段的沙量又进一步减少,水库群联合运用后调控水沙能力更为加强,2050年后禹潼河段呈现继续冲刷的态势,至2108年后随碛口水库拦沙作用的减弱,发生较为快速的回淤。从2008年起的计算累计冲淤量看,该方案至2050年、2100年和2158年累计冲淤量分别为-2.33亿t、-21.48亿t和0.99亿t;最大累计冲刷量为34.60亿t,出现在2108

年。与方案1比较,至2050年、2100年和2158年该方案累计减淤量分别为30.26亿t、69.69亿t和60.04亿t。

不同方案禹潼河段黄淤68—黄淤59(长度50 km)、黄淤59—黄淤50(长度43 km)和黄淤50—黄淤41(长度33.5 km)河段冲淤量计算成果见表7-15。

由表7-15可以看出,现状方案(方案1)各河段的累计冲淤过程基本与全河段冲淤过程一致,主要淤积部分在黄淤68—黄淤59河段,计算的150年系列黄淤68—黄淤59、黄淤59—黄淤50和黄淤50—黄淤41河段的累计淤积量分别为29.30亿t、22.51亿t和9.23亿t,各河段淤积量分别为全河段淤积量的48.00%、36.88%和15.12%。禹潼河段淤积主要为自上向下的沿程淤积,初期上段淤积多,随时间推移,淤积逐渐向下游河段推进。如2008~2019年上述三个河段的累计淤积量分别为6.12亿t、3.39亿t和1.55亿t,各河段淤积量分别占全河段淤积量的55.3%、30.7%和14.0%;2008~2049年自上而下各河段淤积量分别占全河段的55.8%、29.9%和14.3%;到2050~2099年的50年,各河段淤积量分别占全河段的44.97%、40.03%和15.00%;2100~2157年的58年,各河段淤积量分别占全河段的35.70%、47.07%和17.23%。黄淤59以下河段的淤积量所占比重增加,黄淤59—黄淤50河段成为主要淤积河段。

考虑水沙调控体系骨干工程投入运用的方案2至方案6,各河段的累计冲淤过程也基本与全河段冲淤过程一致,水库投入运用后,禹潼河段发生冲刷,主要冲刷量集中于黄淤68—黄淤59河段,如方案2,2020~2029年黄淤68—黄淤59、黄淤59—黄淤50和黄淤50—黄淤41河段的累计冲刷量分别为3.59亿t、1.55亿t和0.76亿t,各河段淤积量分别为全河段淤积量的60.79%、26.28%和12.93%,2030~2049年上述河段累计冲刷量分别为1.84亿t、0.30亿t和0.17亿t,各河段淤积量分别为全河段淤积量的79.65%、12.91%和7.44%。方案3,2020~2029年三个河段累计冲刷量分别为5.84亿t、1.63亿t和0.84亿t,各河段淤积量分别为全河段淤积量的70.22%、19.65%和10.12%,2030~2049年上述河段累计冲刷量分别为4.15亿t、1.81亿t和0.51亿t,各河段淤积量分别为全河段淤积量的64.12%、27.98%和7.90%。方案4,2020~2029年三个河段累计冲刷量分别为4.02亿t、1.77亿t和0.70亿t,各河段淤积量分别为全河段淤积量的62.02%、27.26%和10.72%,2030~2049年上述河段累计冲刷量分别为5.19亿t、1.26亿t和0.45亿t,各河段淤积量分别为全河段淤积量的75.19%、18.30%和6.51%。方案5,2020年~2029年三个河段累计冲刷量分别为7.73亿t、1.20亿t和1.13亿t,各河段淤积量分别为全河段淤积量的76.84%、11.92%和11.24%。方案6,2020~2029年三个河段累计冲刷量分别为4.02亿t、1.77亿t和0.70亿t,各河段淤积量分别为全河段淤积量的62.02%、27.26%和10.72%,2030~2049年上述河段累计冲刷量分别为5.19亿t、1.26亿t和0.45亿t,各河段淤积量分别为全河段淤积量的75.19%、18.30%和6.51%,2050~2099年上述河段累计冲刷量分别为9.58亿t、7.23亿t和2.34亿t,各河段淤积量分别为全河段淤积量的50.03%、37.76%和12.21%。

表 7-15 禹潼段不同方案不同河段冲淤量计算成果(中国水科院) (单位:亿 t)

方案	时期	累计淤积量				年均淤积量			
		黄淤 68—黄淤 59	黄淤 59—黄淤 50	黄淤 50—黄淤 41	黄淤 68—黄淤 41	黄淤 68—黄淤 59	黄淤 59—黄淤 50	黄淤 50—黄淤 41	黄淤 68—黄淤 41
方案 1	2008 ~ 2019 年	6.12	3.39	1.55	11.06	0.51	0.28	0.13	0.92
	2020 ~ 2029 年	3.19	0.79	0.81	4.79	0.32	0.08	0.08	0.48
	2030 ~ 2049 年	6.29	4.17	1.62	12.08	0.31	0.21	0.08	0.60
	2050 ~ 2099 年	9.12	8.12	3.04	20.28	0.18	0.16	0.06	0.41
	2100 ~ 2157 年	4.58	6.04	2.21	12.83	0.08	0.10	0.04	0.22
	2008 ~ 2157 年	29.30	22.51	9.23	61.04	0.20	0.15	0.06	0.41
方案 2	2008 ~ 2019 年	6.12	3.39	1.55	11.06	0.51	0.28	0.13	0.92
	2020 ~ 2029 年	-3.59	-1.55	-0.76	-5.90	-0.36	-0.16	-0.08	-0.59
	2030 ~ 2049 年	-1.84	-0.30	-0.17	-2.31	-0.09	-0.01	-0.01	-0.12
	2050 ~ 2099 年	15.07	5.41	2.73	23.22	0.30	0.11	0.05	0.46
	2100 ~ 2157 年	4.88	5.22	1.18	11.28	0.08	0.09	0.02	0.19
	2008 ~ 2157 年	20.64	12.17	4.53	37.35	0.14	0.08	0.03	0.25
方案 3	2008 ~ 2019 年	6.12	3.39	1.55	11.06	0.51	0.28	0.13	0.92
	2020 ~ 2029 年	-5.84	-1.63	-0.84	-8.32	-0.58	-0.16	-0.08	-0.83
	2030 ~ 2049 年	-4.15	-1.81	-0.51	-6.47	-0.21	-0.09	-0.03	-0.32
	2050 ~ 2099 年	11.90	3.52	1.28	16.69	0.24	0.07	0.03	0.33
	2100 ~ 2157 年	7.86	5.51	1.74	15.11	0.14	0.10	0.03	0.26
	2008 ~ 2157 年	15.89	8.98	3.22	28.07	0.11	0.06	0.02	0.19
方案 4	2008 ~ 2019 年	6.12	3.39	1.55	11.06	0.51	0.28	0.13	0.92
	2020 ~ 2029 年	-4.02	-1.77	-0.70	-6.49	-0.40	-0.18	-0.07	-0.65
	2030 ~ 2049 年	-5.19	-1.26	-0.45	-6.90	-0.26	-0.06	-0.02	-0.35
	2050 ~ 2099 年	11.50	3.59	1.28	16.37	0.23	0.07	0.03	0.33
	2100 ~ 2157 年	7.37	5.18	1.56	14.12	0.13	0.09	0.03	0.24
	2008 ~ 2157 年	15.78	9.13	3.24	28.16	0.11	0.06	0.02	0.19
方案 5	2008 ~ 2019 年	6.12	3.39	1.55	11.06	0.51	0.28	0.13	0.92
	2020 ~ 2029 年	3.19	0.79	0.81	4.79	0.32	0.08	0.08	0.48
	2030 ~ 2049 年	-7.73	-1.20	-1.13	-10.06	-0.39	-0.06	-0.06	-0.50
	2050 ~ 2099 年	7.13	0.86	0.31	8.31	0.14	0.02	0.01	0.17
	2100 ~ 2157 年	7.68	5.72	1.71	15.10	0.13	0.10	0.03	0.26
	2008 ~ 2157 年	16.39	9.56	3.25	29.20	0.11	0.06	0.02	0.19
方案 6	2008 ~ 2019 年	6.12	3.39	1.55	11.06	0.51	0.28	0.13	0.92
	2020 ~ 2029 年	-4.02	-1.77	-0.70	-6.49	-0.40	-0.18	-0.07	-0.65
	2030 ~ 2049 年	-5.19	-1.26	-0.45	-6.90	-0.26	-0.06	-0.02	-0.35
	2050 ~ 2099 年	-9.58	-7.23	-2.34	-19.15	-0.19	-0.14	-0.05	-0.38
	2100 ~ 2157 年	13.18	7.69	1.60	22.47	0.23	0.13	0.03	0.39
	2008 ~ 2157 年	0.51	0.82	-0.34	0.99	0.00	0.01	0.00	0.01

7.5.2.3 计算成果综合分析

对比两家数模计算成果可以看出，不同数学模型计算的不同方案冲淤过程与冲淤量成果定性上基本一致，定量上稍有差别，但差别不是很大。分析两家计算结果可以看出：

现状工程条件下（方案1），禹潼河段呈现逐年淤积状态，至2158年，黄河设计公司和中国水科院计算的累计淤积量分别为78.33亿t、61.04亿t，年均淤积0.52亿t、0.41亿t，该方案无论从淤积量还是淤积过程看，两家模型计算结果差别不大。

古贤水库投入运用后（方案2），改变了禹潼河段逐渐淤积的态势，水库拦沙期内河段发生持续冲刷，水库拦沙完成后逐步回淤。两家模型计算150年系列禹潼河段的淤积量分别为31.09亿t、37.35亿t，年均淤积量分别为0.21亿t、0.25亿t，河段累计最大冲刷量分别达到11.47亿t、12.78亿t。

古贤水库和黑山峡水库均2030年投入运用方案（方案3），由于古贤水库、黑山峡水库联合调节和拦沙作用，与方案2相比，禹潼河段减淤效果有所增加，两家模型计算的150年系列，禹潼河段累计淤积量分别为16.53亿t、28.07亿t，年均淤积量分别为0.11亿t、0.19亿t，扣除古贤水库的减淤作用（即与方案2相比），黑山峡水库对禹潼河段累计减淤量分别为14.55亿t、9.28亿t，相应禹潼河段累计最大冲刷量也有所增加，分别为14.54亿t、19.23亿t。

在古贤水库2020年生效的情况下，黑山峡水库2030年投入（方案4）、2020年投入（方案3）对禹潼河段减淤作用的差别不甚明显，黄河设计公司计算的黑山峡水库2020年运用较2030年投入对禹潼河段累计减淤量多0.57亿t，而中国水科院计算的前者减淤量较后者多0.09亿t，两模型计算黑山峡水库不同时机投入运用对禹潼河段减淤作用差别不大。

在黑山峡水库2030年生效情况下，古贤水库2030年投入（方案5）较2020年（方案4）投入对禹潼河段的减淤量有一定的差别，黄河设计公司计算的古贤水库2020年运用时禹潼河段减淤量较2030年投入运用时多6.13亿t，而中国水科院计算的两方案相差1.04亿t。因此，从有利于减轻禹潼河段泥沙淤积的角度看，古贤水库、黑山峡水库应及早建成生效。

黄河水沙调控体系骨干工程全部建成生效后（方案6），禹潼河段可基本达到不冲不淤的状态，两家模型计算的150年系列禹潼河段累计冲淤量为-4.02亿t和0.99亿t，与现状方案（方案1）相比，禹潼河段累计减淤量82.34亿t和60.04亿t。在此基础上，考虑南水北调西线一期工程投入运用，由于禹潼河段长期处于冲刷状态，河床粗化严重，西线工程2030年投入运用可使禹潼河段冲刷进程加快，但从长期看，对增加禹潼河段冲刷量的作用不大。黄河设计公司计算结果表明，该方案禹潼河段历年冲淤过程与方案6相差不大。

从中国水科院计算的禹潼段各河段的累计冲淤量看，现状方案各河段的累计冲淤过程与全河段基本一致，淤积部位主要在黄淤68—黄淤59河段，占全河段淤积量的50%左右，考虑水沙调控体系骨干工程投入运用的方案2至方案6，各河段的累计冲淤过程与全河段冲淤过程也基本一致，水库投入运用后，禹潼河段发生冲刷，冲刷量也集中于黄淤

68—黄淤 59 河段,占全河段淤积量 60% 以上。

7.6 潼关高程变化分析

潼关河段是黄河小北干流河段与渭河下游河道交汇地带,潼关高程对渭河下游和黄河小北干流河段起着局部侵蚀基准面的作用。潼关高程的高低与小北干流、渭河下游和北洛河下游泥沙冲淤过程密切相关,对该地区的防洪和防涝等有着重要的作用。近些年,由于受黄河干流、渭河来水来沙条件等影响,潼关高程长期居高不下,潼关高程 1991 年汛前为 328.02 m,1999 年汛前为 328.43 m,2008 年汛前为 328.05 m。

按照设计水沙系列,黄河设计公司和中国水科院分别计算预测了不同方案历年潼关高程的变化过程。

7.6.1 黄河设计公司计算成果

黄河设计公司计算预测的不同方案潼关高程的变化见表 7-16、图 7-11。

表 7-16 不同方案不同时期潼关高程变化计算成果(黄河设计公司) (单位:m)

项目	时段	方案 1	方案 2	方案 3	方案 4	方案 5	方案 6	方案 7
潼关高程变化	2008~2019 年	0.30	0.30	0.30	0.30	0.30	0.30	0.30
	2020~2029 年	0.13	-1.46	-1.61	-1.46	0.13	-1.46	-1.46
	2030~2049 年	0.31	-0.07	-0.13	-0.15	-1.11	-0.33	-0.13
	2050~2099 年	0.39	1.15	0.51	0.53	-0.08	-1.37	-1.78
	2100~2157 年	0.36	0.96	0.72	0.68	0.93	0.48	0.50
	2008~2157 年	1.49	0.88	-0.21	-0.10	0.17	-2.38	-2.57
潼关高程年均变化	2008~2019 年	0.025	0.025	0.025	0.025	0.025	0.025	0.025
	2020~2029 年	0.013	-0.146	-0.161	-0.146	0.013	-0.146	-0.146
	2030~2049 年	0.016	-0.004	-0.006	-0.008	-0.056	-0.017	-0.007
	2050~2099 年	0.008	0.023	0.010	0.011	-0.002	-0.027	-0.036
	2100~2157 年	0.006	0.017	0.012	0.012	0.016	0.008	0.009
	2008~2157 年	0.010	0.006	-0.001	-0.001	0.001	-0.016	-0.017
累计最大冲刷下降值		—	1.93	2.52	2.40	2.55	3.63	3.58

注:1. 累计最大冲刷下降值为工程投入运用后累计最大冲刷下降值。

2. 表中年份为水文年。

现状工程方案(方案 1),由于禹潼河段持续淤积,潼关断面也呈缓慢淤积抬升的趋势,至计算系列末(2158 年),潼关高程由 2008 年汛初的 328.05 m 抬升至 2158 年汛初的 329.54 m,累计抬升 1.49 m,年平均抬升 0.010 m。

方案 2,古贤水库 2020 年投入运用后(泾河东庄水库也是 2020 年生效),迅速改变了

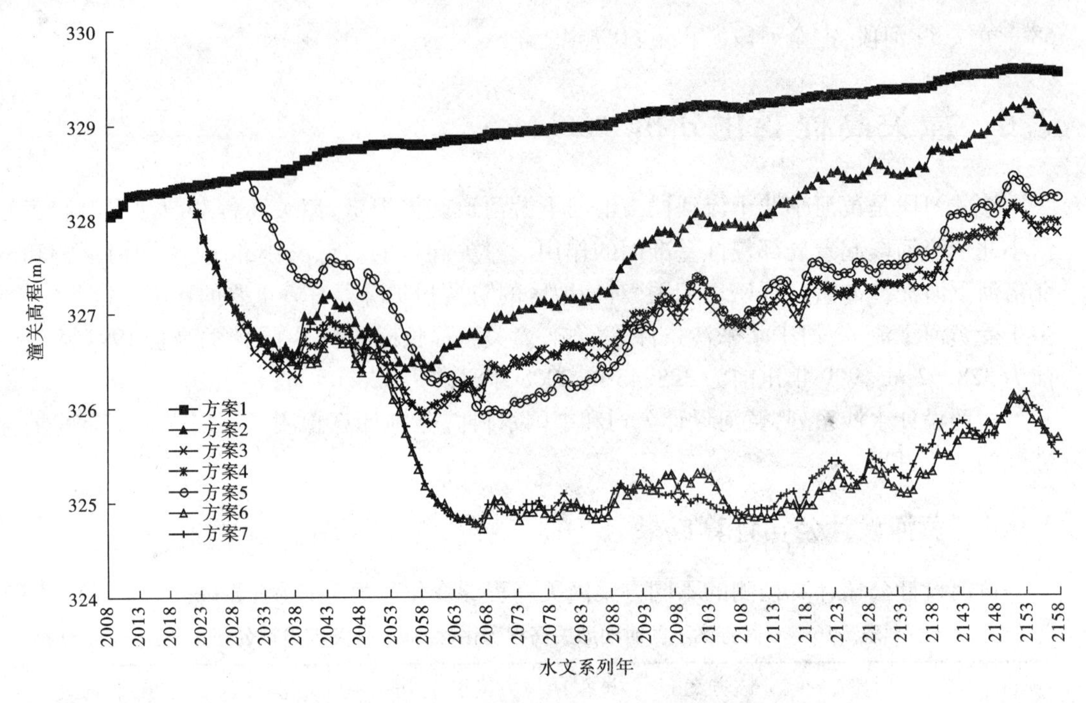

图 7-11　不同方案潼关高程变化过程(黄河设计公司)

潼关高程逐步抬升的态势,潼关断面发生冲刷降低,2035 年潼关高程降低至 326.58 m,较 2020 年汛前的 328.35 m 降低 1.77 m,而后由于受到水沙条件的影响,潼关高程稍有抬升,2043 年后再次下降,2055 年左右潼关高程降至最低点 326.42 m,较古贤水库投入运用之初冲刷下降 1.93 m,而后随着古贤水库拦沙期的结束,禹潼河段逐步回淤,潼关高程也随着逐步回升。至计算系列末(2158 年)潼关高程逐步回升至 328.93 m,较现状方案降低 0.61 m。

方案 3,考虑古贤水库、黑山峡水库 2020 年投入运用,由于黑山峡水库的反调节运用,古贤水库拦沙期增加了禹潼河段及潼关断面的冲刷量,与方案 2 相比,潼关断面下降幅度明显增加,2059 年左右潼关高程冲刷下降至最低值 325.83 m,较 2020 年汛前冲刷降低 2.52 m。而后潼关高程逐步回升,至 2158 年潼关高程抬升至 327.84 m,较现状方案降低 1.70 m。

方案 4,考虑古贤水库 2020 年、黑山峡水库 2030 年投入运用,与方案 3 相比,黑山峡水库投入运用时机滞后 10 年,该方案潼关高程冲刷下降最大值为 2.40 m,发生在 2058 年,相应潼关高程为 325.95 m,至计算系列末(2158 年)潼关高程为 327.95 m,与方案 3 相差不大。

方案 5,考虑古贤水库、黑山峡水库均在 2030 年生效,该方案水库投入运用之初潼关高程已升至 328.48 m,骨干工程生效后,潼关高程随之发生冲刷下降,2067 年降至最低值 325.93 m,与 2030 年汛初相比,潼关高程累计下降幅度为 2.55 m。至计算系列末(2158 年)潼关高程为 328.22 m。

方案 6,黄河水沙调控体系工程相继全部投入运用,该方案潼关高程在计算系列周期内长期处于较低水平。与 2020 年汛初潼关高程相比,最大冲刷下降幅度为 3.63 m,至系列末 2158 年潼关高程仅 325.67 m,较 2000 年汛初潼关高程降低 2.38 m。

方案 7,黄河水沙调控体系全部工程投入运用和南水北调西线一期工程 2030 年生效,该方案潼关高程变化过程与方案 6 相差不大,与 2020 年汛初潼关高程相比,最大冲刷下降幅度为 3.58 m,至系列末潼关高程仅 325.48 m,较 2000 年汛初潼关高程降低 2.57 m。

7.6.2 中国水科院计算成果

中国水科院计算预测的不同方案潼关高程变化过程见表 7-17、图 7-12。现状方案(方案 1),2008 年汛后实测潼关高程为 327.72 m,计算初期受三门峡水库汛期敞泄运用的影响,潼关高程呈下降趋势,至 2016 年潼关高程下降至 327.21 m,下降了 0.51 m;2016 年以后三门峡水库运用方式的调整对潼关高程变化的影响逐渐趋弱,来水来沙条件的影响逐渐增大,至 2019 年汛后计算的潼关高程为 327.26 m。至 2029 年、2049 年、2099 年、2157 年的汛后潼关高程分别为 327.66 m、328.24 m、329.24 m 和 329.58 m,与 2008 年实测潼关高程相比,变化值分别为 -0.06 m、+0.52 m、+1.52 m 和 +1.86 m。其中,2149 年汛后为系列潼关高程最高值 330.07 m,比计算初始值抬高 2.38 m。

表 7-17 不同方案潼关高程计算成果统计(中国水科院) (单位:m)

项目	年份	方案 1	方案 2	方案 3	方案 4	方案 5	方案 6
潼关高程	2008	327.69	327.69	327.69	327.69	327.69	327.69
	2019	327.26	327.26	327.26	327.26	327.26	327.26
	2029	327.66	326.87	326.79	326.87	327.66	326.87
	2049	328.24	326.54	326.42	326.47	326.83	326.47
	2099	329.24	327.74	327.12	327.16	327.10	326.02
	2157	329.58	328.93	328.70	328.70	328.76	327.63
与方案 1 比较潼关高程变化值	2029		-0.79	-0.87	-0.79	0	-0.79
	2049		-1.70	-1.82	-1.77	-1.41	-1.77
	2099		-1.50	-2.12	-2.08	-2.14	-3.22
	2157		-0.65	-0.88	-0.88	-0.82	-1.95
与 2008 年实测值比较潼关高程变化值	2019	-0.46	-0.46	-0.46	-0.46	-0.46	-0.46
	2029	-0.06	-0.85	-0.93	-0.85	-0.06	-0.85
	2049	0.52	-1.18	-1.30	-1.25	-0.89	-1.25
	2099	1.52	0.02	-0.60	-0.56	-0.62	-1.70
	2157	1.86	1.21	0.98	0.98	1.04	-0.09
累计最大冲刷下降值		0.51	1.15	1.43	1.36	1.59	1.52

注:累计最大冲刷下降值为工程投入运用后累计最大冲刷下降值。

黄河水沙调控体系不同工程组合方案 2 ~ 方案 5,工程投入运行后,潼关高程均经历

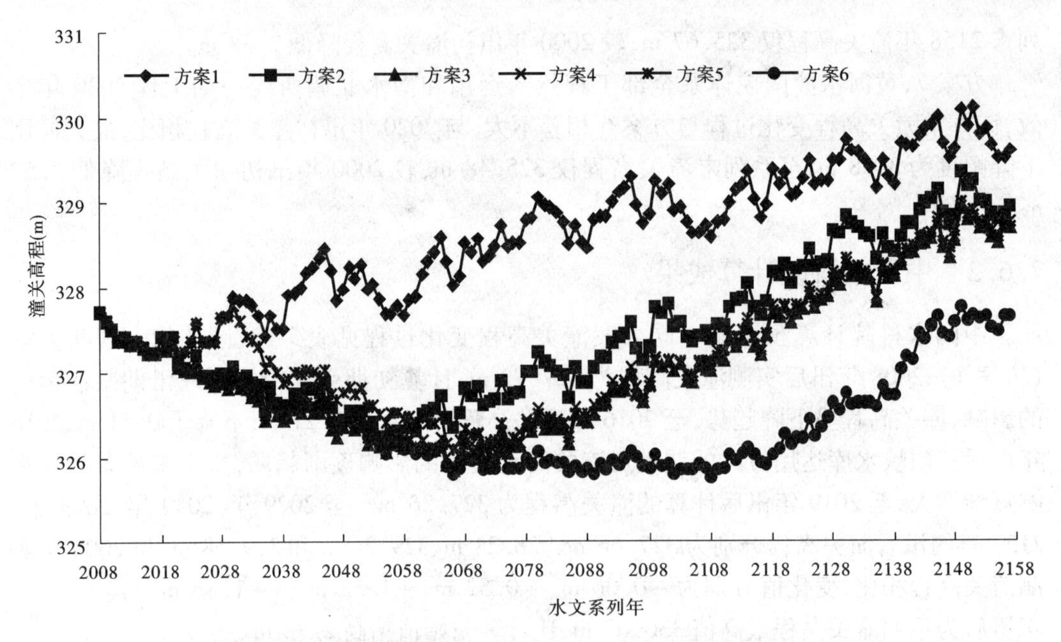

图 7-12　不同方案潼关高程变化过程(中国水科院)

下降—基本维持—抬高的变化过程,各方案最低潼关高程出现的时间点基本与水库的拦沙作用发挥时间相吻合。除方案 5 外,各方案 2029 年潼关高程在 326.8 m 左右,比现状方案 1 低 0.79 ~ 0.87 m,比计算初始值降低 0.85 m 左右。黑山峡水库在 2020 年运用引起 2029 年的潼关高程多下降 0.08 m,可以说影响有限。2030 年以后,方案 2 ~ 方案 4 潼关高程仍呈下降趋势,至 2049 年分别下降至 326.54 m、326.42 m 和 326.47 m。至 2059 年,方案 2 的潼关高程降至最低,为 326.11 m,比 2008 年实测值降低 1.61 m,比方案 1 降低 1.49 m,随后方案 2 的潼关高程反复抬升。方案 3 和方案 4 的潼关高程最低值分别为 325.83 m 和 325.90 m,均出现在 2066 年,分别比 2008 年实测值降低 1.89 m 和 1.82 m,比方案 1 降低 1.77 m 和 1.70 m。对于方案 5,2030 ~ 2075 年为潼关高程下降期,潼关高程由327.79 m降低为 326.07 m,下降了 1.72 m。

比较古贤和黑山峡两库联合运用的方案 3 ~ 方案 5 的最低潼关高程,两库同时于 2020 年生效的方案 3 最低,说明两库早日同时发挥作用比一前一后或同时推后方案对降低潼关高程更有好处。至 2099 年,方案 2 潼关高程为 327.74 m、方案 3 ~ 方案 5 在 327.10 m 左右;至 2157 年,方案 2 ~ 方案 5 分别为 328.93 m、328.70 m、328.70 m 和 328.76 m,分别比 2008 年实测值抬高了 1.21 m、0.98 m、0.98 m 和 1.04 m;与方案 1 比较,分别降低 0.65 m、0.88 m、0.88 m 和 0.82 m。

方案 6,碛口水库对潼关高程的影响较大,与无碛口水库的方案 4 比较,2050 ~ 2077 年潼关高程有明显的继续降低过程,2077 的潼关高程为 325.86 m,比方案 4 降低 0.42 m。2078 ~ 2108 年潼关高程基本维持在 325.8 ~ 326.0 m,2108 年汛后潼关高程降到最低,为 325.74 m,比 2008 年实测值降低 1.98 m。2108 年后,潼关高程明显回升,至计算系列末 2157 年汛后潼关高程回升到 327.63 m,比 2008 年实测值降低 0.09 m,基本回到初期水平,与方案 4 比较,潼关高程降低 1.07 m,与方案 1 比较降低 1.95 m。

方案1~方案6的深泓高程沿程变化过程线如图7-13~图7-18所示。总体来说,沿程深泓高程的变化呈现以潼关上下河段为中心,小北干流河段向上游逐渐抬高,三门峡库区向下游逐渐刷深的趋势。现状方案1,至2058年,黄淤68、黄淤59、黄淤50分别抬高了9.49 m、8.79 m和4.20 m,潼关断面只抬高1.34 m;潼关以下河段黄淤36和黄淤30抬高,再往下受三门峡水库汛期完全敞泄作用影响,深泓高程有所下降。计算的5个方案中,方案2的小北干流上段仍然抬升了5 m多,方案3~方案5升高2 m左右,方案6有所下降。

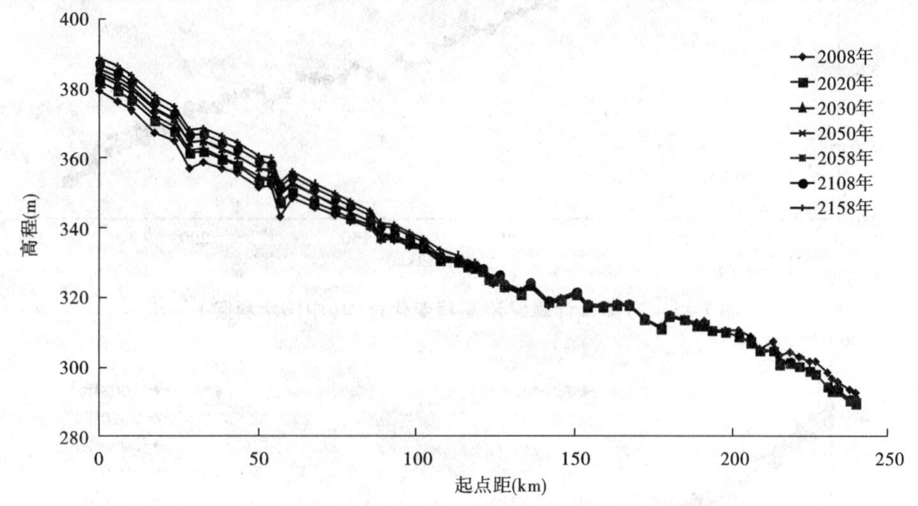

图7-13　方案1计算深泓高程变化过程(中国水科院)

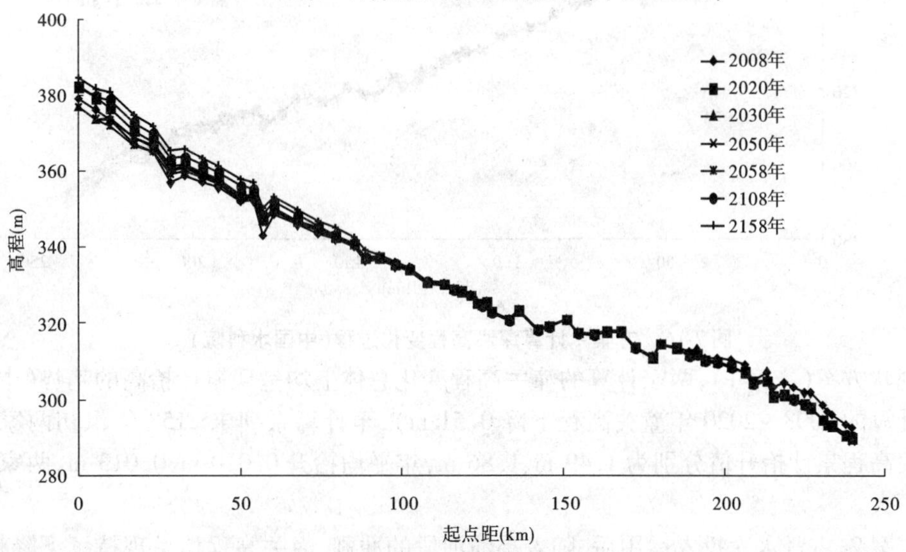

图7-14　方案2计算深泓高程变化过程(中国水科院)

7.6.3　计算成果综合分析

对比分析黄河设计公司与中国水科院数学模型计算的不同方案的潼关高程变化过程,可以看出,不同方案两家模型计算的成果定性上基本一致,定量上略有差别。

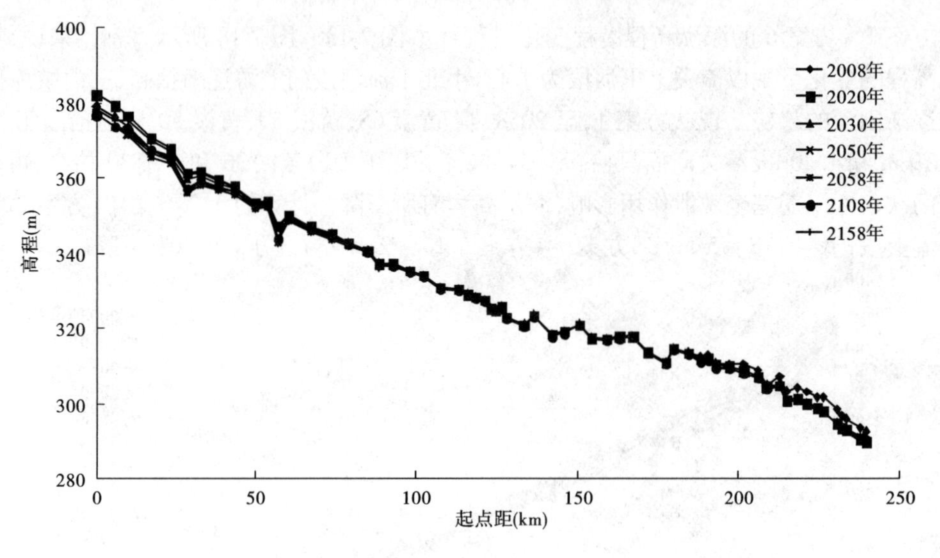

图 7-15　方案 3 计算深泓高程变化过程(中国水科院)

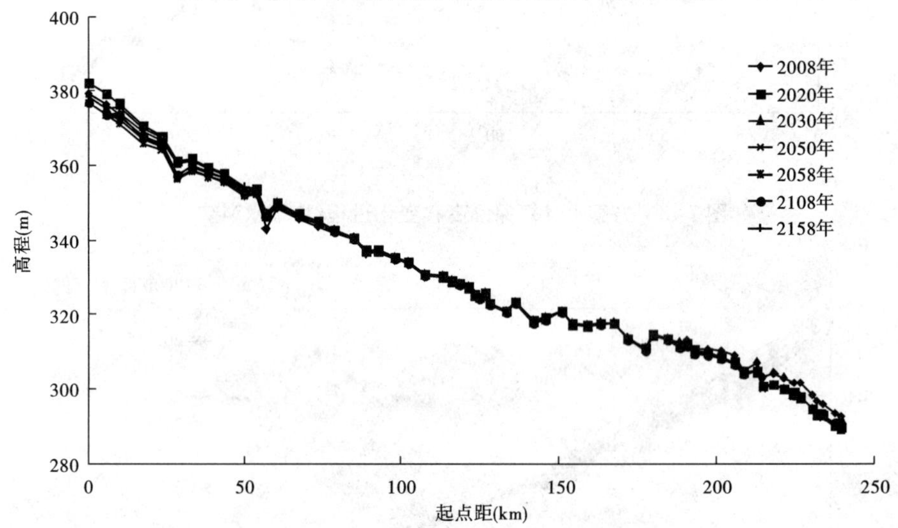

图 7-16　方案 4 计算深泓高程变化过程(中国水科院)

现状方案(方案 1),两家计算的潼关高程变化总体上均呈现累计抬高的趋势(中国水科院计算的 2008 ~2020 年潼关高程下降 0.51 m),至计算系列末 2158 年汛初两家计算的潼关高程累计抬升值分别为 1.49 m、1.86 m,年平均抬升 0.010 m、0.013 m,两家成果相差不大。

方案 2,古贤水库投入运用后,随着禹潼河段的冲刷,潼关高程均呈现持续下降状态,水库拦沙期结束后,潼关高程又逐步抬升。黄河设计公司计算的潼关高程累计冲刷下降值为 1.93 m,2100 年左右潼关高程又恢复至 2008 年水平(328 m 左右),至 2158 年潼关高程为 328.93 m;中国水科院计算的潼关高程累计冲刷下降值为 1.15 m,潼关高程恢复至 2008 年水平的时间为 2100 年左右,至 2158 年潼关高程为 329.58 m,与黄河设计公司成果相差 0.65 m。

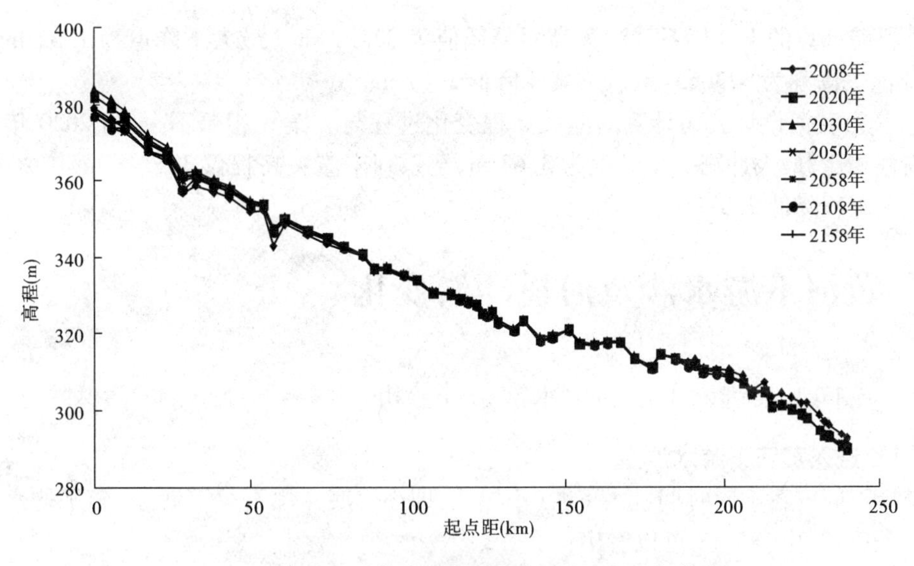

图 7-17　方案 5 计算深泓高程变化过程(中国水科院)

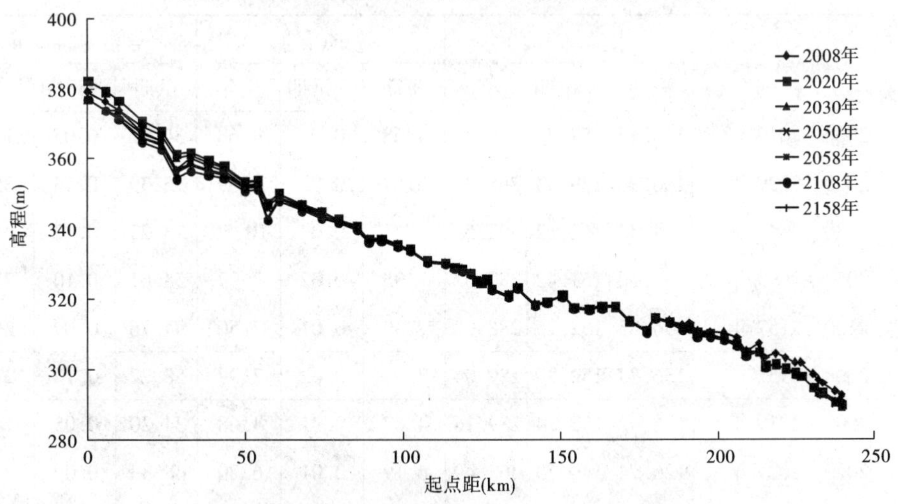

图 7-18　方案 6 计算深泓高程变化(中国水科院)

方案 3、方案 4 和方案 5,分别考虑古贤水库、黑山峡水库不同时机投入运用方案,潼关高程变化过程与方案 2 相似,经历了先冲刷降低、后淤积抬高的过程。比较这三个方案的差别可以看出,水库投入运用时机越早,对冲刷降低潼关高程的作用就越明显,即方案 3 优于方案 4,方案 4 优于方案 5。方案 3、方案 4、方案 5,黄河设计公司计算的 150 年系列潼关高程平均值分别为 327.05 m、327.11 m、327.34 m,古贤水库投入运用后潼关高程最大冲刷下降值分别为 2.52 m、2.40 m、2.55 m,至 2158 年潼关高程值分别为 327.84 m、327.95 m、328.22 m;中国水科院计算的古贤水库投入运用后潼关高程最大下降值分别为 1.43 m、1.36 m、1.59 m,至 2158 年潼关高程值分别为 328.70 m、328.71 m、328.76 m。

方案 6,碛口水库投入运用后对潼关高程影响较大,2050 年以后潼关高程有明显的持续降低过程。黄河设计公司计算的 150 年系列潼关高程最低值为 324.72 m(最大下降值为 3.63 m),平均值为 325.81 m,至 2158 年潼关高程为 325.67 m,较方案 4 降低 2.28 m。

中国水科院计算的150年系列潼关高程最低值为325.74 m(最大下降值为1.52 m),至2158年潼关高程为327.63 m,较方案4降低1.07 m。

方案7,黄河设计公司计算的潼关高程变化过程与方案6相差不大,与2020年汛初潼关高程相比,最大冲刷下降幅度为3.63 m,至系列末潼关高程仅325.48 m,较2020年汛初潼关高程降低2.87 m。

7.7 黄河下游水沙及河道冲淤变化

7.7.1 不同方案进入下游河道水沙条件分析

7.7.1.1 进入黄河下游水沙量

统计不同方案不同时期进入下游(小黑武,即小浪底+黑石关+武陟)年平均水量和沙量见表7-18,由表7-18可以看出:

表7-18 不同方案不同时期进入下游(小黑武)水沙量

方案	时期	水量(亿 m^3)			沙量(亿 t)			含沙量(kg/m^3)		
		汛期	非汛期	全年	汛期	非汛期	全年	汛期	非汛期	全年
方案1	2008~2019年	136.42	152.74	289.16	4.68	0.01	4.68	34.20	0.05	16.16
	2020~2029年	126.90	139.43	266.33	9.57	0.02	9.59	75.39	0.13	35.99
	2030~2049年	144.41	161.12	305.53	10.57	0.02	10.59	73.22	0.12	34.67
	2050~2099年	135.60	151.42	287.02	7.95	0.02	7.97	58.61	0.10	27.74
	2100~2157年	136.83	152.15	288.98	7.49	0.01	7.50	54.76	0.09	25.98
	2008~2157年	136.74	152.30	289.04	7.97	0.02	7.99	58.27	0.10	27.62
方案2	2008~2019年	136.42	152.74	289.16	4.67	0.01	4.68	34.20	0.05	16.16
	2020~2029年	126.74	140.75	267.49	6.19	0.01	6.20	48.83	0.09	23.18
	2030~2049年	143.86	159.48	303.34	7.50	0.02	7.52	52.14	0.12	24.79
	2050~2099年	136.13	150.36	286.49	7.83	0.01	7.84	57.51	0.09	27.38
	2100~2157年	136.91	151.44	288.35	7.51	0.01	7.52	54.86	0.10	26.10
	2008~2157年	136.86	151.54	288.40	7.30	0.01	7.31	53.34	0.09	25.36
方案3	2008~2019年	136.42	152.74	289.16	4.68	0.01	4.68	34.20	0.05	16.16
	2020~2029年	148.39	120.06	268.45	6.61	0.02	6.63	44.52	0.20	24.70
	2030~2049年	162.14	140.67	302.81	7.38	0.03	7.41	45.52	0.21	24.47
	2050~2099年	158.87	126.05	284.92	7.38	0.03	7.41	46.43	0.28	26.01
	2100~2157年	160.18	126.56	286.74	7.63	0.03	7.66	47.62	0.26	26.72
	2008~2157年	157.32	129.94	287.26	7.21	0.03	7.24	45.80	0.23	25.19

续表 7-18

方案	时期	水量(亿 m³)			沙量(亿 t)			含沙量(kg/m³)		
		汛期	非汛期	全年	汛期	非汛期	全年	汛期	非汛期	全年
方案 4	2008～2019 年	136.42	152.74	289.16	4.67	0.01	4.68	34.20	0.05	16.16
	2020～2029 年	126.74	140.75	267.49	6.19	0.01	6.20	48.83	0.09	23.18
	2030～2049 年	163.22	139.58	302.80	7.56	0.03	7.59	46.31	0.21	25.06
	2050～2099 年	158.56	126.39	284.95	7.45	0.03	7.48	46.99	0.27	26.27
	2100～2157 年	160.44	126.32	286.76	7.53	0.03	7.56	46.96	0.25	26.39
	2008～2157 年	156.01	131.19	287.20	7.19	0.03	7.22	46.09	0.22	25.14
方案 5	2008～2019 年	136.42	152.74	289.16	4.67	0.01	4.68	34.20	0.05	16.16
	2020～2029 年	126.90	139.43	266.33	9.57	0.02	9.59	75.39	0.13	35.99
	2030～2049 年	164.83	139.35	304.18	7.15	0.03	7.18	43.37	0.21	23.60
	2050～2099 年	157.82	126.90	284.72	6.87	0.03	6.90	43.54	0.27	24.25
	2100～2157 年	160.33	126.43	286.76	7.51	0.03	7.54	46.84	0.25	26.30
	2008～2157 年	155.94	131.28	287.22	7.15	0.03	7.18	45.88	0.22	25.01
方案 6	2008～2019 年	136.42	152.74	289.16	4.67	0.01	4.68	34.20	0.05	16.16
	2020～2029 年	126.74	140.75	267.49	6.19	0.01	6.20	48.83	0.09	23.18
	2030～2049 年	163.22	139.58	302.80	7.56	0.03	7.59	46.31	0.21	25.06
	2050～2099 年	154.55	129.63	284.18	5.62	0.02	5.64	36.33	0.12	19.81
	2100～2157 年	159.22	127.68	286.90	6.88	0.03	6.91	43.21	0.20	24.07
	2008～2157 年	154.21	132.79	287.00	6.33	0.02	6.35	41.02	0.15	22.11
方案 7	2008～2019 年	136.42	152.74	289.16	4.68	0.01	4.68	34.20	0.05	16.16
	2020～2029 年	126.74	140.75	267.49	6.19	0.01	6.20	48.83	0.09	23.18
	2030～2049 年	190.29	138.73	329.02	7.90	0.03	7.93	41.52	0.19	24.09
	2050～2099 年	176.01	134.55	310.56	5.73	0.02	5.75	32.55	0.12	18.50
	2100～2157 年	185.27	127.81	313.08	7.11	0.02	7.13	38.35	0.17	22.76
	2008～2157 年	175.04	134.37	309.41	6.50	0.02	6.52	37.11	0.14	21.06

现状工程条件下，长系列（2008～2157 年）进入下游年平均水量为 289.04 亿 m^3，年平均沙量为 7.99 亿 t，其中汛期水量为 136.74 亿 m^3，占全年水量的 47.3%，汛期沙量为 7.97 亿 t，占全年沙量的 99.7%，全年平均含沙量为 27.62 kg/m^3；处于小浪底水库主要拦沙期的 2008～2019 年进入下游的年均水量、沙量分别为 289.16 亿 m^3、4.68 亿 t，平均含沙量为 16.16 kg/m^3；随着小浪底水库拦沙期的结束，进入下游的沙量及含沙量又有明显增加，2020～2029 年、2030～2049 年进入下游年均沙量分别为 9.59 亿 t、10.59 亿 t，含沙量分别为 35.99 kg/m^3、34.67 kg/m^3。2050 年以后由于中游水利水保措施继续发挥减沙作用，进入下游年均沙量在 8 亿 t 左右。

方案 2，古贤水库 2020 年投入运用后，水库拦沙期内拦减了龙门以上大部分泥沙，进入下游的泥沙量较现状方案明显减少，2020～2029 年、2030～2049 年进入下游年均泥沙量分别为 6.20 亿 t、7.52 亿 t，与同时段现状方案相比，年均沙量分别减少 3.39 亿 t、3.07 亿 t，时段平均含沙量分别减少至 23.18 kg/m^3、24.79 kg/m^3。2050 年以后古贤水库拦沙作用减弱，进入下游年均沙量与现状方案差别不大。

方案 3，古贤水库、黑山峡水库同时在 2020 年投入运用，黑山峡水库投入运用后改变了水量年内分配，各时期汛期水量显著增加，2020～2029 年、2030～2049 年、2050～2099 年、2100～2157 年汛期水量为 148.39 亿 m^3、162.14 亿 m^3、158.87 亿 m^3、160.18 亿 m^3，分别较方案 2 增加 21.65 亿 m^3、18.28 亿 m^3、22.74 亿 m^3、23.27 亿 m^3。汛期水量的增加有利于下游河道泥沙的输移。同时由于黑山峡拦沙作用，进入下游泥沙量总体较方案 2 略小。

方案 4，考虑古贤水库 2020 年投入运用、黑山峡水库 2030 年投入运用，2030 年以前进入下游水沙条件与方案 2 完全相同，2030 年后由于黑山峡水库反调节作用，对年内水量的分配影响较大，2030 年后进入下游水沙量与方案 3 较为接近。

方案 5，考虑古贤水库、黑山峡水库 2030 年投入运用，2030 年以前进入下游的水沙条件与方案 1 完全相同，2030 年以后，古贤、黑山峡等水库联合发挥水沙调控作用，在改变水量年内分配的同时，进入下游泥沙量较现状方案大大减少。

方案 6，在方案 4 基础上，考虑碛口水库 2050 年投入运用，碛口水库投入运用后的 2050～2099 年、2100～2157 年进入下游的年均水量分别为 284.18 亿 m^3、286.90 亿 m^3，进入下游的年均沙量分别为 5.64 亿 t、6.91 亿 t，平均含沙量分别为 19.81 kg/m^3、24.07 kg/m^3，即水沙调控体系全部建成生效后，进入下游的沙量及含沙量长时期内保持比较低的水平。

方案 7，在方案 6 的基础上，考虑南水北调西线一期工程 2030 年生效，西线一期工程每年向黄河调水 80 亿 m^3，其中河道内配置输沙水量 25 亿 m^3，且集中于汛期。西线工程生效前，进入下游水沙条件与方案 6 完全一致，西线工程生效后的 2030～2049 年、2050～2099 年、2100～2157 年各时段进入下游的年均水量分别为 329.02 亿 m^3、310.56 亿 m^3、313.08 亿 m^3，分别较方案 6 增加 26.22 亿 m^3、26.38 亿 m^3、26.18 亿 m^3，且增加的水量几乎全部集中于汛期，各时段进入下游的年均泥沙量分别为 7.93 亿 t、5.75 亿 t、7.13 亿 t，分别较方案 6 增加 0.34 亿 t、0.12 亿 t、0.22 亿 t，这主要是由西线一期调水水量对上中游冲积性河段减淤作用造成的。该方案整个系列年（150 年）年均水量为 309.41 亿 m^3，其中汛期水量为175.04亿 m³,年均沙量为6.52亿 t,年平均含沙量21.06 kg/m³。

7.7.1.2 进入下游水沙过程

统计不同方案不同时期主汛期进入下游(小黑武)不同流量级出现天数(见表7-19)可以看出,与进入禹潼河段水沙过程相似,随着水沙调控体系待建工程的逐步投入并与其他工程联合调控水沙,同时期进入下游河道的有利于输沙和维持中水河槽的连续大流量级天数呈增加趋势,且大流量挟带并输送泥沙的比例也大幅度提高。

表7-19 不同方案主汛期不同时段进入下游河道(小黑武)流量级出现天数统计

时段	流量级(m^3/s)	方案1			方案2			方案3			方案4		
		天数(d)	水量(亿m^3)	沙量(亿t)	天数(d)	水量(亿m^3)	沙量(亿t)	天数(d)	水量(亿m^3)	沙量(亿t)	天数(d)	水量(亿m^3)	沙量(亿t)
2008~2019年	<800	24.33	11.59	0.22	24.33	11.59	0.22	24.33	11.59	0.22	24.33	11.59	0.22
	800~2 600	49.67	52.58	1.72	49.67	52.58	1.72	49.67	52.58	1.72	49.67	52.58	1.72
	≥2 600	18.00	57.67	2.70	18.00	57.67	2.70	18.00	57.67	2.70	18.00	57.67	2.70
	≥4 000连续4 d以上	1.25	6.34	0.26	1.25	6.34	0.26	1.25	6.34	0.26	1.25	6.34	0.26
	合计	92.00	121.84	4.64	92.00	121.84	4.64	92.00	121.84	4.64	92.00	121.84	4.64
2020~2029年	<800	21.60	8.96	0.47	25.80	12.58	0.41	19.80	9.35	0.20	25.80	12.58	0.41
	800~2 600	57.70	65.02	4.48	53.70	57.38	2.78	49.80	46.16	1.03	53.70	57.38	2.78
	≥2 600	12.70	40.80	4.59	12.50	43.20	2.92	22.40	79.39	5.28	12.50	43.20	2.92
	≥4 000连续4 d以上	0.80	4.31	0.44	8.70	32.22	1.73	16.80	62.10	4.05	8.70	32.22	1.73
	合计	92.00	114.78	9.54	92.00	113.16	6.12	92.00	134.90	6.51	92.00	113.16	6.12
2030~2049年	<800	27.75	12.40	0.49	31.10	15.10	0.53	27.00	13.68	0.30	29.30	14.69	0.33
	800~2 600	46.15	52.57	3.72	45.80	50.27	2.19	41.00	45.73	1.11	38.30	44.20	1.36
	≥2 600	18.10	61.70	6.31	15.10	54.34	4.54	24.00	85.10	5.89	24.40	86.03	5.75
	≥4 000连续4 d以上	3.20	14.23	1.56	10.30	39.60	2.10	17.30	64.75	3.05	17.20	63.89	2.81
	合计	92.00	126.66	10.52	92.00	119.71	7.25	92.00	144.51	7.29	92.00	144.93	7.45
2050~2099年	<800	26.82	11.95	0.42	26.82	12.61	0.48	21.20	10.39	0.25	21.16	10.39	0.23
	800~2 600	49.82	56.61	3.31	52.06	62.34	3.08	49.38	59.60	1.67	49.20	59.02	1.78
	≥2 600	15.36	50.84	4.18	13.12	43.76	4.15	21.42	72.50	5.38	21.64	72.47	5.37
	≥4 000连续4 d以上	1.10	5.30	0.51	5.44	20.87	0.99	12.12	43.71	1.62	12.02	43.06	1.51
	合计	92.00	119.40	7.90	92.00	118.71	7.71	92.00	142.49	7.30	92.00	141.88	7.38

续表 7-19

时段	流量级 (m^3/s)	方案 1			方案 2			方案 3			方案 4		
		天数 (d)	水量 (亿 m^3)	沙量 (亿 t)	天数 (d)	水量 (亿 m^3)	沙量 (亿 t)	天数 (d)	水量 (亿 m^3)	沙量 (亿 t)	天数 (d)	水量 (亿 m^3)	沙量 (亿 t)
2100～2157 年	<800	26.09	11.71	0.42	25.48	12.19	0.44	20.03	9.85	0.23	20.19	9.99	0.22
	800～2 600	50.12	56.84	3.12	53.22	64.22	2.76	50.14	60.83	1.77	49.79	60.68	1.78
	≥2 600	15.79	51.88	3.91	13.29	43.18	4.20	21.83	73.07	5.55	22.02	72.90	5.45
	≥4 000 连续 4 d 以上	1.16	5.49	0.47	4.17	16.17	1.00	10.67	39.01	1.60	10.31	37.37	1.32
	合计	92.00	120.42	7.45	92.00	119.58	7.40	92.00	143.74	7.55	92.00	143.57	7.46
2008～2157 年	<800	26.11	11.69	0.41	26.61	12.70	0.45	21.68	10.64	0.24	22.43	11.05	0.25
	800～2 600	49.96	56.40	3.24	51.59	60.35	2.71	48.61	56.77	1.60	48.31	57.06	1.79
	≥2 600	15.93	52.57	4.27	13.80	46.02	4.02	21.71	73.67	5.29	21.25	71.31	5.08
	≥4 000 连续 4 d 以上	1.39	6.58	0.61	5.48	21.14	1.13	11.69	42.94	1.86	10.97	39.98	1.52
	合计	92.00	120.65	7.92	92.00	119.06	7.18	92.00	141.09	7.13	92.00	139.42	7.12

时段	流量级 (m^3/s)	方案 5			方案 6			方案 7		
		天数 (d)	水量 (亿 m^3)	沙量 (亿 t)	天数 (d)	水量 (亿 m^3)	沙量 (亿 t)	天数 (d)	水量 (亿 m^3)	沙量 (亿 t)
2008～2019 年	<800	24.33	11.59	0.22	24.33	11.59	0.22	24.33	11.59	0.22
	800～2 600	49.67	52.58	1.72	49.67	52.58	1.72	49.67	52.58	1.72
	≥2 600	18.00	57.67	2.70	18.00	57.67	2.70	18.00	57.67	2.70
	≥4 000 连续 4 d 以上	1.25	6.34	0.26	1.25	6.34	0.26	1.25	6.34	0.26
	合计	92.00	121.84	4.64	92.00	121.84	4.64	92.00	121.84	4.64
2020～2029 年	<800	21.60	8.96	0.47	25.80	12.58	0.41	25.80	12.58	0.41
	800～2 600	57.70	65.02	4.48	53.70	57.38	2.78	53.70	57.38	2.78
	≥2 600	12.70	40.80	4.59	12.50	43.20	2.92	12.50	43.20	2.92
	≥4 000 连续 4 d 以上	0.80	4.31	0.44	8.70	32.22	1.73	8.70	32.22	1.73
	合计	92.00	114.78	9.54	92.00	113.16	6.12	92.00	113.16	6.12

续表 7-19

时段	流量级 (m^3/s)	方案5			方案6			方案7		
		天数 (d)	水量 (亿 m^3)	沙量 (亿 t)	天数 (d)	水量 (亿 m^3)	沙量 (亿 t)	天数 (d)	水量 (亿 m^3)	沙量 (亿 t)
2030～2049年	<800	28.15	14.01	0.30	29.30	14.69	0.33	24.10	13.01	0.24
	800～2 600	38.95	43.94	1.27	38.30	44.20	1.36	36.40	42.69	1.25
	≥2 600	24.90	87.91	5.48	24.40	86.03	5.75	31.50	111.13	6.29
	≥4 000 连续4 d以上	18.05	66.91	2.94	17.20	63.89	2.81	23.00	86.59	4.52
	合计	92.00	145.86	7.04	92.00	144.93	7.45	92.00	166.83	7.79
2050～2099年	<800	22.64	11.18	0.25	23.36	12.53	0.22	21.78	11.74	0.19
	800～2 600	47.92	57.05	1.57	47.70	53.84	1.30	42.62	50.08	1.02
	≥2 600	21.44	73.43	4.99	20.94	72.07	4.04	27.60	94.95	4.46
	≥4 000 连续4 d以上	13.20	48.27	1.83	13.40	48.74	1.68	18.00	65.20	2.13
	合计	92.00	141.66	6.81	92.00	138.44	5.56	92.00	156.77	5.67
2100～2157年	<800	19.93	9.84	0.22	21.71	11.07	0.22	17.00	9.33	0.16
	800～2 600	50.02	60.88	1.77	48.52	58.29	1.43	45.88	57.26	1.33
	≥2 600	22.05	72.93	5.44	21.78	74.01	5.16	29.12	99.64	5.54
	≥4 000 连续4 d以上	10.33	37.45	1.38	10.60	39.29	2.00	17.29	62.93	2.61
	合计	92.00	143.64	7.44	92.00	143.37	6.81	92.00	166.23	7.03
2008～2157年	<800	22.39	10.92	0.26	23.75	12.18	0.25	20.71	11.02	0.20
	800～2 600	48.33	56.94	1.81	47.32	54.41	1.49	44.35	52.56	1.34
	≥2 600	21.28	71.74	5.02	20.93	71.60	4.52	26.93	92.49	4.88
	≥4 000 连续4 d以上	10.95	40.29	1.59	11.54	42.61	1.84	16.43	60.27	2.46
	合计	92.00	139.60	7.09	92.00	138.20	6.26	92.00	156.07	6.43

与现状工程方案(方案1)相比,方案2由于古贤水库2020年投入运用后并与小浪底水库联合调水调沙运用,进入下游的流量过程得到明显优化。如对于下游河道冲刷和塑

造中水河槽有利的连续 4 d 4 000 m^3/s 以上流量过程，2020 ~ 2029 年方案 2 出现天数为 8.70 d，方案 1 出现的天数仅 0.80 d，方案 2 较方案 1 增加 7.90 d；2030 ~ 2049 年方案 2 出现天数为 10.30 d，方案 1 出现的天数仅 3.20 d，方案 2 较方案 1 增加 7.10 d；2050 ~ 2099 年方案 2 出现天数为 5.44 d，方案 1 出现的天数仅 1.10 d，方案 2 较方案 1 增加 4.34 d；2100 ~ 2157 年方案 2 出现天数为 4.17 d，方案 1 出现的天数仅 1.16 d，方案 2 较方案 1 增加 3.01 d。

方案 3，考虑古贤水库、黑山峡水库同时于 2020 年投入运用，黑山峡水库生效后增加了主汛期调水调沙水量，相应主汛期大流量出现的概率进一步提高。对于方案 3，2020 ~ 2029 年、2030 ~ 2049 年、2050 ~ 2099 年、2100 ~ 2157 年各个时段连续 4 d 4 000 m^3/s 以上流量出现天数分别为 16.80 d、17.30 d、12.12 d、10.67 d，分别较方案 2 增加 8.10 d、7.00 d、6.68 d、6.50 d，即进入下游大流量洪水历时增加了 70% 以上。

与方案 3 相比，方案 4 考虑黑山峡水库晚 10 年投入运用（2030 年），黑山峡水库投入运用后，对改变下游河道流量过程的作用与方案 3 差别不大（差别主要发生在 2020 ~ 2029 年）。

方案 5，考虑古贤水库、黑山峡水库同时于 2030 年投入运用。2030 年以前进入下游河段的流量过程与现状工程完全相同，2030 年后古贤水库、黑山峡水库充分发挥了水库群水沙联合调控作用，进入下游水沙过程得到明显优化。该方案 2030 ~ 2049 年、2050 ~ 2099 年、2100 ~ 2157 年三个时段连续 4 d 4 000 m^3/s 以上流量出现天数分别为 18.05 d、13.20 d、10.33 d，连续大流量出现天数较同时期现状方案（方案 1）明显增加。

方案 6，黄河水沙调控体系工程全部建成生效，与方案 4 相比，碛口水库 2050 年投入运用后，与古贤水库联合塑造进入下游的水沙过程，对增加进入下游洪水历时具有一定的作用，如该方案 2050 ~ 2099 年、2100 ~ 2157 年连续 4 d 4 000 m^3/s 以上流量出现天数分别为 13.40 d、10.60 d，分别较方案 4（12.02 d、10.31 d）增加 1.38 d、0.29 d，同时对减少进入下游河道泥沙作用非常显著。

方案 7，南水北调西线一期工程 2030 年生效后，通过水沙调控体系工程的联合运行，显著改善了进入下游的水沙条件，对下游河道减淤及中水河槽维持方面更为有利，如 2030 ~ 2049 年、2050 ~ 2099 年、2100 ~ 2157 年连续 4 d 4 000 m^3/s 以上流量出现天数分别为 23.00 d、18.00 d、17.29 d，分别较方案 6 增加 5.80 d、4.60 d、6.69 d，相应该流量过程的水量分别增加 22.70 亿 m^3、16.46 亿 m^3、23.64 亿 m^3，连续大流量历时的增加，更有利于发挥水流输沙效率，长期维持河槽行洪输沙能力。

7.7.2 不同方案下游河道冲淤变化分析

根据不同方案进入下游河道的水沙过程，黄河设计公司、中国水科院和黄科院分别利用数学模型进行了下游河道泥沙冲淤变化计算。

7.7.2.1 **黄河设计公司成果**

黄河设计公司计算的不同时期下游各个河段泥沙冲淤计算成果见表 7-20、表 7-21。不同方案下游河道历年累计冲淤过程见图 7-19。

表 7-20　不同时期各方案下游河道累计冲淤量和减淤量成果(黄河设计公司)

方案	分阶段	累计冲淤量(亿 t)					累计减淤量(亿 t)				
		花以上	花—高	高—艾	艾—利	利以上	花以上	花—高	高—艾	艾—利	利以上
方案1	2008～2019 年	-1.43	-1.76	-0.62	-0.49	-4.31					
	2020～2029 年	5.42	13.60	4.45	3.85	27.31					
	2030～2049 年	12.97	29.81	10.91	5.74	59.44					
	2050～2099 年	16.87	50.61	20.33	12.59	100.40					
	2100～2157 年	21.79	58.79	24.25	7.42	112.25					
	2008～2157 年	55.62	151.05	59.32	29.11	295.09					
方案2	2008～2019 年	-1.43	-1.76	-0.62	-0.49	-4.31	0	0	0	0	0
	2020～2029 年	1.75	3.53	3.10	1.65	10.03	3.66	10.07	1.35	2.20	17.28
	2030～2049 年	2.20	6.94	5.68	3.15	17.98	10.77	22.87	5.23	2.59	41.46
	2050～2099 年	4.75	32.58	19.76	12.27	69.37	12.12	18.03	0.57	0.31	31.03
	2100～2157 年	10.92	49.47	22.78	7.02	90.19	10.87	9.32	1.47	0.41	22.06
	2008～2157 年	18.19	90.76	50.70	23.60	183.26	37.42	60.29	8.62	5.51	111.83
方案3	2008～2019 年	-1.43	-1.76	-0.62	-0.49	-4.31	0	0	0	0	0
	2020～2029 年	1.61	2.88	2.77	1.22	8.48	3.81	10.72	1.67	2.62	18.83
	2030～2049 年	2.02	6.46	3.91	3.09	15.48	10.95	23.35	7.00	2.65	43.96
	2050～2099 年	2.53	31.40	17.84	11.72	63.50	14.33	19.22	2.49	0.86	36.90
	2100～2157 年	7.67	40.28	23.57	6.69	78.21	14.12	18.51	0.68	0.73	34.04
	2008～2157 年	12.40	79.26	47.47	22.23	161.36	43.21	71.80	11.84	6.87	133.72
方案4	2008～2019 年	-1.43	-1.76	-0.62	-0.49	-4.31	0	0	0	0	0
	2020～2029 年	1.75	3.53	3.10	1.65	10.03	3.66	10.07	1.35	2.20	17.28
	2030～2049 年	2.02	5.79	4.91	2.66	15.38	10.96	24.02	6.00	3.09	44.06
	2050～2099 年	2.67	33.78	18.02	10.97	65.44	14.20	16.83	2.31	1.62	34.96
	2100～2157 年	7.17	39.03	23.32	6.61	76.13	14.61	19.76	0.93	0.82	36.12
	2008～2157 年	12.08	80.37	48.83	21.40	162.67	43.54	70.67	10.48	7.72	132.41

续表 7-20

方案	分阶段	累计冲淤量(亿 t)					累计减淤量(亿 t)				
		花以上	花—高	高—艾	艾—利	利以上	花以上	花—高	高—艾	艾—利	利以上
方案5	2008~2019 年	-1.43	-1.76	-0.62	-0.49	-4.31	0	0	0	0	0
	2020~2029 年	5.42	13.60	4.45	3.85	27.31	0	0	0	0	0
	2030~2049 年	1.90	4.87	5.02	1.56	13.35	11.07	24.94	5.89	4.18	46.09
	2050~2099 年	2.45	27.41	16.24	12.17	58.27	14.42	23.20	4.09	0.41	42.13
	2100~2157 年	3.96	45.34	21.93	6.64	77.88	17.82	13.45	2.32	0.78	34.37
	2008~2157 年	12.30	89.46	46.95	23.87	172.49	43.37	61.62	12.37	5.23	122.59
方案6	2008~2019 年	-1.43	-1.76	-0.62	-0.49	-4.31	0	0	0	0	0
	2020~2029 年	1.65	3.53	3.20	1.65	10.03	3.76	10.07	1.25	2.20	17.28
	2030~2049 年	2.02	5.79	4.91	2.66	15.38	10.96	24.02	6.00	3.09	44.06
	2050~2099 年	1.70	12.91	11.54	6.18	32.33	15.17	37.71	8.79	6.40	68.07
	2100~2157 年	4.20	21.34	12.34	6.06	43.95	17.58	37.45	11.91	1.36	68.30
	2008~2157 年	8.14	41.81	31.37	16.06	97.37	47.47	109.24	27.95	13.05	197.71
方案7	2008~2019 年	-1.43	-1.76	-0.62	-0.49	-4.31	0	0	0	0	0
	2020~2029 年	1.75	3.53	3.10	1.65	10.03	3.66	10.07	1.35	2.20	17.28
	2030~2049 年	1.23	7.15	1.11	1.45	10.94	11.75	22.66	9.80	4.29	48.50
	2050~2099 年	0.56	10.89	2.62	2.04	16.12	16.30	39.72	17.71	10.55	84.28
	2100~2157 年	7.12	17.04	2.63	3.77	30.57	14.66	41.75	21.62	3.65	81.68
	2008~2157 年	9.14	37.02	8.98	8.20	63.34	46.47	114.03	50.33	20.90	231.74

表 7-21　不同时期各方案下游河道年均冲淤量和减淤量成果(黄河设计公司)

方案	时段	年均冲淤量(亿 t)					年均减淤量(亿 t)				
		花以上	花—高	高—艾	艾—利	利以上	花以上	花—高	高—艾	艾—利	利以上
方案1	2008~2019 年	-0.12	-0.15	-0.05	-0.04	-0.36					
	2020~2029 年	0.54	1.36	0.44	0.38	2.73					
	2030~2049 年	0.65	1.49	0.55	0.29	2.97					
	2050~2099 年	0.34	1.01	0.41	0.25	2.01					
	2100~2157 年	0.38	1.01	0.42	0.13	1.94					
	2008~2157 年	0.37	1.01	0.40	0.19	1.97					
方案2	2008~2019 年	-0.12	-0.15	-0.05	-0.04	-0.36	0	0	0	0	0
	2020~2029 年	0.18	0.35	0.31	0.16	1.00	0.37	1.01	0.13	0.22	1.73
	2030~2049 年	0.11	0.35	0.28	0.16	0.90	0.54	1.14	0.26	0.13	2.07
	2050~2099 年	0.09	0.65	0.40	0.25	1.39	0.24	0.36	0.01	0.01	0.62
	2100~2157 年	0.19	0.85	0.39	0.12	1.55	0.19	0.16	0.03	0.01	0.38
	2008~2157 年	0.12	0.61	0.34	0.16	1.22	0.25	0.40	0.06	0.04	0.75

续表 7-21

方案	时段	年均冲淤量(亿 t)					年均减淤量(亿 t)				
		花以上	花—高	高—艾	艾—利	利以上	花以上	花—高	高—艾	艾—利	利以上
方案3	2008～2019 年	-0.12	-0.15	-0.05	-0.04	-0.36	0	0	0	0	0
	2020～2029 年	0.16	0.29	0.28	0.12	0.85	0.38	1.07	0.17	0.26	1.88
	2030～2049 年	0.10	0.32	0.20	0.15	0.77	0.55	1.17	0.35	0.13	2.20
	2050～2099 年	0.05	0.63	0.36	0.23	1.27	0.29	0.38	0.05	0.02	0.74
	2100～2157 年	0.13	0.69	0.41	0.12	1.35	0.24	0.32	0.01	0.01	0.59
	2008～2157 年	0.08	0.53	0.32	0.15	1.08	0.29	0.48	0.08	0.05	0.89
方案4	2008～2019 年	-0.12	-0.15	-0.05	-0.04	-0.36	0	0	0	0	0
	2020～2029 年	0.18	0.35	0.31	0.16	1.00	0.37	1.01	0.13	0.22	1.73
	2030～2049 年	0.10	0.29	0.25	0.13	0.77	0.55	1.20	0.30	0.15	2.20
	2050～2099 年	0.05	0.68	0.36	0.22	1.31	0.28	0.34	0.05	0.03	0.70
	2100～2157 年	0.12	0.67	0.40	0.11	1.31	0.25	0.34	0.02	0.01	0.62
	2008～2157 年	0.08	0.54	0.33	0.14	1.08	0.29	0.47	0.07	0.05	0.88
方案5	2008～2019 年	-0.12	-0.15	-0.05	-0.04	-0.36	0	0	0	0	0
	2020～2029 年	0.54	1.36	0.44	0.38	2.73	0	0	0	0	0
	2030～2049 年	0.10	0.24	0.25	0.08	0.67	0.55	1.25	0.29	0.21	2.30
	2050～2099 年	0.05	0.55	0.32	0.24	1.17	0.29	0.46	0.08	0.01	0.84
	2100～2157 年	0.07	0.78	0.38	0.11	1.34	0.31	0.23	0.04	0.01	0.59
	2008～2157 年	0.08	0.60	0.31	0.16	1.15	0.29	0.41	0.08	0.03	0.82
方案6	2008～2019 年	-0.12	-0.15	-0.05	-0.04	-0.36	0	0	0	0	0
	2020～2029 年	0.17	0.35	0.32	0.16	1.00	0.38	1.01	0.12	0.22	1.73
	2030～2049 年	0.10	0.29	0.25	0.13	0.77	0.55	1.20	0.30	0.15	2.20
	2050～2099 年	0.03	0.26	0.23	0.12	0.65	0.30	0.75	0.18	0.13	1.36
	2100～2157 年	0.07	0.37	0.21	0.10	0.76	0.30	0.65	0.21	0.02	1.18
	2008～2157 年	0.05	0.28	0.21	0.11	0.65	0.32	0.73	0.19	0.09	1.32
方案7	2008～2019 年	-0.12	-0.15	-0.05	-0.04	-0.36	0	0	0	0	0
	2020～2029 年	0.18	0.35	0.31	0.16	1.00	0.37	1.01	0.13	0.22	1.73
	2030～2049 年	0.06	0.36	0.06	0.07	0.55	0.59	1.13	0.49	0.21	2.43
	2050～2099 年	0.01	0.22	0.05	0.04	0.32	0.33	0.79	0.35	0.21	1.69
	2100～2157 年	0.12	0.29	0.05	0.07	0.53	0.25	0.72	0.37	0.06	1.41
	2008～2157 年	0.06	0.25	0.06	0.05	0.42	0.31	0.76	0.34	0.14	1.54

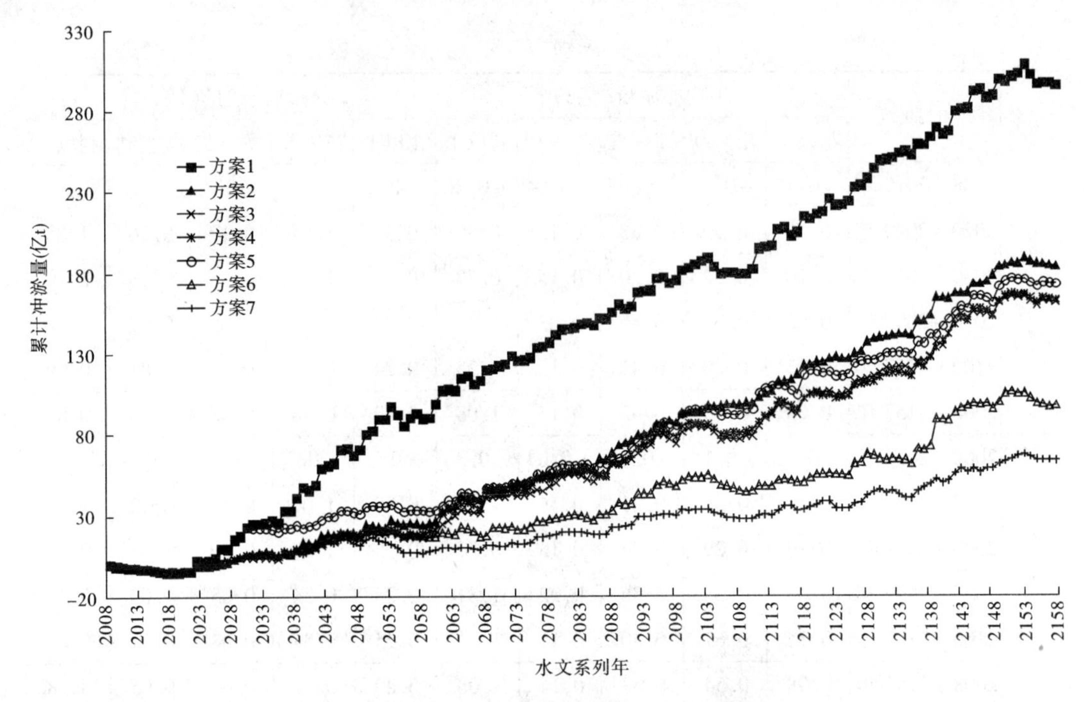

图 7-19　不同方案黄河下游河道累计冲淤过程(黄河设计公司)

由表 7-20、表 7-21 可以看出,方案 1、方案 2、方案 3、方案 4、方案 5、方案 6 和方案 7,计算的 150 年系列下游利津以上河道累计淤积量分别 295.09 亿 t、183.26 亿 t、161.36 亿 t、162.67 亿 t、172.49 亿 t、97.37 亿 t 和 63.34 亿 t,年均淤积量分别为 1.97 亿 t 、1.22 亿 t、1.08 亿 t、1.08 亿 t、1.15 亿 t、0.65 亿 t 和 0.42 亿 t。与现状工程方案(方案 1)相比,方案 2 ~ 方案 6 系列年(150 年)下游河道利津以上累计减淤量分别为 111.83 亿 t、133.72 亿 t、132.41 亿 t、122.59 亿 t、197.71 亿 t 和 231.74 亿 t。

方案 1,现状工程条件下,由于小浪底水库继续发挥拦沙和调水调沙作用,黄河下游河道 2020 年以前总体上继续发生持续冲刷,2008 ~ 2019 年下游累计冲刷量为 4.31 亿 t,考虑小浪底水库投入运用以来实测累计冲刷量 15.90 亿 t(1999 ~ 2008 年),水库投入运用后下游累计最大冲刷量为 20.21 亿 t。2020 年以后,由于水库拦沙库容基本淤满,水库不再具有拦沙能力,进入下游河道的沙量、含沙量大幅增加,下游河道快速回淤,2020 ~ 2029 年累计淤积 27.31 亿 t,年均淤积 2.73 亿 t,2030 ~ 2049 年累计淤积 59.44 亿 t,年平均淤积 2.97 亿 t,2050 年以后下游河道年均淤积量保持在 2 亿 t 左右。

方案 2,古贤水库 2020 年投入运用后,古贤水库与小浪底水库联合拦沙与调水调沙运用,大大减缓了下游河道的淤积,在古贤水库主要拦沙期内,2020 ~ 2029 年下游河道累计淤积仅 10.03 亿 t,年均淤积 1.00 亿 t,较现状方案年均减淤 1.73 亿 t;2030 ~ 2049 年累计淤积 17.98 亿 t,年均淤积 0.90 亿 t,较现状方案年均减淤 2.07 亿 t;2050 年以后下游河道年均淤积量在 1.4 亿 t 左右,较现状方案年均减淤 0.6 亿 t 左右;150 年系列古贤水库对下游河道的总减淤量为 111.83 亿 t。

方案 3,考虑古贤水库、黑山峡水库均 2020 年生效。该方案 150 年系列下游累计冲淤量为 161.36 亿 t,与现状方案相比,两库累计减淤 133.72 亿 t,与方案 2 相比,由于黑山峡水库投入运用,可使2020～2157年下游河道累计减淤21.89亿t,年平均减淤0.16亿t,其中2020～2029年累计减淤1.55亿t,2030～2049年累计减淤2.50亿t,2050年以后累计减淤17.85亿t。

方案4,古贤水库2020年生效、黑山峡水库2030年生效。与方案3相比,黑山峡水库推迟10年生效,从下游河道累计冲淤量计算成果看,方案4较方案3多淤积泥沙1.31亿t,即黑山峡水库晚10年投入运用,对下游河道的减淤量少1.31亿t。

方案5,古贤水库和黑山峡水库均2030年生效,整个系列年该方案累计淤积泥沙172.49亿t,与方案3相比,由于古贤水库和黑山峡水库均推迟10年建成,下游河道多淤积泥沙11.14亿t;与方案4相比,由于古贤水库推迟10年投入运用,下游河道多淤积泥沙9.83亿t。这是由于水库投入运用越早,水库发挥调水调沙作用的时间就越长,对下游河道的减淤量就越大。

方案6,考虑古贤水库、黑山峡水库、碛口水库分别于2020年、2030年和2050年生效,碛口水库投入运用后,通过与其他骨干工程拦沙与调水调沙运用,2050年后使下游河道累计淤积仅76.27亿t,年均淤积0.71亿t,与方案4相比,碛口水库对下游河道累计减淤量65.30亿t。整个150年系列下游河道累计淤积97.37亿t,年均淤积0.65亿t,与天然情况下下游河道淤积量4亿t相比,年均淤积量减少84%,水沙调控体系完善后对下游河道减淤作用显著。

方案7,考虑水沙调控体系工程全部投入运用和南水北调西线一期工程2030年生效,通过西线调水、水库拦沙以及联合调水调沙运用,2030年后下游河道淤积量显著减少,2030～2157年下游河道累计淤积仅57.62亿t,年均淤积0.45亿t,其中中游水库拦沙期内的2030～2049年、2050～2099年下游河道年均淤积量仅为0.55亿t、0.32亿t,水库拦沙基本完成的2100～2157年下游河道年均淤积为0.53亿t。整个150年系列下游河道累计淤积量63.34亿t,年均淤积量0.42亿t,下游河道长期处于微淤状态。

从不同方案淤积量的沿程分布看,所有方案下游河道淤积量主要集中在花园口至高村河段,该河段淤积量占下游总淤积量的42.9%～58.4%,高村至艾山河段次之,花园口以上河段和艾利河段是淤积量较小的两个河段,仅占下游总淤积量的7.1%～18.8%。

7.7.2.2 中国水科院成果

中国水科院计算的未来150年不同方案不同时期累计冲淤量以及各方案相对于方案1的减淤量见表7-22。不同方案下游河道累计冲淤过程见图7-20。

从不同方案累计冲淤过程看,各方案前10年均表现为累积性冲刷,此后,方案1发生累积性淤积,方案2、方案3、方案4和方案5工程投入运用后均出现时段较长的微淤阶段,最后发生累积性淤积,而方案6则出现长时段的微淤,之后发生具有一定强度的累积性淤积。至计算系列末(2158年),方案1至方案6下游河道累计淤积量分别为241.41亿t、171.58亿t、167.07亿t、160.90亿t、160.08亿t、112.95亿t,年均淤积量分别为1.61亿t、1.14亿t、1.11亿t、1.07亿t、1.07亿t、0.75亿t。

表 7-22 不同方案下游河道累计冲淤量及减淤效果汇总(中国水科院) (单位:亿 t)

项目	时段	方案 1	方案 2	方案 3	方案 4	方案 5	方案 6
年均	1~50 年	1.87	0.63	0.62	0.59	0.76	0.58
累计		93.35	31.28	31.22	29.44	38.09	29.08
减淤			62.07	62.13	63.91	55.26	64.27
年均	1~100 年	1.71	1.10	0.99	0.95	0.96	0.55
累计		171.06	109.91	98.53	94.64	96.22	55.32
减淤			61.15	72.53	76.42	74.84	115.74
年均	1~150 年	1.61	1.14	1.11	1.07	1.07	0.75
累计		241.41	171.58	167.07	160.90	160.08	112.95
减淤			69.83	74.34	80.51	81.33	128.46
累计冲淤量	2008~2019 年	-6.71	-6.71	-6.71	-6.71	-6.71	-6.71
	2020~2029 年	31.81	12.05	12.60	12.05	31.81	12.05
	2030~2049 年	58.70	24.59	26.08	25.20	14.43	25.20
	2050~2099 年	82.66	80.06	65.98	62.41	55.30	28.09
	2100~2157 年	74.95	61.59	69.12	67.95	65.25	54.32
	2008~2157 年	241.41	171.58	167.07	160.90	160.08	112.95
年均冲淤量	2008~2019 年	-0.56	-0.56	-0.56	-0.56	-0.56	-0.56
	2020~2029 年	3.18	1.21	1.26	1.21	3.18	1.21
	2030~2049 年	2.94	1.23	1.30	1.26	0.72	1.26
	2050~2099 年	1.65	1.60	1.32	1.25	1.11	0.56
	2100~2157 年	1.29	1.06	1.19	1.17	1.13	0.94
	2008~2157 年	1.61	1.14	1.11	1.07	1.07	0.75

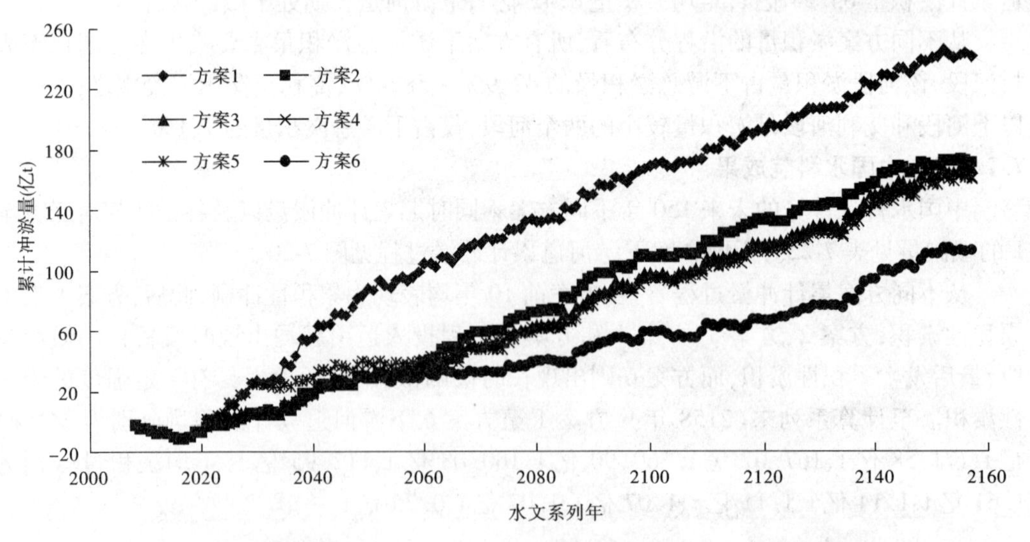

图 7-20 不同方案未来 150 年黄河下游河道累计冲淤过程(中国水科院)

从水库减淤量来看,在未来 150 年内,古贤水库对黄河下游河道的减淤量为 69.83 亿

t,古贤水库、黑山峡水库2020年同时生效对黄河下游河道的减淤量为74.34亿t,扣除古贤水库的减淤量,黑山峡水库对下游河道的减淤量为4.51亿t。碛口水库2050年投入运用后,与水沙调控体系其他工程联合拦沙和调水调沙运用,对下游河道减淤量为128.46亿t,扣除其他工程的减淤效果,碛口水库减淤量为47.95亿t。由此可见,古贤水库和碛口水库对黄河下游河道减淤效果较好,而黑山峡水库的减淤效果不明显。

从不同工程投入时机对下游河道减淤的影响看,在计算的150年时期内,古贤水库、黑山峡水库早投入10年、晚投入10年对下游河道的减淤作用相差不大,方案4(古贤水库2020年生效、黑山峡水库2030年生效)下游河道减淤量为80.51亿t,与方案3相比,黑山峡水库晚投入10年对下游河道减淤作用相差6.17亿t;方案5(古贤水库2030年生效、黑山峡水库2030年生效)下游河道减淤量为81.33亿t,与方案4相比,古贤水库晚投入10年对下游河道减淤作用相差0.82亿t。

不同方案未来50年(2008~2058年)黄河下游河道冲淤沿程和滩槽分布见表7-23。由表7-23可见,各方案中,花园口至高村河段淤积比例最大,为39%~41%,花园口以上河段次之,占26%~29%,高村至艾山、艾山至利津分别为16%~18%、14%~16%。从淤积的横向分布看,在所有方案中,槽淤积较多,一般为全断面淤积量的60%~70%,而滩淤积比例为30%~40%。

表7-23　不同方案未来50年黄河下游河道冲淤分布(中国水科院)　(单位:亿t)

方案	项目	小—花	花—高	高—艾	艾—利	黄河下游
方案1	滩冲淤	10.36	11.38	2.95	1.68	26.37
	槽冲淤	16.22	25.37	12.67	12.73	66.99
	全断面	26.58	36.75	15.62	14.41	93.36
	滩淤积比例(%)	39.0	31.0	18.9	11.7	28.2
	槽淤积比例(%)	61.0	69.1	81.1	88.3	71.8
方案2	滩冲淤	4.95	5.52	1.50	0.73	12.70
	槽冲淤	3.69	7.22	3.80	3.87	18.58
	全断面	8.64	12.74	5.30	4.60	31.28
	滩淤积比例(%)	57.3	43.4	28.2	15.8	40.6
	槽淤积比例(%)	42.7	56.8	71.6	83.9	59.4
方案3	滩冲淤	4.80	5.52	1.49	0.74	12.55
	槽冲淤	3.34	7.32	4.08	3.94	18.68
	全断面	8.14	12.84	5.57	4.68	31.23
	滩淤积比例(%)	59.0	43.1	26.7	15.8	40.2
	槽淤积比例(%)	41.1	57.1	73.1	84.0	59.8
方案4	滩冲淤	4.68	5.24	1.46	0.68	12.06
	槽冲淤	3.20	6.69	3.86	3.64	17.39
	全断面	7.88	11.93	5.32	4.32	29.45
	滩淤积比例(%)	59.4	44.0	27.3	15.7	41.0
	槽淤积比例(%)	40.6	56.2	72.3	84.3	59.1

续表 7-23

方案	项目	小—花	花—高	高—艾	艾—利	黄河下游
方案 5	滩冲淤	5.60	6.25	1.69	0.90	14.44
	槽冲淤	4.7	8.81	4.85	5.29	23.65
	全断面	10.30	15.06	6.54	6.19	38.09
	滩淤积比例(%)	54.4	41.6	25.8	14.5	37.9
	槽淤积比例(%)	45.7	58.6	73.9	85.3	62.1
方案 6	滩冲淤	4.69	5.33	1.48	0.69	12.19
	槽冲淤	2.98	6.62	3.78	3.51	16.89
	全断面	7.67	11.95	5.26	4.20	29.08
	滩淤积比例(%)	61.1	44.7	28.0	16.4	41.9
	槽淤积比例(%)	38.9	55.5	71.6	83.6	58.1

7.7.2.3 黄科院成果

黄科院计算的不同时期下游各个河段泥沙冲淤计算成果见表 7-24、表 7-25。不同方案下游河道累计冲淤过程见图 7-21。

表 7-24 不同时期各方案下游河道累计冲淤量和减淤量成果(黄科院)

方案	时段	累计冲淤量(亿 t)					累计减淤量(亿 t)				
		花以上	花—高	高—艾	艾—利	利以上	花以上	花—高	高—艾	艾—利	利以上
方案 1	2008~2019 年	0.25	1.75	0.75	0.47	3.22					
	2020~2029 年	3.39	7.99	3.14	2.79	17.31					
	2030~2049 年	15.55	34.33	9.61	7.04	66.53					
	2050~2099 年	24.90	45.04	32.49	15.97	118.41					
	2100~2157 年	20.86	46.62	31.77	16.72	115.96					
	2008~2157 年	64.94	135.74	77.76	42.99	321.43					
方案 2	2008~2019 年	0.25	1.75	0.75	0.47	3.22	0	0	0	0	0
	2020~2029 年	2.60	4.62	2.09	2.00	11.31	0.79	3.38	1.05	0.79	6.00
	2030~2049 年	7.52	9.81	4.69	3.79	25.81	8.03	24.52	4.92	3.25	40.72
	2050~2099 年	29.95	38.37	21.01	12.13	101.46	-5.05	6.67	11.48	3.84	16.95
	2100~2157 年	18.19	41.63	31.71	15.17	106.70	2.67	4.99	0.05	1.55	9.26
	2008~2157 年	58.52	96.17	60.26	33.55	248.50	6.43	39.56	17.50	9.44	72.93
方案 3	2008~2019 年	0.25	1.75	0.75	0.47	3.22	0	0	0	0	0
	2020~2029 年	2.69	5.35	1.96	1.41	11.41	0.70	2.64	1.18	1.38	5.89
	2030~2049 年	6.74	8.19	3.65	3.35	21.93	8.81	26.14	5.96	3.68	44.60
	2050~2099 年	24.39	33.37	9.75	10.62	78.12	0.51	11.67	22.75	5.35	40.29
	2100~2157 年	19.16	41.11	27.48	12.07	99.83	1.69	5.50	4.29	4.64	16.13
	2008~2157 年	53.23	89.78	43.59	27.93	214.52	11.72	45.96	34.17	15.06	106.91

续表 7-24

方案	时段	累计冲淤量(亿 t)					累计减淤量(亿 t)				
		花以上	花—高	高—艾	艾—利	利以上	花以上	花—高	高—艾	艾—利	利以上
方案4	2008～2019 年	0.25	1.75	0.75	0.47	3.22	0	0	0	0	0
	2020～2029 年	2.60	4.62	2.09	2.00	11.31	0.79	3.38	1.05	0.79	6.00
	2030～2049 年	8.58	15.57	6.44	4.15	34.74	6.97	18.77	3.18	2.88	31.79
	2050～2099 年	24.66	37.05	14.46	9.97	86.14	0.24	7.99	18.03	6.01	32.26
	2100～2157 年	18.41	33.53	25.51	12.67	90.12	2.45	13.09	6.26	4.05	25.84
	2008～2157 年	54.50	92.52	49.25	29.26	225.53	10.44	43.22	28.51	13.73	95.90
方案5	2008～2019 年	0.25	1.75	0.75	0.47	3.22	0	0	0	0	0
	2020～2029 年	3.39	7.99	3.14	2.79	17.31	0	0	0	0	0
	2030～2049 年	9.69	21.02	6.70	3.52	40.94	5.86	13.31	2.91	3.51	25.59
	2050～2099 年	26.14	31.69	13.48	8.47	79.78	-1.24	13.35	19.02	7.50	38.63
	2100～2157 年	16.65	39.92	26.23	14.80	97.59	4.21	6.69	5.54	1.92	18.37
	2008～2157 年	56.12	102.38	50.29	30.05	238.84	8.83	33.36	27.47	12.94	82.59
方案6	2008～2019 年	0.25	1.75	0.75	0.47	3.22	0	0	0	0	0
	2020～2029 年	2.60	4.62	2.09	2.00	11.31	0.79	3.38	1.05	0.79	6.00
	2030～2049 年	8.58	15.57	6.44	4.15	34.74	6.97	18.77	3.18	2.88	31.79
	2050～2099 年	14.58	14.45	4.33	2.99	36.34	10.32	30.60	28.17	12.99	82.07
	2100～2157 年	20.89	22.40	16.79	9.95	70.03	-0.04	24.21	14.98	6.77	45.93
	2008～2157 年	46.91	58.79	30.39	19.55	155.64	18.04	76.95	47.37	23.43	165.79

表 7-25　不同时期各方案下游河道年均冲淤量和减淤量成果(黄科院)

方案	时段	年均冲淤量(亿 t)					年均减淤量(亿 t)				
		花以上	花—高	高—艾	艾—利	利以上	花以上	花—高	高—艾	艾—利	利以上
方案1	2008～2019 年	0.02	0.15	0.06	0.04	0.27					
	2020～2029 年	0.34	0.80	0.31	0.28	1.73					
	2030～2049 年	0.78	1.72	0.48	0.35	3.33					
	2050～2099 年	0.50	0.90	0.65	0.32	2.37					
	2100～2157 年	0.36	0.80	0.55	0.29	2.00					
	2008～2157 年	0.43	0.90	0.52	0.29	2.14					
方案2	2008～2019 年	0.02	0.15	0.06	0.04	0.27	0	0	0	0	0
	2020～2029 年	0.26	0.46	0.21	0.20	1.13	0.08	0.34	0.10	0.08	0.60
	2030～2049 年	0.38	0.49	0.23	0.19	1.29	0.40	1.23	0.25	0.16	2.04
	2050～2099 年	0.60	0.77	0.42	0.24	2.03	-0.10	0.13	0.23	0.08	0.34
	2100～2157 年	0.31	0.72	0.55	0.26	1.84	0.05	0.09	0	0.03	0.16
	2008～2157 年	0.39	0.64	0.40	0.22	1.66	0.04	0.26	0.12	0.06	0.49

续表 7-25

方案	时段	年均冲淤量(亿 t)					年均减淤量(亿 t)				
		花以上	花—高	高—艾	艾—利	利以上	花以上	花—高	高—艾	艾—利	利以上
方案3	2008~2019 年	0.02	0.15	0.06	0.04	0.27	0	0	0	0	0
	2020~2029 年	0.27	0.53	0.20	0.14	1.14	0.07	0.26	0.12	0.14	0.59
	2030~2049 年	0.34	0.41	0.18	0.17	1.10	0.44	1.31	0.30	0.18	2.23
	2050~2099 年	0.49	0.67	0.19	0.21	1.56	0.01	0.23	0.45	0.11	0.81
	2100~2157 年	0.33	0.71	0.47	0.21	1.72	0.03	0.09	0.07	0.08	0.28
	2008~2157 年	0.35	0.60	0.29	0.19	1.43	0.08	0.31	0.23	0.10	0.71
方案4	2008~2019 年	0.02	0.15	0.06	0.04	0.27	0	0	0	0	0
	2020~2029 年	0.26	0.46	0.21	0.20	1.13	0.08	0.34	0.10	0.08	0.60
	2030~2049 年	0.43	0.78	0.32	0.21	1.74	0.35	0.94	0.16	0.14	1.59
	2050~2099 年	0.49	0.74	0.29	0.20	1.72	0	0.16	0.36	0.12	0.65
	2100~2157 年	0.32	0.58	0.44	0.22	1.55	0.04	0.23	0.11	0.07	0.45
	2008~2157 年	0.36	0.62	0.33	0.20	1.50	0.07	0.29	0.19	0.09	0.64
方案5	2008~2019 年	0.02	0.15	0.06	0.04	0.27	0	0	0	0	0
	2020~2029 年	0.34	0.80	0.31	0.28	1.73	0	0	0	0	0
	2030~2049 年	0.48	1.05	0.34	0.18	2.05	0.29	0.67	0.15	0.18	1.28
	2050~2099 年	0.52	0.63	0.27	0.17	1.60	-0.02	0.27	0.38	0.15	0.77
	2100~2157 年	0.29	0.69	0.45	0.26	1.68	0.07	0.12	0.10	0.03	0.32
	2008~2157 年	0.37	0.68	0.34	0.20	1.59	0.06	0.22	0.18	0.09	0.55
方案6	2008~2019 年	0.02	0.15	0.06	0.04	0.27	0	0	0	0	0
	2020~2029 年	0.26	0.46	0.21	0.20	1.13	0.08	0.34	0.10	0.08	0.60
	2030~2049 年	0.43	0.78	0.32	0.21	1.74	0.35	0.94	0.16	0.14	1.59
	2050~2099 年	0.29	0.29	0.09	0.06	0.73	0.21	0.61	0.56	0.26	1.64
	2100~2157 年	0.36	0.39	0.29	0.17	1.21	0	0.42	0.26	0.12	0.79
	2008~2157 年	0.31	0.39	0.20	0.13	1.04	0.12	0.51	0.32	0.16	1.11

方案 1,计算的 150 年系列黄河下游共淤积泥沙 321.43 亿 t,年均淤积 2.14 亿 t,在小浪底水库主要拦沙期的 2008~2019 年内,黄河下游河道总体表现为微淤,全下游共淤积 3.22 亿 t,其中高村以上累计淤积仅 2.00 亿 t。

方案 2,古贤水库 2020 年投入运用后,黄河下游河道淤积速度减缓,计算的 150 年系列黄河下游共淤积泥沙 248.50 亿 t,年均淤积 1.66 亿 t,比方案 1 少淤积 72.93 亿 t,也即为古贤水库对下游河道减淤量。在古贤水库主要拦沙期的 2020~2049 年,下游河道累计

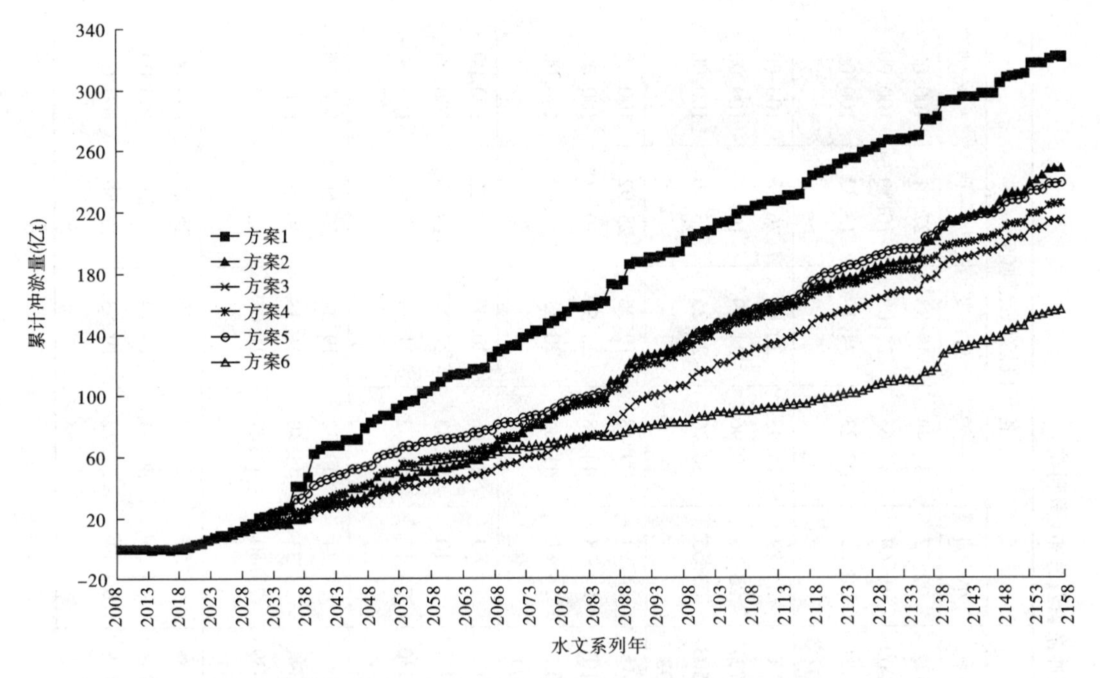

图 7-21　不同方案黄河下游河道累计冲淤过程(黄科院)

淤积 37.12,年均淤积 1.24 亿 t。

方案 3,古贤水库、黑山峡水库均 2020 年生效,黄河下游共淤积泥沙 214.52 亿 t,年均淤积 1.43 亿 t,与方案 1 相比,古贤水库、黑山峡水库运用对下游河道减淤量为 106.91 亿 t,扣除古贤水库的减淤量,黑山峡水库对下游河道减淤 33.98 亿 t,年均减淤 0.25 亿 t。

方案 4,古贤水库 2020 年、黑山峡水库 2030 年生效,黄河下游共淤积泥沙 225.53 亿 t,年均淤积 1.50 亿 t;与方案 1 相比,古贤水库、黑山峡水库对下游河道减淤量为 95.90 亿 t,与方案 3 相比,由于黑山峡水库晚 10 年投入运用,下游河道多淤积 11.01 亿 t。

方案 5,古贤水库、黑山峡水库均 2030 年生效,黄河下游共淤积泥沙 238.84 亿 t,年均淤积 1.59 亿 t;与方案 1 相比,该方案对下游河道累计减淤量为 82.59 亿 t,与方案 3 相比,古贤水库、黑山峡水库均晚 10 年投入使下游河道多淤积泥沙 24.32 亿 t,与方案 4 相比,古贤水库晚 10 年投入使下游河道多淤积泥沙 13.31 亿 t。

方案 6,黄河水沙调控体系骨干工程相继全部生效,黄河下游淤积量显著减少,150 年下游共淤积泥沙 155.64 亿 t,年均淤积量仅为 1.04 亿 t。与方案 1 相比,下游河道累计减淤量为 165.79 亿 t,年均减淤 1.11 亿 t,与方案 4 相比,碛口水库投入运用后对下游河道减淤量为 69.89 亿 t。

从不同方案淤积量的沿程分布看(见表 7-26),所有方案下游河道淤积量主要集中在花园口至高村河段,该河段淤积量占下游总淤积量的 37.8% ~42.9%,艾利河段淤积量最小,仅占下游总淤积量的 12.6% ~13.5%。从不同方案的滩槽冲淤量分布看,所有滩地淤积占的比重均较大,整个下游河道滩地淤积量占全断面淤积量的 79.3% ~83.1%,主槽淤积量仅占全断面淤积量的 21.7% ~17.9%。滩地、主槽淤积量沿程分布与全断面淤积量的沿程分布基本一致。

表 7-26　不同方案 150 年系列下游河道累计滩槽冲淤量及分布(黄科院)

方案	项目	各河段累计淤积量(亿 t)					各河段淤积比例(%)				
		小一花	花一高	高一艾	艾一利	小一利	小一花	花一高	高一艾	艾一利	小一利
方案 1	槽淤积	12.362	16.566	10.792	14.702	54.422	22.72	30.44	19.83	27.01	100.00
	滩淤积	52.582	119.172	66.969	28.286	267.009	19.69	44.63	25.08	10.59	100.00
	全断面	64.944	135.738	77.761	42.988	321.431	20.20	42.23	24.19	13.37	100.00
	滩淤积比例(%)	80.97	87.80	86.12	65.80	83.07					
方案 2	槽淤积	10.877	12.730	9.355	11.814	44.776	24.29	28.43	20.89	26.38	100.00
	滩淤积	47.640	83.443	50.906	21.739	203.727	23.38	40.96	24.99	10.67	100.00
	全断面	58.517	96.173	60.261	33.553	248.503	23.55	38.70	24.25	13.50	100.00
	滩淤积比例(%)	81.41	86.76	84.48	64.79	81.98					
方案 3	槽淤积	9.579	11.440	7.439	9.957	38.415	24.94	29.78	19.36	25.92	100.00
	滩淤积	43.647	78.336	36.152	17.972	176.107	24.78	44.48	20.53	10.21	100.00
	全断面	53.226	89.776	43.591	27.929	214.522	24.81	41.85	20.32	13.02	100.00
	滩淤积比例(%)	82.00	87.26	82.93	64.35	82.09					
方案 4	槽淤积	9.994	12.103	8.162	10.550	40.809	24.49	29.66	20.00	25.85	100.00
	滩淤积	44.510	80.413	41.090	18.708	184.721	24.10	43.53	22.24	10.13	100.00
	全断面	54.504	92.516	49.252	29.258	225.530	24.17	41.02	21.84	12.97	100.00
	滩淤积比例(%)	81.66	86.92	83.43	63.94	81.91					
方案 5	槽淤积	10.290	13.038	8.294	10.823	42.445	24.24	30.72	19.54	25.50	100.00
	滩淤积	45.827	89.341	41.998	19.228	196.394	23.33	45.49	21.38	9.79	100.00
	全断面	56.117	102.379	50.292	30.051	238.839	23.50	42.87	21.06	12.58	100.00
	滩淤积比例(%)	81.66	87.26	83.51	63.98	82.23					
方案 6	槽淤积	9.201	8.860	6.020	8.115	32.196	28.58	27.52	18.70	25.20	100.00
	滩淤积	37.706	49.925	24.373	11.438	123.443	30.55	40.44	19.74	9.27	100.00
	全断面	46.907	58.785	30.393	19.553	155.639	30.14	37.77	19.53	12.56	100.00
	滩淤积比例(%)	80.38	84.93	80.19	58.50	79.31					

7.7.2.4 计算结果综合分析

对比黄河设计公司、中国水科院、黄科院三家数学模型计算成果可以看出，黄河水沙调控体系骨干工程生效后对下游河道的减淤效果非常显著，各家模型计算结果总体上定性一致。但由于泥沙问题复杂，本次计算的水沙代表系列长，不同模型计算结果定量上和方案之间的差异存在一定的差别。

现状方案（方案1），三家模型计算的黄河下游累计淤积量分别为295.08亿t、241.41亿t、321.43亿t，年均淤积量1.97亿t、1.61亿t、2.14亿t，黄河设计公司成果介于其他两家成果之间。

古贤水库2020年投入运用方案（方案2），由于水库拦沙并和小浪底水库联合调水调沙运用，下游河道淤积量明显减少，三家模型计算的150年黄河下游累计淤积量分别为183.25亿t、171.58亿t、248.50亿t，年均淤积量1.22亿t、1.14亿t、1.66亿t，设计公司与中国水科院成果差别不大，黄科院成果相对较大。

考虑古贤水库、黑山峡水库不同投入时机的方案3、方案4、方案5，黄河设计公司计算的下游累计淤积量为161.36亿t、162.67、172.49亿t，年均淤积量分别为1.08亿t、1.08、1.15亿t，黑山峡水库早投入10年对下游河道多减淤1.31亿t，古贤水库早投入10年对下游河道多减淤9.82亿t，即工程投入运用时机越早，对下游河道减淤效果就越好；中国水科院计算的下游累计淤积量为167.07亿t、160.90亿t、160.08亿t，年均淤积量分别为1.11亿t、1.07亿t、1.07亿t，黑山峡水库、古贤水库投入早晚对下游河道减淤量影响不很明显，从150年累计冲淤量看，工程晚投入运用对下游减淤效果略好一些，这与其他两家计算成果不同；黄科院计算的下游累计淤积量为214.52亿t、225.53亿t、238.84亿t，年均淤积量为1.43亿t、1.50亿t、1.59亿t，工程不同投入时机对下游冲淤影响与黄河设计公司成果基本一致，即黑山峡水库早投入10年对下游河道减淤量多11.01亿t，古贤水库早投入10年对下游河道减淤量多13.31亿t。

方案6，黄河水沙调控体系工程全部建成生效，三家计算的黄河下游150年累计淤积量分别为97.37亿t、112.95亿t、155.64亿t，年均淤积量0.65亿t、0.75亿t、1.04亿t，黄河下游河道均处于微淤状态，与天然情况下黄河下游淤积量4亿t相比，减淤70%以上，考虑水沙调控体系建设完善后的2050～2157年，下游河道累计淤积量为76.28亿t、82.41亿t、106.37亿t，年均淤积量为0.71亿t、0.76亿t、0.98亿t。可见，构建完善的黄河水沙调控体系对减轻下游河道淤积、确保河道防洪安全具有重要的作用。

方案7，2030年南水北调西线一期工程生效后下游河道淤积量显著减少，黄河设计公司计算结果表明，2030～2157年下游河道累计淤积仅52.10亿t，年均淤积0.41亿t，其中中游水库拦沙期内的2030～2049年、2050～2099年下游河道年均淤积量仅为0.50亿t、0.19亿t，水库拦沙基本完成的2100～2157年下游河道年均淤积为0.56亿t。整个150年系列下游河道累计淤积量46.10亿t，年均淤积量0.39亿t，下游河道长期处于微淤状态。考虑到以后泥沙处理利用技术（如管道输沙、水库取沙等）水平的不断发展，水沙调控体系及南水北调西工程生效后，下游河道年均淤积的少量泥沙可基本解决，黄河下游河道不淤积的目标是可以实现的。

方案7,2030年南水北调西线一期工程生效后下游河道淤积量显著减少,黄河设计公司计算结果表明,2030年以后下游河道累计淤积量仅57.45亿t,年均淤积0.45亿t,整个150年系列下游河道累计淤积量63.34亿t,年均淤积量0.42亿t,下游河道长期处于微淤状态,考虑到以后泥沙处理利用技术(如管道输沙、水库取沙等)水平的不断发展,黄河下游河道不淤积的目标还是可以基本实现的。

7.7.3 不同方案下游主槽过流能力变化分析

平滩流量是衡量河道主槽过流能力的重要指标,黄河设计公司、黄科院分别计算分析了未来150年(2008~2158年)不同方案下游平滩流量的变化过程;中国水科院计算分析了未来50年(2008~2058)年不同方案下游河道平滩流量的变化过程。

7.7.3.1 黄河设计公司成果

黄河设计公司根据下游河道历年冲淤变化过程及分布,分析计算不同方案下游各个河段平滩流量变化过程见图7-22,不同方案不同时期各河段平滩流量计算成果统计见表7-27。

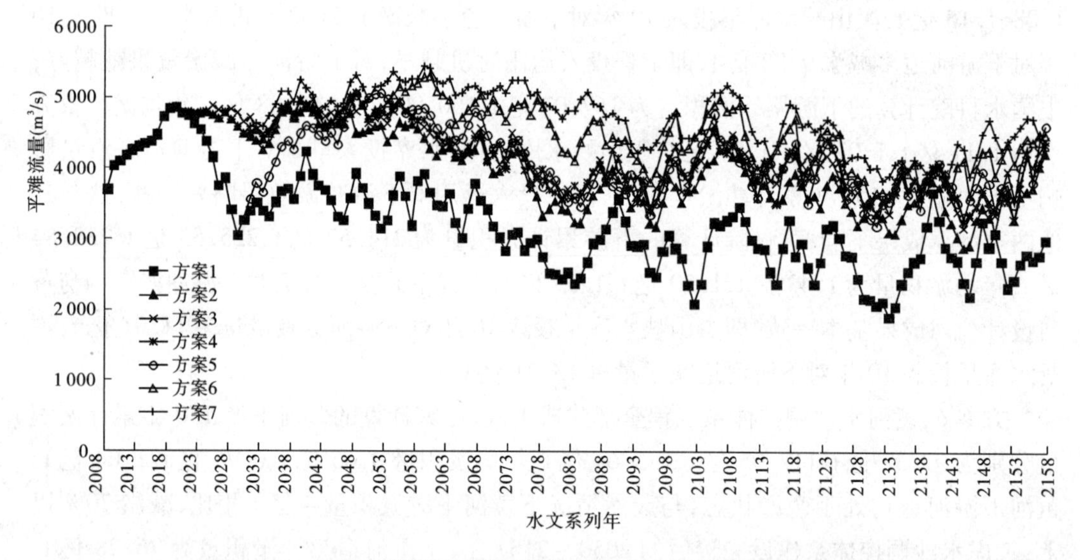

图7-22 不同方案黄河下游平滩流量变化过程(黄河设计公司)

小浪底水库自1999年10月下闸蓄水运用以来,通过水库拦沙和调水调沙作用,下游河道发生了明显冲刷,主槽过流能力已由2002年汛前的1 800 m^3/s增加至2008年汛前的3 800 m^3/s,黄河下游花园口以上、花园口—高村、高村—艾山、艾山—利津四个河段平滩流量分别达到6 300 m^3/s、6 000 m^3/s、3 700 m^3/s,4 000 m^3/s。

表 7-27　不同方案不同时期下游各河段平滩流量统计成果(黄河设计公司)

时段	项目	方案 1					方案 2				
		铁—花	花—高	高—艾	艾—利	铁—利	铁—花	花—高	高—艾	艾—利	铁—利
2008 ~ 2019 年	最大流量(m^3/s)	7 148	6 737	5 193	4 865	4 865	7 148	6 737	5 193	4 865	4 865
	最小流量(m^3/s)	6 468	6 148	4 033	4 160	4 033	6 468	6 148	4 033	4 160	4 033
	平均流量(m^3/s)	6 843	6 471	4 569	4 468	4 443	6 843	6 471	4 569	4 468	4 443
	小于 4 000 m^3/s 年数	0	0	0	0	0	0	0	0	0	0
2020 ~ 2029 年	最大流量(m^3/s)	7 038	6 576	5 038	4 755	4 755	7 116	6 608	5 069	4 793	4 793
	最小流量(m^3/s)	5 458	4 661	3 052	4 127	3 052	6 432	5 634	4 494	4 481	4 481
	平均流量(m^3/s)	6 404	5 597	4 011	4 456	3 983	6 870	6 181	4 840	4 708	4 707
	小于 4 000 m^3/s 年数	0	0	5	0	5	0	0	0	0	0
2030 ~ 2049 年	最大流量(m^3/s)	5 248	5 006	4 230	4 503	4 230	6 513	6 268	5 301	4 856	4 856
	最小流量(m^3/s)	4 271	4 162	3 265	3 698	3 265	5 859	5 445	4 251	4 279	4 251
	平均流量(m^3/s)	4 827	4 520	3 620	4 046	3 620	6 184	5 709	4 903	4 610	4 608
	小于 4 000 m^3/s 年数	0	0	19	7	19	0	0	0	0	0
2050 ~ 2099 年	最大流量(m^3/s)	5 228	5 023	4 206	4 253	3 919	6 262	6 365	5 418	4 689	4 644
	最小流量(m^3/s)	3 688	2 969	2 374	3 259	2 374	5 106	4 206	3 170	3 960	3 170
	平均流量(m^3/s)	4 430	3 972	3 113	3 739	3 104	5 512	5 008	4 054	4 365	3 928
	小于 4 000 m^3/s 年数	6	26	49	44	50	0	0	27	2	27
2100 ~ 2157 年	最大流量(m^3/s)	4 632	4 440	3 672	4 408	3 672	5 874	5 359	4 283	4 717	4 283
	最小流量(m^3/s)	2 947	2 325	1 906	3 010	1 906	4 268	3 283	2 888	3 604	2 888
	平均流量(m^3/s)	3 832	3 274	2 757	3 685	2 750	4 876	4 207	3 621	4 176	3 621
	小于 4 000 m^3/s 年数	35	51	58	49	58	0	21	50	15	50
2008 ~ 2157 年	最大流量(m^3/s)	7 148	6 737	5 193	4 865	4 865	7 148	6 737	5 418	4 865	4 865
	最小流量(m^3/s)	2 947	2 325	1 906	3 010	1 906	4 268	3 283	2 888	3 604	2 888
	平均流量(m^3/s)	4 576	4 083	3 219	3 865	3 202	5 553	4 987	4 093	4 355	3 993
	小于 4 000 m^3/s 年数	41	77	131	100	132	0	21	77	17	77

续表 7-27

时段	项目	方案 3					方案 4				
		铁—花	花—高	高—艾	艾—利	铁—利	铁—花	花—高	高—艾	艾—利	铁—利
2008～2019 年	最大流量(m^3/s)	7 147	6 737	5 192	4 865	4 865	7 148	6 737	5 193	4 865	4 865
	最小流量(m^3/s)	6 468	6 148	4 033	4 160	4 033	6 468	6 148	4 033	4 160	4 033
	平均流量(m^3/s)	6 843	6 471	4 569	4 468	4 443	6 843	6 471	4 569	4 468	4 443
	小于 4 000 m^3/s 年数	0	0	0	0	0	0	0	0	0	0
2020～2029 年	最大流量(m^3/s)	7 194	6 627	5 094	4 876	4 876	7 116	6 608	5 069	4 793	4 793
	最小流量(m^3/s)	6 618	5 882	4 655	4 763	4 655	6 432	5 634	4 494	4 481	4 481
	平均流量(m^3/s)	6 979	6 332	4 951	4 810	4 787	6 870	6 181	4 840	4 708	4 707
	小于 4 000 m^3/s 年数	0	0	0	0	0	0	0	0	0	0
2030～2049 年	最大流量(m^3/s)	6 697	6 485	5 501	4 956	4 956	6 559	6 377	5 442	5 059	5 059
	最小流量(m^3/s)	5 838	5 650	4 539	4 480	4 480	5 931	5 532	4 525	4 406	4 406
	平均流量(m^3/s)	6 366	5 941	5 083	4 758	4 755	6 346	5 875	5 004	4 741	4 741
	小于 4 000 m^3/s 年数	0	0	0	0	0	0	0	0	0	0
2050～2099 年	最大流量(m^3/s)	6 392	6 649	5 597	4 944	4 944	6 632	6 729	5 705	4 935	4 935
	最小流量(m^3/s)	5 015	4 405	3 389	4 183	3 389	5 033	4 447	3 434	4 175	3 434
	平均流量(m^3/s)	5 762	5 275	4 314	4 497	4 151	5 696	5 252	4 321	4 493	4 137
	小于 4 000 m^3/s 年数	0	0	21	0	21	0	0	23	0	23
2100～2157 年	最大流量(m^3/s)	6 031	5 668	4 622	5 076	4 622	5 953	5 672	4 525	5 036	4 525
	最小流量(m^3/s)	4 572	3 744	3 169	3 817	3 169	4 410	3 672	3 095	3 837	3 095
	平均流量(m^3/s)	5 140	4 604	3 887	4 400	3 887	5 107	4 522	3 866	4 364	3 865
	小于 4 000 m^3/s 年数	0	10	33	5	33	0	9	35	5	35
2008～2157 年	最大流量(m^3/s)	7 194	6 737	5 597	5 076	4 956	7 148	6 737	5 705	5 059	5 059
	最小流量(m^3/s)	4 572	3 744	3 169	3 817	3 169	4 410	3 672	3 095	3 837	3 095
	平均流量(m^3/s)	5 770	5 270	4 314	4 513	4 195	5 725	5 212	4 291	4 489	4 175
	小于 4 000 m^3/s 年数	0	10	54	5	54	0	9	58	5	58

续表 7-27

时段	项目	方案 5					方案 6					方案 7				
		铁—花	花—高	高—艾	艾—利	铁—利	铁—花	花—高	高—艾	艾—利	铁—利	铁—花	花—高	高—艾	艾—利	铁—利
2008～2019 年	最大流量(m^3/s)	7 148	6 737	5 193	4 865	4 865	7 148	6 737	5 193	4 865	4 865	7 148	6 737	5 193	4 865	4 865
	最小流量(m^3/s)	6 468	6 148	4 033	4 160	4 033	6 468	6 148	4 033	4 160	4 033	6 468	6 148	4 033	4 160	4 033
	平均流量(m^3/s)	6 843	6 471	4 569	4 468	4 443	6 843	6 471	4 569	4 468	4 443	6 843	6 471	4 569	4 468	4 443
	小于 4 000 m^3/s 年数	0	0	0	0	0	0	0	0	0	0	0	0	0	0	0
2020～2029 年	最大流量(m^3/s)	7 038	6 576	5 038	4 755	4 755	7 116	6 608	5 069	4 793	4 793	7 116	6 608	5 069	4 793	4 793
	最小流量(m^3/s)	5 458	4 661	3 052	4 127	3 052	6 432	5 634	4 494	4 481	4 481	6 432	5 634	4 494	4 481	4 481
	平均流量(m^3/s)	6 404	5 597	4 011	4 456	3 983	6 870	6 181	4 840	4 708	4 707	6 870	6 181	4 840	4 708	4 707
	小于 4 000 m^3/s 年数	0	0	5	0	5	0	0	0	0	0	0	0	0	0	0
2030～2049 年	最大流量(m^3/s)	6 340	6 108	5 275	5 033	5 033	6 559	6 377	5 442	5 059	5 059	6 759	6 591	5 798	5 309	5 309
	最小流量(m^3/s)	5 380	4 628	3 559	4 115	3 559	5 931	5 532	4 525	4 406	4 406	6 241	5 751	4 692	4 583	4 583
	平均流量(m^3/s)	5 723	5 289	4 434	4 526	4 382	6 346	5 875	5 004	4 741	4 741	6 515	6 051	5 232	4 945	4 945
	小于 4 000 m^3/s 年数	0	0	4	0	4	0	0	0	0	0	0	0	0	0	0
2050～2099 年	最大流量(m^3/s)	6 586	6 784	5 831	5 060	5 060	6 866	6 959	6 035	5 300	5 300	7 035	7 178	6 178	5 433	5 433
	最小流量(m^3/s)	5 281	4 545	3 338	4 033	3 338	5 454	5 037	3 809	4 460	3 809	5 752	5 329	4 216	4 673	4 216
	平均流量(m^3/s)	5 814	5 454	4 428	4 614	4 199	6 256	5 891	4 950	4 911	4 680	6 446	6 154	5 251	5 076	4 955
	小于 4 000 m^3/s 年数	0	0	23	0	23	0	0	2	0	2	0	0	0	0	0
2100～2157 年	最大流量(m^3/s)	5 969	5 636	4 771	4 889	4 771	6 357	5 923	4 981	5 368	4 981	6 386	6 154	5 177	5 545	5 177
	最小流量(m^3/s)	4 326	3 318	3 197	3 631	3 197	4 270	3 909	3 565	3 923	3 565	4 370	3 986	3 758	4 119	3 758
	平均流量(m^3/s)	5 038	4 564	3 920	4 365	3 915	5 389	4 848	4 202	4 683	4 192	5 539	5 046	4 437	4 908	4 412
	小于 4 000 m^3/s 年数	0	9	36	9	36	0	2	21	1	21	0	1	7	0	7
2008～2157 年	最大流量(m^3/s)	7 148	6 784	5 831	5 060	5 060	7 148	6 959	6 035	5 368	5 300	7 148	7 178	6 178	5 545	5 433
	最小流量(m^3/s)	4 326	3 318	3 052	3 631	3 052	4 270	3 909	3 565	3 923	3 565	4 370	3 986	3 758	4 119	3 758
	平均流量(m^3/s)	5 623	5 179	4 216	4 483	4 119	6 021	5 552	4 630	4 751	4 482	6 165	5 739	4 852	4 920	4 686
	小于 4 000 m^3/s 年数	0	9	68	9	68	0	2	23	1	23	0	1	7	0	7

方案1，通过小浪底水库继续拦沙并和现状其他工程联合调水调沙运用，下游河槽继续发生冲刷，主槽过流能力逐步恢复扩大，至2019年下游河道最小平滩流量增加至4 865 m^3/s，之后由于水库拦沙库容淤满，水库调节水沙能力减弱，小流量高含沙水流出现的概率增加，下游河道开始快速回淤，相应河道主槽整体过流能力迅速降低，至2026年降至3 760 m^3/s。此后，仅仅依靠小浪底水库在10亿m^3的槽库容内调水调沙运用，下游河道中水河槽难以维持。2020～2029年黄河下游整体平滩流量平均值为3 983 m^3/s，最大为4 755 m^3/s、最小为3 052 m^3/s，小于4 000 m^3/s的年数为5年，下游四个河段平滩流量平均值为6 404 m^3/s、5 597 m^3/s、4 011 m^3/s、4 456 m^3/s；2030～2049年黄河下游整体平滩流量平均值为3 620 m^3/s，最大为4 230 m^3/s、最小为3 265 m^3/s，小于4 000 m^3/s的年数为19年，四个河段平滩流量平均值为4 827 m^3/s、4 520 m^3/s、3 620 m^3/s、4 046 m^3/s；2050～2099年下游整体平滩流量平均值为3 104 m^3/s，最大为3 919 m^3/s、最小为2 374 m^3/s，四个河段平滩流量平均值为4 430 m^3/s、3 972 m^3/s、3 113 m^3/s、3 739 m^3/s；2100～2157年下游整体平滩流量平均值为2 750 m^3/s，最大为3 672 m^3/s、最小为1 906 m^3/s，四个河段平滩流量平均值为3 832 m^3/s、3 274 m^3/s、2 757 m^3/s、3 685 m^3/s。

方案2，古贤水库2020年建成后，通过中游水库群水沙联合调控运用，可有效协调进入黄河下游水沙关系，减少河道泥沙淤积，对长期维持中水河槽行洪输沙功能具有重要作用。古贤水库投入运用后的2020～2070年下游主槽过流能力都能维持在4 000 m^3/s以上，之后，由于遇到不利水沙条件，下游平滩流量逐步降至4 000 m^3/s以下，当遇到有利水沙条件时，下游平滩流量再次恢复提高。2020～2029年黄河下游整体平滩流量平均值为4 707 m^3/s，最大为4 793 m^3/s、最小为4 481 m^3/s，该时期平滩流量均值较现状方案增加724 m^3/s；2030～2049年黄河下游整体平滩流量平均值为4 608 m^3/s，最大为4 856 m^3/s、最小为4 251 m^3/s，该时期平滩流量均值较现状方案增加988 m^3/s；2050～2099年黄河下游整体平滩流量平均值为3 928 m^3/s，最大为4 644 m^3/s、最小为3 170 m^3/s，该时期下游平滩流量小于4 000 m^3/s出现的年数为27年，均值较现状方案增加824 m^3/s；2100～2157年黄河下游整体平滩流量平均值为3 621 m^3/s，最大为4 283 m^3/s、最小为2 888 m^3/s，该时期仅有8年平滩流量超过4 000 m^3/s，时段平滩流量均值较现状方案增加871 m^3/s。

方案3，古贤水库、黑山峡水库同时于2020年建成生效，工程生效后对提高并维持下游河槽行洪输沙能力的作用更加显著。2020～2029年、2030～2049年、2050～2099年、2100～2157年黄河下游整体平滩流量时段平均值分别为4 787 m^3/s、4 755 m^3/s、4 151 m^3/s、3 887 m^3/s，分别较方案2增加80 m^3/s、146 m^3/s、223 m^3/s、266 m^3/s，以上各时期平滩流量最大值分别为4 876 m^3/s、4 956 m^3/s、4 944 m^3/s、4 622 m^3/s，最小值分别为4 655 m^3/s、4 480 m^3/s、3 389 m^3/s、3 169 m^3/s，均较方案2有所提高。2050～2157年下游整体平滩流量小于4 000 m^3/s的年数为54年，较同期方案2小于4 000 m^3/s的年数77年减少23年。

方案4，古贤水库2020年生效、黑山峡水库2030年建成生效，古贤水库投入运用后即可迅速恢复并维持下游河槽过流能力，黑山峡水库晚10年（2030年）投入运用对恢复并维持下游主槽过流能力方面的作用影响不大。与方案3相比，下游河道平滩流量变化过程相差不大。该方案2020～2029年、2030～2049年、2050～2099年、2100～2157年黄河下游整体平滩流量时段平均值分别为4 707 m^3/s、4 741 m^3/s、4 137 m^3/s、3 865 m^3/s，平滩流量最大值分别为4 793 m^3/s 、5 059 m^3/s、4 935 m^3/s、4 525 m^3/s，最小值分别为4 481 m^3/s、4 406 m^3/s、3 434 m^3/s、3 095 m^3/s。

方案5，古贤水库、黑山峡水库同时于2030年生效，该方案古贤水库、黑山峡水库投入运用初下游河道平滩流量已经降至4 000 m^3/s以下，因此该方案2030年以后，下游过流能力经历了先恢复再维持的过程。与同期方案1相比，该方案对提高下游河道过流能力的作用还是比较明显的，但与方案2相比，由于古贤水库投入运用时机滞后10年，2050年之前下游河道平滩流量有9年时间持续在4 000 m^3/s以下，这对下游防洪安全威胁极大。该方案2030～2049年、2050～2099年、2100～2157年黄河下游整体平滩流量时段平均值分别为4 382 m^3/s、4 199 m^3/s、3 915 m^3/s，平滩流量最大值分别为5 033 m^3/s、5 060 m^3/s、4 771 m^3/s，最小值分别为3 559 m^3/s、3 338 m^3/s、3 197 m^3/s。

方案6，考虑古贤水库2020年、黑山峡水库2030年、碛口水库2050年建成生效，该方案黄河水沙调控体系工程按照规划的时机投入运用，黄河下游中水河槽过流能力得到长期保持，按照设计水沙系列，计算表明可以维持下游主槽4 000 m^3/s以上过流能力115年左右。该方案2050年以前下游主槽过流能力与方案4一致，2050年后的2050～2099年、2100～2157年黄河下游整体平滩流量时段平均值分别为4 680 m^3/s、4 192 m^3/s，平滩流量最大值分别为5 300 m^3/s、4 981 m^3/s，最小值分别为3 809 m^3/s、3 565 m^3/s，由于碛口水库的投入运用，下游整体平滩流量平均值较方案4提高3 00～500 m^3/s。

方案7，考虑水沙调控体系干支流骨干水库陆续投入运用和南水北调西线一期工程2030年生效，该方案未来150年黄河下游主槽过流能力基本能够维持在4 000 m^3/s以上，2030～2049年，2050～2099年、2100～2157年黄河下游整体平滩流量时段平均值分别为4 945 m^3/s、4 955 m^3/s、4 412 m^3/s，平滩流量最大值分别为5 309 m^3/s、5 433 m^3/s、5 177 m^3/s，最小值分别为4 583 m^3/s、4 216 m^3/s、3 758 m^3/s，由于南水北调西线一期工程的调水作用，下游整体平滩流量平均值较方案6提高200～300 m^3/s。

7.7.3.2　中国水科院成果

中国水科院计算分析了不同方案未来50年(2008～2058年)黄河下游各河段平滩流量的变化，至2058年不同方案黄河下游各河段平滩流量值见表7-28。不同方案下游河道平滩流量的变化过程见图7-23。

从不同方案平滩流量变化看，在计算系列的前10年，由于下游河道持续冲刷(冲刷量11.1亿t)，平滩流量急剧恢复，由2008年汛前的4 798 m^3/s增加到2017年的6 800 m^3/s，平滩流量净增加2 000 m^3/s。2017年以后，随着下游河道的淤积，各方案平滩流量均呈逐步降低趋势，至2058年6月，方案1平滩流量最小，约为2 340 m^3/s，基本达到2002年汛初的平滩流量，而其他5个方案的平滩流量相当，为3 300～3 500 m^3/s，大于2002年汛初的平滩流量。

表 7-28　不同方案未来 50 年(2008 ~ 2058 年)黄河下游河道平滩流量值

(单位:m^3/s)

方案	小—花	花—高	高—艾	艾—利	黄河下游
2008 年汛前	6 300.0	5 856.9	4 107.2	3 993.4	4 798.0
方案 1	3 289.1	2 575.9	1 799.8	2 180.2	2 339.1
方案 2	4 393.0	3 911.5	2 806.9	3 007.3	3 371.8
方案 3	4 680.2	4 080.7	2 722.3	3 003.1	3 430.6
方案 4	4 562.3	3 977.4	2 776.7	3 042.3	3 417.2
方案 5	4 575.8	3 863.7	2 602.5	2 865.8	3 283.9
方案 6	4 733.6	4 032.8	2 810.6	3 090.3	3 481.5

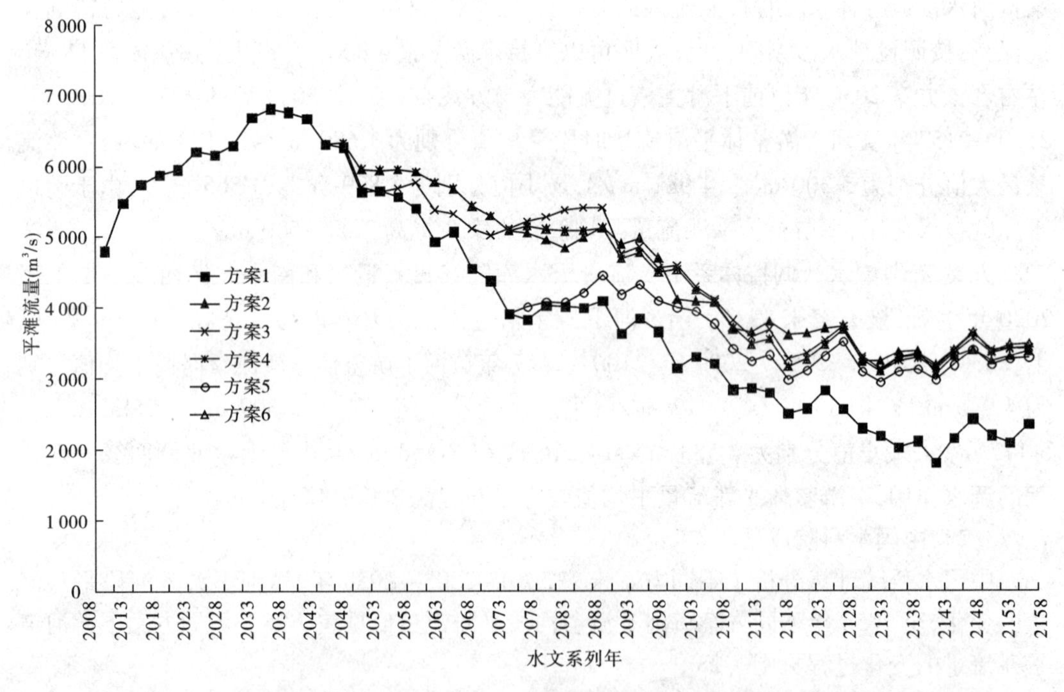

图 7-23　不同方案未来 50 年(2008 ~ 2058 年)下游河道平均平滩流量变化过程(中国水科院)

从不同方案各个河段平滩流量变化看,各河段平滩流量变化与整个下游平均平滩流量变化相似,到 2058 年 6 月,平滩流量最小河段仍出现在高村—艾山河段,方案 1 最小平滩流量只有 1 800 m^3/s,其他 5 个方案为 2 600 ~ 2 800 m^3/s。

7.7.3.3　**黄科院成果**

黄科院计算分析了未来 150 年中不同年份黄河下游各河段的平滩流量值的变化,详见表 7-29。由表 7-29 可以看出:

表 7-29　不同方案不同时期黄河下游河道各河段平滩流量值(黄科院)

方案	年份	各河段平滩流量值(m^3/s)						各河段平滩流量增加值(m^3/s)(与方案1相比)					
		小—花	花—夹	夹—高	高—艾	艾—利	最小	小—花	花—夹	夹—高	高—艾	艾—利	最小
方案1	2008	6 480	5 810	4 830	4 360	4 600	4 360						
	2020	5 290	4 260	4 180	4 000	4 520	4 000						
	2030	4 090	3 660	3 830	3 690	3 450	3 450						
	2050	3 350	3 370	3 250	3 080	2 700	2 700						
	2100	3 080	2 810	2 920	2 710	2 670	2 670						
	2158	3 060	2 560	2 910	2 500	2 590	2 500						
方案2	2008	6 480	5 810	4 830	4 360	4 600	4 360	0	0	0	0	0	0
	2020	5 290	4 260	4 180	4 000	4 520	4 000	0	0	0	0	0	0
	2030	4 620	3 820	3 900	3 930	3 770	3 770	530	160	70	240	320	320
	2050	3 600	3 490	3 660	3 330	3 250	3 250	250	120	410	250	550	550
	2100	3 250	2 960	3 570	2 900	2 720	2 720	170	150	650	190	50	50
	2158	3 170	2 730	3 430	2 670	2 680	2 670	110	170	520	170	90	170
方案3	2008	6 480	5 810	4 830	4 360	4 600	4 360	0	0	0	0	0	0
	2020	5 290	4 260	4 180	4 000	4 520	4 000	0	0	0	0	0	0
	2030	4 820	4 080	3 940	3 990	4 160	3 940	730	420	110	300	710	490
	2050	4 270	3 920	3 930	3 870	3 860	3 860	920	550	680	790	1 160	1 160
	2100	3 510	3 410	3 680	3 520	3 140	3 140	430	600	760	810	470	470
	2158	3 390	2 870	3 650	3 070	2 970	2 870	330	310	740	570	380	370
方案4	2008	6 480	5 810	4 830	4 360	4 600	4 360	0	0	0	0	0	0
	2020	5 290	4 260	4 180	4 000	4 520	4 000	0	0	0	0	0	0
	2030	4 620	3 820	3 900	3 930	3 770	3 770	530	160	70	240	320	320
	2050	3 790	3 660	3 840	3 730	3 760	3 660	440	290	590	650	1 060	960
	2100	3 470	3 150	3 640	3 200	2 980	2 980	390	340	720	490	310	310
	2158	3 310	2 780	3 610	2 950	2 900	2 780	250	220	700	450	310	280
方案5	2008	6 480	5 810	4 830	4 360	4 600	4 360	0	0	0	0	0	0
	2020	5 290	4 260	4 180	4 000	4 520	4 000	0	0	0	0	0	0
	2030	4 090	3 660	3 830	3 690	3 450	3 450	0	0	0	0	0	0
	2050	3 850	3 610	3 690	3 350	3 300	3 300	500	240	440	270	600	600
	2100	3 440	3 010	3 630	3 070	2 840	2 840	360	200	710	360	170	170
	2158	3 250	2 740	3 490	2 880	2 810	2 740	190	180	580	380	220	240

续表 7-29

方案	年份	各河段平滩流量值(m^3/s)						各河段平滩流量增加值(m^3/s)(与方案1相比)					
		小—花	花—夹	夹—高	高—艾	艾—利	最小	小—花	花—夹	夹—高	高—艾	艾—利	最小
方案6	2008	6 480	5 810	4 830	4 360	4 600	4 360	0	0	0	0	0	0
	2020	5 290	4 260	4 180	4 000	4 520	4 000	0	0	0	0	0	0
	2030	4 620	3 820	3 900	3 930	3 770	3 770	530	160	70	240	320	320
	2050	3 790	3 660	3 840	3 730	3 760	3 660	440	290	590	650	1 060	960
	2100	3 600	3 590	3 760	3 570	3 750	3 570	520	780	840	860	1 080	900
	2158	3 550	3 540	3 740	3 530	3 600	3 530	490	980	830	1 030	1 010	1 030

现状工程条件下(方案1),在小浪底水库拦沙期内(2008~2020年),黄河下游河道最小平滩流量仍能保持在4 000 m^3/s,出现在高村至艾山河段;至2030年最小平滩流量减少至3 450 m^3/s,出现在艾山至利津河段;2030年以后,2050年、2100年、2158年下游河道最小平滩流量均减少至3 000 m^3/s以下。

方案2(古贤水库2020年生效),古贤水库投入运用后,与方案1相比,各年份平滩流量值有不同程度的提高,该方案2030年下游最小平滩流量值为3 770 m^3/s,较方案1增加320 m^3/s,2050年下游最小平滩流量为3 250 m^3/s,较方案1增加550 m^3/s,2100年、2158年下游最小平滩流量均在3 000 m^3/s以下,分别为2 720 m^3/s、2 670 m^3/s,分别较方案1增加50 m^3/s、170 m^3/s。

方案3(古贤水库、黑山峡水库均2020年生效),两工程同时生效后显著提高了下游河道的平滩流量,该方案2030年、2050年、2100年、2158年下游最小河段平滩流量分别为3 940 m^3/s、3 860 m^3/s、3 140 m^3/s、2 870 m^3/s,较方案1提高了490 m^3/s、1 160 m^3/s、470 m^3/s、370 m^3/s,较方案2提高了170 m^3/s、610 m^3/s、420 m^3/s、200 m^3/s,相应各河段平滩流量也有增加。

方案4(古贤水库2020年、黑山峡水库2030年生效),该方案由于黑山峡水库晚10年建成生效,因而对增加下游河道平滩流量的作用略小于方案3,至2030年、2050年、2100年、2158年下游最小河段平滩流量分别为3 770 m^3/s、3 660 m^3/s、2 980 m^3/s、2 780 m^3/s,与方案3相比,分别减小了170 m^3/s、200 m^3/s、160 m^3/s、90 m^3/s。

方案5(古贤水库、黑山峡水库均2030年生效),2030年、2050年、2100年、2158年下游最小河段平滩流量分别为3 450 m^3/s、3 300 m^3/s、2 840 m^3/s、2 740 m^3/s,与方案4相比,相应年份最小平滩流量减小320 m^3/s、360 m^3/s、140 m^3/s、40 m^3/s,与方案3相比,相应年份最小平滩流量减小490 m^3/s、560 m^3/s、300 m^3/s、130 m^3/s。由此可见,古贤水库、黑山峡水库投入运用时机越早,对提高下游河道平滩流量的作用就越大,黑山峡水库、古贤水库同时早投入10年,可使下游相同年份最小平滩流量增加130~560 m^3/s。

方案6(水沙调控体系全部建成生效),碛口水库2050年生效后,至2100年、2158年黄河下游最小平滩流量分别达到3 570 m^3/s、3 530 m^3/s,分别较方案4增加590 m^3/s、750 m^3/s,下游河道3 500 m^3/s以上中水河槽行洪输沙能力基本可以得到长期维持。

7.7.3.4 计算成果综合分析

对比黄河设计公司、中国水科院及黄科院计算提出的不同方案下游河道过流能力变化过程可以看出，不同家模型计算分析的成果有一定差别，这主要是由于黄河泥沙问题非常复杂，本次计算选定的水沙代表系列又较长，而当前对平滩流量的计算方法和模拟技术不够成熟。

对于现状方案（方案 1），黄河设计公司与中国水科院计算的下游平滩流量变化过程基本一致，均经历了逐步恢复又迅速萎缩的过程。黄河设计公司计算的下游最小平滩流量由 2008 年的 3 700 m^3/s 逐步增加至 4 865 m^3/s（2019 年），2026 年左右又迅速降至 4 000 m^3/s以下，此后下游河道 4 000 m^3/s 左右的中水河槽难以长期维持；中国水科院计算的下游最小平滩流量增加至最大值 6 803 m^3/s 后，呈逐步降低趋势，2030 年左右降至 4 000 m^3/s 以下，2058 年仅为 2 339 m^3/s；黄科院计算的 2020 年下游河道最小平滩流量为 4 000 m^3/s，2030 年降至 3 450 m^3/s，2050 年、2100 年、2158 年最小平滩流量均不足 3 000 m^3/s。

古贤水库投入运用后（方案 2），通过水库拦沙并与小浪底水库联合调水调沙，对恢复和维持下游河道中水河槽过流能力具有一定的效果，但各家模型计算的成果存在差别。黄河设计公司计算结果表明，古贤水库投入运用后，黄河下游主槽过流能力在 2070 年以前都能保持在 4 000 m^3/s 以上。而后，遇到不利水沙条件，平滩流量降至 4 000 m^3/s 以下，遇到有利水沙条件，平滩流量会再次恢复。中国水科院计算结果表明，古贤水库投入运用后至 2058 年的 38 年内，下游历年最小平滩流量均值较现状方案（方案 1）增加近 1 000 m^3/s，最小平滩流量维持在 4 000 m^3/s 以上的年限延长了 11 年。黄科院计算结果表明，古贤水库投入运用后的 2030 年、2050 年、2100 年、2158 年最小平滩流量分别达到 3 770 m^3/s、3 250 m^3/s、2 720 m^3/s、2 670 m^3/s，分别较现状方案增加 320 m^3/s、550 m^3/s、50 m^3/s、170 m^3/s，2050 年下游主槽过流能力维持在 3 300 m^3/s 以上。

从古贤水库、黑山峡水库不同投入运用时机（方案 3 ~ 方案 5）对下游河道过流能力影响效果看，各家计算结果定性基本一致，即古贤水库、黑山峡水库投入运用时机越早，对提高下游河道中水河槽过流能力的作用就越大。黄河设计公司计算的黑山峡水库早 10 年建成生效可使下游主槽过流能力均值增加 20 m^3/s（方案 3 与方案 4 相比），古贤水库早 10 年建成生效可使下游主槽过流能力均值增加 56 m^3/s（方案 4 与方案 5 相比）。中国水科院计算的黑山峡水库早 10 年建成生效可使下游主槽过流能力均值增加 4.4 m^3/s，古贤水库早 10 年建成生效可使下游主槽过流能力均值增加 316 m^3/s。黄科院计算的黑山峡水库早 10 年建成生效可使 2030 年、2050 年、2100 年、2158 年下游最小平滩流量增加 160 ~ 220 m^3/s，古贤水库早 10 年建成生效可使 2030 年、2050 年、2100 年、2158 年下游最小平滩流量增加 40 ~ 330 m^3/s。

黄河水沙调控体系全部工程相继投入运用后，黄河设计公司计算表明可维持下游主槽 4 000 m^3/s 以上过流能力 115 年左右，其他年份也都在 3 000 m^3/s 以上；中国水科院计算结果显示 2041 ~ 2058 年黄河下游平滩流量逐步由 4 000 m^3/s 降至 3 100 m^3/s 左右；由黄科院计算的不同年份平滩流量值可以看出，尽管一些年份最小平滩流量不能达到 4 000 m^3/s，但均在 3 500 m^3/s 以上，即 3 500 m^3/s 以上中水河槽还是可以保持的。

限于当前泥沙数学模型的模拟技术，在平滩流量计算方面，虽然各家成果有一定差别，但计算成果对水沙调控体系建设规划的作用及建设时机还是具有一定的支撑作用，今后针对水沙调控体系对维持下游河槽过流能力作用还将进一步研究探讨。

7.8 小　结

本章按照黄河水沙调控体系工程的运用条件及建成生效时机，组合设置 7 个情景方案，采用数学模型计算等手段，联合中国水科院和黄科院，对黄河水沙调控体系减淤效果进行了深入研究，取得以下主要成果：

(1)对宁蒙河段的减淤作用：现状工程方案，宁蒙河段发生持续淤积，不同模型(水文学模型、水动力学模型)计算的河道年均淤积量为 0.70 亿 t 、0.71 亿 t；黑山峡水库生效后，由于水库拦沙和调水调沙运用，汛期进入宁蒙河段水量及大流量过程增加，沙量减少，宁蒙河段年均淤积量(黑山峡 2030 年生效方案)分别减少至 0.23 亿 t、0.26 亿 t，主槽过流能力也由黑山峡水库投入前的不足 1 000 m^3/s 提高至 2 000 m^3/s 左右并且得到长期维持；黑山峡水库和南水北调西线一期工程同时 2030 年生效后，进入宁蒙河段水量，尤其汛期水量增加，宁蒙河段可基本达到冲淤平衡，主槽过流能力进一步提高至 2 700 m^3/s 左右。

(2)对禹潼河段的减淤作用：黄河设计公司和中国水科院数学模型计算结果表明，现状方案禹潼河段呈现逐年淤积状态，至 2158 年，两家模型计算的累计淤积量分别为 78.32 亿 t、61.03 亿 t，年均淤积 0.52 亿 t、0.41 亿 t；古贤水库 2020 年投入运用后，禹潼河段年均淤积量减少至 0.15 亿 t、0.19 亿 t，河段累计最大冲刷量达 11.47 亿 t、12.78 亿 t；古贤水库 2020 年、黑山峡水库 2030 年投入运用后，2030～2158 年河段年均淤积分别为 0.12 亿 t、0.18 亿 t，累计最大冲刷量达 13.81 亿 t、17.81 亿 t；黄河水沙调控体系工程全部生效后，禹潼河段可基本达到不冲不淤的状态，两家模型计算的 2050～2158 年禹潼河段累计冲淤量仅为 -4.02 亿 t、3.32 亿 t，与现状方案相比，整个 150 年系列河段累计减淤量分别为 82.34 亿 t、60.04 亿 t。在黄河水沙调控体系工程全部生效的基础上，考虑南水北调西线一期工程 2030 年投入运用，由于禹潼河段长期处于冲刷状态，河床粗化严重，西线投入运用可使禹潼河段冲刷进程加快，但从长期看，对增加禹潼河段冲刷量的作用不大。

(3)对控制潼关高程的作用：黄河设计公司和中国水科院计算结果表明，现状方案，潼关高程总体上呈现逐步抬升的态势，至 2158 年，两家计算的潼关高程累计抬升值分别为 1.49 m、1.86 m；古贤水库 2020 年生效方案，两家计算的潼关高程累计最大下降值分别为 1.93 m、1.15 m，至计算系列末(2158 年)潼关高程又回升至 328.93 m、329.58 m；古贤水库 2020 年、黑山峡水库 2030 年生效方案，两家计算的潼关高程累计最大下降值分别为 2.40 m、1.36 m，至计算系列末(2158 年)潼关高程回升至 327.95 m、328.71 m；黄河水沙调控体系工程全部生效方案，两家计算的潼关高程累计最大下降值分别为 3.63 m、1.52 m，至计算系列末(2158 年)潼关高程回升至 325.67 m、327.63 m，潼关高程能够长期保持在 328 m 以下。

（4）对下游河道减淤作用：黄河设计公司、中国水科院、黄科院计算结果表明，现状方案，三家计算的下游河道150年累计淤积量分别为295.08亿t、241.41亿t、321.43亿t，年均淤积量分别为1.97亿t、1.61亿t、2.14亿t；古贤水库2020投入运用后，下游河道淤积量明显减少，下游河道年均淤积量仅为1.36亿t、1.29亿t、1.78亿t，与同期现状方案相比，古贤水库对下游河道年均减淤量分别为0.81亿t、0.51亿t、0.53亿t；古贤水库2020年、黑山峡水库2030年生效方案，黑山峡水库投入运用后，下游河道年均淤积量为1.23亿t、1.22亿t、1.65亿t，扣除古贤水库的减淤量，黑山峡水库对下游河道年均减淤量为0.16亿t、0.08亿t、0.18亿t；黄河水沙调控体系全部生效后，下游年均淤积量分别为0.71亿t、0.76亿t、0.98亿t，黄河下游处于微淤状态，与天然情况下黄河下游淤积量4亿t相比，减淤80%以上，减淤效果明显；在黄河水沙调控体系工程全部生效的基础上，考虑南水北调西线一期工程2030年生效，黄河设计公司计算的结果表明，西线调水量对下游河道累计减淤34.04亿t，年均减淤0.27亿t，整个150年系列下游河道年均淤积量仅为0.42亿t。

（5）对提高下游主河槽过洪能力的作用：现状方案黄河设计公司与中国水科院计算的下游平滩流量变化过程基本一致，均经历了逐步恢复又迅速萎缩的过程。古贤水库2020年生效方案，黄河设计公司结果表明，在古贤水库投入运用后的2020～2070年，下游主槽过流能力基本能维持在4 000 m^3/s，而后，遇到不利水沙条件，平滩流量降至4 000 m^3/s以下，遇到有利水沙条件，平滩流量会再次恢复；中国水科院计算结果表明，古贤水库投入运用后至2058年的38年内，下游历年最小平滩流量均值较现状方案增加近1 000 m^3/s，最小平滩流量维持在4 000 m^3/s以上的年限延长了11年；黄科院计算结果表明，古贤水库投入运用后的2030年、2050年、2100年、2158年最小平滩流量分别较现状方案增加320 m^3/s、550 m^3/s、50 m^3/s、170 m^3/s，2050年下游主槽过流能力维持在3 300 m^3/s以上。古贤水库2020年生效、黑山峡水库2030年生效方案，下游河道平滩流量值较仅考虑古贤水库2020年生效方案有所提高，平滩流量均值增加30～200 m^3/s。黄河水沙调控体系全部工程生效方案，黄河设计公司计算表明可维持下游主槽4 000 m^3/s以上过流能力115年左右，其他年份也都在3 000 m^3/s以上；中国水科院计算结果表明，2041～2058年黄河下游平滩流量逐步由4 000 m^3/s降至3 100 m^3/s左右，由黄科院计算的不同年份平滩流量值可以看出，尽管一些年份最小平滩流量不能达到4 000 m^3/s，但均在3 500 m^3/s以上，即3 500 m^3/s以上中水河槽还是可以保持的。考虑水沙调控体系工程相继投入运用和南水北调西线一起工程2030年生效方案，黄河设计公司计算的未来150年黄河下游主槽过流能力基本能够维持在4 000 m^3/s以上，由于西线的调水作用，下游整体平滩流量提高240 m^3/s左右。

第 8 章　水沙调控体系联合调控效果研究——防洪、防凌及水资源调控效果

8.1　水沙调控体系的防洪作用

由黄河流域暴雨洪水特性可知,黄河上游和中下游的大洪水和特大洪水都不同时遭遇,因此按照水沙调控体系的总体布局,将黄河上游的龙羊峡、刘家峡、黑山峡三座骨干工程构成黄河水量调控子体系承担黄河上游的防洪任务;中游干流的碛口、古贤、三门峡、小浪底四座水利枢纽工程与支流的陆浑、故县、河口村、东庄四座水库构成黄河洪水、泥沙调控子体系,承担黄河下游的防洪、减淤任务。在进行水沙调控体系防洪作用分析时,考虑到不同工程投入情况不同,拟从以下四个方面进行分析:一是现状工程方案,即考虑龙羊峡水库、刘家峡水库、三门峡水库、小浪底水库、陆浑水库和故县水库,二是在现状工程方案基础上增加古贤水利枢纽生效,三是在现状工程方案基础上考虑古贤水库和黑山峡水库生效,四是在现状工程方案基础上考虑古贤水库、黑山峡水库、碛口水库均生效。

8.1.1　计算条件

不同方案进行联合防洪作用计算时,各水库水位—库容曲线、水位—泄量曲线采用情况为:

龙羊峡水库、刘家峡水库水位—库容曲线采用水库淤积 50 年后设计值,水位—泄量曲线采用工程设计值。龙羊峡水库泄水建筑物包括底孔、深孔、中孔和溢洪道;刘家峡水库泄水建筑物有泄水道、泄洪洞、排沙洞及溢洪道。

小浪底水库水位—库容曲线采用水库淤积平衡后设计成果,水位—泄量曲线采用工程设计值;三门峡水库水位—库容曲线采用 2010 年 4 月实测成果,水位—泄量曲线采用工程设计值;陆浑水库水位—库容曲线采用 1992 年 4 月实测成果,水位—泄量曲线采用工程设计值;故县水库水位—库容曲线采用 2000 年 11 月实测成果,水位—泄量曲线采用工程设计值。

古贤水库水位—库容曲线(淤积平衡)、水位—泄量曲线采用《黄河古贤水利枢纽项目建议书》(2009 年)成果;河口村水库水位—库容曲线(淤积平衡)、水位—泄量曲线采用《沁河河口村水利枢纽可行性研究报告》(2009 年)成果。碛口水库水位—库容曲线(淤积平衡)、水位—泄量曲线采用《黄河碛口水利枢纽可行性研究报告》(1996 年)成果。

8.1.2　防洪运用方式

8.1.2.1　现状工程方案

1. 龙羊峡水库、刘家峡水库联合调度

黄河水量调控子体系中,现状工程包括龙羊峡水库、刘家峡水库,两座水库已建成多

年并在防洪方面发挥了重要作用。根据西北勘测设计研究院编制的《黄河龙羊峡水电站技术设计》,龙羊峡水库、刘家峡水库联合防洪运用原则与方式为:

龙羊峡、刘家峡两座库联合调度,共同承担各防洪对象的防洪任务。龙羊峡水库利用设计汛限水位(2 594 m)以下的库容兼顾在建工程和宁蒙河段防洪安全,水库的下泄流量需满足龙羊峡、刘家峡区间防洪对象的防洪要求,并使刘家峡水库不同频率洪水时的最高库水位不超过设计值;刘家峡水库设计汛限水位 1 726 m,水库下泄流量应按照刘家峡下游防洪对象的防洪标准要求严格控制。龙羊峡水库、刘家峡水库下泄流量不大于各相应频率洪水的控泄流量,洪水退水段最大下泄流量不大于涨水段最大下泄流量。

龙羊峡水库调洪以库水位和入库流量作为下泄流量的判别标准,当库水位低于汛限水位时,水库合理拦蓄洪水,在满足下游防护对象的防洪要求的前提下,按发电要求下泄;当库水位达到汛限水位后,龙羊峡、刘家峡两库按一定的库容比同时拦洪泄流,满足下游防护对象的防洪要求。

龙羊峡水库、刘家峡水库共同担负刘家峡水库下游兰州、八盘峡电站、盐锅峡电站的防洪安全,对不同标准的防洪任务,刘家峡水库控泄相应的安全泄量。

2. 三门峡、小浪底、陆浑、故县四座水库联合调度

黄河洪水、泥沙调控子体系中,现状工程包括三门峡水库、小浪底水库,支流的陆浑水库、故县水库与之配合,四水库联合调度,加上下游分滞洪区分洪,可使黄河下游河道的防洪标准达到近 1 000 年一遇。

现状下游防洪工程体系运用的原则为:充分发挥小浪底水库的优势,尽量利用小浪底水库拦洪,适当减轻东平湖滞洪区和三门峡水库的拦洪淹没损失和泥沙淤积影响。洪水退落后,最后泄空小浪底水库,减轻洪水对其他蓄洪工程的压力。

由于三门峡水库蓄洪运用时库区淤积量大且影响严重,因此调洪原则为:既要减轻库区蓄洪淤积,又要避免部分洪水先淹没三门峡库区、再相继淹没下游分滞洪区。

支流陆浑水库和故县水库,由于其防洪库容较小,应着重削减花园口洪峰流量和拦蓄主峰洪水。

干支流水库联合防洪运用方式采用小浪底水库初步设计阶段拟定的防洪运用方式,具体如下。

1)小浪底水库

当五站(龙门镇、白马寺、小浪底、五龙口、山路平)预报(预见期 8 h)花园口洪水流量小于 8 000 m^3/s 时,控制汛限水位,按入库流量泄洪;预报花园口洪水流量大于 8 000 m^3/s,含沙量小于 50 kg/m^3,小花间来洪流量小于 7 000 m^3/s 时,小浪底水库控制花园口 8 000 m^3/s 泄洪。此后,小浪底水库须根据小花间洪水流量的大小和水库蓄洪量的多少来确定不同的泄洪方式。

(1)当水库蓄洪量达到 7.9 亿 m^3 时,尽可能控制花园口流量在 8 000 ~ 10 000 m^3/s。水库在控制花园口 8 000 m^3/s 运用过程中,当蓄水量达到 7.9 亿 m^3 时,反映了该次洪水为“上大洪水”且已超过了 5 年一遇标准,小浪底水库可按控制花园口 10 000 m^3/s 泄洪。此时,如果入库流量小于控制花园口 10 000 m^3/s 的控制流量,可按入库流量泄洪。当水库蓄洪量达 20 亿 m^3,且有增大趋势时,为了使小浪底水库保留足够的库容拦蓄特大洪

水，需控制蓄洪水位不再升高，可相应增大泄洪流量，允许花园口洪水流量超过 10 000 m^3/s，可由东平湖分洪解决。此时的泄洪方式取决于入库流量的大小，入库流量小于水库的泄洪能力，按入库流量泄洪；入库流量大于水库的泄洪能力，按敞泄运用。当预报花园口10 000 m^3/s以上洪量达 20 亿 m^3 时，说明东平湖水库将达到可能承担黄河分洪量 17.5 亿 m^3。此后，小浪底水库仍需按控制花园口 10 000 m^3/s 泄洪，水库继续蓄洪。

(2)水库按控制花园口 8 000 m^3/s 运用的过程中，水库蓄洪量虽未达到 7.9 亿 m^3，而小花间的洪水流量已达 7 000 m^3/s，且有上涨趋势，反映了该次洪水为"下大洪水"。若预报小花间流量大于 9 000 m^3/s，水库下泄最小流量 1 000 m^3/s。否则，控制花园口 10 000 m^3/s 泄洪。

2)三门峡水库

(1)对三门峡以上来水为主的"上大洪水"，水库按"先敞后控"方式运用，即水库先按敞泄方式运用；达本次洪水的最高蓄水位后，按入库流量泄洪；当预报花园口洪水流量小于 10 000 m^3/s 时，水库按控制花园口 10 000 m^3/s 退水。

(2)对三花间来水为主的"下大洪水"，三门峡水库的运用方式为：小浪底水库未达到花园口 100 年一遇洪水的蓄洪量 26 亿 m^3 前，三门峡水库不承担蓄洪任务，按敞泄运用。小浪底水库蓄洪量达 26 亿 m^3，且有增大趋势，三门峡水库开始投入控制运用，并按小浪底水库的泄洪流量控制泄流，直到蓄洪量达本次洪水的最大蓄量。此后，控制已蓄洪量，按入库流量泄洪；直到小浪底水库按控制花园口 10 000 m^3/s 投入泄洪运用时，三门峡水库可按小浪底水库的泄洪流量控制泄流，在小浪底水库之前退水。

3)陆浑水库

按照设计拟定的防洪运用方式调度运用，即当入库流量小于 1 000 m^3/s 时，按敞泄滞洪运用；否则，控制下泄 1 000 m^3/s。当五站（小浪底、龙门镇、白马寺、五龙口、山路平）预报花园口洪水流量达 12 000 m^3/s 且有上涨趋势时，关闸停泄；当蓄水位达蓄洪限制水位时，开闸泄洪，其泄洪方式取决于入库流量大小，当入库流量小于蓄洪限制水位相应的泄洪能力时，控制库水位，按入库流量泄洪，否则按敞泄滞洪运用，直到库水位回降至蓄洪限制水位。此后，如果预报花园口洪水流量大于 10 000 m^3/s，控制蓄洪限制水位，按入库流量泄洪；当预报花园口洪水流量小于 10 000 m^3/s 时，按控制花园口 10 000 m^3/s 泄洪。

4)故县水库

设计运用方式同陆浑水库，其退水次序在陆浑水库之后。

8.1.2.2 古贤水库生效后运用方式

对于水量调控子体系，古贤水库生效后并不改变龙羊峡水库、刘家峡水库的防洪运用方式。

对于洪水、泥沙调控子体系，古贤水库生效后，可有效削减小北干流洪水，与三门峡水库、小浪底水库联合防洪运用，可进一步削减"上大洪水"对黄河下游的威胁。

根据《古贤水利枢纽项目建议书》中的研究成果，水库防洪运用方式为：根据龙门、华县、河津、洑头四站洪水预报，尽量控制三门峡入库流量不大于 10 000 m^3/s，当古贤—三门峡区间流量大于 9 000 m^3/s 时，古贤水库下泄发电流量 1 000 m^3/s，当水库蓄洪量达到防洪库容时，根据来水情况，水库泄水方式为：当预报三门峡入库流量大于 10 000 m^3/s，且古贤入库流量小于泄流能力时，按入库流量泄洪，否则按敞泄滞洪运用；当预报三门峡入库流量小于10 000 m^3/s 时，古贤水库按控制三门峡10 000 m^3/s 泄水，直至将水位降至汛限水位。

河口村水库建成并投入运用，下游防洪工程体系中各工程运用原则及方式不变，仅对河口村水库防洪运用方式进行说明。

（1）当预报花园口站流量小于12 000 m^3/s 时，若预报武陟站流量小于4 000 m^3/s，水库按敞泄滞洪运用；若预报武陟站流量大于4 000 m^3/s，控制武陟站流量不超过4 000 m^3/s。

（2）当预报花园口流量出现12 000 m^3/s 且有上涨趋势时，水库关闭泄流设施。当水库水位达到防洪高水位时，开闸泄洪，其泄洪方式取决于入库流量的大小：若入库流量小于防洪高水位相应的泄流能力，按入库流量泄洪；否则，按敞泄滞洪运用，直到水位回降至防洪高水位。此后，如果预报花园口流量大于10 000 m^3/s，控制防洪高水位，按入库流量泄洪；当预报花园口流量小于10 000 m^3/s 时，按控制花园口10 000 m^3/s 且沁河下游不超过4 000 m^3/s 泄流，直到水位回降至汛期限制水位。

8.1.2.3 古贤水库、黑山峡水库生效后运用方式

黑山峡水库生效后，与龙羊峡水库、刘家峡水库联合运用，可进一步削减洪水过程，提高宁蒙河段防洪能力。

黑山峡水库的主要防洪任务是削减下泄的洪峰流量，尽量使大洪水时的下泄流量不超过宁蒙河段的安全泄量。根据宁蒙河段的防洪标准，宁夏河段防洪标准为20年一遇，“十五”防洪工程完成后河道设防流量约为5 620 m^3/s；内蒙古河段防洪标准为50年一遇，“十五”防洪工程完成后河道设防流量约为5 900 m^3/s。因此，拟定水库的防洪运用方式为：当发生100年一遇及以下标准的洪水时，为了宁蒙河道的防洪安全，水库限泄流量仍采用5 000 m^3/s，多余洪量拦蓄在库中；当入库洪水超过100年一遇时，不再限泄。

黑山峡水库是黄河水量调控子体系的组成部分，水库生效后不改变中下游洪水、泥沙调控子体系的防洪运用方式。

8.1.2.4 古贤水库、黑山峡水库、碛口水库生效后运用方式

碛口水库生效后，黄河水量调控子体系防洪运用方式保持不变。

对于洪水、泥沙调控子体系，碛口水库作为中下游子体系的组成部分，与古贤水库、三门峡水库、小浪底水库联合调节运用，可进一步提高对黄河中下游洪水的管理能力。

碛口水库以下并无防洪需求，因此水库汛期采取敞泄滞洪的原则，即遇大洪水时按泄流能力泄洪。防洪限制水位初期运用（前45年）采用780 m，后期（冲淤平衡）采用775 m。

8.1.3 水库联合防洪作用分析

8.1.3.1 现状工程方案

1.上游子体系

上游子体系中，现状工程包括龙羊峡水库、刘家峡水库，两水库已建成多年并在防洪方面发挥了重要作用。

龙羊峡水库、刘家峡水库按照设计运用方式联合调度，可提高下游盐锅峡、八盘峡等水电站和兰州市防洪标准。当发生100年一遇洪水时，经过水库调节后的泄量不超过4 290 m^3/s，1 000年一遇洪水泄量不超过4 510 m^3/s，可使盐锅峡洪水校核标准由1 000年一遇提高到2 000年一遇；八盘峡由300年一遇提高到1 000年一遇；将兰州市100年一遇由天然洪峰流量8 080 m^3/s削减到河道安全泄量6 500 m^3/s。龙羊峡、刘家峡两库对不同频率洪水的蓄洪水位及防洪库容见表8-1。

表8-1 龙羊峡、刘家峡两库联合调洪计算成果(龙羊峡正常运用期)

洪水标准	龙羊峡			刘家峡		
	库水位(m)	防洪库容(亿 m^3)	最大泄量(m^3/s)	库水位(m)	防洪库容(亿 m^3)	最大泄量(m^3/s)
100年一遇	2 597.79	13.44	4 000	1 731.1	6.00	4 290
1 000年一遇	2 602.25	32.85	4 000	1 735.1	10.84	4 510
2 000年一遇	2 603.80	38.16	6 000	1 737.1	13.70	7 260
10 000年一遇			6 000	1 737.3	13.85	7 600
可能最大洪水	2 606.75	50.20	6 000	1 737.8	14.58	7 600

2.中游子体系

中游子体系中，现状工程包括三门峡水库、小浪底水库，支流的陆浑水库、故县水库与之配合，四座水库联合调度，加上下游分滞洪区分洪，可使黄河下游河道的防洪标准达到近1 000年一遇。

根据洪水的不同来源，分别进行了“上大洪水”和“下大洪水”调洪计算，各级“上大洪水”调洪计算结果见表8-2。

表8-2 黄河下游各级“上大洪水”工程蓄洪及下游洪水情况

名称	项目	不同重现期洪水工程蓄洪及下游洪水情况				
		5年	100年	200年	1 000年	10 000年
三门峡	滞蓄洪量(亿 m^3)	1.67	15.51	20.51	31.79	50.01
	最高水位(m)	314.57	325.65	327.39	330.77	334.32
小浪底	蓄洪量(亿 m^3)	3.16	18.59	20.00	20.20	33.79
	最高水位(m)	256.50	265.96	266.61	266.70	272.35
花园口	洪峰流量(m^3/s)	8 000	11 000	13 700	16 200	19 800
	超万洪量(亿 m^3)		2.11	4.69	15.96	20.04
高村	洪峰流量(m^3/s)	8 000	10 700	12 400	15 600	18 800

续表 8-2

名称	项目	不同重现期洪水工程蓄洪及下游洪水情况				
		5 年	100 年	200 年	1 000 年	10000 年
北金堤	分洪量(亿 m^3)					1.59
	分洪流量(m^3/s)					910
孙口	洪峰流量(m^3/s)	8 000	10 400	11 700	14 600	17 500
	超万洪量(亿 m^3)		1.0	3.93	15.16	17.5
东平湖	分洪量(亿 m^3)		1.0	3.93	15.16	17.5
	分洪流量(m^3/s)		400	1 700	4 600	7 500
艾山	洪峰流量(m^3/s)	8 000	10 000	10 000	10 000	10 000
	超万洪量(亿 m^3)	0	0	0	0	0

从表 8-2 中可知：

(1)5 年一遇及其以下洪水，水库调蓄后，花园口洪水流量不大于 8 000 m^3/s。

(2)100 年一遇洪水，小浪底最大蓄洪量 18.59 亿 m^3；小浪底水库与三门峡水库联合调蓄后，花园口洪峰流量 11 000 m^3/s；孙口洪峰流量 10 400 m^3/s，超万洪量 1.0 亿 m^3；东平湖最大分洪流量 400 m^3/s，最大分洪量 1.0 亿 m^3。鉴于东平湖分洪流量较小，分洪量也不大，有可能不使用东平湖滞洪区。

(3)1 000 年一遇洪水，小浪底最大蓄洪量 20.20 亿 m^3；小浪底水库与三门峡水库联合调蓄后，花园口洪峰流量 16 200 m^3/s，超万洪量 15.96 亿 m^3；孙口洪峰流量为 14 600 m^3/s，超万洪量为 15.16 亿 m^3；东平湖最大分洪流量为 4 600 m^3/s，分洪量 15.16 亿 m^3；滞洪区分洪后艾山的洪峰流量为 10 000 m^3/s。

(4)10 000 年一遇洪水，小浪底最大蓄洪量 33.79 亿 m^3；小浪底水库与三门峡水库联合调蓄后，花园口洪峰流量 19 800 m^3/s，超万洪量 20.04 亿 m^3；由于花园口超万洪量较大，需要北金堤滞洪区分洪；北金堤滞洪区分洪后，孙口洪峰流量为 17 500 m^3/s，超万洪量为 17.5 亿 m^3；北金堤最大分洪流量为 910 m^3/s，分洪量 1.59 亿 m^3；东平湖最大分洪流量 7 500 m^3/s，分洪量 17.5 亿 m^3；两个滞洪区分洪后艾山的洪峰流量为 10 000 m^3/s。

各级“下大洪水”调洪计算结果见表 8-3。

由表 8-3 中可知：

(1)30 年一遇洪水：小浪底水库最大蓄洪量为 16.40 亿 m^3；花园口洪峰流量 13 100 m^3/s，超万洪量 3.44 亿 m^3；孙口最大洪峰流量为 10 400 m^3/s，超万洪量 0.69 亿 m^3；需要使用东平湖滞洪区分洪，东平湖最大分洪流量 400 m^3/s，分洪量 0.69 亿 m^3。

(2)100 年一遇洪水：三门峡水库的最大滞蓄洪量仅为 1.52 亿 m^3；小浪底水库的最大蓄洪量为 24.67 亿 m^3；花园口洪峰流量 15 700 m^3/s，超万洪量 7.99 亿 m^3；孙口最大洪峰流量为 13 100 m^3/s，超万洪量 3.95 亿 m^3；东平湖的最大分洪流量为 3 100 m^3/s，分洪量 3.95 亿 m^3。

表 8-3　黄河下游各级“下大洪水”工程蓄洪及下游洪水情况

名称	项目		不同重现期洪水工程蓄洪及下游洪水情况					
			5 年	30 年	100 年	300 年	1 000 年	10 000 年
三门峡	滞蓄洪量(亿 m^3)		0.54	1.09	1.52	6.55	15.86	34.67
	最高水位	水位(m)	309.92	312.70	314.17	320.93	325.80	331.52
		库容(亿 m^3)	0.68	1.23	1.66	6.69	16.0	34.81
小浪底	蓄洪量(亿 m^3)		5.65	16.40	24.67	32.21	33.43	41.0
	最高水位	水位(m)	258.46	264.94	268.75	271.77	272.22	275.0
		库容(亿 m^3)	5.79	26.40	34.67	42.21	43.43	51.0
故县	蓄洪量(亿 m^3)		0.51	2.97	4.82	4.82	4.82	4.91
	最高水位	水位(m)	530.28	541.49	548.0	548.0	548.0	548.24
		库容(亿 m^3)	3.30	5.76	7.62	7.62	7.62	7.70
陆浑	蓄洪量(亿 m^3)		0.50	2.48	2.75	3.37	4.40	5.72
	最高水位	水位(m)	318.32	323.0	323.60	324.94	327.11	329.86
		库容(亿 m^3)	6.18	8.16	8.43	9.05	10.08	11.40
花园口	洪峰流量(m^3/s)		8 000	13 100	15 700	19 400	22 600	27 400
	超万洪量(亿 m^3)			3.44	7.99	12.01	17.44	26.25
高村	洪峰流量(m^3/s)	北分前	8 000	11 200	14 400	17 800	20 400	24 700
		北分后					20 000	20 000
北金堤	分洪量(亿 m^3)						0.93	6.95
	分洪流量(m^3/s)						2 240	7 150
孙口	洪峰流量(m^3/s)	北分前	8 000	10 400	13 100	15 800	18 100	22 200
		北分后					17 500	17 500
	超万洪量(亿 m^3)	北分前	0	0.69	3.95	9.27	14.08	24.01
		北分后					13.15	17.06
东平湖	分洪量(亿 m^3)	北分前	0	0.69	3.95	9.27	13.72	17.5
		北分后					13.15	17.06
	分洪流量(m^3/s)	北分前		400	3 100	5 800	7 500	7 500
		北分后					7 500	7 500
艾山	洪峰流量(m^3/s)	北分前	8 000	10 000	10 000	10 000	10 700	14 700
		北分后					10 000	10 000
	超万洪量(亿 m^3)	北分前	0	0	0	0	0.36	6.51
		北分后					0	0

(3)1 000 年一遇洪水:三门峡水库的最大滞蓄洪量为 15.86 亿 m^3;小浪底的最大蓄洪量为 33.43 亿 m^3;花园口洪峰流量 22 600 m^3/s,超万洪量 17.44 亿 m^3;高村洪峰流量 20 400 m^3/s,需要北金堤滞洪区分洪;北金堤滞洪区分洪后,孙口洪峰流量为 17 500 m^3/s,超万洪量为 13.15 亿 m^3;北金堤最大分洪流量为 2 240 m^3/s,分洪量为 0.93 亿 m^3;东平湖最大分洪流量为 7 500 m^3/s,分洪量 13.15 亿 m^3;两个滞洪区分洪后艾山的洪峰流量为 10 000 m^3/s。

(4)10 000 年一遇洪水:三门峡水库的最大滞蓄洪量为 34.67 亿 m^3;小浪底的最大蓄洪量达到 41.0 亿 m^3;花园口洪峰流量 27 400 m^3/s,超万洪量 26.25 亿 m^3;高村洪峰流量 24 700 m^3/s,需要北金堤滞洪区分洪;北金堤滞洪区分洪后,孙口洪峰流量为 17 500 m^3/s,超万洪量为 17.06 亿 m^3;北金堤最大分洪流量为 7 150 m^3/s,分洪量为 6.95 亿 m^3;东平湖最大分洪流量为 7 500 m^3/s,分洪量 17.06 亿 m^3;两个滞洪区分洪后艾山的洪峰流量为 10 000 m^3/s。

通过上述不同类型洪水水库作用后黄河下游洪水情况分析,可以得出各级洪水黄河下游洪水形势如下:

(1)对"上大洪水",三门峡、小浪底水库控制能力较强,水库调节后 100 年一遇洪水孙口洪峰流量 11 000 m^3/s,超万洪量 2.11 亿 m^3,有可能使用东平湖滞洪区分洪;1 000 年一遇洪水花园口洪峰流量 16 200 m^3/s,孙口洪峰流量 14 600 m^3/s,孙口超万洪量 15.16 亿 m^3,可不使用北金堤滞洪区。

(2)对"下大洪水",三门峡水库、小浪底水库可以有效控制小浪底以上洪水;陆浑水库、故县水库库容较小,对削减花园口洪峰流量及超万洪量有一定的作用;由于小花间无控制区洪水较大,黄河下游的洪水形势仍不容乐观。黄河下游洪水情况具体如下:

①30 年一遇洪水:花园口最大洪峰流量 13 100 m^3/s,超万洪量 3.44 亿 m^3;孙口最大洪峰流量 10 400 m^3/s,超万洪量 0.69 亿 m^3;有可能使用东平湖滞洪区分洪,东平湖最大分洪流量 400 m^3/s,分洪量 0.69 亿 m^3。

②100 年一遇洪水:花园口洪峰流量 15 700 m^3/s,超万洪量 7.99 亿 m^3;孙口洪峰流量 13 100 m^3/s,超万洪量 3.95 亿 m^3;由于艾山以下河段过洪能力较小,需使用东平湖滞洪区分蓄洪水,东平湖最大分洪流量 3 100 m^3/s、分洪量 3.95 亿 m^3。

③1 000 年一遇洪水:花园口最大洪峰流量 22 600 m^3/s,超万洪量 17.44 亿 m^3;高村最大洪峰流量为 20 400 m^3/s;孙口最大洪峰流量 18 100 m^3/s,超万洪量 14.08 亿 m^3。孙口及其以上河段沿程洪峰流量略大于大堤设防流量,艾山以下河段过洪能力又较小,需使用北金堤、东平湖滞洪区分蓄洪水,北金堤滞洪区最大分洪流量 2 240 m^3/s、分洪量 0.93 亿 m^3,东平湖最大分洪流量 7 500 m^3/s、分洪量 13.15 亿 m^3。

8.1.3.2 古贤水库生效后方案

对于中游子体系,古贤水库生效后可有效削减小北干流洪水,与三门峡水库、小浪底水库联合防洪运用,支流陆浑水库、故县水库、河口村水库与之配合,可进一步削减大洪水时花园口洪峰、洪量,减少东平湖滞洪区分洪概率。具体作用如下。

1. 可控制稀遇洪水可有效减轻三门峡水库滞洪产生的不利影响

古贤水库防洪运用可大幅度削减三门峡水库的入库洪峰流量,使三门峡水库滞洪水位明显降低,不同频率洪水古贤水库防洪运用时三门峡水库滞洪量、滞洪水位及库容损失见表 8-4。

表 8-4　古贤水库防洪运用时三门峡水库滞洪量、滞洪水位和库容损失计算成果

典型年	洪水组成方法	洪水频率(%)	古贤最大下泄流量(m^3/s)	三门峡水库蓄洪情况					三门峡滩库容损失量(亿 m^3)	
				最大蓄洪量(亿 m^3)		相应水位(m)				
				无古贤	有古贤	无古贤	有古贤	水位差	无古贤	有古贤
1967	三门峡、古贤同频率,古三间相应	0.01	12 400	45.26	36.19	332.95	331.8	1.15		
		0.1	11 400	27.09	19.56	328.84	326.86	1.98		
		1	9 880	12.41	5.51	323.37	317	6.37		
		2	9 080	9.63	3.00	321.89	316.1	5.79		
1933	三门峡以上古贤、古三间同倍比	0.01	11 700	50.56	40	334.77	332.64	2.13		
		0.1	11 000	32.46	23.2	330.75	327.96	2.79	14.89	7.43
		1	10 600	16.19	7.54	325.45	321.05	4.4	8.57	1.82
		2	8 700	12.03	3.84	323.66	317.5	6.16	5.89	0.91

对于不同频率的古贤以上来水为主的 1967 年型洪水,经古贤水库调蓄后,三门峡滞洪水位可降低 1.15 ~6.37 m;对于不同频率 1933 年型洪水,三门峡水库滞洪水位降低 2.13 ~6.16 m。滞洪水位的有效降低,可大幅度减轻洪水对三门峡库区返库移民的威胁,减轻三门峡水库洪水期滞洪蓄水对潼关河段洪水的顶托作用。对于 1933 年型 100 年一遇洪水,可使三门峡最高蓄洪水位仅高于库区现状坝前滩面(高程 317.5 m)约 3.5 m;对于 50 年一遇及以下洪水,潼关至大坝库区洪水基本不上滩,在槽库容内滞洪排洪。

古贤水库防洪运用,还可大幅度减少三门峡水库大洪水滩库容损失。对于 1933 年型洪水 1 000 年一遇洪水,三门峡库区滩库容淤积由无古贤水库的 14.89 亿 m^3 减少为 7.43 亿 m^3,100 年一遇洪水滩库容淤积由 8.57 亿 m^3 减少为 1.82 亿 m^3,50 年一遇洪水滩库容淤积由 5.89 亿 m^3 减少为 0.91 亿 m^3。分别减少库容淤损 7.46 亿 m^3、6.75 亿 m^3 和 4.98 亿 m^3,各频率洪水滩库容损失比无古贤水库条件下减小 50% ~85%。

2. 控制大洪水客观上起到了削减小北干流河段洪水的作用

黄河中游的北干流河段缺少控制性骨干工程,来水来沙变幅很大,使得该河段河势游荡摆动频繁、冲淤变化剧烈,给河道整治带来严重困难。发生约 10 年一遇的洪水时,就会造成禹门口至潼关河段滩区 8.65 万人、69.63 万亩滩区耕地遭受洪水灾害。

古贤水利枢纽位于黄河北干流的下段,基本上控制了河口镇至龙门区间的洪水,水库淤积平衡后具有 12 亿 m^3 的防洪库容和 20 亿 m^3 的调水调沙库容。水库对入库大洪水分级控制,可将坝址 1 000 年一遇洪峰流量由 38 500 m^3/s 削减到 11 400 m^3/s;100 年一遇洪峰流量由 27 400 m^3/s 削减到 9 880 m^3/s;20 年一遇洪水流量由 19 500 m^3/s 削减到 8 990 m^3/s,客观上大大削减了小北干流的洪水流量,减轻了大洪水的漫滩造成的洪灾损失，还可以有效地减少黄河洪水顶托倒灌渭河的影响。

3. 可进一步削减花园口站洪峰、洪量，减小东平湖分洪概率

现状情况下，三门峡水库、小浪底水库联合防洪运用，可以使100年一遇以下“上大洪水”不需使用东平湖分洪，但洪水超过100年一遇后，东平湖将投入运用。“上大洪水”含沙量高，东平湖一旦分洪，其库容损失很大，且不易恢复。古贤水库生效后与黄河中游干支流水库联合防洪运用，对于“上大洪水”尽可能控制三门峡水库入库流量不大于10 000 m^3/s，有效承担三门峡水库的防洪负担，尽量减少下游东平湖的分洪概率，减少东平湖湖区淤积。对于“下大洪水”也有一定的削减作用，减少黄河下游洪水的洪灾损失。

8.1.3.3 古贤水库、黑山峡水库生效后方案

黑山峡水库生效后，与龙羊峡水库、刘家峡水库联合运用，可进一步削减洪水过程，提高宁蒙河段防洪能力。

黑山峡水库的主要防洪任务是削减下泄的洪峰流量，尽量使大洪水时的下泄流量不超过宁蒙河段的安全泄量。根据宁蒙河段的防洪标准，宁夏河段防洪标准为20年一遇，“十五”防洪工程完成后河道设防流量约为5 620 m^3/s；内蒙古河段防洪标准为50年一遇，“十五”防洪工程完成后河道设防流量约为5 900 m^3/s。水库可将100年一遇及以下标准的洪水控泄至5 000 m^3/s，多余洪量拦蓄在库中；当入库洪水超过100年一遇时，不再限泄。黑山峡水库拦蓄洪水，可进一步提高宁蒙河段的防洪能力。

黑山峡水库是黄河水量调控子体系的组成部分，水库生效后不改变洪水、泥沙调控子体系的防洪运用方式及防洪作用。

8.1.3.4 古贤水库、黑山峡水库、碛口水库均生效后方案

碛口水库建成生效，标志着整个水沙调控体系构建完成，作为黄河洪水、泥沙子体系的组成部分，碛口水库与古贤水库、三门峡水库、小浪底水库联合调节运用，可进一步提高对黄河中下游洪水的管理能力。

碛口水库以下并无防洪需求，因此水库汛期采取敞泄滞洪的原则，即遇大洪水时按泄流能力泄洪。经过水库的调蓄，可将碛口坝址处10 000年一遇洪水由53 100 m^3/s削减为9 830 m^3/s；500年一遇洪水由37 100 m^3/s削减为8 490 m^3/s，客观上能够进一步削减小北干流的洪峰洪量，减轻下游古贤水库、三门峡水库的防洪压力。

8.2 水沙调控体系的防凌作用

黄河冰凌洪水主要发生在宁蒙河段和下游河段，两河段间的冰凌洪水没有明显联系，因此子体系的划分与防洪作用分析时一致：龙羊峡、刘家峡、黑山峡三座骨干工程构成上游子体系，承担黄河上游的防凌任务，海勃湾水库作为补充；中游干流的碛口、古贤、三门峡、小浪底等工程构成中游子体系，承担黄河中下游的防凌任务。在分析水沙调控体系防凌作用时，拟从现状工程和水沙调控体系完全建成两方面进行分析，现状工程方案是指龙羊峡水库、刘家峡水库、三门峡水库、小浪底水库按现状运用方式运行，水沙调控体系完全建成方案即在现状工程方案基础上考虑古贤水库、黑山峡水库、碛口水库、海勃湾均生效。

8.2.1 防凌运用方式

8.2.1.1 现状工程运用方式

1. 龙羊峡水库、刘家峡水库联合运用

上游子体系中，龙羊峡、刘家峡两水库已建成多年并在防凌方面发挥了重要作用。

刘家峡水库于1968年建成，龙羊峡水库于1986年建成，两库相互配合，进行联合调度运用，加大了调控力度。龙羊峡水库可为刘家峡水库提供调控水量，提高刘家峡水库出库水温；调控下游河道流量过程主要由刘家峡水库完成。

防总国汛〔1989〕22号文《黄河刘家峡水库凌期水量调度暂行办法》中规定，刘家峡水库凌汛期下泄水量采用月计划、旬安排的调度方式，提前5 d下达次月的调度计划及次旬的水量调度指令，下泄流量按旬平均流量严格控制，各日出库流量避免忽大忽小，日平均流量变幅不能超过旬平均流量的10%。

具体调度过程如下：

(1)封河前期控制，指宁蒙河段封河前期控制刘家峡水库的泄量，以达到设计封河流量之目的(设计头道拐水文站封河流量为500~550 m^3/s)，使宁蒙河段封河后水量能从冰盖下安全下泄，防止产生冰塞，造成灾害。

(2)封河期控制，指宁蒙河段封河期控制刘家峡水库出库流量均匀变化，主要目的是减少河道槽蓄水量，稳定封河冰盖，为宁蒙河段顺利开河提供有利条件。

(3)开河期控制，指在宁蒙河段开河期，控制刘家峡水库下泄流量，防止“武开河”，保证凌汛安全。

2. 三门峡水库、小浪底水库联合运用

中游子体系中，已建成的三门峡水库、小浪底水库在凌汛期联合运用，防凌总库容可达35亿 m^3，其中小浪底水库设计防凌库容20亿 m^3。利用两座水库工程，按照水力因素和冰情形态演变之间的关系，调整河道流量，充分发挥水力因素在控制河冰危害方面的作用，大大减轻了黄河下游凌汛灾害。

根据三门峡水库多年的防凌调度实践，利用上游水库，调整冬季河道流速的合理步骤如下：

(1)在河道封冻以前，适当提高流速，加大水体搬运冰体的能力，避免浮冰、流冰块受阻而滞蓄于河道中，争取推迟封冻和不封冻。

(2)一旦发生封河现象，及时调整河道流速，争取“平封”，防止“立封”和产生冰塞，尽量减少河道里的储冰量。

(3)在不致产生冰塞和开河高水位的前提下，提高冰盖下流速，加大冰下过流能力，减少河槽蓄水量，以削减开河期的凌峰流量，避免大流冰量的发生，达到“文开河”的目的。

小浪底水库与三门峡水库联合防凌运用，可以进一步增强河道防凌调控能力，减轻下游凌汛威胁。

根据《黄河小浪底水利枢纽初步设计报告》关于小浪底水库防凌作用的分析，初步拟定小浪底防凌运用方式为：每年12月水库保持均匀泄流，在封冻前控制花园口流量一般为500～600 m^3/s。封河后控制泄流，使花园口流量均匀保持300～400 m^3/s，这一流量可以在冰下顺利通过。

经计算比较，小浪底与三门峡两库联合承担防凌任务，先由小浪底水库控制运用，每年12月底预留防凌库容20亿 m^3，当小浪底水库蓄满后，三门峡水库开始控制，三门峡水库防凌库容15亿 m^3（若考虑向津冀供水，三门峡水库基本上不承担防凌任务）。这一联合运用方式可以减少三门峡控制运用机会，以提高三门峡电站冬季的发电出力。

总的来看，在正常调度情况下，三门峡水库和小浪底水库的35亿 m^3 防凌库容是能够满足下游防凌要求的，防凌库容最大使用量34.99亿 m^3。

8.2.1.2 水沙调控体系全部建成后运用方式

1. 古贤水库

古贤水库未设置防凌库容，生效后并不改变上游子体系和中游子体系的防凌运用方式。

2. 海勃湾水库

海勃湾水库位于黄河内蒙古河段的首部，地理位置优越，利于调控凌汛期流量，但由于水库库容条件的局限性，不能完全解决内蒙古河段的防凌问题，只能适时、有针对性地根据封河期和开河期的来水特点和气象预报相机运用，配合上游刘家峡水库，更好地缓解内蒙古河段的防凌问题。

针对黄河内蒙古河段现状防凌调度存在的主要问题以及该河段的凌汛凌灾特点，确定海勃湾水库的防凌调度原则为：在刘家峡水库凌期调度的基础上，就近调蓄刘家峡水库在冰期难以控制的水量，着重调节封河期的流量过程，创造较好的封河形势，在库容条件允许的条件下，控制开河期的下泄流量，减小下游河段输冰输水能力，创造平稳的开河流量过程，必要时投入应急运用，为下游河段防凌抢险创造条件。

按照海勃湾水库防凌运用原则，根据内蒙古河段凌汛的基本特点，考虑到海勃湾水库库容较小的现状条件，在刘家峡水库现状防凌调度的基础上，初步拟定防凌调度运用方式如下。

1）封河期（三湖河口站封河前5天至石嘴山站封河）

如果三湖河口站封河时间较早（11月上旬），为了防止小流量封河，水库应该向下游补水运用。宁夏灌区进入退水期后（11月下旬），内蒙古河段流量陡增，为了防止小流量封河后又遭遇大流量，水库应控制下泄流量不超过起始的控泄流量。

如果三湖河口站封河较晚（11月下旬），虽然此时水库不需给下游补水，但是为了满足宁夏灌区退水期海勃湾水库的蓄水需要，水库应该在11月中旬提前相机放水，尽量腾出库容，为封河期水库蓄水做准备。在此时段，水库应该根据上游来水情况凑泄下泄流量，凑泄后流量以不超过700 m^3/s 为宜。

2）稳封期（石嘴山站封河至石嘴山站开河）

在封河期结束后，海勃湾水库蓄水位一般都能达到正常蓄水位，稳封期内蒙古河段的流量相对比较平稳。所以海勃湾水库不再承担防凌任务。如果上游来水较大，水库控制蓄水位不再升高，水库按来水流量控制下泄；如果上游来水较小，根据上游来水量凑泄下泄流量，凑泄后流量以不超过封河期流量为宜，以尽量腾出库容，必要时水库可以降低到死水位运行，为开河期蓄水做准备。

3）开河期（石嘴山站开河至三湖河口站开河）

根据内蒙古河段稳封期的防凌需求分析，在稳封期大部分年份海勃湾水库都不能腾出足够库容，用以满足开河期的蓄水要求。所以，在开河期，海勃湾水库的作用主要为应急防凌作用，即在库容条件允许的前提下，当下游河段发生冰坝壅水险情时，相机运用，进一步减小下泄流量，必要时可以关闭闸门，启用应急防凌库容，以缓解下游河段开河压力。

3. 黑山峡水库

黑山峡水库建成后，凌汛期刘家峡水库原则上维持在正常蓄水位运行，当宁蒙河段需要刘家峡水库承担部分防凌库容时，刘家峡水库配合黑山峡水库调节凌汛期流量过程。根据宁蒙河段凌汛特征和刘家峡水库防凌调度情况，拟定黑山峡水库凌汛期（每年11月1日至次年3月31日）防凌运用原则为：以防凌调度为主，水库下泄流量按"月控制、旬调整"，保持"前大后小，中间变化平缓，加强封、开河期流量控制"的原则，缓解目前封河期、开河期防凌紧张局面，并兼顾供水、生态灌溉、发电等。

1）流凌封河期

针对目前宁蒙灌区冬灌引水、退水造成的宁蒙河段流量波动较大，流凌封河期冰塞加重、稳封期槽蓄水量增加的局面，黑山峡水库调整流凌封河期下泄流量过程，适当加大灌区冬灌引水期流量，避免小流量封河的现象，适当减小冬灌退水期的下泄流量，尽量消除冬灌引水、退水造成的流量波动，力争控制、消除流凌封河期的冰塞现象，减小河道槽蓄水量，减轻冰塞壅水过高造成的凌情灾害。

2）稳封期

针对目前稳封期水库下泄流量偏大，2月宁夏河段开河后内蒙古河道流量增加，槽蓄水量增大的形势，黑山峡水库一方面要进一步控制下泄流量，避免下泄流量过大和流量忽大忽小，以减少槽蓄水增量和防止冰上过流；另一方面在2月中下旬进一步控泄流量，适应宁夏河段开河造成内蒙古河段流量增加的情况，力争使内蒙古河段槽蓄水量提前释放，给内蒙古河段3月"文开河"创造条件。

3）开河期

黑山峡水库在3月上中旬进一步控泄运用，尽量减小开河期下泄流量，减少形成"武开河"的动力条件。在特殊凌情条件下，在开河期可以采用短期关闸停泄的措施，尽量减轻可能发生的凌情灾害。

4. 碛口水库

碛口水库防凌运用与古贤水库类似，未设置防凌库容，水库生效后不改变上游和中游子体系防凌运用方式。

8.2.2 防凌作用分析

8.2.2.1 现状工程方案

1. 宁蒙河段

刘家峡水库建成运行以后，特别是1989年按《黄河刘家峡水库凌期水量调度暂行办法》进行凌汛期调度以来，通过调控凌汛期流量过程，提高出库水温，对缓解宁蒙河段的防凌防洪压力、减轻凌汛灾害威胁发挥了重要作用。

首先,刘家峡水库调节凌汛期水量,增大封河流量,提高了冰下过流能力,并使冰期河道保持比较平稳的流量过程,有效减轻了开河期凌情灾害。

刘家峡水库建成运用前,宁蒙河段冬季河道流量变化较大,封开河时流量无法控制。在刘家峡水库运用后,加强了水库的防凌调度运用,一般在整个冰期(11 月至次年 3 月)刘家峡水库控制下泄流量,由封河初期至开河期流量逐渐减小,并避免冰期流量的较大变化造成不利的凌情形势。1990 ~ 1995 年石嘴山、巴彦高勒、三湖河口、头道拐等站稳封期平均流量分别为 723 m^3/s、628 m^3/s、573 m^3/s、491 m^3/s,分别是刘家峡水库建库前(1960 ~ 1966 年)稳封期平均流量的 2.27 倍、1.92 倍、1.84 倍、1.58 倍。

其次,龙羊峡、刘家峡两库的联合运用,使刘家峡水库出库水温有所提高,部分河段不再封冻,并推迟了宁蒙河段流凌、封河日期。

天然情况下,兰州以下至青铜峡河段是间断封冻河段。刘家峡水库运用以后,调节了水体热量,下游河段的凌汛期水温明显升高。在同等流量、气温条件下,小川站 11 月至次年 3 月水温分别升高 7 ℃、6 ℃、4 ℃、0.5 ℃,冬季出库水温的影响河段在水库下游 400 km 以内,不封冻河段下移到青铜峡水库末端(距兰州 485 km),隆冬季节在黑山峡、下河沿虽能见到流凌现象,青铜峡水库以下 40 km 左右也不再封冻,近百千米河段流凌日期推迟了 5 ~ 10 d。石嘴山站平均封河日期较以前推迟了 10 d,巴彦高勒站推迟 6 d,三湖河口站和昭君坟站推迟 2 d,头道拐站提前了 13 d;龙羊峡水库运用以后(1986 ~ 2002 年)与运用以前(1968 ~ 1985 年)相比,平均封河日期石嘴山站推迟 1 d,巴彦高勒站推迟 10 d,三湖河口站推迟 6 d,昭君坟站推迟 2 d,头道拐站变化不明显,详见表 8-5。

表 8-5　宁蒙河段各站不同年段平均流凌、封河、开河日期统计

站名	流凌日期(月-日)			封河日期(月-日)			开河日期(月-日)		
	1951 ~ 1967 年	1968 ~ 1987 年	1988 ~ 2003 年	1951 ~ 1967 年	1968 ~ 1987 年	1988 ~ 2003 年	1951 ~ 1967 年	1968 ~ 1987 年	1988 ~ 2003 年
石嘴山	11-22	11-27	12-03	12-25	01-15	01-14	03-07	03-06	02-21
巴彦高勒	11-20	11-27	12-01	12-04	12-10	12-20	03-16	03-20	03-09
三湖河口	11-18	11-16	11-18	12-01	12-03	12-09	03-18	03-24	03-19
昭君坟	11-19	11-16	11-18	12-02	12-04	12-06	03-22	03-25	03-19
头道拐	11-19	11-16	11-18	12-23	12-10	12-10	03-22	03-23	03-13

刘家峡水库运用以后,石嘴山站封冻时间从 73 d 缩短为 50 d,平均缩短 23 d;龙羊峡、刘家峡两库联合运用以后,石嘴山站的封冻时间从刘家峡水库单库调节时的 50 d 缩短为 38 d,巴彦高勒站的封冻时间从 100 d 缩短为 79 d,平均缩短 21 d,三湖河口站从 108 d 缩短为 100 d,平均缩短 8 d,昭君坟站从 111 d 缩短为 103 d,平均缩短 8 d,昭君坟站的封冻时间与刘家峡水库运行前一样。总的来看,龙羊峡、刘家峡两库的建成运用,对宁蒙河段封冻时间影响最大的河段为石嘴山—巴彦高勒河段,对三湖河口站以下河段的影响不大。

最后,刘家峡水库的调度运用,使宁蒙河段开河期冰坝次数明显减少,开河形势得到显著改善。

据资料分析,刘家峡水库建库前的 18 年中,共卡冰结坝 236 个,平均每年 13.1 个,

“文开河”“半文半武开河”“武开河”三种开河形势各占1/3;而建库后(1968~2005年)的38年中,由于水库适时控制下泄流量使水力因素减弱,热力因素的作用相对增强,开河形势以“文开河”为主,冰坝个数明显减少,共卡冰结坝137座,平均每年3.7座,70%的年份为“文开河”,30%的年份为“半文半武开河”,“武开河”基本消失。总的来看,开河期凌汛灾害大大减轻。

刘家峡水库通过控制凌汛期下泄流量,对宁蒙河段防凌具有重要的作用,但也存在一定的局限性,主要表现在:①水库距内蒙古河段较远,防凌调度不够及时、灵活;②由于宁蒙河段河道形态恶化,加上水库调度难以适应宁蒙灌区冬灌引水、退水造成的流量变化,内蒙古河段流凌封河期灾害明显增加;③水库调节使凌汛期流量和河道槽蓄水增量增加,加重了开河期负担;④防凌与发电之间矛盾造成部分年份开河期流量偏大。

与刘家峡水库相比,黑山峡水库距内蒙古河段较近,水库蓄水不仅可以使零水温断面下移,缩短封冻河段的长度,有效减少宁夏河段封河期槽蓄水量,而且黑山峡水库处于上游梯级工程的尾部,防凌与发电之间的矛盾小,调度运用比较灵活自如,通过加强水库的防凌调度,可以更好地适应宁蒙河段的凌情变化。因此,有必要尽早建设黑山峡水库,完善上游水沙调控体系。

2. 黄河下游河段

中游子体系中,已建成的三门峡水库、小浪底水库在凌汛期联合运用,大大减轻了黄河下游河段凌汛灾害。

小浪底水库投入运用后,在凌汛期与三门峡水库相互配合,加大对下游水量的调节能力,提高水库出库水温,使黄河下游凌情进一步缓解。

(1)首先,流量调控能力增强。

小浪底水库投入运用后的前几年,在2000~2001年度冬季的低温时段及时加大了流量(小浪底1月上旬平均流量达到600 m^3/s左右,花园口站旬平均流量约680 m^3/s),使利津站1月中旬平均流量达到440 m^3/s左右,且较大流量正好在中旬气温较低的时段到达下游流凌河段,使下游河段在低气温时段未封冻。在2001~2002年和2002~2003年两个凌汛年度,由于流域性的缺水,小浪底水库在确保用水安全和黄河下游不断流的情况下,尽量减小出库流量,所以在整个凌汛期使下游河道内流量虽小但较平稳,封河期各河段均为平封,开河时也是以热力因素为主的“文开河”。历年凌汛期小浪底水库下泄流量见表8-6。

表8-6 历年凌汛期小浪底水库下泄流量 (单位:m^3/s)

凌汛期	小浪底水库下泄流量		
	12月	次年1月	次年2月
2002~2003年	175	144	157
2003~2004年	805	501	495
2004~2005年	312	251	247
2005~2006年	452	299	477
2006~2007年	403	257	290
2007~2008年	527	438	565

由表 8-6 可见，小浪底水库在封河期加大下泄流量，稳封期维持平稳下泄流量过程，开河期根据凌情变化情况调整下泄流量，有效缓解了下游凌汛形势。

（2）出库水温升高。

根据小浪底水库运用几年来的水库蓄水量和出库水温统计，在 12 月下旬至次年 1 月下旬的低气温时段，水库出库水温为 5～9 ℃。

（3）零温断面下移。

小浪底水库运用后，由于出库水温升高，黄河下游零温断面明显下移。2000～2001 年度冬季，黄河下游在 1 月中旬出现了明显的低温时段，郑州、济南、北镇 1 月中旬平均气温较常年偏低 2～3.5 ℃，其中北镇站 1 月中旬平均气温达 −7.3 ℃，日平均气温达 −13 ℃，但由于小浪底水库出库水温为 5～8 ℃，其下游的花园口、夹河滩、高村河段水温均较高。花园口站日平均水温维持在 3 ℃以上，孙口站及其以上河段的水温均在 0 ℃以上。2000～2001 年零温断面在孙口断面附近，下移了约 400 km。

2002～2003 年度，黄河下游在 12 月下旬至来年 1 月上旬出现了明显的低温时段，郑州、济南、北镇三站 12 月下旬平均气温较历年同期偏低 2.4～5.1 ℃，1 月上旬三站气温较历年同期偏低 1.5～4 ℃，北镇日平均气温达 −11 ℃。低温时段小浪底水库出库水温为 5～8 ℃，在气温低、流量小（1 月、2 月月均出库流量分别为 175 m^3/s、144 m^3/s，利津站封河流量为 31 m^3/s）的情况下，零温断面在夹河滩断面附近，而历史上气温相近、流量在 300 m^3/s 以上的年份，零温断面在花园口以上。

8.2.2.2 水沙调控体系建设完善后方案

黄河水沙调控体系构建完成后，龙羊峡水库、刘家峡水库、黑山峡水库联合运用，通过合理配置防凌库容，可缓解防凌发电之间的矛盾，基本解决宁蒙河段防凌问题；碛口、古贤两座水库位于黄河北干流河段，虽未单独设置防凌库容，但由于出库水温升高，在客观上缓解了小北干流河段的凌情；三门峡水库、小浪底水库联合运用，可基本解决下游河段的防凌问题。

黑山峡水库距宁蒙河段近、库容大，且位于黄河上游梯级工程的尾部，防凌运用与梯级发电的矛盾小，在运用时更加灵活自如。黑山峡水库与龙羊峡水库、刘家峡水库联合调度，可进一步缓解宁蒙河段的凌情。海勃湾水库建成后，作为应急防凌工程，水库在内蒙古河段出现凌汛险情时，可及时控制下泄流量，缓解凌情。

1. 龙羊峡水库、刘家峡水库、黑山峡水库联合防凌作用

（1）黑山峡水库建成后，将承担宁蒙河段大部分防凌任务，大大减轻龙羊峡水库、刘家峡水库的防凌压力。

龙羊峡水库、刘家峡水库用于宁蒙河段防凌调度中，涉及的供水、发电等各方用水矛盾比较突出。目前，内蒙古河段淤积比较严重，为改善开河期防凌形势，需要进一步削减开河期下泄流量。根据初步分析，为改善目前防凌严峻形势，在开河期 2 旬（3 月上中旬）下泄流量要控制在 300 m^3/s 水平，这已达兰州市及工业用水需要黄河最低流量不能小于 300 m^3/s 的红线。如果为满足内蒙古河道防凌应急需求，将下泄流量再大幅减小至 200 m^3/s 以下，甚至将闸门完全关闭若干天，则与兰州市等供水需求矛盾就非常突出，故也不可能实现这样的防凌调度运用方式。如果利用黑山峡水库来应付这样的紧急防凌调度，由于距离近，调度的有效性可以适当缩减控泄的时间与力度，更重要的是影响范围有限，矛盾不太突出。

（2）黑山峡水库建成蓄水运用后，在气温最低时期的出库水温将比建成前提高，零温断面位置将明显下移。

通过多种方法进行分析，黑山峡水库建成后，宁蒙河段沿程水温变化的主要特点有：①宁夏河段冬季各旬（除3月中下旬外）平均水温均有显著提高，各断面各旬水温均在0℃以上；②零温断面位置可能下移到石嘴山—磴口，距黑山峡坝址约380 km；③就内蒙古河段冬季各旬水温变化看，主要发生在三湖河口以上，三湖河口以下水温变化较小。

（3）黑山峡水库凌汛期按设计流量过程下泄时，进入内蒙古河道凌汛期流量过程（以石嘴山断面旬流量平均过程为代表）明显改善，有利于缓解内蒙古河段的凌情：

①避免了流凌封河期内蒙古河段流量大幅度波动，根据宁蒙灌区冬灌引水、退水情况，调整黑山峡水库的下泄流量过程，使石嘴山断面11月中下旬至12月上旬流量均保持530 m^3/s，可避免封河后遇冬灌停止引水、灌区退水造成的流量加大形成的严重冰塞壅水情况（如2000年）。同时，黑山峡水库距宁蒙灌区近，运用比较灵活，可根据灌区引退水情况适时调整流凌封河期流量，避免小流量封河情况发生。

②稳封期内蒙古河段流量过程达到平稳递减。在封河后的12月中下旬黑山峡水库控制下泄流量450 m^3/s，考虑灌区退水过程的逐步衰减，使石嘴山断面保持了流量过程的平稳递减，以适应气温降低、冰盖变厚、过流能力降低的情况，有利于减少稳封期河道槽蓄水增量。

③进一步加大了开河期削减力度。从2月中旬起，黑山峡水库进一步削减下泄流量，与稳封期平均流量相比，削减石嘴山断面流量60～120 m^3/s，超过了2000～2004年冰期同期流量减小幅度，有利于槽蓄水量提前释放，减小开河期水动力因素。

④可有效减少河道槽蓄水量。经初步分析，与2000～2004年4个冰期槽蓄水量比较，黑山峡水库按设计方案进行防凌调度，使石嘴山—头道拐河段的最初10日、最初30日冰期最大槽蓄水增量分别减小约30%、20%。

综上所述，鉴于近年来宁蒙河道淤积比较严重的实际情况，在南水北调生效前，应进一步加强黑山峡水库对凌汛期流量的控制，使内蒙古河段的流量过程平稳递减，为内蒙古河段防凌创造条件。

2. 海勃湾水库应急防凌作用

海勃湾水利枢纽位于黄河内蒙古河段的首部，地理位置优越，利于调控凌汛期流量，但由于水库库容条件的局限性，不能完全解决内蒙古河段的防凌问题，只能适时、有针对性地根据封河期和开河期的来水特点和气象预报相机运用，配合上游刘家峡水库更好地缓解内蒙古河段的防凌问题。

1）封河期防凌作用

根据拟定的防凌运用方式，采用1990～2003年龙羊峡水库运行以来石嘴山站实测逐日流量资料系列作为海勃湾水库的入库流量过程，进行防凌调度模拟计算，不同运行年限的防凌保证率计算结果见表8-7。

表 8-7 海勃湾水库不同运行年限防凌保证率计算结果

封河期起始控泄流量	海勃湾坝址		
	运行年限	有效库容(亿 m^3)	封河期
700 m^3/s	初期	4.076	70%
	5 年	3.173	40%
	10 年	1.791	25%
	15 年	1.729	20%
	20 年	1.355	15%
按下河沿站前 3 日平均流量	初期	4.076	88%
	5 年	3.173	70%
	10 年	1.791	50%
	15 年	1.729	48%
	20 年	1.355	45%

从表 8-7 可以看出,如果封河期初始控泄流量按 700 m^3/s 下泄,水库运行初期、运行 5 年、运行 10 年、运行 20 年在封河期的防凌保证率分别为 70%、40%、25%、15%;如果按下河沿站前 3 日平均流量控制封河期初始流量,水库运行初期、运行 5 年、运行 10 年、运行 20 年在封河期的防凌保证率分别为 88%、70%、50%、45%。

2)开河期应急防凌作用

根据封河期和稳封期水库的蓄水位和上游来水情况,在开河期相机运用,在下游河段出现开河险情时,控制下泄流量,减小下游河段输冰能力,减轻防凌抢险压力。

但是,由于在上游来水较大的情况下,海勃湾水库有部分年份在稳封期末不能腾出足够的库容,所以可以在不影响大坝运行安全的条件下,充分运用水库 1 076 ~ 1 077 m 的库容作为海勃湾水库开河期应急临时防凌库容。

海勃湾水库受其调节能力的制约,对内蒙古河段防凌的作用主要是解决封河期的问题,要解决内蒙古河段河道过水能力下降、槽蓄水增量增大等防凌问题,还是要靠黑山峡水库调节水量。通过黑山峡水库与上游水库联合调水调沙,减轻河道淤积,增大过流能力,减小槽蓄水增量,从而从根本上缓解内蒙古河段的封、开河期间的防凌问题。

3. 古贤水库、碛口水库防凌作用

古贤水库、碛口水库距离下游河道较远,对下游的防凌作用并不明显。两座水库位于北干流河段,水库投入运用后,可有效缓解该河段的凌情。

首先,根据刘家峡水库建库前、后黄河上游实测水温资料分析,在同等流量、气温条件下,11 月至次年 2 月出库水温升高 4 ~ 7 ℃,下游长达 400 km 的河道由冬季常年封冻变为不封冻河段。碛口水库、古贤水库建成蓄水运用后,预计在气温最低时期的出库水温将比水库建成前提高约 4 ℃,将使小北干流河段成为不封冻河段,有效缓解小北干流河段凌情。

其次，两水库建成后蓄水运用，其坝址以上的河道来冰将全部被拦蓄在库区，在冬季将不再有大量的流冰进入小北干流河段，基本消除了由冰块壅塞形成冰坝的物质条件。

最后，碛口水库、古贤水库和小浪底水库联合拦沙和调水调沙，可以基本消除小北干流河段容易形成冰塞的不利河道边界条件，增加水流输冰能力，对解决该河段防凌问题具有重要作用。

8.3 水沙调控体系的水资源调控和发电作用

8.3.1 计算条件和思路

8.3.1.1 径流系列和需水成果

天然径流量采用1956～2000年45年逐月系列。考虑到黄河水资源量的变化趋势，2020水平年黄河天然径流量为519.79亿m^3，2030水平年为514.79亿m^3。同时，2020年水平考虑引乾济石调水0.47亿m^3、引红济石调水0.90亿m^3、引汉济渭调水10.00亿m^3；2030年水平分为不考虑南水北调西线一期调水工程和考虑南水北调西线一期调水工程（简称2030年无西线和2030年有西线）两种情况，其中引汉济渭调水量按15.00亿m^3考虑，南水北调西线一期工程调水按80.00亿m^3考虑。

需水预测采用《黄河流域水资源综合规划》成果，2020年流域内多年平均需水量521.12亿m^3，2030年流域内多年平均需水量547.32亿m^3，见表8-8。

表8-8 2020水平年和2030水平年黄河流域河道外总需水量预测 （单位：亿m^3）

二级区	2020年	2030年
龙羊峡以上	2.63	3.39
龙羊峡—兰州	48.19	50.68
兰州—河口镇	200.26	205.64
河口镇—龙门	26.20	32.37
龙门—三门峡	150.93	158.28
三门峡—花园口	37.72	40.98
花园口以下	49.31	49.79
内流区	5.88	6.19
黄河流域	521.12	547.32

8.3.1.2 待建工程规划供水范围及规模分析

1.古贤水库

根据《黄河古贤水利枢纽项目建议书》，古贤水库的供水范围跨陕西、山西两省，灌区呈东北—西南向长条形状，长约250 km、宽约50 km，总土地面积23 464 km^2。陕西省供水区初步拟定包括西安市的闫良区、临潼区，渭南市的韩城、合阳、澄城、大荔、白水、富平、蒲城、临渭等 10 个县(市、区)的全部或部分,土地面积 8 170 km^2,耕地面积 699.4 万亩。山西省供水区初步拟定涉及临汾、吉县、洪洞、襄汾、浮山、古县、侯马、曲沃、冀城、河津、稷山、新绛、闻喜、绛县、夏县、万荣、临猗、运城、永济等 19 个市(县),土地面积 15 294 km^2,耕地面积 1 054 万亩。

根据古贤供水区初步规划,在南水北调西线工程生效前,古贤水库的供水对象为城镇生活、工业和农业灌溉,供水范围仅考虑已建、在建扬黄工程全部配套生效,设计灌溉面积 562.2 万亩,需水量约为 17.4 亿 m^3,工业用水、城镇生活用水 20 m^3/s 考虑(两省均 10 m^3/s),年引水量 6.3 亿 m^3。远景规划古贤供水区灌溉面积 1 100 万亩,需水量 30.7 亿 m^3,工业用水、城镇生活用水仍按 20 m^3/s 考虑。

《黄河古贤水利枢纽项目建议书》中指出,古贤水库供水方式需要与地方水利发展规划相协调,近期在地方配套工程生效前向供水区的供水均为间接供水,即通过调节径流,改善现有扬水站的引水条件,提高灌溉保证率,使现有扬水工程的效益得到充分发挥。考虑目前已建、在建扬黄工程的现实情况,在古贤水利枢纽项目建议书阶段,不改变已有的渠系布局,仍维持现状分散扬水方式。古贤水库建筑物布置设计预留陕西、山西两省从坝上取水口的位置。

2. 黑山峡水库

宁蒙地区降水量极少,当地水资源十分贫乏,农业灌溉和社会经济的生存与发展,几乎全靠黄河供水支持。依据 2009 年 3 月完成的《黄河黑山峡河段开发方案论证报告(咨询稿)》(简称《咨询稿》),黑山峡水库的功能定位和开发任务是统筹考虑反调节、调水调沙、防凌、防洪、供水、灌溉、发电等综合利用要求。

目前黑山峡水库灌区远期规划范围内已建(在建)灌区面积 297.55 万亩,其中引黄灌区 286.15 万亩,井灌区 11.4 万亩。现状灌区在解决人畜饮水、改善生态环境、发展农业灌溉等方面取得一定效益,但现状灌区为高扬程抽水灌区,工程在运行时存在运行成本高、地方财政负担较重等方面的问题。《咨询稿》中拟定了各省区灌区的建设范围,主要包括以下内容:

(1)宁夏生态灌区面积 300 万亩,其中右岸面积 180 万亩,涉及中卫、中宁、同心、吴忠、青铜峡、灵武等六县(市)部分地区,灌区主要分布于南山台、清水河川、红寺堡、磁窑堡和横山堡等地。左岸面积 120 万亩,涉及中卫、中宁、青铜峡、永宁、银川郊区和贺兰六县(市)部分地区,灌区主要分布于葡萄墩塘、四眼井和贺兰山东麓洪积扇区。

(2)内蒙古生态灌区面积 100 万亩,其中左岸面积 70 万亩,主要分布于阿拉善左旗孪井滩和腰坝滩。右岸面积 30 万亩,发展鄂尔多斯地区的鄂托克前旗灌区。

(3)陕西生态灌区 100 万亩,发展定边、靖边白于山以北,毛乌素沙地以南的滩地。

生态灌区新增用水量总计为 15.43 亿 m^3,其中 500 万亩面积灌溉总需水量 19.78 亿 m^3,扣除已建、在建灌区引黄水量后,规划灌区灌溉新增用水量为 14.67 亿 m^3;居民生活需水量 0.76 亿 m^3,按新增用水考虑。生态灌区规划范围各省区新增需水量统计见表 8-9。

表 8-9　生态灌区规划范围各省区新增需水量　　（单位：亿 m^3）

省(区)	灌溉需水量	人畜需水量	总需水量	已建、在建灌区引黄水量	灌区新增需水量
宁夏	11.98	0.45	12.43	4.15	8.29
内蒙古	4.28	0.14	4.42	0.69	3.73
陕西	3.52	0.17	3.69	0.28	3.42
合计	19.78	0.76	20.54	5.12	15.44

同时为缓解石羊河流域水资源供需矛盾，减少民勤地区地下水超采，有效遏制生态环境恶化趋势，保护和恢复民勤绿洲，防止沙漠化面积的进一步扩大，《咨询稿》中提出结合黑山峡河段的开发，利用西线调水，由黄河向石羊河下游年补水量 6 亿 m^3。

3. 碛口水库

碛口水库位于黄河北干流中部，坝址左岸为山西省临县，右岸为陕西省吴堡县，处于山西和陕北能源重化工基地腹地，其东接山西省离柳孝汾煤电能源化工基地和太原经济中心，西邻陕北榆林能源化工基地，水库可向其提供可靠的水源。同时，碛口坝下 310 km 的禹门口—潼关河段两岸的龙门灌区是两省重要的粮棉基地之一，碛口水库可为灌区调节水量和改善引水条件。

据《黄河碛口水利枢纽可行性研究报告(第二卷)》，碛口水利枢纽供水范围主要为太原市、山西离柳能源化工基地和陕北榆林离柳能源化工基地。规划 2020 年向太原市供水 2.5 亿 m^3，以缓解太原市缺水尤其是枯水年缺水现象，引水时段为 12 个月，引水流量 8 m^3/s；向陕西省榆横地区供水 2.5 亿 m^3，并规划在现有条件下应尽可能全年引水，其中上输榆阳 1.8 亿 m^3(引水流量 8 m^3/s)，下送米脂 0.4 亿 m^3(引水流量 1.3 m^3/s)，绥德 0.3 亿 m^3(引水流量 1 m^3/s)。

8.3.1.3　计算思路

黄河流域属缺水地区，考虑到流域内水利水保工程建设，未来一定时期内地表径流量将呈减少趋势，同时即使在充分节水情况下流域内需水量还将有所增加，流域内水资源供需矛盾将进一步加剧。结合维持黄河健康生命的内在要求，黄河水沙调控体系建设作为黄河治理的主要途径之一，应在确保河道不断流的前提下，在最大限度改善河道生态环境、满足断面生态水量要求的同时，对水资源量在各河段或省区进行优化配置。水资源供需计算思路如下：

(1)考虑到黄河"87"分水方案的实施，依据《黄河流域水资源综合规划》中提出的黄河水资源配置成果，2020 水平年入海水量控制在 187.00 亿 m^3，2030 水平年南水北调西线一期工程生效前入海水量控制在 186.37 亿 m^3，2030 水平年南水北调西线一期工程生效后入海水量控制在 211.37 亿 m^3。

(2)在供需计算时，考虑支流优先，地表水、地下水统一调配，河口镇、利津、华县等重要断面控制下泄水量考虑河道内生态需水的要求，同时河口镇、利津断面满足最小下泄流量要求，河口镇按 250 m^3/s、利津按 150 m^3/s 控制。计算的水资源分区采用《黄河流域水资源综合规划》中划分的水资源分区。根据黄河流域行政区划和水系分布,结合分区情况,并考虑主要断面控制要求和工程情况,划分计算单元,按流域水系连接起来,形成水资源供需计算节点。计算时段为月。

(3)用水户供水顺序:生活用水优先,农田保灌面积用水、工业、河道外生态环境统筹兼顾。考虑到未来一定时期内流域内水资源供需矛盾将进一步加剧,在优先满足待建工程规划的生活和工业供水情况下,农业新增用水允许有缺口。

(4)为更好地对比分析规划的各建设方案对水资源调控和发电作用,考虑到同一方案中若工程生效时机不同,无法与需水相匹配,将设置的建设方案从 4 个方面分析:一是现状工程(对应方案 1);二是在现状工程基础上增加古贤水利枢纽生效(对应方案 2);三是在现状工程基础上考虑古贤水库和黑山峡水库均生效(对应方案 3、方案 4 和方案 5);四是在现状工程基础上考虑碛口水利枢纽生效。不同水平年主要包括 2020 年、2030 无西线和 2030 年有西线。黄河水沙调控体系工程建设规划方案联合运用原则和方式见本书第 6 章。

8.3.2 不同方案水资源调控作用分析

黄河水沙调控体系建成后,考虑到新增水利枢纽自身的供水能力,以及其供水范围内城镇生活、生产用水量增加,水资源重复利用率提高;流域内区域间的供水量发生了变化,工程供水省区供水量增加,而其他省区供水量相应减少,实现水资源优化配置。与现状工程方案(对应方案 1)相比,古贤水库生效方案(对应方案 2)不同水平年流域内总供水量增加 2.62 亿~3.99 亿 m^3,其中陕西和山西供水量共增加 6.13 亿~9.44 亿 m^3;古贤水库和黑山峡水库均生效方案(对应方案 3、方案 4 和方案 5)不同水平年流域内总供水量增加 3.35 亿~5.42 亿 m^3,其中陕西和山西供水共增加 9.24 亿~9.89 亿 m^3。与黄河流域供水指标相比,通过水沙调控体系的径流调节,除现状工程方案在河口镇—三门峡河段达不到河道外供水指标外,其他方案基本可满足黄河流域河道外多年平均供水指标要求。

黄河水沙调控体系建成后,提高蓄丰补枯能力,进一步减少枯水年份流域内缺水,也可实现枯水年份河道外供水指标。与现状工程相比,古贤水库生效后各水平年枯水年份流域内河道外缺水均减少,其中特殊枯水年减少最为明显,减少幅度为 9.09 亿~34.65 亿 m^3,古贤水库和黑山峡水库均生效后各水平年特殊枯水年流域内河道外缺水减少幅度为 25.21 亿~38.97 亿 m^3。

黄河水沙调控体系建成后,发挥水库调蓄径流的作用,在改善河道生态环境起到一定作用,古贤水库和黑山峡水库生效后在有西线情况下,河口镇断面和利津断面的汛期和非汛期下泄水量均能达到河道内生态需水的要求。在调蓄径流的同时,梯级电站发电效益也有所增加,与现状工程方案相比,古贤水库生效后,不同水平年龙羊峡以下黄河干流其他梯级电站多年平均发电量增加 8.7 亿~10.7 亿 kWh(不包括古贤水库的发电量);古贤水库和黑山峡水库都生效后,各水平年龙羊峡以下干流其他梯级电站多年平均发电量增加 15.59 亿~39.37 亿 kWh(不包括古贤水库和黑山峡水库的发电量)。

8.3.2.1 多年平均供需分析

1. 现状工程方案(对应方案1)

黄河流域多年平均河道外总需水量2020水平年为521.13亿m^3,2030水平年增加到547.33亿m^3。现状工程方案下2020水平年流域内总供水量446.27亿m^3,其中地表供水量为310.14亿m^3,全流域河道外总缺水量为74.86亿m^3,缺水率为14.36%,地表水总消耗量为344.33亿m^3,入海水量为187.00亿m^3。

2030年由于需水增加,在南水北调西线一期工程生效前,流域内总供水量为450.13亿m^3,较2020水平年增加3.86亿m^3,全流域河道外总缺水量为97.20亿m^3,地表水总消耗量为346.05亿m^3,入海水量为186.37亿m^3。

在2030年水平有西线情况下,考虑南水北调西线一期工程和引汉济渭等调水工程增加供水量,流域内地表供水量为370.67亿m^3,较2030年无西线增加66.18亿m^3,全流域河道外总缺水量为31.02亿m^3,地表水总消耗量为401.05亿m^3,入海水量为211.37亿m^3。各水平年不同规划方案黄河流域供需结果见表8-10。

表8-10 各水平年不同规划方案黄河流域供需结果 (单位:亿m^3)

方案	水平年	流域内需水量	流域内供水量				流域内缺水量	流域内缺水率(%)	流域内地表耗水量	流域外供水量	合计耗水量	入海水量
			地表水	地下水	其他	合计						
现状工程	2020	521.13	310.14	123.70	12.43	446.27	74.86	14.36	250.99	93.34	344.33	187.00
	2030无西线	547.33	304.49	125.28	20.36	450.13	97.20	17.76	252.71	93.34	346.05	186.37
	2030有西线	547.33	370.67	125.28	20.36	516.31	31.02	5.67	303.71	97.34	401.05	211.37
古贤水库生效	2020	521.13	312.80	123.70	12.43	448.93	72.20	13.85	250.99	93.34	344.33	187.00
	2030无西线	547.33	307.11	125.28	20.36	452.75	94.58	17.28	252.71	93.34	346.05	186.37
	2030有西线	547.33	374.66	125.28	20.36	520.30	27.03	4.94	303.71	97.34	401.05	211.37
古贤水库+黑山峡水库生效	2020	521.13	314.00	123.70	12.43	450.13	71.00	13.62	250.99	93.34	344.33	187.00
	2030无西线	547.33	307.84	125.28	20.36	453.48	93.85	17.15	252.71	93.34	346.05	186.37
	2030有西线	547.33	376.09	125.28	20.36	521.73	25.60	4.68	303.71	97.34	401.05	211.37

2. 古贤水库生效方案(对应方案2)

古贤水库建成后,2020水平年流域内总供水量448.93亿m^3,其中地表供水量为312.80亿m^3,较现状工程方案增加2.66亿m^3,陕西和山西地表供水量较现状工程方案分别增加1.34亿m^3和4.79亿m^3。

古贤水库生效后,2030年无西线条件下,流域内河道外总缺水量94.58亿m^3,较现状工程方案减少2.62亿m^3;流域内总供水量452.75亿m^3,其中地表供水量307.11亿m^3,陕西和山西地表供水量较现状工程方案分别增加2.87亿m^3和5.20亿m^3。

在2030年有西线情况下,古贤水库生效后,流域内河道外总缺水量27.05亿m^3,较现状工程方案减少3.99亿m^3;流域内总供水量520.30亿m^3,其中地表供水量为374.66

亿 m³,陕西和山西地表供水量较现状工程方案分别增加 3.93 亿 m³ 和 5.51 亿 m³。

3. 古贤水库和黑山峡水库生效方案(对应方案 3、方案 4 和方案 5)

古贤水库和黑山峡水库均生效后,通过径流调节提高了其供水区的用水保障。考虑到黄河流域在南水北调西线一期工程生效前,基本不增加黄河上游河段的用水量。与现状工程方案相比,2020 水平年陕西和山西地表供水量分别增加 4.07 亿 m³ 和 5.82 亿 m³;与仅古贤水库生效相比,2020 水平年陕西和山西地表供水量分别增加 2.73 亿 m³ 和 1.03 亿 m³。

古贤水库和黑山峡水库均建成后,在 2030 年水平无西线情况下,与现状工程方案相比,陕西、山西地表供水量分别增加 3.45 亿 m³ 和 5.79 亿 m³。与 2030 年水平无西线情况下古贤水库生效方案相比,陕西、山西地表供水量分别增加 0.58 亿 m³ 和 0.59 亿 m³。

古贤水库和黑山峡水库均生效后,在 2030 年水平有西线情况下,与现状工程方案相比,宁夏、内蒙古、陕西和山西地表供水量共增加 8.75 亿 m³。与 2030 年水平有西线情况下仅古贤水库生效相比,流域内地表供水量增加 1.43 亿 m³。

各水平年不同规划方案主要影响省区供水量详见 8-11。

表 8-11　各水平年不同规划方案主要影响省区供水量　　(单位:亿 m³)

方案	水平年	宁夏	内蒙古	陕西	山西	河南
现状工程	2020	70.68	88.19	82.08	59.09	58.23
	2030 无西线	66.89	86.83	90.49	61.03	60.61
	2030 有西线	90.29	108.20	91.86	61.20	61.41
古贤生效	2020	69.76	86.79	83.42	63.88	58.47
	2030 无西线	65.09	85.81	93.36	66.23	60.19
	2030 有西线	89.42	107.77	95.79	66.71	60.92
古贤+黑山峡生效	2020	70.71	88.28	86.15	64.91	56.21
	2030 无西线	67.02	86.85	93.94	66.82	57.45
	2030 有西线	89.86	107.90	95.80	66.74	60.65

4. 碛口水库生效方案

碛口水库建成后,2020 水平年流域内河道外多年平均总供水量 448.54 亿 m³,较现状工程方案增加 2.62 亿 m³,其中陕西和山西地表供水量增加 5.33 亿 m³;较古贤水库生效方案减少 0.38 亿 m³,其中陕西和山西地表供水量减少 0.77 亿 m³。

8.3.2.2　枯水段流域内缺水分析

由于黄河流域水资源时空分布不均,尤其是年际丰枯变化大,水沙调控体系各骨干水库的运用尤其是龙羊峡水库的多年调节作用,将直接影响水库蓄丰补枯作用,使全流域枯水年特别是连续枯水段的供水增加。在此选取中等枯水年、特殊枯水年和连续枯水段,分析各方案对缓解枯水年份全流域缺水形势的作用,详见表 8-12。

1. 枯水段选取分析

选取中等枯水年时,考虑到单独的某个年份不能很好地反映水资源时空分布不均和水库调节的影响。中等枯水年（1957 年、1960 年、1977 年、1980 年、1995 年共 5 年）平均地表水资源量是 434.5 亿 m^3，比 1956～2000 年系列多年平均的地表水资源量 534.8 亿 m^3 少 100.3 亿 m^3，相当于 76.1% 频率年份的地表水资源量。特殊枯水年选择黄河流域最枯的 1997 年，且在连续枯水段的后期，比较能够代表黄河流域水资源供需矛盾最大的年份。特殊枯水年份地表水资源量 307.7 亿 m^3，比 1956～2000 年系列多年平均的地表水资源量 534.8 亿 m^3 少 227.1 亿 m^3，相当于 97.8% 频率年份的地表水资源量。连续枯水年份选择 1994～2000 年为连续枯水段，平均地表水资源量是 416.7 亿 m^3，比 1956～2000 年系列多年平均的地表水资源量 534.8 亿 m^3 少 118.1 亿 m^3，相当于 83.8% 频率年份的地表水资源量。

表 8-12　各水平年不同规划方案枯水年份缺水量统计　（单位：亿 m^3）

方案	水平年	多年平均	中等枯水年	特殊枯水年	连续枯水段
现状工程	2020	74.86	101.88	180.96	136.62
	2030 无西线	97.21	127.58	185.38	150.67
	2030 有西线	31.02	41.82	72.47	42.72
古贤生效	2020	72.21	97.70	164.60	130.97
	2030 无西线	94.59	123.88	150.73	132.50
	2030 有西线	27.05	34.82	63.38	35.21
古贤生效与现状工程方案差值	2020	−2.65	−4.18	−16.36	−5.65
	2030 无西线	−2.62	−3.70	−34.65	−18.17
	2030 有西线	−3.97	−7.00	−9.09	−7.51
古贤＋黑山峡生效	2020	70.99	96.60	155.42	127.11
	2030 无西线	93.86	122.95	146.41	130.89
	2030 有西线	25.61	32.36	47.26	32.92
古贤＋黑山峡生效与古贤生效方案差值	2020	−1.22	−1.10	−9.18	−3.86
	2030 无西线	−0.73	−0.93	−4.32	−1.61
	2030 有西线	−1.44	−2.46	−16.12	−2.29

2. 结果分析

从表 8-12 可以看出，现状工程方案下，各水平年枯水年份流域内河道外缺水较多年平均增加。其中，不同水平年中等枯水年流域内河道外缺水量为 41.82 亿～127.58 亿 m^3，较多年平均值增加 10.80 亿～30.37 亿 m^3；特殊枯水年来水枯且位于连续枯水段的后期，水资源供需矛盾最大，流域内河道外缺水量达到 72.47 亿～185.38 亿 m^3，较多年平均值增加 41.45 亿～106.10 亿 m^3；连续枯水年流域内河道外缺水量为 42.72 亿～150.67 亿 m^3，介于中等枯水年和特殊枯水年之间，较多年平均值增加 11.70 亿～61.76 亿 m^3。

古贤水库生效后，与现状工程相比，各水平年枯水年份流域内河道外缺水均减少，其中特殊枯水年减少最为明显，减少幅度为9.09亿～34.65亿m^3，其次为连续枯水年，减少幅度为5.65亿～18.17亿m^3；古贤水库和黑山峡水库均生效后，水库联合运用，调蓄径流作用增强，各水平年特殊枯水年流域内河道外缺水量减少25.21亿～38.97亿m^3，连续枯水年流域内河道外缺水量减少9.80亿～19.78亿m^3。

古贤水库和黑山峡水库均生效后，与古贤水库生效方案相比，各水平年枯水系列年份流域内河道外供水增加，缺水量减少，其中特殊枯水年流域内河道外缺水量为47.26亿～155.42亿m^3，较古贤水库生效方案减少4.32亿～16.12亿m^3；连续枯水年流域内河道外缺水量较古贤生效方案减少量介于中等枯水年和特殊枯水年之间，为1.61亿～3.86亿m^3；中等枯水年流域内河道外缺水量较古贤水库生效方案减少0.93亿～2.46亿m^3。

碛口水库生效后，与现状工程相比，中等枯水年、特殊枯水年和连续枯水段2020水平年流域内河道外缺水量分别减少2.97亿m^3、6.79亿m^3、3.11亿m^3；与古贤水库生效方案相比，中等枯水年、特殊枯水年和连续枯水段2020水平年流域内河道外缺水量分别增加1.21亿m^3、9.57亿m^3、2.55亿m^3。

可见，黄河水沙调控体系建成以后，可提高流域水资源调控能力，增大了水库蓄丰补枯能力，减少了枯水年份流域内缺水，在一定程度上缓解了流域水资源供需矛盾。

8.3.2.3 断面出流量分析

经过长系列计算，不同规划方案各水平年河口镇和利津断面全年、汛期和非汛期下泄水量见表8-13，以此分析河道内用水满足情况。

表8-13 不同规划方案各水平年河口镇和利津断面下泄水量(1956～2000年)

(单位:亿m^3)

方案	水平年	河口镇			利津		
		汛期	非汛期	全年	汛期	非汛期	全年
现状工程	2020	89.9	110.5	200.4	109.4	77.6	187.0
	2030无西线	87.1	108.9	196.0	98.8	87.9	186.7
	2030有西线	122.8	112.3	235.1	131.6	79.7	211.3
古贤生效	2020	92.9	111.7	204.6	109.8	77.2	187.0
	2030无西线	90.4	110.6	201.0	101.1	85.1	186.2
	2030有西线	125.8	114.3	240.1	135.0	76.3	211.3
古贤+黑山峡生效	2020	110.9	97.1	208.0	126.0	61.0	187.0
	2030无西线	108.1	94.2	202.3	122.3	64.2	186.5
	2030有西线	140.7	101.7	242.4	150.5	60.9	211.4

上游以河口镇断面为分析断面，分析龙羊峡水库、刘家峡水库和黑山峡水库调节后，河口镇断面径流过程变化和上游河道内生态需水满足情况；下游以利津断面为分析断面，分析上游梯级以及古贤水库、三门峡水库和小浪底水库调节后，汛期和非汛期入海水量变化及其是否满足下游河道内生态需水的要求。

1. 河口镇断面

现状工程条件下 2020 水平年河口镇断面全年下泄水量为 200.4 亿 m^3，其中汛期为 89.9 亿 m^3。2030 水平年无西线情况下河口镇断面全年下泄水量为 196.0 亿 m^3，其中汛期为 87.1 亿 m^3。2030 水平年有西线情况下，考虑西线一期工程配置河道内水量，河口镇断面全年下泄水量为 235.1 亿 m^3，其中汛期为 122.8 亿 m^3，基本满足汛期河道内生态环境需水量的要求。

古贤水库建成后，各水平年河口镇断面全年下泄水量为 201.0 亿～240.1 亿 m^3。2030 水平年有西线情况下，考虑西线一期工程配置河道内水量，河口镇断面汛期下泄水量为 125.8 亿 m^3，较 2030 水平年无西线情况下增加 35.4 亿 m^3，可满足汛期河道内生态环境需水量的要求。

古贤水库和黑山峡水库均建成运行后，考虑黑山峡水库汛期大流量调水调沙的影响，与现状工程相比，各水平年河口镇断面汛期水量增加了 17.9 亿～21.0 亿 m^3；与仅古贤水库建成相比，不同水平年河口镇断面汛期水量增加了 14.9 亿～18.0 亿 m^3。

各方案河口镇断面均完全满足最小下泄流量 250 m^3/s 要求，也满足生态环境适宜流量要求。

2. 利津断面

利津断面是黄河入海控制断面，各方案不同水平年全年下泄水量比 220 亿 m^3 少 8.7 亿～33.7 亿 m^3，除 2030 水平年有西线情况下古贤水库和黑山峡水库均生效方案外，其他方案汛期下泄水量均不能满足输沙需水 150 亿 m^3 的最低要求；各方案各水平年非汛期下泄水量均可满足生态环境需水 50 亿 m^3 的要求。

古贤水库建成运行后，与现状工程相比，各水平年利津断面汛期水量增加了 0.4 亿～3.4 亿 m^3，但仍不能满足汛期生态环境需水 150 亿 m^3 的最低要求。古贤水库和黑山峡水库均建成运行后，与仅古贤水库建成相比，各水平年利津断面汛期水量增加了 15.5 亿～21.2 亿 m^3，使得 2030 水平年利津汛期入海水量达到 150.5 亿 m^3，基本满足下游河道汛期输沙要求。

各方案利津断面均完全满足最小下泄流量 150 m^3/s 的要求，2030 水平年满足生态环境适宜流量要求的保证率，从现状工程的 85.7% 提高到古贤水库、黑山峡水库均建成的 92.1%。

8.3.3 不同方案发电作用分析

不同规划方案各水平年龙羊峡以下黄河干流梯级电站发电量见表 8-14。现状工程条件下，龙羊峡以下黄河干流梯级电站多年平均发电量 2020 水平年为 526.56 亿 kWh，2030 水平年无西线情况下为 511.89 亿 kWh，2030 水平年有西线情况下为 670.65 亿 kWh。

古贤水库生效后，2020 水平年、2030 水平年无西线和 2030 水平年有西线情况下古贤水库多年平均发电量为 60.48 亿 kWh、57.98 亿 kWh 和 71.19 亿 kWh。与现状工程相比，龙羊峡以下黄河干流其他梯级电站多年平均发电量增加 8.73 亿～10.72 亿 kWh（不包括古贤水库的发电量）。

表 8-14　各水平年不同规划方案黄河干流梯级工程多年平均发电量　（单位:亿 kWh）

方案	水平年	龙羊峡—河口镇					河口镇以下					总计
		龙羊峡	刘家峡	黑山峡	其他	小计	古贤	三门峡	小浪底	其他	小计	
现状工程	2020	41.94	49.06	0	323.37	414.37	0	12.55	53.06	46.58	112.19	526.56
	2030 无西线	35.75	45.08	0	321.13	401.96	0	12.70	52.48	44.75	109.93	511.89
	2030 有西线	64.51	64.01	0	419.02	547.54	0	13.20	60.15	49.76	123.11	670.65
古贤生效	2020	42.40	49.99	0	329.40	421.79	60.48	13.76	52.99	48.76	175.99	597.78
	2030 无西线	40.72	45.18	0	323.83	409.73	57.98	12.91	52.18	46.99	170.06	579.79
	2030 有西线	65.94	64.03	0	424.67	554.64	71.19	13.40	60.09	51.25	195.93	750.57
古贤+黑山峡生效	2020	45.27	50.79	63.60	353.93	513.59	60.82	13.79	52.82	49.33	176.76	690.35
	2030 无西线	41.82	45.78	67.90	335.89	491.39	58.38	12.95	52.09	47.50	170.92	662.31
	2030 有西线	67.14	65.98	76.30	425.82	635.24	71.95	13.52	59.62	54.16	199.25	834.49

古贤水库和黑山峡水库均生效后,2020 水平年、2030 水平年无西线和 2030 水平年有西线情况下古贤水库多年平均发电量分别为 60.82 亿 kWh、58.38 亿 kWh 和 71.95 亿 kWh,黑山峡水库多年平均发电量分别为 63.60 亿 kWh、67.90 亿 kWh 和 76.30 亿 kWh。与现状工程方案相比,各水平年龙羊峡以下干流其他梯级电站多年平均发电量增加 15.59 亿～39.37 亿 kWh(不包括古贤水库和黑山峡水库的发电量)。

碛口水库生效后,2020 水平年碛口多年平均发电量为 40.83 亿 kWh。与现状工程相比,龙羊峡以下黄河干流梯级电站多年平均发电量增加 5.26 亿 kWh(不包括碛口水库的发电量),与古贤水库生效相比,龙羊峡以下黄河干流梯级电站多年平均发电量减少 4.65 亿 kWh(不包括碛口水库和古贤水库的发电量)。

8.4　小　结

本章计算分析了黄河水沙调控体系的防洪、防凌、水资源调控和发电作用,取得以下主要成果:

(1)黄河上游和中下游的大洪水和特大洪水都不同时遭遇,按照水沙调控体系的总体布局,黄河上游的龙羊峡、刘家峡、黑山峡三座骨干工程承担黄河上游的防洪任务;中游干流的碛口、古贤、三门峡、小浪底四座水库与支流的陆浑、故县、河口村、东庄四座水库承担黄河下游的防洪任务。根据本次研究提出的防洪调控指标,结合以往研究成果,研究提出了现状工程方案、古贤水库生效后方案,古贤水库、黑山峡水库生效后方案,古贤水库、黑山峡水库、碛口水库均生效后方案,黄河上游子体系与黄河中下游子体系式联合防洪运用原则与方式。

(2)现状工程方案,黄河上游水库联合防洪调度,可提高黄河上游水电站和兰州市防洪标准,使盐锅峡洪水校核标准由 1 000 年一遇提高到 2 000 年一遇;八盘峡由 300 年一遇提高到1 000年一遇;将兰州市100年一遇天然洪峰流量8 080 m^3/s削减到河道安全泄量6 500 m^3/s。对进入黄河下游的"上大洪水",现状工程运用后,100年一遇洪水不用东平湖,1 000年一遇洪水不用北金堤滞洪区;对进入黄河下游的"下大洪水",现状工程对削减花园口洪峰流量及超万洪量有一定的作用,各水库联合运用后1 000年一遇洪水需相机使用北金堤滞洪区分洪。由于小花间无控制区洪水较大,黄河下游的洪水形势仍不容乐观。

古贤水库生效后,与三门峡、小浪底等水库联合防洪运用可控制稀遇洪水,有效减轻三门峡水库滞洪产生的不利影响,可大幅度减少三门峡水库大洪水滩库容损失。对于1933年型1 000年一遇洪水,三门峡库区滩库容淤积由无古贤水库的14.89亿m^3减少为7.43亿m^3,100年一遇洪水滩库容淤积由8.57亿m^3减少为1.82亿m^3,分别减少库容淤损7.46亿m^3、6.75亿m^3。古贤水库生效后与三门峡水库、小浪底水库联合防洪运用,对于"上大洪水"尽可能控制三门峡水库入库流量不大于10 000 m^3/s,有效承担三门峡水库的防洪负担,尽量减少下游东平湖的分洪概率,减少东平湖湖区淤积。

黑山峡水库生效后,与龙羊峡水库、刘家峡水库联合运用,可进一步削减洪水过程,提高宁蒙河段防洪标准,可将100年一遇及以下标准的洪水控泄至5 000 m^3/s,多余洪量拦蓄在库中;当入库洪水超过100年一遇时,不再限泄。黑山峡水库拦蓄洪水,可将宁蒙河段的防洪标准由目前的20~50年一遇提高到100年一遇。

碛口水库建成生效后,与古贤、三门峡、小浪底水库联合调节运用,可进一步提高对黄河中下游洪水的管理能力。可将碛口坝址万年一遇洪水由53 100 m^3/s削减为9 830 m^3/s;500年一遇洪水由37 100 m^3/s削减为8 490 m^3/s,客观上能够进一步削减小北干流的洪峰洪量,减轻其下游水库的防洪压力。

(3)现状工程条件下,上游龙羊峡、刘家峡水库联合防凌调度,通过调控凌汛期流量过程,提高出库水温,对缓解宁蒙河段的防凌防洪压力、减轻凌汛灾害威胁发挥了重要作用,但也存在一定的局限性;中游已建成的三门峡水库、小浪底水库在凌汛期联合运用,增强了凌汛期流量调控能力,提高了水库出库水温,基本解决了下游河道的防凌问题。

黑山峡水库建成后,将承担宁蒙河段大部分防凌任务,大大减轻龙羊峡水库、刘家峡水库的防凌压力。黑山峡水库建成后,在气温最低时期的出库水温将比建成前提高,零温断面位置将明显下移。与刘家峡水库防凌运用时内蒙古河道流量过程比较,黑山峡水库凌汛期按设计流量过程下泄时,进入内蒙古河道凌汛期流量过程明显改善,有利于缓解内蒙古河段的凌情。海勃湾水库适时、有针对性地根据封河期和开河期的来水特点和气象预报相机运用,配合上游水库,更好地缓解内蒙古河段的防凌问题。

古贤水库、碛口水库距离下游河道较远,对下游的防凌作用并不明显,两库运用后可有效缓解北干流河段的凌情,预计在气温最低时期的出库水温将比建库前提高4 ℃左右,使小北干流河段成为不封冻河段,有效缓解小北干流河段凌情。

(4)采用1956~2000年天然径流系列,按照《黄河流域水资源综合规划》需水预测成果,分析不同方案水资源调控作用表明,流域内区域供水量发生了变化,工程供水省区供水量增加,而其他省区供水量相应减少,实现水资源优化配置。

与现状工程方案相比,古贤水库生效后不同水平年流域内总供水量增加2.62亿~

3.99 亿 m^3；古贤水库和黑山峡水库均生效方案不同水平年流域内总供水量增加 3.35 亿～5.42 亿 m^3。与流域供水指标相比，除现状工程方案外，其他方案基本可满足黄河流域河道外多年平均供水指标要求。

与现状工程方案相比，古贤水库生效后各水平年枯水年份流域内河道外缺水均减少，其中特殊枯水年减少最为明显，减少幅度为 9.09 亿～34.65 亿 m^3，古贤水库和黑山峡水库均生效后各水平年特殊枯水年流域内河道外缺水减少为 25.21 亿～38.97 亿 m^3。

黄河水沙调控体系建成后，发挥水库调蓄径流的作用，在改善河道生态环境方面起到一定作用。与现状工程方案相比，古贤水库建成运行后，各水平年利津断面汛期水量增加了 0.4 亿～3.4 亿 m^3。古贤水库和黑山峡水库均建成运行后，与仅古贤水库建成相比，各水平年利津断面汛期水量增加了 15.5 亿～21.2 亿 m^3。古贤水库和黑山峡水库生效后在有西线情况下，河口镇断面和利津断面的汛期和非汛期下泄水量均能达到河道内生态需水的要求。

（5）现状工程方案不同水平年龙羊峡以下黄河干流梯级电站多年平均发电量为 511.89 亿～670.65 亿 kWh；古贤水库生效后，不同水平年龙羊峡以下黄河干流其他梯级电站多年平均发电量增加 8.73 亿～10.72 亿 kWh（不包括古贤水库）；古贤水库和黑山峡水库都生效后，各水平年龙羊峡以下黄河干流其他梯级电站多年平均发电量增加 15.59 亿～39.37 亿 kWh（不包括古贤水库和黑山峡水库）。

第 9 章　待建工程的开发次序和建设时机

黄河水沙调控体系的工程布局是以干流七大控制性骨干工程龙羊峡、刘家峡、黑山峡、碛口、古贤、三门峡、小浪底为主体,海勃湾水库、万家寨水库为补充,与支流陆浑水库、故县水库、河口村水库、东庄水库共同构成的。

干流上的黑山峡、碛口、古贤三座骨干工程均以社会效益为主,公益性较强,静态投资都在 100 亿元以上。为适应流域国民经济的发展要求,同时考虑中央投资能力、安排和沿黄各省(区)的财政承受能力,应分期安排建设干流骨干工程,提出开发次序,并在此基础上确定各骨干工程的建设时机。古贤、碛口两座水利枢纽的作用主要体现在北干流河段及下游河道,两者开发任务基本相近,需进行开发次序论证;黑山峡水利枢纽的作用主要体现在宁蒙河段,与北干流河段优选开发的枢纽在国家投资额度有限的情况下也需进行开发次序论证。支流上河口村水利枢纽已于 2007 年开工建设,海勃湾水利枢纽已于 2010 年 4 月开工建设,本次规划仅对黑山峡、碛口、古贤、东庄等四座待建骨干工程的建设时机进行分析。

9.1　待建骨干工程作用分析

开发次序及建设时机的分析均需在分析各骨干工程在水沙调控体系中所发挥作用的基础上,对各枢纽进行开发任务、经济效果、社会影响等各方面的综合比较。其中,开发次序论证思路主要针对相比较的两枢纽在相同的前提条件下、相同时期内发挥生效的作用进行分析,建设时机论证思路则重在对枢纽不同投入时机的作用进行分析,应分析枢纽在推荐建设时间、提前建设、推后建设等不同情况下的作用,需开展大量的方案计算工作。因此,结合以往研究成果及各方对枢纽建设的初步意见,开发次序的论证以各枢纽 2020 年生效发挥的作用为例进行典型分析,建设时机的论证则从各枢纽建设的迫切性出发,对两个不同水平年生效的作用进行对比分析说明枢纽的建设时机。

本节作用论述主要以第 7 章设置的方案为基础,其中古贤水库的作用采用方案 2(古贤 2020 年生效)、方案 4(古贤 2020 年、黑山峡 2030 年生效)和方案 5(古贤、黑山峡 2030 年生效)的结果,黑山峡水库的作用采用方案 3(古贤、黑山峡均 2020 年生效)及方案 4(古贤 2020 年、黑山峡 2030 年生效)的结果,碛口的作用采用补充方案(碛口 2020 年生效 + 现状工程)的结果。开发次序和建设时机论证时对三座干流骨干工程作用所采用的方案集说明见表 9-1。

在第 7 章,利用多家模型对减淤效果进行计算比选分析,各家模型计算成果基本一致。本节对开发次序和建设时机论证中的减淤作用以黄河设计公司数学模型计算成果为例说明,其他模型成果在此不再列出。

表 9-1　开发次序和建设时机采用方案集说明

<table>
<tr><th>分项</th><th>古贤</th><th>黑山峡</th><th>碛口</th></tr>
<tr><td>开发次序</td><td>方案 2
（古贤 2020 年生效）</td><td>方案 3
（古贤、黑山峡 2020 年生效）</td><td>补充方案
（碛口 2020 年生效）</td></tr>
<tr><td rowspan="2">建设时机</td><td>方案 4
（古贤 2020 年、黑山峡 2030 年生效）</td><td>方案 3
（古贤、黑山峡 2020 年生效）</td><td rowspan="2">定性分析</td></tr>
<tr><td>方案 5
（古贤、黑山峡 2030 年生效）</td><td>方案 4
（古贤 2020 年、黑山峡 2030 年生效）</td></tr>
</table>

9.1.1　古贤水利枢纽作用

9.1.1.1　减淤作用

1. 减轻黄河下游河道淤积

古贤水库总库容 146.59 亿 m^3，拦沙库容 107.85 亿 m^3，可拦沙 140.21 亿 t。在其拦沙期内显著拦减进入黄河下游的泥沙，并与小浪底水库联合进行对黄河水沙的调控，是缓解黄河下游河道淤积、保障防洪安全的重大战略措施。

根据方案计算结果：现状工程条件下，2008～2158 年 150 年下游河段累计淤积泥沙 295.08 亿 t，年均淤积量为 1.97 亿 t；古贤 2020 年建成生效方案（方案 2），古贤水库与现状工程联合运用，150 年下游河段累计淤积泥沙 183.25 亿 t，年均淤积量为 1.22 亿 t，与现状工程方案相比，2020～2158 年下游河道累计减少淤积 111.83 亿 t，年均减淤 0.81 亿 t，相当于现状工程条件下下游河道 52 年的淤积量；古贤 2020 年、黑山峡 2030 年建成生效方案（方案 4），150 年下游河道累计淤积泥沙 162.67 亿 t，年均淤积量为 1.08 亿 t，与现状工程方案相比，2020～2158 年下游河道累计减淤 132.41 亿 t，年均减淤 0.96 亿 t，相当于现状工程条件下下游河道 61 年的淤积量。黄河水沙调控体系工程全部生效方案（方案 6），古贤水库与其他工程联合运用，150 年下游河段累计淤积泥沙 97.37 亿 t，年均淤积量为 0.65 亿 t，与现状工程方案相比，2020～2158 年下游河道累计减淤 197.71 亿 t，年均减淤 1.43 亿 t，相当于现状工程条件下下游河道 91 年的淤积量。

2. 维持黄河下游河道中水河槽行洪输沙能力

古贤水库投入运用后，通过水库拦沙并和小浪底水库联合调水调沙，可对中游高含沙洪水过程进行调节，长时期协调进入下游的水沙关系，对恢复和保持下游河道中水河槽行洪输沙能力具有十分重要的作用。

小浪底水库于 2020 年左右完成主要拦沙期，古贤水库 2020 年建成生效后，对于 150 年系列，在古贤水库、小浪底水库的联合作用下，可使黄河下游中水河槽在 2070 年以前都能维持在 4 000 m^3/s 以上，可迅速改变小浪底水库拦沙库容淤满后下游各河段平滩流量迅速下降的局面，较长时期维持下游河道中水河槽行洪输沙功能。古贤水库投入运用后，考虑水沙调控体系工程黑山峡水库、碛口水库等相继投入运用，通过水沙调控体系联合调控运用，对维持下游河道中水河槽过流能力作用更加明显著。古贤水库拦沙库容淤满后，仍能保持长期有效库容35.05亿m^3，调水调沙库容约20亿m^3，与小浪底水库联合调水调沙运用，对提高黄河下游中水河槽过流能力仍具有显著作用。

3.减轻小北干流淤积、降低潼关高程、缓解渭河下游防洪压力的作用

古贤坝址距潼关河段约200 km，水库拦沙初期以异重流排沙为主，汛期可通过水库拦沙和调水调沙运用从根本上改变潼关河段不利的水沙关系，使小北干流河段、潼关至古夺河段发生持续性冲刷，恢复小北干流河道主槽过流能力，从而降低潼关高程，使渭河下游可得到溯源冲刷，逐渐恢复渭河下游的主槽行洪能力，对渭河防洪十分有利。

现状工程条件下，小北干流河段将会持续淤积，150年系列累计淤积约78.32亿t，年均淤积0.52亿t，与小北干流河段淤积相应，潼关高程呈现逐年抬升的态势，年均抬升0.010 m。古贤水库2020年投入运用方案（方案2），计算的150年系列，小北干流河段累计淤积约31.08亿t，与现状工程方案相比，累计减淤量47.24亿t，相当于现状工程条件下小北干流96年的淤积量，古贤水库投入运用后，潼关高程最大下降值达1.93 m，潼关高程维持在328 m以下的年数有86年；古贤2020年、黑山峡2030年投入运用方案（方案4），150年系列小北干流河段累计淤积约17.09亿t，与现状工程方案相比，累计减淤量61.23亿t，相当于现状工程下小北干流124年的淤积量，古贤水库投入运用后，潼关高程最大下降值达13.81 m，潼关高程维持在328 m以下的年数有132年。水沙调控体系工程全部生效方案（方案6），小北干流河段可长期处于冲淤平衡状态，潼关高程在2023年以后都能维持在328 m以下。

9.1.1.2 防洪作用

（1）可有效减轻三门峡水库滞洪产生的不利影响。

古贤水库防洪运用可大幅度削减三门峡水库的入库洪峰流量，使三门峡水库滞洪水位明显降低，还可大幅度减少三门峡水库大洪水滞洪运用时造成的滩库容损失。

对于不同频率的1967年型洪水，经古贤水库调蓄后，三门峡水库滞洪水位可降低1.15～6.37 m；对于不同频率的1933年型洪水，三门峡水库滞洪水位降低2.13～6.16 m。滞洪水位的有效降低，可大幅度减轻洪水对三门峡库区返库移民的威胁，减轻三门峡水库洪水期滞洪蓄水对潼关河段洪水的顶托作用。

（2）古贤水利枢纽控制大洪水客观上起到了显著削减小北干流河段的洪水作用。

古贤水库建成后，通过对入库大洪水分级控制防洪运用，可将坝址1 000年一遇洪峰流量由38 500 m^3/s削减到11 400 m^3/s，削峰率为70.4%；100年一遇洪峰流量由27 400 m^3/s削减到9 880 m^3/s，削峰率为63.9%；20年一遇洪峰流量由19 500 m^3/s削减到8 990 m^3/s，削峰率为53.9%。客观上大大削减了小北干流的洪水流量，减轻了大洪水漫滩造成的洪灾损失，还可以有效地减少黄河洪水顶托倒灌渭河的影响。

（3）古贤水利枢纽工程与三门峡水库、小浪底水库联合防洪运用可减少东平湖分洪及黄河下游发生漫滩洪水的机遇。

现状情况下，三门峡水库、小浪底水库联合防洪运用，可以使100年一遇以下“上大洪水”不需使用东平湖分洪，但洪水超过100年一遇后，东平湖将投入运用。“上大洪水”含沙量高，东平湖一旦分洪，其库容损失很大，且不易恢复。古贤水库生效后与三门峡水库、小浪底水库联合防洪运用，对于“上大洪水”尽可能控制三门峡水库入库流量不大于

10 000 m^3/s,有效承担三门峡水库的防洪负担,尽量减小下游东平湖的分洪概率,减少东平湖湖区淤积。同时,可以进一步控制"上大洪水"时黄河下游的洪峰流量,减少黄河下游洪水的洪灾损失,有利于保障滩区人民生命财产安全,减轻"横河""斜河"冲决堤防的威胁。

(4)可减轻小北干流河段凌灾损失。

古贤水库通过拦沙并和小浪底水库联合调水调沙,将小北干流河段的主槽过流能力恢复并在一个较长时期内维持在 4 000 m^3/s 以上,基本消除容易形成冰塞的不利河道边界条件,增加水流输冰能力。水库蓄水运用后,其坝址上游的河道来冰将全部被拦蓄在库区,基本消除了由冰块壅塞形成冰坝的物质条件;同时预计在气温最低时期的出库水温将比水库建成前提高约 4 ℃,将使小北干流河段成为不封冻河段,对小北干流河段防凌极为重要。

9.1.1.3 供水作用

古贤水利枢纽调节库容 35.05 亿 m^3,其供水区跨陕西 8 县、山西 19 个市(县)及龙门灌区。古贤的供水作用主要体现在两方面:一是通过调节径流,增加供水区供水,改善现有扬水站的引水条件,提高灌溉保证率;二是通过与水沙调控体系内其他枢纽联合调控,增大水库蓄丰补枯能力,减少枯水年份流域内缺水。

从古贤水库对其自身供水区的作用上看,主要体现在:古贤水库建成后,总供水量为 12.7 亿 m^3,其中农业供水量约为 8.1 亿 m^3;工业、城镇生活用水量为 4.6 亿 m^3。从枢纽对整个水沙调控体系发挥的作用上看:若古贤水库 2020 年生效,水沙调控体系联合运用,通过其径流调节,2020 水平年流域内总供水量 448.92 亿 m^3,较现状工程体系增加 2.65 亿 m^3,其中陕西和山西分别增加 1.34 亿 m^3 和 4.79 亿 m^3,流域内缺水量减少到 72.20 亿 m^3,缺水率降低 0.51%。若古贤水库 2030 年生效,水沙调控体系联合运用,通过其径流调节,2030 水平年流域内总供水量 452.75 亿 m^3,较现状工程增加 2.62 亿 m^3,其中陕西和山西地表供水量分别增加 2.87 亿 m^3 和 5.2 亿 m^3,流域内河道外缺水量减少到 94.58 亿 m^3,缺水率降低 0.48%。

从古贤水库在枯水年发挥的作用来看,若古贤水库 2020 年生效,在遭遇中等枯水年、特水枯水年、连续枯水段时,可减少缺水量 4.18 亿 m^3、16.36 亿 m^3、5.65 亿 m^3;若古贤水库 2030 年生效,在遭遇中等枯水年、特水枯水年、连续枯水段时,可减少缺水量 3.7 亿 m^3、34.65 亿 m^3、18.17 亿 m^3。

9.1.1.4 发电作用

古贤枢纽装机容量 210 万 kW,正常运用期多年平均发电量 70.96 亿 kWh,可替代火电站装机容量 231 万 kW。不仅对两岸地区经济发展非常有利,而且可减少环境污染,同时对实施"西电东送",缓解华北电网调峰矛盾具有重要作用。

古贤水库 2020 年投入运用后,体系发电量较现状工程增加 71.2 亿 kWh,为 597.76 亿 kWh,其中古贤水库发电量为 60.48 亿 kWh,龙羊峡以下干流其他梯级电站多年平均发电量增加 10.72 亿 kWh。古贤水库 2030 年投入运用后,体系发电量较现状工程增加 67.90kWh,为 579.79 亿 kWh,其中古贤水库发电量为 57.98 亿 kWh,龙羊峡以下干流其他梯级电站多年平均发电量增加 9.92 亿 kWh。

9.1.2 黑山峡水利枢纽作用

9.1.2.1 对维持宁蒙河段中水河槽的作用

黑山峡水库建成后,可通过水库的反调节作用,结合防凌运用的凌汛期蓄水,将非汛期富余的水量调节到汛期,增加汛期输沙水量;另外,可以利用汛期的调水调沙库容对入库流量进行调节,塑造大流量过程,同时通过水库拦沙可以明显减少进入宁蒙河段的泥沙,可以极大地改善进入宁蒙河段的水沙条件。

现状工程条件下,150 年内年平均进入宁蒙河段的水沙量分别为 301.56 亿 m^3 和 1.14 亿 t。其中,汛期水量占全年水量的 46.4%。150 年内宁蒙河段累计淤积泥沙 106.60 亿 t,年均淤积量为 0.71 亿 t。

黑山峡水库 2020 年建成生效,150 年内年平均进入宁蒙河段的水沙量分别为 299.60 亿 m^3 亿和 0.45 亿 t,汛期水量 150.42 亿 m^3,占全年水量的 50.2%,较现状工程条件相比增加了 3.8%。通过黑山峡水库的拦沙和汛期大流量调水调沙,宁蒙河段淤积量明显减小,2020~2158 年累计淤积 36.69 亿 t,年平均淤积量 0.27 亿 t,与同期无黑山峡水库方案相比减淤量为 62.12 亿 t,年均减淤 0.45 亿 t。

黑山峡水库建成生效后,内蒙古河段平滩流量由建成前的不足 1 000 m^3/s 逐步扩大到 2 000 m^3/s 左右,并且能够长期维持。

9.1.2.2 对宁蒙河段的防凌作用

黑山峡水利枢纽通过合理控制凌汛期进入内蒙古河段的流量,对减轻内蒙古河段凌汛灾害具有极为重要的作用。在封河期,适当加大灌区冬灌引水期流量,避免小流量封河的现象;力争控制、消除流凌封河期的冰塞现象,减轻冰塞壅水过高造成的凌情灾害。在稳封期,进一步控制下泄流量,给内蒙古河段 3 月“文开河”创造条件。在开河期,尽量减小短期开河期下泄流量,减少形成“武开河”的动力条件。

与目前刘家峡水库相比,黑山峡水库对内蒙古河段防凌更具优越性。一是黑山峡水库具有大库容优势,能够满足长远防凌对库容要求。黑山峡水库具有长期有效调节库容 57.6 亿 m^3,可以满足西线一期工程生效时防凌库容的需要。二是黑山峡水库位于刘家峡水库下游约 448.7 km 处,距内蒙古河段近,流量抵达宁蒙河段传播时间短了 3 d,在目前凌汛预报技术条件下,其防凌调度的及时性、有效性要明显高于龙羊峡水库、刘家峡水库。三是黑山峡水库防凌运用制约因素少,在协调防凌与供水、发电等矛盾方面更具优越性。目前,龙羊峡水库、刘家峡水库在防凌调度中,涉及的供水、发电等各方用水矛盾比较突出,2 月下旬刘家峡下泄流量已接近兰州市用水的最低流量要求,若为内蒙古河道防凌应急需求进一步减小下泄流量,甚至将闸门完全关闭,则严重影响兰州市供水安全。四是在黑山峡水库下泄水温影响下,可基本缓解目前宁夏河段还存在的凌汛问题,河道槽蓄水增量大幅度削减。

9.1.2.3 供水作用

黑山峡水库的供水作用主要体现在两个方面:一是配合南水北调西线工程,为黑山峡生态灌区建设提供水源,并解决当地能源基地供水问题,改善附近地区生态环境;二是通过与水沙调控体系内其他枢纽联合调控,增强水库蓄丰补枯能力,增加枯水年份流域内供水量。

黑山峡水利枢纽建成生效后，其供水作用主要体现在通过径流调节提高其供水区的用水保障程度，可使已建、在建103.73万亩生态灌区由抽水灌溉改为自流灌溉，使其他灌溉面积抽水扬程减少130～180 m；对于规划的生态灌区，可以使300万亩面积自流灌溉，内蒙古阿拉善左旗灌区（70万亩）扬程减少80 m、陕西灌区（100万亩）扬程减少216 m，可以有效降低供水成本，减轻灌区群众经济负担和地方财政补贴。从枢纽对整个体系的作用上看，由于在西线一期工程生效前，基本不增加黄河上游河段用水量，因此不同水平年生效对宁夏和内蒙古地表供水基本不变，流域缺水量变化不大。

从黑山峡水库在枯水年发挥的作用来看，若黑山峡水库2020年生效，在遭遇中等枯水年、特水枯水年、连续枯水段时，与现状工程相比，可减少缺水量1.10亿m^3、9.18亿m^3、3.86亿m^3；若黑山峡水库2030年生效，在遭遇中等枯水年、特枯水年、连续枯水段时，可减少缺水量0.93亿m^3、4.32亿m^3、1.61亿m^3。

9.1.2.4 发电作用

黑山峡水利枢纽装机容量200万kW，正常运用期多年平均发电量74.2亿kWh。

根据水沙调控体系对水资源的分析，古贤水库和黑山峡水库都生效后，2020水平年体系发电量为690.35亿kWh，与古贤水库2020年生效方案相比，体系发电量增加92.59亿kWh，其中黑山峡水库多年平均发电量为63.60亿kWh，其他梯级增发电量为28.99亿kWh；2030水平年（无西线）体系发电量为662.31亿kWh，与古贤2020年生效方案相比，体系发电量增加82.52亿kWh，其中黑山峡水库多年平均发电量为67.9亿kWh，其他梯级增发电量为14.62亿kWh。

9.1.3 碛口水利枢纽作用

9.1.3.1 减淤作用

碛口水库对河道的减淤作用主要表现在减少龙门到潼关河段干流河道的淤积以及碛口水库、三门峡水库和小浪底水库联合运用减少黄河下游河道的淤积。

1.对黄河下游河道的减淤作用

碛口水库总库容125.7亿m^3，拦沙库容110.8亿m^3，可拦沙144亿t，可有效减少进入下游河道的粗泥沙。

根据方案计算结果：现状工程条件下，2008～2158年150年下游河段累计淤积泥沙295.08亿t，年均淤积量为1.97亿t；碛口水库2020年建成生效后，碛口水库和小浪底水库联合运用，下游河段累计淤积泥沙184.67亿t，年均淤积量为1.23亿t；与现状工程相比，可累计减少黄河下游淤积110.41亿t，相当于现状工程条件下下游河道56年的淤积量。碛口水库投入运用后，与小浪底水库联合调水调沙作用有限，不能维持小浪底水库拦沙期塑造的4 000 m^3/s左右中水河槽。

2.对小北干流的减淤作用

现状工程条件下，小北干流河段将会持续淤积，150年系列累计淤积约78.32亿t，年均淤积0.52亿t。若碛口水库2020年投入运用，对150年系列，结合现状工程联合调控水沙,150 年累计淤积约 35.27 亿 t,累计减淤量 43.05 亿 t,相当于现状工程下小北干流 82 年的淤积量。150 年内潼关高程维持在 328 m 以下的年数有 40 年,与 2008 年汛前相比,潼关高程最大下降值达 0.62 m。

3. 与古贤水库联合调水调沙的作用

碛口水库位于古贤水利枢纽回水末端,在小浪底水库需要排沙恢复调水调沙库容时,与古贤水库联合塑造适合于小浪底水库排沙和下游河道输沙的大流量、长历时的水沙过程,冲刷小浪底库区淤积的泥沙,并尽量减少河道淤积。

9.1.3.2 防洪作用

碛口水库可以控制坝址以上北干流的洪水,削减禹潼河段洪水流量和降低三门峡水库蓄洪水位。若碛口水库先于古贤水库建设,碛口水库的防洪作用主要体现在对小北干流防洪的影响、对三门峡水库的防洪作用以及对下游梯级施工洪水的影响。

1. 对三门峡水库的防洪作用

碛口水库对三门峡库区的防洪作用,主要表现在当碛口以上发生大洪水时,可以降低三门峡水库的蓄洪水位。

对于 1967 年型洪水,经碛口水库调蓄后,三门峡滞洪水位可降低 1.23 ~ 1.71 m;对于以碛口—龙门区间来水为主的 1977 年洪水,由于洪水来自碛口以下,对三门峡水库所起作用甚微;对于以河口镇以下普遍来水的 1933 年型洪水,由于碛口以上来水相对较小,对三门峡水库所起作用较小,10 000 年一遇洪水可降低三门峡水库蓄洪水位 0.91 m。三门峡水库蓄洪水位的降低,对减少三门峡库区滩地的淹没和滩区人民生命财产的损失有重要作用。

2. 减轻小北干流河段洪(凌)灾损失的作用

碛口水库对小北干流的防洪作用,实际上是对龙门断面的削峰作用。龙门的洪峰、洪量大部分来自碛口以上,且该类型洪水发生概率较大。因此,对于碛口以上来水为主的中小洪水,碛口水库可有效地削减小北干流的洪峰流量,有利于小北干流河道整治。对于碛口以上来水为主的 1967 年型洪水,碛口水库可将龙门断面洪峰流量由 21 000 m^3/s 削减为 12 076 m^3/s,削峰率为 42.5%;遇碛口—龙门区间来水为主的 1977 年典型的 50 年一遇洪水,碛口水库可将龙门断面洪峰流量由 25 400 m^3/s 削减为 21 000 m^3/s(约相当于 20 年一遇),削峰率为 17.3%。洪峰流量的削减,有利于该河段的河道整治,减轻洪灾损失。

3. 对下游梯级施工洪水的影响

若碛口水库的修建先于古贤水库,碛口水库对其施工洪水有一定的削减作用,可降低施工导流等设施的投资费用。对各频率洪水经碛口水库调节后表明,碛口水库的运用可使古贤水库相应于 100 年一遇、50 年一遇洪水的洪峰流量从 29 000 m^3/s、254 000 m^3/s 削减为 23 600 m^3/s、21 300 m^3/s。

若古贤水库先于碛口水库建设,则碛口水库的防洪作用主要体现在减轻下游河道淤积,尤其是降低潼关高程和减少黄河下游河道淤积,显著缓解由于河道淤积给小北干流与黄河下游河道带来的防洪压力。

9.1.3.3 发电作用

碛口水电站装机容量180万kW,多年平均发电量为45.3亿kWh,可替代火电装机容量198万kW。碛口水电站建成后30年左右时间内可基本上清水发电,电站运用限制条件少,可以担任山西、陕西两省乃至华北电网的部分调峰任务,提高电力系统运行的经济可靠性,有力地促进两岸地区的经济发展。

根据水沙调控体系对发电的分析,若碛口水库2020年投入运用,体系发电量较现状工程增加46.10亿kWh,为572.66亿kWh,其中碛口水库发电量为40.83亿kWh,龙羊峡以下干流其他梯级电站多年平均发电量增加5.26亿kWh。

9.1.3.4 供水作用

碛口水库调节库容27.9亿m^3,供水区主要是山西省太原市和陕西省榆林地区工农业用水、生活用水及龙门灌区。其供水作用主要体现在增加供水区供水、为龙门灌区调节水量和改善引水条件和减少枯水年缺水量上。

从枢纽对其自身的供水区的作用上看:工业、城镇生活用水为5亿m^3。从枢纽对整个水沙调控体系发挥的作用上看:2020水平年流域内总供水量448.54亿m^3,较现状工程增加2.62亿m^3,其中陕西和山西地表水供水量共增加5.33亿m^3。

从碛口水库在枯水年发挥的作用来看,若碛口水库2020年生效,与现状工程相比,2020水平年枯水系列年份流域内河道外缺水量减少2.97亿~6.79亿m^3。

9.2 干流骨干工程开发次序

9.2.1 古贤、碛口两座水利枢纽工程开发次序比较

为合理确定两座水库的开发次序,需综合考虑治黄的迫切要求、各工程在维持黄河健康生命方面的作用,选择能够最大限度地满足黄河综合治理开发、水沙调控要求、经济指标比较优越的工程作为近期开发工程。

9.2.1.1 古贤、碛口两座水利枢纽对黄河治理开发作用的比较

古贤、碛口两座水利枢纽是位于同一河段的上下游两个控制性骨干工程,都具有防洪、减淤、供水灌溉、发电等作用,但由于其控制点洪水、泥沙条件不同,两工程的作用有一定的差别。

1.减淤作用比较

从水库本身的特征指标上看:古贤水库拦沙库容107.85亿m^3,可拦沙140.21亿t,碛口水库拦沙库容110.8亿m^3,可拦沙144亿t,二者拦沙库容大致相当,碛口水库略大。

从对黄河下游河道减淤效果看:古贤水库2020年投入并与三门峡水库、小浪底水库联合运用,2020~2158年下游河道累计淤积187.56亿t,与同期现状工程方案相比,累计减少黄河下游河道淤积泥沙111.83亿t,年平均减淤0.81亿t,相当于不淤年数52年。碛口水库2020年投入并与三门峡水库、小浪底水库联合运用,2020~2158年下游河道累计淤积泥沙188.98亿t,与同期现状工程方案相比,减少黄河下游河道淤积泥沙110.41

亿 t,年平均减淤 0.80 亿 t,相当于不淤年数 51 年。古贤水库、碛口水库对下游河道减淤总量相差不大,但对下游河道冲淤过程的影响差异较大,在 2050 年前,古贤水库对下游河道减淤作用较碛口水库大 13 亿 t 左右。古贤水库略优于碛口水库。

从对维持黄河下游中水河槽行洪输沙功能的作用上看:古贤水库 2020 年建成生效方案,2020 ~ 2158 年黄河下游平均平滩流量为 3 954 m^3/s,较现状工程方案提高 860 m^3/s,下游河道中水河槽在 2070 年以前都可维持在 4 000 m^3/s 以上;碛口水库 2020 年建成生效方案,2020 ~ 2158 年黄河下游平均平滩流量为 3 555 m^3/s,较现状工程方案提高 460 m^3/s,碛口水库投入运用后,难以维持小浪底水库拦沙期塑造的 4 000 m^3/s 左右的中水河槽。古贤水库优于碛口水库。

从对黄河小北干流河段减淤和控制潼关高程的作用看:古贤水库 2020 年建成生效方案,2020 ~ 2158 年小北干流河段累计淤积量 20.81 亿 t,与同期现状工程方案相比,累计减淤 47.24 亿 t,年平均减淤 0.34 亿 t,相当于现状工程下小北干流不淤年数 96 年。潼关高程最大下降值达 1.93 m,潼关高程维持在 328 m 以下的年数有 86 年。碛口水库 2020 年建成生效方案,2020 ~ 2158 年该河段累计淤积量 25.0 亿 t,累计减淤 43.06 亿 t,年平均减淤 0.31 亿 t,相当于现状工程下小北干流不淤年数 87 年。潼关高程最大下降值 0.92 m,潼关高程维持在 328 m 以下的年数有 40 年。古贤水库优于碛口水库。

从对渭河下游的减淤作用看:古贤水库投入运用,可使本河段河槽发生冲刷下切,平滩流量增大,小北干流河段中常洪水基本不上滩,小北干流河段的河槽冲刷将延伸至潼关以下河道,这对于稳定渭河下游河势,减少渭河下游河道淤积,提高渭河下游防洪能力十分有利。碛口水库距小北干流河段较远,对冲刷小北干流河槽、恢复河道中水河槽过流能力较弱,虽然对减少小北干流河道淤积量,减缓河道淤积抬高速度具有一定的作用,但对稳定渭河下游河势的作用较小。

由此可见,在维持下游河道中水河槽过流能力、降低潼关高程以及渭河下游河道减淤方面,古贤水库均优于碛口水库。

2. 防洪作用比较

从减轻三门峡水库滞洪影响比较上看,两者均可大幅度削减三门峡水库的入库洪峰流量,降低三门峡水库的蓄洪水位,使三门峡水库滞洪水位明显降低。对于不同频率的以古贤以上来水为主的 1967 年型洪水,经古贤水库、碛口水库单独调蓄后,三门峡水库滞洪水位可分别降低 1.15 ~ 6.37 m、1.23 ~ 1.71 m;对不同频率的以河口镇以下普遍来水的 1933 年型洪水,经古贤水库调蓄后,三门峡水库滞洪水位降低 2.13 ~ 6.16 m,碛口水库单独调蓄后,10 000 年一遇洪水可降低三门峡水库蓄洪水位 0.91 m。古贤水库的作用优于碛口水库。

从削减小北干流河段洪水作用比较:古贤水库单独作用,其坝址处 20 年一遇、100 年一遇、1 000 年一遇洪水的削峰率分别为 53.9%、63.9%、70.4%。碛口水库单独作用,对于以碛口以上来水为主的 1967 年型洪水,削峰率为 42%;对三门峡以上普遍来水的 1933 年型洪水,碛口水库对龙门断面有一定的削峰作用;对于以碛口—龙门区间来水为主的洪水,削峰率仅为 17.3%。古贤水库的作用优于碛口水库。

从对减轻小北干流凌灾的作用比较:古贤水库、碛口水库位于小北干流河段上首,均可通过拦沙、调水调沙,恢复小北干流河段的主槽过流能力,起到显著改善河道形态,增加水流输冰能力的作用。同时可通过水库蓄水运用,拦蓄其坝址上游的河道来冰,提高出库水流水温,为小北干流河段成为不封冻河段创造条件。就其地理位置而言,碛口水库位于古贤水库上游 235 km 处,可对北干流较长的河段发挥流量调节作用,作用相对古贤水库而言稍大。

从对下游防洪作用比较:古贤水库距三门峡水库约 308 km,可与三门峡水库、小浪底水库联合运用,对于“上大洪水”尽可能控制三门峡水库入库流量不大于 10 000 m^3/s,有效承担三门峡水库的防洪负担,尽量减小下游东平湖的分洪概率。同时可以进一步控制“上大洪水”时黄河下游的洪峰流量,减少黄河下游洪水的洪灾损失。而碛口水库距三门峡水库约 543 km,距离较远,基本不考虑与三门峡水库、小浪底水库的联合防洪运用,从该方面看,古贤水库对下游的防洪作用较碛口水库更大。

比较古贤水库、碛口水库两者防洪作用,总的来说,古贤水库位于碛口水库下游,距碛口坝址 235 km,可以拦蓄更大面积的洪水,对小北干流和三门峡水库的防洪作用优于碛口水库,且可和三门峡水库、小浪底水库联合运用,对下游的防洪作用也优于碛口水库。

3. 供水作用比较

从枢纽自身的调节能力上看,古贤水库、碛口水库都有一定的调节库容,分别为 35. 56 亿 m^3、27. 9 亿 m^3,古贤水库优于碛口水库。

从枢纽对供水区的作用上看,古贤水库、碛口水库均向陕西、山西及龙门灌区供水,两者均可满足供水区工农业用水及龙门灌区近期或远期的用水量要求。从供水量上看,古贤水库、碛口水库工业、生活供水量分别为 4. 6 亿 m^3、5 亿 m^3(不含龙门灌区供水),两枢纽供水量大致相当。从供水对象上看,碛口库区主要向山西省煤电基地、陕西省煤电基地和天然气化工基地供水,有利于能源基地的持续发展。从对龙门灌区的供水作用上看,古贤水库、碛口水库对龙门灌区供水均为间接引水;碛口下泄水量有一定的含沙量,水泵及其他水工建筑物仍存在着一定的磨损问题;古贤水库距禹门口 75 km,对龙门灌区的引水含沙量可起到较好的控制作用,古贤水库优于碛口水库。从枢纽在体系中的供水作用比较:古贤水库、碛口水库 2020 年投入运用,流域内总供水量分别为 448. 93 亿 m^3、448. 54 亿 m^3,陕西和山西地表水供水量合计分别增加 6. 13 亿 m^3、5. 33 亿 m^3,基本无差别。

从各枢纽在枯水年发挥的作用上看,古贤水库 2020 年生效,在遭遇中等枯水年、特水枯水年、连续枯水段时,可分别减少缺水量 4. 18 亿 m^3、16. 36 亿 m^3、5. 65 亿 m^3;碛口水库 2020 年生效,在遭遇中等枯水年、特水枯水年、连续枯水段时,可分别减少缺水量 2. 97 亿~6. 79 亿 m^3。由此来看,古贤水库在枯水年可发挥更大的作用。

综上所述,从两枢纽的综合供水作用而言,古贤水库与碛口水库差别不大,古贤水库略优于碛口水库。

4. 发电作用比较

从单个枢纽的发电作用比较:古贤水电站装机容量 210 万 kW,多年平均发电量 71. 73 亿 kWh。碛口水电站装机容量 180 万 kW,多年平均发电量 45. 3 亿 kWh。古贤水电站装机容量和年平均发电量均大于碛口水电站，发电作用亦是古贤水电站优于碛口水电站。

从单个枢纽发电在电网中的作用来看，两电站均位于北干流河段，向山西、陕西电网供电，在电网中承担调峰发电任务。根据古贤项目建议书中2020年电源建设规划，两枢纽若2020年生效，均会造成装机容量部分空闲，古贤水电站装机容量大于碛口水电站，空闲容量会更多。但从长远来看，到2030年，山西、陕西两省电网需求容量缺口更大，古贤水电站装机容量大于碛口水电站，在电网中可充分发挥调峰作用，此时碛口水电站在电网中的作用小于古贤水电站。从供电质量上看，碛口水库坝下游没有重要的引（提）水工程和重要的跨河建筑物，调峰运用限制因素很少；古贤水库坝下游10 km处有著名的壶口瀑布，电站调峰形成的不稳定流对壶口瀑布的观赏可能会造成一定的影响。因此，碛口水电站的电能质量优于古贤水电站。

从枢纽在整个体系中的作用比较：古贤水库、碛口水库2020年投入运用后，体系多年平均发电量分别增加了71.2亿kWh、46.10亿kWh，古贤水电站对整个体系增加的发电量大于碛口水电站，从该点上看，古贤水电站优于碛口水电站。从单个枢纽对其他梯级的影响上看，古贤水库、碛口水库分别于2020年生效后，河口镇以下干流（古贤水电站以下）其他梯级工程多年平均发电量分别增加了10.72亿kWh、5.26亿kWh。因此，古贤水电站可较碛口水电站提供更多的电量。

从两枢纽的综合发电作用而言，二者各有优劣，古贤水库略优。

5. 综合比较

古贤水库、碛口水库均位于北干流河段，先建古贤水利枢纽或先建碛口水利枢纽均可发挥防洪、减淤、供水、发电等综合效益。从防洪减淤作用上看，由于古贤水库可以更好地控制河口镇—龙门河段的洪水和泥沙，对小北干流河段的防洪、减淤、降低潼关高程的作用比碛口水库大，与小浪底水库联合运用，对维持黄河下游的中水河槽和长期减淤的作用也较大。从供水作用上看，两者均能满足供水区工农业的供水需求，对龙门灌区均可发挥水量调节作用，但古贤水库引水条件优于碛口水库，总体上古贤水库相对较优。从发电作用上看，两者均可为两岸电网提供调峰容量，改善电源结构；但古贤水电站装机容量较大，可为体系增加更多的电量，而碛口水电站可提供电能质量相对较优，且碛口水电站先建可增加古贤水电站的发电效益，综合分析发电作用上两枢纽大致相当。综合考虑两枢纽的防洪减淤、供水、发电作用，推荐古贤水利枢纽先期开发。

古贤、碛口两水利枢纽防洪、减淤、供水、发电作用比较表见表9-2。

9.2.1.2 经济效果比较

碛口、古贤两水利枢纽都位于黄河北干流河段，工程规模巨大，开发任务基本相同，是位于同一河段的上下游两个控制性骨干工程，从构筑完善的水沙调控体系方面分析，两个骨干工程都是必需的。从国家宏观投资安排分析，在同一时期投入两个特大型项目是不可能的。为了给选择开发方案提供可靠依据，有必要从技术经济的角度，提出经济上比较合理的结论，推荐近期优先开发方案。

表 9-2　古贤、碛口两水利枢纽作用比较

<table>
<tr><th>作用</th><th colspan="2">指标</th><th>古贤</th><th>碛口</th><th>比较意见</th></tr>
<tr><td rowspan="9">减淤作用</td><td colspan="2">拦沙库容(亿 m^3)</td><td>107.85</td><td>110.8</td><td>碛口较优</td></tr>
<tr><td rowspan="4">下游河道(2020~2158 年)</td><td>累计淤积量(亿 t)</td><td>187.56</td><td>188.98</td><td>古贤较优</td></tr>
<tr><td>减淤量(亿 t)</td><td>111.83</td><td>110.41</td><td>古贤较优</td></tr>
<tr><td>下游平滩流量平均值(m^3/s)</td><td>3 954</td><td>3 555</td><td>古贤较优</td></tr>
<tr><td>4 000 m^3/s 中水河槽</td><td>2070 年以前可保持</td><td>难以维持</td><td>古贤较优</td></tr>
<tr><td rowspan="4">禹潼河段(2020~2158 年)</td><td>累计淤积量(亿 t)</td><td>20.81</td><td>25.00</td><td>古贤较优</td></tr>
<tr><td>减淤量(亿 t)</td><td>47.24</td><td>43.05</td><td>古贤较优</td></tr>
<tr><td>潼关高程最大降低值(m)</td><td>1.93</td><td>0.92</td><td>古贤较优</td></tr>
<tr><td>潼关高程维持在 328 m 以下年数</td><td>86</td><td>40</td><td>古贤较优</td></tr>
<tr><td rowspan="5">防洪作用</td><td rowspan="2">降低三门峡水库滞洪水位(m)</td><td>1967 年型洪水(古贤以上来水为主)</td><td>1.15~6.37</td><td>1.23~1.71</td><td>古贤较优</td></tr>
<tr><td>1933 年型洪水(河口镇以下普遍来水)</td><td>2.13~6.16</td><td>10 000 年一遇洪水对应降低值 0.91 m</td><td>古贤较优</td></tr>
<tr><td>削减小北干流河段洪水</td><td>1967 年型洪水</td><td>坝址处 20 年一遇、100 年一遇、1 000 年一遇洪水的削峰率分别为 53.9%、63.9%、70.4%</td><td>龙门断面削峰率为 42%</td><td>古贤较优</td></tr>
<tr><td colspan="2">减轻小北干流凌灾</td><td>恢复主槽过流能力,增加水流输冰能力的作用,提高出库水流水温</td><td>恢复主槽过流能力,增加水流输冰能力的作用,提高出库水流水温</td><td>碛口较优</td></tr>
<tr><td colspan="2">对下游防洪作用</td><td>可与三门峡水库、小浪底水库联合运用</td><td>基本不考虑与三门峡水库、小浪底水库的联合防洪运用</td><td>古贤较优</td></tr>
<tr><td rowspan="4">供水作用</td><td colspan="2">调节库容(亿 m^3)</td><td>35.56</td><td>27.9</td><td>古贤较优</td></tr>
<tr><td colspan="2">工业及生活供水量(亿 m^3)</td><td>4.6</td><td>5</td><td>碛口较优</td></tr>
<tr><td rowspan="2">龙门灌区供水</td><td>供水方式</td><td>间接供水</td><td>间接供水</td><td>相当</td></tr>
<tr><td>引水条件</td><td>对龙门灌区的引水含沙量起到较好的控制作用</td><td>碛口至禹门口河段汇入无定河、延河、湫水河等多沙支流,引水含沙量较大</td><td>古贤较优</td></tr>
</table>

续表 9-2

作用	指标		古贤	碛口	比较意见
供水作用	枢纽在体系中的作用	流域总供水量(亿 m^3)	448. 92	448. 54	相当
		陕西、山西地表水增供量(亿 m^3)	6. 13	5. 33	古贤较优
		枯水年减少缺水量(亿 m^3)	4. 18 ~ 16. 36	2. 97 ~ 6. 79	
发电作用	装机容量(万 kW)		210	180	古贤较优
	多年平均发电量(亿 kWh)		71. 73	45. 3	古贤较优
	在电网中的作用	2020 年	装机容量部分空闲	装机容量部分空闲	碛口较优
		2030 年	装机容量充分发挥	装机容量充分发挥	古贤较优
	供电质量		考虑壶口瀑布影响	调峰运用限制因素很少	碛口较优
	枢纽在体系中的作用	体系增发电量(亿 kWh)	71. 2	46. 1	古贤较优
		其他梯级增发电量(亿 kWh)	10. 72	5. 26	古贤较优

1. 经济效益比较

1) 防洪效益

古贤、碛口两枢纽建成后,经水库调节,均可有效控制禹潼河段的洪水和泥沙,减轻该河段人民财产损失和滩地洪灾损失;可减少三门峡水库的蓄洪运用概率和蓄洪量,减轻该库区常遇洪水的淹没损失;可有效地减轻黄河洪水顶托倒灌渭河的影响。另外,古贤水库还可和三门峡水库、小浪底水库联合运用,对下游洪水起一定的控制作用。由于工程对减轻三门峡水库滞洪运用风险、对渭河下游防洪减淤的积极作用等效益不易量化,本次仅定量计算减轻禹潼河段的洪灾损失。

根据黄委防办 2003 年完成的《黄河小北干流及渭河下游洪水漫滩淹没范围分析报告》,结合古贤水库、碛口水库对不同量级洪水的控制作用,采用频率法计算两枢纽减免禹潼河段的多年平均洪灾损失即为防洪效益。计算期内,古贤水库保护小北干流河段人口、耕地多年平均减灾效益分别为 2. 66 亿元、0. 96 亿元,防洪经济效益现值合计 29. 97 亿元,年值合计 5. 29 亿元;碛口水库保护小北干流河段人口、耕地多年平均减灾效益分别为 0. 48 亿元、0. 15 亿元,防洪经济效益现值合计 4. 61 亿元,年值合计 0. 81 亿元。

2) 减淤效益

古贤水库、碛口水库的减淤作用主要表现在小北干流和黄河下游两个河段。鉴于对小北干流河段的减淤效益较难量化,本次仅定量分析两枢纽对黄河下游的减淤效益。参考《黄河古贤水利枢纽项目建议书》中对黄河下游减淤效益的计算方法及参数的分析论证,选用挖河作为计算古贤水库拦沙减淤效益的替代工程措施,挖河综合单价取 25 元/m^3。结合两枢纽计算期内减淤过程,计算古贤水库、碛口水库的减淤经济效益现值分别为 183. 92 亿元和 145. 83 亿元,年值分别为 32. 46 亿元和 25. 74 亿元。

3)供水效益

古贤、碛口两枢纽均可向山西、陕西供水区供水,在近期均可对龙门灌区的供水起到调节流量过程、改善引水条件的作用。由于与体系其他工程联合运用,体系增加供水量差别不大,枯水年减少缺水量效益较难定量,该两部分效益不再计算。

对于工业供水及生活供水,参照已建工程情况并考虑供水区经济发展水平,作为水源工程的古贤水库的工业、生活单方水供水效益按1.0元计算。古贤水库、碛口水库工业及生活供水量分别为4.6亿m^3、5.0亿m^3,则两枢纽的工业、生活供水效益每年分别为4.6亿元、5亿元,折算为效益现值分别为22.4亿元、24.35亿元,效益年值分别为3.95亿元、4.3亿元。

由于本阶段两枢纽对龙门灌区的供水均采用坝下扬水方式,通过对黄河径流进行调节,可改善河道来水条件,满足抽黄工程对引水流量的要求,保证小麦抽穗灌浆期、棉花现蕾期、玉米和秋杂作物拔节期等关键期的灌溉用水。因此,在灌溉效益计算时仅考虑改善已建(在建)引黄灌区作物关键期供水的增量效益。从龙门灌区的引水条件分析,古贤水库与碛口水库相比,具有距离较近的便利条件,可以更好地满足龙门灌区用水在水量和时间上的要求,因而古贤水库对龙门灌区的灌溉效益要大些。计算期内,古贤水库、碛口水库灌溉供水经济效益现值分别为6.47亿元和5.39亿元,效益年值分别为1.14亿元和0.95亿元。

4)发电效益

古贤水电站的装机容量为210万kW,多年平均发电量为71.73亿kWh。初期(前8年)年发电量为53.41亿kWh,之后随着泥沙逐步淤积和水库运用水位的逐步抬高,发电容量和发电量逐渐增加,工程投入38年水库淤积平衡后,达到正常运用期发电指标。碛口水电站的装机容量为180万kW,多年平均发电量为45.3亿kWh。初期(前10年)年发电量为47.49亿kWh,水库运用方式采用高水位蓄水运用方式,随着库区泥沙淤积发展,逐步降低汛期运用水位。

发电效益采用最优等效替代工程费用法计算。拟在附近的煤炭基地修建一座燃煤火电站作为水电站的替代方案,以火电站的费用作为水电站的发电效益。古贤水电站与碛口水电站相比,在电力系统需要调峰容量的情况下,具有较大的发电效益。计算期内,古贤水电站、碛口水电站的发电经济效益现值分别为156.02亿元和142.44亿元,效益年值分别为27.53亿元和25.13亿元。

5)效益合计

古贤水库防洪、减淤、供水、发电效益合计现值398.7亿元,年值70.4亿元;碛口水库防洪、减淤、供水、发电效益合计现值322.6亿元,年值56.9亿元。

2.费用比较

碛口、古贤两座水利枢纽的投资按照相同的方法,同一价格水平年(2009年)估算,碛口水库的静态投资约为316.73亿元,古贤水库静态投资为405.41亿元。碛口水库、古贤水库的静态投资,分别扣除税金、计划利润等内部转移支付,调整为国民经济评价投资为286.8亿元、360.1亿元。根据估算的经济效益和费用,编制碛口水利枢纽、古贤水利枢纽效益费用流量表,计算经济内部收益率,分别为11.4%和10.7%。

两方案的经济内部收益率均大于社会折现率8%，都属国民经济评价可行方案。但是从建设时间上讲，它们是相互排斥的方案，即不太可能在同一时期同时建设这两个项目，因此可以从中选择较优的方案，优先开发。

3. 技术经济比较

技术经济比较的结论主要通过差额投资经济内部收益率法比较获得。两项目中古贤水利枢纽投资较大，碛口水利枢纽投资较小，认为古贤项目为碛口项目增加投资后的方案，通过分析碛口项目的增量投资获得的收益是否达到社会折现率的要求，可以对两项目的开发次序进行比选。

经计算，两方案差额投资净效益现值大于0，增量投资内部收益率为8.9%，大于8%，计算指标见表9-3，因此从经济指标上看，先期开发古贤项目较先期开发碛口项目为优。

表9-3　古贤、碛口两水利枢纽经济指标比较

方案	静态总投资(亿元)	投资(亿元)		效益(亿元)			差额投资净效益现值(亿元)	增量投资内部收益率(%)
		差额投资	差额投资现值	效益年值	差额效益	差额效益现值		
碛口	316.73			56.9				
古贤	405.41	88.69	65.46	70.4	13.4	76.1	10.7	8.9

9.2.1.3　其他比较分析

从淹没影响指标来看，古贤水库按正常蓄水位633 m控制，淹没影响人口39 003人，淹没影响总土地面积39.09万亩(其中耕地3.28万亩)，淹没影响房屋面积184.32万m^2。碛口水库正常蓄水位785 m，淹没影响总人口89 295人，淹没影响土地总面积48.51万亩(其中耕地3.56万亩)，淹没影响房窑面积280.3万m^2。碛口水库迁移人口较多，移民安置难度较多，易带来较多的社会问题。

从前期工作上看，碛口水利枢纽最新的成果为1996年完成的《黄河碛口水利枢纽可行性研究报告》，此后未开展进一步的工作，且该成果从目前对可研阶段的深度要求来说，还需进行更深入的补充工作。《黄河古贤水利枢纽项目建议书》2011年顺利通过水利部复审。

从地方政府意见上看，古贤水库、碛口水库均涉及山西、陕西两省，两省目前的意见为推荐先期开发古贤方案。

9.2.1.4　开发次序

从两枢纽的作用上看，先建古贤水利枢纽或先建碛口水利枢纽都能够满足黄河下游今后40~50年的防洪减淤要求，在一定程度上可减轻禹门口—潼关河段的洪灾损失，基本上能够满足库区两岸能源基地的供水要求和龙门灌区近期水量调节要求，并为两岸电网提供调峰容量，改善电源结构。由于古贤水库可以更好地控制河口镇—龙门河段的洪水和泥沙，对禹潼河段的防洪、减淤、降低潼关高程的作用比碛口水库大，与三门峡水库、小浪底水库联合运用，对维持黄河下游的中水河槽和长期减淤的作用也较大。

从经济效果指标上看，先期开发古贤项目较碛口项目为优。

从淹没指标带来的社会影响、前期工作进展及地方政府意见上看，先期开发古贤项目较优。

综合考虑，在现阶段研究成果的基础上，考虑陕西、山西人民政府的意见，推荐古贤水利枢纽作为继小浪底水利枢纽建成之后干流骨干工程的首先开发项目。

9.2.2 古贤、黑山峡两水利枢纽开发次序比较

9.2.2.1 两枢纽作用比较分析

古贤水库和黑山峡水库都是黄河水沙调控体系中的重要骨干工程，在黄河治理开发中均起着十分重要的作用，彼此之间也有密不可分的联系，但是承担的任务各有侧重。

1.减淤作用比较

古贤水利枢纽的建设，能够有效减缓黄河下游河道的淤积，对恢复和保持下游河道中水河槽行洪输沙能力具有十分重要的作用，并可减轻小北干流淤积、降低潼关高程、缓解渭河下游防洪压力。若古贤水库2020年建成生效，与现状工程体系联合运用，计算期内可累计减少下游河道淤积量111.83亿t，相当于现状工程条件下河道57年的淤积量，下游河道过流能力在2070年以前可维持在4 000 m^3/s以上；可减少小北干流河道淤积量47.24亿t，潼关高程维持在328 m以下的年数有86年，与工程投入前相比，潼关高程最大下降值达1.93 m。

黑山峡水库建成后，可通过水库的反调节作用，将非汛期富余的水量调节到汛期，增加汛期输沙水量；并利用调水调沙库容对入库流量进行调节，塑造大流量过程，同时通过水库拦沙可极大地改善进入宁蒙河段的水沙条件，有效减缓宁蒙河段河道的淤积。若黑山峡水利枢纽在2020年建成生效，可将汛期水量占全年的比例由46.4%调为50.2%，可将年均进入宁蒙河段的沙量由1.14亿t减少到0.45亿t，年均减淤0.45亿t，可使内蒙古河段平滩流量由2008年的1 305 m^3/s逐步扩大到2 226 m^3/s左右。

2.防洪防凌作用比较

古贤水利枢纽的建设可以明显改善小北干流及黄河下游的防洪防凌压力。枢纽运用后可有效减轻三门峡水库滞洪产生的不利影响，与三门峡水库、小浪底水库联合防洪运用可减少东平湖分洪运用概率及黄河下游发生漫滩洪水的机遇，减少黄河下游洪水的洪灾损失。古贤水利枢纽运用以后，可使小北干流河段的主槽过流能力恢复并在一个较长时期内维持在4 000 m^3/s以上，在气温最低时期的出库水温比水库建成前提高约4 ℃，使小北干流河段成为不封冻河段，有效缓解小北干流的防洪防凌压力。

黑山峡水利枢纽建成后，可明显减缓宁蒙河段的防洪防凌压力。黑山峡水利枢纽的建设可将宁蒙河段的防洪标准由目前的20~50年一遇提高到100年一遇，有效缓解宁蒙河段的防洪压力；枢纽建成后，宁蒙河段凌汛期零温断面位置将明显下移，冰封河段槽蓄水量与凌峰流量也将有所减小，防凌压力得到缓解。

3.供水发电作用比较

从供水作用比较，古贤水库2020年生效后，可增加陕西和山西供水量1.34亿m^3和4.79亿m^3；同时可对龙门灌区的引水流量过程进行有效调节，增加农业供水保证率。黑

山峡水库2020年生效后,与现状工程条件相比,宁夏和内蒙古地表供水基本不变,可降低附近生态灌区抽水扬程,有效改善已建灌区的运行条件。从各枢纽在枯水年发挥的作用来看,与现状工程相比,古贤水库2020年生效,在遭遇枯水年时,可减少缺水量4.18亿~16.36亿 m^3;黑山峡水库2020年生效,在遭遇枯水年时,可减少缺水量1.10亿~9.18亿 m^3。因此,两枢纽建成后,对于解决附近地区缺水、改善生态环境、促进经济社会的可持续发展均具有非常重要的作用。

从发电作用比较,古贤水电站、黑山峡水电站装机容量分别为210万kW、200万kW,多年平均发电量分别为71.73亿kWh、71.5亿kWh,基本相当。从体系发电量和对其他梯级的影响看,古贤水库2020年投入运用后,体系发电量较现状工程增加71.2亿kWh,为597.76亿kWh,其中古贤水电站发电量为60.48亿kWh,龙羊峡以下干流其他梯级电站多年平均发电量增加10.72亿kWh。黑山峡水库2020年投入运用后,与黑山峡水库生效前相比,体系发电量增加92.59亿kWh,为690.35亿kWh,其中黑山峡水电站多年平均发电量为63.60亿kWh,其他梯级增发电量为28.99亿kWh。因此,两枢纽均可为当地提供优质的电力、电量和调峰容量,对缓解华北电网调峰矛盾具有重要作用。

由以上对比可以看出,黑山峡水利枢纽和古贤水利枢纽在减淤、防洪、防凌、发电、供水等方面均可发挥重要的作用,均是黄河水沙调控体系的重要组成部分。但黑山峡水利枢纽的作用主要体现在宁蒙河段,而古贤水利枢纽的作用主要体现在小北干流及黄河下游。

9.2.2.2 其他比较分析

从国民经济评价分析计算上看,古贤水利枢纽和黑山峡水利枢纽的经济内部收益率均大于社会折现率8%,均属国民经济评价可行方案。

从淹没影响指标来看,古贤水利枢纽按正常蓄水位633 m控制,淹没影响人口39 003人,淹没影响总土地面积39.09万亩(其中耕地3.28万亩),淹没影响房屋面积184.32万 m^2。黑山峡水利枢纽1 380 m正常蓄水位方案淹没影响总人口7.25万人(防护后5.80万人)、耕地9.69万亩(防护后7.90万亩)、房屋226.11万 m^2(防护后188.06万 m^2)。黑山峡水利枢纽与古贤水利枢纽相比,淹没范围略小,但是搬迁安置人口多于古贤水利枢纽,移民安置难度较大,易带来较多的社会问题。

从前期工作情况看,古贤水利枢纽工程建设具有良好前期工作基础和外部条件,古贤工程已完成项目建议书编制工作,陕西省、山西省均积极支持古贤水利枢纽工程建设,工程具有良好的融资环境,陕西和山西两省电力投资公司、大唐投资国际有限公司、新华水利水电投资公司等均表示了积极的投资意向。黑山峡水利枢纽的前期工作成果主要有1993年天津勘测设计院完成的《黄河大柳树水利枢纽可行性研究报告》及黄河设计公司与中水北方勘测设计有限公司2010年完成的《黄河黑山峡河段开发方案论证报告》。由于甘肃省政府对黑山峡一级开发方案仍有不同意见,目前关于黑山峡河段的开发方案正在进行深入的工作,成果还未正式审查,开发方案存在的分歧将明显影响黑山峡水利枢纽前期工作的开展。

9.2.2.3 开发次序

从两枢纽的作用看,古贤水利枢纽的作用主要体现在塑造黄河下游和谐水沙关系、减少黄河下游河道淤积、保持中水河槽过流能力,协调小北干流河段水沙关系、减轻北干流淤积及洪(凌)灾损失,以及降低潼关高程及促进附近地区经济社会发展上,而黑山峡水利枢纽的作用主要体现在改善宁蒙河段水沙条件、减少宁蒙河段淤积、减轻凌汛灾害及促进附近地区经济社会发展等方面,发挥的作用各有侧重。从经济指标角度看,两水利枢纽建设都能产生较大的经济效益,能够有力地促进当地社会经济的发展。从淹没影响指标看,虽然涉及移民较多,但是通过采取一定的措施都能得到妥善安置。从协调黄河水沙关系、支持黄河流域及其相关地区经济社会可持续发展的总体要求出发,古贤水利枢纽和黑山峡水利枢纽尽早兴建都是十分必要的。从前期工作及地方意见上看,目前对黑山峡河段的开发方案尚未达成共识,制约了工程前期工作的开展。《黄河古贤水利枢纽工程项目建议书》2011 年顺利通过水利部复审,同时陕西、山西省政府均表示积极支持古贤水利枢纽的建设,要求国家尽快决策立项。

因此,从黄河治理开发的客观需要和可能两方面综合分析,近期推荐先期建设古贤水利枢纽。

9.3 待建骨干工程建设时机

9.3.1 古贤水利枢纽建设时机

9.3.1.1 建设的紧迫性

(1)早日建成古贤水利枢纽,与现状工程联合调控,可以取得更大的减淤效益。

小浪底水库拦沙库容淤满后,仅靠 10 亿 m^3 的调水调沙库容已无法满足显著减轻黄河下游河道淤积的防洪减淤要求。从今后水沙的变化趋势看,河道逐年淤积抬高的趋势不可避免。从显著减轻黄河下游淤积总量出发,迫切要求古贤水库早日建成生效。

①古贤水库早日建成生效,可以在一个较长时期内保持下游河道处于微淤状态。

按照设计水沙系列,小浪底水库拦沙库容淤满的时间在 2020 年左右。根据黄河水沙调控体系工程建设规划方案计算结果,现状工程条件下,2008 ~ 2158 年黄河下游河道累计淤积量为 295.08 亿 t,年均淤积 1.97 亿 t。其中,2020 ~ 2050 年下游河道累计淤积量为 86.74 亿 t,年均淤积 2.89 亿 t;2050 ~ 2158 年下游河道累计淤积量为 212.65 亿 t,年均淤积 1.97 亿 t。此时,黄河下游河道将以每年 0.07 ~ 0.08 m 的速度淤积抬高,由此引发的洪水位逐年抬升,二级悬河逐年凸现,河道整治及滩区安全建设措施防洪标准逐年下降等一系列问题将给下游防洪造成极大的被动。

古贤水库 2020 年投入运用方案(方案 2),2008 ~ 2158 年黄河下游河道累计淤积量为 183.25 亿 t,年均淤积 1.22 亿 t,与现状方案相比,累计淤积量减少 111.83 亿 t。其中,2020 ~ 2050 年下游河道累计淤积量仅 28.00 亿 t,年均淤积 0.93 亿 t;在古贤水库拦沙库容淤满后,水库凭借 20 亿 m^3 的调水调沙库容,与小浪底水库联合进行水沙调控,减少黄河下游淤积总量的作用也是明显的。2050 ~ 2158 年,累计减淤量为 53.09 亿 t,年均减淤量为 0.49 亿 t。因此,及早建设古贤水利枢纽,可在小浪底生效后使下游河道基本处于微淤状态,使得黄河下游防洪中面临的淤积问题基本得到控制,是继小浪底水库之后适应黄河下游河道未来减淤形势的迫切需要。

②古贤水利枢纽工程投入运行越早，与小浪底水库联合调水调沙减少黄河下游淤积总量的作用就越大。

水沙调控体系不同方案计算结果分析表明，古贤水库不同投入运用时机对下游河道的减淤作用有明显的差别，古贤水库早日投入运用可以取得更大的减淤效益。在黑山峡水库2030年生效的情况下，古贤水库2020年投入运用方案（方案4），计算的150年系列黄河下游河道累计淤积量为162.67亿t；古贤水库2030年投入运用方案（方案5），150年系列黄河下游河道累计淤积量为172.49亿t。古贤水库晚10年投入运用，150年内对下游河道的减淤作用减少9.83亿t。

《黄河古贤水利枢纽工程项目建议书》研究比较了古贤水库在小浪底水库拦沙库容淤满前、拦沙库容刚好淤满时以及拦沙库容淤满后投入运用方案，数学模型计算结果表明，古贤水库在小浪底水库拦沙库容淤满前投入运用，更能发挥中游水沙调控体系的作用，可以实现“1+1>2”的减淤效果。

因此，从充分发挥水库对下游河道减淤作用出发，古贤水利枢纽投入运行时机越早，与小浪底水库联合调水调沙减少黄河下游淤积总量的作用就越大。古贤水利枢纽是继小浪底水库之后适应黄河下游河道未来减淤形势的迫切需要，应早日投入运行。

（2）早日建成古贤水利枢纽，与现状工程联合调控，可以更好地发挥维持下游河道中水河槽的作用。

①古贤水利枢纽工程早日建成生效，可大幅度地提高黄河下游中水河槽过流能力。

长期维持黄河下游4 000 m^3/s左右过流能力的中水河槽，是黄河下游防洪减淤的客观要求。计算结果表明，若不修建古贤水利枢纽，对150年系列，小浪底拦沙库容淤满后的6年内，黄河下游的平滩流量已由小浪底拦沙库容淤满前的4 865 m^3/s降至4 000 m^3/s以下，以后随着主槽的逐步回淤，平滩流量持续下降。若古贤水库在小浪底水库拦沙库容即将淤满时（即2020年）投入运用，则可在2070年之前保持黄河下游中水河槽过流能力在4 000 m^3/s以上。之后，通过古贤水库和小浪底水库联合调水调沙，塑造协调的水沙关系，减少下游河道的淤积，可使中水河槽过流能力较无古贤水库有显著提升，大大缓解中水河槽急剧萎缩造成的防洪压力。

鉴于黄河下游防洪的特殊性和中水河槽对防洪的影响，从保持黄河下游在一个较长的时期内具有适当过流能力的中水河槽出发，迫切要求不失时机地建成古贤水利枢纽工程，以减轻防洪威胁。

②古贤水利枢纽工程投入运用越早，维持黄河下游中水河槽的作用越大。

分析计算表明，古贤水利枢纽投入运用时机越早，它对维持黄河下游中水河槽行洪输沙能力的作用就越大。古贤水库在小浪底水库拦沙库容淤满、维持下游河道中水河槽过流能力的作用显著减弱前建成拦沙并与小浪底水库联合调水调沙运用，可有效抑制下游河道主槽行洪输沙能力持续降低的趋势，古贤水库2020年生效方案（方案4），计算的150年系列，下游河道平滩流量大于4 000 m^3/s的年份为92年，平滩流量平均值为4 175 m^3/s；古贤水库2030年生效方案（方案5），150年内下游河道平滩流量大于4 000 m^3/s的年份为82年，平滩流量平均值为4 119 m^3/s。因此，从在一个较长时期内维持下游中水河槽尽量大的过流能力的防洪减淤需求出发，要求古贤水利枢纽尽早投入运用，其投入运用越早，维持黄河下游中水河槽的作用也越大。

③在较长时期内稳定黄河下游河势迫切需要古贤水利枢纽早日建成生效。

分析计算表明，若古贤水库不能及时投入运用，小浪底水库拦沙完成后，随着中水河槽过流能力的降低，小水河势会重新形成，主流曲率增大，弯曲半径、河弯跨度及河弯幅度等弯道特征值相应减小。由此，导致现状整治工程格局无法适应新的河势，新的险情将不断出现，必然造成大量抢修河道整治工程的被动抢险的防洪局面，甚至出现由于多个河势变化而防不胜防的防洪局面。因此，从在一个较长时期内稳定黄河下游河势、防止堤防冲决的防洪需求出发，迫切要求古贤水利枢纽工程早日建成生效。

(3)尽早建成古贤水库可早日冲刷降低潼关高程，降低三门峡水库滞洪运用风险。

根据水沙调控体系工程建设规划方案，现状工程条件下禹潼河段150年累计淤积78.32亿t，年平均淤积0.52亿t。在黑山峡水库2030年生效的情况下，考虑古贤水库2020年生效方案(方案4)，古贤水库投入运用后，禹潼河段由淤积转为冲刷，持续冲刷期可达38年，最大冲刷量为13.81亿t，此后逐渐回淤，150年累计淤积17.09亿t；古贤水库2030年生效方案(方案5)，禹潼河段也经历了持续冲刷而又逐步回淤的阶段，150年累计淤积23.22亿t。与河道冲淤发展相应，潼关断面也经历了冲刷下降而后逐步回淤的过程。古贤水库2020年投入运用方案(方案4)，水库运用之初潼关高程为328.35 m，潼关高程冲刷下降最大值2.40 m，至计算系列末潼关高程为327.95 m，潼关高程保持在328 m以下的年数为132年；古贤水库2030年投入运用方案，水库运用之初潼关高程已升至328.48 m，尽管潼关高程冲刷下降最大值为2.55 m，但潼关高程保持在328 m以下的年数少，为108年，至计算系列末潼关高程为328.22 m。因此，古贤水库及早投入运用，可迅速扭转小北干流河段逐年淤积的局面，使潼关高程由缓慢抬升转为逐年冲刷降低，并且水库投入运用越早，在水库投入运用后150年时间内，潼关高程保持较低水平的年限越长，小北干流河段也可在相当的时期内维持较低的淤积水平。因此，就降低潼关高程、减少小北干流河段淤积、减轻渭河下游防洪负担等方面而言，也要求尽快建设古贤水利枢纽工程。

由于黄河大洪水的不确定性，古贤水库的早日建成运用可降低三门峡水库的滞洪运用风险，长期保持中游水库群控制黄河下游大洪水的能力，对黄河下游防洪十分有利。

(4)尽早建成古贤可早日缓解水资源供需矛盾，促进地方社会经济发展。

从供水作用上看，若古贤水库2020年生效，水沙调控体系联合运用，通过其径流调节，2020水平年流域内总供水量448.93亿m^3，陕西和山西分别增加1.34亿m^3和4.79亿m^3，流域内缺水量为72.20亿m^3；在遭遇枯水年时，可减少缺水量4.18亿~16.36亿m^3。若古贤水库2030年生效，2030水平年流域内总供水量452.75亿m^3，陕西和山西地表供水量分别增加2.87亿m^3和5.2亿m^3，流域内缺水量为94.58亿m^3；在遭遇枯水年时，可减少缺水量3.7亿~34.65亿m^3。因此，古贤水库尽早生效，可早日缓解陕西、山西的用水矛盾，提高流域应对枯水年时的水量调节能力。

从发电作用上看，若古贤水库2020年生效，体系发电量为597.76亿kWh，其中古贤水电站发电量为60.48亿kWh，干流其他梯级电站多年平均增发电量10.72亿kWh。若古贤水库2030年生效，体系发电量为579.79亿kWh，其中古贤水电站发电量为57.98亿kWh，龙羊峡以下干流其他梯级电站多年平均增发电量9.92亿kWh。因此，古贤水库尽早生效,体系每年可多发电近18亿kWh,对缓解华北电网调峰矛盾、促进地方社会经济发展具有更大作用。

9.3.1.2 前期工作基础和外部条件

古贤水利枢纽是《黄河治理开发规划纲要》明确的黄河干流七大骨干工程之一。2000年水利部以水总〔2000〕653号文批复了《黄河古贤水利枢纽工程项目建议书阶段勘测设计任务书》,2011年,项目建议书顺利通过水利部复审。

2000年7月,陕西、山西两省政府以陕政函〔2000〕150号文"关于请求加快黄河古贤水利枢纽工程前期工作的函"联合致函水利部,提出"建设黄河古贤水利枢纽是从根本上解决晋南地区和渭北地区水资源供需矛盾和生态建设用水困难的需要,是黄河北干流两岸经济综合开发的需要……应纳入国家西部大开发的总体规划,尽早实施"。2006年5月,陕西、山西两省政府关于对古贤水利枢纽工程项目建议书意见的函(陕政函〔2006〕60号文、晋政函〔2006〕84号文)提出,"加快建设古贤水利枢纽工程对完善黄河中下游防洪减淤体系、减轻渭河下游淤积和悬河态势、合理开发黄河水资源、促进黄河北干流沿岸区域经济社会发展等都具有重大作用""尽快兴建古贤枢纽十分紧迫、非常必要"。

古贤水利枢纽工程不仅具有巨大的防洪减淤等公益性功能,而且具有可观的发电效益,目前陕西和山西两省电力投资公司、大唐投资国际有限公司、新华水利水电投资公司等均表示了积极的投资意向。

9.3.1.3 建设时机

河口镇—禹门口区间是黄河洪水、泥沙的主要来源区,造成黄河下游严重淤积的粗泥沙主要来自该地区,目前该河段尚没有建成控制性骨干工程。古贤水利枢纽在黄河治理开发,尤其是在黄河下游防洪方面具有极为重要的战略地位,为与小浪底水库联合拦沙和调水调沙,减轻下游河道淤积,改善下游防洪形势,迫切需要尽快建设古贤水利枢纽工程。2002年国务院以国函〔2002〕61号文批复的《黄河近期重点治理开发规划》中提出"……应在完善古贤水利枢纽前期工作的基础上,争取尽早开工建设。"和2008年国务院以国函〔2008〕63号批复的《黄河流域防洪规划》中提出:"到2015年,初步建成黄河防洪减淤体系……建设干流骨干工程古贤水库,进一步完善初步形成的下游水沙调控体系。"2011年中央一号文件"中共中央国务院关于加快水利改革发展的决定"中也明确指出'十二五'期间抓紧建设一批流域防洪控制性水利枢纽工程,不断提高调蓄洪水能力",为古贤水利枢纽"十二五"期间开工建设创造了有利的社会条件。

古贤水利枢纽为特大型工程,建设期约10年,目前正在开展可行性研究报告的编制,还需一定的设计周期。考虑到古贤水库及早建成生效可与小浪底水库联合运用发挥更大的作用,因此从黄河防洪和治理开发的客观需要和现实可能两方面出发,应加快前期工作进程,争取"十二五"前期开工建设,在小浪底水库淤满前,2020年建成生效。

9.3.2 黑山峡水利枢纽建设时机

9.3.2.1 建设的紧迫性

1.保障内蒙古河段防凌安全需要尽快建设黑山峡水利枢纽工程

防凌是宁蒙河段综合治理面临的突出问题,河床形态极为不利,致使封河期冰塞概率增加、水位增高、灾害明显增多，开河期防凌仍较紧张，凌汛灾害经常发生，防凌形势仍十分严峻。

黑山峡水利枢纽可以有效改善宁蒙河段严峻的防凌形势。枢纽建成后，宁夏河段将成为不封冻河段，原青铜峡库尾冰塞问题不再发生，石嘴山至乌海段冰塞问题基本缓解；石嘴山至巴彦高勒河段将成为不稳定封冻河段，巴彦高勒以下河段为稳定封冻河段，其上段的巴彦高勒至三湖河口段在封冻期的冰厚会有所减小。内蒙古河段上段的流凌、封河日期将有所推迟，巴彦高勒以上河段封河初期易出现冰塞位置可能下移至三湖河口河段，各河段槽蓄水增量、凌峰流量有所减少。因此，从保障宁蒙河段防凌安全角度考虑，需要尽快建设黑山峡水利枢纽。

2. 改善宁蒙河段水沙关系需要尽快建设黑山峡水利枢纽工程

宁蒙河段目前河槽淤积萎缩严重，局部河段平滩流量下降到 1 000 m^3/s 左右。按现状工程条件，宁蒙河段继续淤积，年平均淤积量 0.7 亿 t 左右，平滩流量进一步减小，初步分析 2080 年宁蒙河段平滩流量将减小到 800 m^3/s 左右，局部河段可能更小，宁蒙河段防凌、防洪形势将非常严峻。从塑造并维持宁蒙河段中水河槽、保障防凌、防洪安全的要求出发，需要尽快建设黑山峡水库对黄河水资源和南水北调西线工程入黄水量进行反调节，将非汛期的富余水量调节到汛期，改善宁蒙河段水沙关系，恢复内蒙古河段冲淤基本平衡的特性，改善目前极为严峻的防凌、防洪形势。

为协调宁蒙河段水沙关系，考虑河口镇汛期断面输沙用水及宁蒙河段汛期用水，需要黑山峡水库汛期下泄水量约 193.2 亿 m^3。南水北调西线一期工程生效前黑山峡水库多年平均汛期入库水量约 136.1 亿 m^3，考虑西线一期工程生效黑山峡水库多年平均汛期入库水量约 147.3 亿 m^3，通过黑山峡水库对宁蒙河段汛期和非汛期水量进行调节，可增加汛期下泄水量，减少与 193.2 亿 m^3 的缺口。因此，从改善宁蒙河段水沙关系的角度，需要尽快建设黑山峡水利枢纽，协调宁蒙河段水沙关系。从维持中水河槽的作用上看，黑山峡水库 2020 年、2030 年建成生效，内蒙古河段平滩流量由 2008 年的 1 305 m^3/s 分别逐步扩大到 2157 年的 2 226 m^3/s、2 206 m^3/s 左右，两方案差别不大，2020 年方案略优于 2030 年方案；从减轻宁蒙河段淤积的角度看，在不考虑南水北调西线一期工程的情况下，黑山峡水库晚 10 年投入运用，150 年宁蒙河段多淤积 2.88 亿 t。因此，越早生效，可越早发挥对宁蒙河段维持中水河槽的作用和减淤作用，需及早建设。

3. 附近地区经济社会发展需要尽快建设黑山峡枢纽工程

黑山峡河段以下的宁蒙地区有银川、呼和浩特两座省会城市和吴忠、石嘴山、乌海等大中型城市，是宁夏和内蒙古经济发展的中心，也是我国重要的能源和重化工基地。从黑山峡水库为宁蒙河段附近地区的供水任务上看，黑山峡河段附近地区由于饮用水水质不达标，氟病发病率很高，安全的饮用水源难以保证；由于水资源紧缺，建设高效基本农田和人工草场难度很大，退耕还林和退牧还草措施无法落到实处；宁蒙河段分布有我国重要的能源和重化工基地，随着西部大开发战略的不断推进，工业和城市将加快发展，水资源供需矛盾日趋紧张。

从供水作用上看，在没有南水北调西线一期工程的情况下，2020 年方案和 2030 年方案与现状工程条件相比，宁夏和内蒙古地表供水基本不变，但是考虑到黑山峡水库的建设改善了枢纽附近灌区的引水条件，起到改善生态环境的效果，尽早生效可早期发挥效益，2020 年方案优于 2030 年方案。从发电作用看，黑山峡水利枢纽 2020 年生效，计算期内体系发电量为 690.35 亿 kWh，其中黑山峡水电站多年平均发电量为 63.60 亿 kWh，其他梯级增发电量为 28.99 亿 kWh；若 2030 年生效，计算期内体系发电量为 662.31 亿 kWh，其中黑山峡水电站多年平均发电量为 67.9 亿 kWh，其他梯级增发电量为 14.6 亿 kWh；2020 年方案略优于 2030 年方案。黑山峡水利枢纽通过对黄河及南水北调西线水资源的调节，能够有效解决当地人民群众饮水安全问题，促进附近地区的生态环境改善，缓解附近地区工农业发展和能源基地建设所面临的水资源供需矛盾，可为西北电网提供 200 万 kW 的装机容量和 77 亿 kWh 的电量，有效地缓解西北电网用电的供需矛盾，推动当地和西北地区经济的发展。因此，从促进当地经济的发展以及维护西北电网的安全运行的角度，需要尽快建设黑山峡水利枢纽。

9.3.2.2 前期工作基础和外部条件

20 世纪 50 年代以来，有关部门针对黑山峡河段开发方案（黑山峡一级开发和二级开发）进行了大量的勘测设计工作。1992 年水利部编制的《黄河黑山峡河段开发方案论证报告》和 1997 年水利部编制的《黄河治理开发规划纲要》，均推荐黑山峡一级开发方案。在 1992 年水利部确定黑山峡河段采用一级开发方案之后，按照灌溉、供水，结合发电，兼顾防洪和防凌的开发任务，天津勘测设计院于 1993 年提出了《黄河大柳树水利枢纽可行性研究报告》，但对该报告一直没有进行审查。目前，黄委结合黄河流域综合规划修编工作，已初步完成《黄河黑山峡河段开发方案论证报告》，等待水利部审查。在河段开发方案批复以后还需按水利建设项目工作程序开展黑山峡水利枢纽工程的前期工作，根据工程的开发任务以及黄河水沙调控体系的运用要求，对水库运用方式、工程规模等进行深入的论证研究，水库移民安置、权益分配问题也需科学论证。

由于黑山峡一级开发方案工程坝址在宁夏回族自治区，库区淹没主要在甘肃省，甘肃省对黑山峡一级开发方案仍有不同意见。黑山峡河段开发方案成为制约工程建设的关键因素。建议国家主管部门协调各方面关系，首先决策黑山峡河段开发方案，为黑山峡水利枢纽的立项、前期工作开展创造条件。

9.3.2.3 建设时机

从保障宁蒙河段防洪防凌安全、维护西北电网运行安全、促进地区经济发展等方面，都要求尽早建设黑山峡水利枢纽，发挥黑山峡水利枢纽对宁蒙河段防洪防凌、供水发电、生态建设等方面的积极作用。

黑山峡水利枢纽工程为特大型工程，建设工期约需 9 年，前期论证研究和设计工作量大，从黄河治理开发的客观需要和可能两方面出发，考虑到古贤水利枢纽 2020 年建成生效，黑山峡水利枢纽 2030 年前后建成生效较为合适。但考虑到宁蒙河段治理需要的紧迫性，建议抓紧时间开展前期工作，在前期工作及国家投资条件成熟的情况下，尽早开工建设。

9.3.3 碛口水利枢纽建设时机

碛口水利枢纽工程是黄河水沙调控体系中的一部分，对北干流防洪，减轻小北干流及下游河道淤积,向西北、华北电网提供理想的调峰电源,向能源基地及龙门灌区提供可靠的水源等方面均起着十分重要的作用。

在古贤水利枢纽与碛口水利枢纽开发次序论证中,对两枢纽单独与现状工程体系结合在2020年生效两个方案,从防洪、减淤、供水、发电的作用及经济指标进行了分析,同时考虑到地方政府意见和前期工作条件,推荐古贤水利枢纽先于碛口水利枢纽建设,2020年左右建成生效。

根据古贤项目建议书成果,古贤水库的拦沙期大约为38年,随着古贤水库的淤积,库容逐渐减小,其调水调沙及为小浪底水库提供水流动力条件的作用不断降低。根据《黄河古贤水利枢纽项目建议书中》对古贤建设时机的论证,古贤水库在小浪底拦沙库容淤满前投入运用,可与小浪底水库联合发挥"1+1>2"的作用。碛口水库位于古贤水库上游,与古贤水库和小浪底水库的相对位置关系相似,因此在古贤水库建成生效后的适当时机建设碛口水利枢纽,可在黄河中下游河段形成水库接力,通过碛口、古贤、三门峡、小浪底四座水库联合拦沙和调水调沙运用;同时可利用水库的拦沙作用,减少进入古贤水库的沙量,减缓古贤水库拦沙库容的淤积速率,延长古贤水库拦沙库容使用年限,从而进一步减少进入小浪底库区和黄河下游河道的泥沙。通过碛口水库拦沙和与其他枢纽联合调水调沙,可进一步减缓下游河道淤积速度,使下游的中水河槽能够在更长的时期维持在4 000 m^3/s,进一步减少小北干流河道淤积,为降低和控制潼关高程创造有利条件。因此,在古贤水库建成生效后,根据国家投资可能,也需尽快建设碛口水利枢纽,充分发挥与其他枢纽联合运行的积极作用,完善黄河水沙调控体系。

根据水沙调控体系总体安排,古贤水利枢纽规划2020水平年建成生效,黑山峡水利枢纽2030水平年建成生效。碛口水利枢纽工程为特大型工程,建设工期约需10年,前期论证研究和设计工作量大,从黄河治理开发的客观需要和国家投资的可能两方面出发,应加快碛口水利枢纽的前期工作进程,在前期工作及国家投资条件成熟的情况下,尽早开工建设,争取2050年前建成生效。

9.3.4 东庄水利枢纽

9.3.4.1 建设的紧迫性

1. 完善渭河下游防洪工程体系迫切要求早日建成东庄水库

东庄水库防洪保护区涉及泾河下游张家山至泾河口段及其以下的渭河下游的两岸地区,防洪保护区内人口近188万人、耕地222万亩。长期以来,泾河、渭河下游的洪涝灾害一直是历届政府的心腹之患。当前情况下,渭河下游防洪形势依然严峻,人民生命财产安全仍然受到一定威胁。长期的治河实践表明,在干支流河道修建水库控制和调度洪水,配合河道堤防、分滞洪区等其他防洪工程措施联合运用,实施"上拦下排、两岸分滞"的措施控制洪水,是当前较为行之有效的防洪措施。但从两岸地形条件和经济发展情况看,泾河、渭河下游不具备分滞洪水的条件。泾河下游尚无大型控制性枢纽工程,致使泾河、渭河下游防洪一直处于被动防守的局面。

东庄水库是渭河流域防洪工程体系的重要组成部分,可控制渭河下游三大洪水来源区中的泾河为主的洪水。水库建成后,可使泾河下游的防洪标准从目前的10年一遇提高到20年一遇;当渭河下游遭遇以泾河来水为主20年一遇洪水时,通过东庄水库调节后,可使渭河下游的洪水削减为5年一遇,有条件地保证三门峡移民返迁区的防洪安全;当渭河下游遭遇以泾河来水为主100年一遇的洪水时,通过东庄水库调节后,可削减为渭河下游50年一遇的洪水,这将大大提高渭河下游堤防的防洪能力。尽早开工建设东庄水库,是完善渭河下游防洪工程体系的迫切需求,是保障防洪保护区人民生命财产安危和经济社会可持续发展的重要举措。

2. 减缓渭河下游泥沙淤积迫切要求早日建成东庄水库

20世纪90年代以来,由于来水来沙条件不利以及潼关高程长期居高不下,与黄河下游相类似,渭河河道严重淤积。华县断面平滩流量由1992年汛初的2 500 m^3/s减少至2003年汛初的1 300 m^3/s,渭南以下河段2000年汛前主槽过水面积较1990年汛前平均减少60%左右,2000年华县站洪峰流量1 890 m^3/s相应的水位比1981年5 380 m^3/s流量的水位还高0.27 m。由于河道不断淤积抬高,渭河下游已发展为地上悬河,防洪面临着中小洪水形成"横河""斜河",冲决防洪大堤的危险局面,渭河下游现状防洪形势极其严峻。

渭河下游河道属于累计淤积性河道,东庄水库生效越晚,下游河道淤积越严重,所引发的副作用就越多,带来的防洪风险就越大,防洪形势就越严峻。根据数学模型计算结果,若无东庄水库,渭河下游河道将持续淤积,平水平沙系列(1968系列)下渭河下游河道60年累计淤积量为12.70亿t,河道平均淤高2.69 m。东庄水库投入运行后,渭河下游河道累计淤积量为5.23亿t,与同期无东庄水库相比,可累计减淤7.47亿t,平均减少淤积厚度1.58 m,相当于现状工程条件下下游河道34.08年不淤积。因此,东庄水库生效越早,所面临的渭河下游河道形态越好,其减淤效益越明显。因此,减缓渭河下游泥沙淤积迫切要求早日建成东庄水库。

3. 缓解关中地区水资源的紧张形势迫切要求早日建成东庄水库

渭河下游地处关中平原,是关中—天水经济区的主要组成部分,也是西部大开发的核心区域,但该区水资源贫乏,属资源性缺水严重的地区。随着国家对《关中—天水经济区规划》的批复,关中地区的经济发展将会进入新的高潮,对水资源需求也将大幅增加。然而,渭河流域水资源贫乏,河流汛期大流量与高含沙量同步出现,非汛期流量小,由于缺乏调节工程,需水无法满足,水资源短缺、供需矛盾突出,已严重制约了区域经济社会快速发展,并影响了我国西部大开发深入推进的进程。

东庄水库可对泾河径流进行充分调节,可以在不影响现有泾惠渠灌区用水的前提下,增加关中地区城镇生活和工业供水量,对于解决该地区缺水、改善生态环境、促进经济社会的可持续发展具有非常重要的作用。东庄水库建成后,通过与反调节水库共同作用,可供给泾惠渠灌区水量3.18亿m^3,使灌溉保证率达到50%;可为关中地区提供城市生活和工业供水量2.08亿m^3,供水保证率达到95%,有效缓解水资源供需矛盾突出的局面。因此,早日兴建东庄水库,可通过调节泾河河川径流,提高供水保障能力,早日为区域经济社会发展提供稳定的水资源支撑。

9.3.4.2 前期工作基础和外部条件

2006年11月,上海勘测设计研究院、陕西省水利电力勘测设计研究院和国家电力公司西北勘测设计研究院完成了《泾河东庄水利枢纽工程项目建议书》。由于近年来水沙条件、河床边界条件都发生了较大变化,经济社会发展对东庄水库建设也提出了新要求,2010 年 8 月,陕西省水利厅委托黄河勘测规划设计有限公司开展了东庄水库项目建议书修编工作,成果已于 2012 年 4 月通过水利部水规总院审查。

东庄水利枢纽开发任务是以防洪、减淤为主,兼顾供水、发电及改善生态。陕西省政府高度重视,希望加快前期工作进程,"十二五"期间开工建设,因此东庄水利枢纽的建设外部条件良好,基本不存在制约因素。

9.3.4.3 **建设时机**

建设泾河东庄水库工程,对于减轻渭河下游泥沙淤积、提高渭河下游防洪能力、降低潼关高程及减少入黄泥沙等都有着重大的作用和深远的意义,是十分紧迫和必要的,需尽快建设。国务院 2005 年批复的《渭河流域重点治理规划》明确提出,泾河东庄水利枢纽在 2015 水平年建成生效。2008 年国务院以国函〔2008〕63 号批复的《黄河流域防洪规划》中明确提出:"近期建成河口村水库,开工建设古贤水利枢纽和东庄水库,远期……"。2011 年中央一号文件"中共中央国务院关于加快水利改革发展的决定"中也明确指出"十二五"期间抓紧建设一批流域防洪控制性水利枢纽工程,不断提高调蓄洪水能力",为东庄水利枢纽"十二五"期间开工建设创造了有力的社会条件。

东庄水利枢纽为大型工程,建设工期约需 7 年,从治理渭河的紧迫性及黄河治理开发的客观需要出发,应加快工程的前期工作进程,争取"十二五"期间开工建设,2020 年前后建成生效。

9.4 小　结

本章根据水沙调控体系建设方案计算成果,分析了水沙调控体系骨干工程在黄河水沙调控体系中的作用,比较论证了古贤水利枢纽、碛口水利枢纽开发次序及古贤水利枢纽、黑山峡水利枢纽开发次序,从黄河治理开发要求和总体布局出发,研究提出了古贤水利枢纽、黑山峡水利枢纽、碛口水利枢纽、东庄水利枢纽建设时机。主要成果如下:

(1)待建的古贤、碛口、黑山峡等水利枢纽在黄河治理开发中均具有重大的作用,古贤水库、碛口水库主要体现在对小北干流及黄河下游河道防洪减淤、中水河槽维持等方面的作用,黑山峡水库主要体现在宁蒙河段减淤、中水河槽维持及防凌等方面的作用。

(2)古贤水利枢纽、碛口水利枢纽是位于同一河段上下游两个控制性骨干工程,都具有防洪、减淤、供水灌溉、发电等作用,但古贤水库可以更好地控制河口镇—龙门河段的洪水和泥沙,对禹潼河段、下游河道减淤、降低潼关高程的作用比碛口水库大,与三门峡水库、小浪底水库联合运用,对维持黄河下游的中水河槽和长期减淤的作用较大。另外,从经济效果指标、淹没影响、前期工作进展及地方政府意见等方面比较,先期开发古贤项目较优。因此,推荐古贤水利枢纽作为继小浪底水利枢纽建成之后干流骨干工程的首先开发项目。

(3)古贤水利枢纽、黑山峡水利枢纽承担任务各有侧重,古贤水利枢纽的作用主要体现在黄河下游和小北干流,黑山峡水利枢纽的作用主要体现在宁蒙河段。从协调黄河水沙关系、支持黄河流域及其相关地区经济社会可持续发展的总体要求出发,古贤水利枢纽和黑山峡水利枢纽尽早兴建都是十分必要的。但从前期工作及地方意见上看,目前对黑山峡河段的开发方案尚未达成共识,而《黄河古贤水利枢纽工程项目建议书》已通过水利部审查,同时山西、陕西两省均支持古贤水利枢纽的建设。因此,近期推荐先期建设古贤水利枢纽。

(4)基于对黄河水沙调控体系待建工程开发次序的认识,从当前黄河防洪减淤的形势出发,考虑待建工程前期工作基础和外部条件,研究提出了水沙调控体系待建工程建设时机,即古贤水利枢纽作为继小浪底水利枢纽建成之后干流骨干工程的首先开发项目,争取“十二五”前期开工建设,2020 年建成生效;黑山峡水利枢纽工程要抓紧开展前期工作,在条件成熟的情况下尽早开工建设,建议 2030 年建成生效较为合适;碛口水利枢纽工程争取 2050 年前后建成生效;泾河东庄水库争取“十二五”期间开工建设,2020 年前建成生效。

第 10 章　主要结论和认识

10.1　主要结论

10.1.1　关于黄河水沙情势及河道冲淤

黄河流域洪水按其成因可分为暴雨洪水和冰凌洪水。暴雨洪水主要来自黄河上游和中游，多发生在 6～10 月。近年来，由于水土保持工程、水资源开发利用、水库调蓄等作用的影响，黄河流域中常洪水发生较为明显的变化，主要表现为洪水频次减少、大量级洪水频次减少、洪水量级减小、发生时间集中、洪水历时缩短、峰前基流减小。冰凌洪水主要发生在黄河下游、宁蒙河段，发生的时间分别在 2 月、3 月。冰凌洪水特点：一是凌峰流量虽小，但水位高；二是河道槽蓄水量逐步释放，凌峰流量沿程递增。

黄河流域 1956～2000 年 45 年系列多年平均降水量 447 mm，经一致性处理后，现状下垫面条件下多年平均天然河川径流量 534.8 亿 m^3（利津断面），相应径流深 71.1 mm。

黄河水沙具有“水少、沙多，水沙关系不协调”的特点，黄河水量主要来自上游，中游是黄河泥沙的主要来源区。对黄河主要水文站实测径流量、输沙量资料的统计分析表明，近期黄河水沙有以下变化特点：①年均径流量和输沙量大幅度减少；②径流量年内分配比例发生变化，汛期比重减小；③汛期小流量历时增加、输沙比例提高；④中常洪水流量大幅度减小。

20 世纪 80 年代以来，入黄泥沙的大幅度减少，与多沙粗沙区降雨变化、水利水保措施减沙、干流水库拦沙、水资源开发利用、流域煤矿开采以及河道采砂取土等因素有关，其中降雨量减少、降雨强度降低是近些年来沙量减少的重要因素。

根据黄河流域水土保持建设规划，至 2020 年、2050 年水平，黄河上中游水利水保工程建设，增加利用黄河水资源数量分别为 15 亿 m^3、30 亿 m^3，将会使黄河多年平均天然径流量由 534.8 亿 m^3 进一步减少至 519.8 亿 m^3、504.8 亿 m^3。考虑南水北调西线一期工程生效以前黄河水资源配置方案，可以预估，在不从外流域调水的情况下，今后一定时期内利津站入海水量不足 200 亿 m^3。1986～2008 年实测利津站年均径流量仅为 150 亿 m^3。

黄河未来来沙量变化主要取决于未来水利水保措施减沙量。黄河流域综合规划中提出 2020 年减沙目标为 5 亿～5.5 亿 t，进入黄河的年沙量为 10.5 亿～11 亿 t，即使经过长时期的艰苦治理，未来 2050 年前后平均沙量减少到 8 亿 t 左右，黄河仍将是一条输沙量巨大的河流，水少沙多仍是黄河长时期内的重要特征。

以预估的未来黄河来水、来沙量为基础，在设计水平年 1956～2000 年系列中选取 150 年水沙代表系列研究黄河水沙调控体系联合调控效果，该水沙代表系列安宁渡站年均水量为 301.67 亿 m^3，沙量为 1.14 亿 t；吴堡站年均水量为 209.27 亿 m^3，沙量为 3.53 亿 t；龙门站年均水量为 219.12 亿 m^3，沙量为 5.34 亿 t；四站（龙门、华县、河津、洑头）年均水量为 283.05 亿 m^3，沙量为 8.91 亿 t。

10.1.2 关于水沙调控体系总体布局

完善的黄河水沙调控体系包括水沙调控工程体系和非工程体系。

根据黄河干流各河段的特点、流域经济社会发展布局，统筹考虑洪水管理、协调全河水沙关系、合理配置和优化调度水资源等综合利用要求，按照综合利用、联合调控的基本思路，以干流的龙羊峡、刘家峡、黑山峡、碛口、古贤、三门峡、小浪底等骨干水利枢纽为主体，以海勃湾水库、万家寨水库为补充，与支流的陆浑、故县、河口村、东庄等控制性水库共同构成完善的黄河水沙调控工程体系。其中，龙羊峡、刘家峡、黑山峡三座水库主要构成黄河上游水量调控子体系，联合对黄河水量进行多年调节和水资源优化调度，进行全河水资源配置，满足上游河段防凌要求；碛口、古贤、三门峡和小浪底四座水库主要构成黄河中游洪水、泥沙调控子体系，管理黄河中游洪水，进行拦沙和调水调沙，并进一步优化调度水资源。

同时，还需要构建由监测体系、预报体系、决策支持系统等组成的水沙调控非工程体系，为黄河水沙联合调度提供技术支撑。

10.1.3 关于黄河水沙调控指标体系

10.1.3.1 维持河道排洪输沙功能的调控指标

通过对黄河下游一般含沙量非漫滩洪水冲淤特性、水流输沙能力以及河道中水河槽规模的分析，为了维持下游河道排洪输沙功能，提高输沙效率，确保中水河槽规模，确定下游调控上限流量指标控制在 2 600 ~ 4 000 m^3/s。在黄河水资源有限的情况下，同时为了防止下游发生大范围漫滩和提高输沙用水效率，下游调控流量应不大于下游平滩流量，相应调控流量的调控库容为 8 亿 ~ 15 亿 m^3。

通过对潼关高程变化特点、潼关河段水流输沙能力、汛期及桃汛期洪水对潼关高程冲刷作用的分析，提出为实现潼关高程冲刷降低，潼关站洪峰流量应大于 2 500 m^3/s，相应洪量在 13 亿 m^3 左右。

通过对宁蒙河段洪水冲淤特性、水流输沙能力、平滩流量变化等分析，提出现阶段宁蒙河段调控流量以 1 500 m^3/s 左右为宜，黑山峡水库投入运用后，随着宁蒙河段平滩流量的增加，调控流量可逐步增加到 2 500 m^3/s 左右。南水北调西线一期工程生效后，调水调沙水量增加，调控流量可逐步增加到 2 500 ~ 3 000 m^3/s，相应调控水量不小于 30 亿 m^3。

10.1.3.2 各河段防洪、防凌调控指标

水沙调控体系建成后，通过科学控制、管理洪水，为防洪、防凌安全提供重要保障。在防洪方面有效控制大洪水，削减洪峰流量，减轻黄河洪水威胁，黄河下游的大洪水经防洪工程作用后基本得到控制，黄河下游各河段堤防的设防流量分别为花园口 22 000 m^3/s、高村 20 000 m^3/s、孙口 17 500 m^3/s、艾山以下 11 000 m^3/s，河口河段堤防的设防流量为 10 000 m^3/s。

在防凌方面有效调节凌汛期流量过程，减少河道槽蓄水增量，减轻防凌压力。经分析，黄河下游需要防凌库容35亿m^3；宁蒙河段在南水北调西线一期工程生效前需要防凌库容40亿m^3，南水北调西线一期工程生效后为57亿m^3。

10.1.3.3　**实现水资源有效管理的调控指标**

针对黄河流域实际情况，以国务院批准的"87"分水方案和黄河流域水资源综合规划为主要依据，考虑流域水资源量的变化，统筹协调河道外经济社会发展用水和河道内生态环境用水之间的关系，提出流域及有关省（区）地表水供水量和消耗量、地下水开采量等用水控制指标。

南水北调东中线工程生效后至南水北调西线一期工程生效以前（考虑引汉济渭工程调水10亿m^3），黄河流域地表水消耗量不得超过345亿m^3，地下水开采量不超过123.7亿m^3。河口镇断面下泄水量不少于205.2亿m^3，利津断面下泄水量不少于187.0亿m^3。

南水北调西线一期等调水工程生效后（考虑引汉济渭工程调水15亿m^3），黄河流域地表水消耗量不得超过401亿m^3，地下水开采量不大于125.3亿m^3。河口镇断面下泄水量不少于231.6亿m^3，利津断面下泄水量不少于211.4亿m^3。

10.1.3.4　**约束性指标和指导性指标**

水沙调控指标可分为约束性指标和指导性指标，其中平滩流量、堤防设防流量、不同水平年用水总量、地表水耗水量、入海水量为约束性指标，调水调沙调控流量、防凌控制流量、主要断面关键期生态需水流量为指导性指标。

10.1.4　关于水沙调控体系水库联合调度运用技术

黄河水沙调控体系水库联合运用的目标：一是有效管理洪水，为防洪和防凌安全提供重要保障。二是协调水沙关系，减轻水库及河道泥沙淤积，长期维持河道中水河槽行洪输沙功能。三是优化配置黄河水资源和南水北调西线入黄水量，保障城乡居民生活、工业、农业、河道输沙、生态环境用水，支持黄河流域及相关地区经济社会的可持续发展。

龙羊峡、刘家峡和黑山峡三座骨干工程联合运用，构成黄河水沙调控体系中的黄河水量调控子体系主体。龙羊峡水库、刘家峡水库联合对黄河水量和南水北调西线入黄水量进行多年调节，以丰补枯，增加黄河枯水年特别是连续枯水年的水资源供给能力，提高梯级发电效益。黑山峡水库主要对上游梯级电站下泄水量进行反调节，结合防凌蓄水，在满足全河经济社会用水配置和宁蒙河段经济社会用水的基础上，将非汛期富余的水量调节到汛期泄放，消除龙羊峡水库、刘家峡水库汛期大量蓄水运用对宁蒙河段造成的不利影响，恢复和维持中水河槽行洪输沙能力。海勃湾水利枢纽主要配合上游骨干水库防凌运用，在凌汛期和封河期，避免因宁夏灌区退水和海勃湾以上河段封河造成进入内蒙古河段流量波动，开河期在遇到凌汛严重险情时应急防凌蓄水。

中游的碛口、古贤、三门峡和小浪底四座水利枢纽联合运用，构成黄河洪水、泥沙调控工程体系的主体，在洪水管理、协调水沙关系、支持地区经济社会可持续发展等方面具有不可替代的重要作用。黄河洪水、泥沙调控子体系联合运用：一是联合管理黄河洪水，在黄河下游发生超标准洪水时，削减超标准洪水；在黄河发生中常洪水时，联合对中游洪水过程进行调控，尽量塑造协调的水沙关系，充分发挥水流的挟沙力，减少河道主槽淤积，并为中下游滩区放淤塑造合适的水沙条件;在黄河较长时期没有发生洪水时,联合调节水量塑造维持中水河槽的流量过程,尽量维持中水河槽行洪输沙能力。二是利用水库拦沙库容,联合拦粗排细运用,尽量拦蓄对黄河下游河道泥沙淤积危害最为严重的粗泥沙,减少下游河道泥沙淤积。三是联合调节径流,保障黄河下游防凌安全,发挥工农业供水和发电等综合利用效益。

上游水量调控子体系和中游洪水泥沙调控子体系联合运用原则:黄河水沙异源的自然特点,决定了上游子体系必须与中游子体系有机地联合运用,构成完整的水沙调控体系。在水资源控制方面,上游水库多年径流调节弥补了中游水库调节的缺陷,保障了中下游枯水期供水安全。在协调黄河水沙关系方面,上游子体系需根据黄河水资源配置要求,合理安排汛期下泄水量和过程,为中游子体系联合调水调沙的泥沙调节提供水流动力条件。

10.1.5 黄河水沙调控体系数学模拟系统

改进和完善了水流泥沙模型、防洪调度模型、水资源调控模型等,开发了水沙联合调控模型,实现了模型的输入输出接口的标准化、规范化。

根据黄河水沙调控体系模型管理需求,设计了安全性、稳定性、可维护性较高的三层体系构架(应用层、模型服务层和数据层)的数学模型管理平台,构建了黄河水沙调控体系数学模拟系统,实现了水沙、防洪(防凌)调度、水资源模型系统的一体化。

10.1.6 关于水沙调控体系联合调控作用

黄河水沙调控体系建设完成后,在塑造黄河协调水沙关系,维持中水河槽行洪输沙能力,保障黄河防洪、防凌安全,优化配置黄河水资源,改善生态环境等方面发挥了重要的作用。

10.1.6.1 减淤作用

根据黄河流域水沙变化趋势预估,考虑不同水平年水利水保措施减水减沙量,选取150年设计水沙代表系列(该系列黄河年均来水量283.05亿m^3,来沙量8.91亿t),利用不同水沙数学模型对不同工程组合方案水库群联合运用减淤效果进行模拟计算分析。

1.对宁蒙河段的减淤作用

采用宁蒙河段水文水动力学模型和SUSBED-2一维水动力学模型计算的不同方案减淤作用结果差别不大。现状工程方案宁蒙河段发生持续淤积,两模型计算的150年系列,年均淤积量0.70亿t、0.71亿t;黑山峡水库2030年生效后,宁蒙河段年均淤积量分别减少至0.23亿t、0.26亿t,主槽过流能力也由黑山峡水库投入前的不足1 000 m^3/s提高至2 000 m^3/s左右并且得到长期维持;黑山峡水库和南水北调西线一期工程同时2030年生效后,宁蒙河段可基本达到冲淤平衡,主槽过流能力进一步提高至2 700 m^3/s左右。

2.对禹潼河段的减淤作用

黄河设计公司和中国水科院数学模型计算结果表明,现状方案禹潼河段呈现逐年淤积状态,至2158年,两家模型计算的累计淤积量分别为78.32亿t、61.03亿t,年均淤积0.52亿t、0.41亿t;古贤水库2020年投入运用后,禹潼河段年均淤积量减少至0.15亿t、

0.19 亿 t,河段累计最大冲刷量达 11.47 亿 t、12.78 亿 t;古贤水库 2020 年、黑山峡水库 2030 年投入运用后,2030 ~ 2158 年河段年均淤积量分别为 0.12 亿 t、0.18 亿 t,累计最大冲刷量达 13.81 亿 t、17.81 亿 t;黄河水沙调控体系工程全部生效后,禹潼河段可基本达到不冲不淤的状态,两家模型计算的 2050 ~ 2158 年禹潼河段累计冲淤量仅为 -4.02 亿 t、3.32 亿 t,与现状方案相比,整个 150 年系列河段累计减淤量分别为 82.34 亿 t、60.04 亿 t。在黄河水沙调控体系工程全部生效的基础上,考虑南水北调西线一期工程 2030 年投入运用,由于禹潼河段长期处于冲刷状态,河床粗化严重,西线投入运用可使禹潼河段冲刷进程加快,但从长期看,对增加禹潼河段冲刷量的作用不大。

3. 对降低潼关高程的作用

黄河设计公司和中国水科院分别计算分析了不同方案潼关高程变化过程,现状方案,潼关高程总体上呈现逐步抬升的态势,至 2158 年,两家计算的潼关高程累计抬升值分别为 1.49 m、1.86 m;古贤水库 2020 年生效方案,两家计算的潼关高程累计最大下降值分别为 1.93 m、1.15 m,至计算系列末(2158 年)潼关高程回升至 328.93 m、329.58 m;古贤水库 2020 年、黑山峡水库 2030 年生效方案,两家计算的潼关高程累计最大下降值分别为 2.40 m、1.36 m,至计算系列末(2158 年)潼关高程回升至 327.95 m、328.71 m;黄河水沙调控体系工程全部生效方案,两家计算的潼关高程累计最大下降值分别为 3.63 m、1.52 m,至计算系列末(2158 年)潼关高程回升至 325.67 m、327.63 m,潼关高程能够长期保持在 328 m 以下。

4. 对下游河道减淤作用

在减少河道淤积量方面,黄河设计公司、中国水科院、黄科院计算结果表明,现状方案,三家计算的下游河道 150 年累计淤积量分别为 295.08 亿 t、241.41 亿 t、321.43 亿 t,年均淤积量 1.97 亿 t、1.61 亿 t、2.14 亿 t;古贤水库 2020 投入运用后,下游河道淤积量明显减少,下游河道年均淤积量仅为 1.36 亿 t、1.29 亿 t、1.78 亿 t,与同期现状方案相比,古贤水库对下游河道年均减淤量分别为 0.81 亿 t、0.51 亿 t、0.53 亿 t;古贤水库 2020 年、黑山峡水库 2030 年生效方案,黑山峡水库投入运用后,下游河道年均淤积量为 1.23 亿 t、1.22 亿 t、1.65 亿 t,扣除古贤水库的减淤量,黑山峡水库对下游河道年均减淤量为 0.16 亿 t、0.08 亿 t、0.18 亿 t;黄河水沙调控体系全部生效后,下游年均淤积量分别为 0.71 亿 t、0.76 亿 t、0.98 亿 t,黄河下游处于微淤状态,与天然情况下黄河下游淤积量 4 亿 t 相比,减淤 80% 以上,减淤效果明显;在黄河水沙调控体系工程全部生效的基础上,考虑南水北调西线一期工程 2030 年生效,黄河设计公司计算的结果表明,西线调水量对下游河道累计减淤 34.04 亿 t,年均减淤 0.27 亿 t,整个 150 年系列下游河道年均淤积量仅为 0.42 亿 t。

在提高下游主河槽过洪能力方面,现状方案黄河设计公司与中国水科院计算的下游平滩流量变化过程基本一致,均经历了逐步恢复又迅速萎缩的过程,黄河设计公司计算的下游最小平滩流量由 2008 年的 4 000 m^3/s 逐步增加至 4 865 m^3/s(2019 年),2026 年左右又迅速降至 4 000 m^3/s 以下,此后下游河道 4 000 m^3/s 左右的中水河槽难以长期维持;中国水科院计算的下游最小平滩流量增加至最大值 6 803 m^3/s 后,呈逐步降低趋势,2030 年左右降至 4 000 m^3/s 以下,2058 年仅为 2 339 m^3/s;黄科院计算的 2020 年下游河道最小平滩流量为4 000 m^3/s,2030年降至3 450 m^3/s,2050年、2100年、2158年最小平滩流量均不足3 000 m^3/s。古贤水库2020年生效方案,黄河设计公司结果表明,在古贤水库投入运用后的2020～2070年,下游主槽过流能力基本能维持在4 000 m^3/s,而后遇到不利水沙条件,平滩流量降至4 000 m^3/s以下,遇到有利水沙条件,平滩流量会再次恢复;中国水科院计算结果表明,古贤水库投入运用后至2058年的38年内,下游历年最小平滩流量均值较现状方案增加近1 000 m^3/s,最小平滩流量维持在4 000 m^3/s以上的年限延长了11年。黄科院计算结果表明,古贤水库投入运用后的2030年、2050年、2100年、2158年最小平滩流量分别较现状方案增加320 m^3/s、550 m^3/s、50 m^3/s、170 m^3/s,2050年下游主槽过流能力维持在3 300 m^3/s以上。古贤水库2020年、黑山峡水库2030年生效方案,下游河道平滩流量值较仅考虑古贤水库2020年生效方案有所提高,平滩流量均值增加30～200 m^3/s。黄河水沙调控体系全部工程生效方案,黄河设计公司计算结果表明可维持下游主槽4 000 m^3/s以上过流能力115年左右,其他年份也都在3 000 m^3/s以上;中国水科院计算结果表明2041～2058年黄河下游平滩流量逐步由4 000 m^3/s降至3 100 m^3/s左右。从黄科院计算的不同年份平滩流量值可以看出,尽管一些年份最小平滩流量不能达到4 000 m^3/s,但均在3 500 m^3/s以上,即3 500 m^3/s以上中水河槽还是可以保持的。考虑水沙调控体系工程相继投入运用和南水北调西线一期工程2030年生效方案,黄河设计公司计算的未来150年黄河下游主槽过流能力基本能够维持在4 000 m^3/s以上,由于西线的调水作用使下游整体平滩流量提高240 m^3/s左右。

10.1.6.2 防洪作用

现状工程条件下,中下游通过三门峡、小浪底、陆浑和故县四座水库的联合调度运用,显著削减了黄河下游稀遇洪水,使花园口断面100年一遇洪峰流量由29 200 m^3/s削减到15 700 m^3/s,1 000年一遇洪峰流量由42 300 m^3/s削减到22 600 m^3/s,接近花园口设防流量22 000 m^3/s。古贤水库生效后,与三门峡、小浪底等水库联合防洪运用可控制稀遇洪水,有效减轻三门峡水库滞洪产生的不利影响,可大幅度减少三门峡水库大洪水滩库容损失。对于1933年型1 000年一遇洪水,三门峡库区滩库容淤积由无古贤水库的14.89亿m^3减少为7.43亿m^3,100年一遇洪水滩库容淤积由8.57亿m^3减少为1.82亿m^3,分别减少库容淤损7.46亿m^3、6.75亿m^3。古贤水库生效后与三门峡水库、小浪底水库联合防洪运用,对于"上大洪水"尽可能控制三门峡水库入库流量不大于10 000 m^3/s,有效承担三门峡水库的防洪负担,尽量减小下游东平湖的分洪概率,减少东平湖湖区淤积。

黑山峡水库生效后,与龙羊峡水库、刘家峡水库联合运用,可进一步削减洪水过程,提高宁蒙河段防洪标准,可将100年一遇及以下标准的洪水控泄至5 000 m^3/s,多余洪量拦蓄在库中;当入库洪水超过100年一遇时,不再限泄。黑山峡水库拦蓄洪水,可将宁蒙河段的防洪标准由目前的20～50年一遇提高到100年一遇。

10.1.6.3 防凌作用

黑山峡水库与龙羊峡水库、刘家峡水库联合调度,可基本解决宁蒙河段的凌情,海勃湾水库建成后,作为应急防凌工程,水库在内蒙古河段出现凌汛险情时,可及时控制下泄流量,缓解凌情。

古贤水库、碛口水库距离下游河道较远,对下游的防凌作用并不明显。两座水库位于北干流河段，水库投入运用后，可有效缓解北干流河段的凌情。

10.1.6.4 水资源调控和发电作用

黄河水资源高效利用及综合调度体系建成后，提高蓄丰补枯能力，进一步减少枯水年份流域内缺水，也可实现枯水年份河道外供水指标。与现状工程相比，古贤水库生效后各水平年枯水年份流域内河道外缺水均减少，其中特殊枯水年减少最为明显，减少幅度为9.09亿～34.65亿m^3，古贤水库和黑山峡水库均生效后各水平年特殊枯水年流域内河道外缺水减少幅度为25.21亿～38.97亿m^3。

古贤水库和黑山峡水库生效后在有南水北调西线一期工程情况下，河口镇和利津断面的汛期和非汛期下泄水量均能达到河道内生态需水的要求。在调蓄径流的同时，梯级电站发电效益也有所增加，与现状工程方案相比，古贤水库生效后，不同水平年龙羊峡以下黄河干流其他梯级电站多年平均发电量增加8.73亿～10.72亿kWh（不包括古贤水电站）；古贤水库和黑山峡水库都生效后，各水平年龙羊峡以下干流其他梯级电站多年平均发电量增加15.59亿～39.37亿kWh（不包括古贤水电站和黑山峡水电站）。

10.1.7 关于待建工程的开发次序和建设时机

古贤水利枢纽和碛口水利枢纽开发次序：先建古贤水库或先建碛口水库均能满足黄河下游的防洪、减淤及库区两岸供水及发电需求，但古贤水库可以更好地控制河口镇—龙门河段的洪水和泥沙，对禹潼河段的减淤、降低潼关高程的作用比碛口水库大，与三门峡水库、小浪底水库联合运用，对维持黄河下游的中水河槽和长期减淤的作用也较大。从经济效果指标上看，采用差额投资经济评价法，先期开发古贤水库较碛口水库为优。从淹没影响带来的社会影响、前期工作进展及地方政府意见上看，先期开发古贤项目较优。综合考虑，推荐古贤水利枢纽作为继小浪底水利枢纽建成之后干流骨干工程的首先开发项目。

古贤水利枢纽和黑山峡水利枢纽的开发次序：两工程发挥的作用各有侧重，古贤水库的作用主要体现在黄河下游和小北干流，黑山峡水库的作用主要体现在宁蒙河段。从协调黄河水沙关系、支持黄河流域及其相关地区经济社会可持续发展的总体要求出发，古贤水利枢纽和黑山峡水利枢纽尽早兴建都是十分必要的。但从前期工作及地方意见上看，目前对黑山峡河段的开发方案尚未达成共识，而《黄河古贤水利枢纽工程项目建议书》已通过水利部审查，同时山西、陕西两省均支持古贤水利枢纽的建设。因此，近期推荐先期建设古贤水利枢纽。

古贤水利枢纽的建设时机：古贤水库投入运用越早，对下游河道减淤作用越大，维持下游中水河槽过洪能力的时间越长，潼关高程保持较低水平的年限也越长。考虑到古贤水库及早建成生效可与小浪底水库联合运用发挥更大的作用，因此从黄河防洪和治理开发的客观需要和现实可能两方面出发，应加快前期工作进程，争取“十二五”前期开工建设，2020年建成生效。

黑山峡水利枢纽的建设时机：从保障宁蒙河段防洪防凌安全、维护西北电网运行安全、促进地区经济发展等角度，都要求尽早建设黑山峡水利枢纽，发挥黑山峡水利枢纽对宁蒙河段防洪防凌、供水发电、生态建设等方面的积极作用。从黄河治理开发的客观需要和可能两方面出发，考虑到古贤水利枢纽2020年建成生效，黑山峡水利枢纽2030年建成生效较为合适。但考虑到宁蒙河段治理需要的紧迫性，建议抓紧时间开展前期工作，在前期工作及国家投资条件成熟的情况下，尽早开工建设。

碛口水利枢纽的建设时机：由于古贤水库、碛口水库均位于北干流河段，二者开发任务相近，可分期开发。古贤水库的拦沙期大约为35年，碛口水库位于古贤水库上游，与古贤水库和小浪底水库的相对位置关系相似，在古贤水库建成生效后的适当时机建设碛口水利枢纽，可在黄河中下游河段形成水库接力，通过碛口、古贤、三门峡、小浪底四水库联合拦沙和调水调沙运用，可延长古贤水库拦沙库容使用年限，进一步减缓下游河道淤积速度，使下游的中水河槽能够在更长的时期维持在4 000 m^3/s。考虑到古贤水库、黑山峡水库在2020年后相继建成生效，从黄河治理开发的客观需要和国家投资的可能两方面出发，应加快碛口水利枢纽工程的前期工作进程，争取2050年前建成生效。

10.2 主要认识

（1）建设完善的黄河水沙调控体系是解决黄河水少、沙多，水沙关系不协调的重要手段，是实现黄河长治久安的重要战略措施。

"水少、沙多，水沙关系不协调"是黄河复杂难治的症结所在，大量的泥沙淤积使河道持续抬高，造成历史上黄河下游堤防决口、河道改道频繁，洪水泥沙灾害严重。

针对黄河水沙时空分布特点，为维持黄河健康生命，实现黄河长治久安，促进流域经济社会可持续发展，必须采取有效途径，协调黄河的水沙关系，具体来讲就是增水、减沙、调水调沙。所谓增水，是指能够增加黄河水资源量的各种措施，包括外流域调水和节水（相对增水）；所谓减沙，是指能够减少入黄沙量的各种措施，包括水土保持减沙、水库拦沙和干流滩区放淤等措施，特别是要减少对河道淤积影响严重的粗颗粒泥沙；所谓调水调沙，就是根据黄河来水来沙特点，通过黄河水沙调控体系中干支流骨干水库群的联合调控运用，尽可能将不利水沙过程调节为协调的水沙过程，输送泥沙入海，减少河道淤积，扩大并维持河道主槽过流能力。

改善黄河水沙不协调问题的三大途径中，增水主要靠节水和南水北调西线工程调水。减沙主要靠水土保持、骨干工程拦沙和大规模的滩区放淤，水土保持是减少入黄泥沙、治理黄河的根本措施。多年来的治黄实践表明，黄土高原地区自然环境恶劣，仅靠水土保持在短期内显著减少入黄泥沙是不现实的。骨干水库拦沙是最直接、最经济、最有效的手段，大规模的滩区放淤也需要骨干水库对水沙过程进行调节才能取得较好的效果。调水调沙是黄河治理开发的一项重要战略措施，是谋求黄河长治久安的重要途径，但单个水库调水调沙作用有限，需要由多个水库工程及相应的非工程措施构成的水沙调控体系，才能长期发挥调水调沙的效果。因此，建设完善的水沙调控体系是维持黄河健康生命，协调流域经济社会可持续发展的重要战略措施。

（2）黄河水沙调控体系工程布局是以干流七大控制性骨干工程龙羊峡、刘家峡、黑山峡、碛口、古贤、三门峡、小浪底为主体，以海勃湾、万家寨水库为补充，与支流陆浑、故县、河口村、东庄等控制型水库共同构成的。水沙调控体系逐步建设完善后，通过骨干工程联合调控运用，对协调黄河水沙关系，维持中水河槽行洪输沙能力，保障黄河防洪、防凌安全，确保黄河不断流，改善生态环境等方面具有十分重要的作用。

黄河上游的龙羊峡、刘家峡和黑山峡3座骨干水库和海勃湾水库构成黄河水量调控子体系，通过联合调控运用，调节黄河水量和南水北调西线工程入黄水量，进行水资源优化配置，协调宁蒙河段的水沙关系，解决宁蒙河段防洪、防凌问题，提高梯级电站发电效益，支持地区经济社会发展。同时，为中游水库调水调沙提供水流动力条件。黄河中下游的碛口、古贤、三门峡和小浪底4座骨干工程和支流的陆浑、故县、河口村、东庄4座水库以及作为补充的万家寨水库构成黄河洪水、泥沙调控子体系。通过中游子体系的运用，可大大削减进入下游的洪峰流量，有效控制进入下游河道的泥沙，在塑造小北干流和下游协调的水沙关系、减少河道泥沙淤积、维持中水河槽过流能力、降低并控制潼关河床高程、延长水库拦沙库容使用年限等方面具有重要作用。

研究结果表明，在无南水北调西线工程条件下，黑山峡水库投入运用后，通过水库拦沙和调水调沙运用，宁蒙河段的淤积量由现状工程条件下的0.71亿t减少至0.26亿t，主槽过流能力也由不足1 000 m^3/s逐步提高至2 000 m^3/s左右，并且将得到长期维持。中游古贤水库、碛口水库相继投入并与三门峡水库、小浪底水库联合调控运用，在未来150年内，可使龙潼河段累计减淤82.34亿t，潼关高程最大可冲刷下降3.63 m，黄河下游河道累计减淤量197.71亿t，相当于现状工程条件下下游河道101年不淤积，通过水沙调控体系工程的联合调水调沙作用，可使小浪底水库拦沙期恢复的4 000 m^3/s左右的中水河槽基本得以长期保持。

通过三门峡水库、小浪底水库、陆浑水库和故县水库的联合调度运用，可显著削减黄河下游稀遇洪水，使花园口断面100年一遇洪峰流量由29 200 m^3/s削减到15 700 m^3/s，1 000年一遇洪峰流量由42 300 m^3/s削减到22 600 m^3/s，接近花园口设防流量22 000 m^3/s。古贤水库生效后与三门峡水库、小浪底水库联合防洪运用，对于"上大洪水"尽可能控制三门峡水库入库流量不大于10 000 m^3/s，有效承担三门峡水库的防洪负担，尽量减小下游东平湖的分洪概率，减少东平湖湖区淤积。渭河东庄水库生效后，可使以泾河来水为主的渭河下游100年一遇洪水削减为50年一遇。上游黑山峡水库生效后，与龙羊峡水库、刘家峡水库联合运用，可进一步削减洪水过程，提高宁蒙河段防洪标准，可将100年一遇及以下标准的洪水控泄至5 000 m^3/s，将该河段的防洪标准由目前的20～50年一遇提高到100年一遇，还可基本解决宁蒙河段防凌问题。

（3）古贤水利枢纽在黄河水沙调控体系具有承上启下的战略地位，对保障黄河下游防洪安全具有重要作用，建设古贤水利枢纽工程是黄河近期治理开发的迫切需求。

黄河下游防洪依然是黄河治理开发需要解决的关键问题，黄河下游防洪不仅要控制黄河洪水，更重要的是妥善处理和利用黄河泥沙。虽然目前初步形成了"上拦下排、两岸分滞"的黄河下游防洪工程体系，使进入黄河下游的大洪水初步得到控制，但黄河泥沙问题远未解决，水沙关系不协调依然长期存在，且由于流域经济社会发展用水持续增加，加上龙羊峡水库、刘家峡水库调节，水沙关系不协调更趋恶化，造成下游河道淤积抬高、中水河槽淤积萎缩、"二级悬河"急剧发育，洪水对黄淮海平原威胁急剧加大。

1999年10月小浪底水库建成投入运用以来，通过水库拦沙和调水调沙，在下游河道减淤和恢复中水河槽过洪排沙能力方面发挥了重要作用。至2010年汛初，下游河道已累计冲刷泥沙 18.15 亿 t,中水河槽过流能力已经达到 4 000 m^3/s 左右,在一定程度上缓解了下游滩区"小水大灾"形势,但是小浪底水库拦沙库容有限,按照正常来水来沙条件预估,水库 2020 年左右拦沙库容将会淤满,届时水库调水调沙运用仍能发挥减淤作用,但下游河道仍以每年 2.70 亿 t 的速度淤积,至 2026 年左右,下游河道的的平滩流量将下降至 4 000 m^3/s 以下,下游防洪形势严峻局面又将出现。潼关高程长期居高不下严重影响渭河下游的防洪安全,1986 年以后潼关高程急剧升高至 328 m 以上,虽然采取了很多措施,但仍长期维持在 328 m 左右,降低和控制潼关高程是治黄的重要目标之一。

尽快建设古贤水利枢纽,使古贤水库、小浪底水库联合拦沙和调控水沙,有利于充分发挥河道较强的行洪输沙能力、尽量多输沙入海、减少河道淤积,较长期维持中水河槽行洪输沙功能,保证黄淮海平原经济社会稳定发展,同时还可迅速扭转小北干流河道逐年淤积的局面,使潼关高程下降 2.0 m 左右,并长时期保持较低水平。此外,解决附近地区城镇生活、能源和重化工基地和灌区供水问题,也迫切需要建设古贤水利枢纽提供水资源保障。2010 年汛前的黄河调水调沙生产运行,通过对中游万家寨水库、三门峡水库和小浪底水库的联合调度,小浪底水库排沙比达到 150%,实现了水库及下游河道的双重减淤的目标,水沙联合调控效果明显。数学模型计算结果也表明,古贤水库在小浪底水库设计拦沙库容淤满前投入运用要比在小浪底水库设计拦沙库容淤满后投入运用更能长期发挥水库联合运用的效果,因此应加快古贤水利枢纽前期工作进程,争取在小浪底水库剩余部分拦沙库容时建成生效,更好地发挥水库联合调控作用。

(4)黑山峡水库是解决黄河内蒙古河段防洪、防凌安全,优化配置黄河水资源和南水北调西线入黄水量的关键性工程,对促进附近地区经济社会发展具有重要的作用。

天然情况下宁蒙河段每年常有长历时、低含沙量、流量大于 3 000 m^3/s 的过程,河道平滩流量长期能够保持在 3 000 m^3/s 左右。1986 年以后,由于进入宁蒙河段的水沙关系恶化,河道淤积萎缩加重,内蒙古河段 1991 年 12 月至 2000 年 8 月年平均淤积量达 0.54 亿 t,主槽淤积占总淤积量的 88%,2000 年 8 月至 2004 年 8 月年平均淤积量达 0.62 亿 t,主槽淤积占总淤积量的 92%。平滩流量下降(局部河段仅有 1 000 m^3/s),导致河道宽浅散乱,摆动加剧,严重威胁防凌、防洪安全。据统计,1986 年以来内蒙古河段已发生 9 次凌汛堤防决口和 1 次汛期小流量决口,给沿岸广大人民群众的生命财产造成巨大损失。

黑山峡水利枢纽位于上游梯级电站的尾部、宁蒙河段的首部,水库总库容约 114.8 亿 m^3,水库建成后,与上游的龙羊峡水库、刘家峡水库构成黄河水量调控子体系,通过水库拦沙和联合调水调沙运用,改善宁蒙河段水沙关系,减轻河道淤积、改善河道形态,为保障宁蒙河段防凌(防洪)安全创造条件。按照设计水沙条件,考虑黑山峡水库投入运用,宁蒙河段的淤积量由现状条件下的 0.71 亿 t 减少至 0.26 亿 t,主槽过流能力也由不足 1 000 m^3/s 逐步提高至 2 000 m^3/s 左右,并且得到长期维持。同时,黑山峡水利枢纽通过对黄河水量及南水北调西线入黄水量的调节,可有效解决当地人民群众饮水安全问题,促进附近地区的生态环境改善,缓解附近地区工农业发展和能源基地建设所面临的水资源供需矛盾,有效缓解西北电网用电的供需矛盾,推动当地和西北地区经济的发展。因此,当前应加快黑山峡河段开发方案论证,为黑山峡水利枢纽的立项、前期工作开展创造条件。

(5)南水北调西线工程是解决黄河水资源供需矛盾的战略性措施,是长期协调黄河水沙关系的有效途径之一，西线工程生效后可进一步发挥水沙调控体系的作用。

黄河水资源具有水资源总量不足、年际变化大、年内分配集中、空间分布不均等我国北方河流的共性，同时还具有水少沙多、水沙异源、水沙关系不协调等特有的个性。河道外用水需求的日益增加和部门间争水加剧，使河道内外均缺水严重，制约了流域经济社会的可持续发展，同时也使河流生态系统整体恶化，造成河道淤积、“二级悬河”加剧、水环境恶化等一系列问题。

黄河流域属资源性缺水地区，随着经济社会的发展，水资源供需矛盾越来越突出。据预测，在不考虑跨流域调水的情况下，即使采取强化节水措施，2030 年黄河流域河道内外正常来水年份缺水量也将达到 138 亿 m^3，在枯水年份和连续枯水段，各行业之间的用水矛盾将更加激烈，供水安全、粮食安全和生态安全的风险更大。按照国务院批准的《南水北调工程总体规划》，规划南水北调西线工程总调水量 170 亿 m^3，其中一期工程调水 40 亿 m^3，二期工程调水 50 亿 m^3，三期工程调水 80 亿 m^3。考虑南水北调西线工程受水区缺水的严峻形势，以及调出区经济社会和资源环境情况、工程技术经济条件等因素，水利部要求对可调水量和规划方案进行复核，补充论证原规划确定的第一期工程和第二期工程水源合并开发方案，并作为南水北调西线一期工程。2008 年底完成南水北调西线一期工程补充论证工作，并提出了项目建议书报告。根据项目建议书成果，南水北调西线一期工程推荐调水规模 80 亿 m^3。其中，河道内配置水量 25 亿 m^3，用于补充河道内生态环境用水；河道外配置 55 亿 m^3，基本保证重点城市和能源基地的生活、生产用水，并为黑山峡生态灌区和石羊河供水。但由于河道输沙用水、生态用水、工农业用水的过程与黄河的天然来水过程和西线入黄水量过程差别很大，为充分发挥供水效益，必须通过大型水库工程的调蓄，才能实现水资源优化配置的目的。为了满足黄河水资源和南水北调西线工程入黄水量优化配置的需要，要求黑山峡水库有较大规模的库容，发挥承上启下作用，并与黄河中游骨干水库联合运用，满足上、中、下游综合利用需要。

数学模型计算结果表明，在黄河水沙调控体系骨干工程相继投入运行基础上，考虑南水北调西线一期工程 2030 年生效，通过合理的水资源配置和黄河水沙调控体系联合调度，可继续减少黄河干流冲积性河道淤积量。宁蒙河段年均淤积量由 0.26 亿 t 减少至 0.01 亿 t，河段基本达到冲淤平衡，主槽过流能力也由 2 000 m^3/s 进一步提高至 2 700 m^3/s 左右；黄河下游河道年均淤积量由 0.72 亿 t 减少至 0.45 亿 t，下游平滩流量年均值提高 240 m^3/s，4 000 m^3/s 的中水河槽能够更长期维持。

建设完善的黄河水沙调控体系，通过对西线工程调入水量与黄河自身水资源的统一调配和管理，可有效缓解黄河水资源供需矛盾，提高流域及沿黄地区的供水安全。能够确保重点城市、重要能源基地的用水需求，并退还部分被挤占的农业灌溉水量，促进粮食生产；通过向黄河干流河道内补充水量，进一步协调水沙关系，减轻河道淤积，促进干流生态系统和河道形态的恢复与改善；通过向生态环境恶化地区供水，恢复和改善当地生态环境状况和居民生存条件。南水北调西线工程对促进流域经济社会可持续发展，保障流域乃至全国供水安全、能源安全、粮食安全和生态安全均具有重要作用。

(6)黄河治理开发是一项长期而又艰巨的任务，解决黄河洪水、泥沙、水资源等问题，仅靠一种途径、一种措施是远远不够的，还必须立足长远，按照治黄规划的总体安排，采取多种措施相互配合，综合治理。

按照黄河正常的来水来沙条件预估，考虑黄河水沙调控体系工程相继建设生效，通过水库群水沙联合调控作用，可基本控制进入下游河道和宁蒙河段的洪水，显著减缓河道泥沙淤积（未来150年下游河道累计减淤约197.71亿t、宁蒙河段累计减淤约57.43亿t），使中水河槽行洪输沙能力得以长期维持，一定程度上减轻了下游河道和宁蒙河段防洪、防凌压力。但是，由于黄河在相当长时期内仍是一条多泥沙河流，水沙调控体系建设完成后，年平均进入下游河道的泥沙量仍有5亿～7亿t，下游河道仍呈现微淤状态，年均淤积量仍为0.6亿t左右，且随着河道的持续淤积，河床逐步抬高，堤防工程的设防标准将进一步降低，大洪水的威胁依然存在。另外，黄河水沙调控体系建成后，虽然优化了水资源配置方案，流域水资源供水能力增强，但不能改变黄河水资源严重短缺的客观现实，不能为流域经济社会可持续发展提供持续保障。

总结多年的治黄实践，解决黄河的洪水泥沙问题，必须采取综合措施，即按“上拦下排，两岸分滞”方针控制洪水，按“拦、调、排、放、挖”综合处理和利用泥沙；解决黄河水资源供需矛盾的问题要依靠跨流域调水工程，如南水北调西线工程、引汉济渭工程、引江济渭入黄工程等。

（7）鉴于目前的研究手段、方法以及对黄河水沙规律的认识，本次从规划层面提出了黄河水沙调控体系总体布局、水沙调控指标、水库群联合运用方式和调控效果以及待建工程的开发次序和建设时机等初步成果，为加快水沙调控体系规划建设提供重要的技术支撑。然而，由于黄河水沙问题非常复杂，许多问题还需要在生产实践中不断研究探索。

参考文献

[1] 黄河水利委员会. 黄河治理开发规划纲要[R]. 郑州:黄河勘测规划设计有限公司,1997.

[2] 黄河水利委员会. 黄河近期重点治理开发规划[R]. 郑州:黄河勘测规划设计有限公司,2001.

[3] 黄河水利委员会. 黄河首次调水调沙试验[M]. 郑州:黄河水利出版社,2003.

[4] 李国英. 黄河答问录[M]. 郑州:黄河水利出版社,2009.

[5] 刘善建. 调水调沙是黄河不淤的关键措施[J]. 人民黄河,2005,27(1):1-2.

[6] 张玉新,冯尚友. 水库水沙联合调度多目标规划模型及其应用研究[J]. 水利学报,1988(9):19-26.

[7] 杜殿勖,朱厚生. 三门峡水库水沙综合调节优化调度运用的研究[J]. 水力发电学报,1992(2):12-23.

[8] 廖义伟. 黄河水库群水沙资源化联合调度管理的若干思考[J]. 中国水利水电科学研究院学报,2004(3):1-7.

[9] Mohan S,Raipure D M. Muti – objective analysis of muti-reservoir system[J]. Journal of Water Resources Planning and Magament,1992,118(4):356-370.

[10] Oliveora R,Loucks D P. Operation rules for muti-reservoir systems[J]. Water Resources Research,1997,33(4):839-852.

[11] 惠仕兵,曹叔尤,刘兴年. 电站水沙联合优化调度与泥沙处理技术[J]. 四川水利,2000,21(4):25-27.

[12] 白晓华,李旭东,周宏伟,等. 汾河流域梯级水库群水沙联合调节计算[J]. 水电能源科学,2002,20(9):51-53.

[13] Nicklow,John W,Mays,et al. Optimization of multiple reservior networks for sedimentation control[J]. Journal of Hydraulic Engineering, 2000,126(4):232-242.

[14] Nicklow,John W,Mays,et al. Optimal control of reservoir releases to minimize sedimentation in rivers and reservoirs[J]. Journal of the Water Resources Association,2001,37(1):197-211.

[15] 练继建,胡明罡,刘媛媛. 多沙河流水库水沙联调多目标规划研究[J]. 水力发电学报,2004,23(2):12-16.

[16] Chang,Fi-John,Lai,Jihn-Sung. Optimization of operation rule curves and flushing schedule in a reservoir[J]. Hydrological Processes,2003,17(8):1623-1640.

[17] Chandramoudi V, Raman H. Multi-reservoir modeling with dynamic programming and neural networks[J]. Jounal of Water Resources Planning and Magament,2001,127(2):89-98.

[18] 李永亮,张金良,魏军. 黄河中下游水库群水沙联合调控技术研究[J]. 南水北调与水利科技,2008,6(5):56-59.

[19] 张金良. 黄河中游水库群水沙联合调度所涉及的范畴[J]. 人民黄河,2005,27(9):17-20.

[20] Teegavarapu R S V,Simonovic S P. Optimal of reservoir systems using simulated annealing[J]. Water Resources Magament,2002,16(5):401-428.

[21] 张金良,索二峰. 黄河中游水库群水沙联合调度方式及相关技术[J]. 人民黄河,2005,27(7):7-9.

[22] 包为民,万新宇,荆艳东. 多沙水库水沙联合调度模型研究[J]. 水力发电学报,2007(6):101-105.

[23] 张金良,乐金苟,王育杰. 关于三门峡水库若干问题认识与思考[J]. 泥沙研究,2001(2):66-69.

[24] 杨庆安,等.黄河三门峡水利枢纽运用与研究[M].郑州:河南人民出版社,1995.
[25] 三门峡水库运用经验总结项目组.黄河三门峡水利枢纽运用研究文集[M].郑州:河南人民出版社,1994.
[26] 李旭东,翟家瑞.三门峡水库调度工作回顾和展望[J].泥沙研究,2001(2):62-65.
[27] 喻明湘.三门峡水库泥沙问题[J].水利水电工程设计,1998(1):5-10.
[28] 段敬望,王海军,李星瑾.三门峡水库"蓄清排浑"运行探索与实践[J].华中电力,2004(4):34-37.
[29] 张金良,乐金苟,季利.三门峡水库调水调沙(水沙联调)的理论和实践[J].人民长江,1999,30(S0):28-30.
[30] 林秀山.黄河小浪底水利枢纽文集[M].郑州:黄河水利出版社,1997.
[31] 涂启华,安催花,曾芹,等.小浪底水库运用方式研究[C]//林秀山.黄河小浪底水利枢纽文集(二).郑州:黄河水利出版社,2001.
[32] 陈效国,吴致尧.小浪底水库运用方式研究的回顾与进展[J].人民黄河,2000,22(8):1-2.
[33] Tu Qihua, An cuihua, Zeng Qing. Riverbed evolution of the lower Yellow River and water and sediment regulation by Xiaolangdi Reservoir [C]// Proceedings of The Seventh International Symposium on River Sedimentation ,Hong Kong,1998.
[34] 安新代,石春先,余欣,等.水库调水调沙回顾与展望——兼论小浪底水库运用方式研究[J].泥沙研究,2002(5):36-42.
[35] 李国英.黄河调水调沙[J].人民黄河,2002,24(11):1-4.
[36] 李国英.基于空间尺度的黄河调水调沙[J].中国水利,2004(3):15-19.
[37] 刘继祥,万占伟,张厚军,等.黄河第三次调水调沙试验人工异重流方案设计与实施[C]//水利部黄河水利委员会,黄河研究会.异重流问题学术研讨会文集.郑州:黄河水利出版社,2006.
[38] 王婷,马怀宝,陈书奎,等.2007 年调水调沙小浪底水库异重流排沙分析[J].人民黄河,2008,30(11):27-28.
[39] 马怀宝,张俊华,张金良,等.2008 年调水调沙小浪底水库异重流排沙分析[J].人民黄河,2008(11).
[40] Wenxue Li, Jixiang Liu, Zhanwei Wan, Regulation of flow and sediment load in the Yellow River[J]. International Journal of Sediment Research,2007, 22(2).
[41] 张金良.黄河水库水沙联合调度问题研究[D].天津:天津大学,2004.
[42] 万新宇,包为民.基于相似性的三门峡水库水沙调度研究[D].南京:河海大学,2008.
[43] 彭杨.水库水沙联合调度方法研究及应用[D].武汉:武汉大学,2002.
[44] 杜殿勖,朱厚生.三门峡水库水沙综合调节优化调度运用的研究[J].水力发电学报,1992(2):12-23.
[45] 张玉新,冯尚友.水库水沙联调的多目标规划模型及应用[J].水利学报,1988(9):19-27.
[46] 刘素一.水库水沙优化调度的研究及应用[D].武汉:武汉水利电力大学,1995.
[47] 彭杨,李义天,张红武.水库水沙联合调度多目标决策模型[J].水利学报,2004(4):1-7.
[48] 白晓华,李旭东,周宏伟,等.汾河流域梯级水库群水沙联合调节计算[J].水电能源科学,2002,20(3):51-54.
[49] 李国英.基于水库群联合调度和人工扰动的黄河调水调沙[J].水利学报,2006(12):1439-1446.
[50] 万毅.黄河梯级水库水电沙一体化调度研究[D].天津:天津大学,2008.
[51] 廖义伟.黄河水库群水沙资源化联合调度管理的若干思考[J].中国水利水电科学研究院学报,2004,2(1):1-7.
[52] 陈洋波,王先甲,冯尚友.考虑发电量与保证出力的水库调度多目标优化方法[J].系统工程理论

与实践,1998(4):95-101.
[53] 李英海. 梯级水电站群联合优化调度及其决策方法[D]. 武汉:华中科技大学,2009.
[54] 纪昌明,李克飞,张验科,等. 基于机会约束的水库调度随机多目标决策模型[J]. 电力系统保护与控制,2012,40(19):36-40.
[55] 裴哲义,伍永刚,纪昌明,等. 跨区域水电站群优化调度初步研究[J]. 电力系统自动化,2010,34(24):23-26.
[56] 纪昌明,李克飞,张验科,等. 梯级水电站群联合调度多目标风险决策模型[J]. 水力发电,2013,39(4):61-64,94.
[57] 林秀芝,侯素珍,常温花,等. 利用桃汛洪水降低潼关高程原型试验效果分析[J]. 人民黄河,2007,29(3):14-15.
[58] 石长伟,姚胜利,张英. 利用桃汛洪水冲刷降低潼关高程试验效果分析[J]. 水资源与水工程学报,2006(6):70-75.
[59] 谢鉴衡. 江河演变与治理研究[M]. 武汉:武汉大学出版社,2004.
[60] 水利水电科学研究院. 水库淤积问题的研究[M]. 北京:水利电力出版社,1959.
[61] 韩其为. 水库淤积[M]. 北京:科学出版社,2003.
[62] 张瑞瑾,谢鉴衡,等. 河流泥沙动力学[M]. 北京:水利电力出版社,1998.
[63] 钱宁,万兆惠. 泥沙运动力学[M]. 北京:科学出版社,1986.
[64] 余欣,安催花,等. 水库泥沙数学模型研究报告[R]. 郑州:黄河水利委员会设计院,1999.
[65] 余欣,安催花,等. 小浪底水库泥沙水动力学数学模型研究及应用[J]. 人民黄河,2000,22(8):17-18.
[66] 刘继祥,郜国明. 黄河下游河道水文水动力学泥沙数学模型研究[J]. 人民黄河,2000,22(8):19-20.
[67] 张厚军,刘继祥. 黄河下游水动力学数学模型研究与应用[J]. 人民黄河,2000(8):21-22.
[68] 汪岗,范昭. 黄河水沙变化研究(第一卷)[M]. 郑州:黄河水利出版社,2002.
[69] 汪岗,范昭. 黄河水沙变化研究(第二卷)[M]. 郑州:黄河水利出版社,2002.
[70] 李勇,黎桂喜,潘贤娣. 黄河干流径流泥沙特性变化[J]. 泥沙研究,2002(4):1-7.
[71] 汪岗,范昭. 黄河水沙变化研究(第 2 卷)[M]. 郑州:黄河水利出版社,2002.
[72] 李文家,石春先,李海荣. 黄河下游防洪工程调度运用[M]. 郑州:黄河水利出版社,1998.
[73] 林秀山,李景宗. 黄河小浪底水利枢纽规划设计丛书之工程规划[M]. 北京:中国水利水电出版社,2006.
[74] 林秀山,刘继祥. 黄河小浪底水利枢纽规划设计丛书之水库运用方式研究与实践[M]. 北京:中国水利水电出版社,2008.
[75] 姜斌. 黄河滩区的综合治理[J]. 水利发展研究,2002(2).
[76] 汪自力,余咸宁,许雨新. 黄河下游滩区实行分类管理的设想[J]. 人民黄河,2004(8):1-2.
[77] 胡一三. 黄河滩区安全建设和补偿政策研究[J]. 人民黄河,2007(5):1-2.
[78] 史辅成,易元俊,高治定. 黄河流域暴雨与洪水[M]. 郑州:黄河水利出版社,1997.
[79] 高治定,李文家,李海荣. 黄河流域暴雨洪水与环境变化影响研究[M]. 郑州:黄河水利出版社,2002.
[80] 高航,姚文艺,张晓华. 黄河上中游近期水沙变化分析[J]. 华北水利水电学院学报,2009(5):8-12.
[81] 饶素秋,霍世青,薛建国,等. 黄河上中游水沙变化特点分析及未来趋势展望[J]. 泥沙研究,2001(02).
[82] 霍庭秀,罗虹,李欣庆,等. 黄河中游河龙区间水沙特性分析[J]. 水利技术监督,2009(5).

[83] 李晓宇,金双彦,徐建华.水利水保工程对河龙区间暴雨洪水泥沙的影响[J].人民黄河,2012(4).
[84] 陈宝华,高翔,张克,等.人类活动对部分水文要素的影响[J].山西水利,2009(6).
[85] 刘宁.对黄河水沙调控体系建设的思考[J].中国水利,2005(18):5-7.
[86] 张俊峰,王煜,安催花,等.从维持黄河健康生命角度看黄河水沙调控体系[J].人民黄河,2009,31(12):6-10.
[87] 姚文艺,李勇.维持黄河下游排洪输沙基本功能的关键技术研究[J].中国水利,2007(1):29-33.
[88] 张彦军,杨振立,魏健,等.改善黄河水沙关系必须建设完善的黄河水沙调控体系[J].华北水利水电学院学报,2008,29(4):16-19.
[89] 刘立斌,张锁成,刘斌,等.黄河水沙调控体系建设初步研究[J].人民黄河,2008,30(4):9-10.
[90] 胡春宏,陈建国,郭庆超,等.黄河水沙过程调控与塑造下游中水河槽[J].人民黄河,2005,27(9):1-2.
[91] 胡春宏,陈建国,郭庆超,等.论维持黄河健康生命的关键技术与调控措施[J].中国水利水电科学研究院学报,2005,3(1):1-5.
[92] 李怀有.水土保持构建黄河水沙调控体系的地位及模式[J].武汉大学学报(工学版),2009,42(5):635-639.
[93] 张仁.对黄河水沙调控体系建设的几点看法[J].人民黄河,2005,27(9):3-4.
[94] XU Guobin, SI Chundi. Effect of Water and Sediment Regulation on lower Yellow River[J]. Transactions of Tianjin University, 2009, 15:113-120.
[95] 胡春宏,陈建国,陈绪坚.论古贤水库在黄河治理中的作用[J].中国水利,2010(18):1-5.
[96] 申冠卿,张原锋,侯素珍,等.黄河上游干流水库调节水沙对宁蒙河道的影响[J].泥沙研究,2007(1):67-75.
[97] 周丽艳,万占伟,鲁俊.西线南水北调对黄河干流的减淤作用研究[J].人民黄河,2007,29(10):9-13.
[98] 江恩惠,万强,曹永涛.小浪底水库拦沙运用九年后黄河下游防洪形势预测[J].泥沙研究,2010(1):1-4.
[99] 焦恩泽,江恩惠,张清.古贤水库初议[C]//中国水力发电工程学会水文泥沙专业委员会第八届学术讨论会论文集.2010:292-302.
[100] 练继建,万毅,张金良.异重流过程的梯级水库优化调度研究[J].水力发电学报,2008,27(1):18-23.
[101] 闫正龙,高凡,黄强,等.黄河上游梯级水库群联合调度补偿机制研究[J].人民黄河,2010,32(9):118-122.
[102] 陈雄波,杨振立,赵麦换,等.黄河干流骨干水库综合利用调度模型研究[J].人民黄河,2010,32(7):135-136.
[103] 赵昌瑞,喇承芳,陈建宏,等.龙羊峡、刘家峡两库调水制造洪水冲刷黄河内蒙古河道的可能性及冲沙效率分析[C]//中国水力发电工程学会水文泥沙专业委员会第八届学术讨论会论文集.2010,322-328.
[104] 王延红.黄河古贤水利枢纽的作用与效益分析[J].人民黄河,2010,32(10):119-121.
[105] 向波,蓝霄峰,罗庆松.水库水沙优化调度研究[J].人民黄河,2010,32(2):46-48.
[106] 吴巍,周孝德,王新宏,等.多泥沙河流供水水库水沙联合优化调度的研究与应用[J].西北农林科技大学学报(自然科学版),2010,38(12):221-229.
[107] 翟家瑞.从黄河"96·8"洪水谈泥沙优化调度的必要性[J].人民黄河,2008,30(12):26-27.
[108] 段高云,郭兵托,贺顺德.黑山峡水库对黄河宁蒙河段的综合作用[J].人民黄河,2010,32(9):

145-147.
[109] 徐国宾,张丽.平面二维非恒定非均匀泥沙数学模型[J].天津大学学报,2008,41(8):991-995.
[110] 涂启华,安催花,万占伟,等.论小浪底水库拦沙和调水调沙运用中的下泄水沙控制指标[J].泥沙研究,2010(4):1-5.
[111] 胡春宏,陈绪坚,陈建国.黄河水沙空间分布及其变化过程研究[J].水利学报,2008,39(5):518-526.
[112] 王随继,范小黎,赵晓坤.黄河宁蒙河段悬沙冲淤量时空变化及其影响因素[J].地理研究,2010,29(10):1879-1887.
[113] 黄强,李群,张泽中,等.龙刘两库联合运用对宁蒙河段冰塞影响分析[J].水力发电学报,2008,27(6):142-147.
[114] 申冠卿,尚红霞,李小平.黄河小浪底水库异重流排沙效果分析及下游河道的响应[J].泥沙研究,2009(1):39-4.
[115] 费祥俊,傅旭东.水库拦沙为下游减淤的效率(拦淤比)[J].人民黄河,2010,32(1):1-3.
[116] 王涛,高进义,罗喜成.万家寨枢纽对黄河内蒙古段的防凌影响[J].内蒙古水利,2008(6):34.
[117] 杨富平.浅析非工程措施在渭河防汛中的应用[J].陕西水利,2011(1):22-23.
[118] 杨希刚.黄河干流骨干工程开发应注意的几个问题[J].人民黄河,1997(6):49-52.
[119] 何憬.大柳树水利枢纽综合效益巨大是黄河干流急待开发的关键性梯级[J].水利水电工程设计,1999(3):1-2.
[120] 李景宗,王海政.黄河中游干流骨干工程开发次序初步研究[J].水利水电科技进展,2001,21(5):24-27.
[121] 冯久成,胡文郑,张锁成.黄河碛口、古贤水利枢纽工程开发次序综合模糊评判[J].人民黄河,2001,23(8):43-45.